152-91030
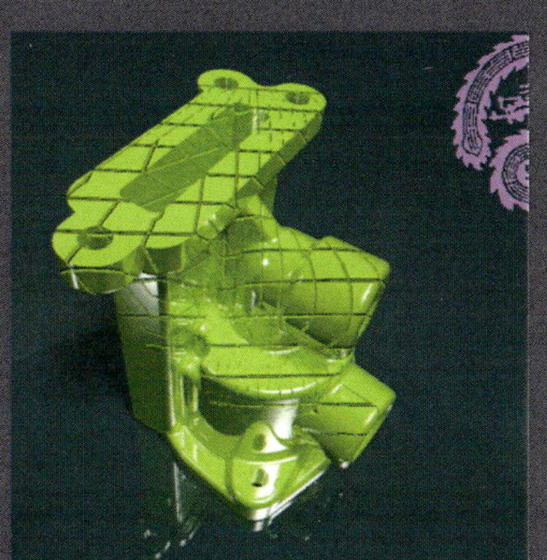

U0924270
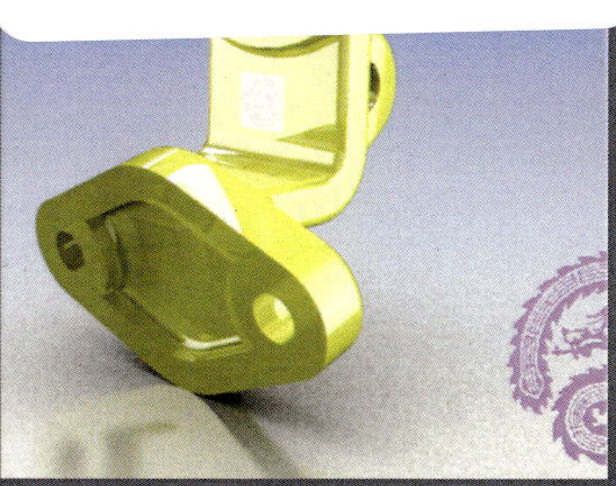

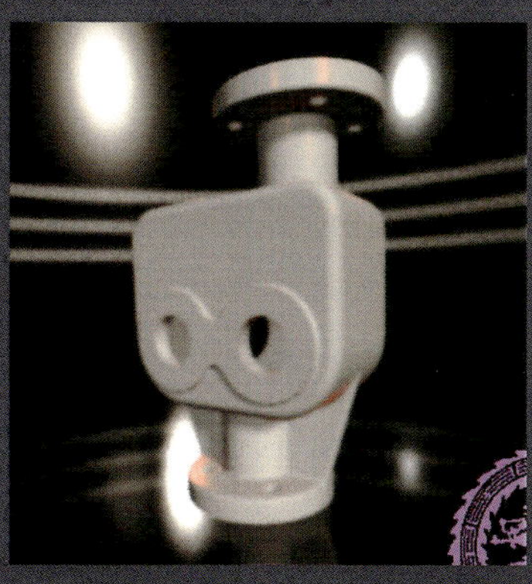
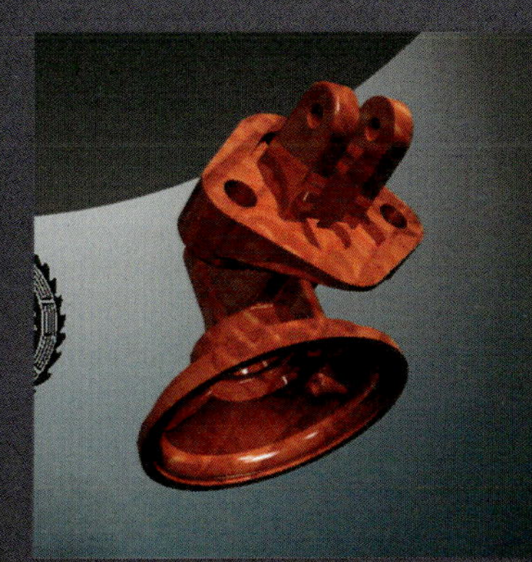

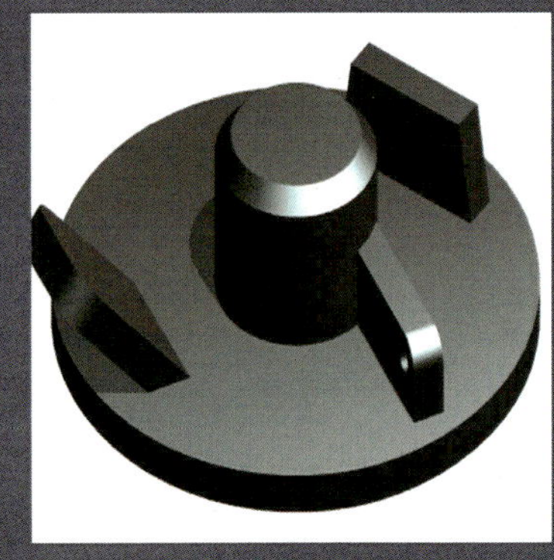

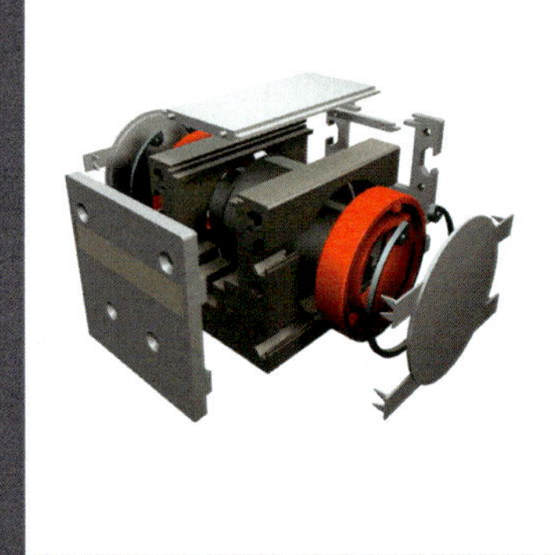
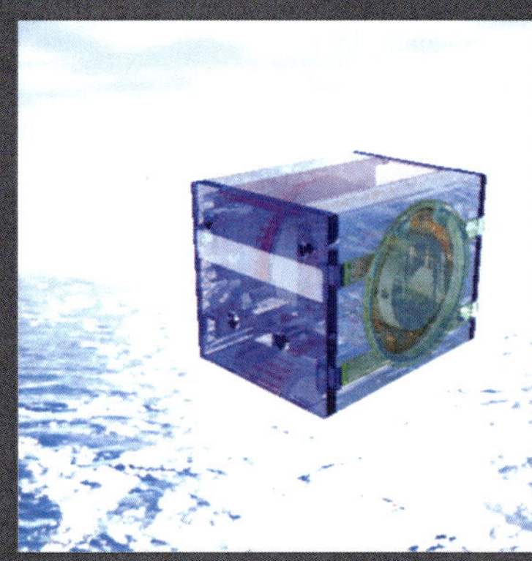
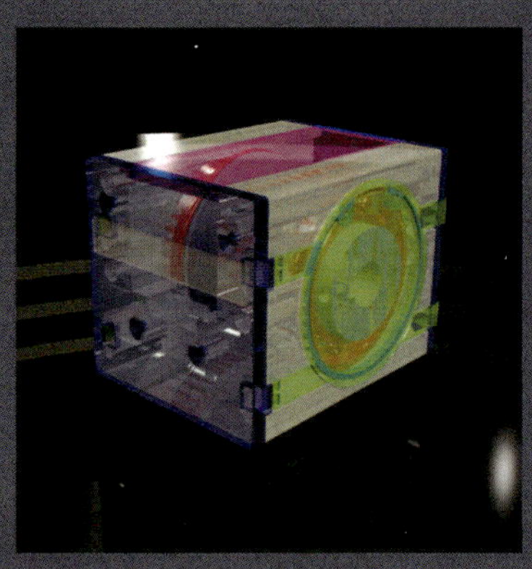
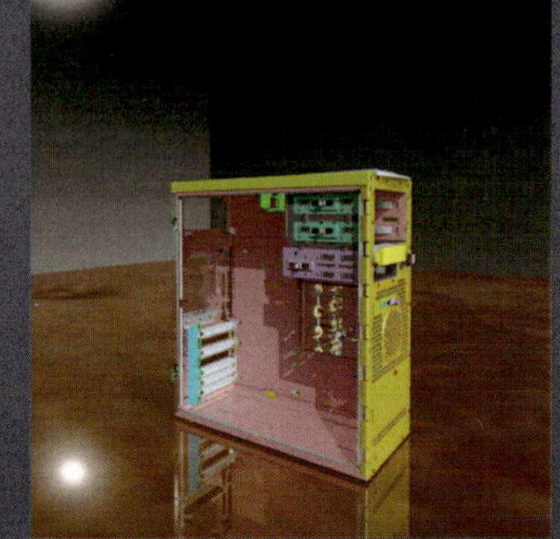

工业设计院

Pro/ENGINEER Wildfire 5.0 基础设计

二代龙震工作室　编著

清华大学出版社
北　京

内 容 简 介

本书是一本兼顾理论与实务、内容完整的 Pro/ENGINEER 专业权威图书，随书附赠的光盘内容为本书所有范例源文件，使读者在学习与工作中更加得心应手。

本书基本上是为了设计流程中的所有 CAD 基础而写的。针对 Pro/ENGINEER，我们规划了基础设计、进阶提高、高级设计和工程图设计等 4 本书，本书则是基础的部分。

在本书中，读者将清楚地认识 Pro/ENGINEER 的操作界面，同时所有的基础操作也都会在本书中练习到。我们在书中所列举的范例，都将着重在实体基础概念、基本操作、草绘、基准特征、实体建模特征、复制特征、立体装配、实体渲染和精例实作等主题上。让您能真正地面对这套以 3D 理念来设计的大型 CAD 软件。

本书适合机械等相关行业的所有设计和制图人员，同时也是机械本科或相关专业的最佳学习教材。

图书在版编目(CIP)数据

Pro/ENGINEER Wildfire 5.0 基础设计/二代龙震工作室编著. --北京：清华大学出版社，2010.9(2020.8 重印)

(工业设计院)

ISBN 978-7-302-23426-5

Ⅰ. ①P　Ⅱ. ①二…　Ⅲ. ①机械设计：计算机辅助设计—应用软件，Pro/ENGINEER Wildfire 5.0　Ⅳ. ①TG382-39

中国版本图书馆 CIP 数据核字(2010)第 146058 号

责任编辑：张彦青
装帧设计：杨玉兰
责任校对：王　晖
责任印制：沈　露
出版发行：清华大学出版社
　网　　址：http://www.tup.com.cn, http://www.wqbook.com
　地　　址：北京清华大学学研大厦 A 座　　**邮　　编：**100084
　社 总 机：010-62770175　　**邮　　购：**010-62786544
　投稿与读者服务：010-62776969, c-service@tup.tsinghua.edu.cn
　质量反馈：010-62772015, zhiliang@tup.tsinghua.edu.cn
印 装 者：北京虎彩文化传播有限公司
经　　销：全国新华书店
开　　本：185mm×260mm　**印　张：**33.75　**插　页：**1　**字　数：**818 千字
　附 DVD 1 张
版　　次：2010 年 9 月第 1 版　　**印　次：**2020 年 8 月第11次印刷
定　　价：68.00 元

产品编号：035091-02

丛　书　序

本工作室针对 Pro/ENGINEER 这个 CAD/CAM/CAE 大型软件所写的系列书包含在“Pro/ENGINEER 工业设计院”总称之下。而系列的顺序是按整个工业设计的上、下游流程，以及其所代表的几个热门职业：造型设计师、建模师、机构设计师、结构设计师、模具设计师等所设计的专业课程；然后，再搭配 Pro/ENGINEER 这个软件的各种合适模块，来诠释其技术和软件工具的应用。

工业设计院分以下四大系列。

(1) 基础设计系列：主要是建模和画工程图，所有机械范畴都要用到。

(2) 造型设计系列：工业设计最上游，即产品原型的确定阶段。能主导设计的就是造型设计师，按确认图样生产或抄录的就是建模师。

(3) 分析设计系列：工业设计流程的中间阶段，用来事先分析解决可能发生于制造阶段的难题。在以前，由于主要的分析人才来自研究所层级，一般或低技术层级的企业不易取得。近年来，由于 CAE(计算机辅助分析)软件仿真技术突飞猛进，让需求人才的门坎大幅降低！现在，只要具有设计经验，不论学历，都可以很好地上手；没有经验的，职专以上程度即可。因此，机械本科的学子们出校门时，就具备简易基本的机构、结构分析能力，已逐渐形成风潮。

(4) 模具设计：制造阶段一向是工业设计最重要的下游，其顺利与否决定产品的成败；所用的生产机械、设计时间与人力则严重影响产品的成本。在这方面，我们将按当前模具产业中市占率最大的两个(塑料模与冲压模)，来创建以下两种系列书：

① 塑料模具设计系列。

② 冲压模具设计系列。

我们再以下图来说明本系列书。

《Pro/ENGINEER 工业设计院》

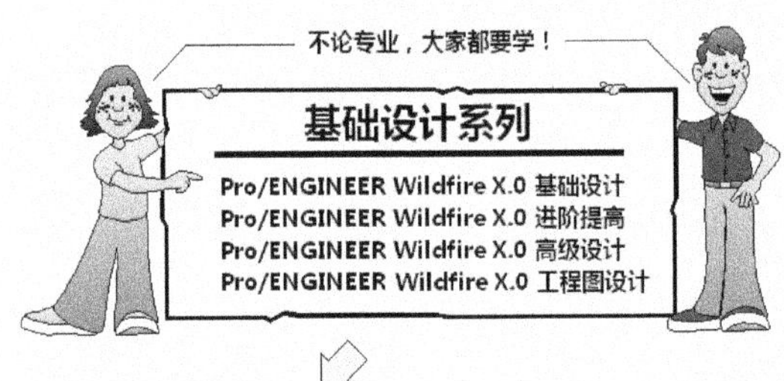

造型设计系列

Pro/ENGINEER ISDX Wildfire X.0 造型设计

- 想从事造型设计师者
- 想从事建模师者

分析设计系列

Pro/Mechanism Wildfire X.0 机构运动分析
Pro/MECHANICA Wildfire X.0 结构热力分析

- 想从事机构设计师者
- 想从事结构设计师者
- 已有其他机械设计经验，但对机构或结构有兴趣者

冲压模具设计系列

冲压模具基础教程
Pro/SHEETMETAL Wildfire X.0 钣金造型设计

- 想从事冲压模具设计师者
- 已从事他类模具师，想跨业到冲压模具设计师者

塑料模具设计系列

塑料模具基础教程
Pro/MOLDESIGN Wildfire X.0 拆模设计
AutoCAD塑料模具图基础与2D排位教程
Geomagic Studio Imageware逆向抄数基础

- 想从事塑料模具设计师者
- 已从事NC程序设计师或他类模具师，想升级或跨业到塑料模具设计师者

本套书的系列名为：Pro/ENGINEER 基础设计系列。基本上是为了工业设计流程中所有的 CAD 操作基础而写的。在这个范畴里，我们将分基础设计、进阶提高、高级设计和工程图设计四本。

以下就是本系列四本书的内容简述。

系 列 号	书　名	内容方向
1	Pro/ENGINEER Wildfire 5.0 基础设计	有很多 Pro/ENGINEER 的基本概念，如草绘、基准面的设置等，我们以为大家都很清楚了，但是从提问中发现，并不是如此。很多人并没有这些概念，所以只能模仿画图，而不能在发生问题时知道要如何解决。因此，我们在本书中加强正确的基本概念和范例，同时全力将基本的命令先练好，后面的路就会好走一些了。配合重点视频教学文件，本书将作成适合培训或学校用书(上学期 3 学分)的方式，提供给用书的各级教育单位和自学读者

续表

系列号	书　名	内容方向
2	Pro/ENGINEER Wildfire 5.0 进阶提高	我们将在本书中针对 Pro/ENGINEER 的中级命令制作更多的实例，让大家能应用到更多的选项细节。 配合重点视频教学文件，本书也将制成合适培训或学校用书(下学期 3 学分)的方式，提供给用书的各级教育单位和自学读者
3	Pro/ENGINEER Wildfire 5.0 高级设计	在本书中，所有 Pro/ENGINEER 的高级命令应用都是我们囊括的对象。通过重点视频教学文件，对 Pro/ENGINEER 已有相当程度基础者，将更能掌握本书
4	Pro/ENGINEER Wildfire 5.0 工程图设计	立体建模完成后，紧接着就是转 2D 工程图，所以将工程图模块也划归在基础的主题中。配合重点视频教学文件，本书将以更简洁有效的架构，来诠释 Wildfire 工程图模块新版的内容，以及将读者常见的提问做专章提示

关于本书《Pro/ENGINEER Wildfire 5.0 基础设计》

本书将从头开始，以详细的图例配合重点视频教学文件，通过实体基础概念→操作界面→基本操作→草绘→基准特征→实体建模特征→复制特征→立体装配和实体渲染等教学主题，让读者能真正的应用这套以 3D 概念来做设计绘图的大型 CAD 软件。

二代龙震工作室

作　者　序

现在的软件改版情势与2000年以前已有很大的不同。随着软硬件功能的强大，以及个人计算机(PC)的流行，软件改版的速度越来越快！软硬件功能的强大导致软件公司需要更多的开发时间，让他们的软件得以在硬件上无误地快速运行，出于商业利益上的需要，新产品上市周期一再缩短，赶鸭子上架的结果是：改版初期的版本Bug(瑕疵)一堆，然后再慢慢出同一版本的修正版！讲好听一点是让合法用户体会到合法增值的服务；说难听一点则是要从用户身上赚改版的钱，以维持软件公司的运转。这在2000年以前几乎不允许的改版方式，现在却已形成风潮！用户需要面对有小瑕疵的新版本，还要面对同一版本的数次更新。而个人计算机(PC)的流行日久，则造成很多知名软件已经成熟得改无可改，所以改版的内容乏善可陈，笔者对这种方式并不认同。

无论如何，Pro/ENGINEER Wildfire 5.0又来了，改版幅度也不大。对本工作室来说，初次撰写Pro/ENGINEER的这套书，就能获得广大读者的良好响应和鼓励，则是我们继续做下去的最大动力。然而，我们的书有优点，也存在一些缺点，我们的咨询服务已充分地将所有读者正反面的心声反映给我们了！我们必须在这里向大家说：我们都收到了。

因此，从Wildfire 3.0版起，新的Pro/ENGINEER“工业设计院系列”丛书，就已经进入成熟的阶段，至今已到Wildfire 5.0版。它聚集了本工作室读者的意见，是一套由读者主导内容的系列书。当然，人非圣贤，我们的智慧也有限，还有疏漏之处，尚祈您再来E-mail给我们批评指教，我们会以最谦卑的心用心倾听，再来检讨并谋思改进之道。

本书将针对培训班、学校或自学Pro/ENGINEER的初学者而写，所有初学者应该清楚的基本概念，应该了解的命令工具或功能都包含在本书中，同时也符合培训班或学校3个学分的基础课程。

不论是龙震工作室，还是二代龙震工作室(内地工作室)，我们开发的计算机书籍共同的特性如下。

- **个性化的服务，理论与专业的完美组合。**书中摒弃一般图书只注重理论功能介绍，而忽视读者本身专业需要的缺点，既介绍软件功能的使用技巧，又结合读者专业的特点，同时也注重实务的需求。
- **以图例形式来完成对操作过程的解说。**避免使用冗长文字来破坏思考，一向是龙震工作室所著书籍的一贯特色。
- **比拟多媒体动画的全步骤式图例。**我们所展示的全步骤式图例，效果和多媒体动画教学是一样的。
- **网站技术支持。**凡是购买龙震工作室开发的图书的读者，都可以通过“龙震在线”来获得最快捷的支持。同时，网站的内容和服务方式还会不断扩充。

您一样可以像往常一样，通过以下工作室专属网站或电子邮件信箱来提出咨询：

龙震在线：http://www.dragon2g.com

E-mail：dragon.dragon2@msa.hinet.net

在此我们要对广大支持我们的读者，致以十二万分的敬意和谢意，在本工作室出版的过程中，您的支持导致我们所著书籍的持续，也让我们提供的长期免费服务得以坚持！再次感谢各位！

二代龙震工作室

目　　录

第1章

CAD/CAM/CAE 概论

在您开始学习 Pro/ENGINEER 以前，您应该知道它在 CAD/CAM/CAE 软件领域中的角色。因为环绕在它旁边的还有 AutoCAD、SolidWorks、UG、Inventor、CATIA 等一大堆常见的工程绘图软件。它们之间究竟有何区别，是竞争？还是相辅相成？这都是初学者在学习前要先清楚的。

此外，通过本章对整个产品在设计制造中的流程了解，您将深刻的体会到：Pro/ENGINEER 是一套和制造流程有关的大型软件，只将 Pro/ENGINEER 粗分为基础和高级是不太切实际的学习法！只有能配合生产流程的 Pro/ENGINEER 课程学习，才能让您在职场上获得实际成果。

1.1 CAD/CAM/CAE 系统

很多刚进入专业的初学者，虽然对 CAD/CAM/CAE(计算机辅助设计/计算机辅助制造/计算机辅助分析)的名词有初步的了解，但是在面对一大堆这类软件时，往往无所适从，不知道要如何学起。因此，龙震老师不得不在本系列的开头书中，效法三国时代的诸葛孔明，为您分析述说这 CAD/CAM/CAE 领域的天下大势。

1.1.1 CAD/CAM/CAE 软件的历史

您现在所看到的知名 CAD/CAM/CAE 方面的软件，我们都可以肯定地说：它们都是在个人计算机尚未出现以前，在大型机系统(Main Frame System)或工作站系统(Workstation System)上开发的。因为早在 20 世纪 60 年代，人类就已经在开发这类系统了。

当然，这样的系统是很昂贵的，一般专业者根本无法接触到。所以，当平民化的个人计算机开始流行时，就有很多过去在大系统上有经验的 CAD 程序设计员开始在个人计算机上开发新的 CAD 软件，但是受限于硬件上的约束，无论是在速度上和功能上都无法和大系统或工作站上的同类软件相比。AutoCAD 正是这个时代的产物，而龙震老师也是正好在那个年代进入职场。

在那个时候，大系统和个人计算机之间竞争得很厉害，大系统看不起个人计算机，认为它的功能和处理速度都无法和它们这样的“巨人”相比，在其上运行的软件自然也不愿放下身段去开发 PC 版；但是在另一方面，个人计算机的价廉、使用面广、市场商机大，已经实际上的压迫到像 IBM、DG、Appllo 等大型机系统和工作站的主机。因此，那个时期白天在大型系统机房上班的技术人员，下班后在家里用个人计算机的怪异现象比比皆是。

以上是从现实面的观点来看的。若就技术面的观点来看，在大型机系统或工作站上所开发出来的软件，经常是 CAD/CAM/CAE 连贯且全面的。像 Pro/ENGINEER 这样的软件，早在 20 世纪 80 年代就已经在很多大型机系统或工作站系统上开展了。但是如果要面对像 CADAM 这样的祖师级软件(即 CATIA 的前身)，那 Pro/ENGINEER 简直是算小老弟。换句话说，在我们那个时代在大型机系统或工作站系统上可选择的软件如过江之鲫，多得不得了。当然，大型机系统或工作站的缺点就是软件是要和硬件一起买的，所以不但价昂，而且和其他系统兼容性差。

相对的，个人计算机上的软件就局限在 CAD 方面。这是因为 CAD 方面的功能比较好设计，专业深度不像 CAM 和 CAE 那么高，而且市场也比较大。早期的 CAD 只是模仿画图的功能，不像大型机系统或工作站上用的 CAD/CAM/CAE 软件可以将专业设计的功能集成到画图的功能上来。一直到现在，随着个人计算机硬件的急速进化，才逐渐有专业的 CAD 软件出现。

1.1.2 各种知名 CAD/CAM/CAE 软件的属性

为了让您对在个人计算机上运行的 CAD/CAM/CAE 软件有更深入的正确认识，我们特别将当前市场上常见的这类软件做一分析。在述说之前，请先记得老师这句话：

“之所以会在市场上看到很多各式各样的 CAD/CAM/CAE 软件，有些是因为历史发展演进因素，而大多是因为专业本身就有很多不同的需求使然。要一一都去学全，显然是个笨点子，最好的方法就是先了解职场和专业上的需求趋势，然后在进入职场前，学好专业技能和其相关的 CAD/CAM/CAE 概念和操作，再于进入职场后深入应用层面。”

以下，就开始我们对各种常见 CAD/CAM/CAE 软件的介绍。

1. CAD 工程制图软件类

CAD 就是指仅计算机辅助设计画图的部分。除了机械业以外，很多专业其实只需 CAD 和 CAE 的部分，甚至只要 CAD 的部分就好。所以，这个部分投入的厂商最多。这个部分的 CAD 软件分通用型和专业型。所谓“通用型”就是可适用所有行业，甚至可以其为平台，在上面做二次开发；AutoCAD 和 MicroStation 就属这类的 CAD 软件。而“专业型”软件就是针对某专业来开发的 CAD 软件，像 SolidWorks、Inventor、SolidEdge 等。

1) AutoCAD

大家都知道 AutoCAD，前面提过，它的发展和历史有很大的关系。当时，CAD 才刚发展，3D 的 CAD 软件在个人计算机中还很少，因此，以 2D 为基础概念来设计的 AutoCAD 在平面功能上比较强，在 3D 功能上就捉襟见肘了。由于做得早，知名度高，所以使用面广，即使现在强敌环伺，一时半会儿还动不了它。

对机械专业来说，由于专业的软件新人辈出，如 SolidWorks 等；或是原先在大型机系统或工作站上用的，现在已全力将其产品下放到个人计算机的软件，如 Pro/ENGINEER。近年来，在高级产品设计专业中，AutoCAD 可说已经沦为标尺寸的工具了。当然，Autodesk 早已警觉此事，所以针对机械专业的 Mechanical Desktop(MDT) 和 Inventor 也先后推出市场，但是很遗憾的，销售都不甚理想。

但也不能认为 AutoCAD 已经没落，除机械业外，三大行业(机械、建筑和电子)中的建筑业中此软件仍然很受欢迎，而且由于 AutoCAD 采用开放性架构，很多写 LISP/VBA/ARX 的程序设计者很喜欢它这么“开放”，所以就在其上开发很多应付各种专业设计上的 CAD(计算机辅助设计制图)软件。即使是在机械方面，也还有很多制造简单产品的专业是用 AutoCAD 就足够的。此外，以 AutoCAD 作为学子们的 CAD 启蒙软件，也很合适。

本工作室相关书籍作品：

- “AutoCAD 机械设计院”系列。
- “AutoCAD 建筑设计院”系列。

2) SolidWorks

SolidWorks 也是一套专门针对机械专业的 CAD 软件。严格说来，它不是和 AutoCAD 去比，而是和 Inventor 比。SolidWorks 专门瞄准机具机械的市场，画一些以翻砂模制造的产品，或零件制品非常好用。而从 SolidWorks 2008 版开始，它也积极改善了系统的速度与精度，并增添了不少机构、结构和流体力学的分析模块，使得现在用 SolidWorks 来做造型设计、机构分析与结构分析也非难事(详见本工作室清华大学出版社出版的“SolidWorks 机械设计院系列”)。此外，SolidWorks 也和 AutoCAD 一样，有一群软件协力厂商在其上开发很多零件设计、分析和图形文件管理方面的软件，以丰富它本身的第三方资源优势。

当然，用 Pro/ENGINEER 也能实践 SolidWorks 的这个领域，但是在比较尊重知识产权的国家里，软件的价格是成本的重要考虑因素。所以，SolidWorks 一直能稳定地在工业界和教育界保有它的市场，这可说和它正确且成功的市场定位策略有很大的关系，即便是 Autodesk Inventor 要赢它，也是很辛苦。因为 SolidWorks 的价廉和倾向基本机械设计的功能，所以它也很为学校机械科系的老师欢迎。

本工作室相关书籍作品：SolidWorks “机械设计院”系列。

3) SolidEdge

SolidEdge 和 SolidWorks 没有任何关系！但是它现在的老板可就有名了！1997 年 10 月，UG 的生产公司 Unigraphics Solutions 和 Intergraph 公司签约，合并了后者的机械 CAD 产品，将 PC 版的 SolidEdge 统一到 Parasolid 平台上。由此形成一个从低到高，兼有 UNIX 工作站版和 Windows NT PC 版的完整系统。

SolidEdge 是直接在 Windows 下所开发的新进 CAD 软件。由于它不是将工作站软件生硬地搬到 Windows 平台上，也具备一些 Windows 特质。例如，良好的用户操作界面、能充分地与 Office 兼容，或是和 Windows 的 OLE 技术兼容等功能。它是 SolidWorks 的同级竞争产品。

4) 其他 CAD 软件

在网站或杂志上还能看到很多的 CAD 软件。如 MicroStation 等，一般都是 AutoCAD 竞争产品。但是人是习惯的奴隶，好不容易熟了一套 CAD 软件，要再去学另一套，意愿就不大，尽管这些软件功能看起来都要比 AutoCAD 好。这类软件很多，我们就不细说了。

2. CAM 工业制造软件类

CAM 就是指仅计算机辅助制造的部分，绝对用于机械制造专业。因为用 CAD 所画出来的图，数控设备(NC)无法辨识，必须将其转为 M/G 程序代码(数控设备所认识的语言码)，才能上机制造。此外，面对各种不同厂牌的 CNC 或 NC 设备，CAM 软件还要尽量和它们兼容，兼容性越高，客户面就会越宽。

当然，模拟仿真的功能更不能少，模拟仿真的越准确，客户的忠诚度就越高。早期，因为个人计算机的功能并不理想，人才也不充裕，所以 CAD/CAM 一般分开独立发展。所以，当您分开使用 CAD/CAM 软件时，就要考虑到：在 CAD 软件所画出来的图，是否能转到 CAM 软件里用。这是非常重要的！

1) MasterCAM 和 SmartCAM

AutoCAD 刚出来时，功能也不强，部分企业也希望能 CAD/CAM 自动化。可是对制造来说，要以个人计算机来做这些事是有困难的。因为 AutoCAD 那时候根本就没有 3D 的功能；即使有，也无法转到 CAM 上来做制造。于是，我们遍访全世界在个人计算机上开发的 CAD/CAM 软件，发现在个人计算机上，没有一个软件可以兼具这两个部分，但是可以将当时仅有的 3D CAD 软件——CADKey，拿来搭配仅有的 CAM 软件——MasterCAM。这对一些只有简单曲面的产品是可以应付的。由于大同公司是当时台湾地区最大的民营制造厂，所以一下子就带动了相关产业在这方面的组合运用。到了 1991 年我到广州讲学时，还发现很多台商将此应用带了过去。

MasterCAM 主要用于 CNC 铣床、CNC 车床和 CNC 线切割等加工作业上，因为在 PC 上开发的早，所以软件很稳定。SmartCAM 则是 MasterCAM 的竞争厂商，SmartCAM 晚

MasterCAM 一两年成名。他们两家从 20 世纪 80 年代就打到现在，两家都各有发展，软件功能则互相紧盯，互有所长。

2) Cimatron

Cimatron 的 CAD/CAM 系统是以色列 Cimatron 公司的产品，是较早地在个人计算机上实践三维 CAD/CAM 全功能的系统。该系统提供了比较灵活的用户界面，优秀的三维造型、工程绘图，全面的数控加工，各种通用、专用数据界面，以及集成后的产品数据管理功能。

3. CAE 软件

CAE 就是指仅计算机辅助分析的部分。人类自古以来对统计学有着广泛的应用，到了计算机应用的年代，人类开始将很多设计的数据经验和数学模式放到计算机里来，再以统计学的理论来设计软件，这就是 CAE 软件了。

只要有人肯贡献经验、数据和软件技术，所有的专业都应该有 CAE 软件，因为 CAE 软件基本上就是专家系统，能够在设计前期就应用这些系统来预先修正错误，这对设计师的吸引力是很大的。

在 20 世纪 80 年代和 90 年代时期，机械方面的 CAE 系统正处于萌芽阶段，所以分析的正确率还不到 20%。随着人类科技的进步，现代的 CAE 软件在线性方面的正确率已经很高，但是在非线性方面的分析，效果还是不太理想。基本上，这和分析模型的正确建造技术有很大的关系，所以学分析时，重点应该放在模型的建构学习上。

当然，并不是所有专业的分析的准确率都低。例如，土木工程上的剪应力分析软件，其准确率都在 90%以上。分析的准确率其实和专业技术的复杂程度是有关的。在机械上，越大型的模具，就越不好做。

1) ANSYS

ANalysis SYStem 是一个采用有限元分析法来做结构分析的世界知名软件，也是 ANSYS 公司当家主力产品。它可用来分析与力学及电磁学相关的工程问题。包括静态分析、动态分析、非线性分析、热传分析等。ANSYS 软件本身也有像 PATRAN 软件的前后处理功能。所以，利用 ANSYS 分析时，除了可以与 PATRAN 合用以外，也可独立完成创建有限元模型、解析计算、结果显示，以及处理等完整的动作。

ANSYS 的应用面很广，适用于各种工业的应用，如电子封装、汽车工业、电子连接器、锻造、日常用品等。ANSYS 包含通用的 CAE 工具、完整的前后处理器(Pre/Post-Processor)，以及解决方案。同时也针对各种的工程问题提供了完整的有限元分析，从线性(Linear)、静态(Static)分析到动态(Dynamic)、热力、流体、最佳化分析等一应俱全。

2) ADAMS

ADAMS (Automatic Dynamic Analysis of Mechanical System)软件是世界知名的美国 MDI(Mechanical Dynamics Inc.)公司(现已经并入美国 MSC 公司)所开发，用于机械系统动力学仿真分析软件，即机构分析软件。

ADAMS 是集建模、求解、可视化技术于一体的样品运动仿真软件，是当前世界上使用范围最广、最负盛名的机械系统仿真分析软件。使用这套软件可以生成复杂机械系统的样品运动仿真，真实地模拟其运动过程，同时可以迅速地分析和比较多种参数方案，帮助工程师取得最佳的工作方案，从而减少了昂贵的实体样品制造和试验次数，提高了产品设计质量，大幅度地缩短产品研制周期和费用。

3) MoldFlow、Moldbase 和 C-Mold

MoldFlow 是一套源自澳洲的塑料模具分析软件。因为它做的早，自 1978 年起就已成为塑料模流分析软件的代名词。当时，我们公司就买了一套，我们还用过它来分析显示器的塑料外壳，在塑料射出后数秒内的模具各部位温度分布，藉以修改设计来解决拔模变形的问题。时至今日，MoldFlow 已经发展得更为庞大且模块化了。

而 C-Mold 则是 MoldFlow 成名后，再出来和它竞争的同类产品。不论是 MoldFlow 或 C-Mold，它们都是应用热力学、应力学和流体力学等原理，再和经验数据库结合，提供数据(或以图形和颜色来直接显示)给用户做设计参照的佼佼者。

此外，Moldex 也非常有名。这三个模流分析软件都是同类竞争激烈的软件。

4) 其他 CAE 软件

对高级的设计来说，只要是对设计有帮助的，都可以算是 CAE 的领域。只是因为机械专业很广很细，不是身处该专业者，无法评论。总之，CAE 的应用程度，和国家的工业层级息息相关，CAE 软件的开发率和应用率越高，就表示这个国家越先进！所以，我们也非常鼓励这方面的推广和应用。

5) 模块式的 CAE 软件

对现代的工业产品设计而言，在设计流程中加上诸如机构、结构等基本的分析，已经蔚为风潮！因此，有很多大型的 CAD 软件都会将机构、结构这类基本的 CAE 软件以模块的方式挂入。模块式 CAE 的优缺点正好与前述专用型 CAE 软件相反。其优点在于：可以直接取用其 CAD 模块中所创建的模型来做分析，中间不需要做转换，从而避免了模型本身的漏损(不需补破面)。而缺点是：在专业深度上，不如前述专用型 CAE 软件。所以，模块式 CAE 多用于简单的基本分析，对很多企业来说，这已足够。

4. CAD/CAM/CAE 集成软件

能够号称是“CAD/CAM/CAE 集成软件”的多属大型软件，一般也都是之前用于大型机系统或工作站上的软件。因此，这类软件的特色是：它包含完整的 CAD/CAM/CAE 功能，全局性和衔接性都强，且以模块组成的方式来表现它的软件功能。

1) Pro/ENGINEER

Pro/ENGINEER(以下简称 Pro/E)是美国 PTC 公司的产品。它的优势就在造型设计模块。而造型设计是整个工业设计的最上游，这就是 Pro/ENGINEER 之所以盛行的主因。但是相对之下，Pro/ENGINEER 在制造方面的模块较弱。在台湾地区，低层产品或重工业产品根本无法和内地低成本竞争，所以只好向高层发展，配合电子业的优势发展，造型设计开发是台湾地区产品很大的竞争力，而产业上下游为了降低成本，尽管在制造方面的模块有其缺陷，在工业设计流程上，一致采用 Pro/ENGINEER 来有效降低成本是企业的共识。

2) CATIA

CATIA 是由法国著名飞机制造公司 Dassau1t(达索)接续研发，但由 IBM 公司负责销售的 CAD/CAM/CAE/PDM 应用系统。其前身即为 CAD/CAM 软件界的祖师软件 CADAM。由于 CATIA 发迹于航空工业，其最大的标志客户即美国波音公司，波音公司通过 CATIA 创建起了一整套无纸飞机生产系统，取得了重大的成功。

CATIA 下放到 PC 层级的脚步也是比较晚，其应用重点在航空、汽车和造船业上，这些行业在我国虽然是重点专业，但是人数较少，所以产品很强、但价格较高，市场占有率较 Pro/ENGINEER 为少。

信息补充站　**CADAM 的来历**

CADAM 的前身原本是 Helix。1984 年由 IBM 的子公司 “CADAM” 与日本 “川崎重工” 合资所成立的 CSC 公司所研发的 CAD/CAM 系统。总部位于日本东京，研发中心在美国加州的洛杉矶。Helix 早期是一家专门制造飞机的公司 Lock-Heed 所开发的，用于 Mainframe 大型主机上，作为该公司的 CAD/CAM 部门专属软件。后来到了法国达索公司，便命名为 “CATIA-CADAM”。

然后，IBM 主导开发 “Professional CADAM” (简称 “P-CADAM”)被开发出来，那就是 UNIX 版本的 CAD/CAM 软件。而后，PC 普遍流行，于是就开发出 “Micro CADAM” 来作为 PC 版的 CAD 软件。它不但保有原来工作站的图形文件管理模式，也与工作站操作方式与图形文件格式相通；当然，也具备了工作站的效能。当时的 Micro CADAM 有两个版本，一个版本专属于 IBM PC，另一版本则用于一般 PC OS/2 操作系统上。近年来，Windows 平台成为主流，CSC 公司也推出新的版本，并改名为 “Helix Design System”。Helix 除了延续加强 Micro CADAM 的 2D 功能外，并加入了 3D 实体曲面模块，使得所有 2D 使用者及图面都可以轻松升级成 3D。时至今日，Helix 在日本工业界已有许多的忠实的使用者(市占率 70%)。

如今，Micro CADAM Helix 的功能已直接集成到 CATIA V5 版内。

3)　I-DEAS

DEAS 是美国 SDRC 公司开发的 CAD/CAM/CAE 软件。该公司是国际上著名的机械专业 CAD/CAE/CAM 公司，在全球享有盛名。它的 CAE 功能原来就是其开发的目标，因此在 CAE 上它占有相当的优势。国外许多著名公司，如波音、索尼、三星、现代、福特等公司，都是 SDRC 公司的大客户和合作伙伴。I-DEAS 一直是 Pro/ENGINEER 强劲的竞争对手，但在市场占有率上略逊于 Pro/ENGINEER。

4)　UniGraphics(UG)

UG 是 Uniraphics Solutions 公司的 CAD/CAM/CAE 拳头产品。UG 最早应用于美国麦道飞机公司和美国通用汽车公司。它是从三维绘图、数控加工编程、曲面造型等功能发展起来的软件，所以在应用经验方面数它的数控加工较强。换句话说，它和 Pro/ENGINEER 正好相反，UG 的制造模块强，但造型设计较弱。

UG 这几年在内地推得很积极，成效不错，因为内地和台湾地区不一样，内地还有很多重制造工业、汽车业和低层制造业，UG 在某种制造层面上，是很能满足该从业工程师胃口的，因此在台湾地区几乎不存在，也不流行的 UG，在内地还是有一定市场的。这相对也让 Pro/ENGINEER 的压力越来越大。后续的结果我们正在观察中。

1.2 Pro/ENGINEER 在 CAD/CAM/CAE 领域中的角色

Pro/ENGINEER 是一套机械设计综合软件，应用范围广泛，如模具设计、机械零件及组件设计等。在本节中，除了讲述 Pro/ENGINEER 的应用和优势以外，您还会初步了解一些 CAD/CAM/CAE 方面的专用术语。

1.2.1 CAD 与 Pro/ENGINEER

CAD 是工业设计过程中最上游的设计工作，不可或缺的工具。它为工程师提供了一个方便、高效的产品设计和生产对象的数字化表现工具。其中，“数字化”表示用数字形式为计算机所创建的设计对象生成内部数学描述，如二维图、三维线框、曲面、实体及特征模型等；而“数字化表现”则是指在计算机屏幕上生成富真实感的图形、创建虚拟现实环境、交互式的多通道人机界面，以及多媒体技术等。图 1-1 中就展示了一个典型的 CAD 内部处理流程。

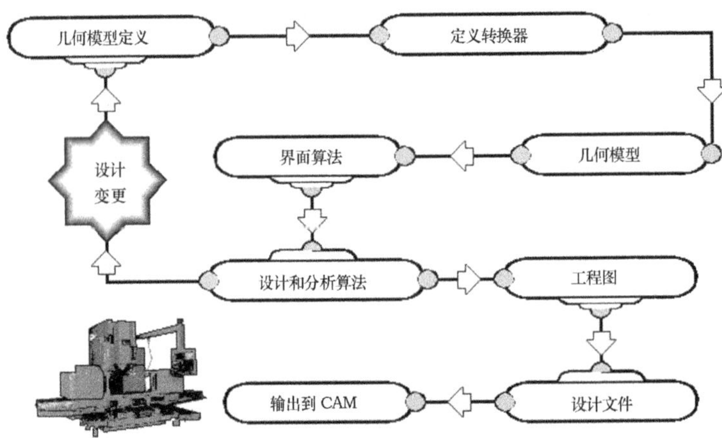

图 1-1 典型的 CAD 内部处理流程

从方法学的角度来看，在 CAD 中，人与计算机密切配合，在决定设计策略、信息处理、修改设计及分析计算等方面是充分发挥各自所长。CAD 可使设计工程师从繁杂的查手册、计算中解脱出来，极大地提高了设计效率和准确性，从而缩短设计周期、提高产品质量、降低生产成本。

“工业设计院”中的基础设计 4 本包含了 Pro/ENGINEER 的基本模块和基本的零件建模，以及工程图模块(Pro/DETAIL)；换句话说，即提供了包括图 1-1 在内的所有功能和大量的 CAD 工具，具有丰富的特征供造型工程师使用。它以特征、参数化为基础的优点，特别适用于设计修改，这点在 CAD 中可以得到充分地发挥。

1.2.2 CAE 与 Pro/ENGINEER

前面曾说过：CAE 就是在产品 CAD 设计过程中，利用计算机来仿真该产品在实际环境中的制造结果，以便及时发现问题或事后解决问题。当前主要的工程分析有：机构运动分析、有限元机构分析、热传导分析、流体分析、热应力分析、振动分析、电磁分析等。利用 CAE 模拟的结果(如位移图、应力图等)，技术人员可以在设计阶段发现以往要在制造和使用过程中才能发现的错误，并做及时的更正。所以，一套有用的 CAE 软件再加上判断经验丰富的 CAE 工程师，不仅可以加快新产品设计速度，而且可降低设计成本。

Pro/ENGINEER 的 Pro/Mechanism 模块是机构运动分析的代表，而 Pro/MECHANICA 模块则是结构分析的代表。它们的优点是可以直接使用 Pro/ENGINEER 的实体模型来做分析。本系列书中的分析设计两本，谈的正是这两个模块。它们在工业设计流程中属于中游。

1.2.3 CAM 与 Pro/ENGINEER

CAM 有广义和狭义之分。广义的 CAM 指：利用计算机辅助(CAD)完成从原材料到产品的全部制造设计(通称“模具设计”)以及计算机辅助机械加工(即“数控加工”)。它的输入信息是零件的工艺路线和工序内容，输出信息是刀具加工时的运动轨迹和数控程序。而狭义的 CAM 则仅指“数控加工”。

随着现在对产品精度要求的不断提高，每一个现代制造企业都需要大量的数控设备。CAD 只有配合 CAM 数控加工才能充分显示其优越性；而 CAM 也须依靠 CAD 才能发挥其效率。因此，在实际的机械制造应用中，二者很自然地紧密结合起来，形成 CAD/CAM 系统。在这个系统中设计和制造的各个阶段，可通过网络利用公共数据库来交换信息，从而紧密地联系成一个全局。CAD/CAM 系统将极大地缩短产品的制造周期，显著地提高产品质量，同时产生巨大的经济效益。图 1-2 所示就是一个典型的 CAM 内部处理流程。

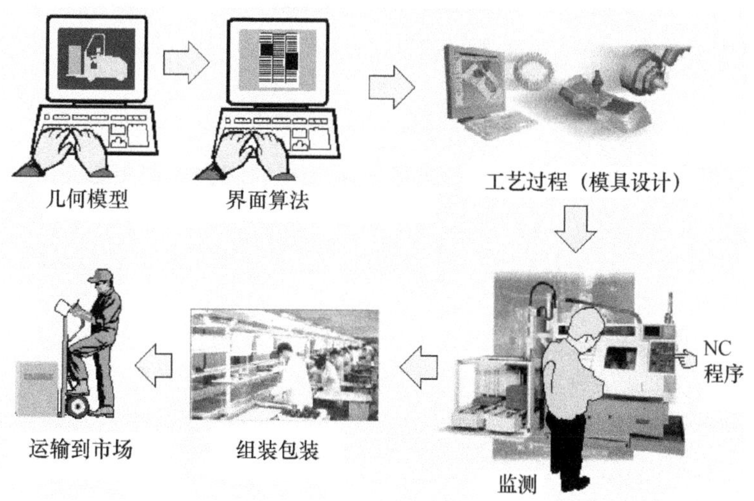

图 1-2　典型的 CAM 内部处理流程

从图 1-2 中可以看出制造不仅要强调 CAM，而且着重在与 CAD 集成。我们通常所说的 CAD/CAM 或 CAD/CAM/CAE 中的“/”就代表集成。

换句话说，位处工业设计下游的模具设计和数控加工，两者是密不可分的。其中，Pro/ENGINEER 的模具设计模块名为“Pro/MOLDESIGN”；而数控加工模块就叫做“Pro/NC”。

1.3　正向工程和逆向工程

“正向工程”，就是先有产品的定位(如产品的外观、大小尺寸和功能需求等)，然后设计师再依这个定位要求，去设计并制造出符合要求的产品，这样的流程就称为“正向工程”。正向工程适合自行开发的各种产品对象，如手机、计算机、音响等零组件，如图 1-3 所示。而这种设计方式也是一般设计师习惯的。

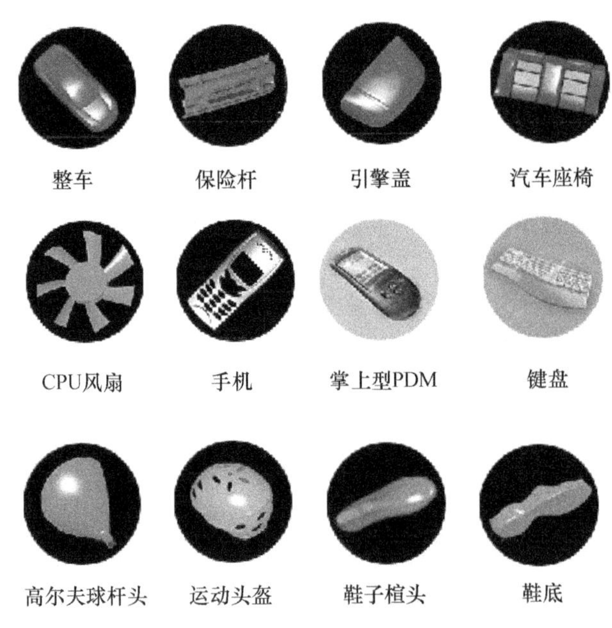

图 1-3　逆向工程的实物图例

而“逆向工程”又称为“抄数”。就是根据现有的实体，精密地量测其外形坐标点数据，再根据量测所得的数据点建构出物体的数字几何模型。一旦有了三维的几何模型后，就能将其转成 G/M 程序代码，使用工具机来制作模具，或者将其转成 STL 格式来制作 RP 原型。逆向工程则合适仿制品，尤其是非线性对象，如风扇叶片、运动护具、防毒面具、高尔夫球杆头、后照镜等零组件。

当然，像手机这种大众化的产品也可以使用逆向工程的方法来设计。图 1-4 所示为一部手机的逆向工程制作流程。

通过逆向工程所建构而得的立体模型，通过 CAM 生成刀具路径后，其切削精度及效率更胜于传统的仿削加工。此外，逆向工程技术，除了模仿外形是它的拿手功能外，更能在过程中去修改该产品，赋予产品更新的面貌，当前在工业界的运用已经大量的取代原有的“仿型加工”(Copy Machining)。

多数的 CAD/CAM 软件属正向工程类，也有专门独立的逆向工程软件。而在大型的 CAD/CAM/CAE 软件中也会有逆向工程的模块产品。例如，Pro/ENGINEER 就有一个叫做 Digi-Surf 的逆向工程软件。但是因为逆向工程只是一些设备的操作和简单的修改应用，问题不大，因此在本系列书中，我们不会专门谈它。通常我们学的都是正向工程技术。

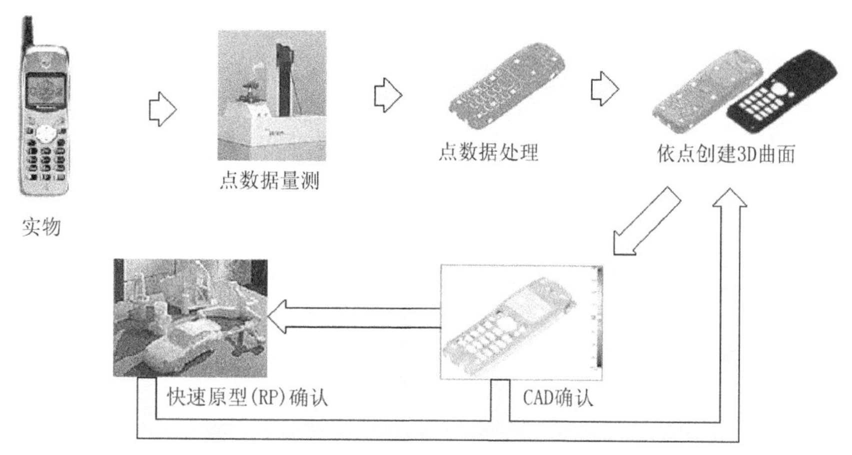

图 1-4 逆向工程的制作流程

1.4 学了 Pro/ENGINEER 以后能做什么

学了 Pro/ENGINEER 以后能做什么？对读者来说，这都是一个现实又严肃的问题。

随着“新贫冰风暴”在全球各地上演，失业问题日趋严重，竞争越来越激烈。麻省理工学院教授梭罗(Lester C.Thurow)在《知识经济时代》一书中就指出：富者越富、贫者越贫将是知识经济的特色，唯有最高技术者的实质薪资才会增加；而中下阶级将面临失业或薪资下降危机，主妇们被迫走出家庭，以双薪收入维系家庭的运作。在这种两极化的发展下，中产阶级将逐渐减少，他们被迫落入新贫阶级。

在大陆地区，人们虽然因为薪资低而得到机会，但是也面对大批优秀人力的直接竞争，其实压力也不比台湾地区小。

海峡两岸的就业情况都直指一个关键问题，那就是：自我的技术提升，以及主动争取可以有表现机会的环境，显然是面临工作危机的自保之道。其中，后者有个人特质因素，不是我们能教导，而前者正是我们著书的目的。因此，我们在此要真诚的呼吁：

“学任何东西，乃至 CAD，不要只学皮毛，而要深耕进去。做任何事情，不要求会做就好，而是要求做得更精致，更好！”

试想：当您在学的东西深度和几千万人都一样，让您的老板或主管分不出来您和别人有何不同时，那种危机和压力该有多大啊！

这正是我们工作室要帮助您的地方，我们的书也会尽量配合此目标将经验传承给您，并在网站上再给予咨询的售后服务。所有的目的都是要让您得以顺利自我提升。

1.4.1 先了解产品设计和制造的关键流程

要知道学了 Pro/ENGINEER 后能做什么，首先就要了解整个专业的价值和流程。对制造业来说，一个模具产品的形成将经历如图 1-5 所示的流程。

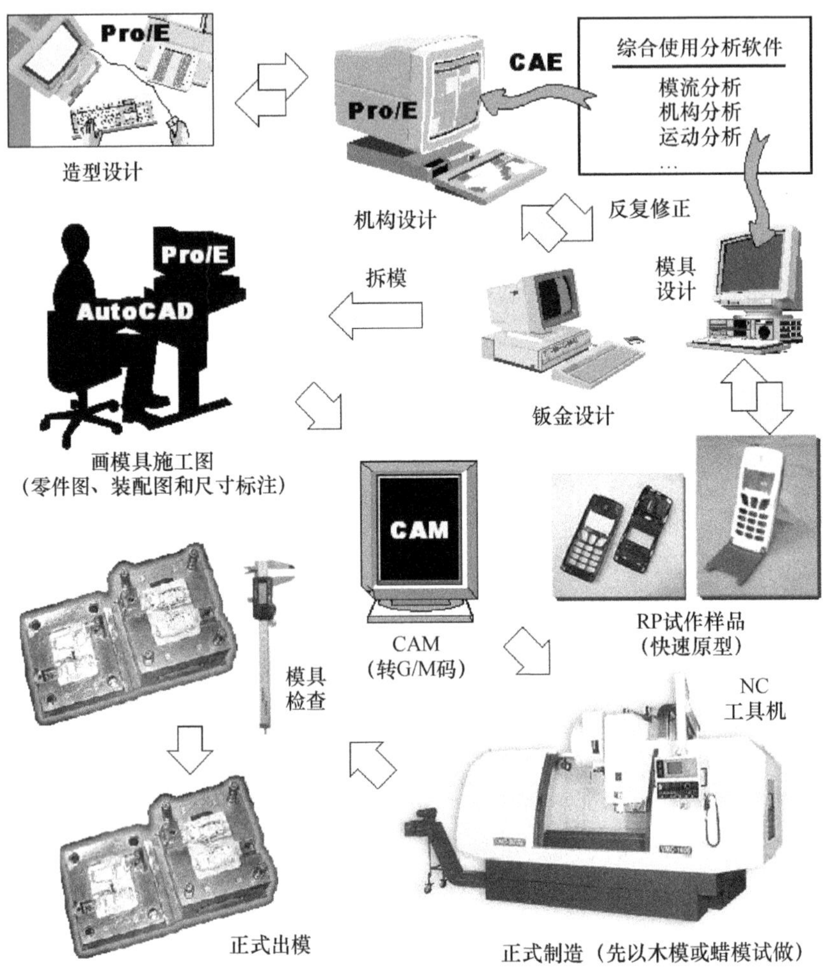

图 1-5　产品设计和制造流程

说 明

在图 1-5 中，假设我们要设计的是手机。首先，造型设计师使用 Pro/E 对该产品做造型设计，然后再进入机构和结构分析设计。这是因为像手机这么精密的产品，造型上一定以小巧为主，但是太小的东西，就易碎，且在塑料射出后，拔模变形的概率就比较高，此时，就需要机构和结构设计师在既有造型下，依其专业素养，设计出能顺利运动和制造的机构。接着再由模具设计师来设计模具，最后再由 NC 程序设计师和现场 NC 操作员来实际制造模具。在这个过程中，造型设计师、机构和结构设计师和模具设计师三者间要不断沟通。所以，在图 1-5 中，他们之间的流程关系是用双向箭头表示的。

您要注意的是：造型设计师和模具设计师在一般企业中编制比较稳定正式，而由于人才缺乏，机构设计师和结构设计师不一定分得那么清楚，只有在中大型企业中才有正式的编制，很多小企业都没有这类人才，甚至由模具设计师去兼机构设计师和结构设计师。在正常的情况下，这些“师”字辈的职位，都应属不同的专业，分工越细的企业表示它的技术能力和产品深度越高。

无论如何，最后都应该将样品试做出来。在 NC(数值控制工具机)应用不发达的时代里，样品试做都是手工的，所以也称为“手制样品”。但是现在，很多产品都使用“快速原型”的方式来制作试做样品。所谓“快速原型”(Rapid Prototype，RP)就是在 CAD 上将图形文件转成 STL 格式的文件，于生成加工程序后，再于 RP 成型机上将样品做出。这种方式可以制作出任意复杂形状或具细微机构的原型，完全摆脱切削加工的约束，且克服模型易失真的缺陷，这对制造加工而言是一项重大突破，而以 RP 为工具来开发研究一种新产品时，具有可降低投资费用并缩短开发时间等优点。RP 试做样品的材料可以是塑料和金属，也有使用木模或蜡模的。

样品通过后，就要设计模具并生产制造图面，在 Pro/ENGINEER 里，模具设计的过程就叫做“拆模”。拆模完成后，就要生产模具图。此时，图面将由完成拆模的立体图转为工程图，并将其转到 AutoCAD 上去标尺寸。当然，Pro/ENGINEER 上也有平面图和尺寸标注的功能，但是一般平面模具图的工作都由制图员做，他们对 AutoCAD 比较熟，所以在考虑人才训练和图面生产效益下，用 AutoCAD 来做会很快。不过，随着企业不使用盗版软件的概念逐渐加强后，使用两套软件来做一件工作，势必增加企业成本。因此，训练员工直接使用 Pro/ENGINEER 的尺寸标注功能来标尺寸，也将变为主流做法。

接下来，对需要到 NC 上制模的部分，就要通过 CAM 软件来转。在 Pro/ENGINEER 里我们就用 Pro/NC 来处理，但是业界也普遍使用如 Cimatron、MasterCAM 或 UG 等软件来处理。这些软件都差不多，用哪一套软件其实都没关系，熟练就好，倒是专业的技术能力比较要紧。

最后，在使用数控设备制造前，使用加工仿真软件对刀具中心的运动以及刀具、夹具、机床和工件间的运动干涉进行模拟，有时还会先以木模或蜡模试走一次，无误后才上钢锭模正式制造。

制造完成后，模具厂会按图面来检查尺寸，如果无误，就出货。一般说来，只要模具尺寸是依照客户的图面制作的，模具厂就没有责任，但是模具的问题并不会因为模具厂出模就罢了。经常上线试走生产时，才会出问题。一般情况下，无论问题大小，多少会有问题。有些问题好处理，但最麻烦的还是在设计上出了问题。然后，就是现场和设计等相关人员开会谋求对策，接着就是要模具厂配合修改模具。虽然修改模具并非模具厂的义务，但是为了争取客户，通常都会帮忙处理，有时也会提供私人见解。就这样，运气好的来回数次就解决；运气不好的就难解决一拖再拖，导致生产不良率高，成本就高。一般说来，模具体积越大，不可预期的问题就越多，导致有很多模具厂或设计单位，喜欢接高精密度的小零件模具项目，而对一些像显示器面框、汽机车零件等中大型的模具项目都不敢碰，就是肇因于此。

1.4.2 给自己定位

在图 1-5 的说明中，显示了工业设计中的几个热门职位。分类说明如下。

1. 工业设计上游

1) 制图员(建模师)

“制图员”是传统 2D 平面制图的职位名称，现在已越来越不吃香。当前，凡是提升到

3D 制图但并未涉及设计领域的工作，已赋予“建模师”的新称谓。但不论是“制图员”或“建模师”，他们都是工业绘图的最基本职位。通常，该职位的人员负责生产图面，所以需要一点专业知识，但主要以熟悉制图规则，和软件操作为主。一般只要高中、高职以上的学历即可胜任。但是薪资相对较低。但是如果无任何专业背景，但想往机械业发展时，可以先担任此职位，然后再一边按工作的所见所闻和专业方向来进修，以取得合格的专业常识和经验，再向设计师的层次来提升。

2) 造型设计师

很多人误以为“造型设计师”就是“机械设计师”，所以就以机械设计概念来学习造型设计，这是大错特错的！

造型设计师的工作就是创造出一个可以吸引消费者目光的产品。所以，重点在创建造型！只要造型创意好，就是尽职了。创建造型首要使用的手法不考虑机械特性，需要的是素描、美学等艺术素养，以及如人体工程学等专业素养。然后，才是机械特性和制造可行性。一位有经验，创意又好的造型设计师，如果能顾及结构强度和现实生产，那就更好了！因为再有创意的外形，也要具备强有力的结构(增加产品寿命)，模具也要能做得出来，并得以顺利生产。换句话说，这是一门复合性的学科，造型设计师可以跨界往机械设计走的弹性较高。对 Pro/ENGINEER 来说，它的 ISDX 模块正是为此而生。它也是我们规划在“工业设计院系列”中，《Pro/ENGINEER ISDX Wildfire 造型设计》一书中的主题内容。

造型设计师的一般薪资属中上水平，优秀有经验者更高。

2. 工业设计中游

在一般小企业中，很少有机构设计师和结构设计师这样的编制。因为一般企业的老板总是期望设计人员在学校阶段，就已经具备可以做基本机构和结构分析的能力。然后，对机构、结构要求较高的重要产品，才再花钱去请更专业的分析单位做。因此，只有在专业的分析企业里才会需要专门的人才。这类人才难找，所以薪资也都不错。以下就说明两者的差别。

1) 机构设计师

只要是设计产品“运动”的部分，就是机构设计。例如，手机的打开方式、玩具的运动方式、机体中的齿轮/凸轮的运动设计等。一般说来，简单的运动，机械专业毕业的学生应该都能做，但是要能应付深入而复杂的运动，那就是一门专业了。这通常是研究生的主要课程。

2) 结构设计师

只要是可以利用一些简单的设计技巧(如加强肋等)，来让产品具有固定的强度，但材料成本更降低的分析，就是结构设计。尤其是面对现代产品轻薄短小的设计趋势，结构设计师最伤脑筋的就是：维持其应有的强度。例如，手机要轻薄短小，也要耐摔。同理，通过 CAE 软件就可以很快的分析出简单造型的结构，但是要能应付深入而复杂的造型，那就是一门专业了。这通常也是研究生的主要课程。

3. 工业设计下游

1) 模具设计师

工业产品为了大量生产，所以一定要制作模具。而模具设计师的工作就是按造型设计出模具的上下模(拆模)，再将它交由 NC 程序设计师和现场操作员制造出来。之后，当试模有问题时，也要参与解决。模具设计师新手和老手的待遇相差很多，因为专业的背景和经验的累积很重要，也很不容易，取决于所进企业的技术环境。通常三年到五年可以有效养成一位能做事的模具设计师，但误入技术层面不高的企业，就不容易累积有用的经验，这要注意。小企业的老板一般都会希望他的模具设计师也能兼具机构(或结构)设计师的角色，以降低设计过程中的沟通成本，但此类人才可遇而不可求。

多数优秀的模具设计师或模具厂老板，多半具有钳工方面的实务经验，因为现场的经历对模具设计师至关重要，所以不一定学历高就能在这行中出人头地。总之，学历低，但具有现场经验者，尽量要再进修，学得并熟练计算机工具的应用；学历高而无现场经验者，要放下身段，尽快将现场经验的资历补足。这样，在后面阶段的求职或工作中，就会顺利并节节高升。

2) NC 程序设计师

在模具的制作过程中，为了提高精度和质量，就要应用高度自动化的切削机器来制造。这个自动化的切削机器就称为“数控加工机”(NC)。它是需要一位 NC 程序设计师撰写命令，再配合 NC 操作员来操作此机器的。虽然并非所有的工作都值得在“数控加工机”上做，但是随着现代人对质量的要求日高，“数控加工机”的应用已越来越普遍。因此，NC 程序设计师的需求也日渐增多。而在所有类型的 NC 机械中，又以铣床和曲面造型最依赖 CAM 软件的协助。但 NC 程序设计师仍然需要具备 NC 加工经验，所以很多 NC 程序设计师多由现场 NC 操作员晋升而来。

3) 现场 NC 操作员

现场 NC 操作员一般也是由职高或中专的人员担任即可。一般的 NC 操作员都要学会在无 CAM 软件下，根据模具图面来写出 G/M 码。又因为各厂所用的 NC 厂牌不一定相同，虽然基本语法类似，但是如补正之类的控制，则各有各的语法。所以，一般用人单位都会先对要担任现场 NC 操作员的新人做职前培训。

NC 操作员的薪资是按经验和现场控制能力来定价或调价的。由于有机会目睹设计人员解决问题的过程，所以在我国，有很多学历虽不高，但天资聪颖的 NC 操作员在得到技术经验，又学会了一些 CAD/CAM 软件的操作后，就专门私下接一些高难度的模具项目。天资聪颖的，还可以往 NC 程序设计师和模具设计师晋升，这在证明：“天助自助”这句话是真的！

在进入正式的 Pro/ENGINEER 学习前，了解以上这些，就是要给自己一个目标，一个定位，这样学起来才会比较踏实，容易成功！

1.5 如何使用本书的视频文件

传统上，本工作室的出版风格，一向是以丰富的范例，以及实际步骤式的操作图例为特色。要制作这种图例很麻烦，不论在制作和排版上都非常费工，所以已成为本工作室的出版特色。

按现代的出版趋势与读者的要求，从 2009 年开始的新书出版中，都已陆续加上辅助性的视频操作文件。我们特别在本节中，根据我们的实际教学经验，来说明正确地使用视频文件的使用方法。

首先，根据我们长期的教学观察，视频文件的使用会有以下的影响。

(1) 依赖视频文件学习的学生，换个范例后就画不出来的比例，明显高于不使用视频文件来学习者。因为依赖视频文件的学习态度，会让负责思考的右脑活动降至最低，仅活泼了专思模仿的左脑。

(2) 偏好依赖视频文件来学习的学生，在设计创新的能力上较弱。因为靠自己的认知来操作学习范例，会在操作过程中受到挫折而强迫自己思考，并不断地做练习尝试。此举除加强了熟练度以外，甚至会无意间发现更好的操作方法。这本来就是有志从事设计工作者应有的训练之一！但是依赖视频文件者，会抹杀这类的练习，从而降低设计能力的养成。

(3) 对部分专注力不够的学生来说，有声音的视频文件具有强烈的催眠作用，影响学习成效。

然而，当按书中图例实在做不出来时，视频文件的确有其必要之处；因此，本系列书将全面提供操作视频文件(avi 格式)，但是：

(1) 不是全部范例都制作视频文件。图例可以清楚表达或是简单的范例就不提供，而只提供图例无法妥善表示，或是有必要视频说明的重点操作。

(2) 多数的视频文件都是无声，少数有声的视频文件则会在视频文件的文件名中注明。

(3) 视频文件中所示范的范例内容不一定和书中图例完全相同，但是表达的都是同样的操作。

在这样的情况下，建议本书读者使用以下的方法来达到更好的学习目标。

(1) 在不看视频的情况下，先按照本书的图例来操作范例。尽量尝试您所知的各种方法，并思考该操作方法的作用和影响。

(2) 在按照图例操作遇到困难时，再参考该范例的视频文件(如果有的话)。

习　题

1. 结合一个具体实例(如您的工作)，画出 CAD/CAM/CAE 的流程。
2. 试说明 CAD、CAM 和 CAE 的意义，以及市场上各自所代表的知名软件。
3. 试举例说明“正向工程”和“逆向工程”的意义。
4. 请叙述工业设计过程的各种热门职位内容，以及您希望未来从事哪一个职位。

第2章

Pro/E和3D实体造型

由于Pro/E属于3D高级建模软件，这类的软件其所采用的实体建模技术都有其理论根据。为了要让您在操作前能有正确的概念认知，我们特别在此章中说明它的内容。

在本章的最后，我们还将为您说明本书所学习的主题内容，以让您在随后的章节里知道您现在正在哪一个流程的学习上。

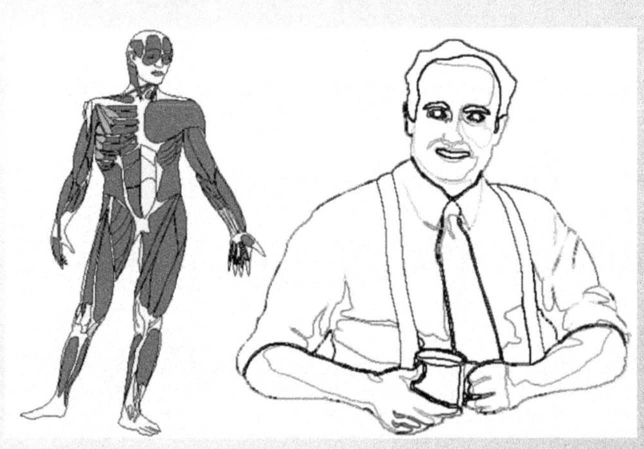

2.1 三维实体造型

三维的 CAD 系统是 Pro/E 的主要功能之一。可是 Pro/E 和 AutoCAD 这类的二维 CAD 软件不同，它是三维的。所谓“三维 CAD 系统”，就是将设计中，涉及机械、设备和结构件等三维物体，以尽可能接近实体特性的几何形状来进行处理的 CAD 系统。从理论上来说，在计算机上进行几何形状操作处理的技术，称为“几何建模”(Geometric Modeling)，而运行这项技术的软件，则称为“几何建模工具”(Geometric Modeler)。

我们希望能够有一种统一的处理方法来处理几何形状。但是，当前对平面和简单曲面所组成的三维几何形状，与像汽车车体那样的复杂曲面形状，软件中采用了不同的处理方法。前者称为“实体模型”，后者称为“自由曲面的几何模型”。将两者结合起来，就可以制作出各种各样的几何形状。

由于三维 CAD 系统的出现，使得以工业制图法为基础的视图，可以通过将几何图形往所需的平面上投影来获得。这是三维 CAD 系统的一项应用。利用三维 CAD 系统，可以方便地对设计中所需要的体积、重心等物理量进行计算，也能够生成和 CAE 系统密切相关的数据，还能够在显示器上对加工、组装的方法进行审查研究，并生成 NC 加工所需的数据。

下面，我们就以实体模型的观点，来介绍三维几何建模的概念。

2.1.1 实体模型

表示实体模型的方法可以分为两种：“边界表示法”(Boundary Representation，简称为 B-Reps)和“建构实体几何法”(Constructive Solid Geometry，简称为 CSG)。以下分述。

1. 边界表示法的实体模型

采用边界表示法的实体模型分为三种：线框模型(Wire Frame Model)、曲面模型(Surface Model)和实体模型(Solid Model)。

1) 线框模型(Wire Frame Model)

线框模型是一种在计算机内构成三维实体的方法。它是通过点、直线、圆弧等基本图形元素所组成的框架，来描述具立体形状特征的几何图形。“线框模型”。是最早用于实际，现在仍然广泛应用的一种三维几何模型。用人类身体来比拟的话，线框模型就像人类的骨骼，如图 2-1(右)所示。以立方体为例，其线框模型如图 2-1(左上)所示。只要指定线起点和终点的正确 3D 点坐标(x，y，z)位置，就能表现出立方体的立体线性几何形状，也就是其线框模型。

正因为线框模型的数据结构简单，所以具有处理速度快的特点。但是，用线框模型来表示线性立体几何或许还可以，但是若要用来表示曲线几何特征可能就不够完美了。如图 2-1(左下)所示，它必须以直线或圆弧等辅助线来表示，但这么一来，就会有失去边界的感觉。

如上所述，用线框模型来描述空间实体，虽然表达的信息不够完整，但对于某些应用还是很有价值的，特别是其处理速度快这一大特点，使其在不能使用高性能计算机的情况下，仍有充分的优越性。若在计算机内建成立体的线框模型，那么，利用图形学中的投影法，就很容易得到立体视图。所以，这种模型在计算机绘图方面得到了广泛应用。同时，它也是立体造型中应用最早的方法和最基本的元素。线框造型的特点是：结构简单、易于理解、数据存储量少、操作灵活、反应速度快，是进一步构造曲面模型和实体模型的基础。在 Pro/E 中，您只要在顶部工具栏中单击(线框)图标，就可以在实体模型下显示线框模型。因为在线框模型下，用来检查实体间的干扰情况会更方便。但毕竟线框模型创建起来的不是实体，它只能表达基本的几何信息，不能有效地表达几何数据间的拓扑关系。因此，不能对图形进行剖切、消隐、渲染、明暗、物性分析、干涉检测等处理。线框造型可以通过绘图来生成，也可通过已生成的曲面造型和实体造型来自动生成。

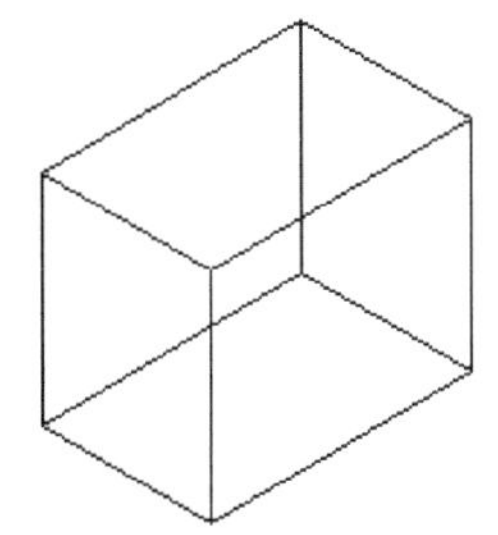

以线的方式，令其起点和终点都是3D坐标点的方式所建构出的立体线框图。

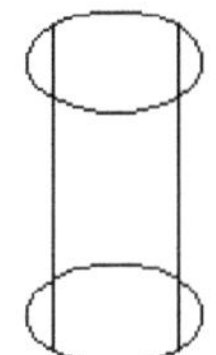

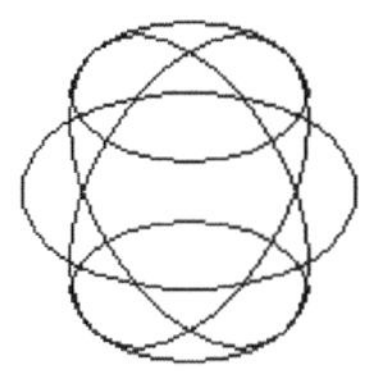

这种模型若要表现由圆柱、球体等曲面所构成的立体就会比较困难，必须以直线或圆弧等辅助线来表示。

图 2-1　在 CAD 里的立方体和圆柱/球体的线框模型

2)　曲面模型

曲面模型是在线框模型的数据结构基础上，增加可形成立体面的各相关数据所构成的。在定义面的时候，只要表示出这个面是由哪些棱线按照什么顺序连接而成的，以及这个面是平面还是曲面等这类表示面种类的信息就可以了。图 2-2 所示就是以面所搭建出的立方体、圆柱和球体的曲面模型。和线框模型相比，曲面模型只增加了定义面的那一部分数据。所以，通过使用处理这些数据所得到的信息，就可以进行面与面间的相交、消隐、明暗处理、渲染等操作。用人类身体来比拟的话，曲面模型就像贴附在骨骼上的肌肉(如图 2-2(右)所示)。

曲面造型的方法主要有以下几种：平面、拉伸曲面、旋转曲面、扫描曲面、混合曲面，边界曲面(即由多条或多条互相连接的边界曲线所构成的曲面，构成方式非常灵活)。曲面在本工作室“工业设计院”系列的《Pro/ENGINEER ISDX Wildfire 5.0 造型设计》一书中，将有详细介绍。

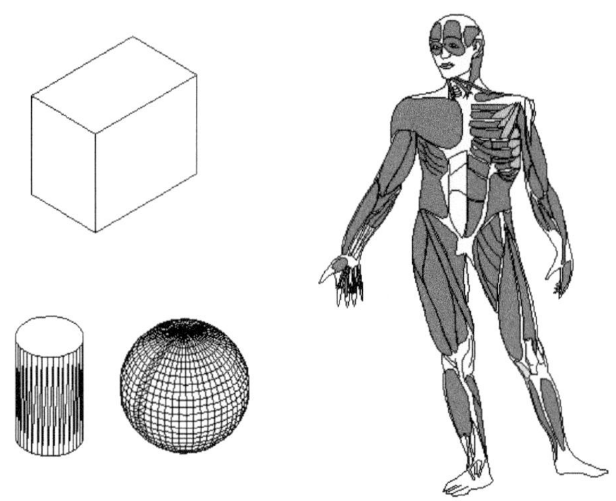

图 2-2　在 CAD 里的立方体、圆柱和球体的曲面模型

3)　实体模型

从表面上来看，实体模型和曲面模型很类似，尤其是线性几何方面，几乎分辨不出来；只有在曲面上才可看出端倪。曲面模型在表示三维立体时，使用的方法是：以面来围成立体。若于此基础上，再增加厚度的数据，就可以构成实体模型了。这种通过指定点、线、面的连接关系，以及实体在各个面的厚度数据所表达三维实体方法，就称为“边界表示法”。实体造型就是指在计算机内部提供了对物体完整的几何和拓扑定义，可以直接用来进行三维造型设计的方法。

实体模型是一个完整的几何模型，它可以对模型进行质量、质心、惯性矩等实际物理量的计算，也可以进行实体与实体间的相交、消隐、明暗、渲染等处理。用人类身体来比拟的话，实体模型就像骨骼＋肌肉＋内脏的完整人体。

实体造型的制作方法与实际生活中所接触的物体非常接近，如可以对实体进行切削、填补等加工。因此，当前很多的造型软件都以它为基本造型手段。对 Pro/E 来说，实体造型的制作方法有拉伸实体，旋转实体，扫描实体，混合实体，如图 2-3 所示。

图 2-3 中的造型设计方法说明如下。

- 环状扫描(Circle Sweeping)。在 Pro/E 里称“旋转”(Revolution)。我们可以将立体图的轮廓绘出，然后再将其针对空间中的任意轴来做环状旋转，在做旋转的过程中，其路径就将成为此立体图形的主体。
- 线性扫描(Linear Sweeping)。在 Pro/E 里称“拉伸”(Extrude)，就是以直线方向来拉伸或挤拉出一实体面。
- 路径扫描(Sweep)。在 Pro/E 里称“伸出项”(Protrusion)。就是沿着一条路径线来拉伸出一立体面。Pro/E 将 Protrusion 翻译成“伸出项”乍看之下非常突兀，但是如果您看到图 2-2，我们将曲面实体模型描述成贴附在骨骼上的肌肉，就会觉得合情合理了。
- 混合扫描(Swept Blend)。即针对可变剖面的扫描。就是用于同一路径，但路径中每段剖面的形状不同，或剖面轮廓为渐缩或渐增的状况。

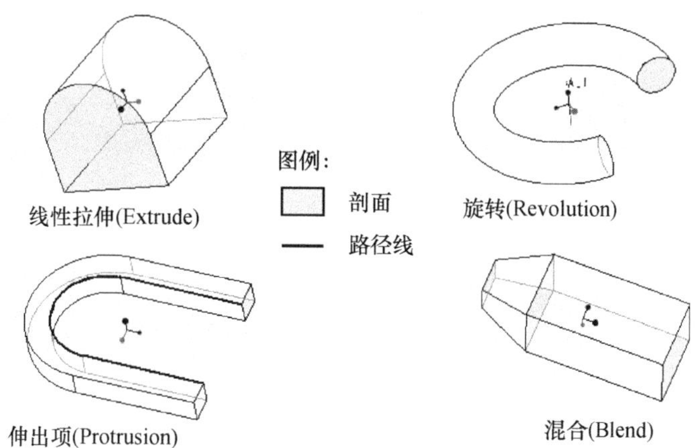

图 2-3 各种实体的扫描生成模式

2. 建构实体几何法的实体模型

机械零件和机械产品的几何形状，多数是由立方体和圆柱体等简单几何形体组合而成的。现代 CAD 软件所采用的立体构建可根据“建构实体几何学”(Constructive Solid Geometry，CSG，见图 2-4)而来。这个理论在 20 世纪末为 CAD 软件业提供了一崭新的立体绘图功能设计概念。请注意以下龙震老师对此理论的最简单清楚的描述：

“所谓 CSG 画图法，就是将一些基本的立体组件图形，例如，立方体、角锥、圆柱、球体等，相互重叠放置一起；然后，剪去或拟合重复的部分即可。”

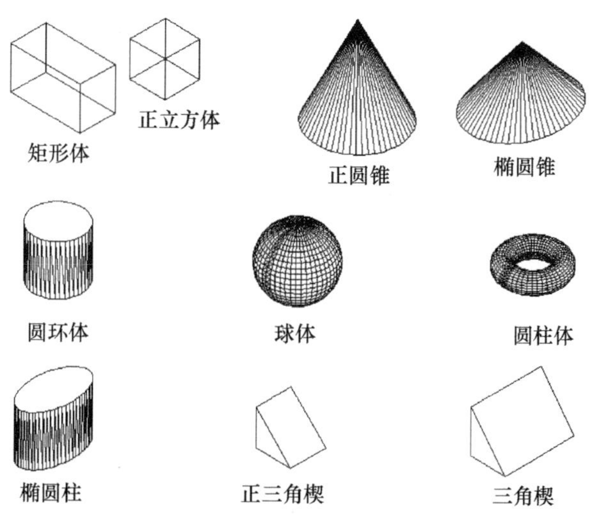

图 2-4 基本的 CSG 立体实体

对根据 CSG 理论来设计的 CAD 软件来说，有些软件有画出如圆球、立方体等立体基本组件功能的，有些软件只有“旋转”的功能。这是因为基本的立体图形也是通过旋转的功能绘出的。因此，其重点是在“旋转”上。

在利用 CSG 进行组合构成新的几何形体时，要在这些 CSG 之间进行所谓的并集(Union)、差集(Subtract)，以及表示共同部分的交集(Intersection)等几何逻辑运算。理论上称为“布尔运算”。图 2-5 所示就是布尔运算的说明范例。

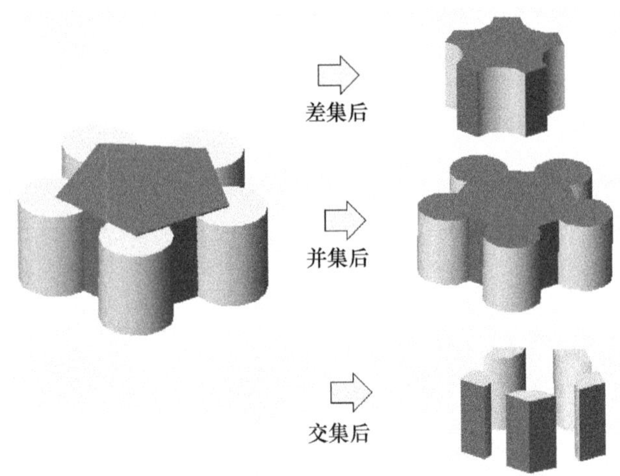

图 2-5　布尔运算的三种状况

注 意

布尔运算的优点：融合图形快，操作方便。缺点则是：图形容量变大，不易修改。

2.1.2　边界表示法和建构实体几何法的比较

为了比较边界表示法与建构实体几何法之间的不同，我们特别在图 2-6 中将两者的建模方式并列在一起，以方便您的比较。

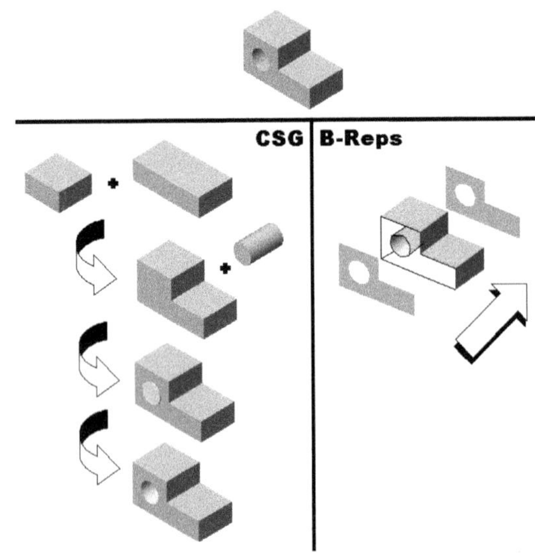

图 2-6　CSG 与 B-Reps 的建模方式比较

然后，我们再以表 2-1 来列出其优缺点进行比较。

表 2-1　CSG 与 B-Reps 的优缺点比较

实体模型法	优　点	缺　点
边界表示法(B-Reps)	输入图形数据可以直接利用，操作上较单纯。 图形数据较完整，因此容易设计事后编辑功能。 实体的表现较精确	图形数据较多，输入比较麻烦。 因为输入条件多，在 CAD 里的相关功能操作也比较复杂，所以要花多一点时间学习
建构实体几何法(CSG)	几何形状不易生成错误。 图形的数据结构紧凑，所以输入较快。 处理速度较快	必须按照指定的定义进行几何图形的逻辑运算(布尔运算)等操作，操作上的步骤比较多。 缺少很多相关的图形数据，所以在运行布尔运算后，事后修改很不容易。 实体的表现比较不精确。 导致图形文件容量增大

边界表示法(B-Reps)和建构实体几何法(CSG)两种方法各有优缺点，两种方法都得到了广泛的应用。另外边界表示法这三种造型之间的关系是共存互补的。因此，当前最好的三维造型软件都是将这三种造型包含在一起，使它们之间能够很好地共存，互补，以发挥每种造型的优势。

例如，在 Pro/E 里，扫描特征所用的就是边界表示法(B-Reps)的理论，而如孔、倒角等特征所应用的就是建构实体几何法的原理。

2.2　Pro/E 的主要功能和特色

Pro/ENGINEER(以下简称 Pro/E)是一套集设计、分析、制造的机械设计解决方案。它包含：实体模型、产品组立、工程图制作、模具设计、电路设计、管路设计、钣金设计、铸造设计、数控加工、逆向工程、焊接设计、有限元分析等模块功能，广泛用于机械设计，模具设计业中。

作为新一代的产品造型系统，Pro/E 是一个参数化(Parametric)、基于特征(Feature-Based)的实体模型(Solid Modeling)系统。在上面这一段话中，我们已经指出三个 Pro/E 的特色。以下，我们就分三小节来解释这些名词。

2.2.1　基于特征

随着计算机的普及，人工智能的应用范围越来越广泛，但在 CAD 绘图自动化方面的应用，却碰到了一些问题。造成这种状况的原因主要来自于对实体的描述和表示上，到底采用何种描述方法，才能让计算机很好地理解实体，以进行合理有效的几何推理，这已成为当前首要的问题。传统的实体表示方法将使用简单的原始几何元素来表达实体，例如线条、圆弧、圆柱以及圆锥等，这显得很枯燥、单调，计算机很难识别和理解这类粗糙的模型。

因此，就迫切需要发展一种创建在高层次实体基础上的实体表示法，这种实体表示法需要包含更多的工程信息和数据，这种实体就被称为特征。以特征为基础的特征造型设计方法在一些主流的CAD系统中已有应用，但仍然处于研究阶段。

自20世纪80年代以来，基于特征的设计方法已被广泛接受，最初的特征定义仅包含了几何意义，即主要是它的形状特征，但实际上特征应该包含更多的更广泛的含义和信息。由于特征源于设计、分析和制造等生产过程的不同阶段，因此，对特征的认识也不尽相同，至今尚无统一的特征定义。当前较为通用的定义是1992年由Brown所提出的：

“特征就是任何已被接受的某一个对象的几何、功能元素和属性，通过它们我们可以很好地理解该对象的功能、行为和操作。”

更为严格的定义也被使用：特征就是一个包含工程含义或意义的几何原型外形。特征在此已不是普通的体素，而是一种封装了各种属性(Attribute)和功能(Function)的元素。

当前特征的分类还没有统一的体制。一般来说，特征可分为以下两类

- 造型特征。(又称为形状特征)是指那些实际构造出零件的特征。它还可进一步分为两种。
  - ◆ 基本特征。指构成零件主要形状的特征。
  - ◆ 二次特征。指用来修改基本特征的特征，通常分为正、负特征。
- 面对过程的特征。是一不实际参与零件几何形状的构造。可细分为：精度特征、技术要求特征、材料特征和组装特征。

由此，我们可以利用较高层级，且语义丰富的特征，来代替简单的原始的几何元素，以作为基本元素。然后，通过一定的组合法则来建模，这就是造型特征。特征的表示和创建也就成为其中的关键。随着面对对象的技术的创建和发展，尤其是封装和继承的概念，解决了可扩充性和数据结构的复杂性，使得特征可以只包含所需的信息，需要时可通过继承来添加所需信息，它对特征造型提供了强有力的支持。

1. 特征描述

在基于特征的造型中对于特征的描述是关键，特征描述应该包含几何形状的表示、相关的处理机制以及特征高层语意信息，而当前主要探讨的多属形状特征。特征(严格地说是语义特征)可被视为由下述三类属性所描述的面对几何对象。

- 数据属性。包含特征的静态信息。
- 规则或方法属性。用来定义特征特定的设计和制造特性。
- 关系属性。描述特征间的位置关系。

形状特征实际上是几何实体(无任何语义)的结构化组合，形状特征与特征间是一对多的关系，这体现了特征的应用多视角性。通常，对形状特征的描述有几种。

- 边界表示法(Bound RePresentation，B-Reps)。
- 建构实体几何法 (Constructive Solid Geometry，CSG)。
- 混合法(混合B-Reps和CSG)。

但在CAD应用中，参数化设计应用愈来愈广，因此，可将参数化设计应用到特征设计中，使得特征具有可调整性，其主要是针对特征的几何和拓扑(Topology)信息。我们可以利用混合法来创建特征模型，并将参数化法引入到特征造型中去，使形状特征可以根据需求

调整变化，这就是基于特征的参数化设计。

特征可以利用面对对象的语言来描述，利用封装来包含特征所需的信息，使用成员变量来表示特征的静态属性，以及与其他特征的关系属性；而用成员函数来描述特征特定的设计、制造和行为规则方法，并且通过继承来生成新的特征，发展已有的特征，以满足造型时的需要。特征表示的结构如图 2-7 所示。

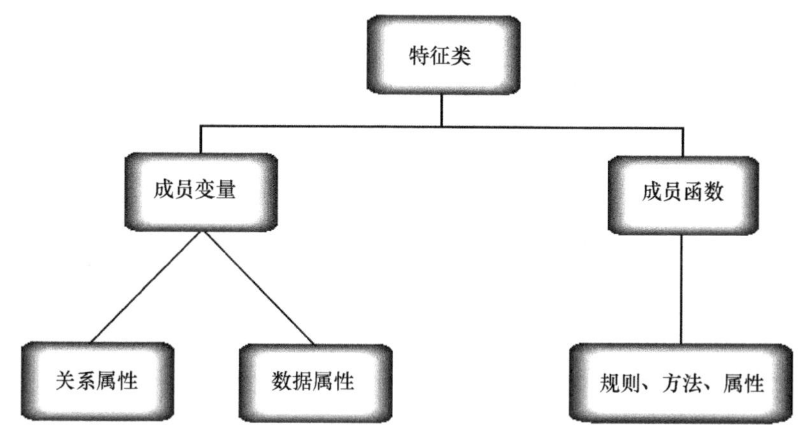

图 2-7　特征表示的结构

2. 约束

在创建特征类的关键是形状特征的描述方法，而创建形状特征的过程可视为约束满足的过程。设计本质上是通过提取特征有效的约束，来创建其约束模型，并进行约束求解(这也可称为变量化设计)。那么在特征类内，可以将形状特征分解成为多个成员变量，通过使用成员函数(进行约束求解)来连接这些变量。然后，通过图形显示的成员函数，来使特征的外形可视。这些约束一般将根据不同产品的功能、产品结构强度刚度和制造过程的不同来转化的，并将这些约束综合成设计目标，再将它们映像成为特定的几何和拓扑结构，从而转化为约束。通常在国外，一般将约束分为。

- 基本约束。描述一个实体相对于其他实体的位置。
- 尺寸约束。用来约束各几何元素的大小尺寸。
- 几何约束。用来约束各几何元素的固定联系。
- 拓扑约束。用来约束零部件的结构。

几何约束和拓扑约束的差别如图 2-8 所示，(有些学者将这两个约束统称为几何约束)将基本约束、尺寸约束、几何约束和拓扑约束作为构成几何要素、拓扑结构的几何要素或表面轮廓要素，用以导出各形状结构的位置和形状参数，从而形成参数化的产品几何模型。

3. 特征

先了解以下名词。

- 构成。使用混合法表示出特征的几何体素构成，可采用一个双向链表来表示，它也是多个实体结构，实体结构(一个 Structure 表示)是由 B-Reps 表示的线、面等元素的综合。当前最好是使用数据库来存储读取。

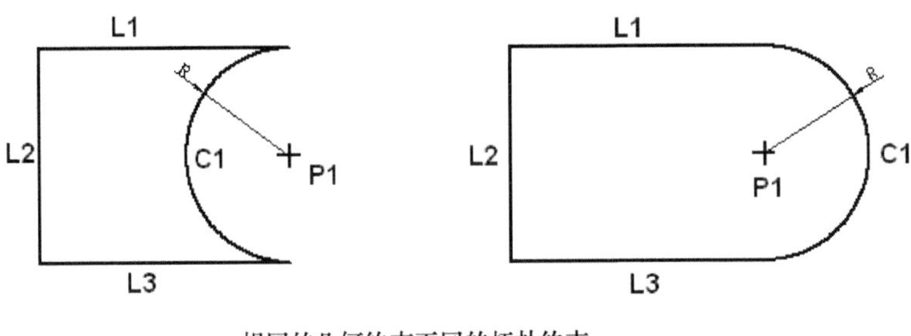

相同的几何约束不同的拓扑约束

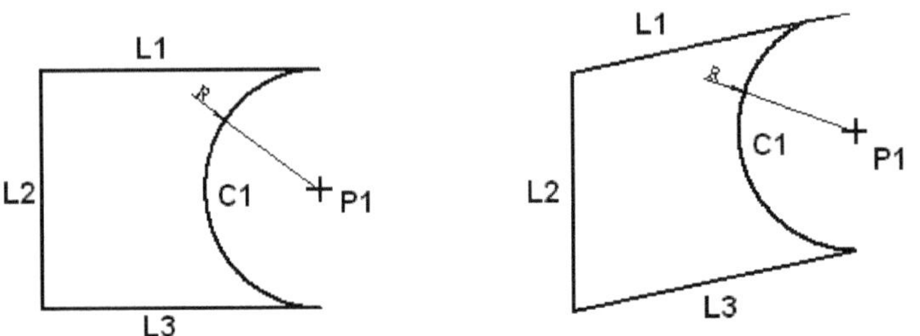

相同的拓扑约束与不同的几何约束

图 2-8　几何约束和拓扑约束的差别

- 基准，以及测量实体。包括点、线、面，对于今后造型时特征的位置很重要，并且是形状特征生成时的基础。
- 信息。包括材料信息、公差信息、制造信息、功能信息等。
- 约束。是用来具体制定各几何体素的尺寸、关系和位置结构等，是成员函数，其中一些函数用来初始化特征，给出各默认参数，其他一些函数则用来计算约束求解，赋值给各体素，定位定型各体素，实践特征调整后，各体素的联动和配合，以完成显示特征。
- 行为。用来描述特征在今后造型中，利用布尔运算所进行的特征造型，定位特征等。

特征可以被视为一个小型的、包含多种信息的基本几何模型。有鉴于此，我们可以根据以上所述来创建特征描述模型。关键是形状特征的描述。形状特征应包含它的构成(组成它的几何体素)，以及几何体素之间的关系。形状特征可以用 CSG 法、B-Reps 法和混合法来表示。一般采用混合法较好，因为它消除了 B-Reps 法的不唯一性，又避免了 CSG 法的抽象性。它全局是采用 CSG 法，但在其中则应用 B-Reps 的表示法，结合了二者的优点。利用 B-Reps 法来表示最基本的实体(也可以算是不含语义信息的最基本特征)，并且需要在其中加上参数变量，以描述尺寸及关系，使得参数变量化设计可以进行。上述用 CSG 法进行构造特征模型(即复合特征)，在特征造型时，就可利用实体布尔运算来进行建模。对几何体素的关系就需要利用约束、变量化设计、定义尺寸大小、相对的几何关系(相切、平行、垂直等)以及拓扑结构等来定义。

换句话说，使用面向对象的表示法如下所述。

“新的特征可以由旧的特征继承得来，并加入所需的新的信息，一般是对形状特征的扩充。对特征构成的描述也较为重要，实体的表示就是其中的关键，实体表示为一 Structure 结构，该结构中还需要一 Structure 结构来描述 B-Reps 模型，一般用链表，在其中要包含所需的线、框和面的参数变量。按照当前的趋势，还可引入数据库界面，使它的数据成员能由数据库来进行存取。”

4. 产品描述

产品描述为形状特征的集合。一般说来，形状特征都有其相应的结构与关系固定的几何体素，而产品的几何模型实质上是由许多几何体素构成的。几何体素可以是实体、曲面或线框模型。这些体素通过约束来连接。特征的构成表示的实体通过拓扑运算来构造所需产品，特征成员变量中的基准则用来定位，根据是正还是负特征来决定在原基础上，增加还是去掉该特征。任何一个产品都可以用一个包含特征链表、参数变量和约束的结构来表示。特征链表用来描述产品的组成元素，参数变量用来表示尺寸、几何和结构，当进行参数化调整时，产品的参数变量也变化，此时，约束就可用来协调特征关系和产品的尺寸结构。产品可以描述为如图 2-9 所示的结构。

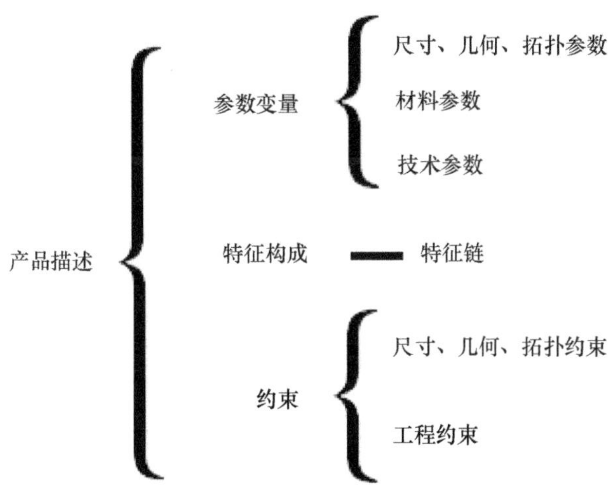

图 2-9　产品的描述结构

下面对前述概念再做一整理。所谓“特征”，就是由固定拓扑关系的一组实体单元所构成的特定形体。它包括附加在形体之上的工程信息，相应零件上的一个或多个功能，而且能够被以固定的方法加工成型。基于特征的模型(Feature-Based Modeling)是以实体模型为基础的。它是一种使用具有设计或加工功能的特征，来作为造型的基本单元，然后再据此创建零部件几何模型的方法。

在 Pro/E 中的特征一般指形状特征。所谓基于特征，就是指以特征作为实体模型建构的基础，无论多么复杂的实体模型，都可以将其分解成由若干个特征根据一定的关系所组成的物体。特征也可以用参数来完全控制，指定了特征的参数，也等于就是指定了特征的形状，从而达到设计实体模型的目的。

在 Pro/E 中，我们可以通过提高的特征，如拉伸(Extrudes)、旋转(Revolves)、扫描(Sweeps)、孔(Holes)、槽(Slots)、倒圆角(Rounds)等，来取代构成实体的一些低级特征，如线、弧、圆等，以进行零件和组件的设计。这样，设计人员就可以在更高的层次上思考建模，而将低级的几何体的细节留给 Pro/E 处理，从而提高了设计效率。特征是用某些单元(如基准面、成长方向、形状、尺寸等)的值和属性来表示的。此外，特征也可以是简单的非实体的几何体，如基准轴和基准面等。同时，特征可以很方便地从模型中增加或移除。

2.2.2 参数化

“参数化(Parametric)造型”的功能主要使用“关联性约束”来定义和修改几何模型。“约束”将包括尺寸约束、拓扑约束和工程约束(如应力、性能等)。通俗地说：狭义的约束也就是设计条件和设计公式。参数化将表示零件或组件的形状和位置是由赋予它们的特征的值(主要是尺寸值)来控制的，这些特征值可能和其他特征是关联的。

Pro/E 是采用参数化设计、基于特征的实体模型系统。所谓“参数化设计”就是将设计要求、设计原则、设计方法和设计结果用灵活可变的参数来表示，在设计过程中可以根据实际情况随时对设计加以更改。参数化功能是 Pro/E 的核心部分，也是整个系统最为重要的一个特色。参数化设计将具有以下特征。

1. 用轮廓体现设计思想

轮廓是指用来表达实体模型的几何剖面形状或扫描路径上，若干首尾相接的直线或曲线。轮廓上的线段(直线或曲线)不能断开、错位或交叉。整个轮廓可以是封闭的，也可以是开放的。轮廓上的线段不能随便被移到别处，而生成轮廓的原始线条可以随便地被拆散或移走。在一般的非参数化的计算机辅助绘图系统中，所有的线条各不相干，也就是说，所有线条不会因相邻的线条被删除、修改而改变。

2. 尺寸驱动

尺寸驱动是参数化设计中的一个较为重要的特性。所谓“尺寸驱动”就是在轮廓上加尺寸参数，并设置线段之间的约束关系(公式)后，根据尺寸参数和约束关系来控制轮廓的位置、形状及大小。当轮廓尺寸的数值大小改变时，轮廓上其他和此约束有关的部位也将随之发生相应的变化。尺寸驱动将设计图形的直观性和设计尺寸的精确性有效地统一起来，大大提高了设计的效率和质量。在结构设计过程中，设计师只需在屏幕上大致绘制出剖面的形状，辅之以尺寸参数的数值或创建各尺寸参数间的关系公式后，系统即可自动计算出模型的精确外形，并得到所需的结构形状。

3. 合理性检查

在参数化设计过程中，系统可以检查出标注过多或过少的尺寸，并给予提示，以避免人工设计过程中发生的尺寸不足、多余和相互矛盾的现象，达到正确标注尺寸的目的。

4. 单一数据库

一些传统的 CAD/CAM 系统都是创建在多个数据库上，但是 Pro/ENGINEER 和这些系统不同的地方是：在 Pro/ENGINEER 里，所有设计过程中使用的尺寸参数都保存在一个数据库中。每一个尺寸都可视为一个可变的参数，在设计的任何一个过程修改了参数的尺寸，都将改变相应特征的形状或位置，那么相应的实体模型就会根据参数尺寸的变化重新生成，这样就达到设计变更工作的一致性。例如，我们改变了某一特征的几何形状，则由该特征生成的零件、装配件以及工程图的几何形状也会发生相应的改变。同理，如果我们改变了工程图中某一参数的尺寸，则相应的零件、装配件的尺寸也会发生相应的变化，甚至连数控加工轨迹也能自动更新。

“参数化”使我们可以采用预先定义的方法来创建几何形状。在任何时候，设计师只要修改图形的尺寸，这种变化就会在实体中“散播”。如图 2-10 所示，整个图形只有长和高度是常数值。其他的尺寸都是根据这两个值的尺寸来给予约束(公式)，只要图形的长或高发生了变化，那么按照关联公式的约束，图形相关的位置也会自动变化。

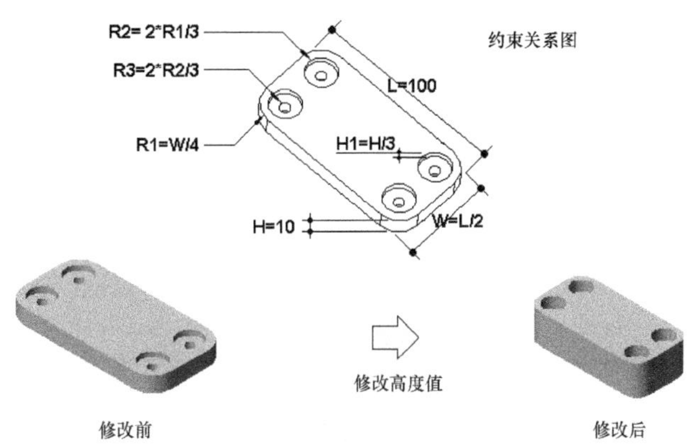

图 2-10　参数化说明图例

如此，工程师在更新或修改图形时，就无需再为保持约束条件而费心，可以真正按照自己的意愿动态地、创造性地进行新产品设计。有关参数化的操作实务，将在本系列书的第 2 本说明。

2.2.3　实体模型

实体模型用来表示在计算机上所创建的实物模型，以及它所包含的所有特征。实体模型与线框模型不同，实体模型具有体积，所以可以用一个确切的数字来表示密度，因而可以具有质量和惯量。与线框模型不同，如果在一个实体模型上挖一个孔，就会自动生成一个新的表面，系统可以自动识别内部和外部。实体模型最有用的它具有真实性，能够明确地表示真实物体。图 2-11 就是实体模型和线框模型的图例。

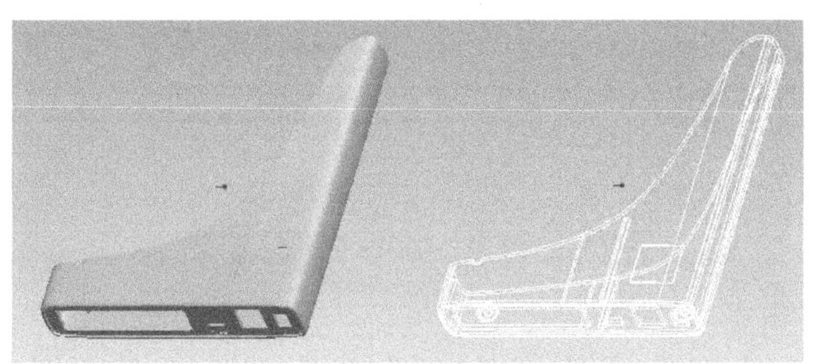

图 2-11　实体模型和线框模型

2.3 运行本书的软硬件要求

为了方便您使用 Pro/E 来做设计，请按附录 A 的说明来安装 Pro/E 以及它的相关模块。但是在安装前，请先了解本节所述的基本软硬件要求。

2.3.1 使用的软件版本

从近年来 PTC 公司对 Pro/E 的改版态度来看，我们可以断定：它采用的是先发“粗版”，随后再不断的发出“小改版”，导致很多人对 Pro/E 的版本根本就搞不清楚！本系列书当初以为 Wildfire 已完成，就开始编写写书，前两本刚出来，没想到 Wildfire 2.0 随即发布，这才惊觉原来前面的版本是属过渡性质的 Wildfire 1.0 版，连夜改成 Wildfire 2.0 版，而产生图例中有些没改好的问题。

因此，通常 Wildfire 的第一个版本 C000 出来后就称为“测试版(非正式版)，然后就是从 F000 开始的正式版，接着就是之间的小改版，如 F010，F020…M010，M020…等。有了前面的经验与教训，本工作室所选择的新版本都是从 M010 开始的版本！这样，出版的速度会慢一点，但是用此版本(或以后的版本)来做范例会稳定一点。

因此，我们要在本节中清楚说明我们所用的版本，以方便大家比对，只要比这个版本新的都可以。

本书所采用的 Pro/E 基本模块版本：Wildfire 5.0 M010。

您可以如图 2-12 所示，选择“帮助”→“关于 Pro/ENGINEER”命令，就可以看见您所使用的 Pro/E 版本号码。

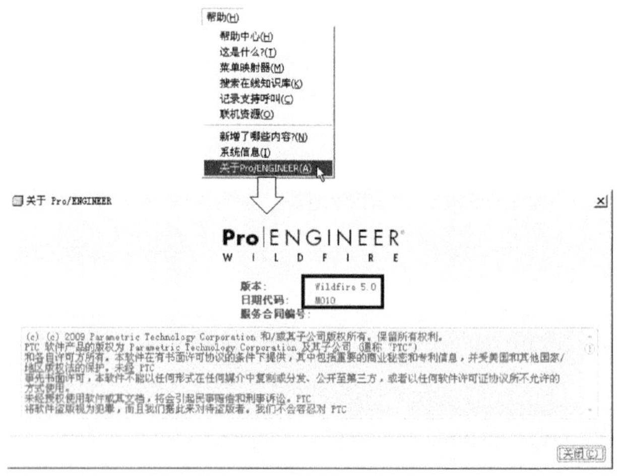

图 2-12 “关于 Pro/ENGINEER”对话框

2.3.2 硬件需求

- 主机处理器：PentiumⅣ以上(或同级，或可运行 Vista 的 CPU 等级)。
- 内存：至少 512MB，1GB 以上更佳。

- 读取设备：只读光驱。
- 硬盘：存取速度越快，容量愈大愈好。
- 显卡：参照本书附录 C。
- 屏幕：彩色，17"以上，最高分辨率达 1280×1024 像素以上。
- 指向设备：强烈建议三键鼠标。
- 网卡：10Mbps 或 100MbpsEtherNet。
- 草图打印设备：中小型彩色喷墨打印机。
- 打印设备：大型喷墨绘图仪。
- 通信设备：ADSL 网络。
- 备份设备：CD 或 DVD 刻录机。
- 安保系统：600W 以上不断电系统(选用)。

2.4 本书所讲述的命令功能范围

“工业设计院”系列的“基础设计系列”共有 4 本，前三本分三级来练 Pro/E 的基础建模，第 4 本则是工程图。这 4 本是所有 Pro/E 的初学者都要学的，有此基础后，才能再往本系列书第 5 本以后讲述其他模块的书中继续练。

《Pro/ENGINEER Wildfire 5.0 基础设计》除了自学的目标以外，我们也将其设计成符合 3 个学分的训练课程。其学习的主题内容如表 2-2 所示。

表 2-2 本书学习的主题内容

序 号	主 题	本书章节
1	系统环境和基本操作	第 3 章
2	草绘基础	第 4 章
3	基准特征基础	第 5 章
4	建模基础(一)	第 6 章
5	建模基础(二)	第 7 章
6	建模基础(三)	第 8 章
7	复制和操作特征基础	第 9 章
8	组装基础	第 10 章
9	渲染基础	第 11 章

2.5 Pro/E 的中文化名词问题

已国际化的软件厂商，采用模块式的多国语言来本土化它的产品，已经是全球化的趋势。因为本土化语言的转译，本来就很不好做，这是厂商降低成本的做法。但是以直译方式来转换英文和中文，就难免会让用户觉得“翻”的很不好。此问题在 Pro/E 这次的 Wildfire 新版本中，处处可见，而且简繁体名词混杂在一起。但是为了广大的本土读者，我们还是选择制作中文版。

原则上，我们在陈述菜单上的选项时，会以 Pro/E 上的名词为准，但是在说明时，会以其正确或惯用名词来说明，特此告知，免得您在操作的时候，以为我们弄错了。一般说来，只要不是太离谱的，我们会尽量和 Pro/E 的名词保持一致。但只要语义差距不大，也就让说明本文和选项名称一起混用了。

很多人一直认为 Pro/E 中文版翻译的不好，很难用，还不如用英文版的。但是龙震老师要告诉您：根据我的经验，哪一种版本用熟了，哪种版本就好用！这是因为“人是习惯的奴隶”，只要用熟了，人类记忆操作功能的不是命令名称，而是位置。到最后，哪种版本都一样。因此，这就是为什么 Pro/E 野火版，将 2001 版的整个操作版面来一次“乾坤大挪移”后，引起许多老用户不满的原因。大家不满的是：“我好不容易用熟了，闭着眼睛都能选到所要的功能时，它却又要我们重来一次！”可是却没有人批评中文化的问题(或说批评的声音很小)。

习 题

1. Pro/ENGINEER 有哪些特点？

2. 什么是“特征”？

3. 为什么要使用参数化进行设计？

4. 何谓边界表示法(Boundary Representation，B-Reps)和建构实体几何法(Constructive Solid Geometry，CSG)？它们的内涵是什么？并比较它们的优缺点。

5. 请说明线框模型和曲面模型的内涵。

6. 试述运行 Pro/E 的最佳硬件配置。

第 3 章

Pro/E 的系统环境和基本操作

本章介绍 Pro/E 系统环境和基本操作。这对初学者来说，是很重要的。您将在本章中认识到 Wildfire(野火)5.0 版最新的操作门面，以及所有的基本操作。我们将在最短的时间内，带领您熟悉未来可能要朝夕相处的环境空间。

3.1 概 述

这次在界面上，Pro/ENGINEER 让老用户最不满的就是，原本在窗口下方的操控板位置被强制改到窗口上面来了！本来我们以为这是改版时忘了改回来(因为在帮助文件里，还有记载设置操控板位置的方法)，但是到了 M010 的版本仍是这样，人们就认为这是 PTC 强制的。

在旧版里，通常选择“工具”→“定制屏幕”，切换至“选项”选项卡后，就可以在里面设置操控板位置。但是，此项现在已被删除，肯定操控板位置已无法改变，这会影响到本书里的图例制作；所以，笔者事先声明以下事项。

(1) 凡是在本书中有操控板的图例，只要命令的操控板内容和 Wildfire 4.0 版一样的，就沿用旧版图例。

(2) 除极少数使用旧版制作的视频文件以外(文件名上会标注)，本书的视频文件一律使用 Wildfire 5.0 的新版界面。

3.2 Pro/ENGINEER 的界面

学习任何软件都一样，在我们开始使用它们之前，都要先认识它的操作界面。以方便在操作之时，能在最短的时间适应功能或命令的位置。

因为配有许多模块，因此 Pro/ENGINEER 是在多种工作模式下工作的，但是在不同的工作模式下其环境界面基本上一致。当安装好 Pro/ENGINEER Wildfire 5.0 版并激活程序后，将出现如图 3-1 的主操作窗口。

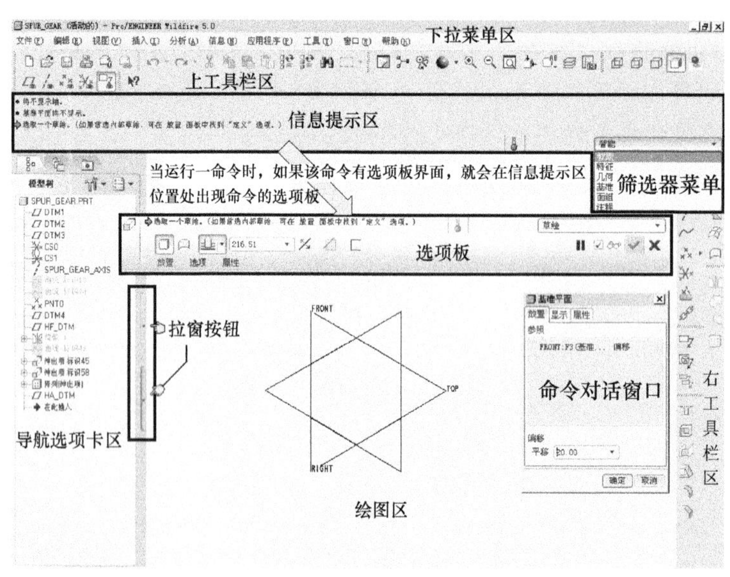

图 3-1 Pro/ENGINEER Wildfire 5.0 版的主操作窗口

在图 3-1 所示的主操作窗口中，一般仅有一个主窗口。若要开始工作，需新建或打开一个文件并运行命令后，其余的窗口(包括命令选项对话窗口、子窗口等)才会出现。图 3-1 的各区功能说明如下。

1. 下拉菜单区

下拉菜单区用来控制全局环境的所有命令功能聚集处。系统将依各个控制命令的性质分类，将其置于各个菜单中，且各菜单均以下拉式的形式出现。通过选择菜单中各个命令，就可以实践模型建构的大部分功能。

2. 上工具栏区或右工具栏区

大部分常用控制功能的工具图标都放置于工具栏中，其中右工具栏区中的图形按钮主要为特征操作工具，它是 Wildfire 5.0 版较前版 Pro/E 改动较大的地方。单击其中的按钮，就可以快速激活相应的功能。工具栏可依照个人的需要定制，对其中的选项可进行变更。使用工具栏时，请将鼠标停留在图标的上方，系统将在主操作窗口下方的“命令说明区”中显现该命令进行简短的功能说明。在各自的区域中单击鼠标右键，将弹出相应的快捷菜单。

3. 信息提示区

信息提示区是实践人机交互的重要输入/输出(Input & Output)界面。在特征建构过程中，系统会在信息提示区中提示用户下一步该怎么做，或是提示输入相应的数值，或是显示警告信息。要查看在该窗口内出现过的信息，可移动右侧的滚动条来查阅。在信息提示区中，按信息种类不同，其在信息前的图标提示也有所不同，请参照表 3-1。

表 3-1　操作引导信息提示区中的图标意义

图　标	意　义
⚠	警告(Warning)，操作可能可以继续，但可能结果不是所需要的
•	信息(Information)，显示一些信息
⇨	提示(Prompts)，提示一些操作的信息
[图标]	错误(Error)，操作不能继续，显示错误的可能原因
[图标]	严重错误(Critical)，发生严重错误，可能丢失数据

4. 绘图区

在建构模型的过程中，实时的显示所生成图形的形状，是 Pro/ENGINEER 系统中主要的图形操作位置。

5. 导航选项卡区

此区用来显示所有零部件的特征模块名称、组织架构、组合顺序以及基准面的组成结构，以方便用户在编辑时的选取和辨识。Pro/E 导航选项卡将包含以下成员。

(1) 模型树和层树。“模型树”是 Pro/E 导航选项卡上的选项特征，包括当前零件、绘图或组件中每个特征或零件的列表。模型结构以分层(树状)形式显示，根对象(当前零件或组件)位于树的顶部，附属对象(零件或特征)位于下部。如果打开了多个 Pro/E 窗口，则

“模型树”内容将反映当前窗口中的文件。

而“层树”则是该模型的所有图层显示处。当您在 Pro/E 中建模时，每完成一个特征，Pro/E 都会自动按该特征的性质，将其分门别类的放到应该去的图层上。因此，初学者不易感觉到图层的存在。利用图层，可以方便我们关闭或打开显示单个或一群同性质的特征。

模型树和层树区是在同一区，可如图 3-2 所示的操作来切换。

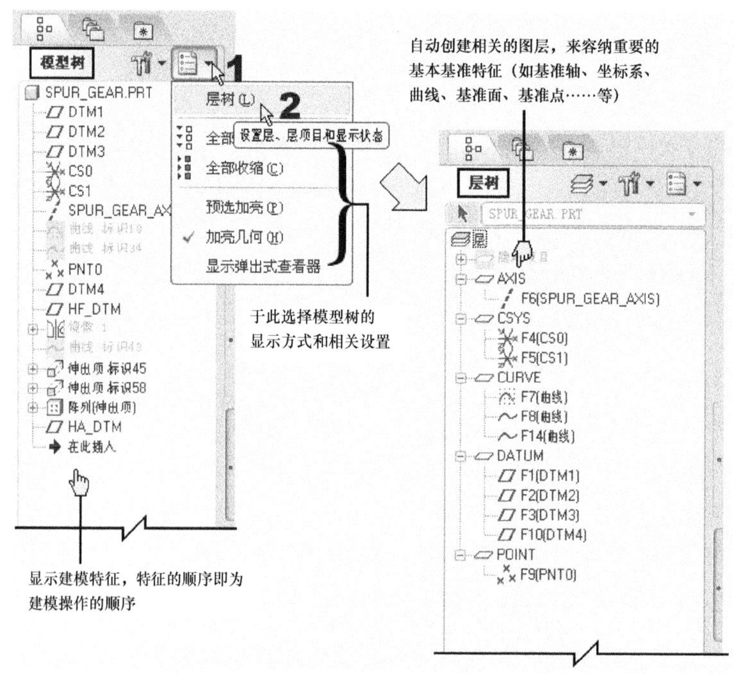

图 3-2　导航选项卡里的模型树和层树

(2) 模型树和层树里的设置。如图 3-3 所示，用户可以在此设置要在导航选项卡里显示的对象、保存所做的设置。

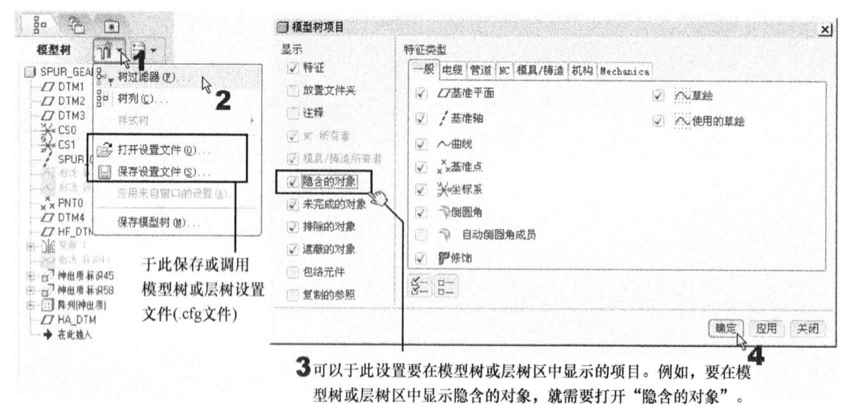

图 3-3　模型树和层树里的设置

(3) 文件夹和收藏夹。“文件夹”用于浏览本机文件系统、局域网络与 Internet 数据。如图 3-4(a)所示。而“收藏夹”则包含用户选择的 Web 网站位置(书签)，以及 Pro/ENGINEER

默认的网站路径、数据库或其他对用户可能有帮助的地方。如图 3-4(b)所示。

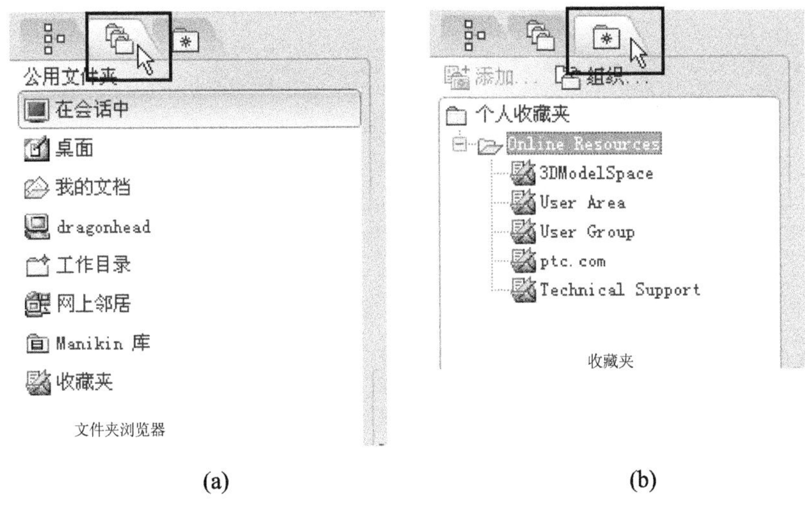

(a) (b)

图 3-4 导航选项卡里的文件夹和收藏夹

可以按图 3-5 所示的操作来控制导航选项卡的位置。

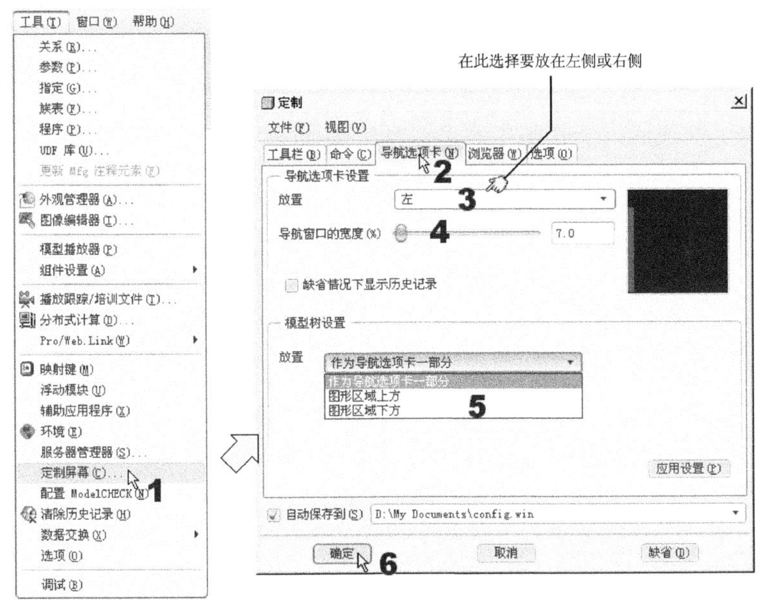

图 3-5 导航选项卡的位置设置

(4) 拉窗按钮。用来控制绘图区的显示内容。操作时，直接单击即可。承图 3-1，它有“导航选项卡控制按钮”和“浏览器窗口控制按钮”两种模式。图 3-6 所示的是在浏览器窗口中浏览网页的操作。

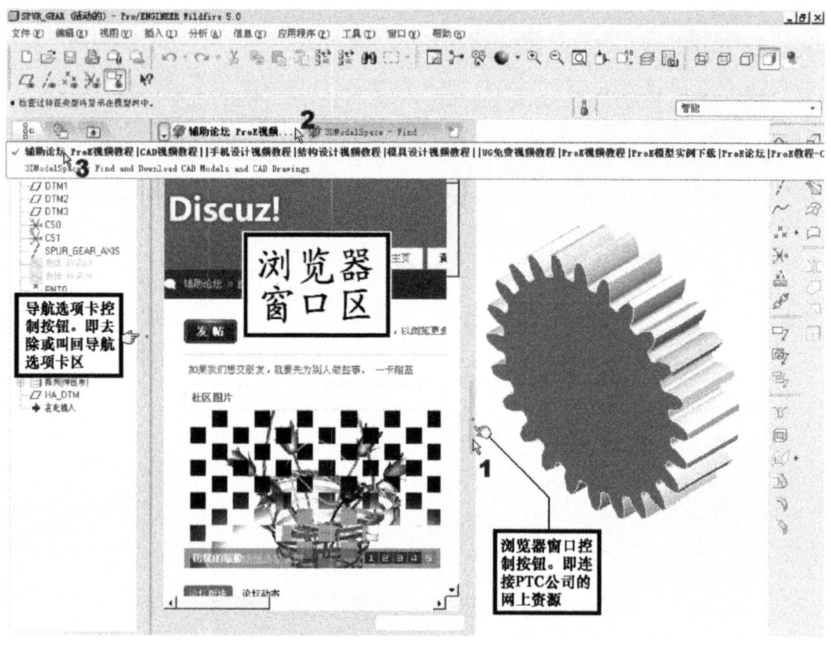

图 3-6　拉窗按钮的功能

(5)　命令对话窗口。Pro/E 的某些命令是以命令窗口的方式呈现的(通常属于设置型的命令)。当运行这类的命令时，就会出现相应该命令的选项对话框。

(6)　筛选器。筛选器用于在图中许多对象重叠时(如特征、基准、几何体等)。选取需要的对象类型，例如想选取特征，就在筛选器中选择“特征”选项，这样用户就可进行快速选择。初始的筛选器如图 3-7 所示。

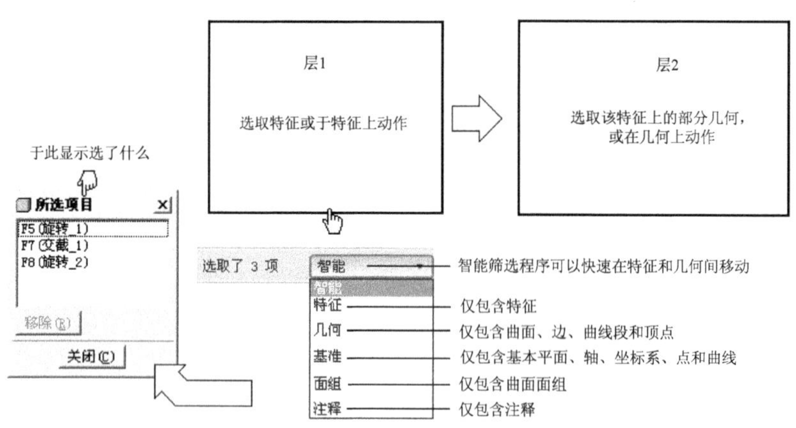

图 3-7　筛选器的功能

注 意

要取消对象的选取，只需在绘图区的空白处单击即可。

(7)　选项操控板区。简称“选项板”。这个区在默认状态下是没有的，但是当选取了建模所需的特征命令后，就会在“信息提示区”内出现此区。这个区是运行命令的一种界面，用来相应所运行的命令，来让用户输入操作条件。在 Pro/E 里，当前还不是所有的命令都已改为此界面，旧式的界面就是下面要介绍的“菜单管理器”。

接下来要为介绍的是 “菜单管理器”(Menu Manager)。当选择某个菜单命令后操作时，“菜单管理器”会出现在屏幕的右上方，并以一连串的菜单命令，来让操作者完成命令的设置和运行。例如，可以如图 3-8 所示，选择“编辑”下拉菜单下的“特征操作”选项来打开“菜单管理器”。

图 3-8　菜单管理器

菜单管理器中的几种箭头符号表示的意义说明如下：

- 位于菜单管理器左侧的▶：表示当前菜单选项处于压缩状态，单击该符号所在位置可弹开此压缩菜单。
- 位于菜单管理器左侧的▼：表示当前菜单选项处于完全显示状态，单击该符号所在位置可压缩此菜单。
- 位于菜单管理器右侧的▾：表示处于压缩状态的菜单，其下选项弹出的方向。单击该箭头，菜单将沿着该方向弹出。

还有一种被称为“子窗口”的组件，它是一种只有绘图区和信息提示栏的窗口，通常用于选择操作。它将出现在较小的屏幕上或复杂的图形中，用来方便用户的选择操作。如图 3-9 所示。

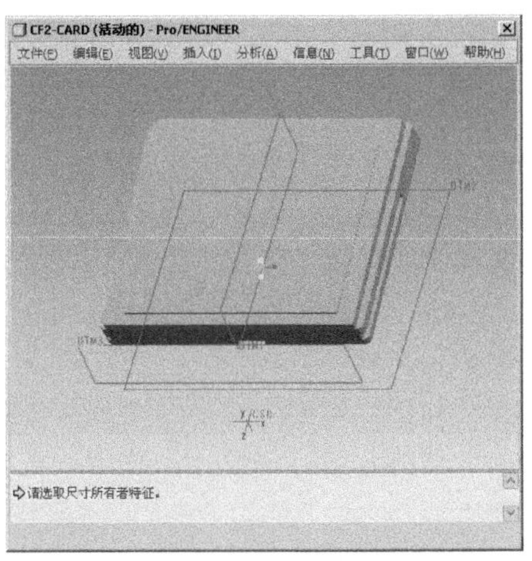

图 3-9　子窗口

3.3 Pro/E 的文件类型

由于 Pro/E 的模块众多，所以它的工作文件类型也很多。文件类型也就是文件格式，了解文件类型有助于文件间的转换交流。可避免在需要转换或存盘的情况下，使用不合适的格式。

信息补充站　为什么要做图形文件转换？(什么是图形交换格式？)

什么叫图形文件交流？由于工业设计这个范畴是由造型、机构、结构、模具、制造等上、下游专业所组成的。而下游专业不可能凭空生成设计图，因此当上游向下游递交设计图面时，如果两者所用的 CAD 软件不一样时，就需要做图形文件格式转换。

为了应付不同 CAD 软件的图形文件格式转换，国际间有以下 4 种常见的图形交换格式标准。

① IGES (Initial Graphics Exchange Specification)。IGES 是异质 CAD/CAM 系统交换格式。IGES 为美国国家标准 (ANSI Y14.26M)。

② STEP (Standard for the Exchange of Product Model Data)。STEP 是一种独立于系统之产品模块交换格式。STEP 为国际标准(ISO 10303)。

③ CGM (Computer Graphics Metafile)。CGM 是一种 2D 图形保存及交换标准。为国际标准 (ISO/IEC 8632:1992 version 3)。

④ DXF (Drawing eXchange Format)。DXF 是一种业界支持之开放性数据交换格式，用于 CAD 工程图的文件交换。

其中，我们比较熟的是 IGES 和 DXF。Pro/E 采用的则是 IGES。但是不论是哪一种图形交换格式，既然说是交换，那就表示交换的内容只是能读取的网格面，而这些网格面是无法使用软件本身的功能再编辑的。此外，转换后必有漏损或破面，只是漏损的程度视各家软件而定。

了解此原因，就不难理解为什么台湾地区的模具产业会上游用什么 CAD 软件，下游就跟着用的原因了！因为上、下游专业在做图形文件交流时，如果使用的软件都相同，那就完全不需转换，同时也避免了因转换而生成的漏损、破面和精度误差，以及后续的费时费力的修改。即使 Pro/E 的制造模块和少数其他同级软件比起来或许稍差一些，但是维护和提升企业竞争力(节省成本，避免资源的浪费)的重要性，将远比使用不同 CAD 软件作业来得大！

因此，除非可以转成 Pro/E 可以编辑的特征，否则想将其他 CAD 软件的图形文件(包括 AutoCAD)，转到 Pro/E 来继续编辑，是非常不切实际的！通常只是转一堆 3D 网格面的图素过来而已！

要了解一个软件的“肚量”到什么程度，就要知道它所能接受或输出的文件类型。而文件类型的内容，从它“文件”下拉菜单里的存盘和打开文件的选项来下手最快了。选取此菜单后，将出现如图 3-10 所示的选项。其中，这些选项都是我们在很多应用软件中常见的，操作不需详述。但是我们却要很注意 Pro/E 可以接受的输出和输入格式。这样，才能够很清楚地知道：除了 Pro/E 自己的工作文件外，在 Pro/E 里可以读取哪些其他格式的图形文件，以及如何将在 Pro/E 里画的图形文件转成哪些格式的图形文件，以和其他 CAD/CAM/CAE 进行图形文件交换。

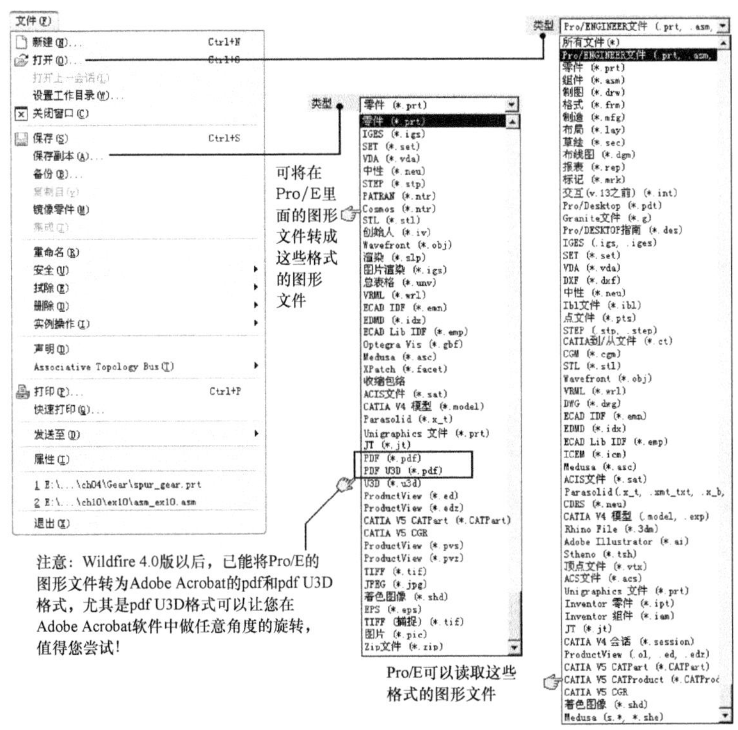

图 3-10　在“文件(F)”菜单中和文件类型有关的选项

有效的工作模式及其内容，请参照表 3-2。

表 3-2　工作模式及其内容

工作模式	子 模 式	功能说明	默认文件名
草绘模式(Sketch)	无	创建 2D 的参数化草绘剖面	s2d####.sec
零件模式(Part)	实体(Solid)	创建 3D 的实体零件	prt####.prt
	复合(Composite)	创建 3D 的复合零件	
	钣金件(Sheet Metal)	创建钣金件	
	主体(Bulk)	创建主体，主体是组件中成员的非实体表示	
组件模式(Assembly)	设计(Design)	创建设计文件	asm####.asm
	互换(Interchange)	创建交换文件	
	校验(Verify)	创建核对组件	
	处理计划(Process Plan)	为组件模型创建处理计划	
	NC 模型(NC Model)	创建 NC 模型	

续表

工作模式	子 模 式	功能说明	默认文件名
组件模式(Assembly)	模具布局 (Mold Layout)	创建模具配置图	
	Ext.简化表示 (Ext. Simple Rep)	创建简化表示，简化表示是一个模型的变体，可用此模型来改变某一特定设计的视图效果，从而可以控制 Pro/ENGINEER 加载进程并显示的组件成员	
制造模式 (Manufacturing)	NC 组件 (NC Assembly)	为制造模型创建组件	mfg####.mfg
	Expert Machinist	使用 Expert Machinist(机械专家)为制造模型创建新组件	
	CMM	生成坐标测量仪(Coordinate Measuring Machines)的监控程序	
	钣金件 (Sheet Metal)	创建钣金件模型	
	铸造型腔 (Cast Cavity)	创建铸件模型	
	模具型腔 (Mold Cavity)	创建模具模型	
	模面(Die face)	创建压模面模型	
	硬度(Harness)	创建如电线这类的线路图时使用	
	处理计划 (Process Plan)	创建制造处理计划	
绘图模式(Drawing)	无	创建工程图	drw####.drw
格式模式(Format)	无	创建工程图和配置的图框模板文件	frm####.frm
报表模式(Report)	无	创建具有绘图视图及图形的动态的、自定义的报表	rep####.rep
图表模式(Diagram)	无	创建电路，管路流程图	dgm####.dgm
布局模式(Layout)	无	用于产品的设计与规划	lay####.lay
标记模式(Markup)	无	创建零件、组件、工程图、加工等图的注释文件	mrk####.mrk

信息补充站　为何转 UG 或 CATIA 的图形文件后仍读不出?

从图 3-10 中可以看出：除了前面谈到过的图形交换格式以外，Pro/E 也提供可以直接转成如 UG、CATIA 等知名同级软件的图形文件。但是试过的人都有失败的经验，这是为什么呢?

这是因为您可能还要向 PTC 公司购买一些转换程序或是授权许可证。基本上，各家软件公司为了自身利益，通常是不鼓励大家用这个方法的，当然转换程序也就不会写的太认真。

即便如此，您还是应该知道：凡是通过转换，必有漏损，只是漏损程度问题，其效果总不如就直接使用该软件来画精确。有了正确的概念，就不会又花冤枉钱，又达不到所要的结果!

在“文件(F)”下拉菜单里的“打开(O)...”命令中，还有一些操作值得说明，如图 3-11 所示。

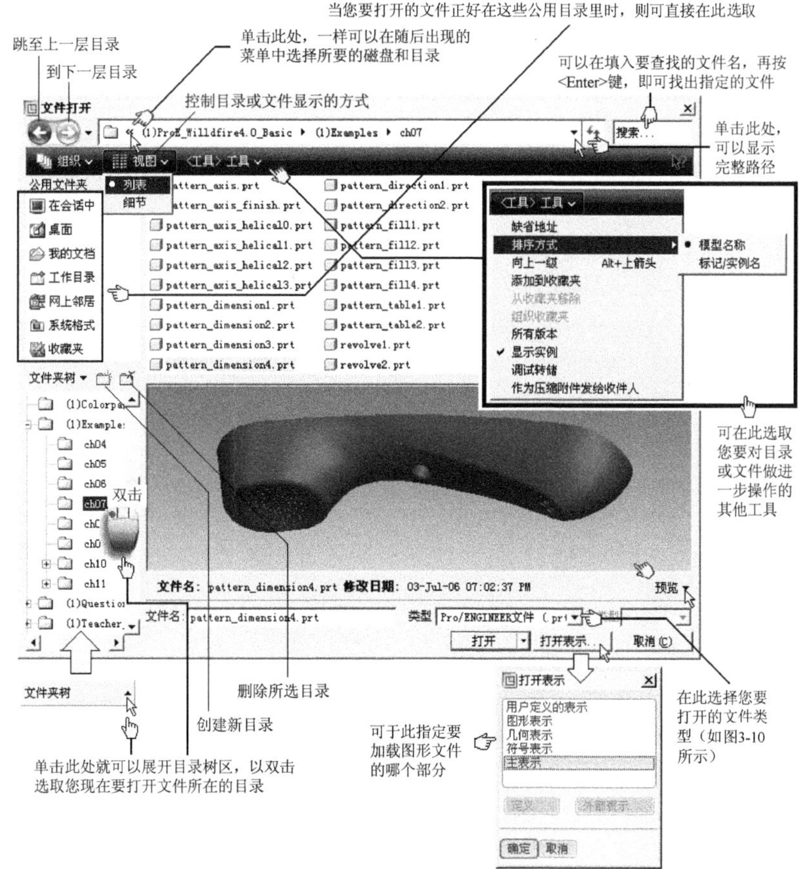

图 3-11　“打开(O)...”选项的操作选项说明

要特别说明的是：在图 3-11 左侧的“公用文件夹”中，“在会话中”应译为“工作区间”(In Session)。它是指：从 Pro/E 系统激活到关闭的过程，称为“一个工作区间”。单击此图标，就可将在这个工作区间内创建或打开过的文件显示于文件列表框内。这些文件将暂时存于系统内存中，直到系统关闭为止，即使该文件已经关闭，仍可从内存中将其重新打开。

3.4 基本的系统环境设置

就像其他的大型应用软件一样，Pro/E 也有它自己的系统或操作的基本设置选项，这些选项对初学者的意义可能就是依默认值即可，但是要进行有效率的操作，就要知道它的应用点，以及在哪里找到它们来设置。本节将根据读者提问的次数多寡，来为用户列出重要的系统环境设置。

3.4.1 设置双语版显示

在进入 Pro/E 后，很多人希望能设置中英文双语的界面。但请注意：所谓“中英文双语”，也就是仅在菜单的部分具有双语界面，而不所有菜单都会有中英文对照。请按以下步骤来设置。

(1) 要设置中英文双语界面，一定要安装中文版。请先按附录 A，增设 Windows 环境变量 lang=chS 后，再安装 Pro/E Wildfire 5.0 中文版。

(2) 按图 3-12 的操作，将 Pro/E 的系统变量 menu_translation 设为 both。

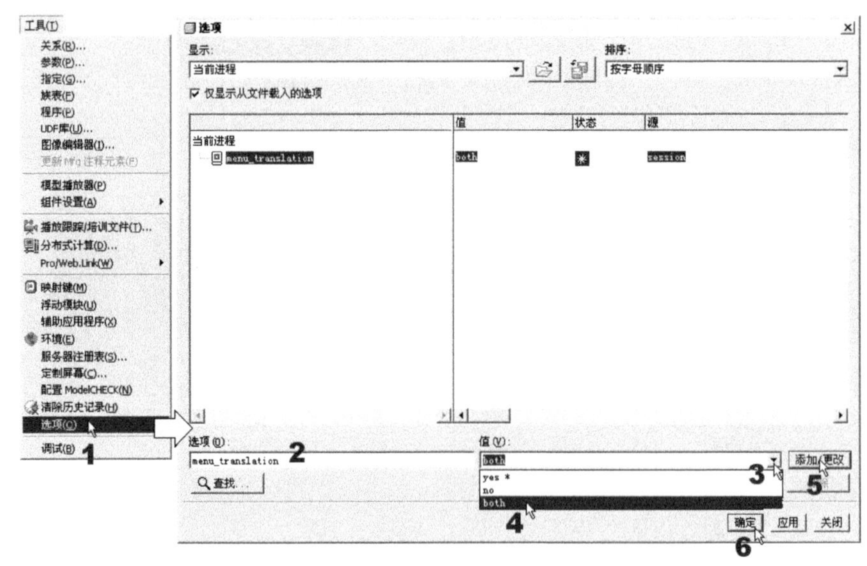

图 3-12 设置 Pro/E 的系统变量 menu_translation 的操作

(3) 通过图 3-10 后的中英文双语界面设置是暂时的，如果希望每次进入 Pro/E 后，都能保有中英文双语界面的环境，则接续图 3-12 的步骤 5，再按图 3-13 所示操作，将 menu_translation 设为 both 的设置，写到一个名为 config.pro 的文件中。

(4) 完成后，可以试选一个含有菜单的选项，就可以发现差别了，如图 3-14 所示。

图 3-13　将环境设置写入 config.pro 文件中的操作

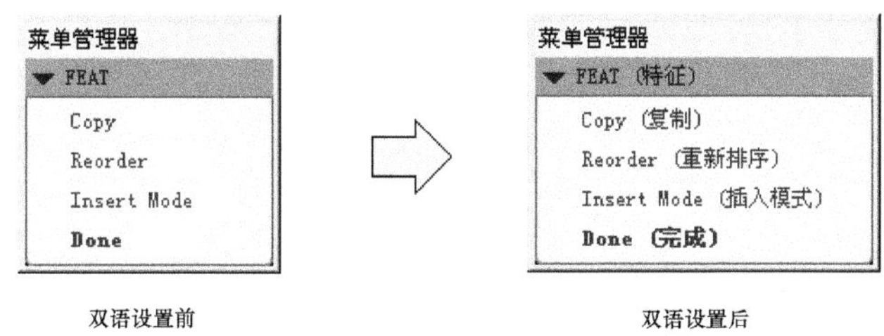

图 3-14　中英文双语界面设置后的比对

信息补充站　**config.pro 文件是什么？**

在本节中，为了系统变量的设置，我们立刻用到了 config.pro 文件。实际上，它就是一个系统变量的自动运行批处理文件。它一定要放在 Pro/E 的启动目录里，同时文件名也一定要是“config.pro”。只要是可以影响系统运行环境的设置，都可以通过这样的方法来设置相应的系统变量，并将其存到 config.pro 文件中。因此，Pro/E 的各模块也提供很多的系统变量，来供用户取用。用于基础模块中的系统变量查询法，请参照本书附录 A。

config.pro 也是一个文本文件，您可以使用图 3-13 的方式来逐一加入需要的系统变量；而若参照附录 A 的系统变量的查询法，并逐渐熟悉它的语句后，也可以直接使用文本处理软件来直接撰写或编辑它。如图 3-15 所示，由于这是我们第一个系统变量设置，所以存盘后的 config.pro 文件内容就只有一行。

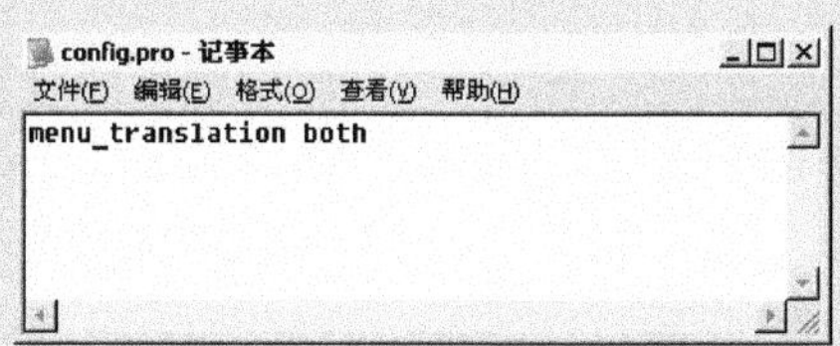

图 3-15　使用“记事本”来查看 config.pro 的内容

3.4.2 设置系统颜色

系统颜色的更改也是读者询问较多的问题。请按下述步骤图例操作。

(1) 按图 3-16 先设置所要的系统颜色。

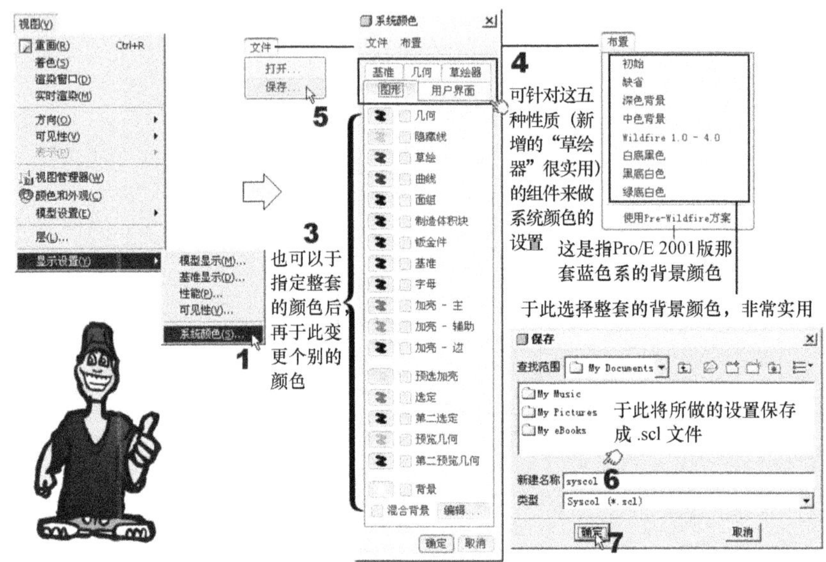

图 3-16 系统颜色的设置

(2) 同理，通过图 3-16 的设置后，其效果只是暂时的，下次再进入 Pro/E 后，就会还原回系统的默认颜色了。如果希望每次进入 Pro/E 后，都能运行这组您所设置的系统颜色，那么请仍按图 3-12、图 3-13 的操作方式来操作，但是系统变量的名称是 system_colors_file，而其值则是 syscol.scl 文件的完整路径。完成后，我们再使用“记事本”来查看 config.pro 的内容，如图 3-17 所示。

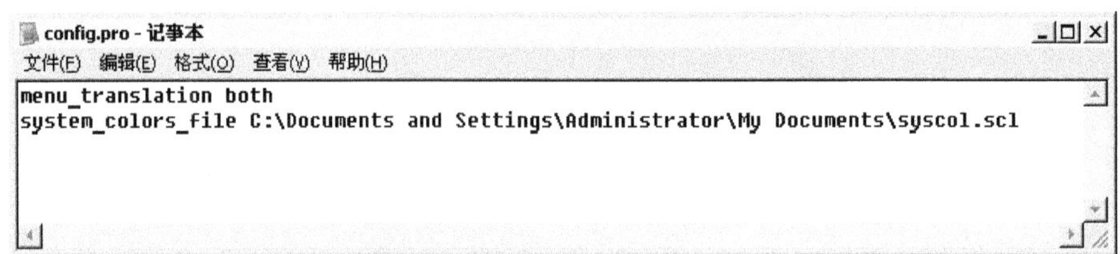
config.pro - 记事本
文件(F) 编辑(E) 格式(O) 查看(V) 帮助(H)

```
menu_translation both
system_colors_file C:\Documents and Settings\Administrator\My Documents\syscol.scl
```

图 3-17 再次使用“记事本”来查看 config.pro 的内容

3.4.3 设置默认的工作目录(桌面图标法)

读者第三大的困扰就是：每次进入 Pro/E 时，都还要重新设置工作目录，这对专业工作者也很不方便。请按下述步骤图例操作。

(1) 在 Pro/E 桌面的激活图标内容里，指定工作目录的起始位置路径。如图 3-18 所示，本例将工作目录的起始位置路径设置为 D:\CASE\CASE01。

(2) 启动目录已经被改到 D:\CASE\CASE01 中，所以刚才创建的 config.pro 文件和 syscol.scl 文件都要移到这个目录来，才可以正常使用。然后按图 3-19 所示的操作，就可以在一进入 Pro/E 时，直接选取位于 D:\CASE\CASE01 目录中的工作文件了。

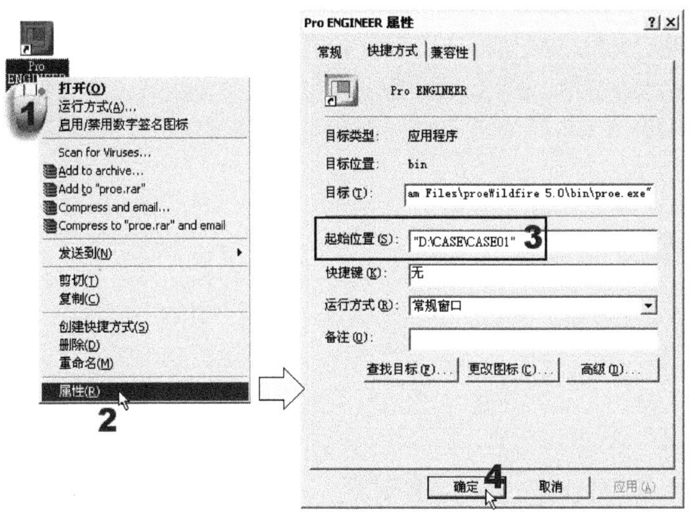

图 3-18　指定工作目录的起始位置路径

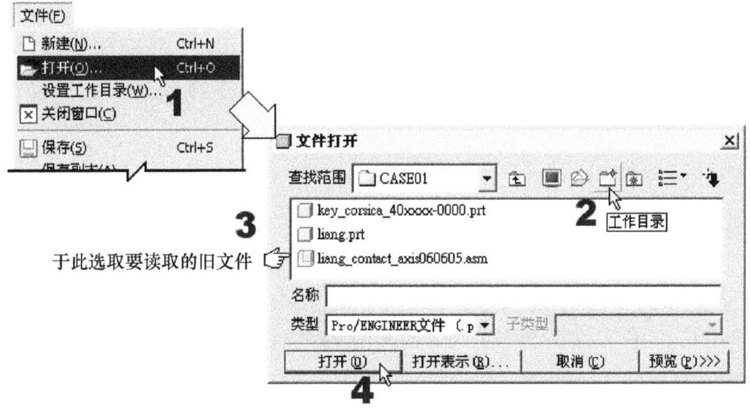

图 3-19　直接选取工作目录文件的操作

(3)　每次激活 Pro/E 后，就直接到工作目录的动作是设好了，但是跟踪文件(Trail File)还是会如影随形地跟到 D:\CASE\CASE01 目录中，我们不喜欢这样，于是就可以在 config.pro 文件中加入以下语句：trail_dir 跟踪文件路径，如图 3-20 所示。这样，Pro/E 所生成的跟踪文件，就会存在您所指定的目录中，而不会放到 D:\CASE\CASE01 目录里来了。

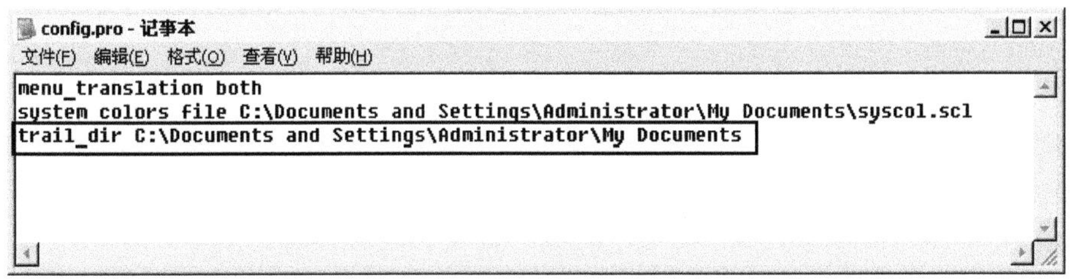


```
menu_translation both
system_colors_file C:\Documents and Settings\Administrator\My Documents\syscol.scl
trail_dir C:\Documents and Settings\Administrator\My Documents
```

图 3-20　指定生成跟踪文件所在目录的设置

信息补充站　　跟踪文件(Trail File)是什么？

Pro/E 跟踪文件(trail.txt.nnn)是对于某个特定工作阶段的记录，记录内容包括所有菜单选择、对话框选择、选取和键盘输入。跟踪文件允许用户检查活动记录，以便重建先前的使用的作业或者从突然终止的作业中恢复。此文件是可编辑的文本文件(.txt)，它一定会在启动目录中以流水编号方式生成并累积，所以必须定期删除。我们在第 9 章还会再详细提到它的操作。

3.4.4　高效率的快速键设置

3.4.3 节的方法是网络上常见的方法，而本节使用“快速键”的方法也不错，本节将介绍“快速键”的使用方法。

快速键就是可让我们将常用命令序列映像到特定键盘键或组合键的宏。在 Pro/E 里，您可以在“快速键”(Map Keys)对话框定义快速键，或是在 config.pro 文件中输入的快速键定义。不论是哪一种模式都应遵守下列规则。

(1)　在每个命令前加上井字符 (#)。

(2)　用分号分隔命令或区域。

(3)　要将功能键派为快速键，请在其名称前加上符号$。如$F2。

(4)　如果区域中的第一个非空格字符不是井字符 (#)，系统则确定区域的其他部分是不是响应提示而进行的键盘输入。但是，如果当前命令不需要键盘输入，则将略过此定义。

(5)　如果区域中没有文字，系统则确定此区域为<CR>。

(6)　系统略过最前面的空格。

(7)　除非将区域作为输入区域，否则系统将一系列不在最前面的空格作为单一空格处理。

(8)　项目不区分大小写。但是键盘输入要区分大小写。

(9)　快速键的长度没有实际约束。使用反斜线符号 (\) 作为续行符号。例如，可将宏“TEST”定义如下：

```
mapkey TEST #feature;#create;#protrusion;\
#revolve; #done;
```

1)　快速键应用一(快速运行指定的一段操作)

“快速键”对话框可用于生成新的快速键或修改、运行、删除选取的快速键。请选择“工具(T)”→“映射键(M)”命令来设置快速键。如图 3-21 所示，假设我们希望按下<F12>功能键就可以自动操作将等轴测状态转到斜轴测状态，可以按照下面的示范视频操作。

本范例视频文件：(1)avi(gb)\ch03 目录下的 Mapping_Key.avi。

注 意

要使用功能键(图 3-21 步骤 3 处)，请在其名称前加上$符号。例如，要对映至<H>键，请输入$H。当前它只能用单一键，还不能设置组合键。在本例中，输入的是$F12，意即：当以后按下<F12>功能键后，就能自动运行您所录制的这段操作！

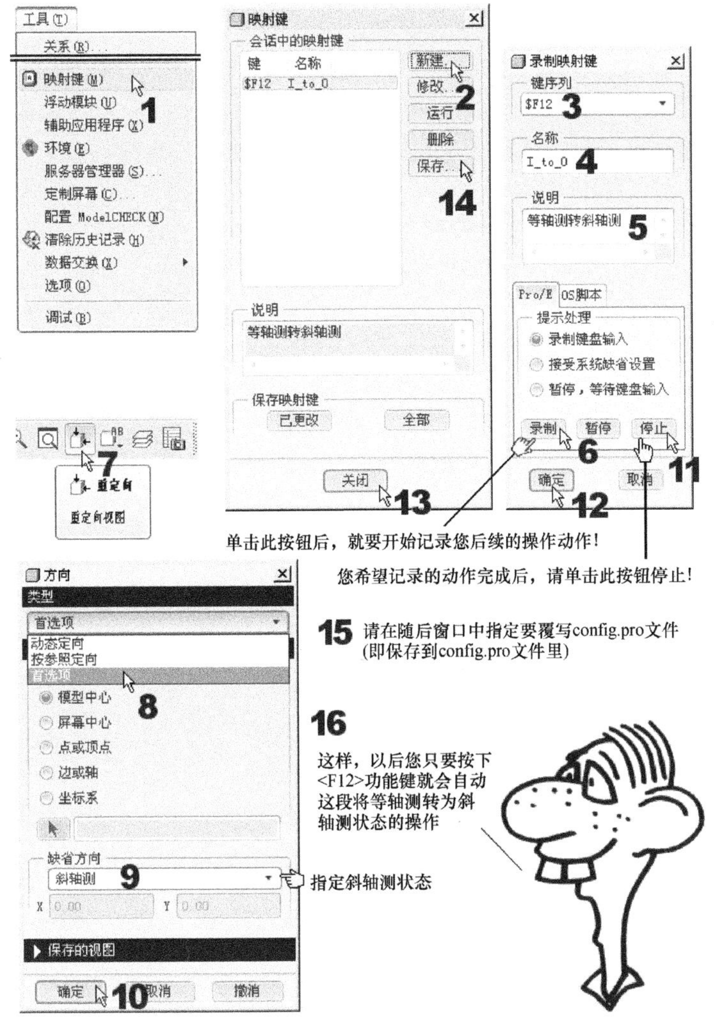

图 3-21 快速键的设置

当保存到 config.pro 文件中以后，再打开 config.pro 文件，将出现图 3-22 所示的新命令行(黑框中)，这就是刚才操作录制后的程序化语句，供有兴趣者参考。

```
allow_anatomic_features yes
template_solidpart mmns_part_solid
menu_translation both
system_colors_file d:\My Documents\syscol.scl
orientation isometric
tol_display no
tol_mode limits
restricted_gtol_dialog no
spin_center_display no
graphics win32_gdi
show_shaded_edges yes
pro_library_dir d:\ProE_Parts_Librarys\
pro_catalog_dir d:\ProE_Parts_Librarys\
save_objects changed
autobuildz_enabled yes
measure_dec_places 2
info_output_format text
mapkey $F12 @MAPKEY_NAME等轴测转斜轴测;@MAPKEY_LABELI_to_0;\
mapkey(continued) ~ Command `ProCmdViewOrient` ;~ Open `orient` `SetupOptions`;\
mapkey(continued) ~ Close `orient` `SetupOptions`;~ Select `orient` `SetupOptions`1  `setup`;\
mapkey(continued) ~ Open `orient` `deforientPH.OptMenu_Orient`;\
mapkey(continued) ~ Close `orient` `deforientPH.OptMenu_Orient`;\
mapkey(continued) ~ Select `orient` `deforientPH.OptMenu_Orient`1  `trimetric`;\
mapkey(continued) ~ Activate `orient` `OkPB`;
```

图 3-22 config.pro 文件中的快速键语句

2) 快速键应用二(设置默认的工作目录)

在 3.4.3 节中，我们练习了创建默认工作目录的方法。但是如果一次要在数个项目间工作，有必要经常变换工作目录，那么如果按上一节的做法，就会很烦琐即使您在桌面做阵列运行图标，那 config.pro 文件和 syscol.scl 文件也要复制好几份到个工作目录中才行，这是不切实际的。

从图 3-21 的练习中，读者应该发现：使用同样的操作，其实也可以将设置工作目录的操作变成一个快速键！这样，就可以很快的变换到所要的目录中。整个操作和图 3-21 都一样，只是快速键要设另一个(本例设 F2)，且步骤 7～10 是选择“文件(F)”下拉菜单→“设置工作目录(W)”→指定工作目录的动作罢了。请自行做做看。

3) 快速键应用三(将快速键增加到菜单或工具栏中)

如果快速键可以增加到工具栏或菜单区中，就会让操作更为直观、有效率。新增的按钮可以是 Pro/E 现有的命令或用户定义的快速键。此程序将指示您如何增加快速键到菜单或工具栏中。例如，我们要将方才在“快速键应用二”新增的<F2>快速键新增到工具栏中。设置过程如图 3-23 所示。

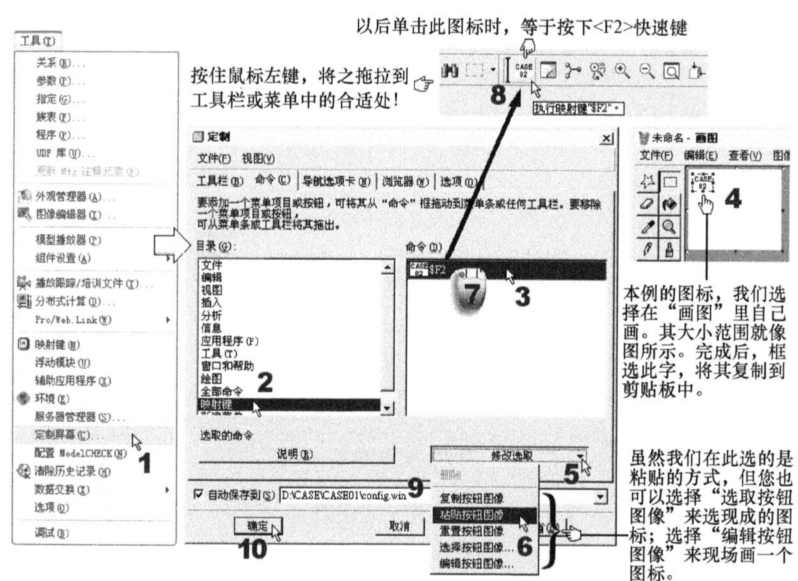

图 3-23 将快速键增加到菜单或工具栏中的操作

本范例视频文件：(1)avi(gb)\ch03 目录下的 Add_Mapping_Key_to_Toolbar.avi。

注 意

要将已加入的快速键图标再从工具栏中取下，必须回到“定制”窗口打开的状态下(如图 3-23)，直接将图标从工具栏中拉出丢弃即可。

此外，图 3-23 的步骤 9 是很重要的一步。在那里要指定将整个“自定义屏幕”的设置内容，保存到启动目录的 config.win 文件中。否则，图 3-23 所设置的通通不会保存下来。

信息补充站　config.win 文件是什么？

Pro/E 包含两个重要的系统设置文件：config.pro 和 config.win。前面谈过的 onfig.pro 文件是文本文件，保存定义 Pro/E 对操作的处理方式的所有设置。而 config.win 文件则是数据库文件，用来保存窗口方面的设置，如工具栏可视性设置和“模型树”的位置设置。所以，两者都要放在启动目录中，才能于进入 Pro/E 时，被系统自动读取。

3.5　Pro/E 的鼠标和选取基本操作

在 Pro/E 的基本操作里，鼠标和键盘上的按键操作当然是重要的。因为它牵涉到和操作效率有绝对关系的熟练度。本节将以图例为您解说这部分的信息。有关鼠标按键的操作，我们特别制作一段有声视频供读者学习。请参见视频文件：(1)avi(gb)\ch03\Mouse_Operation(有声).avi。

3.5.1　鼠标的基本操作

我们以表 3-3、表 3-4 来说明 Pro/E 的鼠标基本操作。一般“中键带滚轮的鼠标”，滚轮除了滚动的功能外，也兼具按键的功能，所以那种滚轮不能作为按键按下的鼠标千万不要买。此外，由于当前市场上都是中键滚轮式鼠标，所以表 3-3、表 3-4 也以此类鼠标为主来制作。

表 3-3　Pro/E 的鼠标基本操作(中键为按键作用时)

模　式	环　转	平　移	缩　放	旋　转
3D		Shift +	Ctrl +	Ctrl +
2D			Ctrl +	

表 3-4　Pro/E 的鼠标基本操作(中键为滚轮作用时)

快速缩放	缩放 0.5X	缩放 2X
	Shift +	Ctrl +

注　意

对于最普遍的三键滚轮鼠标来说，最常用的操作是：旋转中键滚轮，就可以直接缩放画面上的图形，然后使用 <Shift> + <鼠标中键> 来进行画面平移(Pan)的操作。接着如果再按住 <鼠标中键> 不放，并拖拉鼠标，就可以对立体图形做立体环转的操作(3D Orbit)。

3.5.2 Pro/E 的选取模式

任何 CAD 软件都有它自己的选取模式，Pro/E 也不例外。首先，请先参照表 3-5 所示的选取按键表。

表 3-5 Pro/E 的选取按键表

动　作	说　明
单击鼠标左键	选取单一的对象或图形
双击鼠标左键	激活“编辑”模式，让您变更选取对象的尺寸值或属性
按住<Ctrl>键 + 单击鼠标左键	可一次选取多个项目。或如果用来单击已选取的对象或图形，就可以用来取消该对象或图形的选取
按住<Ctrl>键 + 双击鼠标左键	将按住<Ctrl>键+单击<鼠标左键>，与双击鼠标的动作，结合成一个动作
按住<Shift>键 + 单击鼠标左键	选取边或曲线之后，激活链建构模式。或选取实体曲面或面组之后，激活曲面集建构模式
单击鼠标右键	激活快捷菜单
按住<Shift>键 + 单击鼠标左键	根据您所选取的锚点来查询所有可能的链

当使用表 3-5 的方法来选取一个或多个图素项目后，Pro/E 就会创建一份已选项目的清单或“选项集”，并在状态栏上指明选项集中的项目数量。如图 3-24 所示。

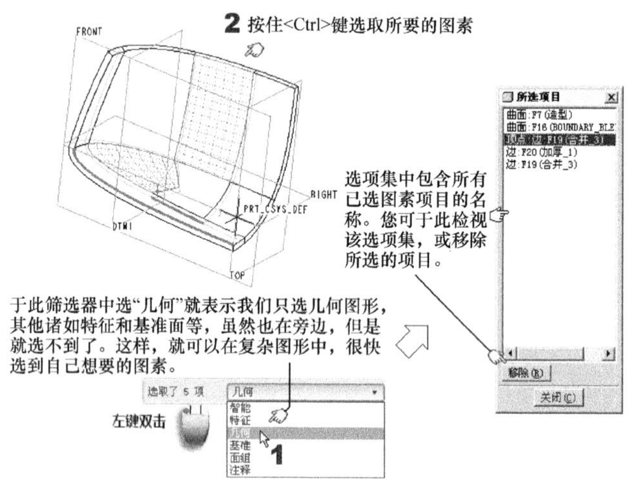

图 3-24 状态栏上的已选项目指示和选项集

如果要在使用特征工具的同时进行选取，每个工具都有特定的选取需求，必须符合该需求才行。这些需求是由筛选器和收集器所控制的。为了让查询和选取变得更容易，Pro/E 提供筛选器来缩小可选项目的范围。这些筛选器位于状态栏上的“筛选器”(Filter)框中(如图 3-24 下)。选取项目并打开特征工具之后，Pro/E 就会将选取的项目置于收集器中。

当要选取的图素位置复杂或堆叠在一起时，可以使用图 3-25 的方式来选取：

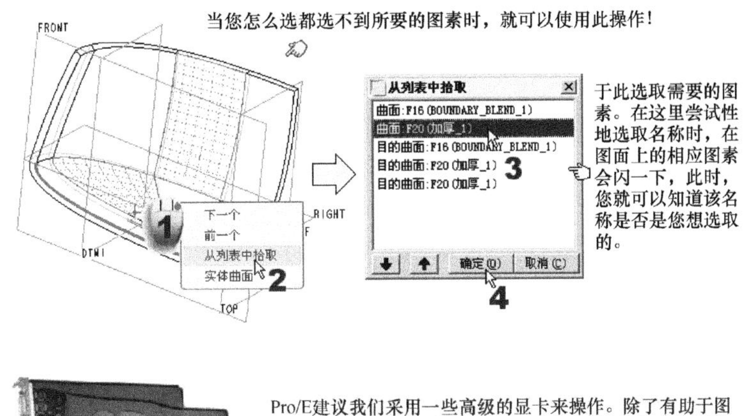

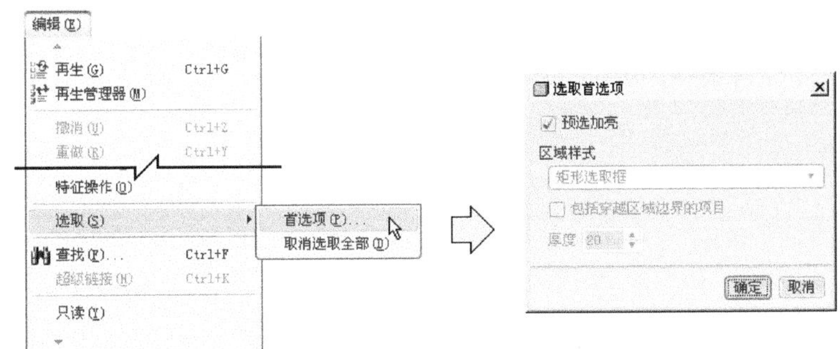

图 3-25　复杂图案的选取

1. 清除已选图素项目

当已选取一些图素项目时，可使用下述几种方式来清除选项集、链或曲面集中的已选项目。

(1) 按住 <Ctrl>键并单击个别的已选项目，即可个别清除项目。

(2) 于“所选项目”(Selected Items) 窗口中来移除指定项目，如图 3-24 所示。

(3) 单击图形窗口中的空白处来清除整个已选取的选项集、链或曲面集。

(4) 使用收集器本身的“移除”(Remove)按钮或选择“编辑”→“选取”→“取消选取全部”(Remove All)命令，即可在活动的收集器中，清除已选项目或所有项目。

(5) 按住<Ctrl>键并单击个别项目，以将个别项目从收集器中清除。例如，链或曲面集中的个别已选项目，或是整个链或曲面集。

2. 关闭预选加亮

预选加亮功能可提供设计元素的可视确认效果，让用户可以精确地锁定想要选取的元素。Pro/E 默认激活预选加亮功能。不过，可在必要时将其关闭。如图 3-26 所示。

图 3-26　关闭预选加亮的设置

要取消预选加亮功能，也可以将 prehighlight 系统变量设为 no(默认为 yes)。 如果取消预选加亮功能，Pro/E 的选取行为就会改变。此时，若要选取项目，就必须使用下列选取方式。

(1) 择取模式。直接从模型中选取项目。选择“编辑”→“选取”→“拾取”命令，或是从图形窗口快捷菜单中选择“拾取”命令。如果取消预选加亮功能，则按照默认，Pro/E 会选取这种方式。

(2) 查询模式。选取列于“从列表中拾取”(Pick From List) 对话框中的项目(使用“编辑”→“选取”→“查询”选项)或是从图形窗口快捷菜单中均可激活“查询”模式。但请注意，使用“查询”完成选取之后，Pro/E 就会回到“拾取”模式下。

注 意

如果取消预选加亮功能，则无法使用智能型筛选器。

3.6 进入 Pro/E 模块的方式

要进入 Pro/E 的各模块，都是通过“新建”的方式来进入。如图 3-27 所示。

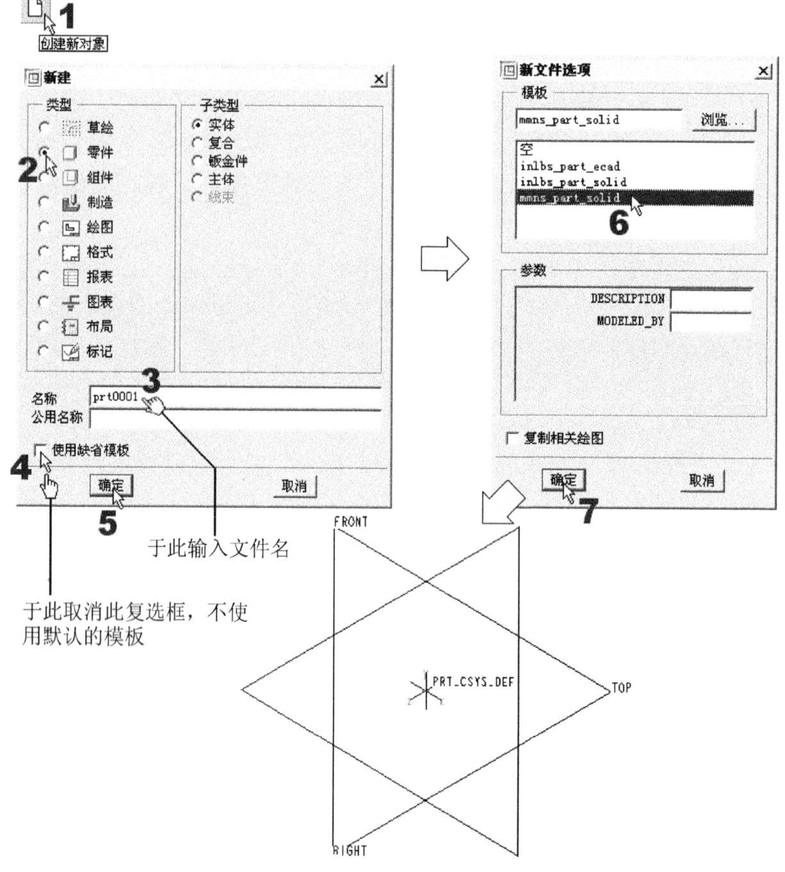

图 3-27 共通的新建文件操作

新建文件时，有以下的几个重点。

(1) 图 3-27 的步骤 2，是根据所要进入的 Pro/E 模块特性来选择的。以本书来说，会用到“零件”和“组件”两模块。而一般建模所使用的基本模块就是“零件”。

(2) 当您在图 3-27 步骤 4 中取消选中“使用缺省模板”复选框后，就会出现要用户选取其他模板文件的窗口。在此，Pro/E 提供了两类模板文件，一个是“公制”类模板文件(如 mmns)，另一类则是“英制”类模板文件(如 inbls)。一般我们会如图 3-27 步骤 5 那样，选公制的“mmns_part_solid”(即公制_零件_实体)。还有一个是“空”模板，也就是完全不用模板。完全不用模板一样可以画图，只是当需要基准面或点或坐标系时，就要自己建。

(3) 如果觉得不方便，则一样可以在 config.pro 文件中加入 template_solidpart、template_sheetmetalpart、template_designasm、template_mfgcast、template_mfgmold、template_drawing 等系统环境设置，来指定要作为默认模板的模型文件。这样，以后在图 3-27 步骤 4 时，就可以取消选中“使用缺省模板”复选框，直接使用合适的模板。

(4) 注意：在 Wildfire 4.0 版以后，在图 3-27 步骤 4 处的缺省模板已经改为公制，所以不一定要取消选中“使用缺省模板”复选框，就可以直接采用 mmns_part_solid 模板文件。

信息补充站 **Pro/ENGINEER 的模板是什么？**

对 Pro/ENGINEER 来说，模板文件就是用来规范画图环境的重要文件。 它提供以下两种类型：模型模板和工程图模板。模型模板是标准的 Pro/ENGINEER 模型，它包含预先定义的特征、图层、参数、已命名的视图，以及其他属性。工程图模板则包含：创建工程图项目说明的特殊工程图形文件，这些工程图项目包括：视图、表格、格式、符号、注释、参数注释，以及尺寸等(请参见本系列的《Pro/DETAIL Wildfire 5.0 工程图设计》一书)。

而本章主题则是模型模板。Pro/ENGINEER 所提供模型模板，包括：默认基准平面、已命名的视图、默认图层、默认参数，以及默认单位，并可进一步自定义。

这些模板文件都是.prt 格式的文件，它们被放 Pro/E 安装目录下的 templates 目录中，可以将其打开，修改成所需要的设置；或是以“空模板”加上所有需要的常用画图环境设置后，再建一个.prt 模板文件保存到这个目录里来，以方便日后的使用。如果是有规划的大修改，那么还可以将所有的模板文件存到指定的目录，然后再设置 start_model_dir 系统变量，来指定用来保存所有自定义模板的目录。

只要按图 3-27 来操作，照说就不会有单位的问题。但是却有很多初学者因为忘记在图 3-27 步骤 4 中取消选中“使用缺省模板”复选框，来改用公制模板，所以到最后才发现单位不对。那怎么办呢？请按图 3-28 的操作来修改单位的设置。这个原本设计放在“编辑”菜单→“设置”选项里的单位设置与其他相关的设置项，从 Wildfire 5.0 版起，全部移到“文件”菜单→“属性”选项中！

要特别注意的是，图 3-28 步骤 5 处的设置。它有以下两个选项。

(1) 转换尺寸：即 1"(英寸)会转换成 25.4mm。显然，如果图还没画，就发现单位错了，那就应该选择此项。不过，使用此选项时，角度尺寸不会转换，多少度就仍是多少度。

(2) 解释尺寸：即 1"(英寸)会转换成 1mm(毫米)。如果图已经画好了，才发现单位错了，那就应该选择此项。因为画图时心中假设的是 mm。

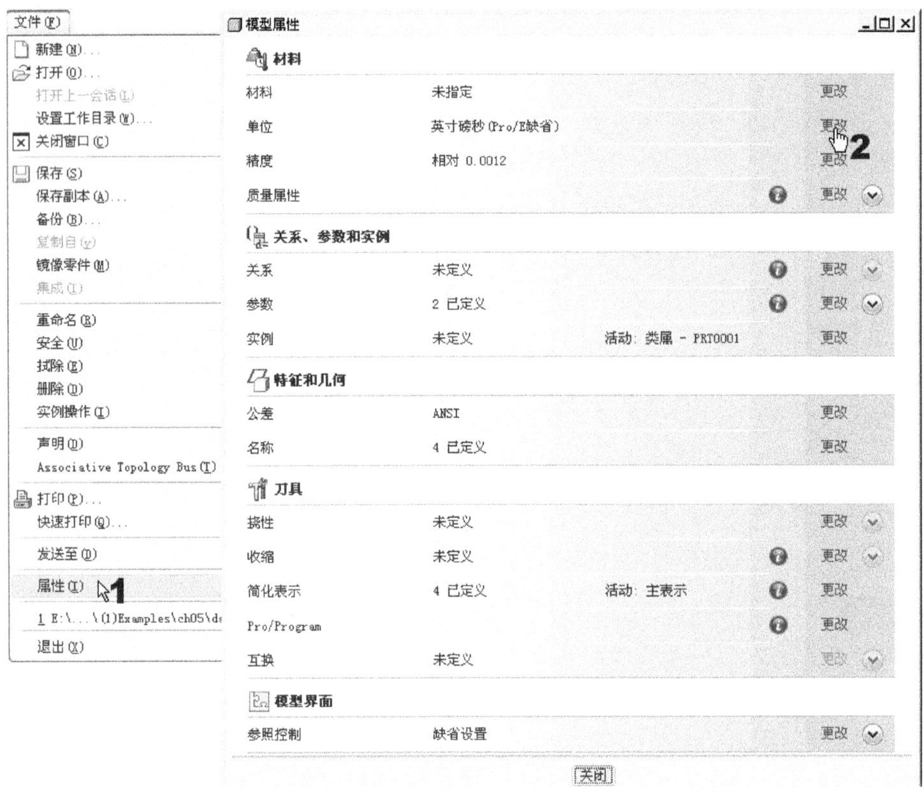

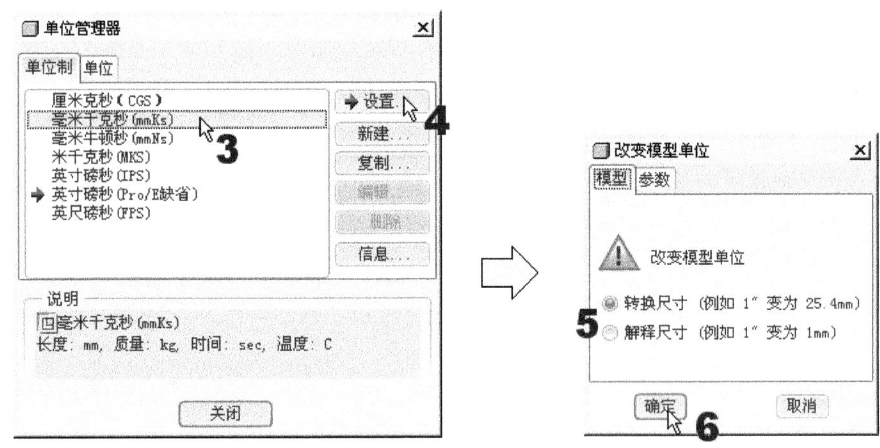

图 3-28　单位的修改设置

尽管我们可以使用系统变量 pro_unit_length 和 pro_unit_mass 来设置单位，但我们并不建议您使用它们。我们建议您为模型创建一个模板，其中含有完整定义的单位系统。即选择“文件”→“新建”命令，于“新建”对话框中取消选中“使用缺省模板”复选框，然后使用“新文件选项”对话框来创建一个适用单位的模板，或将 Pro/E 的一个标准模板拿来修改成您需要的。图 3-29 所示的就是要创建一个名为 My_template 模板文件的操作。

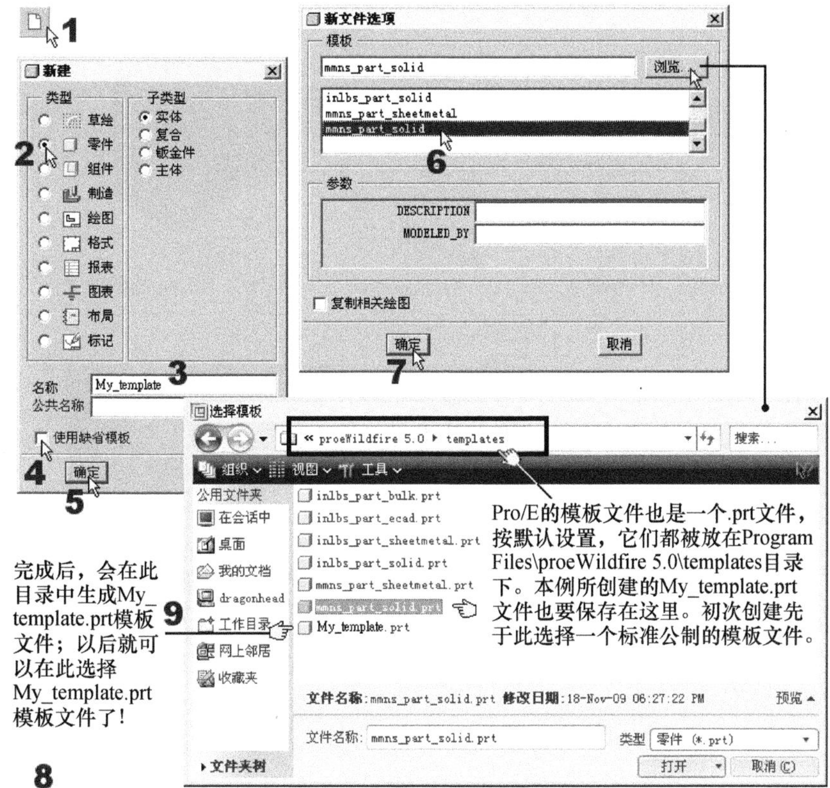

图 3-29 自定义模板的操作

3.7 基本模块中的基本操作

进入基本模块内部以后，读者首先要掌握一些常用的基本操作。在本节中谈到的，都是未来在实际操作中，随时要用到的基本操作。它们以工具栏图标的选取或开关为主。它们分别是：模型显示、基准显示和视图控制。其中，基准显示将在下一章中讲，本节将介绍模型显示和视图控制。

3.7.1 模型显示

在操作的时候，为了看清楚所画物体，我们必须随时视需要来切换模型的各种显示方式。控制模型显示的开关项就位于顶工具栏的右侧。如图 3-30 所示，共有着色、消隐、隐藏线、线框和实时渲染等 5 种模式。

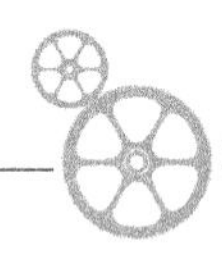

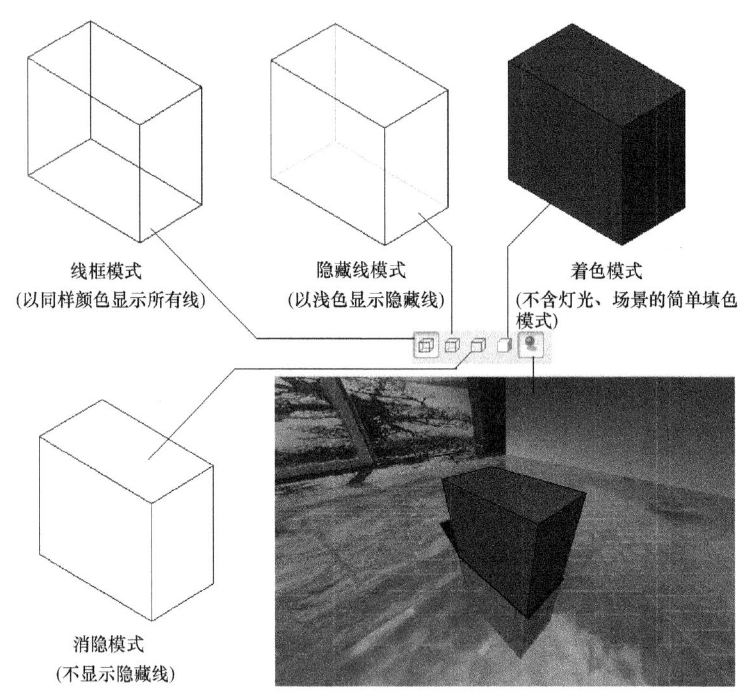

图 3-30　模型显示的基本操作

搭配模型显示的系统设置，则如图 3-31 所示。

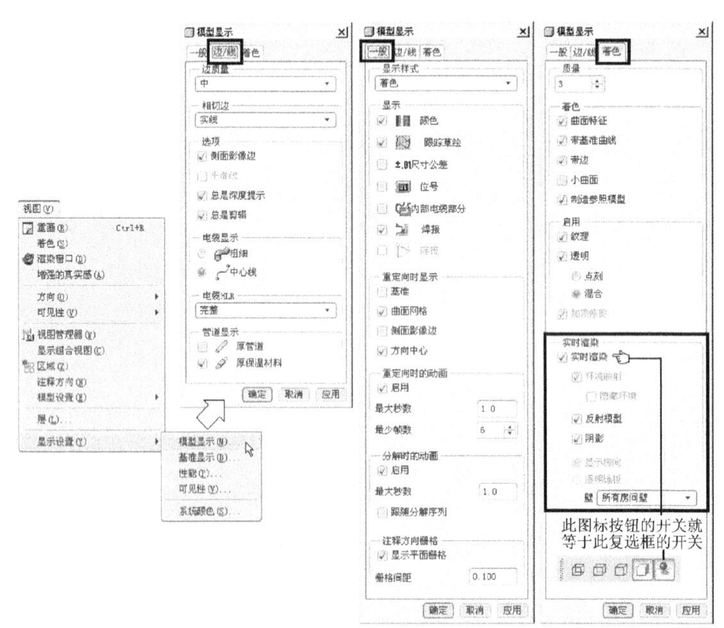

图 3-31　搭配模型显示的系统设置

在图 3-31 中的三个选项卡中，分别用来做如下的操作。

1. “一般”(General)选项卡

- “显示样式”选项组。于此指定着色、消隐、隐藏线与线框等四种显示模式的显示特性。默认为“着色”(Shading) 模式。
- “显示”选项组。于此设置模型各种特性(如颜色、跟踪草绘、±.01 尺寸公差等)的显示。
- “重定向时显示”选项组。于此指定在模型重定向或制成动画的时候，要显示或隐藏基准、曲面网格、侧面影像边，还是方向中心(可复选)。
- “重定向时的动画”选项组。在重定向的同时，按于此指定的时间和帧数来激活动画。
- “分解时的动画”选项组。在分解的同时，按于此指定的时间和帧数来激活动画。
- “注释方向栅格”选项组。于此指定可以用来控制注释平面栅格的显示与否，以及栅格间距(如果指定要显示时)。

2. “边/线”(Edge/Line) 选项卡

- “边质量”选项组。于此指定边线的质量。
- “相切边”选项组。于此指定相切边的显示线型。
- “选项”选项组。于此指定有关边和线的细节。
- “电缆显示”选项组。于此指定电缆的显示造型设为“粗细”或是“中心线”。
- “管道显示”选项组。于此指定要显示的管道型式。

3. “着色”(Shade) 选项卡

- “质量”选项组。变更着色区的质量和细节。
- “启用”选项组。设置激活的着色特性(如纹理、透明度状态)。
- “实时渲染”选项组。在此设置实时渲染的反射与阴影特性。

信息补充站　什么是实时渲染?

在图 3-30 中，您已经看到实时渲染的效果。一般说来，如果定义了模型投射到壁上的反射和阴影，以及模型的外观反射，那么就可以使用 Pro/E 的“实时渲染”(Realtime Rendering)来实时快速的显示模型的外观。

换句话说，比起一般的着色，实时渲染只多了反射和阴影，也就是多了灯光效果。但是比起正式但较耗时的真实渲染来说，实时渲染的质量要粗糙许多，但是速度也快很多。所以，实时渲染会比着色直观一些，但比真实渲染粗糙一些。适合用于设计中的预先观察。

Pro/E 的实时渲染器有以下约束。

① 仅在平面曲面上支持阴影和反射。

② 对于圆柱形房间，仅在地板和天花板等平面曲面上显示环境中的阴影和反射。

③ 支持在模型上反射房间。

④ 只能对着色曲面投射阴影。

⑤ 不支持自身阴影。

请观看以下的视频文件来了解如何做出实时渲染的效果:

本范例视频文件：(1)avi(gb)\ch03 目录下的 Realtime_Rendering.avi。

在 Realtime_Rendering.avi 这个视频文件中，我们示范了以下几个尚未详细讲的重点

① 自定义工具栏。由于本操作需要配合 Pro/E 的渲染功能(本书第 12 章详述)，在操作时需要临时调用“渲染”工具栏，同时再往该工具栏中添加需要的命令图标。类似的操作将不再细说，请注意这部分的操作。

② 简单的材料贴附操作。为了让物体具有美观和真实性，必须先贴附材料。

③ 透视模式的设置和切换。为了让物体具有真实感，必须转为透视模式。

④ 场景的选择。Pro/E 提供了包含灯光和房间整套现成的场景，这些场景都是学理上最典型的场景布置范例，操作者只要单击所需要的场景图片即可。

除了第一项以外，其余将在本书第 12 章说明。

3.7.2 视图控制

视图控制就是“缩放”的意思，用来随着操作或示范需要，将物体转到合适的面。其控制开关项工具图标如图 3-32 所示。

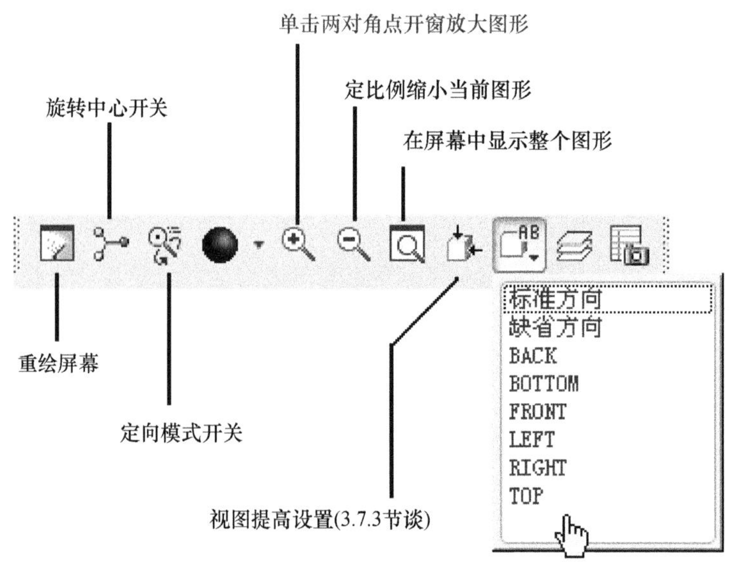

图 3-32 视图控制的基本操作

其中，最常用的就是：直接选取视图的默认视点方向、在屏幕中显示整个图形、单击两对角点开窗放大图形，以及定比例缩小当前图形等图标按钮。它们都是方便实用，且一个按钮就可以达到目的的选项。

而另外还有两个开关图标说明于下。

1. 定向模式开关

打开定向模式后，“视图(V)”→“方向”→“视图类型”后的 5 个命令即可用，且如图 3-33 所示，定向中心与模型中心会显示在图形窗口中。

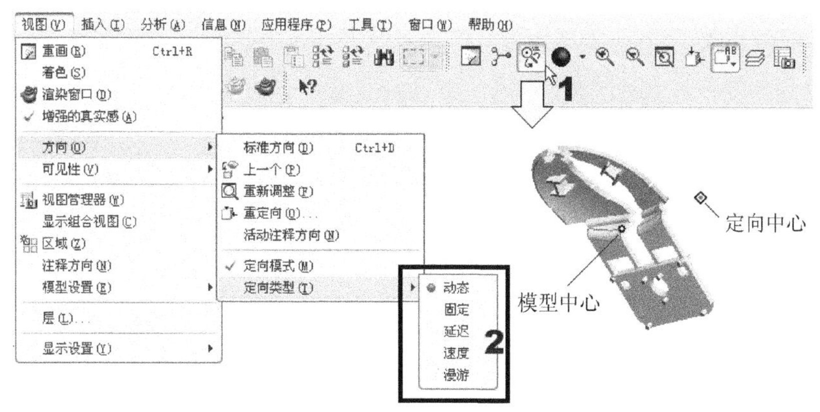

图 3-33　激活定向模式后出现定向中心与模型中心

信息补充站　**定向中心的作用是什么?**

定向中心◈是可以多种方式来定向模型的符号(单击鼠标中键打开)。当我们进行物体的旋转、平移或缩放时，定向中心就会显示，以显示其当时的中心位置。这样，进行旋转、平移或缩放等操作，就有一个参照。定向中心一定锁定在旋转中心，但当旋转中心关闭时，定向中心即可设置为图形窗口中的任意处。若要在旋转、平移、缩放期间关闭定向中心，可以将 spin_with_orientation_center 系统变量设为 no(默认为 yes)。

激活定向模式后，有 5 种可选的定向类型意义，如表 3-6 所示。

表 3-6　定向模式的 5 种类型

类型名称	图　标	说　明
动态(Dynamic)	◈	默认值。用以显示“定向中心”。其方位会随着光标的移动而更新。模型将绕着定向中心周围自由地旋转
固定(Anchored)	⚠	其方位将随着光标的移动而更新。模型的旋转是由其初始位置开始移动的方位与距离所控制的。定向中心每隔 90° 即变更一次颜色。当指标回到原始的向下方位时，视图即重设为开始时的样子
延迟(Delayed)	▣	其方位不随着光标的移动而更新。但是当放开鼠标中键时，指针模型定向随即更新
速度(Velocity)	◉	其方位会随着光标的移动而更新。速度(速度与方向)是操控的速率，受到光标从其初始方偏移的距离所影响
漫游(Fly Through)	-◇-	表示模型的定向及方位是由与飞行仿真器类似的互动所控制。但必须使用透视显示才能使用此选项(即选择“视图”→“模型设置”→“透视图”选项)

注　意

① 使用 orientation_style 系统变量，可用来将查看样式设为动态或已锚定。不管是否打开或关闭“定向模式”。当打开定向模式时，您就可以按需求变更查看样式。

② 打开定向模式后，将无法选取项目。

2. 旋转中心开关

模型默认的旋转中心就是模型中心。可以修改此中心(下一节讲)，使其可位于屏幕上的任意点。

当旋转中心(Spin Center)关闭时，可以根据得出的矢量，约束旋转和平移的动作。矢量是将“定向中心”置于边或曲面上时所得出的，与拖曳动作结合使用；它也有可能因为用户在定向中心上初始化一个拖曳动作，而已经存在边或曲面上。约束矢量来自于对象或定向中心之下的几何，且其为线性的边或曲线，垂直于实体面或曲面。

3.8 高级的视图操作

选择“视图(V)”→“方向”→“重定向”命令或工具栏图标，都可以运行重定向命令。使用重定向命令，可以用来指定某一个视点下的视图。通常，我们会有三种不同的目标。以下就分三小节来说明。

3.8.1 首选项

在首选项中可设置等轴测或斜轴测(即等斜图)。如图 3-34 所示。

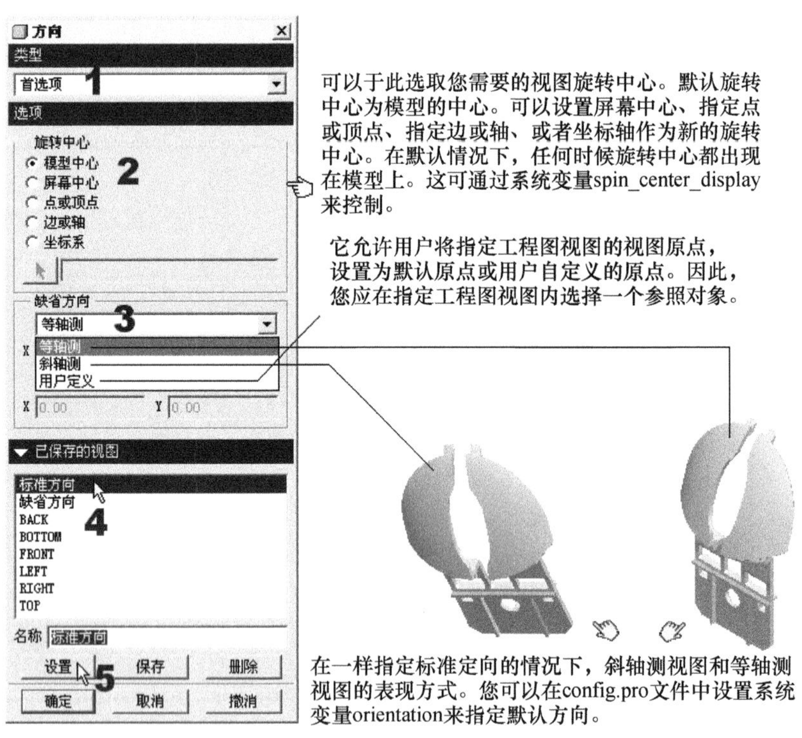

图 3-34 首选项

而图 3-35 就是希望以标准的斜轴视图，但搭配指定“点或顶点”的旋转心来观看物体。最后，还要将该视图状态保存下来，以方便随时调用。

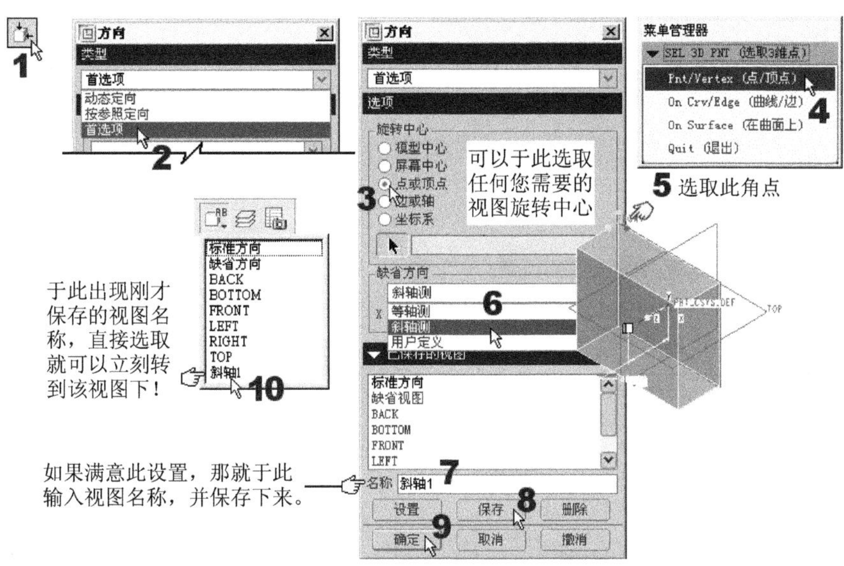

图 3-35　创建并保存视图

3.8.2　定义动态定向

动态定向就是可以让用户以旋转中心轴或屏幕中心轴，使用滑块的方式，来随意的旋转、平移、缩放与翻转模型。如图 3-36 所示。

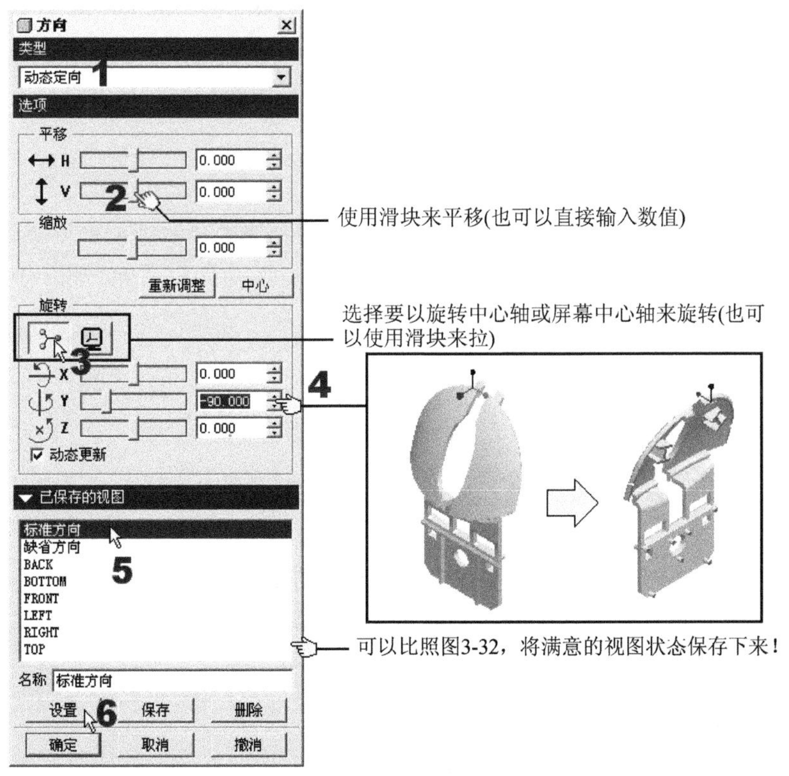

图 3-36　动态定向的操作

3.8.3 根据参照来定向

当希望以两个参照面来定义物体的视图时，可以通过指定参照来定向视图。如图 3-37 所示。

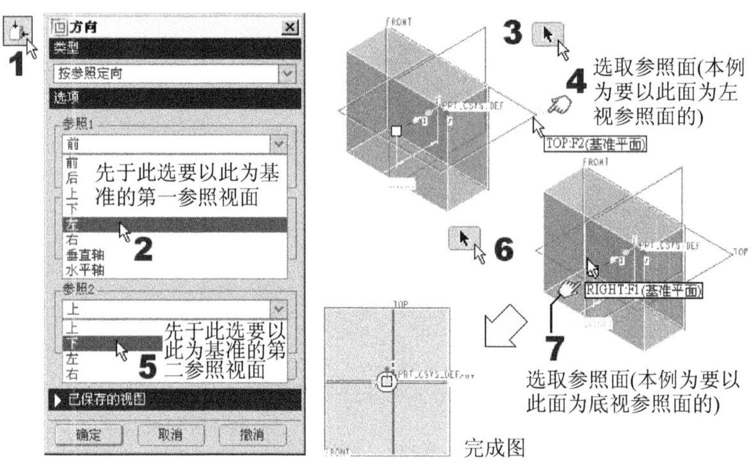

图 3-37 以两个参照面来定义物体的视图

3.9 和绘图环境有关的其他系统设置

在基础阶段，还有一些和绘图环境有关的基本设置都将在本节中介绍。

3.9.1 3D 性能的设置

性能用来增强视图 3D 显示的效率控制。它可以控制曲面显示细节的等级、在着色模型动态定向时，可以减少系统的计算量。其结果是让模型运动显得更加平滑，驱动力的同步性更好。请如图 3-38 所示操作。

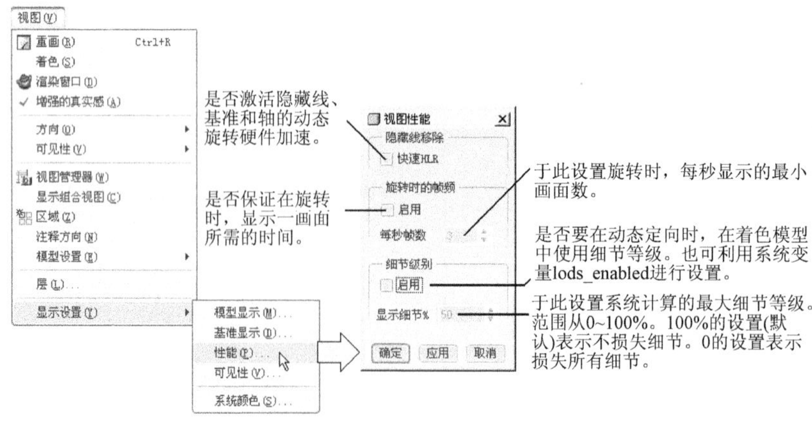

图 3-38 3D 性能的设置

3.9.2 Pro/E 的环境设置

要全局的改变 Pro/E 的环境设置，还有一个方法。请选择“工具(T)”→“环境(E)”命令，将出现如图 3-39 所示的画面(以下仅说明从字面看不出其意义的选项)。

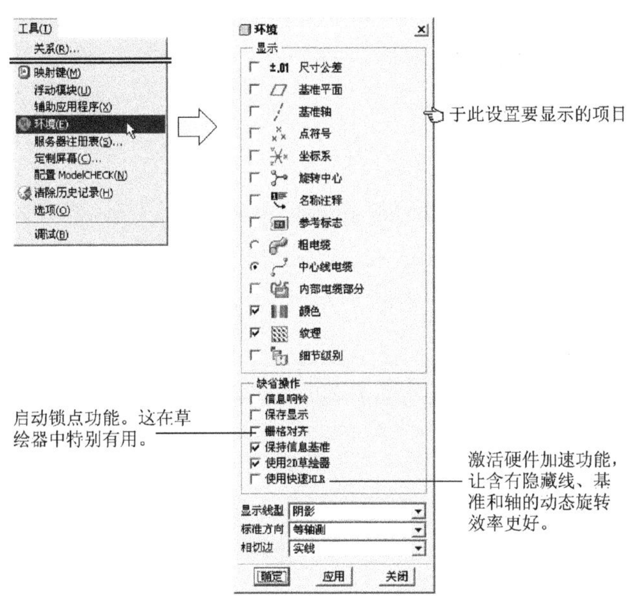

图 3-39　Pro/E 的环境设置

3.9.3 备份文件

在“文件(F)”菜单下，有一个“备份(B)...”命令，它可以将当前的图形文件以同一文件名或不同文件名复制到同一目录或不同目录。它有以下两种做法。

(1) 以同文件名复制到同一目录。欲达此目的时，不管该图形文件是否已进行设计变更，都可以将其保存成新版本编号的图形文件，若该图形文件为当前的图形文件，那么于运行备份功能后，该窗口会显示新版本编号的复制图形文件，这是“保存”选项所办不到的。

(2) 以同文件名或不同文件名复制到不同目录。欲达此目的时，新生成的图形文件就会成为当前使用的图形文件，将在此目录下继续工作，但当前工作目录还是没改变。如果希望回到备份的原始图形文件工作时，可使用“删除”选项将新复制图形文件从内存中清除，并再重新打开原始图形文件。

3.9.4 文件的拭除和删除

“文件(F)”菜单下的“拭除(E)”命令，用来拭除 Pro/E 的工作文件。因为在一个工作区间中，所有新建和打开过的文件均会暂时保存于系统内存中，甚至已经关闭了的文件，也将暂时保存在其中，直到程序关闭为止。然而，若打开较多的文件，势必占据较多的内存空间，并影响计算机的运行速度。此时，应使用拭除功能来将不需要的文件从内存中删除，以加快计算机的运行速度。选择“拭除(E)”命令后，将出现如图 3-40 的子菜单。

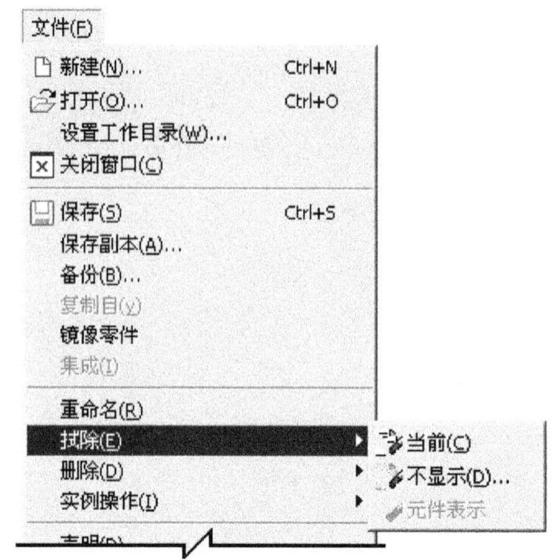

图 3-40 “拭除(E)”子菜单

其中选项说明如下。

- “当前(C)”选项。用来将当前工作窗口中的文件，从内存中暂时删除掉。
- “不显示(D)...”选项。则是用来将存在于幕后的所有文件，从内存中暂时删除掉。

与“删除(D)”命令不同的是：“拭除(E)”命令不会将文件从硬盘中删除，文件仍然完好地保存于硬盘中。

事实上，使用拭除最现实的两个理由如下。

(1) 已修改了当前文件，尚未存盘，但发现还是未修改前的状态比较好，而想回到未修改前的状态时。

(2) 可能要先后打开相同名称，但不同目录，内容也不同的图形文件；此时，为避免系统将内存里的同名文件打开，就要使用拭除命令。此外，在组件文件中使用同名但内容不同的零件文件时，也会有此问题。也都是用拭除的方法来解决。

而在“文件(F)”菜单下的“删除(D)”命令，则是用来完全删除存于硬盘中的文件。选择“删除(D)”命令后，将出现如图 3-41 的子菜单。

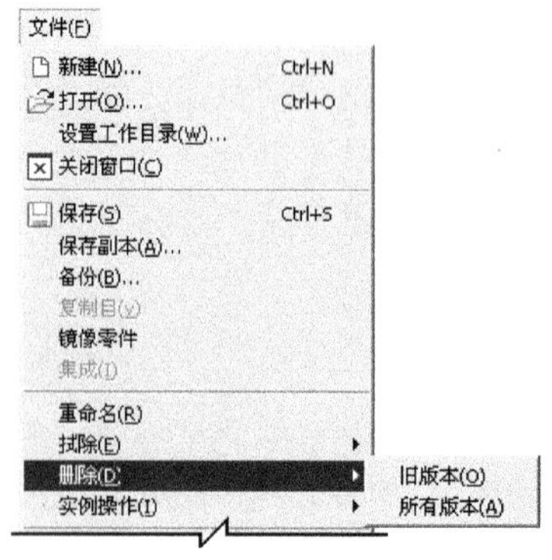

图 3-41 “删除(D)”子菜单

基于安全的理由，在 Pro/E 中，每一次保存的文件均以“文件名＋流水编号” 的新版本形式出现，导致每保存一次文件，就多一个同名但流水编号不同的文件。如果要解决此问题，只要在运行删除命令时，选取“旧版本(O)”选项，系统将删除所有旧的版本，仅留下最新的一个版本；若选取“所有版本(A)”选项，将永久删除该文件。

已运行旧版文件的删除后，为何还留有旧版的图形文件？这是因为该文件若是在工作目录以外的目录打开，那么用户就无法利用“文件(F)”→“删除(D)”→“旧版本(O)”来删除它的旧版本图形文件。只要将工作目录切换到该图形文件的存盘目录，就可将其删除。

习　题

1. 请进入 Pro/E 中操作主操作窗口的各部位组件。
2. 请说明设置中英文双语界面的过程。
3. 请设置您喜欢的系统颜色，并令其在每次进入 Pro/E 时，都可以自动设置。
4. 如何自定义一个模板文件，以及如何来妥善使用它？
5. 试述 Pro/E 的鼠标按键控制。
6. 请以文件的扩展名来说明 Pro/E 的文件格式。
7. 请指定一个目录来作为默认的工作目录。
8. 说明 config.pro 和 config.win 两文件的作用和其内容性质的不同。
9. 请自定义一个实用的快速键，并将之加到合适的工具栏或菜单中。
10. 试述 Pro/E 选取按键的动作，以及该动作所代表的意义。
11. 请说明在单位设置中，“转换尺寸”和“解释尺寸”选项的差别。
12. 请实际操作视图的缩放、平移，以及设置各种角度的视图。
13. 试述定向模式的四种类型，尤其是它们在操作上的意义。
14. 我们可以在 config.pro 文件中设置哪一个系统变量，来指定视图默认的表现方式是斜轴视图或等轴测视图。
15. 请说明文件“拭除”和“删除”的差别。
16. 什么是图形交换格式？这方面在国际知名的通用格式有哪些？为什么会有它的存在？它的缺点胜过优点吗？为什么？
17. 请叙述什么是实时渲染？要如何操作？

第4章 草绘基础

大家可不要以为本章的练习太简单而忽略了它，这些练习代表的可是正统的训练。它包含了很多用语言文字无法妥善形容的基本概念，同时又融入机械专业操作惯例的重要概念，所以读者一定要重视本章，要逐题练一次！

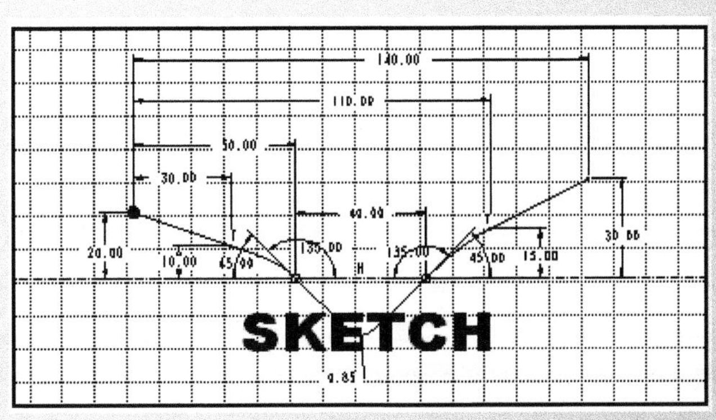

4.1 草绘概论

在本工作室的咨询网站和老师们的实际教学中发现：很多学生都以为自己对 Pro/E 很熟了，都能掌握了；他们在看书时是先挑范例做的，而忽略了书前我们花很多篇幅所谈的概念养成。然后，照书做完后就以为他会了。

我们本也以为这样大家就会了，但是当进入一些必须真正了解 Pro/E 基本操作原理的模块(如模具、钣金设计、机构运动分析、结构分析等)时，才发现学生无法举一反三。甚至连最基本的草绘操作在概念上全都错误，导致所画的图形当时就有问题，或是可以画出但日后发生问题(发生在模具拆模操作时，因造型部分乱画的情况最多)，更重要的是：大家都以为是该模块的操作功能不佳，或是对该模块的功能不熟所致，没有人去怀疑是最基本的草绘操作出了问题。

就如同我们在第 2 章中所谈论过的，像 Pro/E 这类的高级 CAD/CAM/CAE 软件，是以三维绘图为基础的。其中，组成图形的主要元素就是“特征”(Feature)。Pro/E 用特征的图素来建构图形。而“草绘”(Sketch)则又是特征中的主要操作，同时也是整个图形结构的最底层。

为什么在特征的结构中，草绘处于最基础的底层呢？这是因为人类在描述立体对象时，所熟悉的底层概念是平面的，通过这个平面再来抽拉出立体。因此，草绘就是物体某一面的平面轮廓图形。通过用户给 Pro/E 的这个平面轮廓图形，Pro/E 就可以再根据您的进一步指示，通过某些手段将其变为立体的实体。而这个手段就是第 2 章中提过的旋转(Revolution)、拉伸(Extrude)、伸出项(Protrusion)和混合(Blend)等。

Pro/E 草绘功能的发展历程分为两阶段。早期的 Pro/E 草绘只能通过“菜单管理器”，从 2001 版以后才出现“目的管理器”。前者等于是古时候的蒸汽车；后者等于是现代的汽车。汽车来自于蒸汽车的演进，当然比较好开，但是出问题时，如果没有完善的调试程序，就不知道要从哪里下手解决了。

由于很多人学 Pro/E 时是从后来的 Wildfire 新版本开始，自然偏向喜欢较自动化的 Pro/E 草绘器，但是也就是因为不明原理，所以画出来的图往往不是出现错误信息(但又检查不出哪里有问题)，当场困在草绘模式中，就是在稍后变实体时，出现无法转实体的问题。

通过本章扎实的实例练习后，相信可以让您解决或避免 90%以上的这类问题。大家只要认真在实例中将概念搞清楚，后续不论是提高功能的操作，或是继续其他模块的操作，都会比较顺利！

4.2 目的管理器和菜单管理器模式

在 Pro/E 的草绘历史上，在 2001 版以前，草绘工具以“菜单管理器”模式为主，到了 Wildfire 的时代，就让“目的管理器”和“菜单管理器”两模式并陈，到了 Wildfire 5.0 版以后，PTC 公司就拿掉“菜单管理器”模式，而以草绘器为主了。

因此，本章主要以 Pro/E 的“目的管理器”模式来教学。首先，我们先在表 4-1 中为您比较新、旧两种草绘模式的优缺点。

表 4-1　“目的管理器”和“菜单管理器”模式的优缺点分析表

模　式	优　点	缺　点
菜单 管理器	掌握本章范例的练习技巧之后，画图会变快，同时要比“意图管理器”稳，不会明明图都画对了，系统还会提示有问题 70%的图可使用 Mouse Sketch(鼠标草绘)解决	命令阶层多，造成选取时间较长，且初学者不易记忆，但可通过自定义图标和快速键来改善。 没有 Undo 功能(但可使用 Undelete)。 未掌握技巧的话，初学者不易学习
目的 管理器	操作界面简捷，不用记忆容易学习。 尺寸可自动标注。 可以自动捕捉诸如中点、端点、中心点等标准的几何基准点	必须频繁地选取命令。 经常因为参照没设好，而没有对齐图素；或是其自动对齐功能实际上并没有发生效用。 导致图明明画好了，却提示草绘有问题。但是，在 Wildfire 4.0 版以后，因为新增了一些草绘调试工具，此现象已减轻不少

使用“目的管理器”是挡不住的趋势。因此，从 Wildfire 4.0 版开始，在增添了更完善的草绘调试工具，删除了“菜单管理器”模式之后，新的初学者就不会知道以前 Pro/E 的草绘器还有“目的管理器”和“菜单管理器”两模式之分；现在，Pro/E 的草绘器就是“目的管理器”模式。

4.3　草绘的基本操作

3D 建模就是利用画出(草绘)物体 2D 的剖面几何轮廓，然后再将该剖面几何轮廓往垂直该剖面的方向拉伸出实体。

因此，如何配置草绘、如何创建参照来标注并约束草绘几何，就成了草绘的基本操作。

4.3.1　草绘器中鼠标的用法

表 4-2 和表 4-3 将为您说明 Pro/E 草绘器的鼠标用法。

表 4-2　在 Pro/E 草绘模式下的鼠标用法

鼠标按键	用　途
	绘制直线、圆、矩形等图形单元；移动或拉伸图形；选取图形等
	取消操作；结束操作，相当于按下<Enter>键；选择默认选项(通常默认选项是加粗的)
	打开快捷菜单；在选项中切换(当几个图形重叠时)

表 4-3　在一般情况下的鼠标用法

鼠标按键	用　途
左键	选择菜单，工具栏图标，图形等
中键	结束操作，相当于按下 <Enter> 键；选取默认选项(通常默认选项是加粗的)
右键	打开快捷菜单；在选项中切换(当几个图形重叠时)

注 意

如果使用右键来打开快捷菜单时，需要按下右键并保持一段时间，约 0.5 秒。

4.3.2　Pro/E 草绘器的特色

Pro/E 草绘器具有以下的特点。

在绘制草绘剖面图时，目的管理器会自动定义图形的尺寸与约束条件。因此，操作者不需担心“再生”(Regenerate)不成功，而可将注意力集中在设计上。但坦白说，这是特色却也是缺点，因为最后要结束的再生操作一样会运行，如果发生错误，就不知道在哪一阶段的图形有问题。

Wildfire 1.0 版以后提供↶(撤销)和↷(重做)，来方便用户绘图时的操作。

和“菜单管理器”类似，在开始进行草绘时，不必将图画得十分精确，Pro/E 草绘器会自动捕捉用户设计的意图，从而添加以下的约束。

1)　尺寸约束部分

- 若存在长度趋近的直线，则认为这些直线的长度相等。
- 直径或半径相近的圆或圆弧，则认为圆或圆弧的直径或半径相等。
- 如果圆弧起始方向趋近水平或垂直，圆弧角度趋近 90°、180°、270°，则认为圆弧角度为 90°、180°、270°。

2)　结构约束部分

- 若存在近似平行或垂直的直线，则认为这些直线是平行或垂直的。
- 若存在近似相切的直线、圆或圆弧，则认为这些图形是相切的。
- 如直线与另一直线近似对齐，则认为这两条直线对齐。
- 若直线近似水平或垂直，则认为该直线为水平或垂直的。
- 若两个图形端点接近，则认为这两个图形共端点。
- 如果圆或圆弧的圆心趋近于同一水平线，则认为圆或圆弧的圆心在同一水平线上；如果圆或圆弧的圆心趋近于同一垂直线，则认为圆或圆弧的圆心在同一垂直线上。

4.3.3　草绘器的界面

请按图 4-1 的操作来进入 Pro/E 草绘器的操作界面中。这个草绘模块的界面和第 3 章介绍的 Pro/E 基本界面并无不同，只是其中的选项是和草绘功能有关的。

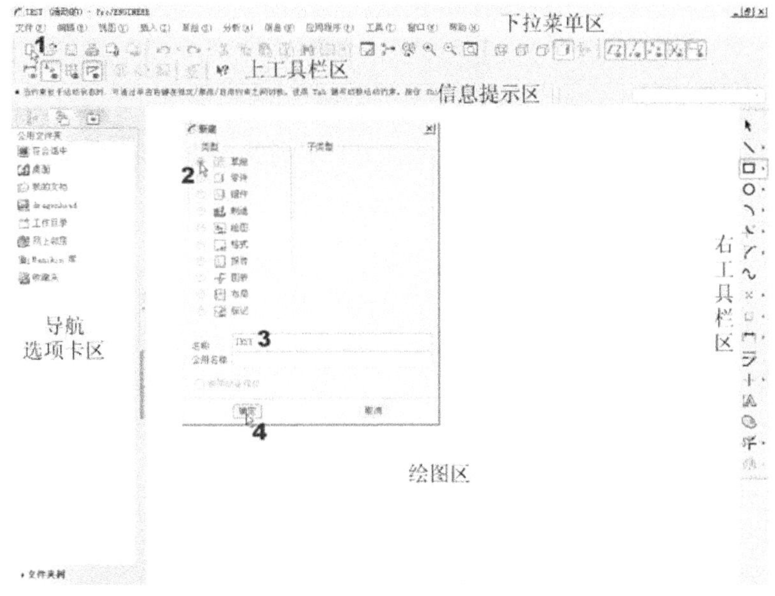

图 4-1　Pro/E 草绘器的操作界面

4.3.4　草绘器的系统环境设置

最主要的草绘系统设置其实就是捕捉的环境条件设置。很多读者问我们为什么 Pro/E 里没有像 AutoCAD 那样有捕捉功能？当然有！就是在这里，只不过因为有其他约束功能的配合，所以 Pro/E 不需要在操作中去开开关关这些捕捉模式。如图 4-2 所示，通常我们按默认值来设置即可。

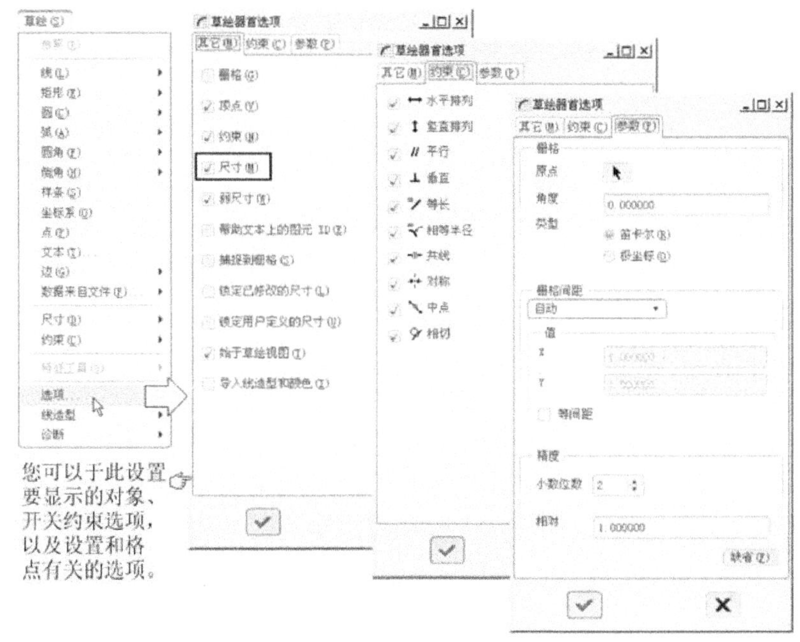

图 4-2　草绘的“选项”设置

注 意

初学者有时会在“草绘器选项”窗口的“其他”选项卡中，误将“尺寸”显示的复选框取消选中了(图 4-2 里的黑框处)。然后，因标注了尺寸后不显示，而以为没有标，就不断地添加尺寸标注，当再选中此复选框后，就会显示标了一堆重复的标注。

4.3.5 草绘工具介绍

草绘工具的主菜单一般就置于“草绘(S)”菜单下，主要用来绘制各种几何图形，如点(Point)、线(Line)、矩形(Rectangle)、弧(Arc)、圆(Circle)，也可绘制坐标系(Coord Sys)、倒圆角(Fillet)、样条曲线(Spline)、文字(Text)等的高级几何图形。它和右工具栏图标的对照，如图 4-3 所示。在操作时，用右工具栏图标来操作比较方便。

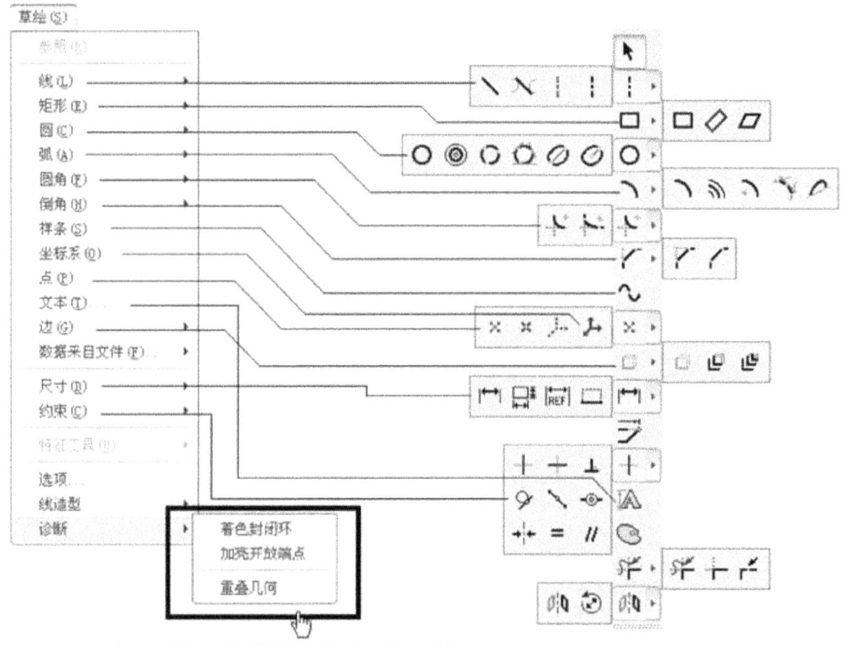

图 4-3 “草绘(S)”菜单和“草绘”工具栏功能对照图例

表 4-4 将列出并简述所有 Pro/E 草绘工具。

表 4-4 Pro/E 草绘工具简述

图 标	名 称	功能简述
	图形选取	用于图形的选择。当使用鼠标左键选取时，图形将变为暗红色。操作者也能使用“窗选”方法来选取
画线类		
	绘线	用于绘制直线。Pro/E 草绘器会自动添加前述的一些约束条件，如接近水平，则认为是水平线等

续表

图 标	名 称	功能简述
	绘切线	用于绘制两段弧线之间的切线。如下图所示，绘出了四条内外切线 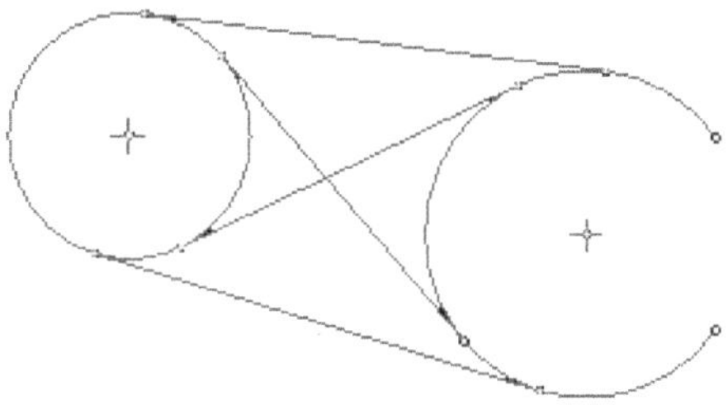
	绘中心线	用于绘制辅助用的中心线(Centerline)。中心线虽然不是图形的实体组成部分，但却是图形绘制过程中，不可缺少的辅助线
	绘几何中心线	一样是画出一条中心线，但是上面的“绘中心线”工具是草绘辅助，无法在“草绘器”以外作为参照。可是“绘几何中心线”工具可将其特征信息传达到“草绘器”之外作为参照
 画矩形类		
	绘矩形	用于绘制矩形。以鼠标左键选取某一指定位置来作为矩形对角线的一个端点，然后拖动鼠标，矩形将随鼠标动态变化，拖到指定大小时，按下左键即生成一个矩形。这两点的距离即为该矩形对角线的长度。所生成的矩形，其四条边界线是独立的直线，可对其进行单独的修改 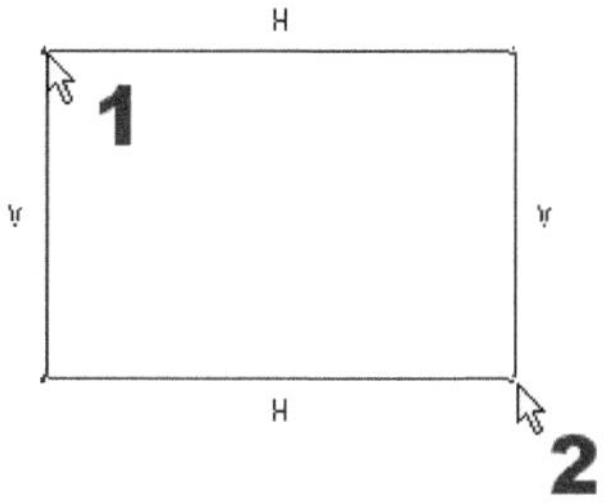
	绘斜矩形	用于绘制创建具有其他方向的矩形 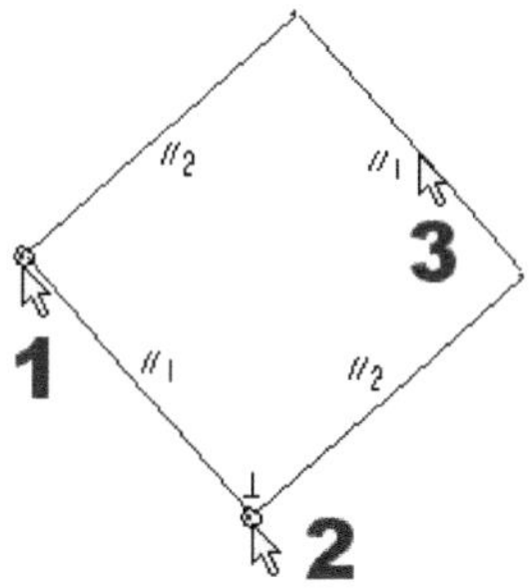

续表

图　标	名　称	功能简述
	绘平行四边形	用于绘制平行四边形 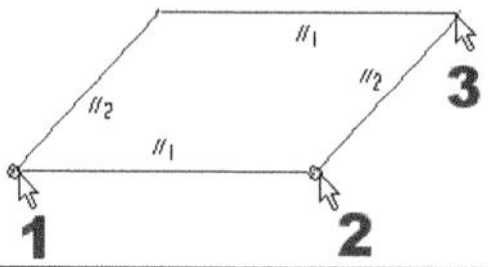
 画圆类		
	圆心、半径绘圆	以输入圆心和半径来画圆。以鼠标左键选取圆心，移动鼠标，系统自动生成一个动态圆，当移动到合适位置时，再单击鼠标左键即可生成一圆
	绘同心圆	绘制同心圆。以鼠标左键选取欲与之同心的圆或圆弧，移动鼠标，系统将自动生成一个动态圆，当鼠标移动到合适位置后，单击鼠标左键，即可生成一个同心圆 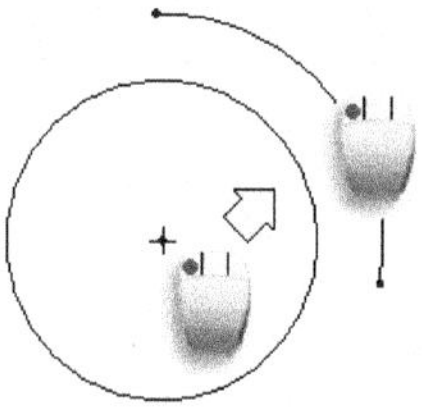
	三点绘圆	用来绘制通过平面上，任意不重合三点的圆。以鼠标左键选取圆的第一和第二个点，移动鼠标，系统自动生成一个动态圆，当鼠标移动到合适位置后，单击左键选取第三点，即可生成一圆
	绘切圆	用来绘制与三个图形(包括直线、圆、圆弧、不规则曲线)相切的圆。以鼠标左键选取欲公切的三个图形，即可生成三相切圆 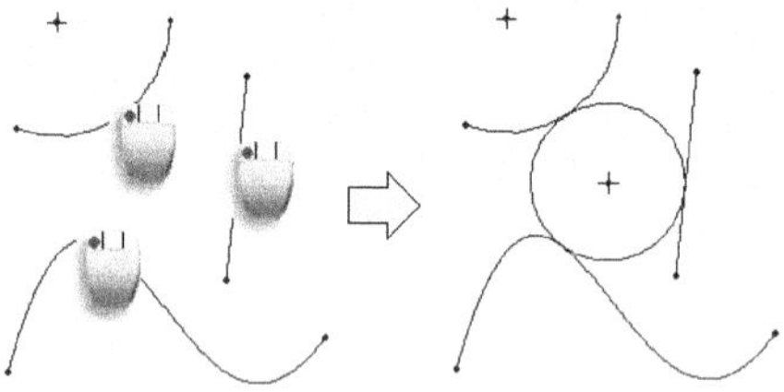
	绘端点椭圆	用来以选取椭圆端点的方式绘制椭圆 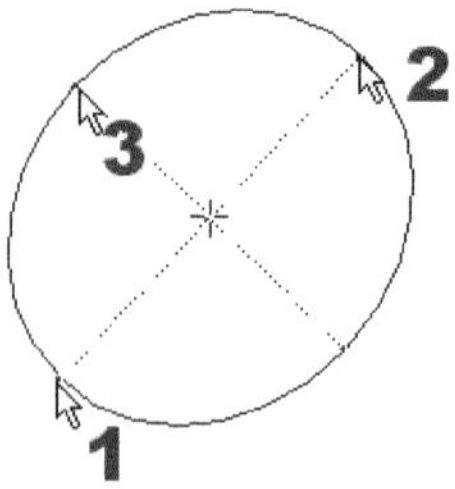

续表

图　标	名　称	功能简述
	绘轴中心椭圆	用来绘制椭圆。但先选取椭圆的中心，再用鼠标选取与中点某距离和角度，即可控制椭圆的形状和大小
画弧类		
	三点绘弧	①以三点来画弧。先以鼠标左键分别选取圆弧的起点和终点后，移动鼠标，系统自动生成一个动态的圆弧，当鼠标移动到合适位置后，再单击左键，选取第三个点，即可生成通过此三点的圆弧。第三个点将决定圆弧的半径 ②绘制和直线或圆弧相切的圆弧。先以鼠标左键选取欲与之相切的图形(直线或圆弧)的端点，来当作相切圆弧的起点，再拖动鼠标，圆弧将随鼠标动态变化，拖到指定位置时，单击左键选取圆弧终点
	绘同心弧	用来绘制与圆弧同心的圆弧。以鼠标左键选取欲与其同心圆弧上的任意一点，再以左键选取同心圆弧的起点，将鼠标移动到合适位置后，单击左键选取圆弧的终点即可
	以中心点、起点和终点画弧	先以鼠标左键选取欲绘制圆弧的圆心，再以左键选取圆弧的起点，移动鼠标，单击左键选取圆弧的终点，即可生成通过圆心及两个指定点的圆弧

续表

图　标	名　称	功能简述
	画切弧	用来绘制与三个图形(直线、圆、圆弧、不规则曲线)公切的圆弧。以鼠标左键选取欲相切的三个图形，即可自动生成三相公切圆弧 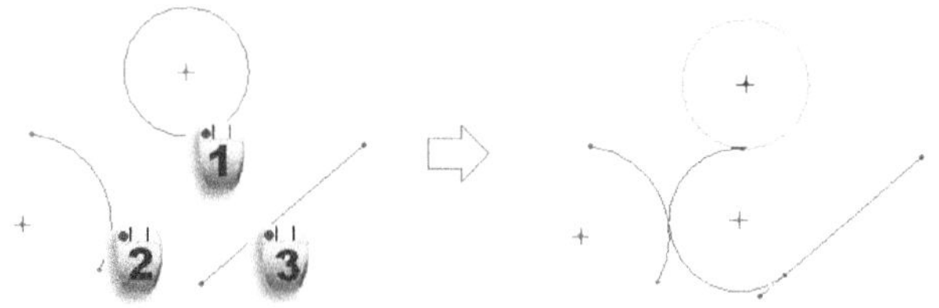 注意：如果所选的三个图形不能生成三点相切的圆弧，那么系统会在信息提示区中显示合适的原因信息
	绘圆锥曲线(锥形弧)	Pro/E 译为“锥形弧”是不太合适的。这个工具用来绘制圆锥曲线。以选取三个点来进行圆锥曲线的绘制。必须先以鼠标左键画出圆锥曲线的起点及终点后，移动鼠标到合适位置，单击左键选取曲线上的第三个点即可。然后，再修改其 rho 值来决定曲线类型(4.4.9 节的表 4-6 说明) 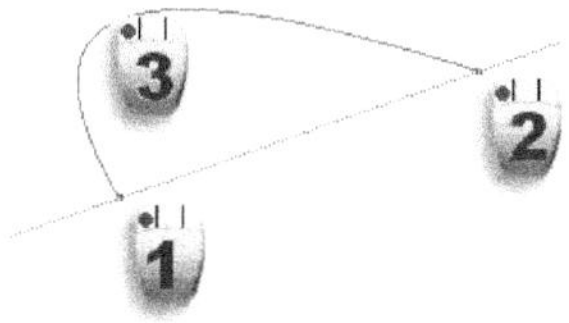
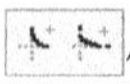 修圆角类		
	修圆角	用来绘制一段与两个图形相切的圆弧，并裁去部分图形，即 “倒圆角”。以鼠标左键选取欲生成圆角的两个图形(此两图形不可为两条并行线)，即可生成圆角。注意：生成的圆角其位置与大小，应取决于选取图形时点的位置 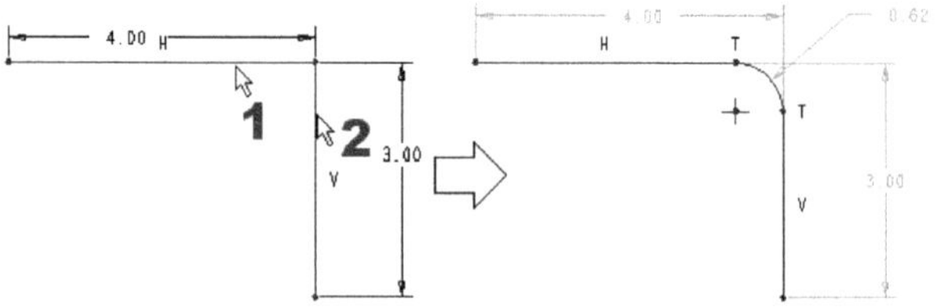
	修椭圆角	用来倒椭圆角。绘制一段与两个图形相切的椭圆弧，并裁去部分图形 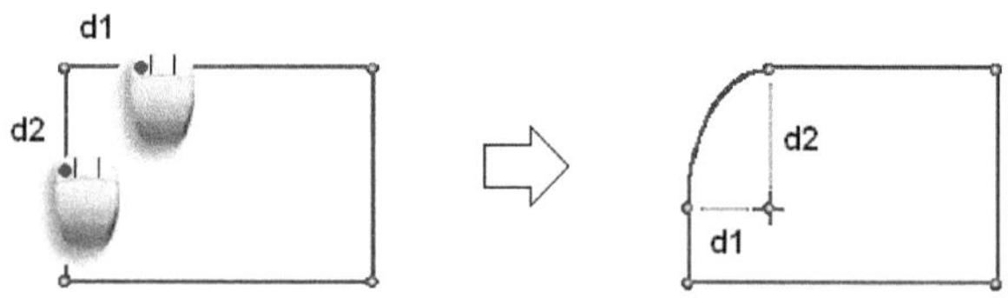 注意：生成的椭圆角其位置与大小，应取决于选取图形时点的位置

续表

图 标	名 称	功能简述
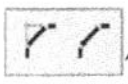 修倒角类		
	修倒角	配合机械专业惯用的倒角标注来修倒角的工具。即在转角的两线间截去一角后，在两线原交点处留下一点，然后以此点做标注 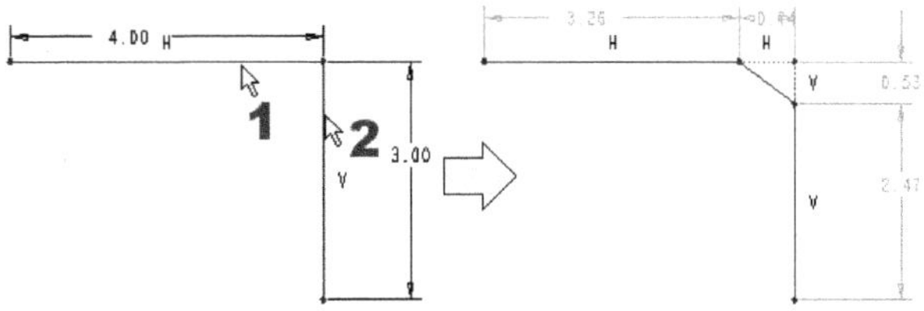
	倒角修剪	一般的修倒角工具。即在转角的两线间截去一角后，标注截角角度和长度 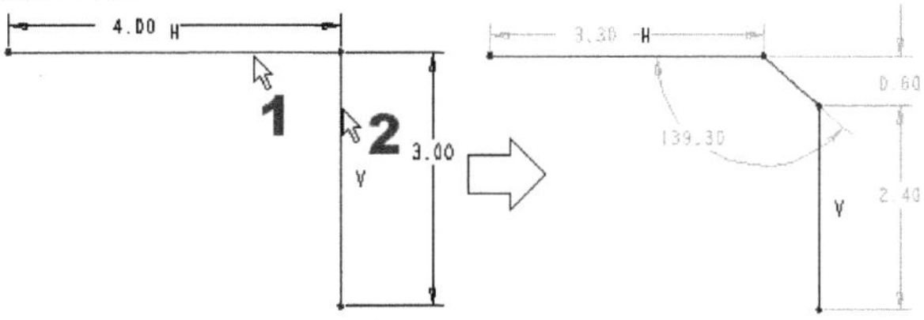
	绘样条曲线	用于绘制样条曲线(Spline)这类不规则曲线。在此，将以默认的“通过点”(Through Points)模式来画样条曲线。只要用鼠标左键直接选取所有通过曲线的点，系统将自动生成一条平滑的曲线，欲结束时，请按鼠标中键即可 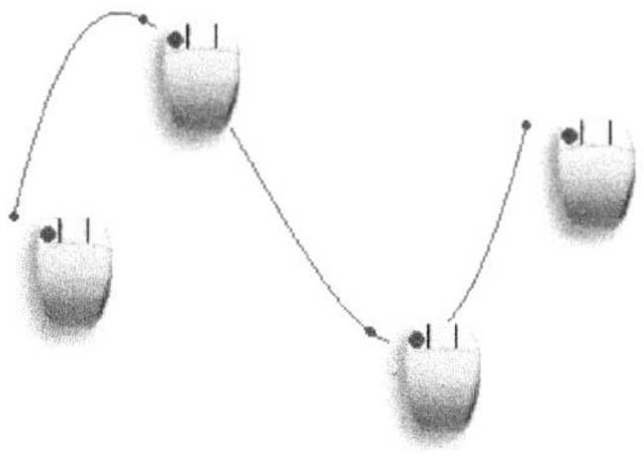
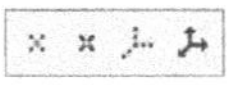 画点和坐标系类		
	绘点	用鼠标左键直接选取欲生成点的位置，即可生成一个参照点。该参照点可用于标示切点的位置、标示倒圆角的顶点
	绘几何点	一样是画出一点，但是上面的“绘点”工具是草绘辅助，无法在“草绘器”以外作为参照。可是“绘几何点”工具可将其特征信息传达到“草绘器”之外作为参照
	绘坐标系	按下鼠标左键选取一点，即生成一个坐标系。坐标系的中心点即为该坐标系的原点。当进入草绘模式后，在一般情况下，可直接用基准坐标系，或基准平面来作为尺寸标注参照。但是，有些特征在绘制剖面时，需设置辅助坐标系，才能完成剖面的绘制

续表

图　标	名　称	功能简述
	绘几何坐标系	一样是画出坐标系，但是上面的“绘坐标系”工具是草绘辅助，无法在“草绘器”以外作为参照。可是“绘几何坐标系”工具可将其特征信息传达到“草绘器”之外作为参照
描边类		
	描边	描一个已存在实体的边线，然后将该边线投影到当前的草绘平面上，来描绘出草绘图形。所以，此工具一定要在建模工具里的草绘才可用。如下图黑框处所示，完成后，会在描边上出现“～”约束符号。操作请本范例视频文件：(1)avi(gb)\ch04\Edge.avi。注意：因为本例用到的建模命令都还没有教，所以这个视频文件只是供了解描边工具的应用场合和操作而已
	偏移复制边	相当于 AutoCAD 的 OFFSET 命令。可以由边(直线、弧或样条曲线)创建偏移图素。当创建偏移图素时，原始线、圆弧或样条曲线上的每个点首先被投影到草绘平面上。接着每个点沿投影图素垂直方向偏移一个指定距离。本范例视频文件：(1)avi(gb)\ch04\Offset.avi 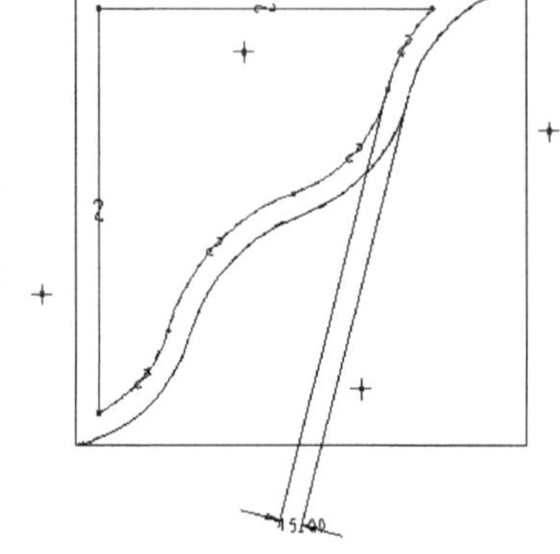

续表

图　标	名　称	功能简述
	加厚边	即以指定一个厚度值和偏移值，来偏移复制指定的边。本范例视频文件：(1)avi(gb)\ch04\Thick_Offset.avi 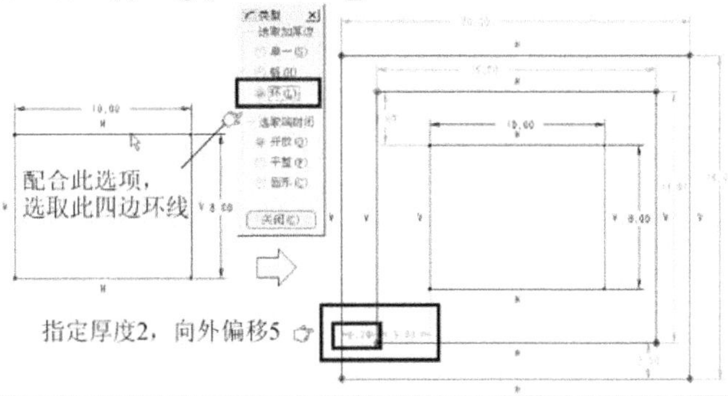 配合此选项，选取此四边环线 指定厚度2，向外偏移5
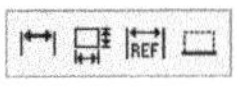 尺寸标注类		
	标注尺寸	以手动的方式来标注尺寸。在剖面绘制完成后，将剖面中几何图形的几何尺寸及位置尺寸用参数的形式表现出来，并辅以数值，以使剖面的形状符合设计的要求
	标注周长尺寸	从 Wildfire 5.0 版以后，可以在草绘中标注周长尺寸。必须选择封闭区域的所有线段，然后再从尺寸中，选择一个尺寸来当作可变尺寸，就可以获得所需周长。稍后只要修改周长尺寸，系统就会自动调整可变尺寸的值来吻合新的周长值。用户将无法修改可变尺寸，因为它们是从动尺寸。如果删除可变尺寸，系统就会删除周长尺寸。注意：在平行混合和可变截面扫描工具中无法创建周长尺寸。另外，周长尺寸工具在“继续”模式下不起作用。本范例视频文件：(1)avi(gb)\ch04\Perimeter.avi 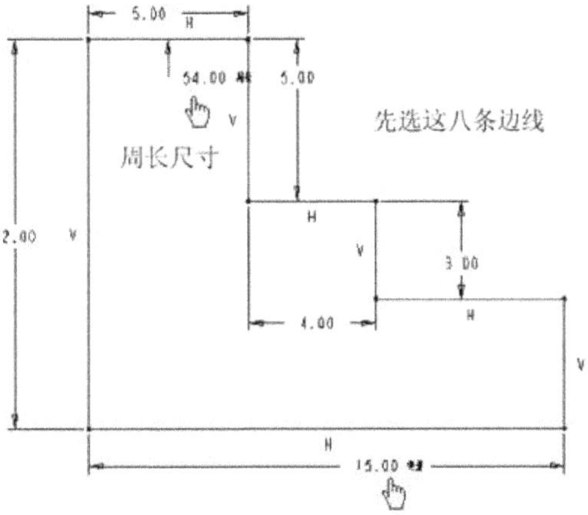 5.00 54.00 5.00 先选这八条边线 周长尺寸 12.00 3.00 4.00 15.00 选这个尺寸为可变尺寸

续表

图　标	名　称	功能简述
	标注参照尺寸	有别于一般的尺寸，Pro/E 的参照尺寸仅在模型或工程图中显示有关信息。所以，它们只能读取，而且不可以用于修改模型；但是在修改模型尺寸后，它们将会自动更新。另外，参照尺寸另一个有用的场合是，可以用于 Pro/E 的“关系”公式中。例如，定义三角形一边的关系公式是： DIAGONAL = SQRT ((D3/2)^2 + D1^2) 您可以在零件、组件和草绘器模式中创建 rd1 参照尺寸，然后让 DIAGONAL = rd1 参照尺寸和标准尺寸区别仅在于：参照尺寸在尺寸值的后面多了“参照”(REF)字符。参照尺寸的参数符号是 rd#(或在草绘器中的 rsd#)。另外，要让参照尺寸作为缺省设置出现在圆括号中，请将配置选项 parenthesize_ref_dim 设置为“是”(yes) 因此，如下图所示，在草绘器中使用标注参照尺寸工具，就可以将一般尺寸转变化参照尺寸 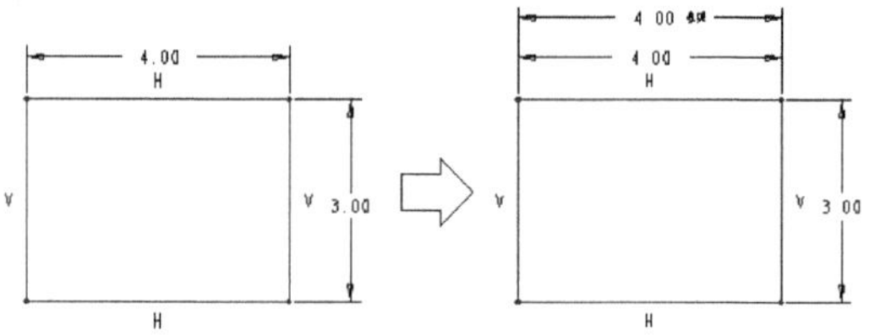 要在草绘中删除参照尺寸，直接选取后，再按<Del>键删除即可
	标注基线尺寸	以机械专业惯用的坐标式标注法来做标注。因此，“坐标式”标注一讲大家都懂，“基线”的翻译容易误解(因为“基线”标注也是另一种机械惯用的标注法)，是不恰当的。注意：如果“坐标式”标注的基线(即标注值为零的那条)保留在模型中，那么基线的纵坐标尺寸也会保留在模型中。详细操作请参见本范例视频文件： (1)avi(gb)\ch04\Base_Line.avi 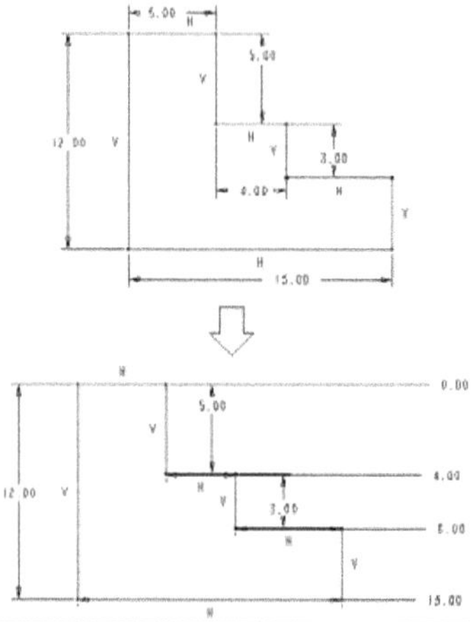

续表

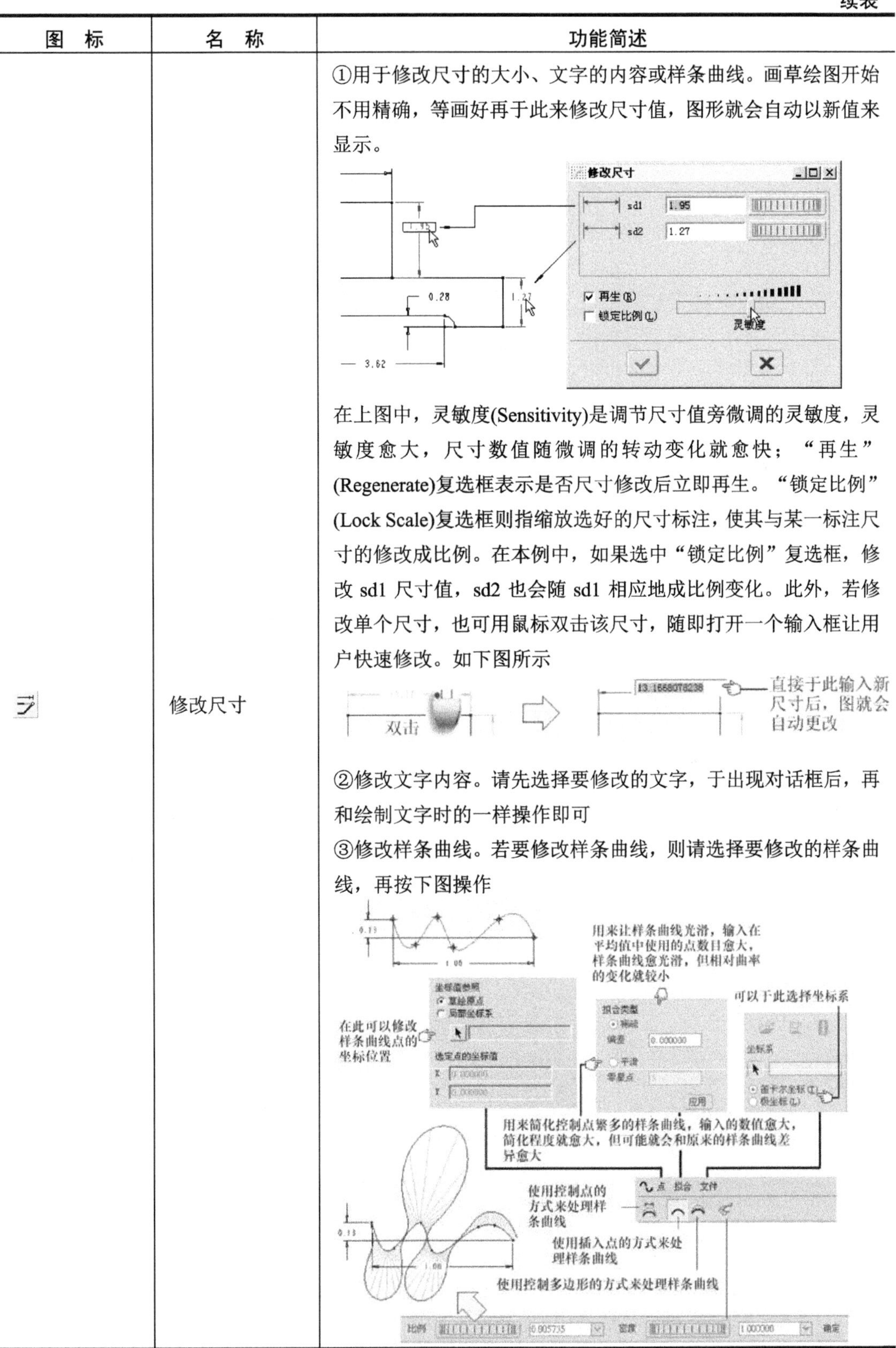

图　标	名　称	功能简述
ヲ	修改尺寸	①用于修改尺寸的大小、文字的内容或样条曲线。画草绘图开始不用精确，等画好再于此来修改尺寸值，图形就会自动以新值来显示。 在上图中，灵敏度(Sensitivity)是调节尺寸值旁微调的灵敏度，灵敏度愈大，尺寸数值随微调的转动变化就愈快；“再生”(Regenerate)复选框表示是否尺寸修改后立即再生。“锁定比例”(Lock Scale)复选框则指缩放选好的尺寸标注，使其与某一标注尺寸的修改成比例。在本例中，如果选中“锁定比例”复选框，修改 sd1 尺寸值，sd2 也会随 sd1 相应地成比例变化。此外，若修改单个尺寸，也可用鼠标双击该尺寸，随即打开一个输入框让用户快速修改。如下图所示 ②修改文字内容。请先选择要修改的文字，于出现对话框后，再和绘制文字时的一样操作即可 ③修改样条曲线。若要修改样条曲线，则请选择要修改的样条曲线，再按下图操作

续表

图　标	名　称	功能简述
选取一直线和一点，使点落在直线的中点上 选取一直线或两点，使线成为水平 选取一直线或两点，使线成为垂直 选取两图形，使其正交 选取两图形(其中一图形为圆或圆弧)，使其相切 选取要对齐的两图形或顶点 选取中心线和两顶点来使它们对称 选取两图形，使它们平行 选取两条直线(相等段)，或两个弧/圆/椭圆(等半径)，或一个样条曲线与一条线或弧(等曲率)。		
设置约束类		
	设置约束	前面说过：Pro/E 草绘器会自动捕捉绘图者的意图，但如果 Pro/E 草绘器所做的并不是绘图人员所想要的，就可以通过这些约束条件来修改结构约束。 例如，我们想在圆上用任意三个点来约束一个三角形。请先画出一任意三角形，通过约束变为直角三角形。如下图所示 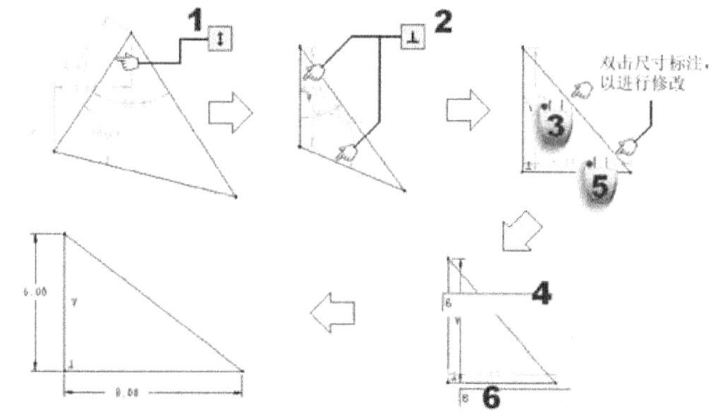 然后画圆，并将圆上的任意三个点约束到三角形上，如下图所示 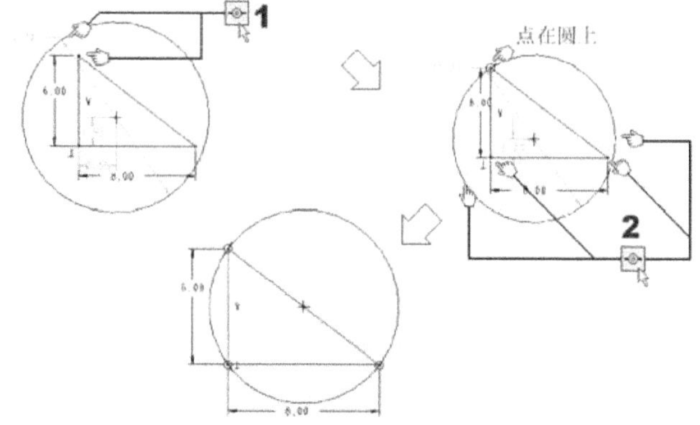 更多的示范操作，请参见本范例视频文件：(1)avi(gb)\ch04\Restrictions.avi

续表

图　标	名　称	功能简述
	写字	用来草绘文字。本范例视频文件：(1)avi(gb)\ch04\Text.avi 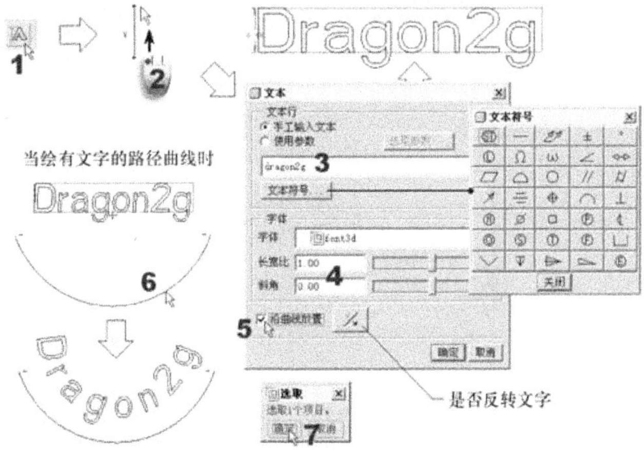 注意：若在上图的“文本”对话框中选择“使用参数”单选按钮，那么单击其后的“选取参数...”按钮后，就可以于随后出现的界面中，选取此图面中已定义的参数，然后使用该参数的值来当作文字输入
	从草绘器调色板中输入现成图形	提供您一些常用的块图形，如多边形、梁剖面、星形图等。您可以轻易地将这些形状输入到当前的草绘中。这些块图形都会出现在一个称为“草绘器调色板”(Sketcher Palette，翻译的不好，应译为“草绘块输入板”)的窗口中。操作前请先创建一个坐标系，再如下图所示操作 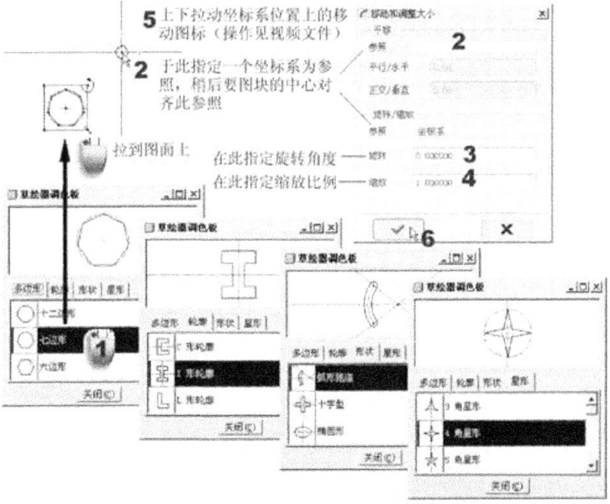 当您在当前草绘中使用这些图形时，可以重新调整其尺寸，也可以平移和旋转它。在“调色板”中的每一种图形，皆以缩图方式显示。这些缩图将以草绘器几何的默认线造型和颜色来显示。详细操作，请参见本范例视频文件：(1)avi(gb)\ch04\Block.avi

续表

图　标	名　称	功能简述
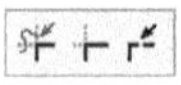 剪切类		
	动态剪切	在 Pro/E 草绘器模式下，绘出的图形若有相交，则系统会自动计算得到交点，无需如“菜单管理器”中，那样使用“几何形状工具”→“相交”选项来求出交点。以下是动态剪切的两种方式 (a) 单选要剪切的图形 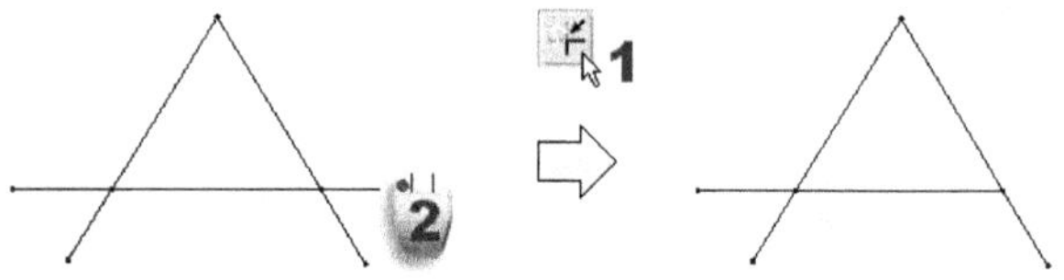 1 2 (b) 以通过要剪切图形的轨迹线来剪切图形 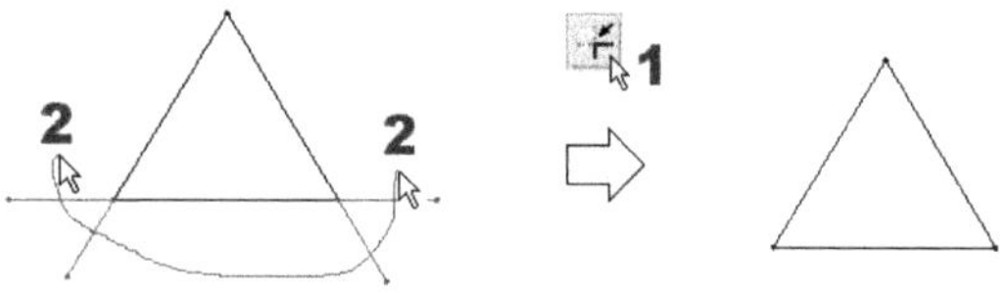 1 2 2
	切割 或 延伸修剪	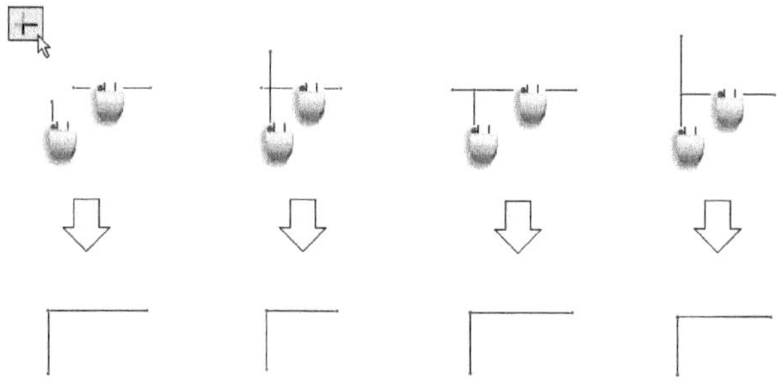
	分割截断图形	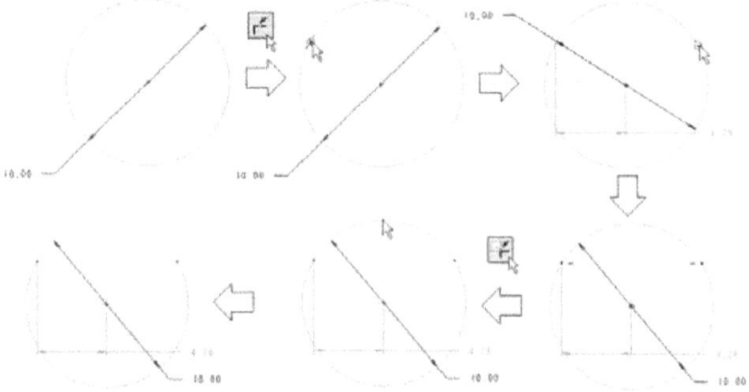
 镜像类		
	镜像图形	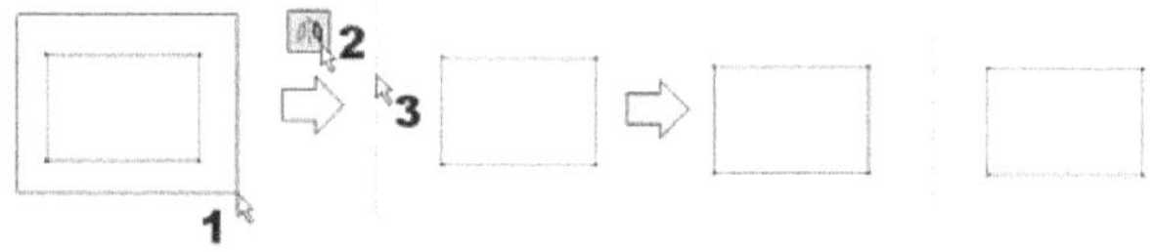 2 3 1

续表

图　标	名　称	功能简述
	移动/缩放/旋转图形	使用类似前面“草绘器调色板”的操作，可将指定的草绘图形做移动、缩放和旋转操作。详细操作，请参见本范例视频文件：(1)avi(gb)\ch04\Scale_Rotate.avi

4.3.6 弱尺寸转强尺寸的问题

由 Pro/E 草绘器自动生成的尺寸均称为“弱尺寸”(Weak Dimension)，它们在默认状态下呈灰色。之所以称为“弱尺寸”就是因为这些尺寸可能与绘图人员所期望的不同，以后还会修改。所以，当已确定时，就可以自行标注尺寸或将希望的弱尺寸“强化”(Strong)。强化的操作方法是：先用鼠标左键选取所需尺寸，再按鼠标右键，选择“强(S)”(Strong)命令即可，如图 4-4 所示。

图 4-4　“弱尺寸”变“强尺寸”的操作

用户自行标注的尺寸和经图 4-4 所强化过的尺寸均为“强尺寸”，它们呈黄色。手动标注后，Pro/E 草绘器会自动判断是否约束过多。如果有，则自动删除一些弱尺寸以使约束适中。如果尺寸均为强尺寸，则当出现约束过多时，Pro/E 草绘器会询问您要如何处理，这些可行的处理包括：撤销刚才的操作、删除某个尺寸标注，以及将某个尺寸标注转为参照尺寸等。如图 4-5 所示。

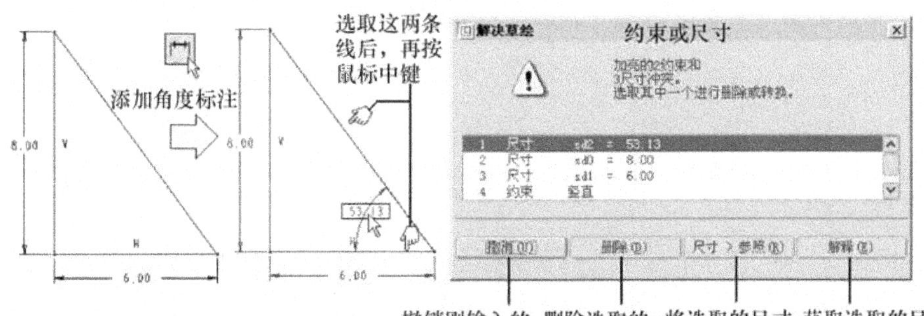

图 4-5　强尺寸的约束过多处理操作

4.3.7 尺寸锁定的问题

Pro/E 具有尺寸驱动的功能，在一个尺寸的变化之后可能导致其他尺寸发生变化，因此在绘图的过程中可将不需要变化的尺寸进行锁定，加快绘图的速度。以下，我们将以一平行四边形为例，来为您说明如何锁定尺寸，如图 4-6 所示。

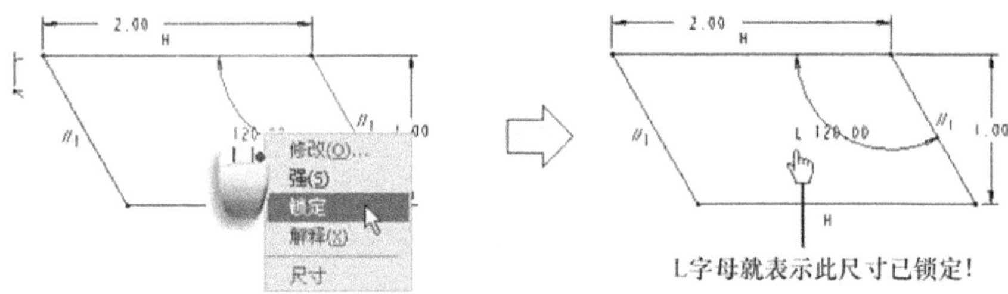

图 4-6 锁定的设置操作

然后，为了让您比较锁定前后的效果，请参照图 4-7。

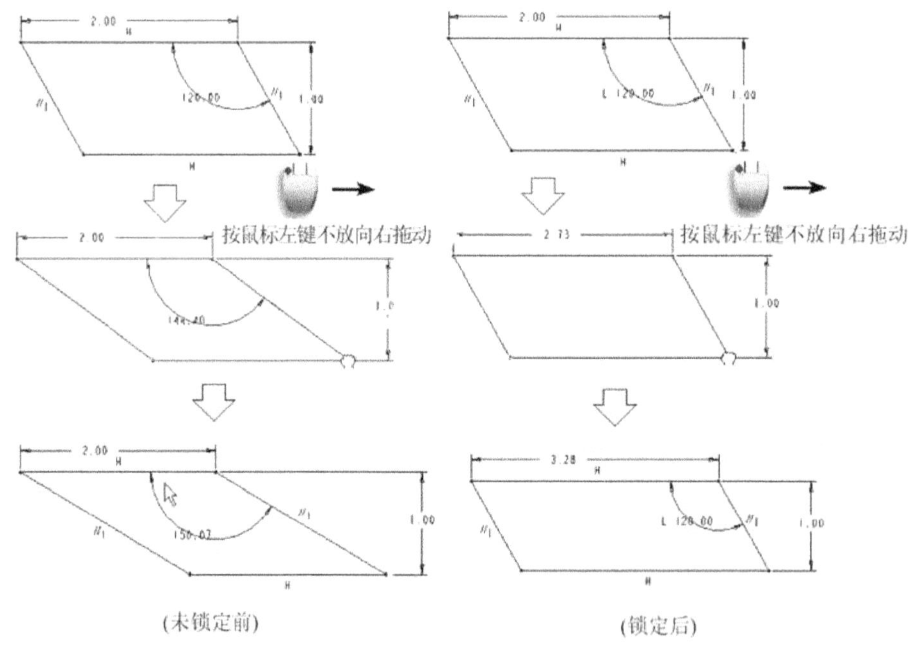

图 4-7 锁定前后的效果比较

4.4 Pro/E 的草绘实例

本节将以 10 个最基本的草绘实例，以及 6 个提高级实例，来作为实例练习。在练习前，请注意，本节的重点在于操作草绘的原理。因为它是根据机械制图的绘图惯例来设计的。老师口中所谓的“乱画”，其实就是不按制图惯例来画草绘图，因而衍生了很多非预期的问题。因此，说是了解其原理，倒不如说是了解机械制图标注惯例。只要符合此惯例，草绘的问题就会少多了。

草绘文件可以两种方式存在。一种是独立的.sec 草绘文件，一种是附在零件文件(.prt)各特征里的.sec 草绘文件。前者通常用来当作初学者的练习，一般应用的方式是后者；而前者一样可以为后者所引用。

4.4.1　草绘基础范例一(鼠标草绘)

本范例目的：使用 Pro/E 的草绘器来做简单的基本草绘操作。

本范例完成文件：(1)Examples\ch04\01.sec。

本范例视频文件：(1)avi(gb)\ch04\01(有声).avi。

本范例完成图，如图 4-8 所示。

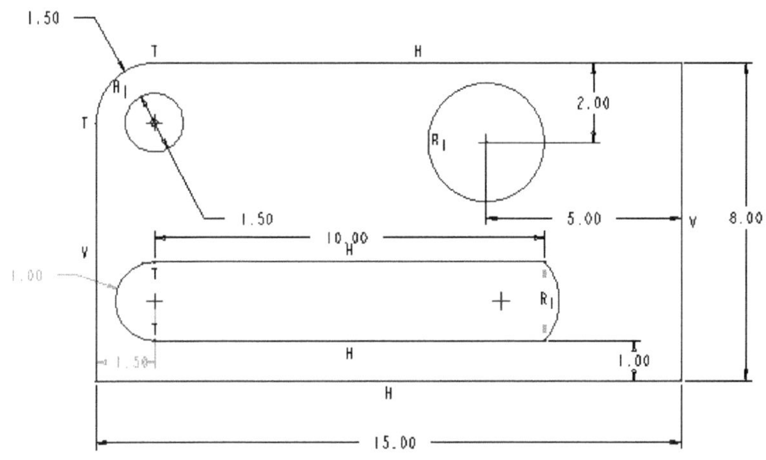

图 4-8　本范例完成图

操作 1：请先按图 4-1 所示，进入 Pro/E 草绘器模块中。

操作 2：如图 4-9 所示，我们使用矩形工具一次绘出矩形框。

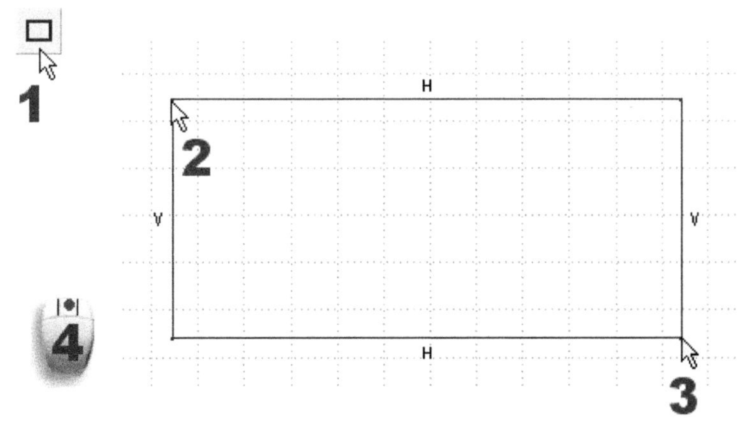

图 4-9　矩形工具的操作

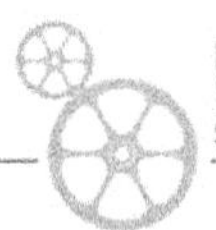

操作 3：使用画弧工具来画圆角，如图 4-10 所示。

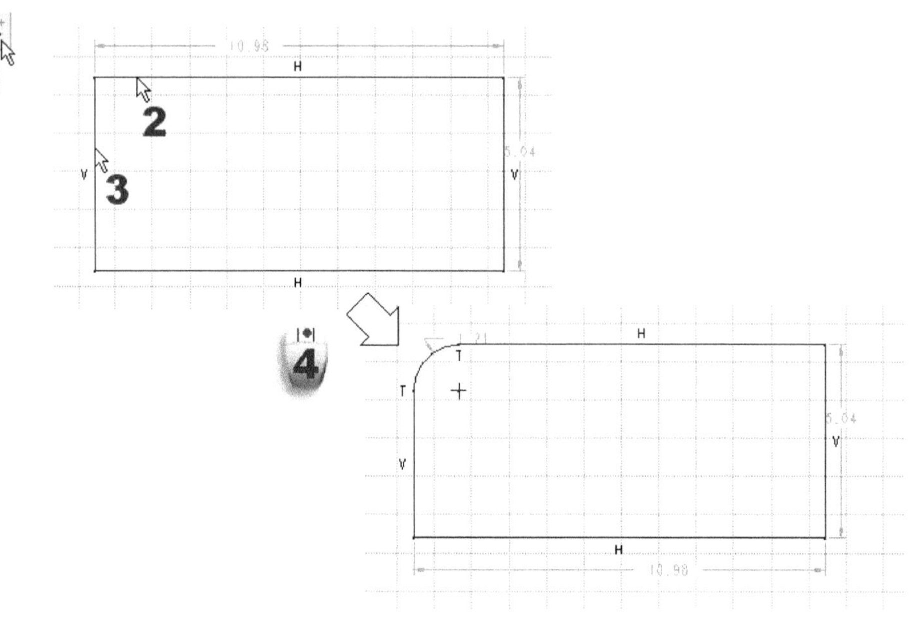

图 4-10　画弧工具的操作

操作 4：如图 4-11 所示，要使用画圆和画同心圆工具来绘出两圆。

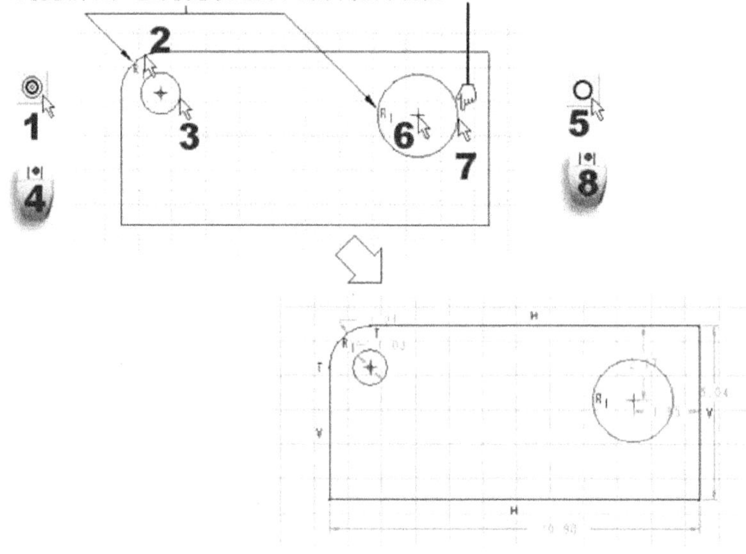

图 4-11　画圆和画同心圆工具的操作

操作 5：要修改尺寸来调整图形。请按图 4-12 所示进行操作。

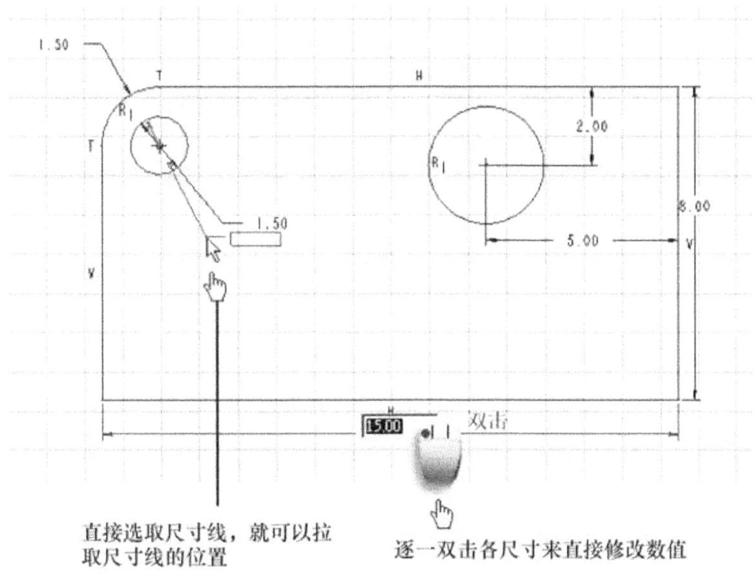

图 4-12　修改尺寸值和调整尺寸位置的操作

操作 6：现在，要来绘出底端的长条弧槽。我们先使用矩形工具绘出长条矩形，再按照图 4-13，使用画弧工具来绘出两端的弧。要注意的是：在步骤 4 拉出圆弧时，会有两种情况。第一种是右端圆弧的情况(步骤 7)，它检测到左上的圆弧 R1，所以也在该处显示 R1，看您要不要让其半径和 R1 一样。第 2 种情况是继续将弧往外拉更大(步骤 4)，此时会出现红色的“公尺”字样，光标再稍往上，就会出现 T 字样，表示弧与线相切，且弧的直径值就等于弧两端点的长度。

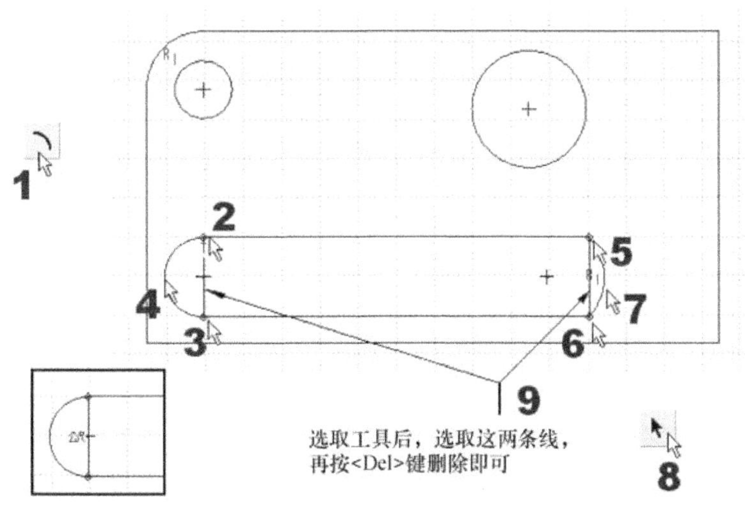

图 4-13　画弧工具的操作

操作 7：再逐一双击各尺寸，来直接修改尺寸值和调整尺寸位置即可。

操作 8：存盘(保存为.sec 文件)。

重点技巧讨论：

(1) 这个练习将让读者体验到Pro/E草绘器工具的基本操作。其中，各画图工具中的自动捕捉，在Pro/E中说成“约束”，是要用户体会的最大的重点。

(2) 在Pro/E草绘器中，尺寸是先自动标注再让您修改的，同时请记得：Pro/E草绘器模式还提供↶(撤销)和↷(重做)，只要有错误或要回复的操作时，就可使用这两个图标按钮。

(3) 在绘线或绘制其他基本图形时，如果在欲中断操作，请按鼠标中键。

(4) 欲删除画错的图形时，请选取图形，待其变红色后，再直接按<Del>键删除。

(5) 各种“约束”都是将图画准的主角。我们特别将所有草绘约束的符号列于表4-5中说明。

表4-5　草绘约束的符号

约束意义	字母或符号
中点	M
相同点	O
水平图素	H
垂直图素	V
图素上的点	–O– – –
相切图素	T
垂直图素	⊥
并行线	$//_1$
相等半径	一个代表半径值的R_n(如，R_1)字母。其中，n为流水编号
具有相等长度的线段	一个代表长度值的L_n(如，L_1)字母。其中，n为流水编号
对称	→←
图素水平或垂直排列	- - ¦
共线	═
对齐	出现相应对齐类型的符号
“边/偏移边”	–⊸–

4.4.2　草绘基础范例二(对称标注)

本范例目的：这个范例是用来练习绘制具对称的图形。“对称标注”就是以包含中心轴为主的尺寸标注方式，在机械制图中本来就有世界共通的规定，Pro/E的草绘中自然有此功能。所以，本范例的绘图重点在于中心轴的创建，以及尺寸标注的手法。

本范例完成文件：(1)Examples\ch04\02.sec。

本范例视频文件：(1)avi(gb)\ch04\02.avi。

本范例完成图如图4-14所示。

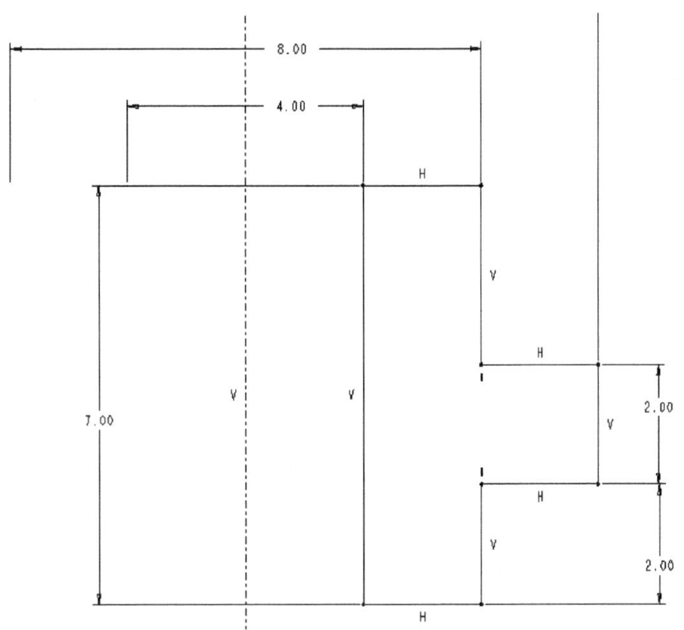

图 4-14　本范例完成图

操作 1： 进入 Pro/E 草绘模块环境。

操作 2： 画出一条中心线，如图 4-15 所示。

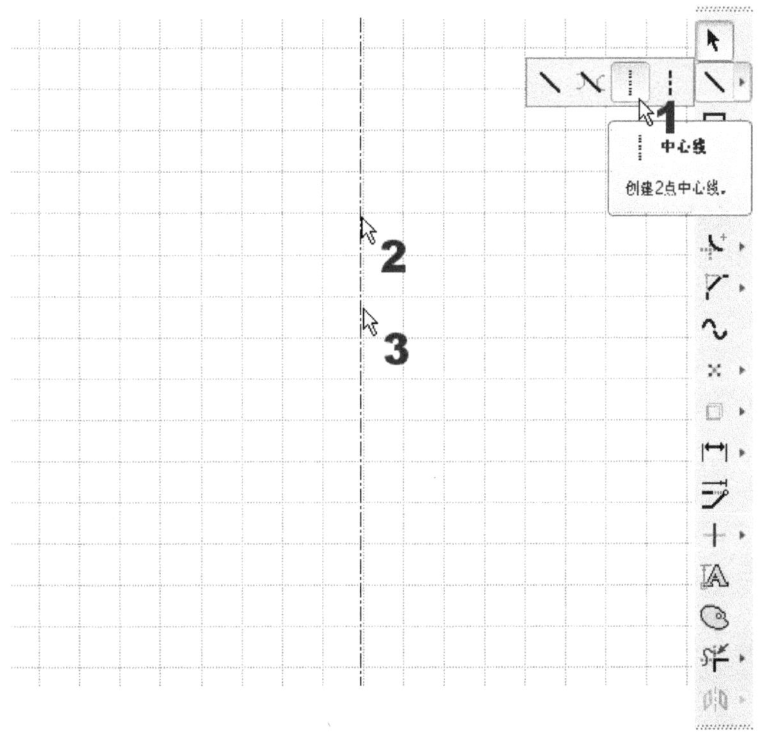

图 4-15　绘出中心线的操作

操作 3：绘出右侧的 T 形图。

操作 4：开始做尺寸标注，如图 4-16 所示。

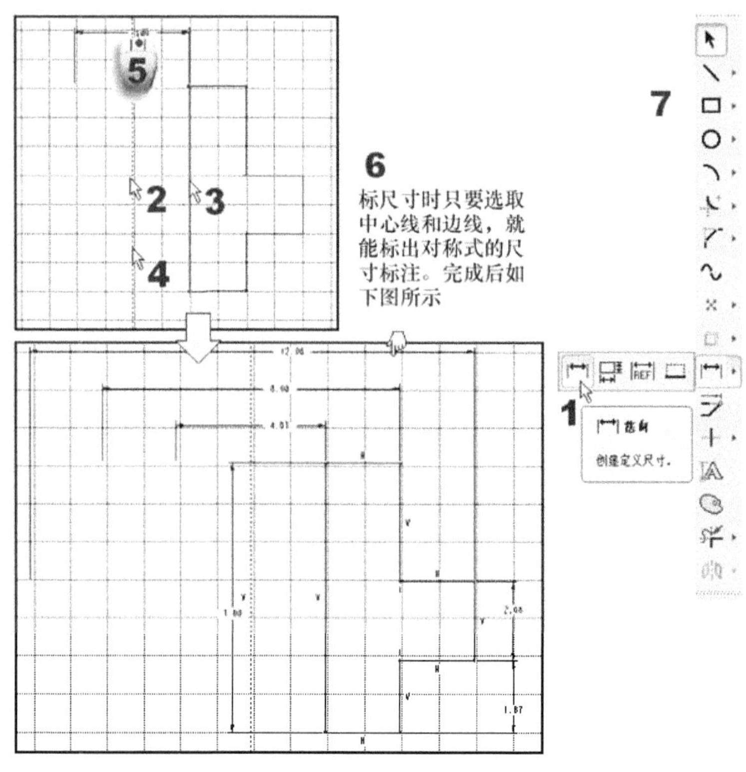

图 4-16　尺寸标注操作

操作 5：后续的尺寸位置调整和尺寸数值的调整同范例一。

操作 6：存盘(保存为.sec 文件)。

重点技巧讨论：

(1) 本章范例的尺寸都不是重点，读者可自定义，重点在于操作技巧和手法。

(2) “中心轴尺寸标注”的操作法就是：先选取中心轴、选取边线、再回头选取中心轴(而实际原则是：只要先选的那边选两次即可)，最后再以鼠标中键选取尺寸位置的方法。

(3) 要注意并学习这个机械制图惯用的标注法。

4.4.3　草绘基础范例三(倾斜标注)

本范例目的：这个范例是用来练习做倾斜标注。倾斜标注也是机械制图基本的标注法。

本范例完成文件：(1)Examples\ch04\03.sec。

本范例视频文件：(1)avi(gb)\ch04\03.avi。

本范例完成图如图 4-17 所示。

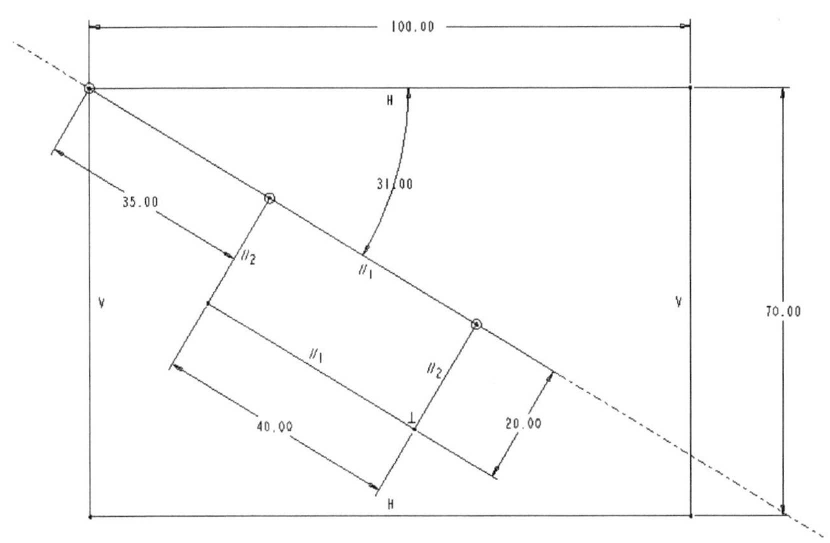

图 4-17　本范例完成图

操作 1： 进入 Pro/E 草绘模块环境。

操作 2： 先画出一个矩形。

操作 3： 接下来的操作，就是再画一条斜的中心线，然后再通过它和矩形的上缘线来标角度尺寸，并调整该角度值。然后，再画出那个沿着斜中心线的矩形；接着，一样是标尺寸和调整尺寸值。但这些操作在前两个范例中我们都练过了，在此不再赘述。而本范例的重点在阐明尺寸 35 的这个尺寸要放在“虚拟三角形”范围内，如果超出的话，就会变水平或垂直，如图 4-18 所示。

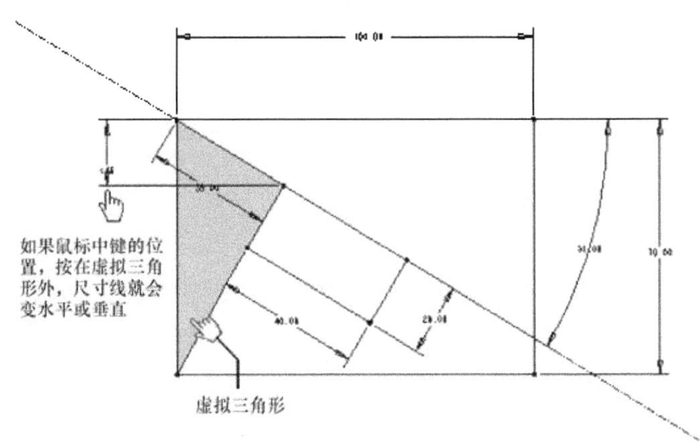

图 4-18　虚拟三角形内外的标注差异

操作 4： 存盘(保存为.sec 文件)。

4.4.4　草绘基础范例四(点对线的圆弧标注)

本范例目的：这个范例是用来练习机械制图惯用的圆角标注法。从图 4-19 中，您就可先看到，此惯用标注法是要标注在延伸线交点处的。在表 4-5 中，您一定可以发现 Wildfire 5.0 版在修倒角的部分，已新增此标注法的工具，但是在修圆角的工具里却漏了，这好像不是 PTC 应有的专业水平。因此，本实例将教您如何在草绘中标注这类的圆角标注。

本范例完成文件：(1)Examples\ch04\04.sec。

本范例视频文件：(1)avi(gb)\ch04\04.avi。

本范例完成图如图 4-19 所示。

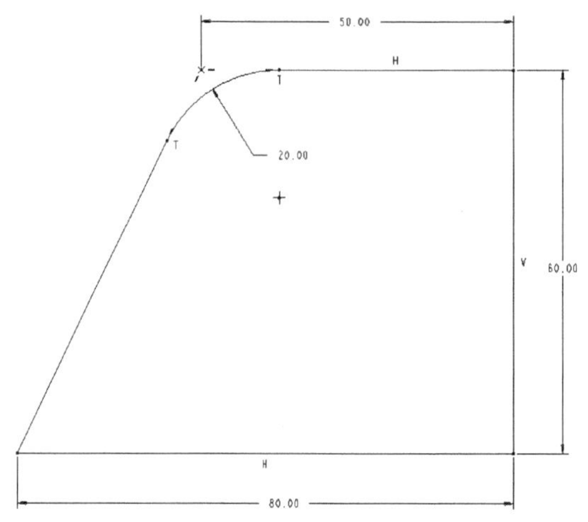

图 4-19　本范例完成图

操作 1：进入 Pro/E 草绘模块环境。

操作 2：先画出梯形外框。

操作 3：既然修倒角有此功能，我们就如图 4-20 所示，先修一个倒角。修好后，再将倒角的斜线删除，并立刻再修圆角。

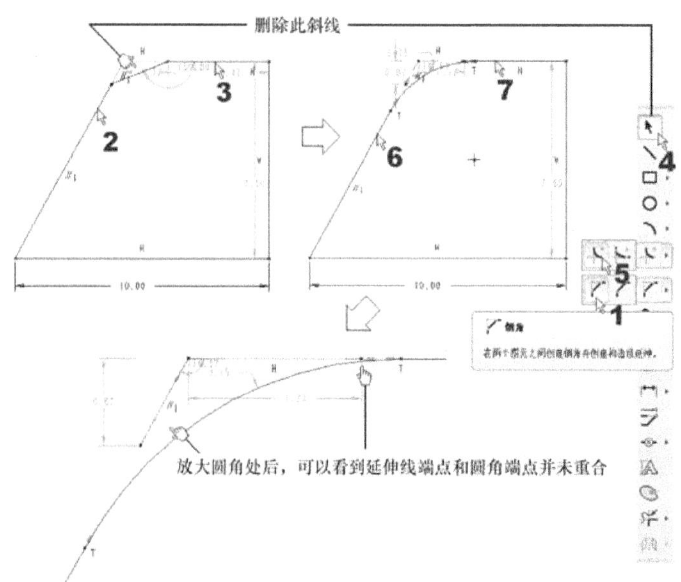

图 4-20　借用修倒角工具来修圆角

操作 4： 如图 4-21 所示，再利用“重合”约束，将延伸线端点和圆角端点重合即可。

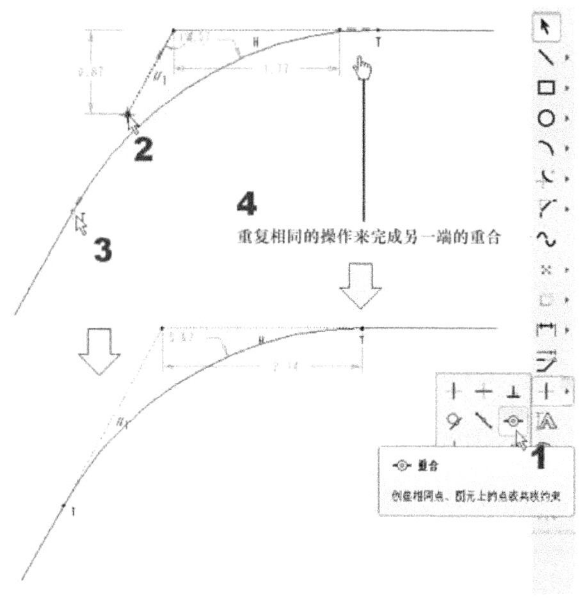

图 4-21　使用约束工具来收尾的操作

操作 5： 标注圆角尺寸并调整圆角的半径值就可以了。

操作 6： 存盘(保存为.sec 文件)。

4.4.5　草绘基础范例五(点对点的圆弧标注)

本范例目的：这个范例等于是前面所有范例的综合练习，然后再加上一个画同心圆的新练习。

本范例完成文件：(1)Examples\ch04\05.sec。

本范例视频文件：(1)avi(gb)\ch04\05.avi。

本范例完成图如图 4-22 所示。

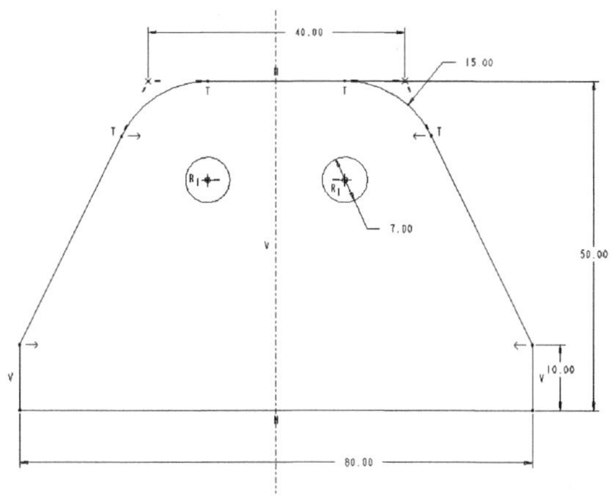

图 4-22　本范例完成图

操作 1： 进入 Pro/E 草绘模块环境。

操作 2： 这是一个对称的图形，如果您前面的操作都已领会，那么这个图形就不用再让我们多着墨。只是在画那两个孔时，会用到一个画同心圆功能，如图 4-23 所示。

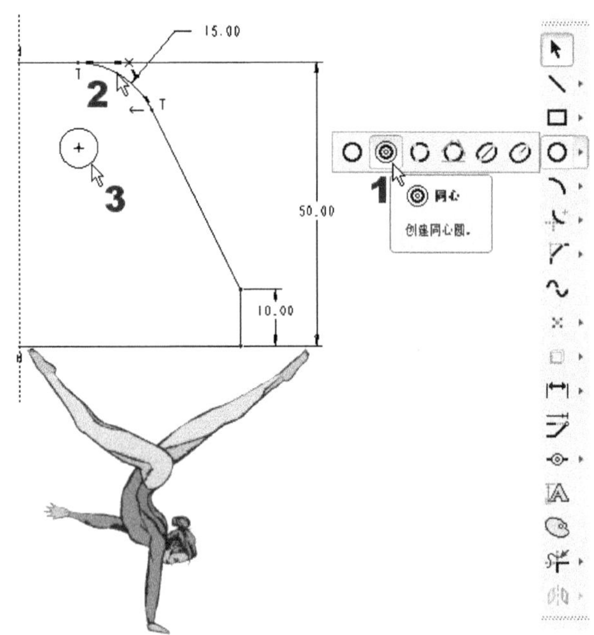

图 4-23　画同心圆操作

操作 3： 然后，请按图 4-24 所示来做镜像操作。

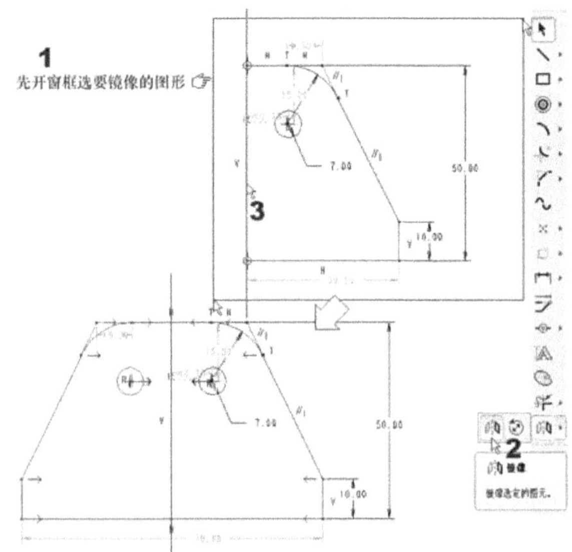

图 4-24　镜像操作

操作 4： 做后续的尺寸标注和尺寸值调整。

操作 5： 存盘(保存为.sec 文件)。

重点技巧讨论：

在修圆角时，选取边线时要注意。以鼠标选取两边的长短距离要尽量一致，画出来的默认圆弧大小才会比较平均，如图 4-25 所示。

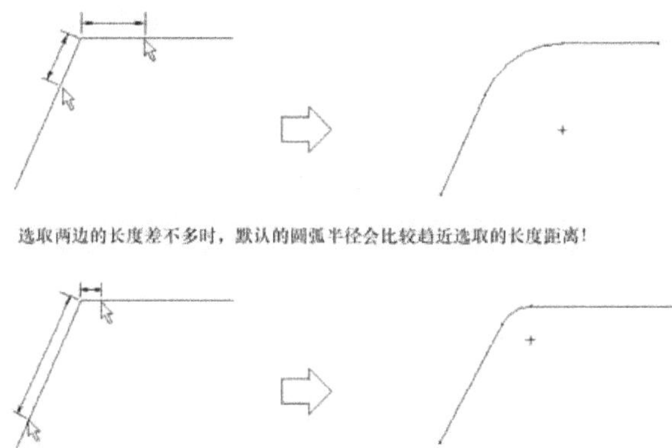

图 4-25　修圆弧时的技巧

4.4.6　草绘基础范例六(正六边形)

本范例目的：这个范例是用来练习一个正多边形的画法。这种几何图形在机械图中经常可见。本范例主要用来练习双镜像功能。至于其他多边形可使用“草绘器调色板”工具来画。

本范例完成文件：(1)Examples\ch04\06.sec。

本范例视频文件：(1)avi(gb)\ch04\06.avi。

本范例完成图如图 4-26 所示。

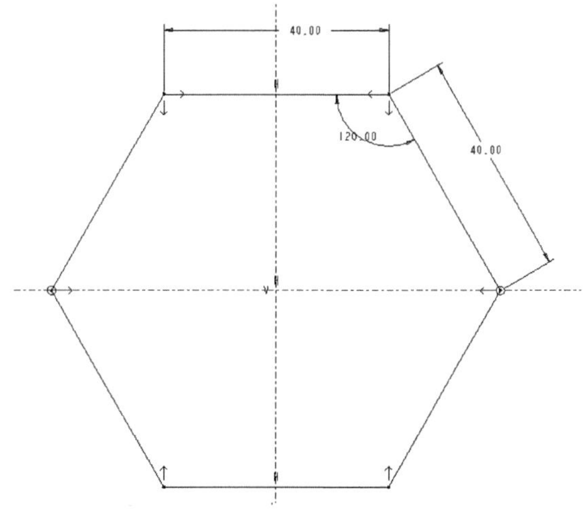

图 4-26　本范例完成图

操作 1：进入 Pro/E 草绘模块环境。

操作 2：此图形也是一个对称的图形，且已知正六边形的内角值。所以，练习的重点摆在两次镜像 (Mirror)工具的应用，其操作细节和上一个范例相同。图 4-27 是本例的重点操作示意图。

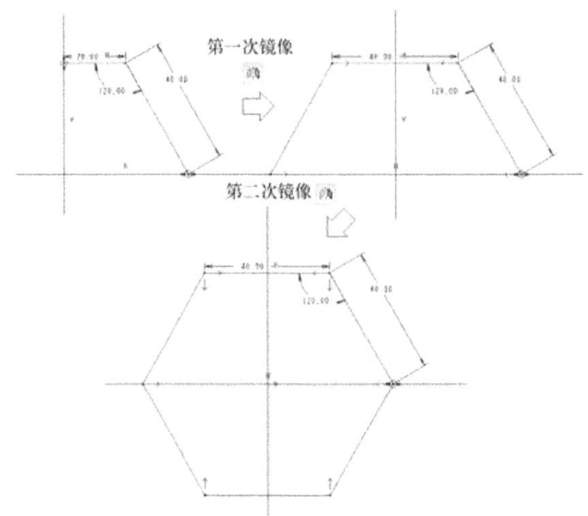

图 4-27　本范例的重点操作示意

操作 3：存盘(保存为.sec 文件)。

4.4.7　草绘基础范例七(几何练习)

本范例目的：本范例也是综合几何范例，主要用来练习圆/边线标注法、截线、斜线平行约束、斜线和圆的相切约束等基本草绘法。

本范例完成文件：(1)Examples\ch04\07.sec。

本范例视频文件：(1)avi(gb)\ch04\07.avi。

本范例完成图如图 4-28 所示。

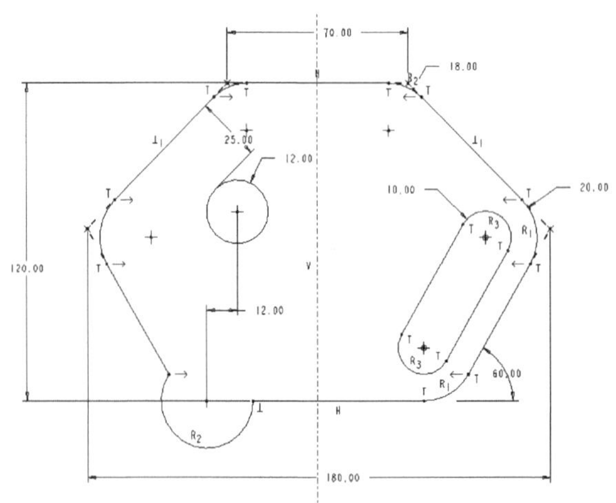

图 4-28　本范例完成图

操作 1：进入 Pro/E 草绘模块环境。

操作 2：图 4-29 的是圆/边线标注和截线的操作示意。

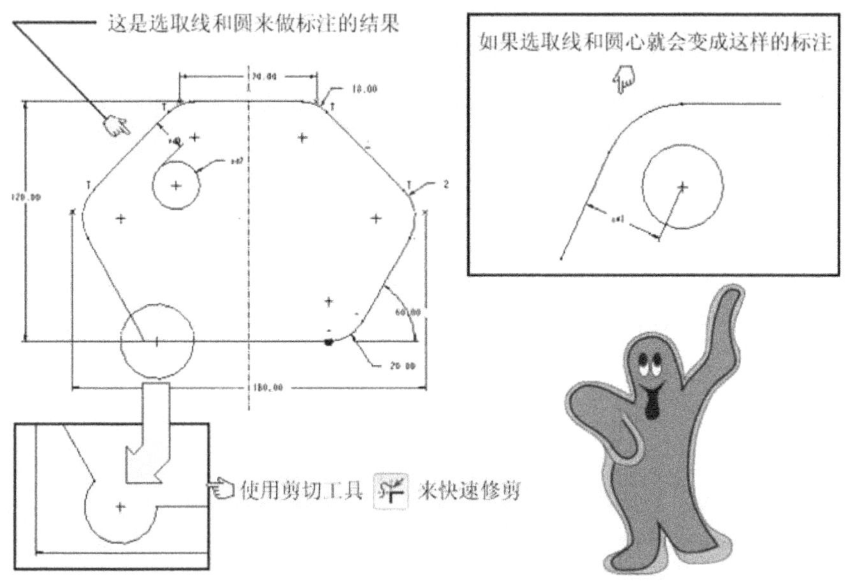

图 4-29　圆/边线标注和截线的操作示意

操作 3：进行斜键槽图形的约束操作。操作示意如图 4-30 所示。

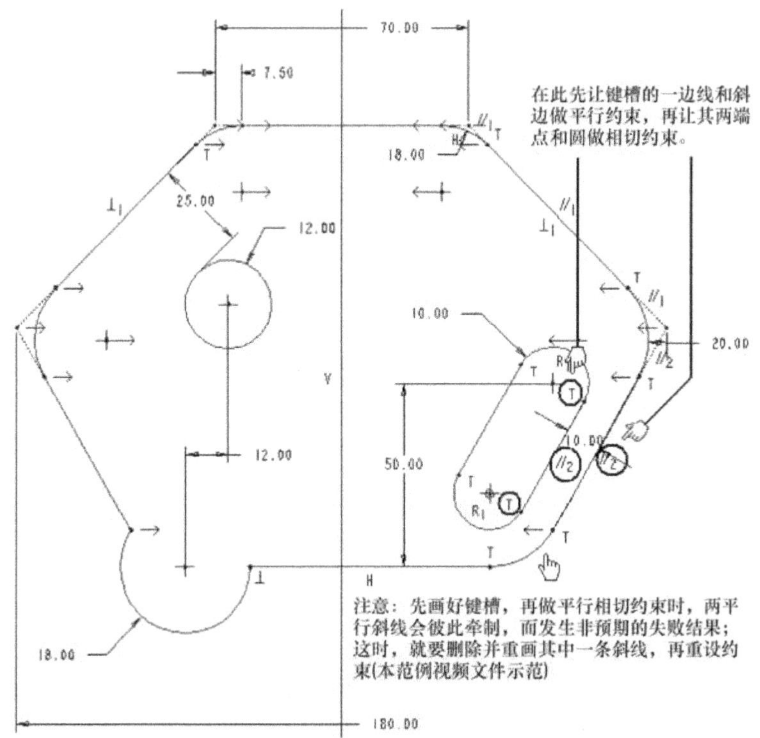

图 4-30　斜键槽图形的约束操作示意

操作 4：存盘(保存为.sec 文件)。

4.4.8 草绘基础范例八(本地坐标系)

本范例目的：这个范例是用来练习以自定义的坐标系来画图。其中，还包含绘双相切弧的技巧。

本范例完成文件：(1)Examples\ch04\08.sec。

本范例视频文件：(1)avi(gb)\ch04\08.avi。

本范例完成图如图 4-31 所示。

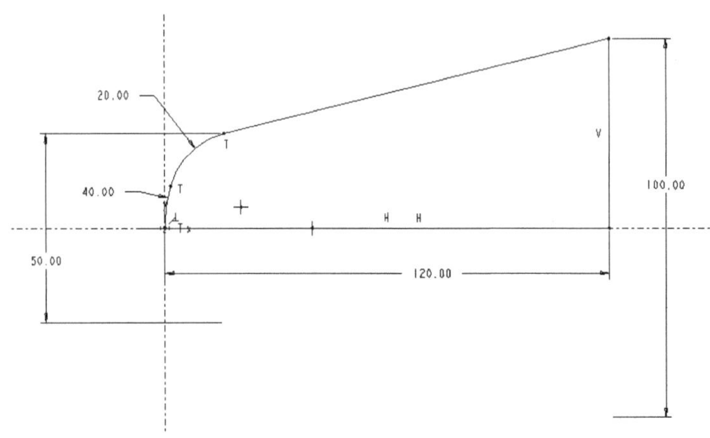

图 4-31　本范例完成图

操作 1：进入 Pro/E 草绘模块环境。

操作 2：按图 4-32 所示来绘制双相切弧。

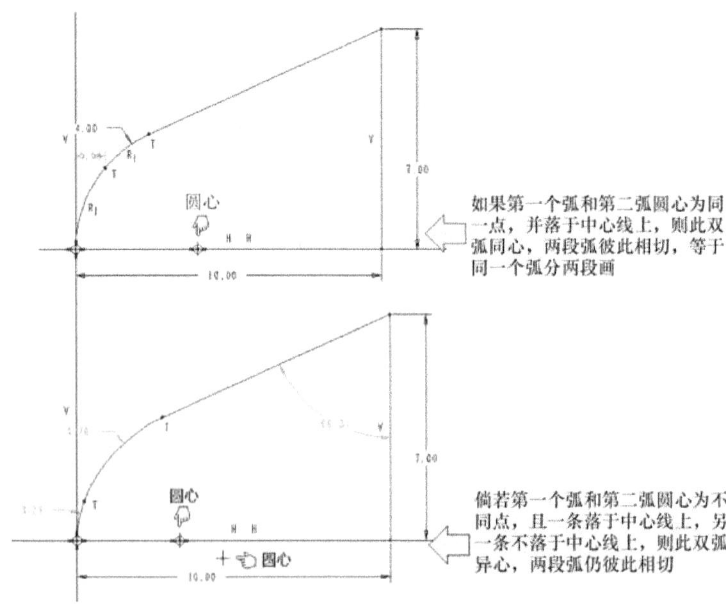

图 4-32　绘制双相切弧

操作 3：按图 4-33 所示来放在一个坐标系。

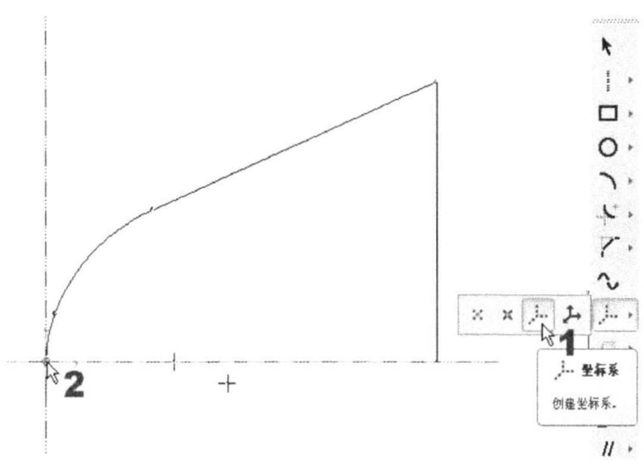

图 4-33　放坐标系的操作

操作 4: 后续的尺寸标注调整操作，则同前面范例的练习，请自行完成并存盘(保存为.sec 文件)。

4.4.9　草绘基础范例九(椭圆画法)

本范例目的：这个范例是用来练习圆锥曲线(椭圆也是圆锥曲线的一种)的画法和标注法。要注意的是：从前面的草绘工具中，也可以找到专门画椭圆的两种工具，而其标注也就是标注其长短轴的值即可，操作简单，我们略过不提。本范例要示范的是使用圆锥曲线的方式来画椭圆，这种圆锥曲线的标注就比较特别。

本范例完成文件：(1)Examples\ch04\09.sec。

本范例视频文件：(1)avi(gb)\ch04\09.avi。

本范例完成图如图 4-34 所示。

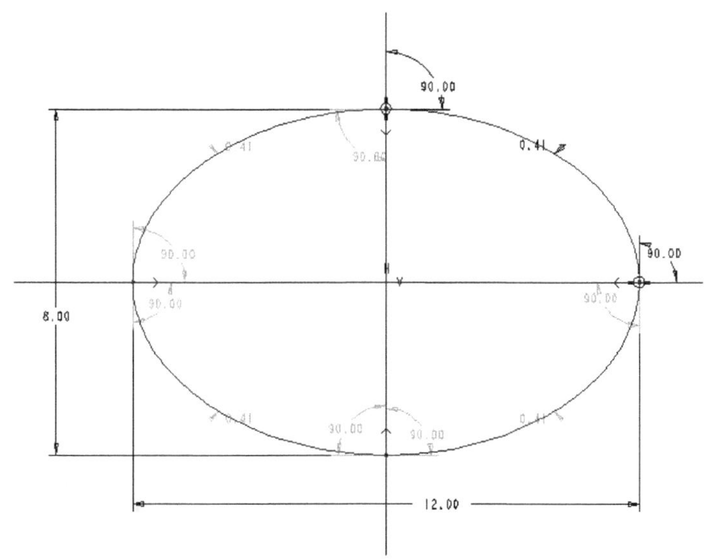

图 4-34　本范例完成图

操作 1: 进入 Pro/E 草绘模块环境。

操作 2: 使用“圆锥曲线”工具来画椭圆的 1/4，并做标注，请特别注意标注操作，如

图 4-35 所示。按表 4-6 的定义，当圆锥曲线的半径小于 0.5 时，就属于椭圆。

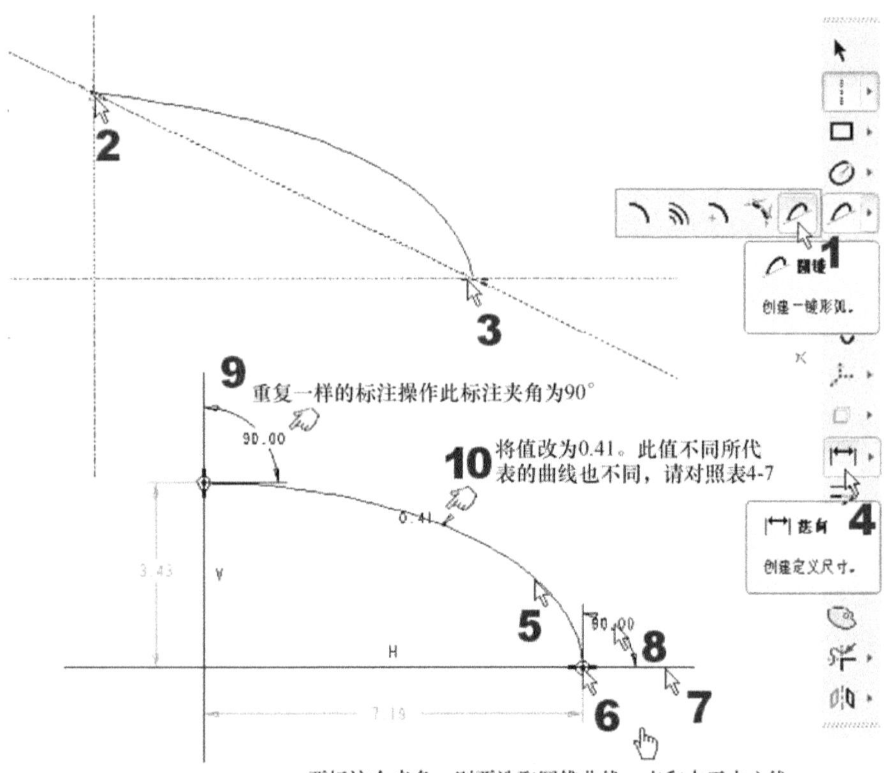

图 4-35　使用“圆锥曲线”工具画椭圆的四分之一并做标注

表 4-6　圆锥曲线 rho 值范围所代表的曲线

rho 值范围	代表的曲线
0.05 < rho < 0.5	椭圆
rho= 0.5	抛物线
0.5 < rho < 0.95	双曲线

操作 3：对 1/4 椭圆弧做两次镜像，即可绘成椭圆。

操作 4：存盘(保存为.sec 文件)。

重点技巧讨论：

(1)　注意：当圆锥曲线的 rho 值落于不同的范围时，其所代表的曲线特性就不一样，如表 4-6 所示。

本范例的圆锥曲线 rho 值，调整并再生后的值为 0.41，所以属于椭圆。

(2)　本范例还有一个主要目的，那就是椭圆的尺寸标注法(其实是圆锥曲线标注法)，请注意学习这种包含椭圆、抛物线、双曲线等圆锥曲线的标注法。

4.4.10 草绘基础范例十(圆弧曲线的画法和标注法)

本范例目的：这个范例是一综合练习，同时更用来练习圆锥曲线的画法和标注法。

本范例完成文件：(1)Examples\ch04\10.sec。

本范例视频文件：(1)avi(gb)\ch04\10.avi。

本范例完成图如图 4-36 所示。

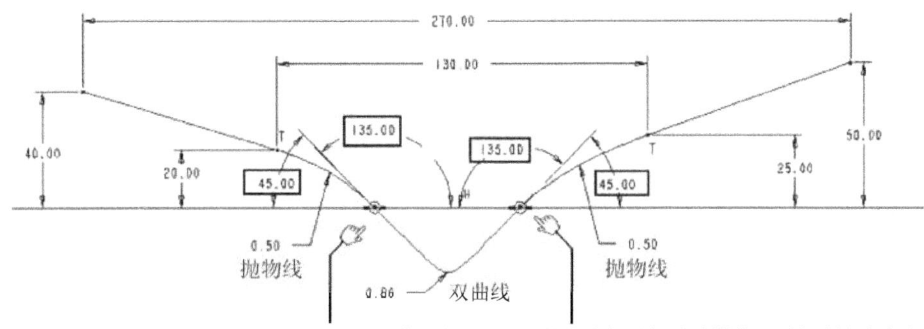

图 4-36　本范例完成图

操作 1：进入 Pro/E 草绘模块环境。

操作 2：这个图将由三种不同的图素所组成。所以，在尺寸标注的技法上会有所不同。请参照图 4-36 和本范例视频文件进行操作。

操作 3：存盘(保存为.sec 文件)。

重点技巧讨论：

(1) 本范例的主要目的之一，是曲线的尺寸标注法，除重点的标注外，我们在操作细节的描述上并未着墨太多(因为您应该已有能力操作)。如果有障碍，请参见本范例视频文件，或再回头练习前面范例，并细加体会一般的惯用标注法。

(2) 根据表 4-7，本范例的三条圆锥曲线中，r 值为 0.5 的两条为抛物线；r 值为 0.86 的，应为双曲线。

4.4.11 草绘基础范例十一

本范例目的：这个范例将用来草绘具有倾斜线条的图形，同时能准确地将它们画在定位上。我们将练习到定位轴线的绘制，以及更多的约束(即捕捉)功能，以让您能将图画的更精确。

本范例完成文件：(1)Examples\ch04\11.sec。

这个范例我们特意不附视频文件，用的都是前面练过的操作，请读者自行绘制。

本范例完成图如图 4-37 所示。

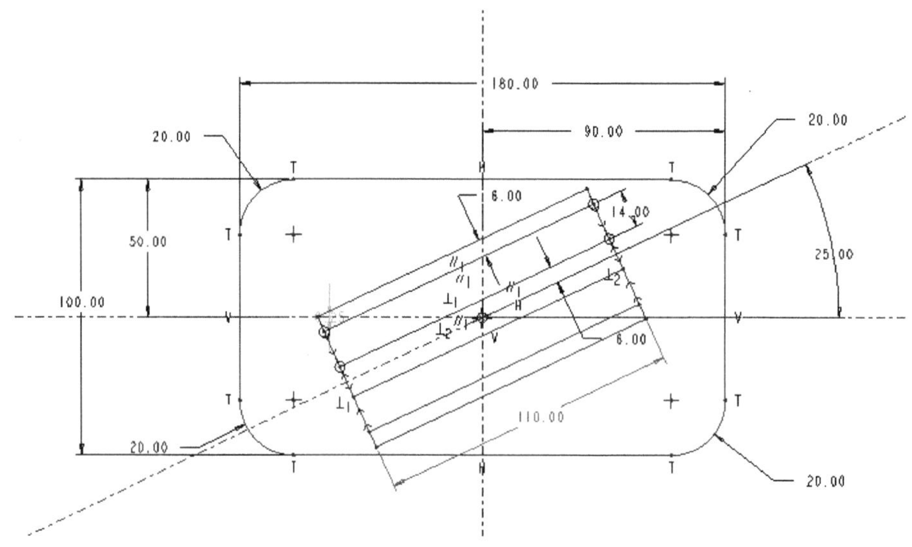

图 4-37　本范例完成图

操作 1： 进入 Pro/E 草绘模块环境。

操作 2： 先使用画中心线工具，来绘出两条相互垂直的中心线，并通过它们交点的斜线，如图 4-38 所示。

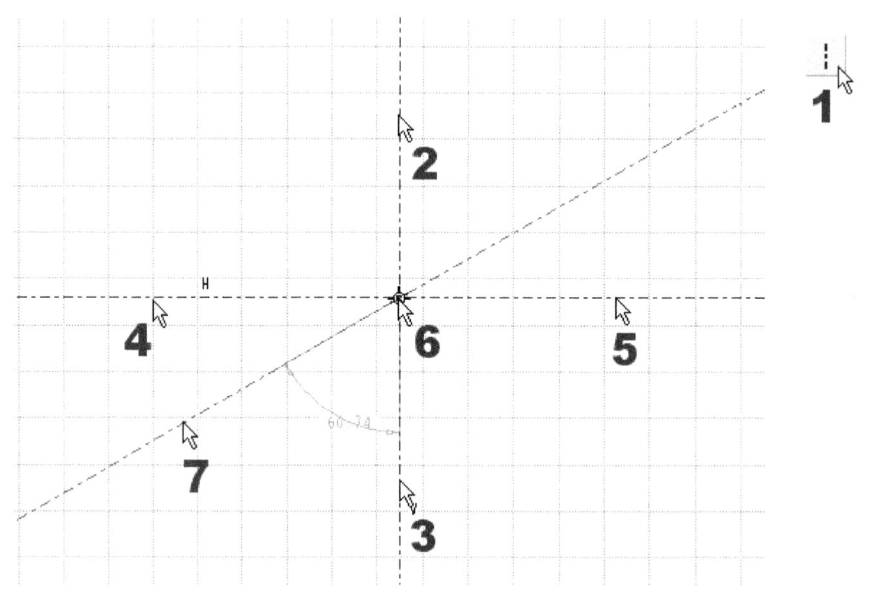

图 4-38　画中心线工具的操作

如图 4-39 所示，通过修改两线角度标注值的操作，来校正斜中心线的角度。

操作 3： 再按前面范例的练习经验，画出矩形和圆角。完成图如图 4-40 所示。

操作 4： 按图 4-41 所示的操作，开始画中间的斜线。因为和斜中心线对称，所以先画半边即可。

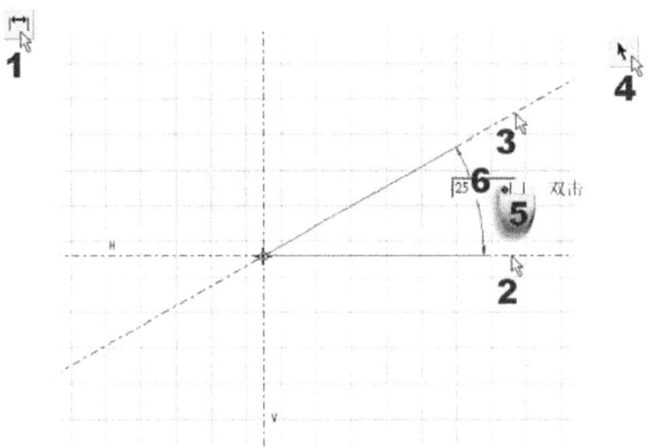

图 4-39　标注角度的操作

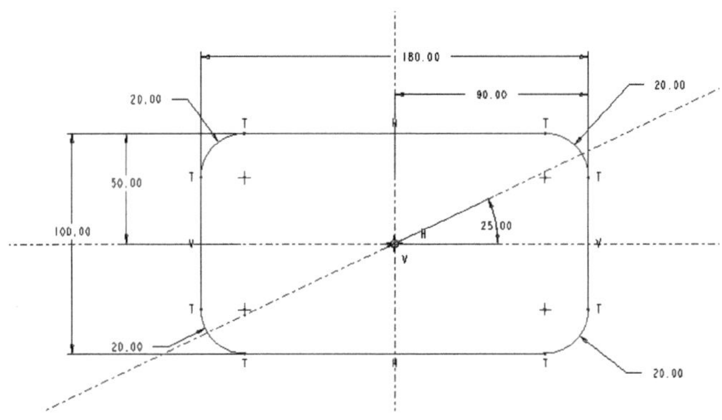

图 4-40　完成矩形和圆角画出

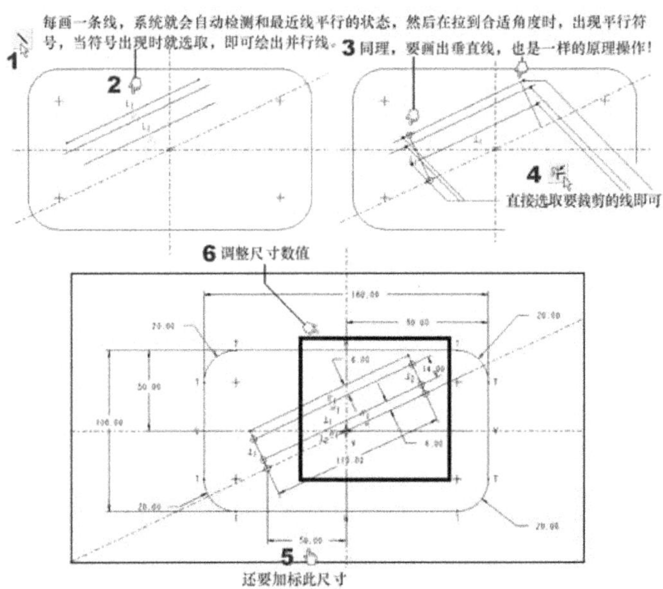

图 4-41　使用画线工具和剪裁工具的操作

操作 5：使用镜像工具来做镜像，如图 4-42 所示。

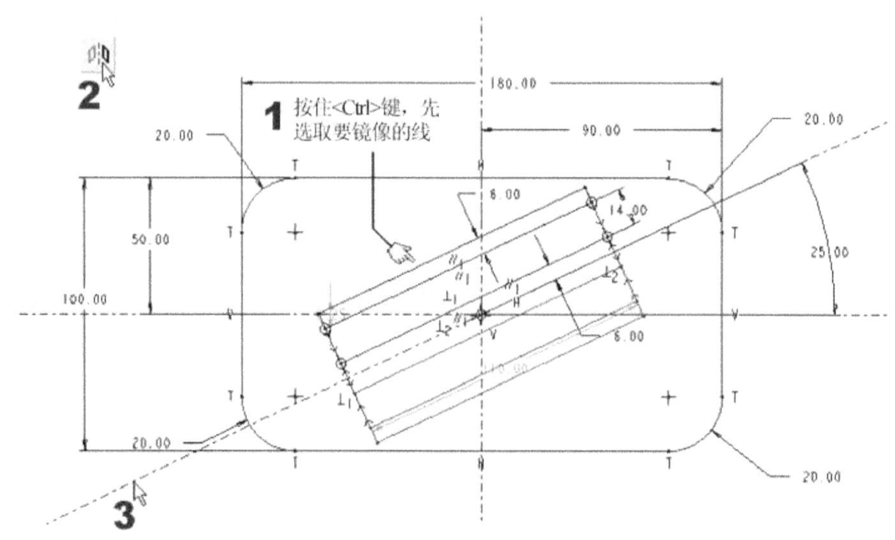

图 4-42　镜像工具的操作

操作 6：存盘(保存为.sec 文件)。

重点技巧讨论：

(1)　本例加入中心轴线的绘制方法。您会发现：自动标注尺寸时，会以中心轴为主来标注。

(2)　本范例在并行线和垂直线的绘制上，会让您对其自动捕捉功能的体会更多。

(3)　对线的裁剪，以及镜像操作也是本范例的另一重点。其中，您应观察到：只要正确操作，应该出现的约束符号都会出现，同时镜像后的左右侧那两段垂直线会自动变成一条。

(4)　可以镜像的图形就要做镜像。虽然在 Pro/E 草绘器中的尺寸标注是自动化的，但是您应已看出：镜像后，出现的是对称约束符号，而不是将尺寸再标注一次。

4.4.12　草绘基础范例十二

本范例目的：这个范例主要练的是较复杂的图形、相切约束以及样条曲线(Spline)工具，让您对这些工具的操作更熟练。

本范例完成文件：(1)Examples\ch04\12.sec。

这个范例也是前面练习的综合，我们以图例来说明操作，不做视频文件。

本范例完成图如图 4-43 所示。

操作 1：请进入 Pro/E 草绘模块环境。

操作 2：按图 4-44 画出三条中心线，并标注垂直的两条尺寸值。

操作 3：绘圆和参照圆，如图 4-45 所示。

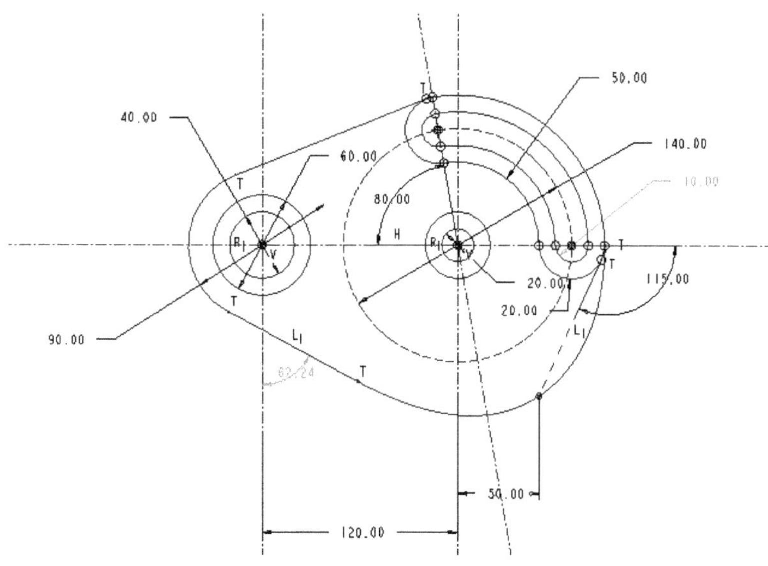

图 4-43　本范例完成图

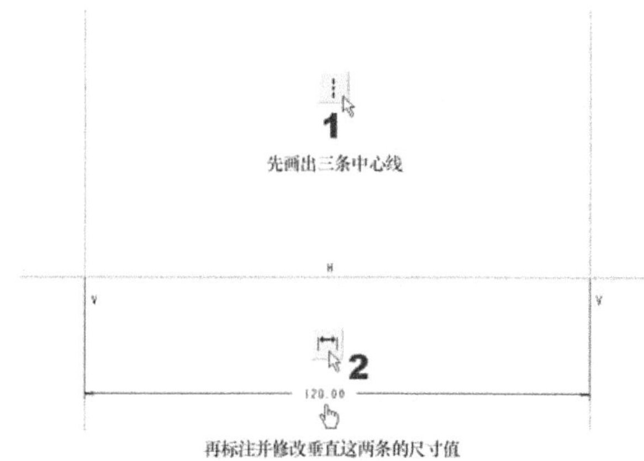

图 4-44　画出并标注中心线的操作

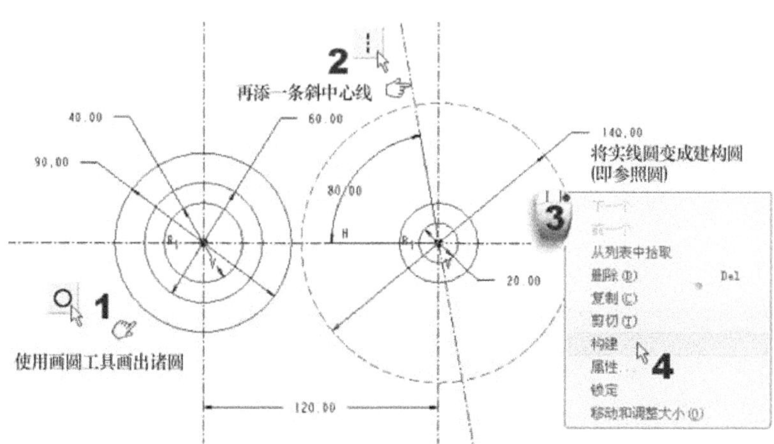

图 4-45　绘圆和绘参照圆的操作

操作 4：如图 4-46 所示，绘制其他圆，同时剪除和删除不需要的线段。

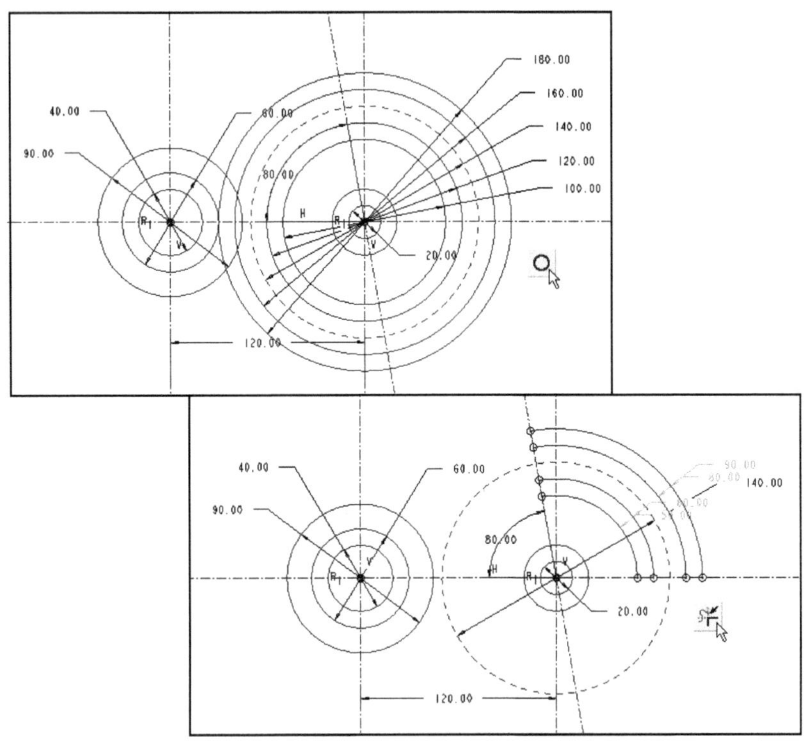

图 4-46　绘圆和剪除、删除不需要的线段的操作

操作 5：先处理上面的切线部分。请按图 4-47 所示进行操作。

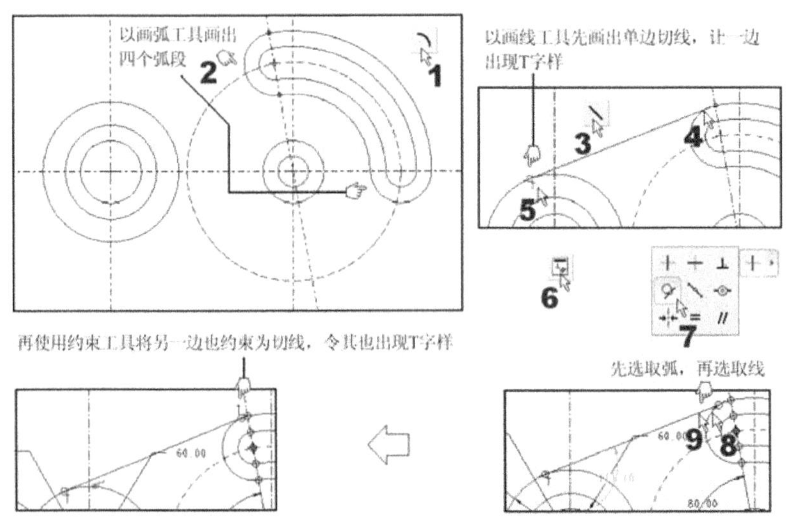

图 4-47　切线的操作

操作 6：如图 4-48 所示，使用样条曲线工具来绘出底端的曲线。

操作 7：最后，请裁剪左边上下两切线中的圆弧段即可。

操作 8：存盘(保存为.sec 文件)。

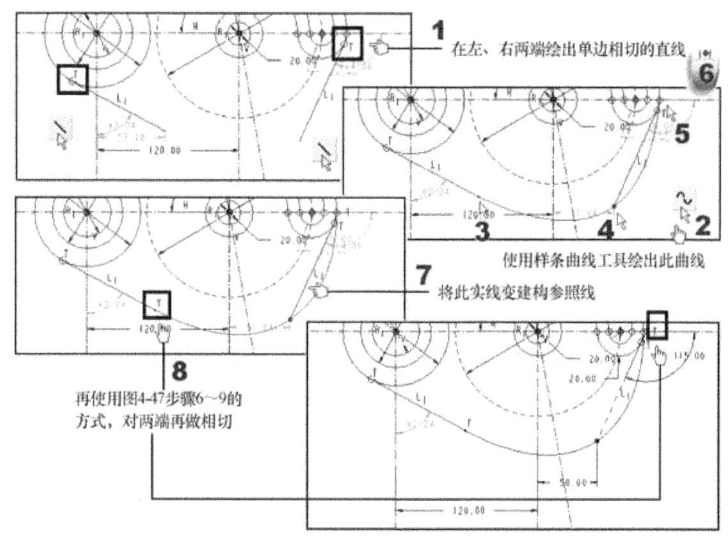

图 4-48　样条曲线的绘图操作

重点技巧讨论：

(1) 本题主要练习相切约束。

(2) 样条曲线工具的绘出操作所配合的辅助线方法，请注意练习，下一题还会再练到样条曲线。

4.4.13　草绘基础范例十三

本范例目的：在本例中，我们要画出圆锥曲线里的双曲线和抛物线图形。本题是为了让读者再熟练这方面的绘图。

本范例完成文件：(1)Examples\ch04\13.sec。

本范例完成图如图 4-49 所示。

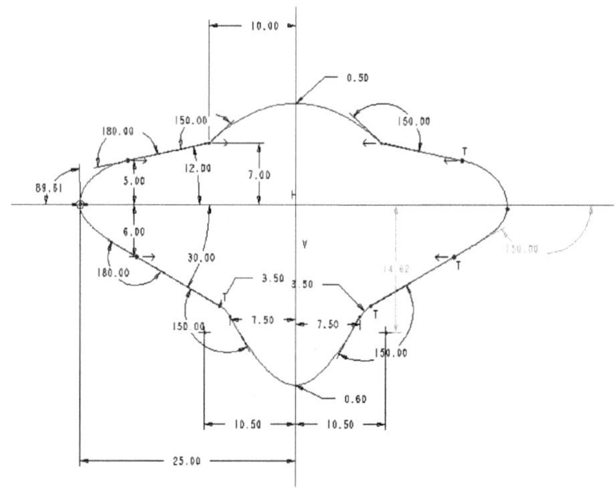

图 4-49　本范例完成图

操作 1：请进入 Pro/E 草绘模块环境。

操作 2：按先前练习过的方式，绘出斜线和样条曲线，并约束它们彼此相切，如图 4-50 所示。

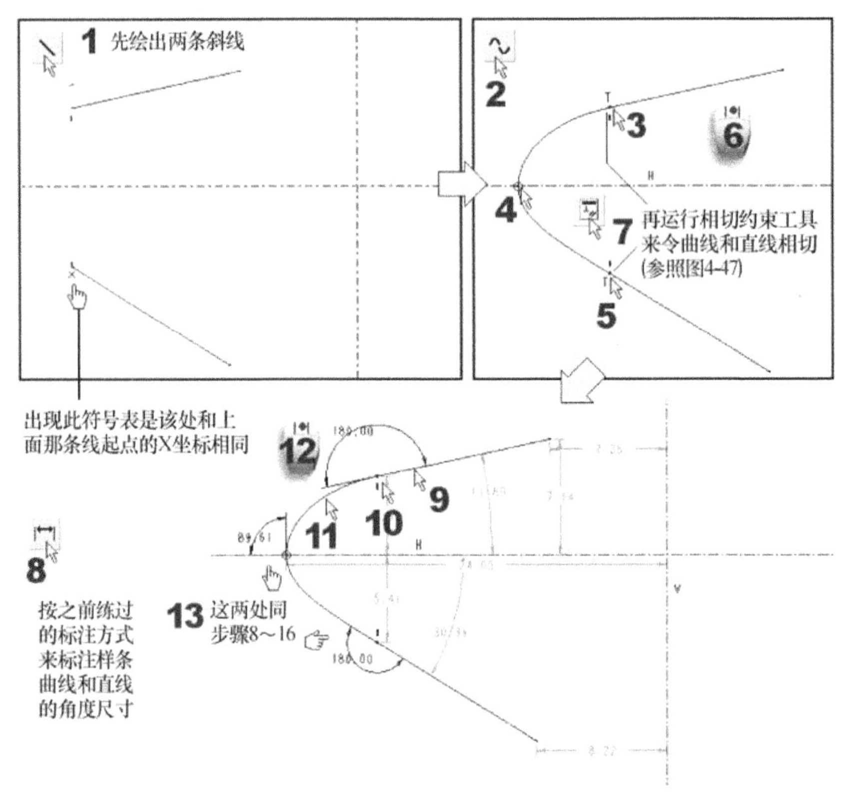

图 4-50　绘出斜线和样条曲线并约束彼此相切的操作

操作 3：如图 4-51 所示，调整尺寸值，并镜像刚才画的斜线和样条曲线。

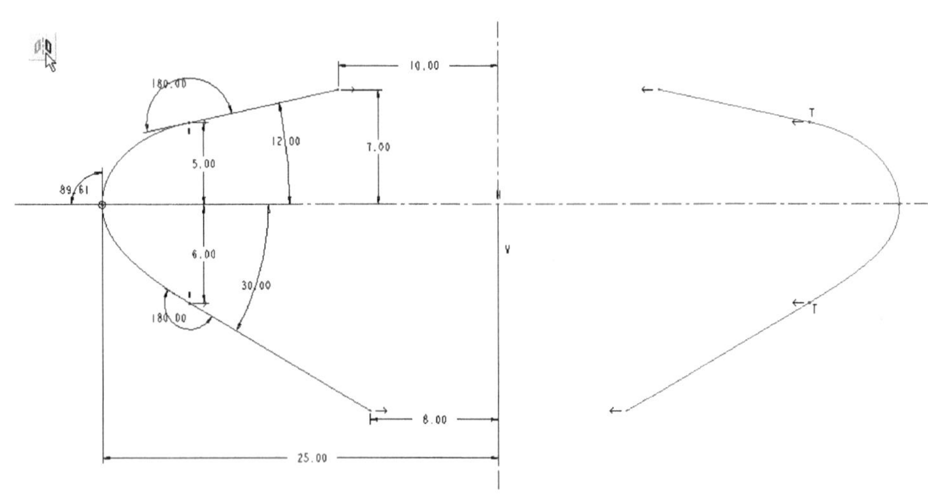

图 4-51　调整尺寸值和镜像的操作

操作 4：使用“圆锥曲线”工具来画出上下两条圆锥曲线图形。然后，我们要通过数值的设置来决定圆锥曲线的类型。根据表 4-7，rho 值在 0.5～0.95 之间的，是双曲线；rho=0.5 的是抛物线，如图 4-52 所示。

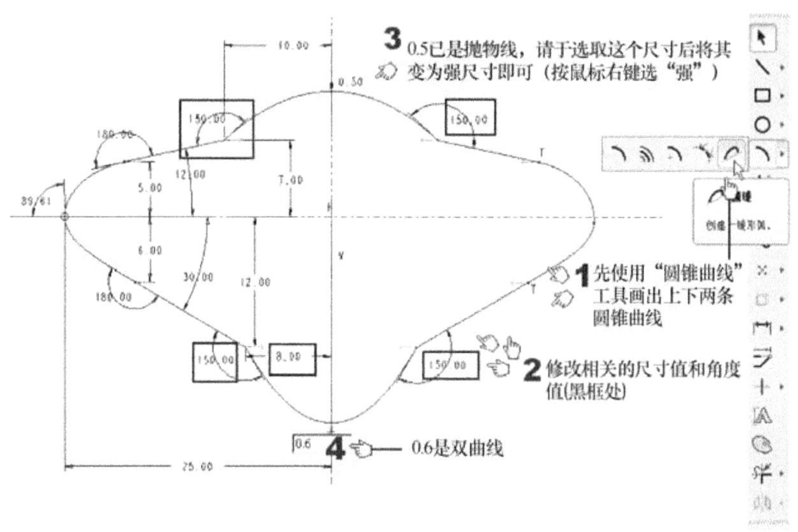

图 4-52　画出圆锥曲线的操作

操作 5：对双曲线和直线交接的部位，做修圆角和剪裁的操作，如图 4-53 所示。

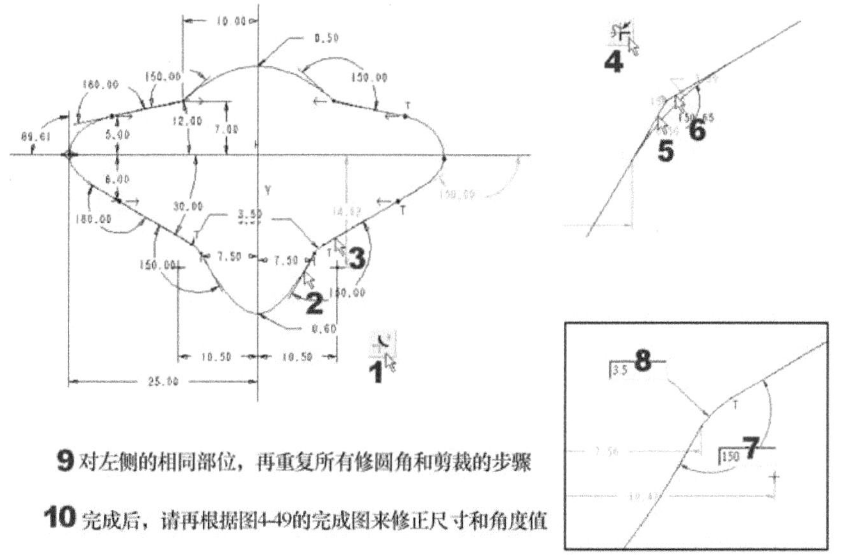

图 4-53　修圆角和剪裁的操作

操作 6：存盘(保存为.sec 文件)。

重点技巧讨论：

(1)　在这个范例中，我们再次练习了圆锥曲线的“三对象”(曲线、点，以及水平或垂直线)标注法。

(2)　通过 rho 值来变更不同的曲线类型，则是读者应该已经熟悉的重点。

4.4.14　草绘基础范例十四

本范例目的：在本例中，我们要来练一下 Wildfire 3.0 版以后新增的，从调色板中输入块图形的功能。

本范例完成文件：(1)Examples\ch04\14.sec。

本范例视频文件：(1)avi(gb)\ch04\14.avi(仅示范插入时的操作)。

本范例完成图如图 4-54 所示。

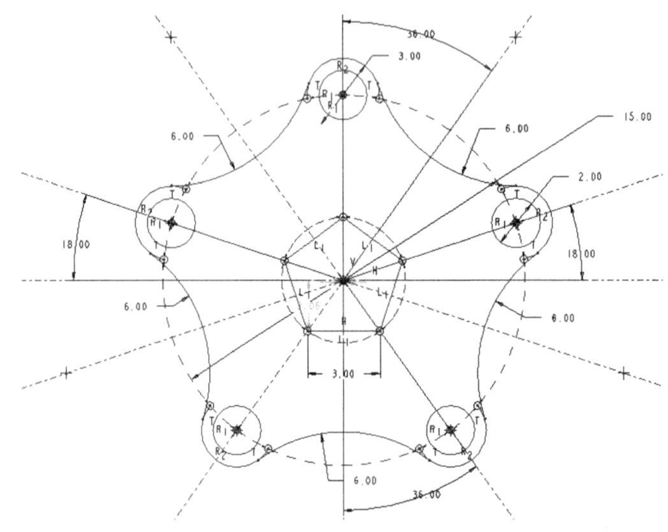

图 4-54　本范例完成图

操作 1：请进入 Pro/E 草绘模块环境。

操作 2：如图 4-55 所示，画出需要的参照中心线和建构圆。

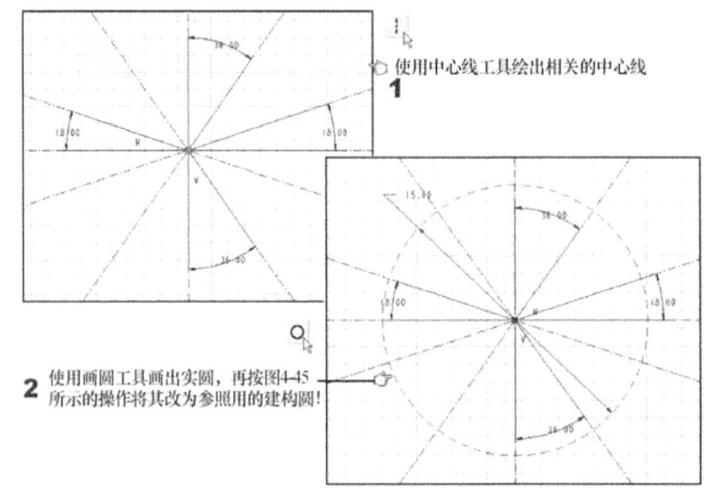

图 4-55　画出参照中心线和建构圆

操作 3：要在合适的位置处(即五边形的中心线和建构圆的交点处)，画出五组同心圆。

然后，再编辑它们，如图 4-56 所示。

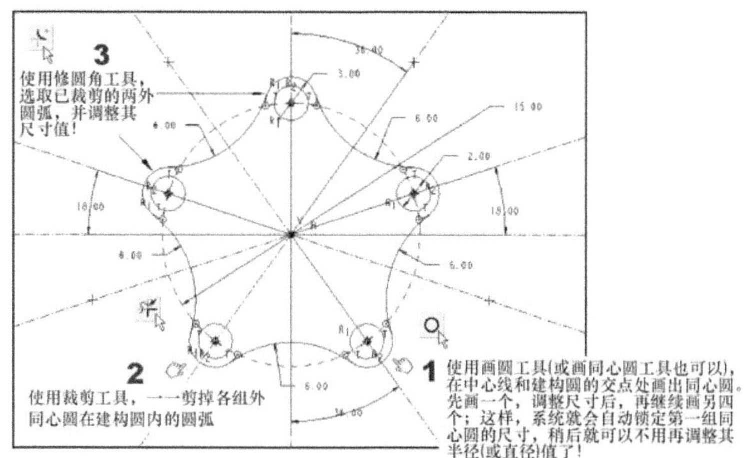

图 4-56　画出并编辑五组同心圆的操作

操作 4：如图 4-57 所示，开始从调色板中输入块图形了。

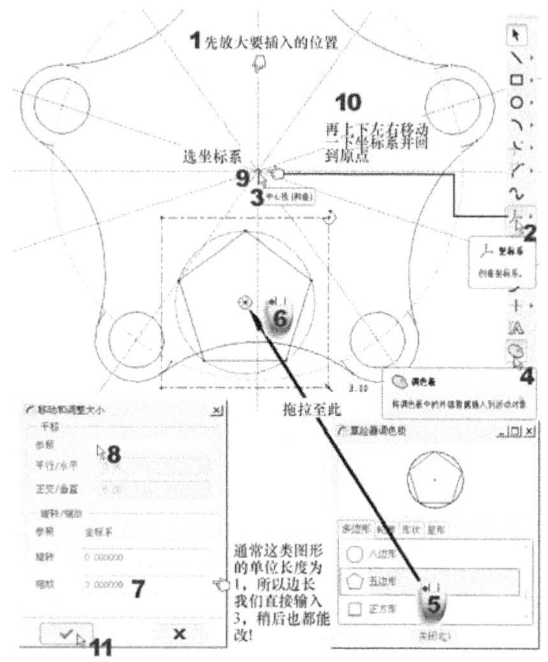

图 4-57　从调色板中输入块图形的操作

操作 5：存盘(保存为.sec 文件)。

重点技巧讨论：

(1) 本例主要练的是从调色板中输入块图形。您要注意的是：输入时，不一定要一步到位，因为直接拖拉图形的操作，会导致系统缓慢。您可以先将图形随意放到图面上，只要有水平和垂直的中心线，系统就会自动标出对水平和垂直中心线的尺寸，最后只要直接调整该尺寸值，就可以快速移到所希望的位置了！

(2) 该“草绘器调色板”中共有 4 类块图库，您可以先翻看一下，以留有初步印象，然后供需要时直觉采用。

4.4.15 草绘基础范例十五

本范例目的：您有没有注意到：Pro/E 的草绘没有阵列(Array)功能，所以对一些具阵列特色的图形，画起来就会很麻烦。因此，本范例就要为您示范如何在 Pro/E 的草绘中，输入 AutoCAD 的平面图形。只要在 AutoCAD 画起来方便的图形，这种做法，也不失为是一个方法。

本范例配合文件：(1)Examples\ch04\15_2000.dwg。

本范例完成文件：(1)Examples\ch04\15.sec。

本范例视频文件：(1)avi(gb)\ch04\15.avi。

本范例完成图如图 4-58 所示。

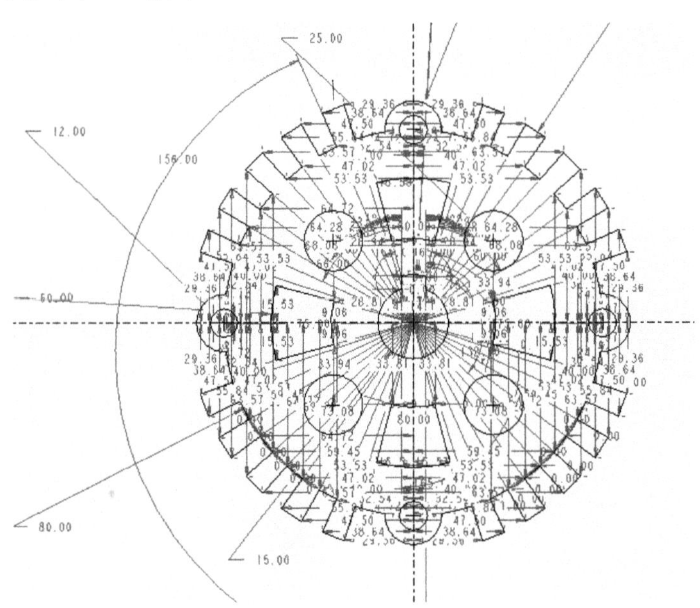

图 4-58 本范例完成图

操作 1： 进入 Pro/E 草绘模块环境。

操作 2： 我们先在 AutoCAD 2000 版中将图画好！我们已将图画好，文件名为 15_2000.dwg。注意：图要保存成 AutoCAD 2000 版的格式，保存成 AutoCAD 太新版本的格式，Pro/E 会读不进来！

操作 3： 请先绘出十字中心线，并在其中心处画上一个坐标系。

操作 4： 按图 4-59 将这个 AutoCAD 图形文件插入到 Pro/E 草绘器中。这个类似“草绘器调色板”的操作，尽管指定了坐标系也不会对齐中心，这是因为图形本身不是“草绘器调色板”里用的块图形，只是单纯的 AutoCAD 图形。

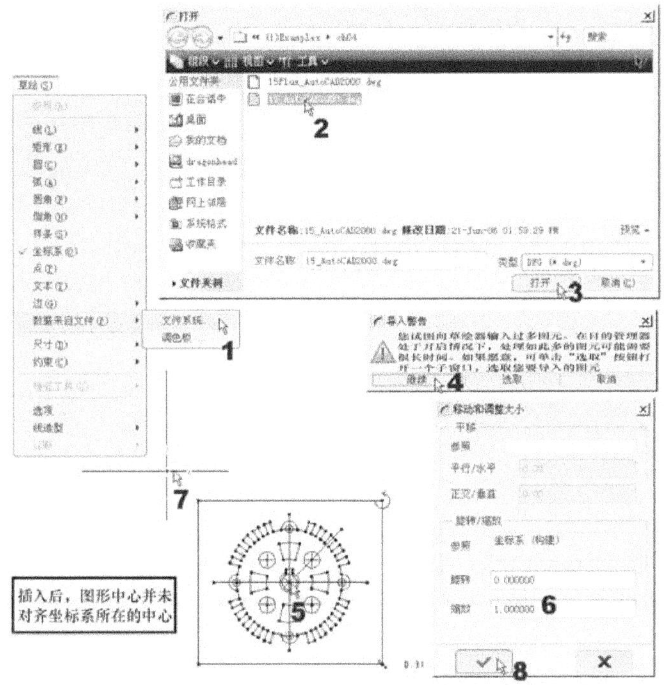

图 4-59　在草绘中插入 AutoCAD 图形文件的操作

操作 5：由于插入后，图形的中心并未对齐坐标系所在的中心，请再按图 4-60 所示的操作来手动对齐。

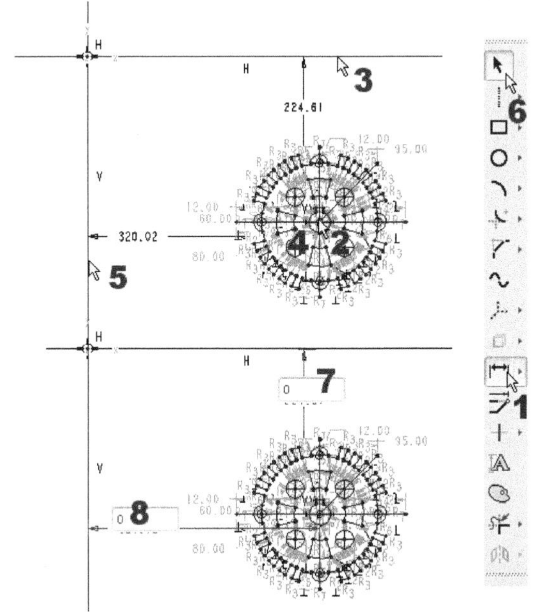

图 4-60　手动将图形中心对齐坐标系所在的中心的操作

操作 6：存盘(保存为.sec 文件)。

重点技巧讨论:

(1) 插入 AutoCAD 图形文件的操作很简单，但是技巧可不简单。在图 4-59 中，系统已察觉要插入的 AutoCAD 图形文件图素太多了，因为图形比较复杂。所以，要在草绘中插入 AutoCAD 图形文件，图形应该越单纯越好，不要想在 AutoCAD 全部绘好要一次插入，这样图形文件容量也会少一点。以本例来说，既然是一个全方位对称的图形，您可以如图 4-61 所示，在草绘中插入在 AutoCAD 中绘出的 1/4，其他的再到草绘中来做镜像。(注意：本范例的配合图名是 15Plus_AutoCAD2000.dwg，完成图是 15Plus.sec)

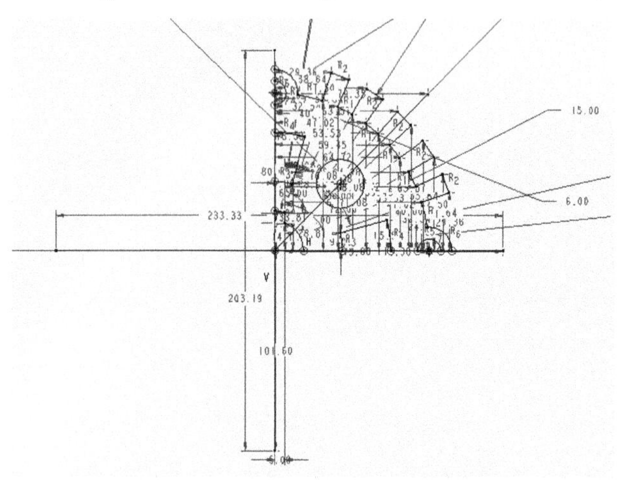

图 4-61　仅绘 1/4 再来做镜像

(2) 当图形越复杂时，即使可以在草绘中插入，也有可能因为误差的关系，使得在稍后的章节中要实际操作的拉伸实体草绘时，出现错误。所以，一定要越单纯越好，因为单纯比较不会出错。当然，既然单纯就直接在草绘中画了。所以，老手比较不会用到这样的功能。图 4-62 中示意的图形是用本节正统方法画的，看起来也蛮复杂的。提供本范例的草绘完成文件 15_ProE.sec 给您参照。

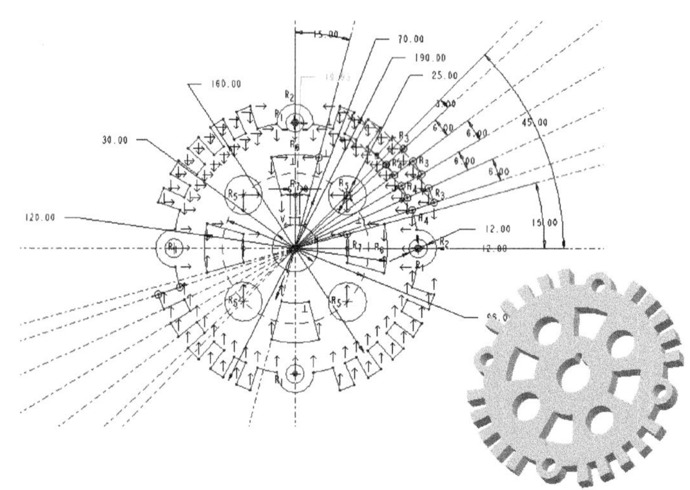

图 4-62　本例使用 Pro/E 草绘来画

(3) 当草绘复杂时，有几个显示控制是可以用来清爽画面的，特别介绍给读者，如图 4-63 所示。

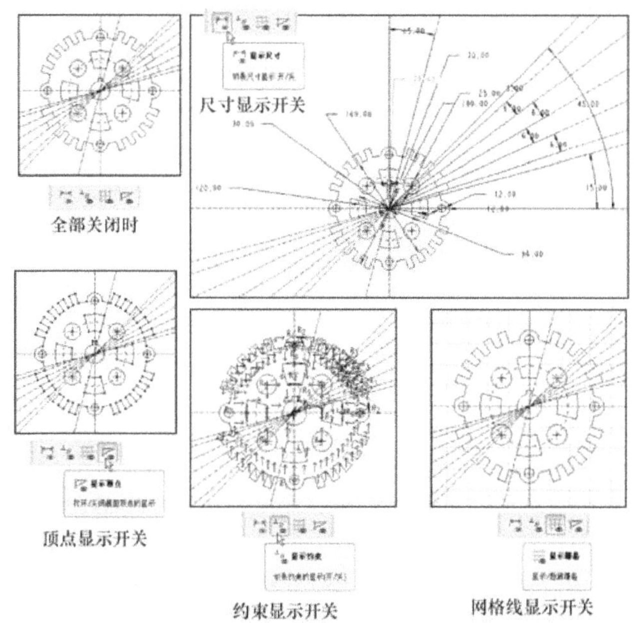

图 4-63　草绘的显示控制开关和其效果

4.4.16　草绘基础范例十六

本范例目的：本范例将以几何作图的方法，和您一起来练习一个具渐开线轮廓的草绘图形。

本范例完成文件：(1)Examples\ch04\16.sec。

本范例视频文件：本实作按图例即可轻易绘出，不提供视频文件。

本范例完成图如图 4-64 所示。

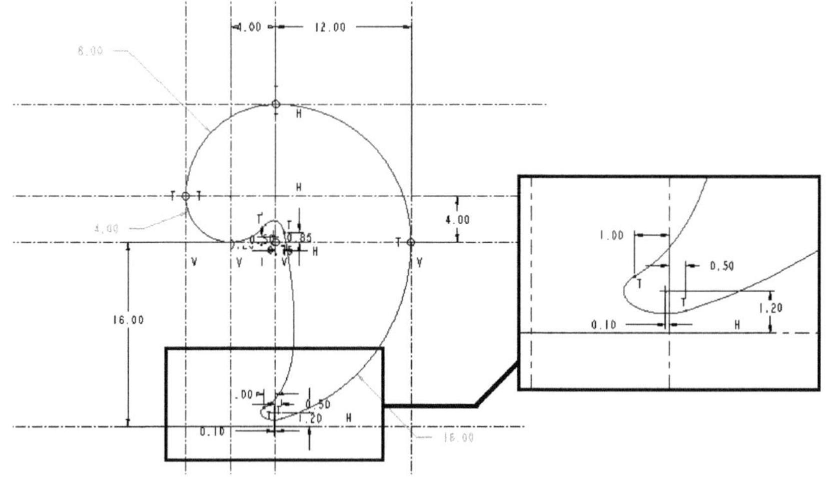

图 4-64　本范例完成图

操作 1：进入 Pro/E 草绘模块环境。

操作 2：按图 4-65 所示操作。

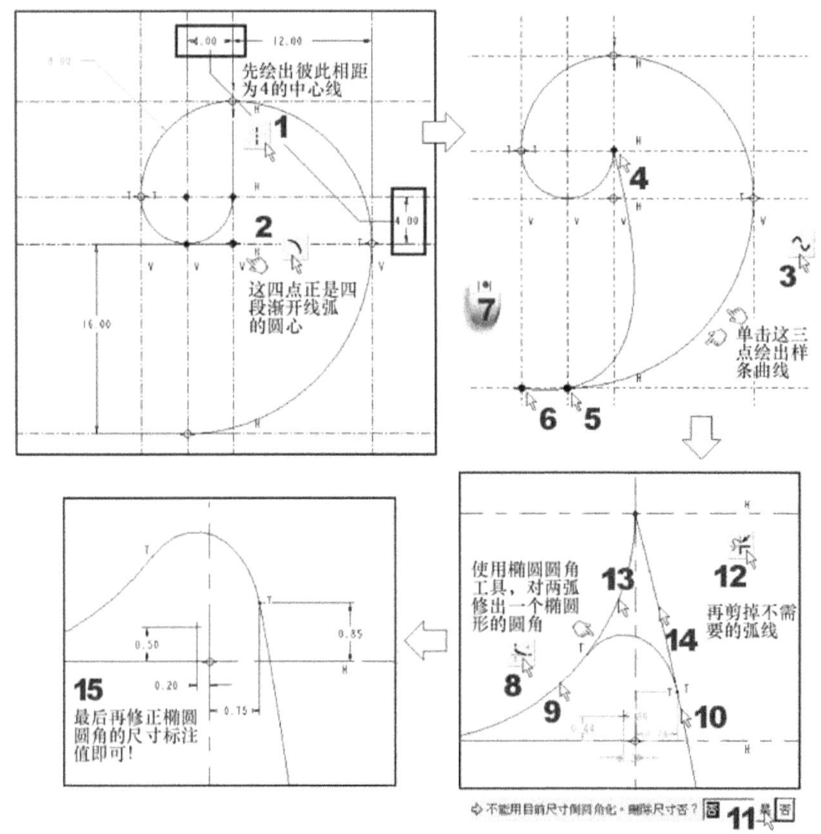

图 4-65　绘制渐开线轮廓的操作

操作 3：按图 4-64 所示的尺寸，再修底部的椭圆圆角，以及裁剪。

操作 4：存盘(保存为.sec 文件)。

重点技巧讨论：

(1)　本例的第一个重点是几何的渐开线绘图法。即：渐开线弧的圆心正好落在一个正方形的四角点上。

(2)　练习椭圆圆角工具。

4.5　草绘的实际应用

要特别注意的是，本章所练习的草绘，是纯粹就操作面，而非应用面来看的。因为从下一章开始的建模，草绘是融入建模命令中使用的，而不是像本章这样是一个独立的草绘文件；当然，即便是独立的草绘文件也不白画，建模命令中使用的草绘一样可以插入独立的草绘文件。

同时，真正的草绘并不会像本章的范例那样，将物体单个视图的所有轮廓都描绘上去，通常只草绘物体某一层的单个视图。怎么说呢？因为 3D 建模是一个牵涉到“叠”或“挖”概念的动作。

草绘图显示的多半是三视图中的任一视图，而光凭单个视图，对其内部的独立封闭轮廓来说，都可以有“叠”与“挖”两种情况。而对草绘来说，它不能像图 4-66 那样，虽然轮廓都是独立封闭，但却相连(术语称“几何重叠”)。所以，在本节中的同类图形只是用来练习而已，这种草绘图若用于正式的特征命令中，一定会出现错误(下面习题里的草绘题目就不会了，您可比较看看)。如图 4-66 所示，该草绘图可以拆分成三层(三次)草绘来“叠”或“挖”。这是在同层一起“叠”或“挖”的情况，如果同一层的图互有“叠”或“挖”的情况，那就要拆分更多的草绘来画。

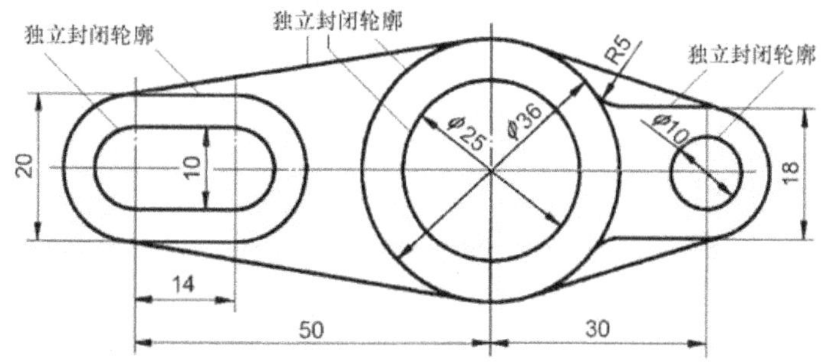

一样的上视图，因为“叠”与“挖”的情况不同，完成建模后，会有下图所示不同的结果。同时，草绘图也不会是这样，整个上视图都画在一起。这个物体至少有三层；所以，每一层的上视草绘图，都必须在它们依附的建模命令里独立画一张，所以至少要拆成三张草绘图(其操作和本章所学都一样)

图 4-66　草绘视图的“叠”与“挖”

有关建模时的“叠”与“挖”，我们在第 5 章、第 6 章都还会有详细的实作范例。

4.6　草绘诊断工具

在每次的新版本中所出现的新功能，其背后都有一个“故事”(或说“事由”)。Pro/E 在 Wildfire 4.0 版以后于草绘器中新增了“诊断”功能，就必须先说明这个“故事”。

在稍后的实作练习中，只要按图例或视频文件来练，一般不易有操作上不顺利经验，反正就是将轮廓以平面方式画出来。但是以这样的操作经验在进入本书第 6 章以后，就开始会有不顺利的情况发生。因为这和新的草绘“诊断”工具有关，因此本节将先和您来讨论这样的经验。

首先，您要先认知：Pro/E 的草绘有以下两种层次。

(1) 独立的草绘文件。即本章练习后所生成 .sec 草绘文件。一个独立存在的草绘文件并无意义，它必须被特征工具所用才有意义。所以，不论您是否绘出可被特征工具接受的草绘图，在此状态下都可以存盘，错误比较不容易察觉。在这里的操作，比较倾向 AutoCAD 式 2D 概念，您已经在图 4-59 中学到如何将 AutoCAD 的 dwg 格式输入到此。这也是 Pro/E 里唯一可以接受 AutoCAD 格式的地方。

(2) 在特征工具内的草绘。当您运行一个建模的特征工具时，如果草绘对该工具来说是必要的，那么在该工具内就会包含草绘模式(将在第 6 章说明)。在那里绘图操作和在“独立的草绘文件”模式完全一样，只是它画完后立刻就要接受实体建模的检验。只要不按照建模的概念和规矩，就会立刻出现错误信息。在这里的操作，外在就牵涉到立体坐标、草绘基准(将在第 5 章说明)，以及“叠”与“挖”的概念等；而内在的草绘图本身就要吻合建模的要求，包括轮廓要封闭，线条不能相交等。只要违反任一原则，近则草绘图不被系统接受，远则无法顺利创建实体。

换句话说，上述两者的操作完全一样，但主要实现实体建模的，则是“在特征工具内的草绘”，系统检验是否为有效草绘的机制也放在这里。因此，常会在此阶段出现的错误信息，如表 4-7 所示。

表 4-7　常见于“在特征工具内的草绘”中的错误信息

错误信息	可能的错误原因	解决方法
剖面不完整	剖面不封闭	有问题的位置会标记为红色。您只要针对这些位置的可能问题原因来修改就可以了
	曲线相交	
不能相交带有特征的零件	表示这个草绘生成实体后，会和其他实体相交	这不是草绘操作问题，而是草绘结构问题。您必须修改草绘轮廓来避免和其他实体碰撞

在 Wildfire 4.0 版以前，当发生错误时，就只能按红色标记处来找问题点；有些问题则发生的莫名其妙，连红色标记都没有；还有一些则是都按规矩画，实在找不出错在哪里。有时候，删除其中几条线再重画，问题就解决；有时候则要全部重画才解决。很多初学者对此失去耐心，在学草绘时就放弃了 Pro/E。

PTC 终于听到这样的声音，于是在 Wildfire 4.0 版 Pro/E 独立的草绘模块里，新增了“诊断”工具。这个工具有 3 个小工具，其中两个是显示错误用的复选框，另一个则是诊断项。

我们以图 4-67 来说明这三个工具的操作和用途。

如果是在建模的基本模块中，那么在建模命令中的草绘器里，则还会增加一个名为“特征要求”(Feature Requirements)的诊断工具。如图 4-68 所示，这个诊断工具会列出当前特征的要求并表明每项要求的状态。

最后，我们还是要持平来讲，虽然“诊断”里的 4 个小工具，可以显示出错误处或错误的区域，但是它仍无法明确地告诉您解决的方法，您还是要自己判断要如何修改。无法解决问题的情况仍有可能发生。

针对那种遍寻不着错误的草绘，我们在此要先提醒您，即便在进入第 6 章后，您才会体会到本节所谈论的问题，在第 5 章所介绍的参照基准(基准点、基线、基准轴、基准面等)将会是问题的关键。

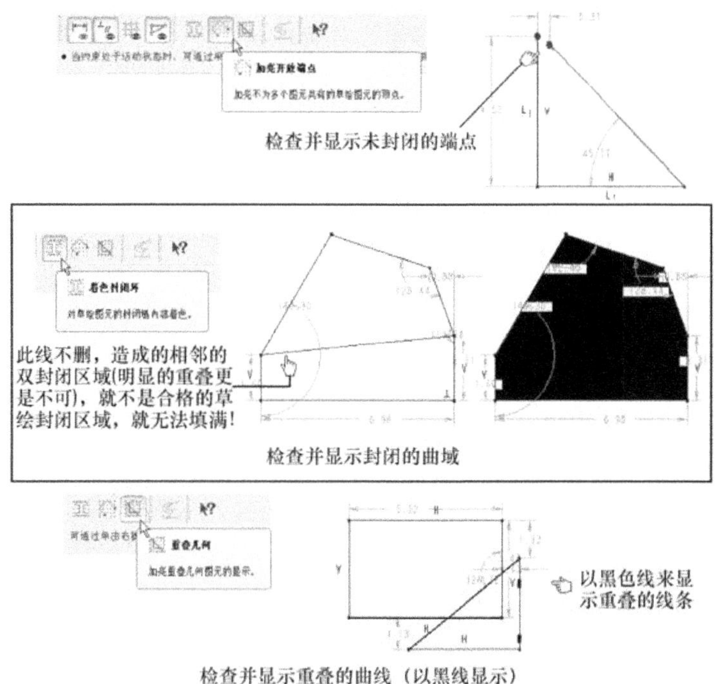

图 4-67　独立草绘模块里的诊断工具

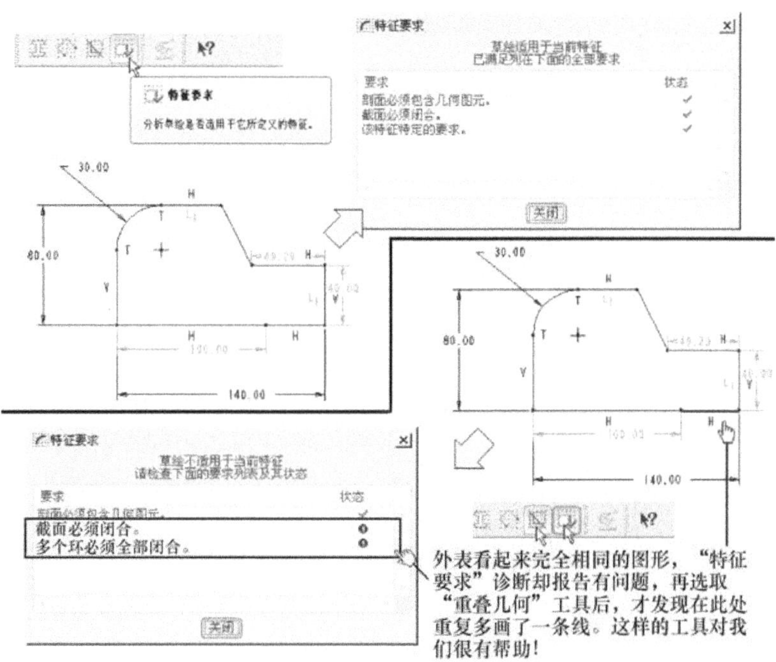

图 4-68　“特征要求”诊断工具的操作

因为“在特征工具内的草绘”等于是加入3D建模规矩和概念的草绘，而这些参照基准也是草绘尺寸标注的基准。您一定要让主要的线条和参照基准做尺寸标注，而不是仅让线和线间做标注。这样，在草绘中出现莫名其妙错误的几率就会变少。了解这样的情形后，本章的练习则有助于您养成正确又良好的标注习惯。

习　　题

请使用 Pro/E 的草绘器来草绘图 4-Q1 中的图形。

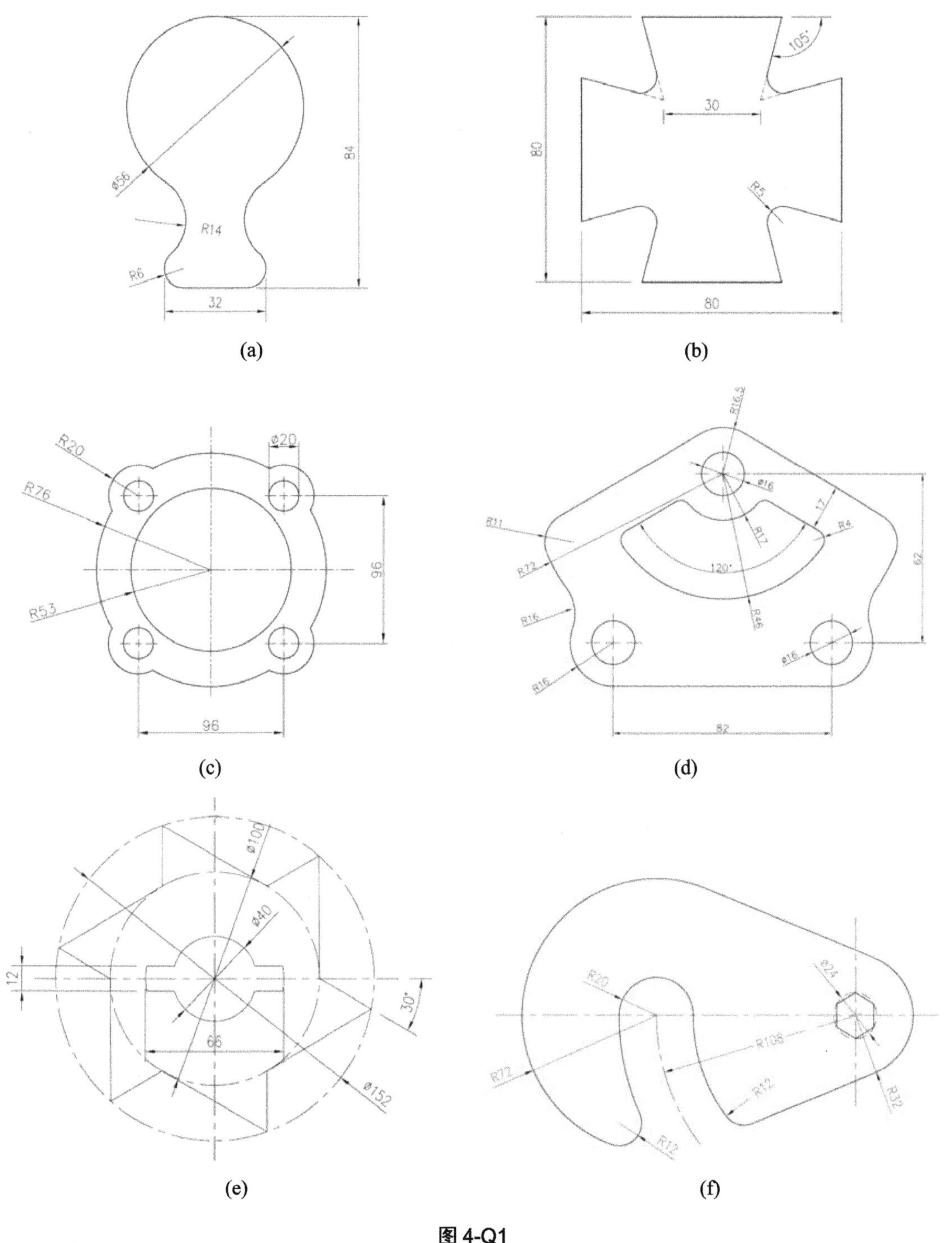

图 4-Q1

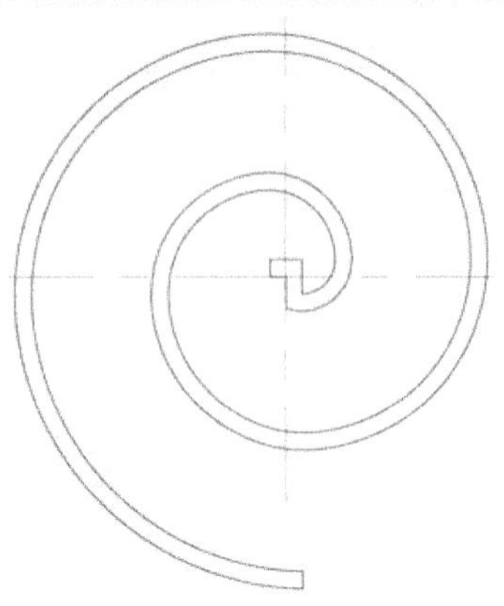

(g)(尺寸自定义)

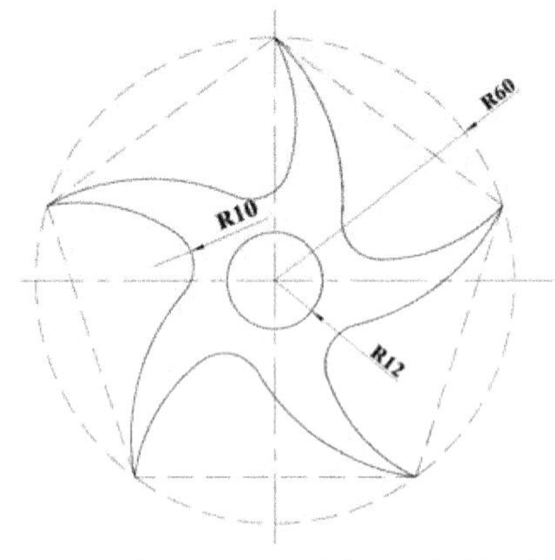

(h)(五爪弧的半径可自定义，但本例解答采用各弧与五边形边相切)

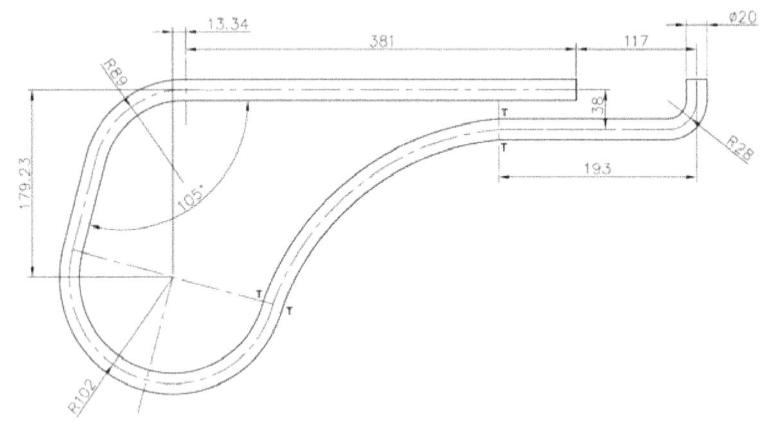

(i)

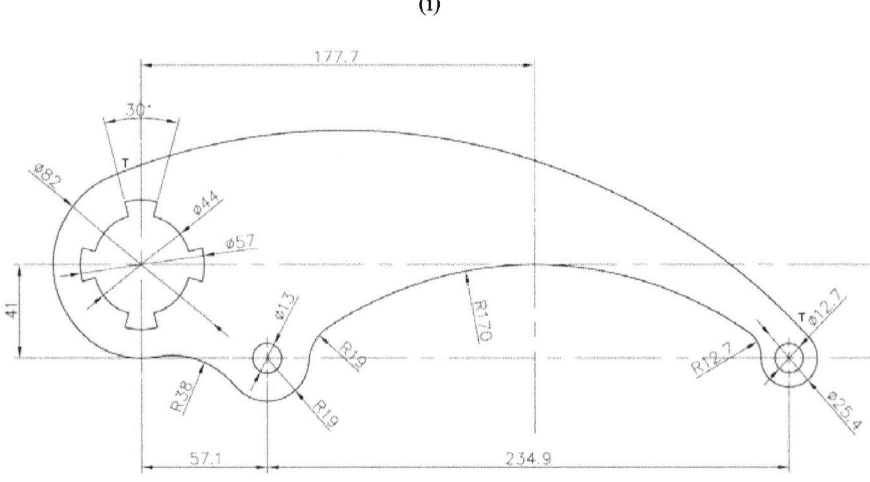

(j)

图 4-Q1 (续 1)

30
40
105°
145°
105°
74
34
30
20
120°
90°
60°
30.03
135°
135°
150°
26
73.6
160
R13
R77.5
6
32
12
15°
77.5
51
77.5
6
R77.5
45
15°
R45
Ø44
Ø16
R20
R127
44
Ø16
R20
R38
R45
76
151

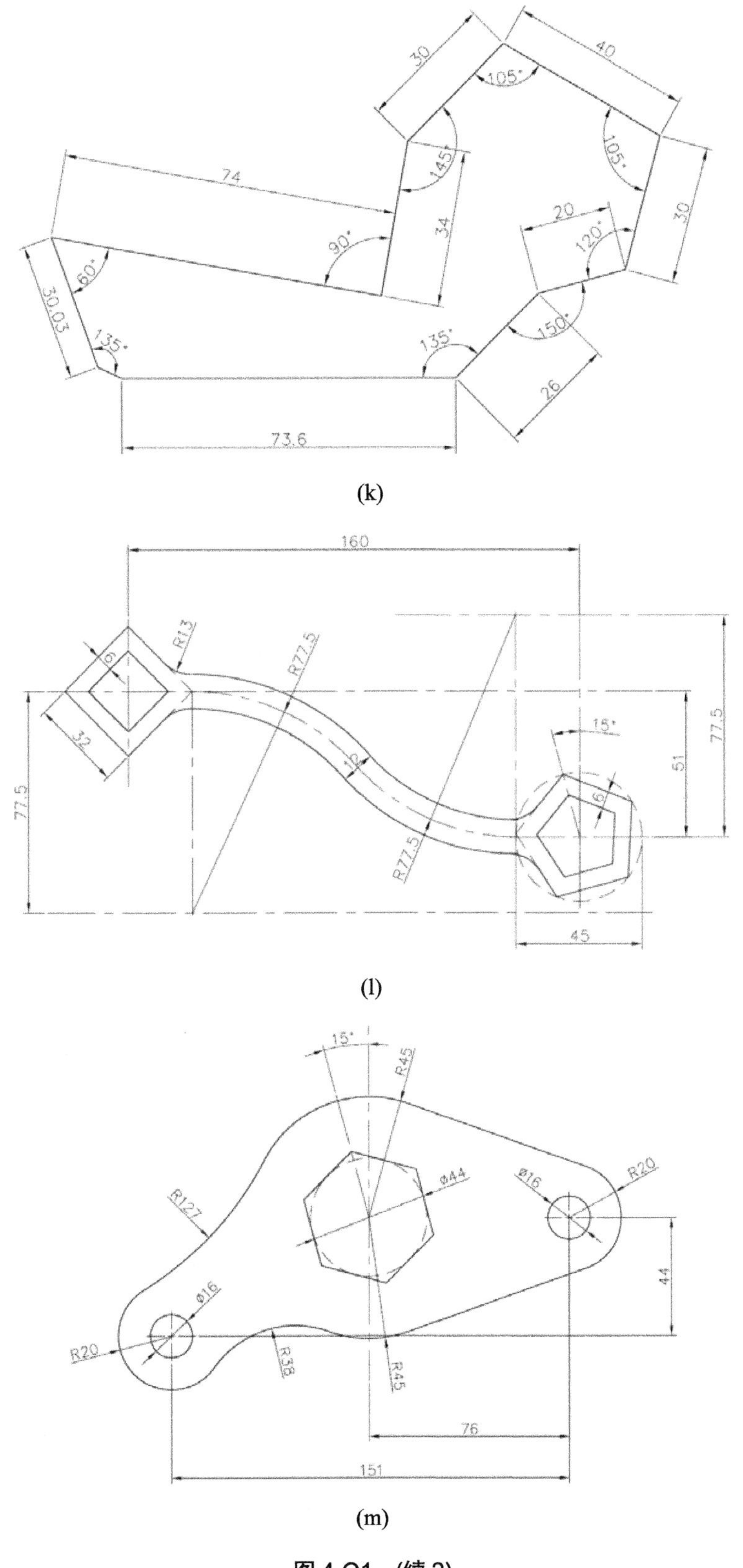

(k)

(l)

(m)

图 4-Q1 (续 2)

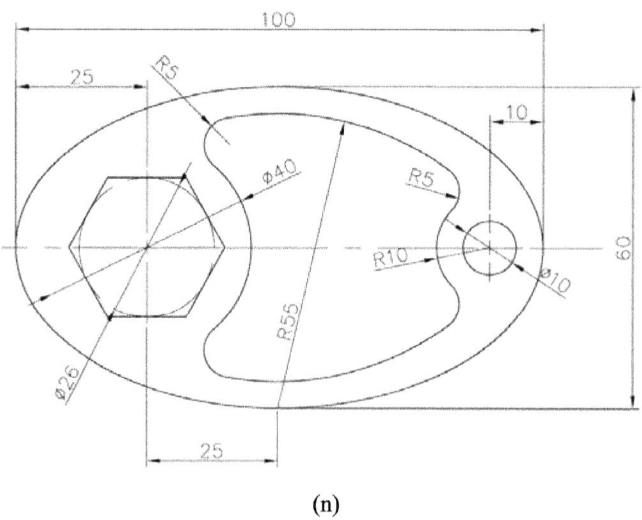

(n)

图 4-Q1 (续 3)

第 5 章

基准特征基础

在建模前，有一些重要的概念要先建立。这些概念是非常重要的，同时也在此和Pro/E 的建模基础操作结合起来讲！因此，要从 AutoCAD 的平面式立体概念，顺利前进到真正的三维空间概念，就要对本章中所陈述的概念和实例了然于胸。

本章的两大主题是基准特征，草绘平面、草绘参照面和定向。

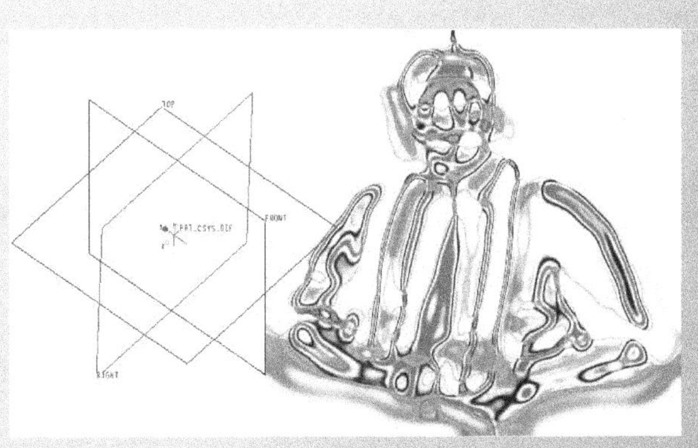

5.1 特征概论

所有的 3D CAD 软件都必须采用一个立体模型的基础结构体，而“特征”(Feature)正是多数 3D CAD 软件模型结构体的最基本单元。它也是立体模型上的某一种形状，改变或编辑其上的任意一个特征，都将使外形发生变化。AutoCAD 就是因为缺乏这个结构元素，所以在事后的编辑上很不方便。

在 Pro/E 中，为了精确度和方便操作，它将特征分为以下种类。

- 基准特征。本章主题。用来辅助建模，使其更精准。
- 基础特征。基本的实体建模命令。
- 工程特征。这类特征命令的名称都是机械工程专业上的专门术语，该术语代表着一种设计惯用的几何处理概念。所以，这类特征的操作大多很简单，但是要配合专业概念来进行。
- 复制特征。即专门用来复制已绘图素的特征命令组。
- 编辑特征。专门用来编辑所有 Pro/E 图素(如薄面、曲面或实体等)的特征命令。
- 修饰特征。有一些图在机械制图惯例下是不用绘出的，以避免图面复杂和图形文件容量增大。如螺纹，这类特征就是用来处理这类图形的命令。
- 扭曲特征。专门用来变形或改变(扭曲)零件曲面的特征命令。

在本书中，我们将以初学者能接受的难易程度和先后顺序，来作为特征命令的讲解和实例顺序。在进入这些章节的学习之前，我们先根据这些特征的分类，来让读者初步了解它们所在的章节，请参照表 5-1。

表 5-1　Pro/E 特征分类表

分类名称	特征名称	属　性	备　注
基准特征	基准面、基准轴、基准点和坐标系等	基础	本书第 5 章
基础特征	拉伸	基础	本书第 6 章
	旋转	基础	本书第 7 章
	扫描	基础	本书第 8 章
	混合	基础	本书第 8 章
	螺旋扫描	基础	本书第 8 章
	可变剖面扫描	基础和提高兼具	基础部分在本书第 8 章介绍，提高部分则由本系列其他书中介绍
	边界混合	提高	本系列其他书中介绍
	扫描混合	提高	本系列其他书中介绍
工程特征	倒圆角、自动倒圆角、倒角	基础和提高兼具	基础部分在本书第 6 章介绍，提高部分则由本系列其他书中介绍
	壳	基础	本书第 7 章

续表

分类名称	特征名称	属　性	备　注
工程特征	孔、筋		本书第 8 章
	斜度	提高	本系列其他书中介绍
	转轴、退刀槽、凸缘、管路	提高	
复制特征	复制和贴上、镜像和移动	基础	本书第 9 章
	阵列、几何阵列	基础和提高兼具	基础部分在第 7 章介绍，提高部分则由本系列其他书中介绍
编辑特征	加厚、缩放模型	基础	本书第 7 章
	裁剪、投影、包络、延伸、相交、填充、偏移、移除、合并和实体化	提高	本系列其他书中介绍
修饰特征	凹槽、螺纹等	提高	螺纹会在本书第 8 章中提到。其余则在本系列其他书中介绍
扭曲特征	含：局部推拉、半径圆顶、剖面圆顶、耳、唇、环形折弯、骨架折弯、实体自由形状、折弯实体、展平面组	提高	本系列其他书中介绍

在本章中，我们会将 Pro/E 的基准特征讲清楚，然后再加上本章的两个主题：草绘的平面、参照面和定向概念，读者就可以很清楚地了解到创建一个立体模型所需的过程了。这些特征命令的位置如图 5-1 所示。

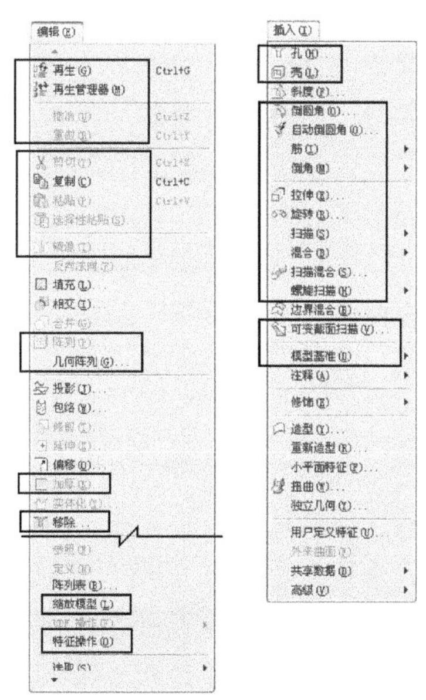

图 5-1　本书所提到的特征命令位置

5.1.1 模型树

在 Pro/E 建模过程中，是否能正确地使用模型树是非常重要的。“模型树”(Model Tree)就是一种记录模型建构过程的工具，它将出现在“导航选项卡区”里，包含当前图面里的所有特征或零件的列表，并以树状的方式来显示模型的结构。当进入零件设计模块后，系统就会自动打开模型树，如图 5-2 所示。

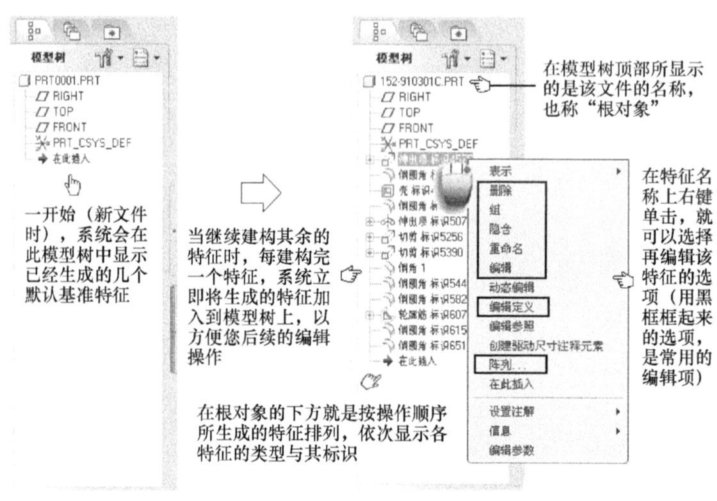

图 5-2 模型树的初始状态和完成状态

由此可知，只需观察模型树，即可大致了解零件或组件的建构过程。除此之外，模型树还有以下两种用途。

(1) 在零件或组件的建构过程中，若欲选取某一特征或零件，可直接在屏幕上选取此特征或零件，当模型较为复杂或显示较小时，若直接在屏幕上选取，常常会选取到别的特征或零件。此时，可以直接在模型树中准确地选取。

(2) 右击模型树中的某一特征，将打开如图 5-1 所示的菜单。此菜单中列出了几个常用命令，如删除、编辑定义、重命名等。使用此方法可以在快捷地选取所需特征后，再做进一步的编辑。

有关“导航选项卡区”上的操作，请参照图 3-2。

5.1.2 基准特征

“基准特征”就是指那些没有体积和质量的几何元素。它们在建构几何实体模型中扮演了重要的参照角色，可是却是一种不具形状的特征，所以很多初学者会忽略它。

基准特征为什么这么重要？重要到必须在正式的建模前先教？这是因为任何的设计事物一定都有一个基准，以让图形或轮廓可以根据那个基准来定位、定向、参照或发展。例如，基准面可以用来指示草绘要绘在何处(定位作用)；基准轴可以用来引导一个轮廓要绕哪一个轴旋转，以旋刮出实体(发展作用)；基准点可以用来当作参照点，以方便连线(参照作用)；坐标系可以用来改变物体的坐向(定向作用)等。

可通过如图 5-3 所示的菜单选项来找到这些特征的操作选项或工具栏图标。

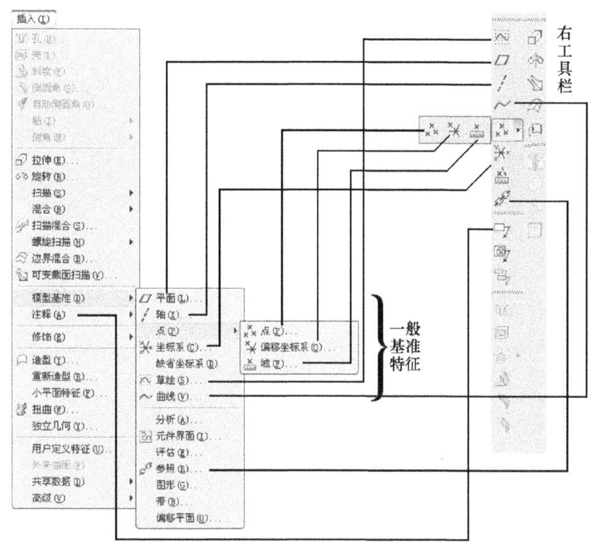

图 5-3　基准特征选项和工具栏选项

5.2　基准特征的系统设置

本节要介绍的则是和基准特征有关的系统设置。以下，我们分三小节来说明。

5.2.1　基准显示的开关和设置

在实体的创建过程中，设置是否在屏幕上显示该实体基准特征，是很常用的操作。因为它经常在需要辅助绘图时被打开，而在画面需要清楚时被关闭。实体的基准特征包括：基准平面、基准轴、基准点和坐标系，其控制开关项工具图标如图 5-4 所示。

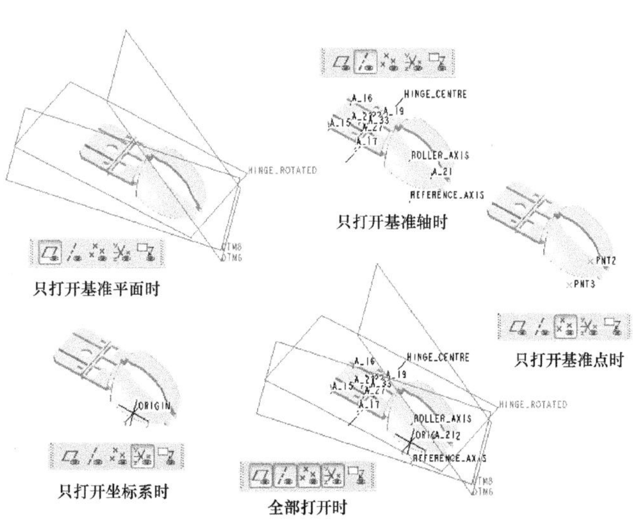

图 5-4　基准显示的基本操作

搭配基准显示的系统设置，则如图 5-5 所示。

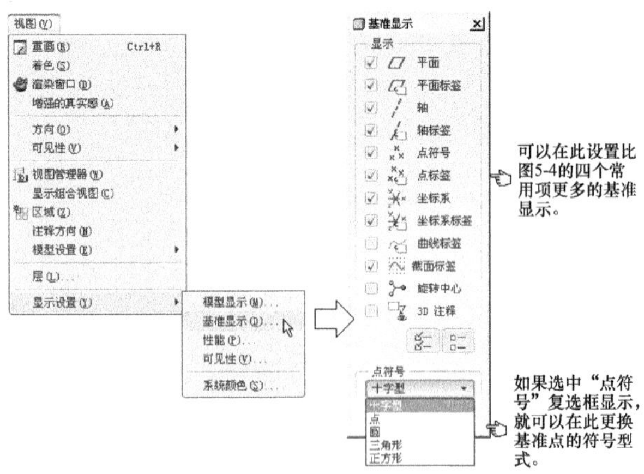

图 5-5　基准显示的系统设置

还可以通过使用 config.pro 文件的方式，来控制基准特征的状态显示。于此用得到的系统变量如下：

Display_planes	Display_plane_tags	Display_axis
Dlsplay_axis_tags	Display_points	Display_point_tags
Datum_point_symbol	Display_coord_sys	Display_coord_sys_tags
Curve_tag_display	Spin_center_display	Display_Annotations

这些用于 config.pro 文件的详细变量，在本书附录 B 中有其详细的说明。

5.2.2　颜色显示设置

当要改变基准特征的颜色时，可选择“系统颜色(S)...”选项，然后按图 5-6 所示操作。

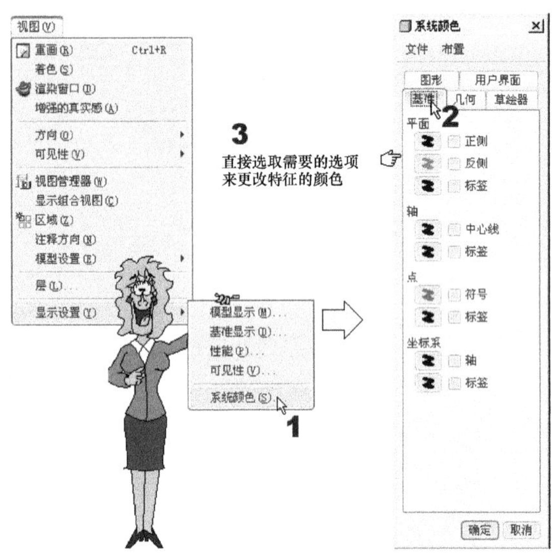

图 5-6　设置基准特征的颜色显示

5.2.3 名称显示设置

每一个基准特征，系统都会自动予以命名。不过，在复杂的图形中，如果能适当地给予某些基准特征一个具有实际作用意义的名称，将对我们的事后编辑有很大的帮助。只要直接在模型树区中双击特征名称，即可改名。

5.3 一般基准特征和实例

本节将针对一般基准特征的生成方法及其用途作详细介绍。请注意：当我们实际作图时，会在需要的地方用上合适的基准特征。这在后续的全局范例练习中，会陆续用到，只是在那时候，我们就不一定会再详述基准特征的详细操作了，特此说明。

5.3.1 基准面

基准面(Datum Plane)的本质是一个无限大且实际上不存在的几何平面。它没有任何重量与体积，在屏幕上显示时能看到边界，但理论上没有边界，其大小是由计算机根据建构模型的尺寸来自动进行设置的。

基准面的法向有两个截然相反的方向，一正一负。其正负两面默认分别用黄、红两种颜色表示。黄色为正向，红色为反向。利用基准面来设置 3D 物体的方向时，须指定黄色那一侧面的朝向。

以下就是创建基准面的时机。

(1) 于 3D 空间中定位实体模型的参照时。即先创建 3 个默认基准面：RIGHT、TOP 和 FRONT。

(2) 开始创建特征时。

(3) 将基准面当作草绘面(Sketching)与参照面(Reference Plane)时。

(4) 将基准面当作尺寸标注参照时。

(5) 利用基准面来标注零件的位置尺寸，但希望避免各零件间，不必要的特征父子关系(Parent-Child Relationship)时。

(6) 藉指定基准面的法向(即垂直方向)，将模型旋转至特定视角方向时。

(7) 将基准面当作镜像用平面时(镜像特征)。

(8) 在做零件组装时，作为匹配(Mate)、对齐(Align)等约束条件的参照面。

(9) 使用“视图管理器”的“剖面”选项卡来创建剖面时，在转到平面工程图的绘制上，可将基准面作为剖面辅助视图的参照面。

在创建基准面前首先要了解“基准平面”对话框。请按图 5-7 来调用。

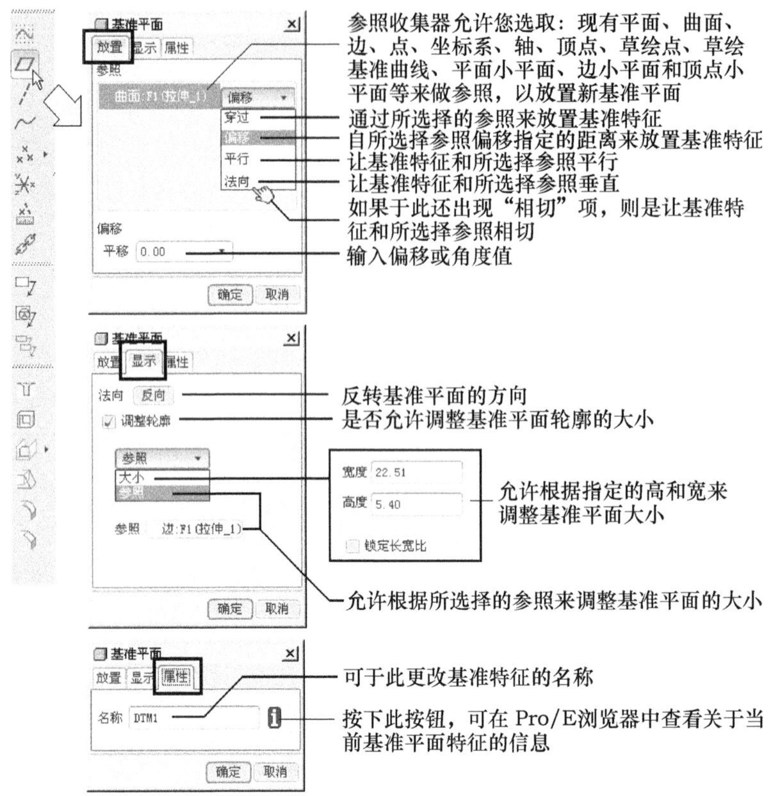

图 5-7 “基准平面”对话框的设置内容

实际上，在创建基准平面时，都是一种或几个约束的综合使用，但也不是理论上可用于定义平面的方法，都能用来定义基准平面。不过，Pro/E 将支持大多数数学上已确定的基准平面定义方法。我们将通过以下常用的几种方法来创建基准平面(注意：点可以是实体、表面或边的顶点或基准点；直线可以是为直线的基准曲线；实体或表面的边线或基准轴；平面可以是基准面或实体平面表面)：

(1) 过空间任意三点；
(2) 过一条直线和直线外任意一点；
(3) 过一点垂直于一条直线；
(4) 过共平面的两条直线；
(5) 过一条直线垂直于一平面；
(6) 过一条直线平行于一平面；
(7) 过一点平行于一平面；
(8) 过一点与一柱面相切；
(9) 过一直线与一柱面相切；
(10) 与一平面偏移一个距离；
(11) 与一坐标系的一个方向偏移一个距离；
(12) 过一直线与一平面呈一个角度。

实例操作

本范例目的：练习上述的 12 种基准面的设置。
本范例练习文件名：Datum_plane1.prt.1。
本范例完成文件名：Datum_plane2.prt.1。
本范例视频文件：(1)avi(gb)\ch05\Datum_plane_01 .avi～Datum_plane_12 .avi。
本范例初始图如图 5-8 所示。

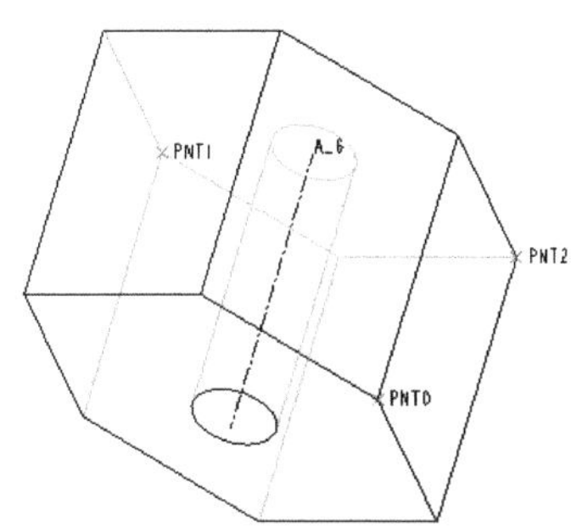

图 5-8　本范例初始图

注 意

① 练习时，不要让模型树中的基准特征处于选取状态。如果基准特征在被选取状态，则选取的基准特征将被当作创建新基准特征时的一个输入项。要取消选取状态，请单击绘图区的空白处或选取模型树区顶层的零件名称。

② 每完成一个练习后，请将刚生成的基准特征隐藏起来，以免混淆画面。方法是：在模型树区中，将光标移到这个基准特征名上，右击，于快捷菜单中选择“隐藏”即可。

操作步骤

(1) 过空间任意三点(视频文件：Datum_plane_01(有声) .avi)。
以三点定义基准面特征是初学者最易理解，也是最快、最常用的方法之一。如图 5-9 所示。

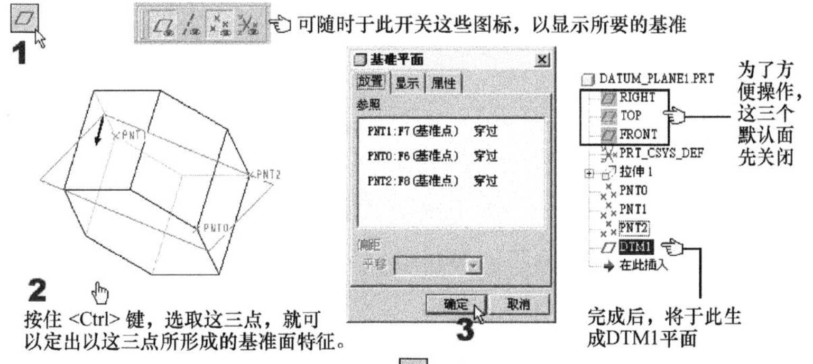

图 5-9　以过空间任意三点来设置基准面特征

注 意

在本范例的视频文件中，我们以有声的方式为您说明了，在自定义基准面上建模的操作，让您充分了解这个自定义基准面的一种用途。不过，您要注意，这个应用只是其中之一，也可以基准面为基准，自定义其他的基准面、基准轴、基准点等。

(2) 过一条直线和直线外任意一点(需调整基准面大小。视频文件：Datum_plane_02 .avi)。

和三点定基准面特征一样，过一线(因为两点即是一线)一点也是很快的方法。请隐藏DTM1，再按图5-10所示操作。

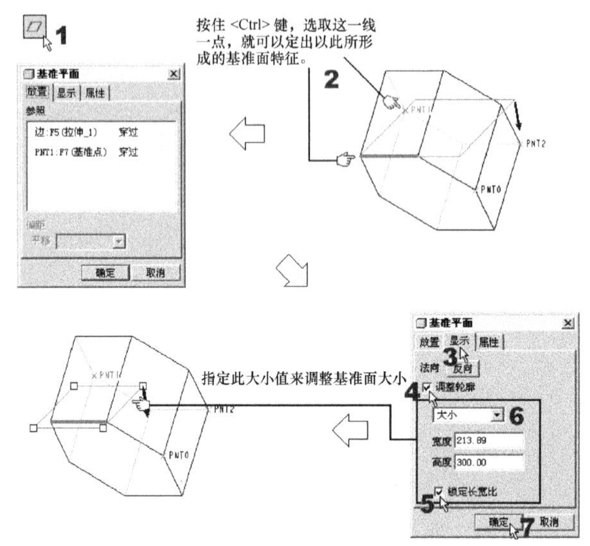

图 5-10 以过一条直线和直线外任意一点来设置基准面特征

(3) 过一点垂直于一条直线(视频文件：Datum_plane_03 .avi)。

请如图5-11所示操作。

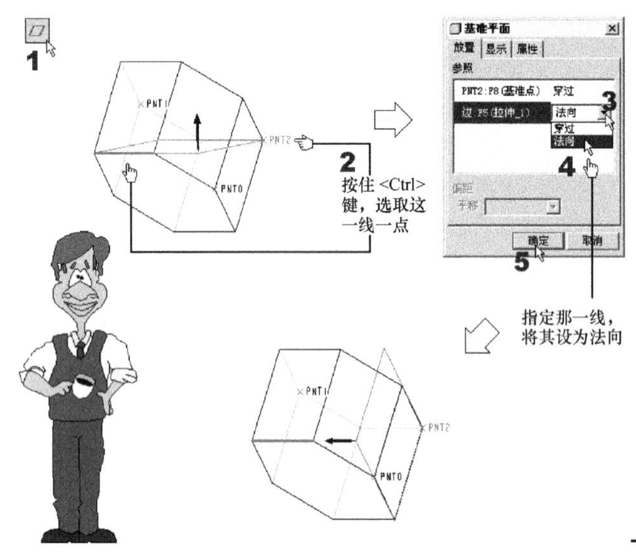

图 5-11 以过一点垂直于一条直线来设置基准面特征

(4) 过共平面的两条直线(视频文件：Datum_plane_04 .avi)。
请如图 5-12 所示操作。

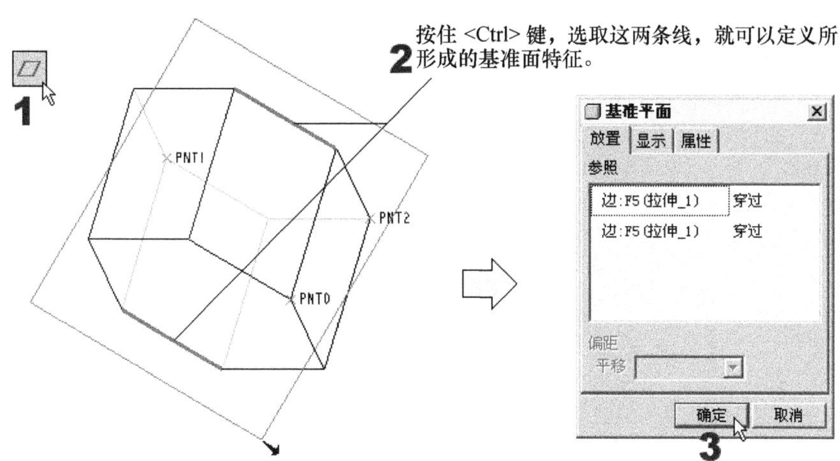

图 5-12　以过共平面的两条直线来设置基准面特征

(5) 过一条直线垂直于一平面(视频文件：Datum_plane_05 .avi)。
请如图 5-13 所示操作。

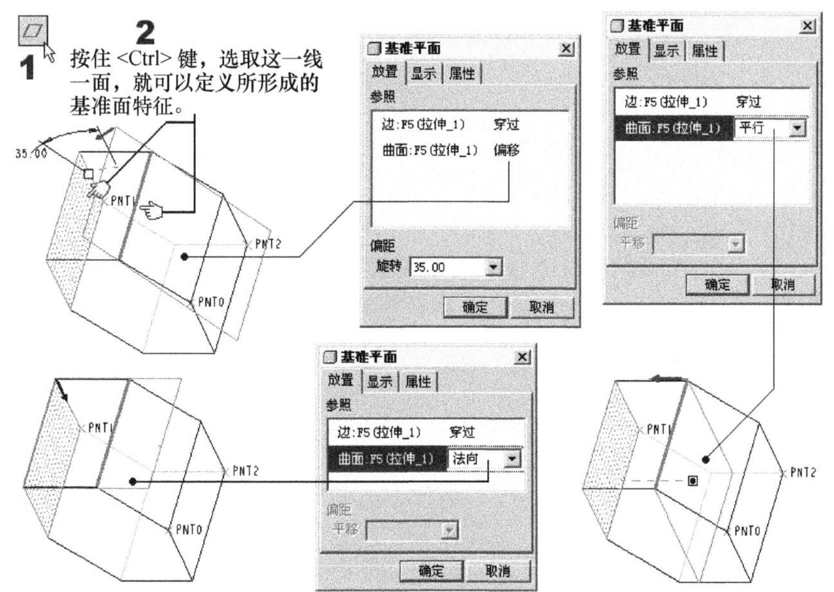

图 5-13　以过一条直线垂直于一平面来设置基准面特征

(6) 过一条直线平行于一平面(前提是直线与平面要平行)。
请按图 5-13 中的平行设置操作。

(7) 过一点平行于一平面(视频文件：Datum_plane_07 .avi)。
请如图 5-14 所示操作。

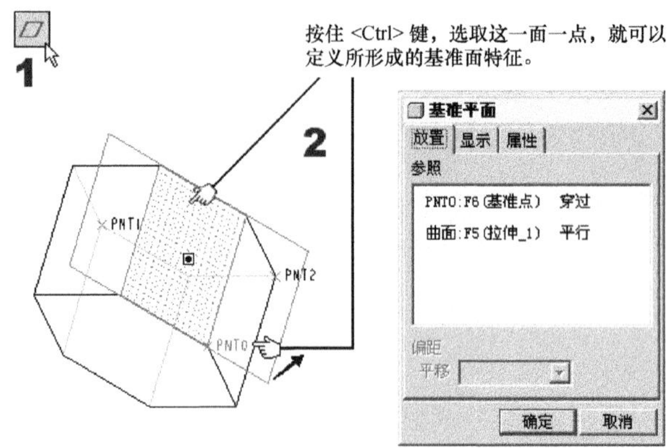

图 5-14　以过一点平行于一平面来设置基准面特征

(8)　过一点与一柱面相切(视频文件：Datum_plane_08 .avi)。
请如图 5-15 所示操作。

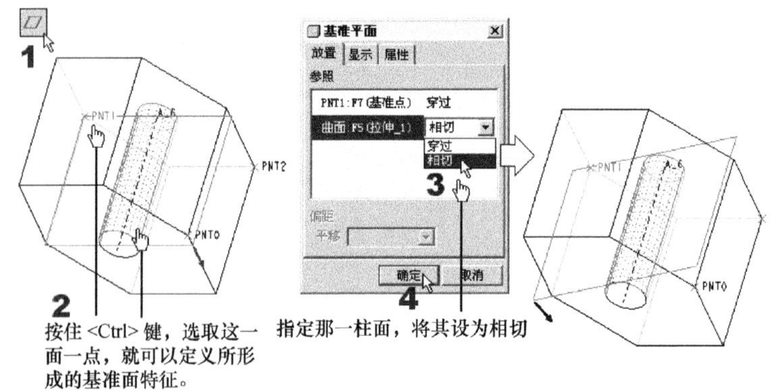

图 5-15　以过一点与一柱面相切来设置基准面特征

(9)　过一直线与一柱面相切(视频文件：Datum_plane_09 .avi)。
请如图 5-16 所示操作。

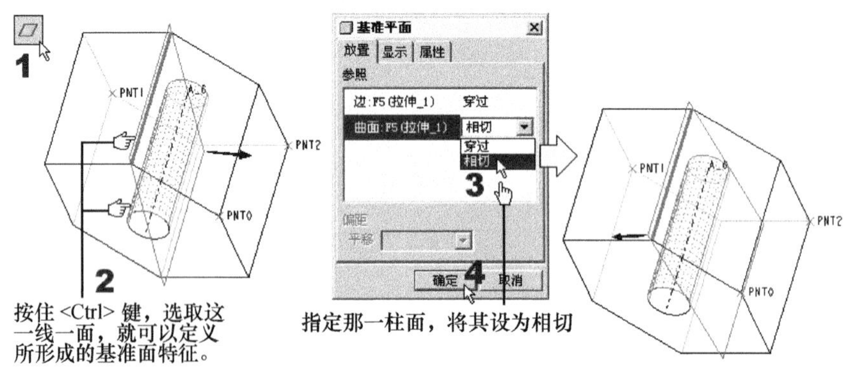

图 5-16　以过一直线与一柱面相切来设置基准面特征

(10) 与一平面偏移一个距离(视频文件：Datum_plane_10 .avi)。

请如图 5-17 所示操作。

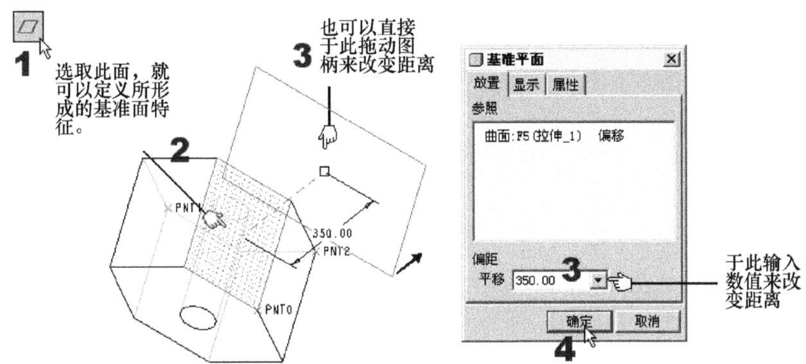

图 5-17　以与一平面偏移一个距离来设置基准面特征

(11) 与一坐标系的一个方向偏移一个距离(视频文件：Datum_plane_11 .avi)。
请如图 5-18 所示操作。

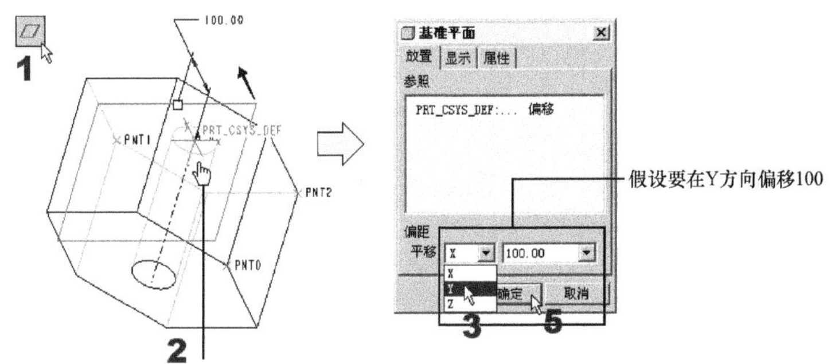

图 5-18　以与一坐标系的一个方向偏移一个距离来设置基准面特征

(12) 过一直线与一平面呈一个角度(视频文件：Datum_plane_12 .avi)。
请如图 5-19 所示操作。

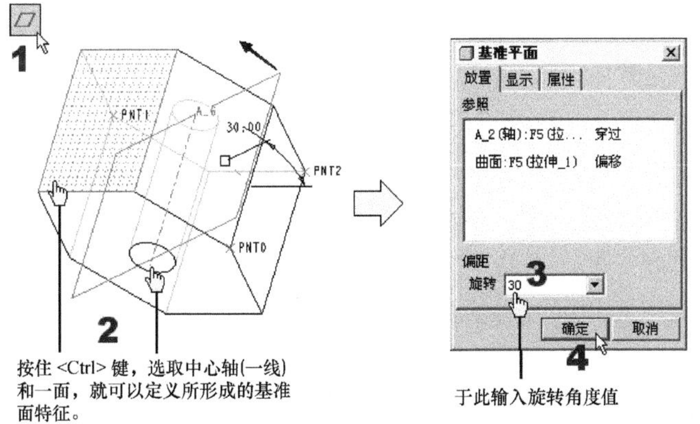

图 5-19　以过一直线与一平面呈一个角度来设置基准面特征

信息补充站　　选取基准面的方法

在以后的操作中，有很多时候都会需要选取基准面。当有此需要时，请以下述的方法选取。

① 直接选取基准面的边缘。

② 选取图面上的基准面名称。

③ 从模型树窗口区中选取基准面名称。

5.3.2 基准轴

基准轴(Datum Axis)用来作为创建特征时的参照，尤其是协助基准面和基准点的创建、尺寸标注参照、圆柱、圆孔及旋转特征的中心线的创建、阵列复制和旋转复制等操作时用的旋转轴等。

创建基准轴时要先了解“基准轴”对话框。请按图 5-20 来调用。

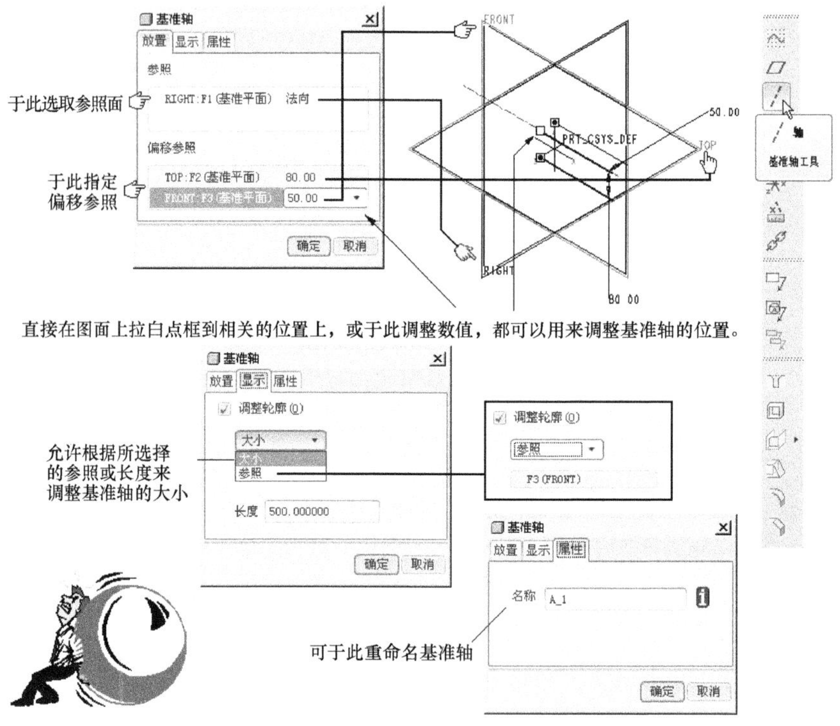

图 5-20　“基准轴”对话框的设置内容

同基准平面的操作原理，当选择其几何约束条件时，可以指定相关的平面、边、点等及相应的数值，然后就会生成所需的基准轴。由黄色中心线表示，其编号为 A_1、A_2、A_3… 我们将通过以下常用的几种方法来创建基准轴(即生成基准轴的几何约束条件)。

(1) 通过边(Thru Edge)：让轴线通过指定的某条边。

(2) 垂直于平面(Normal Plan)：让轴线垂直于指定平面，且通过该平面指定的某位置上。

(3) 通过点并垂直于平面(Pnt Norm Plan)：让轴线通过指定的某个点，且垂直于指定的某平面。

(4) 圆柱面中心线(Thru Cyl)：让轴线通过指定圆柱体的中心线。

(5) 两个平面交线(Two Planes)：让轴线通过两个指定平面的交线。

(6) 通过两个点(Two Pnt/Vtx)：让轴线通过两个指定的点。

(7) 与弧线相切(Tan Curve)：让轴线通过指定曲线的端点，且在该点与曲线相切。

实例操作

本范例目的：我们准备以一个范例来一次练习上述的七种基准轴的设置，完成图如图 5-21 所示。通过上一节的练习后，相信您只要有设置结果提示，就能知道该设基准轴的设置类型。

本范例练习文件名：Datum_axis.prt。

本范例完成文件名：datum_axis_finish.prt。

本范例视频文件：(1)avi(gb)\ch05\Datum_axis.avi。

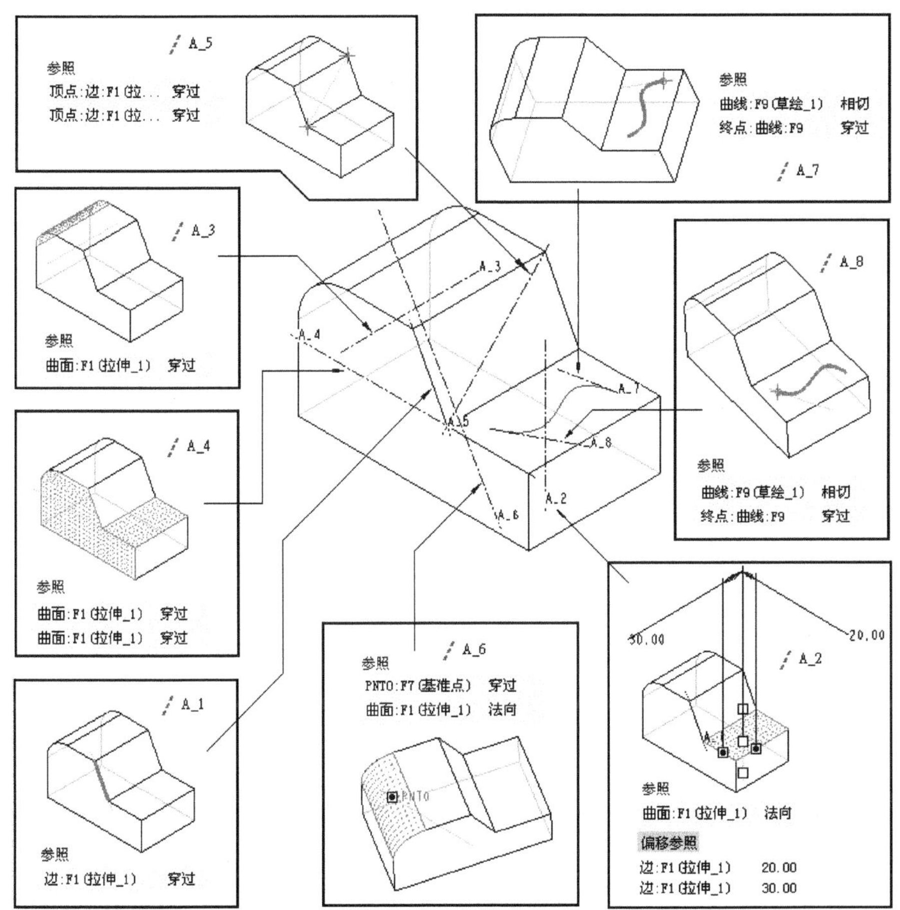

图 5-21 基准轴的综合范例

本范例的练习文件也是完成文件。如图 5-22 所示，读者也可以直接在该图形文件的模型树区中，在某基准轴的名称上右击，选择“编辑定义”选项，即可知道该基准轴的设置。

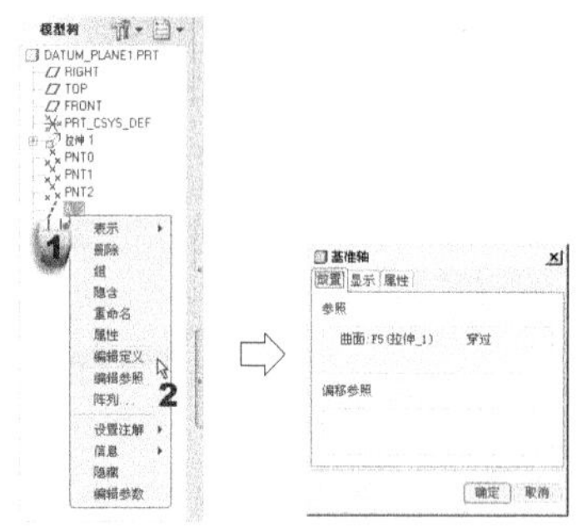

图 5-22　基准轴的编辑定义操作

5.3.3　基准点

基准点(Datum Point)可用来作为创建坐标系、基准面、基准轴和以曲线的参照物、倒圆角半径的控制点、管(Pipe)特征的创建点、有限元分析的施力点、模流分析的浇口(Gate)位置、在计算几何公差时指定附加基准目标的位置等。基准点的默认显示样式为“×”(Cross)，名称则由 PNT0 开始编号。

Pro/E 有以下三种基准点特征工具。

1. 基准点工具

创建位于图形上、图形交集处，或图形偏移处的基准点。请按图 5-23 来调用。

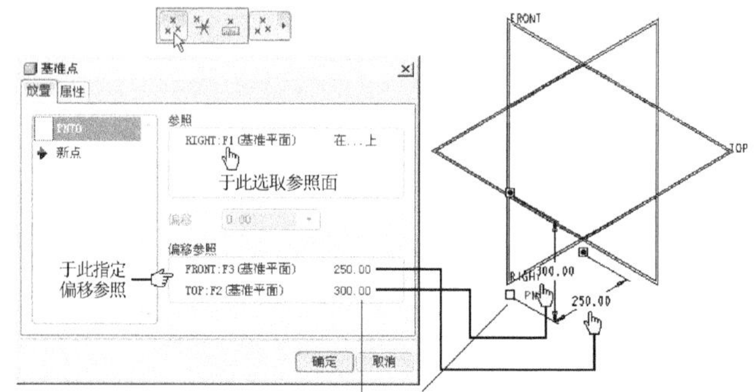

当指定参照面为点的基准时

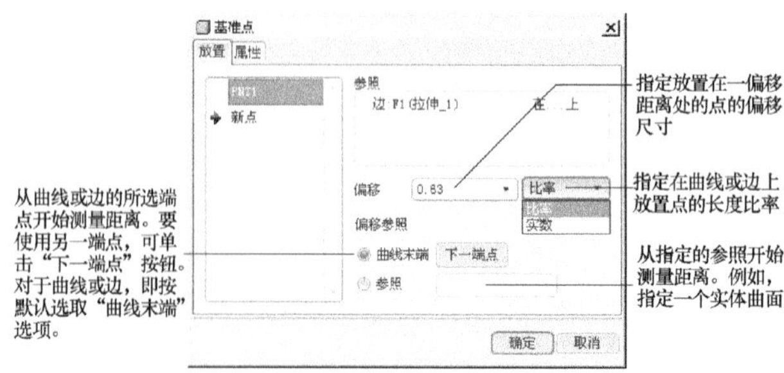

当在曲线、边或基准轴上创建基准点时

图 5-23　“基准点”对话框的设置内容

2. 偏移坐标系基准点工具

通过从所选的坐标系偏移来创建的基准点。请按图 5-24 来调用。

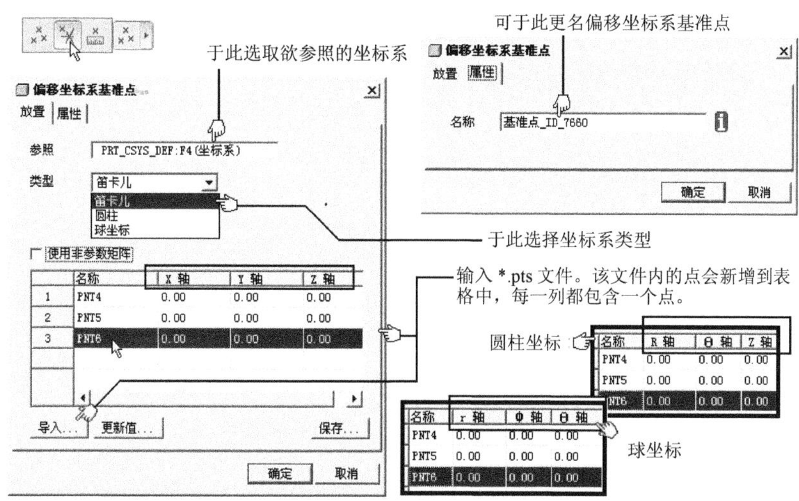

图 5-24 “偏移坐标系基准点”对话框的设置内容

3. 域基准点工具

域基准点又称“域点”(Field Point)。它是用来与用户定义分析(UDA)一起使用的基准点。域基准点将用来定义一个您所选取的栏、曲线、边、曲面或面组。由于域基准点属于整个域，所以它不需要标注。要改变域基准点的域，就必须编辑特征的定义。域基准点在零件中的名称为 FPNT#，而在组件中的名称为 AFPNT#。请按图 5-25 来调用。

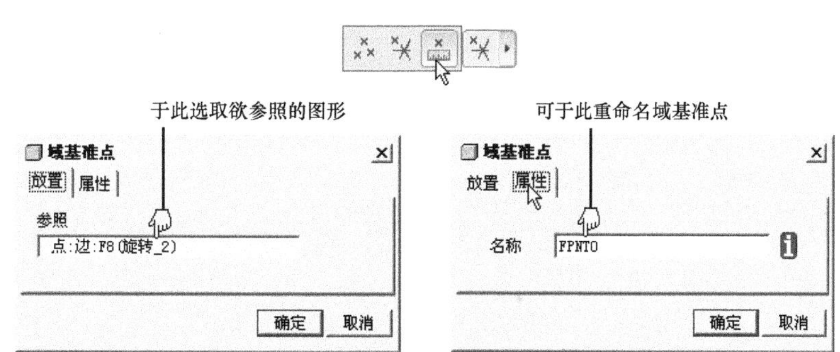

图 5-25 “域基准点”对话框的设置内容

注 意

我们可以将域点仅用来当作用户定义分析所需的特征参照，而不要将它当作规则建模的参照。

我们将通过以下常用的几种方法来创建基准点(即生成基准点的几何约束条件)。

(1) 将基准点创建在指定的某个平面或曲面上。

(2) 将基准点创建在与指定面垂直方向并偏移某段距离的平面或曲面上。

(3) 将基准点创建在一条曲线与一个平面或曲面的交点上。
(4) 将基准点创建在一条曲线或边线的端点上。
(5) 将基准点创建在对坐标系所指定的(x，y，z)点上。
(6) 将基准点创建在三个面的交点上。
(7) 将基准点创建在某个圆或圆弧的圆心上。
(8) 将基准点创建在线与线的交点上。
(9) 将基准点由某一指定点再偏移出一段距离。
(10) 创建域点(Field Point)。
(11) 草绘基准点。
(12) 一次创建多个基准点。

实例操作

本范例目的：练习上述的 12 种基准点的设置。
本范例练习文件名：Datum_point1.prt.1。
本范例完成文件名：Datum_point2.prt.1。
本范例视频文件：(1)avi(gb)\ch05\Datum_point_01.avi～Datum_point_11.avi。
本范例完成图如图 5-26 所示。

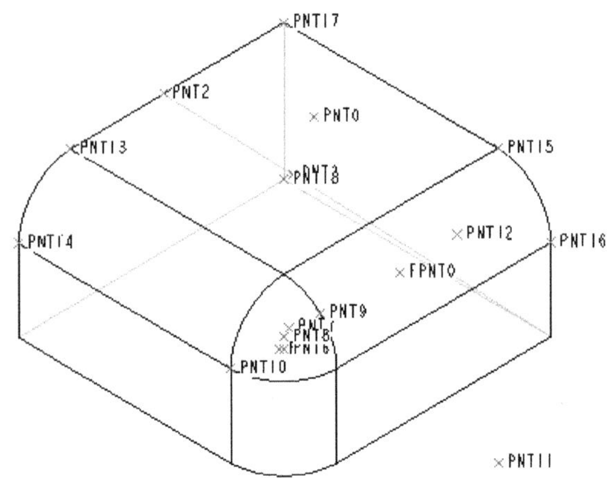

图 5-26　本范例完成图

(1) 将基准点创建在指定的某个平面或曲面上。本范例视频文件：(1)avi(gb)\ch05\Datum_point_01.avi，操作图例如图 5-27 所示。

(2) 将基准点创建在与指定面垂直方向并偏移某段距离的平面或曲面上。本范例视频文件：(1)avi(gb)\ch05\Datum_point_02.avi，操作图例如图 5-28 所示。

(3) 将基准点创建在一条曲线(或直线)与一个平面或曲面的交点上。临时使用“曲线”命令画一条直线，再按图 5-29 操作。本范例视频文件：(1)avi(gb)\ch05\Datum_point_03.avi。

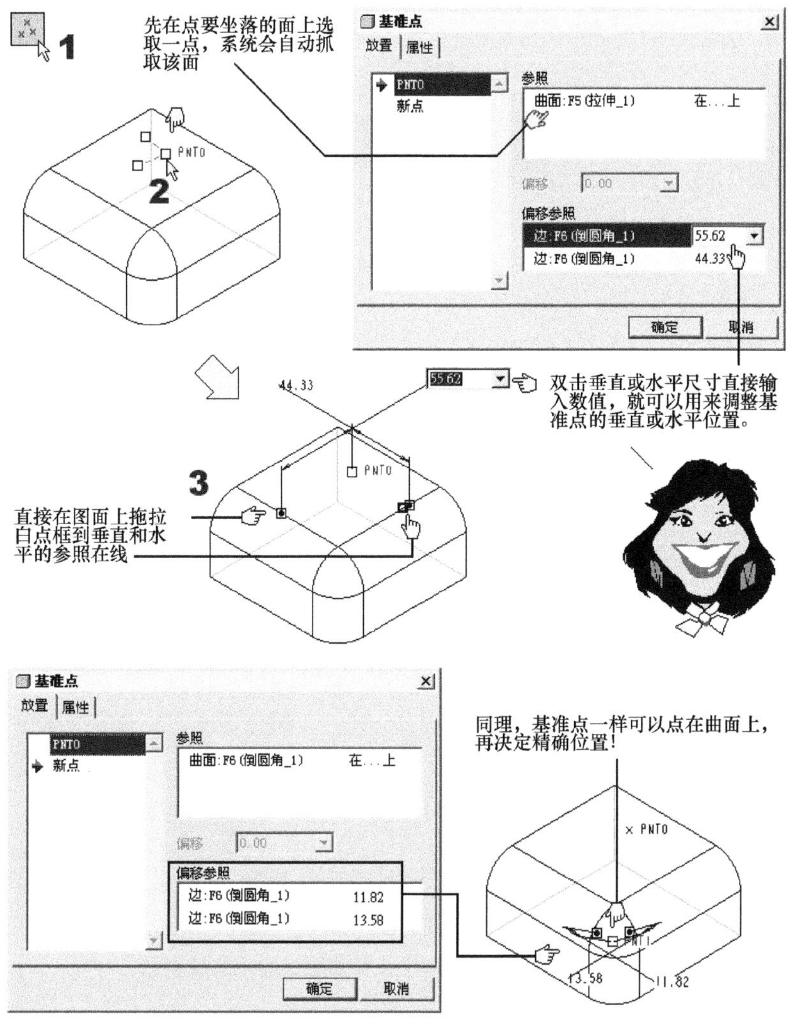

图 5-27　将基准点创建在指定的某个平面或曲面上

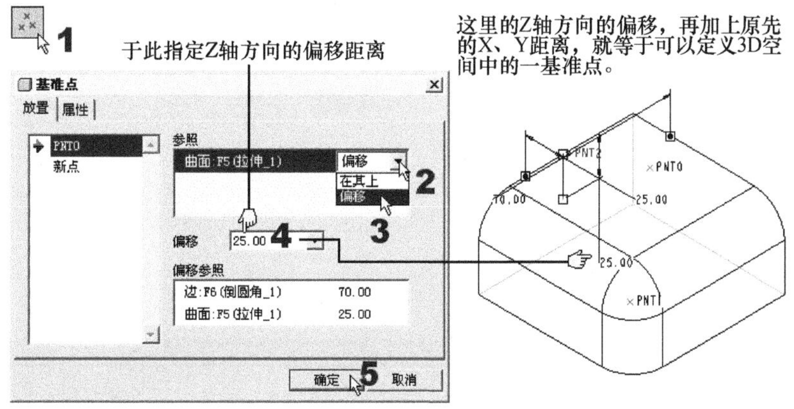

图 5-28　将基准点建在与指定面垂直方向并偏移某段距离的平面或曲面上

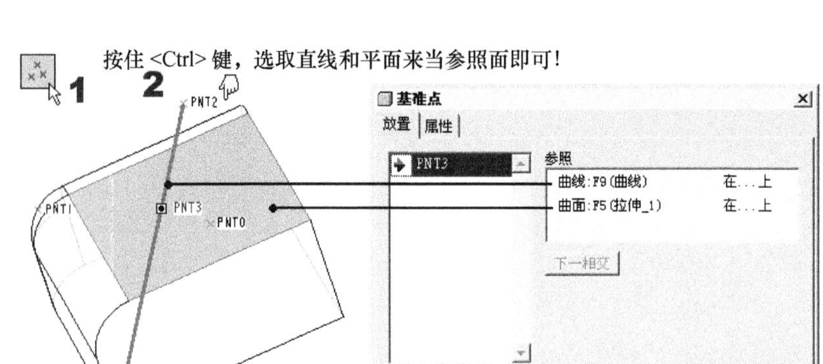

图 5-29　将基准点创建在一条直线与一个平面的交点上

(4) 将基准点创建在一条曲线或边线的端点上。本范例视频文件：(1)avi(gb)\ch05\Datum_point_04.avi，操作图例如图 5-30 所示。

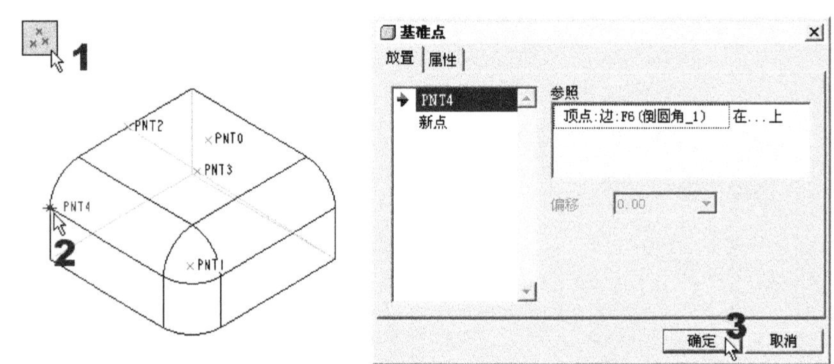

图 5-30　将基准点创建在一条曲线或边线的端点上

(5) 将基准点创建在对坐标系所指定的(x，y，z)点上。本范例视频文件：(1)avi(gb)\ch05\Datum_point_05.avi，操作图例如图 5-31 所示。

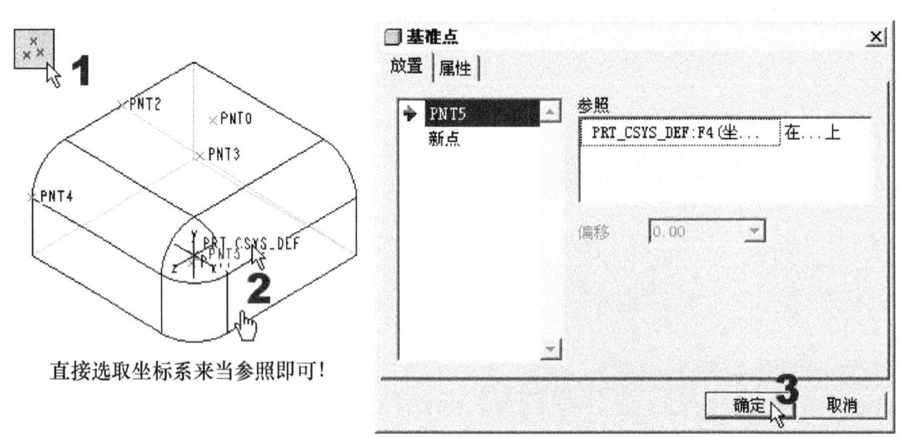

图 5-31　将基准点创建在对坐标系所指定的(x，y，z)点上

如果要从坐标系的原点进行偏移，则可以使用偏移坐标系基准点工具。如图 5-32 所示。

本范例视频文件：(1)avi(gb)\ch05\Offset_Coordinate_System.avi，操作图例如图 5-31 所示。

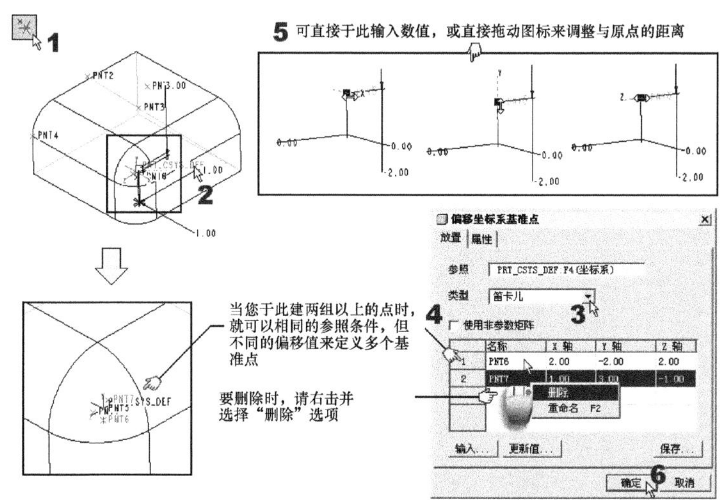

图 5-32　使用偏移坐标系基准点工具来创建基准点

信息补充站　　**坐标系是什么？**

坐标系也是一种可以增加到零件和组件中的参照特征，但是很多初学者无法掌握它的重点，经常来邮件问我们为什么 Pro/E 中没有自我旋转的命令？Pro/E 是一套以 3D 架构为基础的软件，它建构立体图的环境就是 3D 的，既然是 3D，就可以面对所有的方向，而控制这个方向的，就是实体所在的坐标系，所以它根本不需要像 AutoCAD 这类的 2D 软件，需要有一个旋转(Rotate)命令来处理方向问题。然而，这却是初学者最不了解，经常忽略的元素和概念。我们先在此介绍一下概念，在本章稍后，将以实例方式来彻底了解此问题！

坐标系的主要用途如下所述。

① 对大多数的立体建模作业，可用坐标系统来当作方向参照。

② 计算质量属性。

③ 组装组件。

④ 为“有限元分析”(FEA) 放置约束。

⑤ 为刀具轨迹提供制造操作参照。

⑥ 用于定位其他特征的参照(基准点、平面、输入的几何等)。

在 Pro/E 中，将提供如图 5-33 所示的三种坐标系。

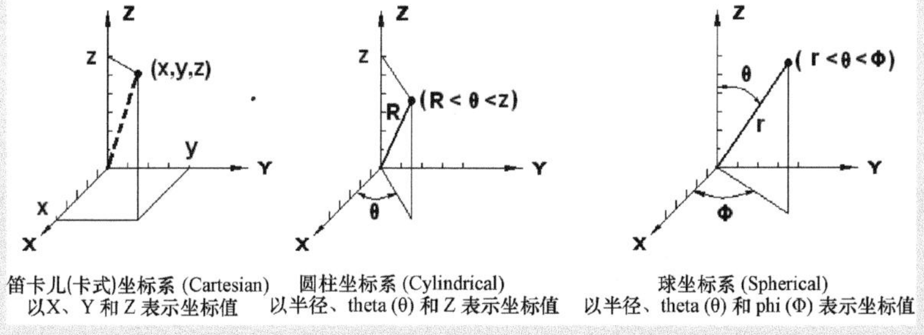

图 5-33　Pro/E 的三种坐标系

当您打开坐标系开关时，如图 5-34 所示，默认的坐标系将显示出来，根据图标上的文字指示，就可以知道其方向。

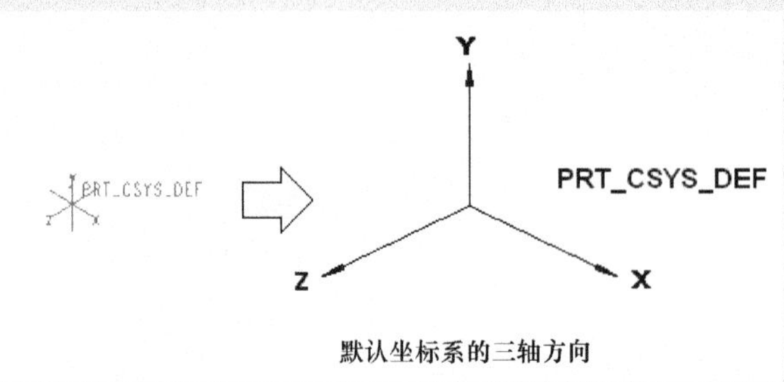

图 5-34　Pro/E 所显示的默认坐标系图标

当然，也可以创建自定义坐标系，本章最后一节将会练习。

(6) 将基准点创建在三个面的交点上。这个面可以是基准面，也可以是一般的平面或曲面。本例以基准面为主来做示范，如图 5-35 所示。本范例视频文件：(1)avi(gb)\ch05\Datum_point_06.avi。

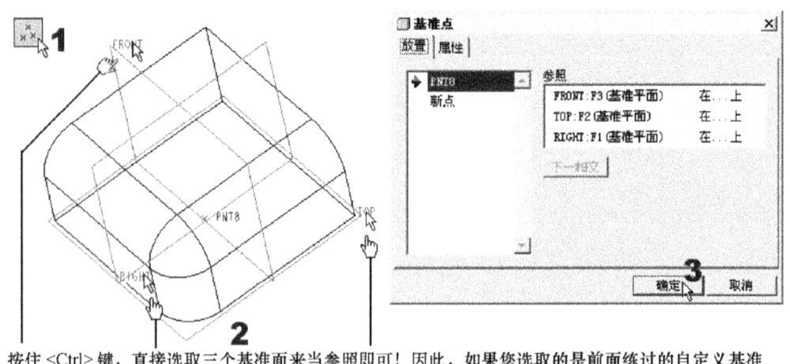

图 5-35　将基准点创建在三个面的交点上

(7) 将基准点创建在某个圆或圆弧的圆心上。本范例视频文件：(1)avi(gb)\ch05\Datum_point_07.avi，操作图例如图 5-36 所示。

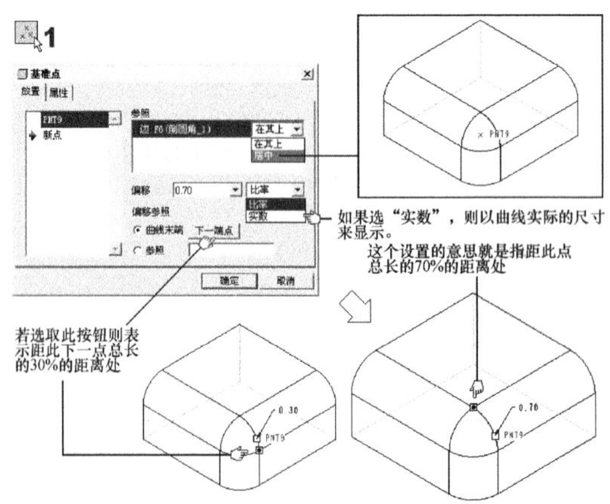

图 5-36　将基准点创建在某个圆或圆弧的圆心上

将基准点创建在一条曲线上，还有“基准点沿曲线移动，且到一个平面的距离”的情况，如图 5-37 所示。

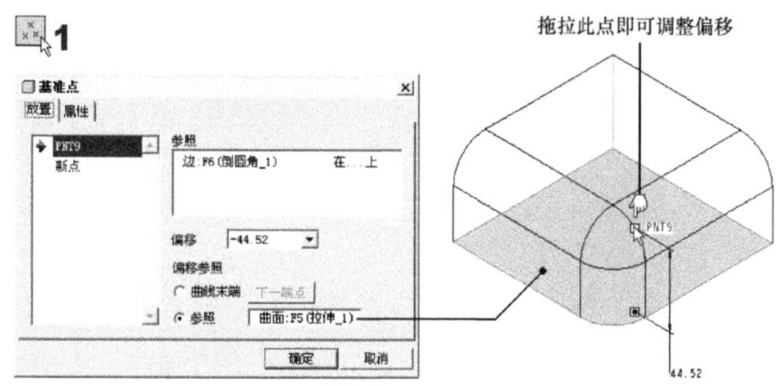

图 5-37　以点到一个平面的距离，来将基准点创建在一条曲线上

(8) 将基准点创建在线与线的交点上。本范例视频文件：(1)avi(gb)\ch05\Datum_point_08.avi，操作图例如图 5-38 所示。

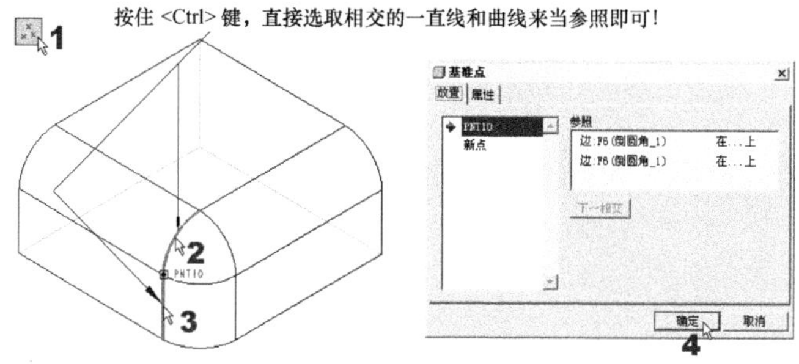

图 5-38　将基准点创建在线与线的交点上

注 意

- 两条曲线必须相交，否则交点可能不正确。
- 如果有两个以上的交点，则请单击“下一相交”按钮进行切换。

(9) 将基准点由指定的某一点和平面，再偏移出一段距离。本范例视频文件：(1)avi(gb)\ch05\Datum_point_09.avi，操作图例如图 5-39 所示。

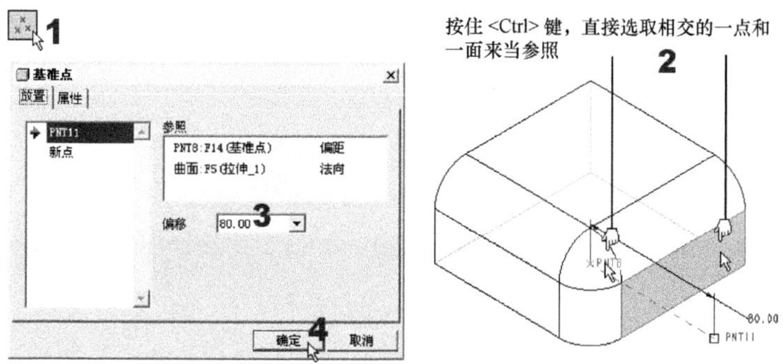

图 5-39　将基准点由指定的某一点和平面，再偏移出一段距离

(10) 创建“域基准点”。当需要在某一曲面或某一指定区域上指定一个不定基准点，以做更进一步的分析时，就会有必要在这个区域上，创建域基准点。如图 5-40 所示。本范例视频文件：(1)avi(gb)\ch05\Datum_point_10.avi。

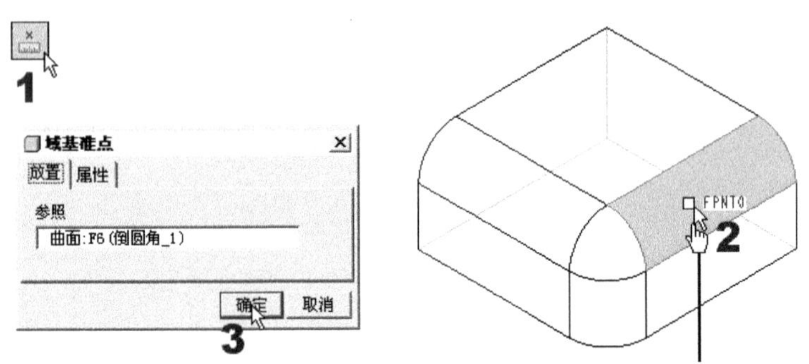

图 5-40 使用“域基准点”工具来创建域点

(11) 一次创建多个基准点。在创建模型时，有时需要一次创建多个基准点，Pro/E 提供了一次创建多个基准点的方法，从而省去了每一次都要单击基准点图标。具体的方法是：创建了一个基准点之后，不要单击“确定”按钮退出，如图 5-41 所示。本范例视频文件：(1)avi(gb)\ch05\Datum_point_11.avi。

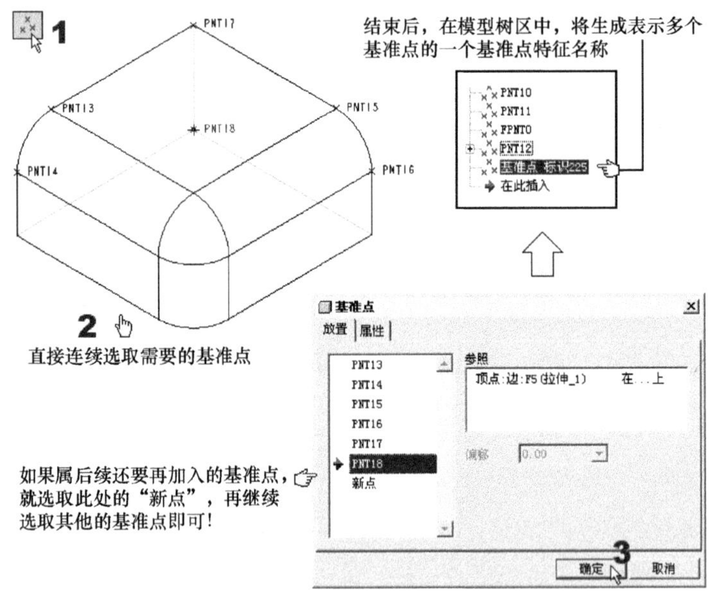

图 5-41 一次创建多个基准点的操作

注 意

在模型树中，选择将指定的一群基准点特征聚为一个“组”，也是一个办法！详细操作请见本范例视频文件。这也是一种单纯用来简化模型树区中，出现众多特征时的一种方法。

5.4 草绘平面、参照面和定向基础

前面我们已完成本章的第一个主题，在前面的章节中，您要将 Pro/E 中所有可以当作特征基准的图素都搞清楚。而在从本节开始的第二个主题中，我们要端正的则是草绘参照面的操作概念。不端正这个概念，将在未来的建模操作中备极艰辛。

大家都知道：Pro/E 是靠着草绘出物体的轮廓(剖面)来伸出实体的，所以，前面练过的草绘，是最基本的操作之一。而草绘分有以下两种模式。

(1) 独立草绘模式。即第 4 章的方式。

(2) 特征命令模式。就是在运行某特征命令时，配合特征命令的运行来画草绘图。这部分才是设计实务中的重点战场。本节开始将为您详细说明这整个操作中所需的概念。

5.4.1 草绘平面的决定

在 Pro/E 特征草绘操作的开始，经常要操作者决定草绘所在的基准面。我们在本工作室提供的咨询网站中惊讶地发现：很多理工出身的学生，竟也搞不清楚要如何正确地确定这个基准面。所以，我们特别在此节针对这个概念来做一深入清楚的说明。

现在，如图 5-42 所示，我们运行“拉伸”这个特征命令。一开始，我们就要开始草绘轮廓，才能拉伸。而这类的命令都会在选项板处设计一个草绘界面。

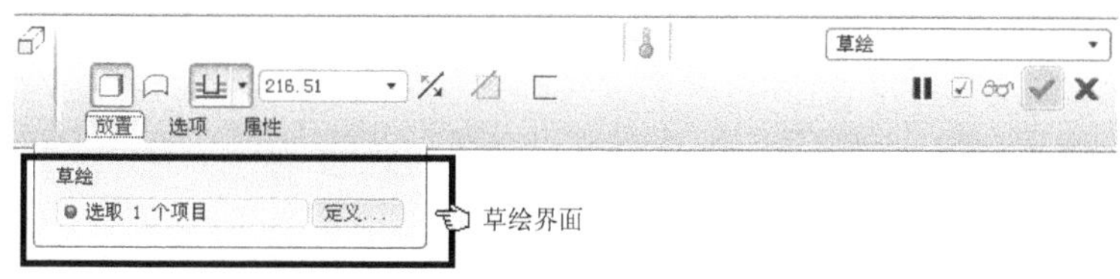

图 5-42 特征命令中的草绘界面

在草绘之初，就会出现一个如图 5-43 所示的“草绘”对话框，要您告诉系统三个数据：草绘平面、草绘参照面和定向(即方向)。这个窗口也就是本节的主角。

图 5-43 “草绘”对话框

草绘平面就是我们希望草绘要画到哪一个面中。这个面可以是默认的三个基准面之一；可以是现有实体的面；也可以是本章前面学过的自定义基准面。假设我们要将草绘图画在默认的基准面上，其关系图如图 5-44 所示(本例提供(1)Examples\ch05\reference_orientation.sec 文件给您使用)。

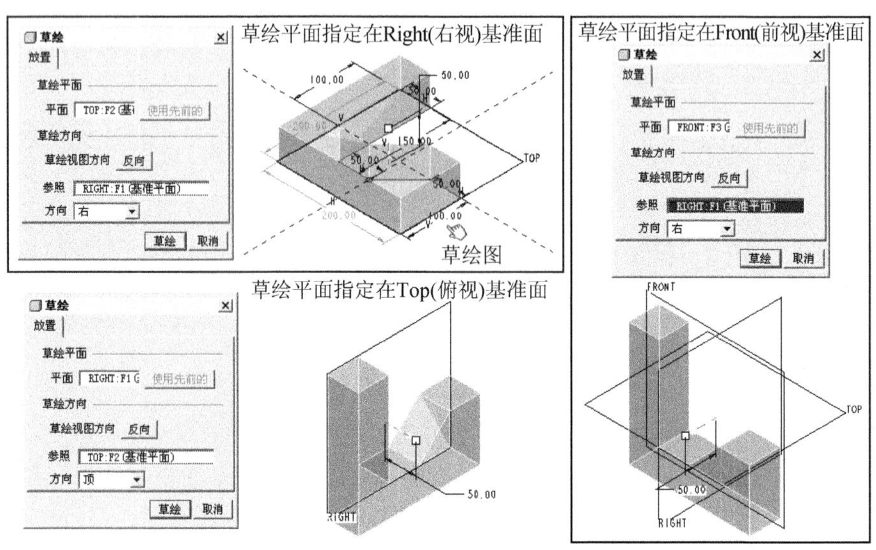

图 5-44　草绘平面和完成图间的关系

从图 5-44 左下的第一个图中，我们可以看出：我们将草绘平面指定在 Top(俯视)基准面时，草绘就会画在这个面上，然后完成草绘并再生顺利后，“拉伸”特征命令就可以再将该草绘图往上(或指定的方向)拉伸出一个指定的厚度。原理就这个简单，相信您很快就明白。这样，我们就可以通过指定合适的基准面来放草绘图就对了！由于默认的基准面都是彼此间都是垂直的，如果不适合，那就自定义一个，可以自行设置出任意角度的基准面，所以也就可以在空间中建构出任意角度的实体。

5.4.2　草绘参照面和方向的决定

在图 5-44 中，当指定了草绘平面后，在草绘参照面和定向部分，就会自动给一个默认的基准面和方向。对早期的 Pro/E 2001 版本来说，当草绘面是 Front 时，默认的参照面是 Top，定向也是 Top，其坐标系为：X 向右为正，Y 向上为正；后来 Pro/E Wildfire 出来后就改了，当草绘面是 Front 时，默认的参照面是 Right，定向也是 Right，其坐标系也是：X 向右为正，Y 向上为正。当我们在菜单中选取草绘参照面时，其“默认(default)”选项指的就是这个设置状态。

而比较麻烦的就是在这里对草绘参照面和定向部分的操作概念，因为我们不一定使用默认值。所以，要清楚它的概念。因为一样的草绘轮廓，指定不同的方向，绘出实体的方向也不同。Pro/E 根据基本图学的立体投影原理，设计出这个功能，让世界各地已习惯不同投影法的用户，都可以使用这个设置功能，来将他们的实体图画在预期的方位上。首先，请按图 5-45 所示来将系统颜色更改为 2001 版所使用的颜色。

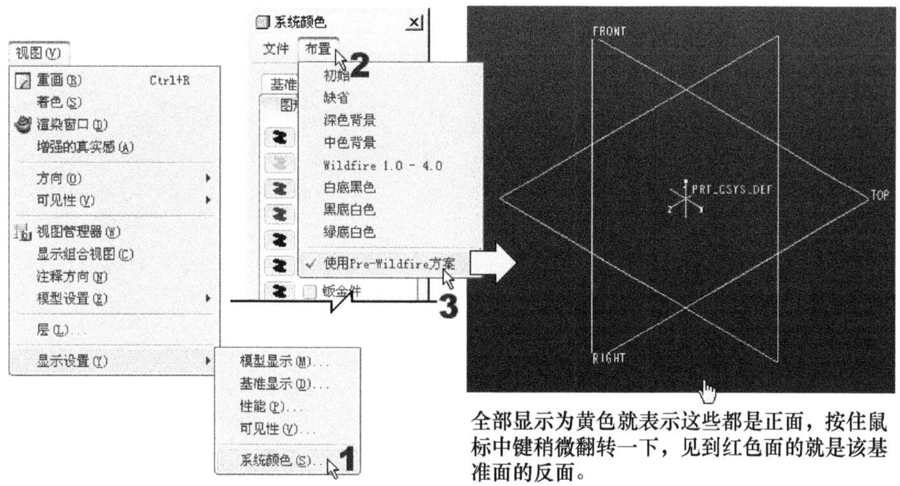

图 5-45 将系统颜色更改为 2001 版所使用的颜色

之所以改为此色系，就是要读者看清楚三个默认基准面在此色系下，有清楚的不同表现。这三个默认基准面的正面是黄色，翻转一下，就会发现反面为红色的。在默认状况下，当然使用的是以黄色为主的正面。而这正是草绘参照面和定向设置的关键依据，也是从 2001 版以前旧版本沿革下来的。

知道这个以后，我们就来解释颜色所代表的含义。现在，就以图 5-44 右侧直立框中的情况来说明。该例的草绘平面是 Front，参照面是 Right，定向是右。这意思就是说：草绘要画在 Front 平面上，但是因为该面有好多种方向，所以就指定要参照基准面 Right 这个面的正面(黄色)面向正右边时，当时的 Front 平面状态。请再参照图 5-46 所示的图例。

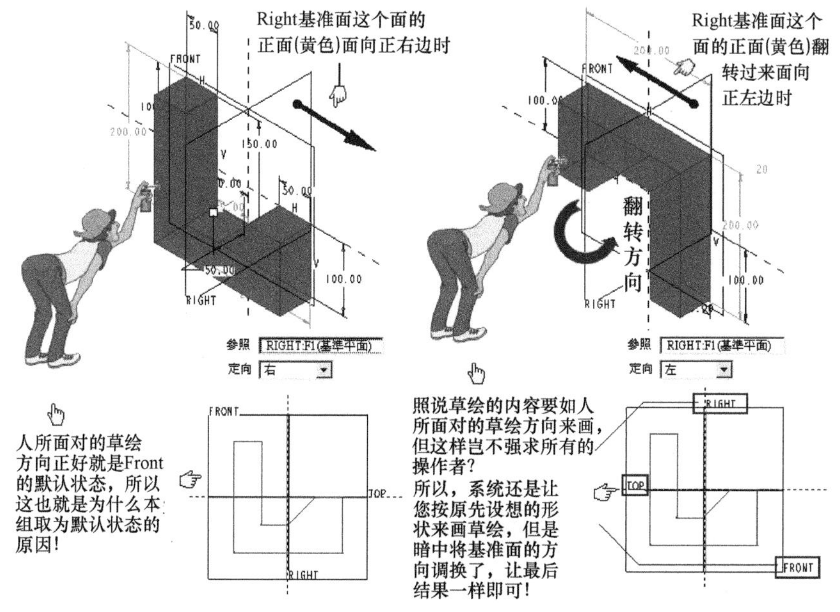

图 5-46 草绘参照面和定向示意图

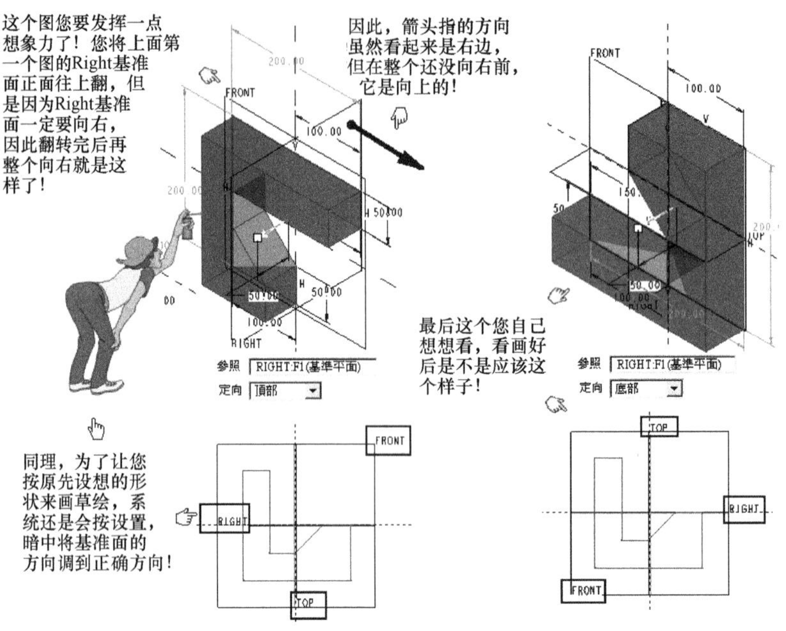

图 5-46　草绘参照面和定向示意图(续)

以上是针对以黄色面为正面的情况，在图 5-44 所示“草绘”对话框的中央还有一个“反向”按钮，单击此按钮后，所有的参照面和定向就变成以红色面为主了；换句话说，将图 5-46 的所有图都反向，就是其结果。

针对图 5-46 所描述的情况，您一定要专心下来，用心地想一下，理解原理比硬背重要，同时还可以用此检验您的 3D 理解力。要知道：即便只考虑默认情况，所有可能的情况就已经很复杂了，每一个草绘面都会有三种可能的参照面，每一种参照面又有四种定向。随便任选其中一个设置，就要能知道画出来的实体，头朝哪里？尾向何方？然后，这一切又还有正反两面，如果还要考虑参照面不是默认的垂直状态(即可以是任意的斜基准面)，其情况更复杂，因此请读者一定要理解而不是硬背。

不过，大家要知道，系统原理一样的 SolidWorks 为什么没有这类问题？这是因为 SolidWorks 没有设计这样的界面，它直接使用默认的设置来指定草绘面和参照面。因此，当您在图 5-43 的“草绘”对话框中回答第一个草绘平面时(SolidWorks 也要指定)，在下面的草绘参照方向是自动出现默认值的(SolidWorks 不需要这个，直接进入草绘)。换句话说，不管您清不清楚上面我们花了篇幅解释的原理，您只要按默认的草绘参照方向即可。

信息补充站　**草绘参照面和定向设置的影响**

学到这里，您一定会问：看起来，只要草绘平面确定正确，草绘参照和定向设置怎么设，其实都一样可以将图画出来吧！只是实体的方向，不一定是您希望的而已。

没错！确是如此，因为在零件组装的时候，我们都有很多的操作方法，可以将零件的方向或对齐面导正到我们希望的方向上。因此，有很多书也建议大家在画草绘时，在草绘参照和定向的设置上，尽量按默认值，就是这个道理。

所以，对前面的原理和图例陈述，真懂和假懂对实际的操作影响都不大；但是真懂的人，就会在 3D 的概念上就要比一般人强，往 3D 设计这条路发展是不错的人才！

5.5 特征草绘模式的重要技巧

进入特征的草绘模式后，还有一些重要的技巧应用，是第 4 章中所没有谈到或没有合适场合可应用的，这些都要在本节中列出。

5.5.1 参照设置

决定了草绘面后，将进入草绘模式。进入时，系统将出现要您选择草绘基准的参照面或参照线。这部分是第 4 章谈的独立草绘模式所没有的。很多人因为忽略了这部分的设置，而导致草绘的不成功。

首先您要了解：如果不先创建合适的参照线或参照面，那么草绘出来的线条就会失去尺寸基准，因为“目的管理器”会自动抓这些基准或基准线来标注尺寸，并让您做尺寸约束方面的设置。所以，只要您希望草绘的时候可以抓住准确的基准，那就必须设置参照。参照的应用练习在后续的章节中，我们都会陆续练到。

信息补充站　特征中的草绘为何需要参照面(线、点)?

由于独立草绘模式只是表现一个单纯的轮廓，所以它可以使用中心线和建造线来当作基准。到了特征草绘时，情况已经变得更为复杂，因为实体是可以像积木那样堆积合并的，所以特征经常也是累积的。当每一个特征都包含各自的草绘时，如果没有一个参照(可以是点、线、面等图素)来当作对齐基准，那么将因为生成误差，而无法创建精准的实体合并或实体切割。

也就是因为更多的条件和考虑因素加入，而使得草绘问题出现的更多，很多初学者不知为何出错，找不到原因；甚至突然解决了也不知何故。本书按部就班地练习，将尽量为您解决此问题！

当您定义过参照后，随时还可以如图 5-47 所示的选取菜单选项，来加减参照的内容：

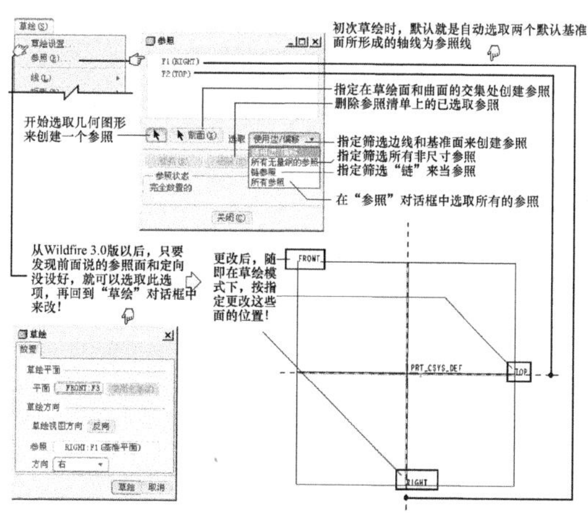

图 5-47　进入草绘模式后的参照设置

5.5.2 “描边”工具

前面谈到：实体特征可以是像积木那样累积叠加的，且每一个特征都可能包含各自的草绘。为了方便实体的合并或切割，就需要参照来当作对齐基准。尽管我们尚未没正式讲到特征命令，但在本节的实作范例中，就设计运行最常用的“拉伸”命令，将草绘和上一节的参照连起来，然后再来突显“描边”工具的实用性。

本范例配合文件：(1)Examples\ch04\12.sec。

本范例完成文件：(1)Examples\ch05\Edge_Tools.prt。

本范例视频文件：(1)avi(gb)\ch05\Edge_Tools01.avi、Edge_Tools02.avi。

本范例完成图如图 5-48 所示。

图 5-48 本范例完成图

操作 1：请先如图 5-49 所示，运行“拉伸”命令，并以默认状态进入草绘模式环境中。因为物体是平放在地面上的，所以我们选“Top”(上视)为草绘所在的平面。本段操作的视频文件为 Edge_Tools01.avi(本节所练习的功能，新旧版功能几乎都一样，因此图例沿用旧版，但视频文件为 Wildfire 5.0 版的画面)。

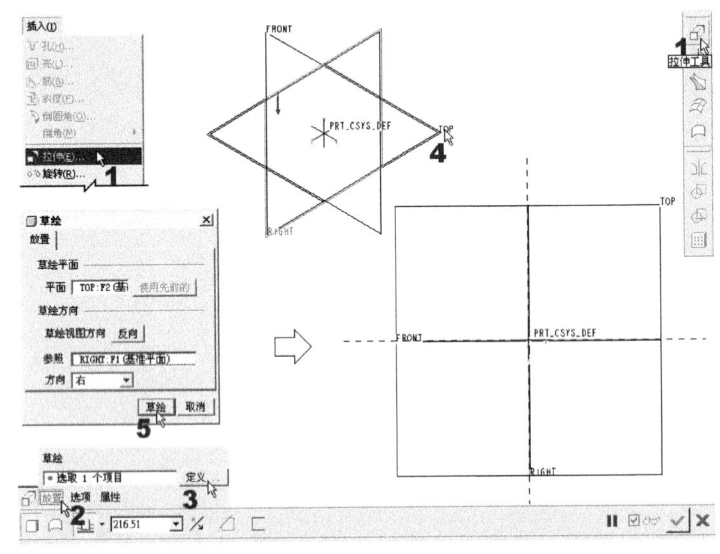

图 5-49 运行“拉伸”命令并进入默认的草绘模式

操作 2：初次进入后，我们采用默认的参照，并开始使用第 4 章练过的技巧来画草绘。但是在此，我们要练习于此输入第 4 章所生成的独立草绘文件。您将发现输入的操作和我们第 4 章练过的“调色板”块图形输入操作差不多。请如图 5-50 所示操作。

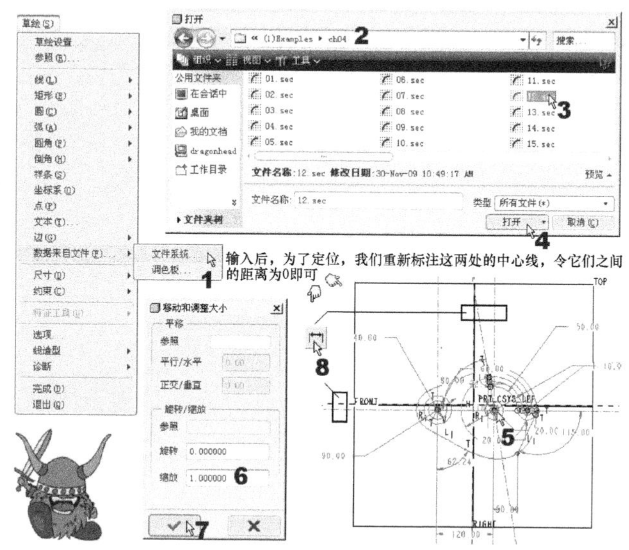

图 5-50　在特征命令中输入独立模式下的草绘文件

操作 3：因为这个草绘图画的是整个实体图的俯视图，但实体的创建是逐层叠加的，所以我们仅保留底层的轮廓，其余的则先删除。请如图 5-51 所示操作。

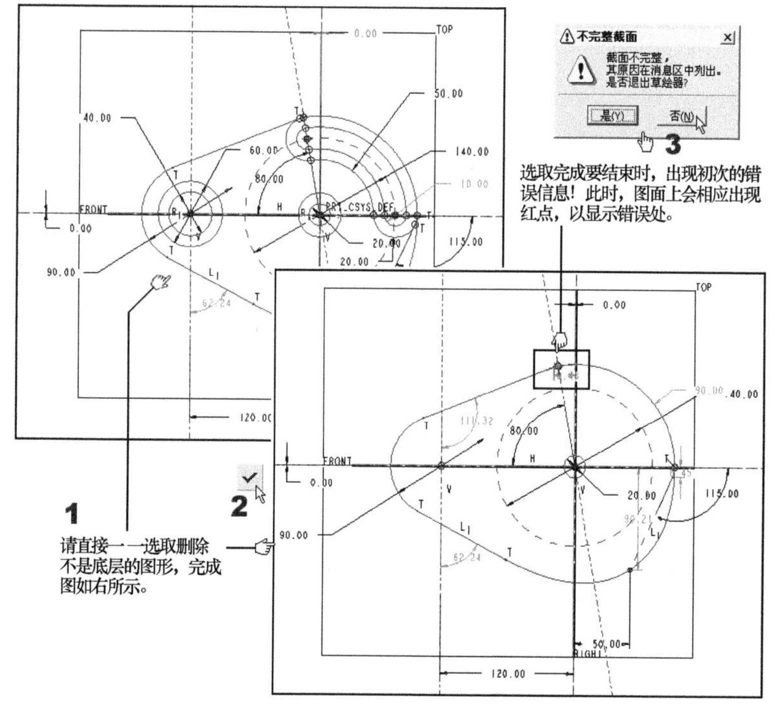

图 5-51　删除不需要的图形

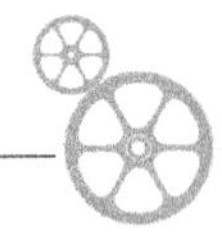

操作 4：放大该处后会发现断线，这是因为该处不能直接删除，要用裁剪，如图 5-52 所示。

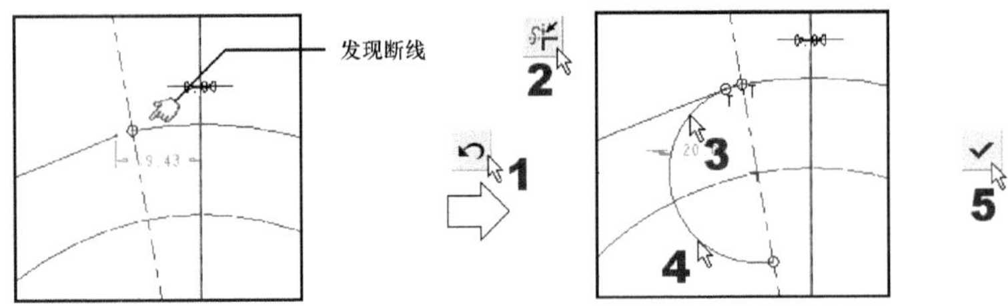

图 5-52 修正错误的操作

操作 5：如图 5-53 所示，完成底层实体的创建。

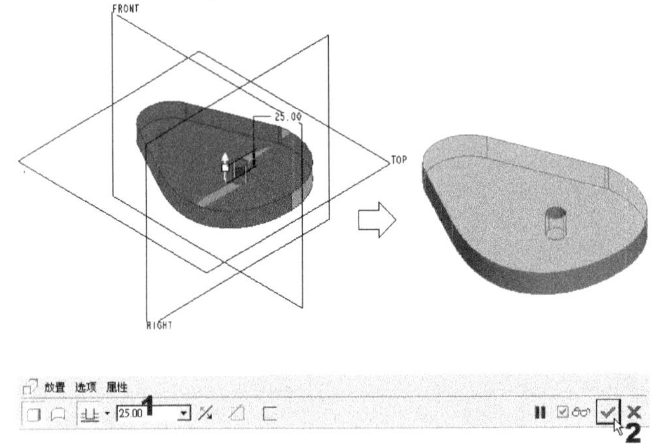

图 5-53 完成底层实体的创建

操作 6：请重复图 5-49 的操作，第二次运行“拉伸”命令，但是这次的草绘平面要如图 5-54 所示选取，表示草绘要画在该平面上，而不是之前的默认基准面。从本操作开始的视频文件为 Edge_Tools02.avi。

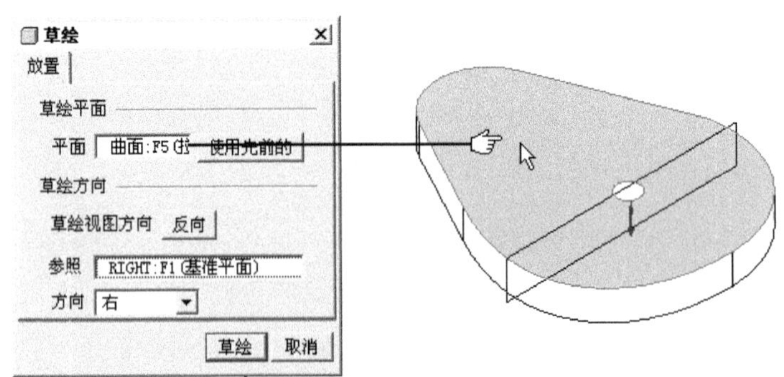

图 5-54 指定草绘平面

操作 7：再次进入草绘模式后，这次应该按图 5-55 的方式来指定参照线。这些参照线和后面要画的草绘图有很大的关系。

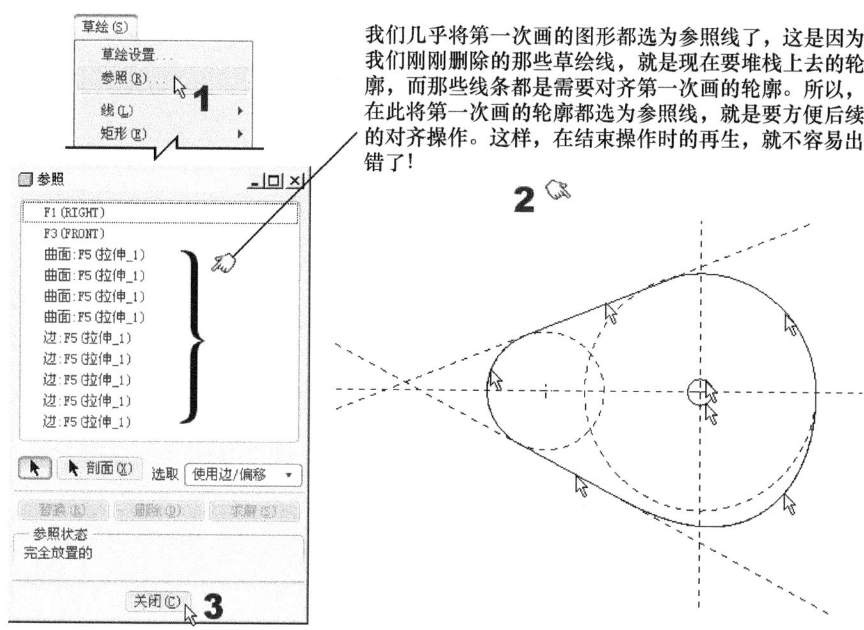

图 5-55　指定合适的参照线

操作 8：开始画第二层实体的草绘线。因为需要真正的对齐，所以最好不要再用输入的草图。在此，我们将用到“描边”工具来很快地对齐参照线。请按图 5-56 所示，直接按尺寸画上去。

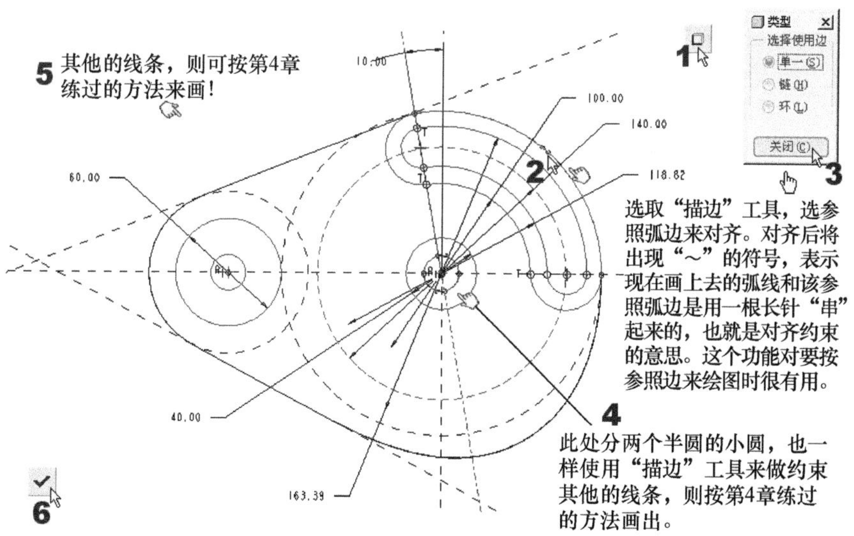

图 5-56　第二层实体的草绘操作

操作 9：如图 5-57 所示，再拉出最后的厚度即可。此时，第二次草绘的实体将和第一次的实体自动合并。

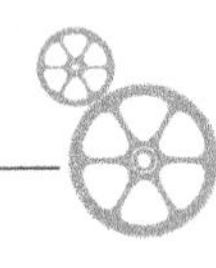

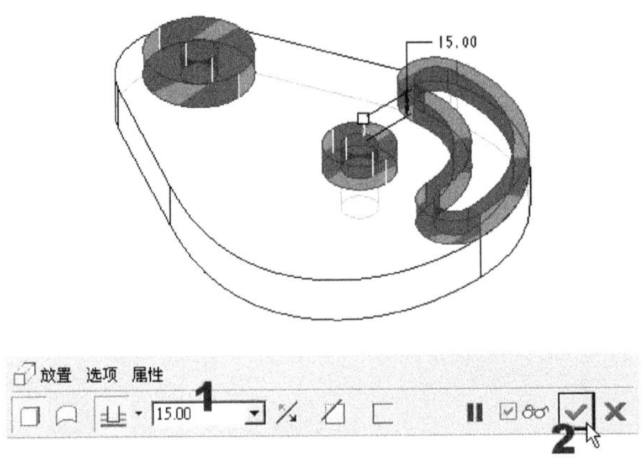

图 5-57　拉出厚度

5.6　设置坐标系的影响

通过前面各节的概念“锻炼”后，想必现在用户对实体的创建规则，有了初步清晰的概念了！同时，不管用户的 3D 概念好不好，用户都已经知道：在 Pro/E 中的实体表现，是根据您所指定的草绘所在面、参照面和定向来决定的。

前面谈过，坐标系也是一个可以决定实体方向的设置，但是要注意：它在单一的零件中的设置，只是影响它的图标，并不会实际去翻转实体(因为在单一的零件文件中自我翻转并无意义)，所以在零件文件中看不出来效果。它主要是用来在组件文件(.asm)中更改零件的方向。换句话说，当在一组件文件中组装零件时，只要回头去更改其中某一已组装零件文件的坐标系设置，效果就会立刻反应在组件文件中。

本节先在此介绍坐标系的设置选项和概念，然后在于本书 10.4.4 节介绍组装时，以实例来说明这个效果。要在图面上放置坐标系，请按图 5-58 操作。

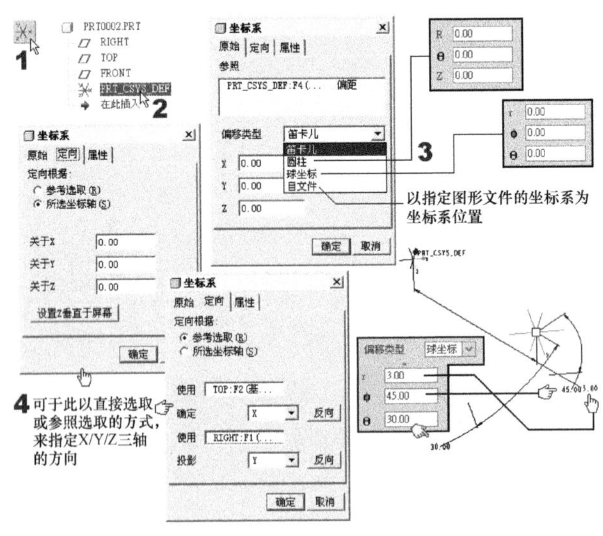

图 5-58　放置坐标系的操作

在图 5-58 中，整个操作重点就在“定向”选项卡中。它有以下两种定向方式。

1. 参照选取(References Selection)

参照选取是较常用的选项。此选项可让您通过选取其中两个轴的参照来决定坐标系方向。如图 5-59 所示。按照默认，系统会假设坐标系中的第一个方向平行于第一个原点参照。如果参照是一个直边、曲线或轴，那么请将坐标系的轴设置成与该参照平行的方向。如果是选取平面，则会将坐标系的第一个方向设置为垂直该平面的方向。系统将通过投影第二个参照，使其正交于第一个方向，来计算第二个方向。

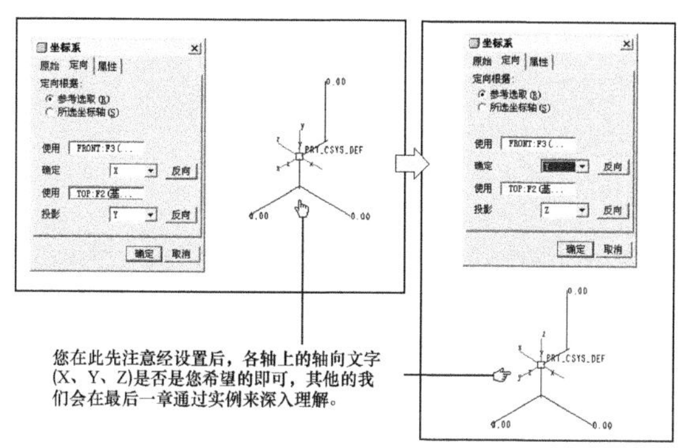

图 5-59　以“参照选取”来设置坐标系的操作示意图

2. 所选坐标轴 (Selected CSYS Axes)

可以绕着作为位置参照的坐标轴，来旋转坐标系，从而设置该坐标系方向。而其下的“设置 Z 垂直于屏幕”按钮，可让您快速地设置 Z 轴方向，使其垂直于视图屏幕。如图 5-60 所示。

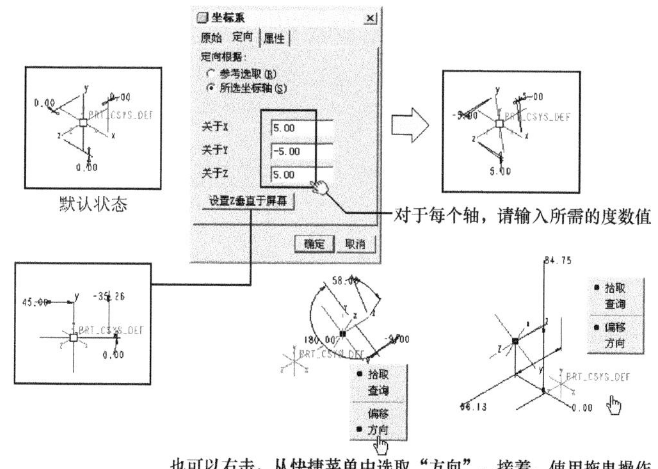

图 5-60　以“所选坐标轴”来设置坐标系的操作示意图

5.7 基 准 参 照

为了提高参照的选取效率，Pro/E 中也提供所谓的“基准参照”。“基准参照”是一个由用户自己定义的基准对象集，所以最后会用一个独立特征的方式来呈现。这个基准对象集包含：边链、基准平面、基准轴、基准点、基准坐标系或目的边等。基准参照特征可用于创建目的对象，以及放置用户定义的特征。

创建基准参照特征时，可以使用“搜索”工具来查找以下类型的查询，并将它们保存到“参照”收集器中。

- 按创建时的特征类型来查询目的曲面或目的链。
- 属于具体面组或与具体面组重合的边。
- 按目的名称查询目的对象。

创建基准参照特征后，可以编辑定义、修改参照并更改属性。同时，也可以复位在早期 Pro/E 版本中创建的基准参照特征。但是，不能复位由其创建的参照类型(如曲面、链或基准等)，也不能编辑由查询专门定义的基准参照特征的参照。

基准参照的界面如图 5-61 所示。

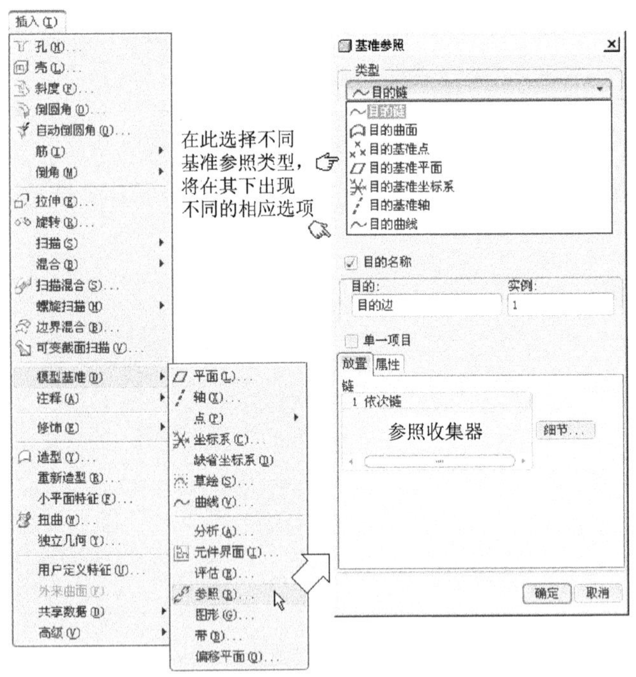

图 5-61 基准参照的界面

但在练习前，您要先了解有关“链”的相关常识。

5.7.1 关于链

“链”是由相互关联(例如，通过公共的顶点或相切相关)的多条边或曲线所组成的。可以选取这些相关联的边或曲线，然后将它们先放置在一个组或链中。利用这些链，就可在后续的建模操作中，一次的选取到这些边或曲线，让建模操作更有效率。

可以在很多编辑工具中，看到如图 5-62 所示的“细节”按钮界面，这就是“链”的设置界面入口。

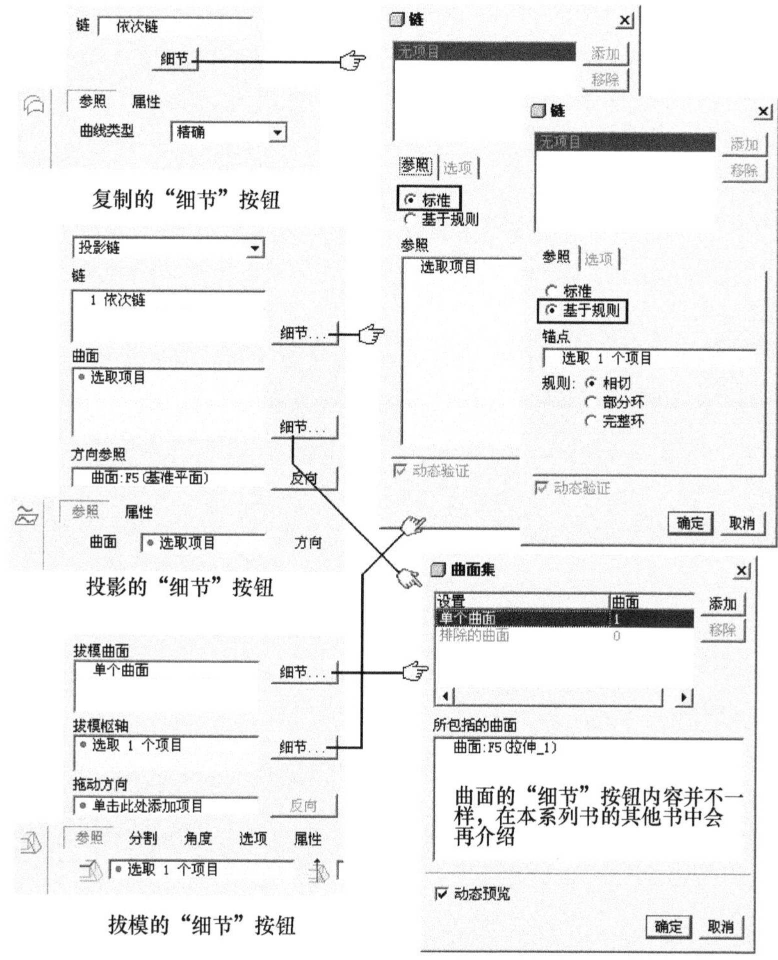

图 5-62 基准参照的界面

我们可以在 Pro/E 中创建下列类型的链。

1. 标准

- 依次链：即选取单独的边、曲线或复合曲线所组成的链。如果要对其他边或曲线以及已创构的其他链建模，也可使用“依次”(One-by-One) 链。如果所需元素不是相同特征的一部分(如基准曲线)，或者如果元素贯穿于多个特征而存在时，则通常创建“依次”链。注意：某些应用程序可能将其他条件附加到所生成的链上(如相切)。
- 目的链：就是由创建它的事件所定义和保留的链，而不是由它的特定图形所定义和保留的链。对于简单拉伸，其中带有由形成单个封闭环的图形组成的截面而言，由截面生成的所有边就可以定义一个目的链。如果要从环中添加或移除图形，则会自动更新目的链以及参照它的所有特征。例如，我们想创建一个倒圆角，如果选取由两个实体拉伸相交而生成的边来作为目的链，那么在更改拉伸的截面时，就会自动更新目的链和倒圆角。

2. 基于规则

- 部分环(Partial Loop)：就是指开始于一个起点，然后跟随边并终止于所选边或曲线段终点的链(也称为“从-到”(From-To) 链)曲线、曲面或面组边界都可以创建为“部分环”链。
- 相切：即由指定项目和范围所定义的链，相邻图形与其相切。
- 完成环：即包含整个环里的曲线或边的链，这些曲线或边会约束其所属的曲线、面组或实体曲面，或者约束由两条曲线或两条边所定义的那部分。

5.7.2 Wildfire 4.0 版以后新增的目的边参照

本节就要以一个范例来练习本节前述的重点。请按以下说明操作。

本范例配合文件：(1)Examples\ch05\intent_chain.prt。

本范例完成文件：(1)Examples\ch05\intent_chain_finish1.prt、intent_chain_finish2.prt。

本范例视频文件：(1)avi(gb)\ch05\Intent_chain01.avi、Intent_chain02.avi。

操作 1：请先按图 5-61 打开“基准参照”窗口，再如图 5-63 所示来创建一目的边(Intent Edge)基准。完成后将生成“参考 1”特征(本段操作的完成文件为 intent_chain_finish1.prt，视频文件为 Intent_chain01.avi)。

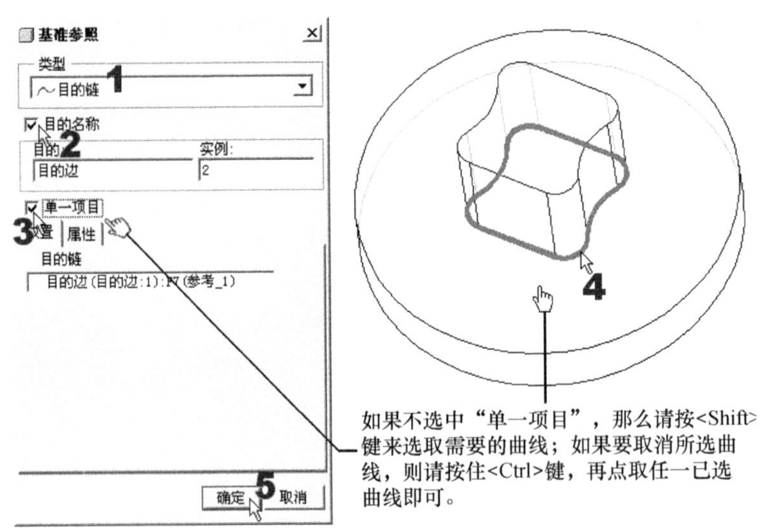

图 5-63　创建一目的边基准

操作 2：当需要对这个目的边做编辑时，就可以直接选取“参考 1”特征来当作选取对象。例如，要对这个目的边修倒圆角，请按图 5-64 所示操作，就可以在不用选取圆角边的情况下，快速的修好圆角。

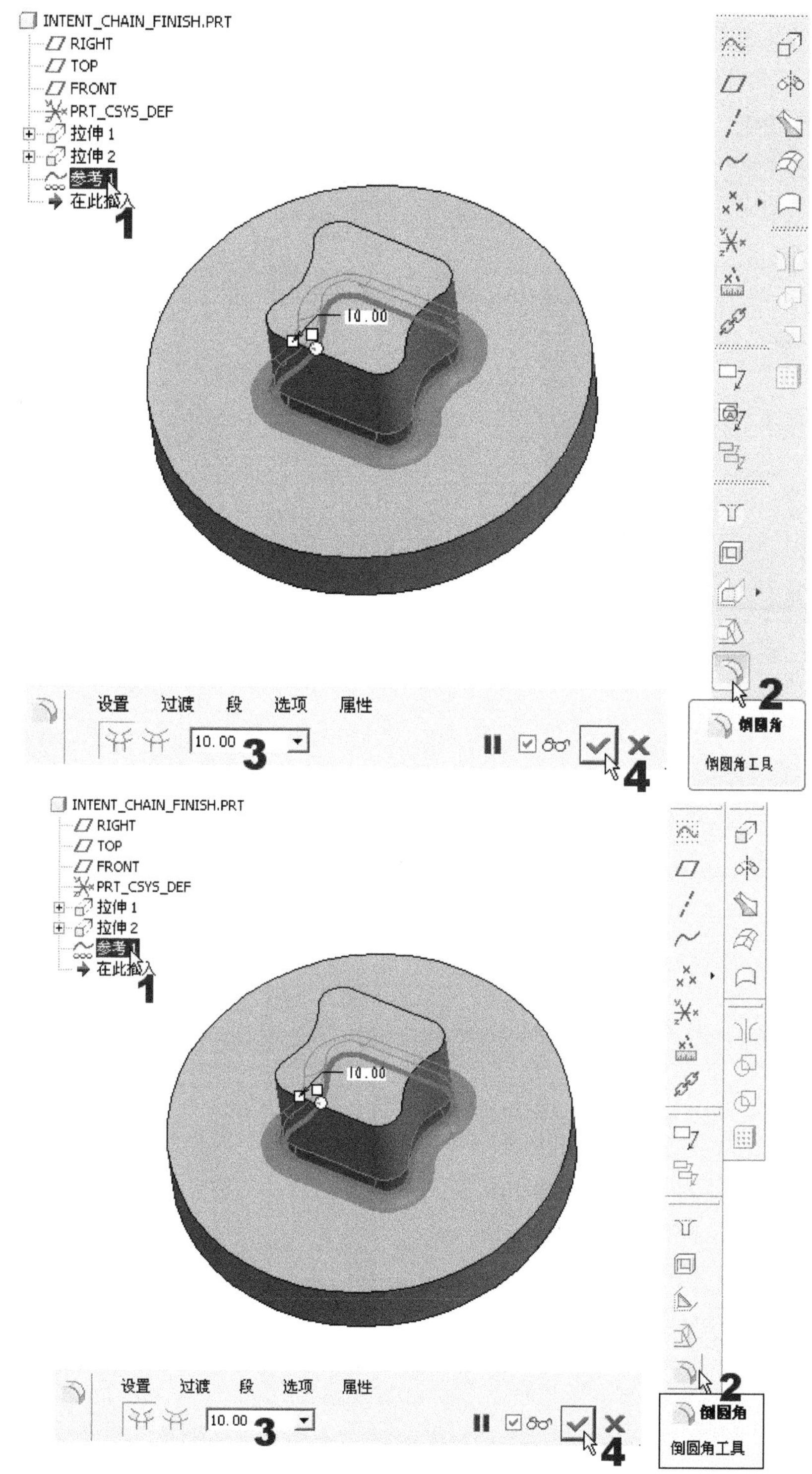

图 5-64　对目的边修倒圆角

操作 3：这个目的边的用途还不仅如此。在图 5-55 所示的草图参照中，从 Wildfire 4.0 版开始，已加入“目的边参照”(Intent Edge Reference)。这将更加有利设计变更和全参数关

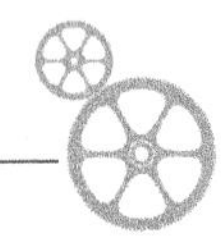

联建模，让替换参照更加容易！请删除刚才创建的倒圆角，再如图 5-65 所示，我们可以在草绘参照中加入目的边参照(本段操作的完成文件为 intent_chain_finish2.prt，视频文件为 Intent_chain02.avi)。

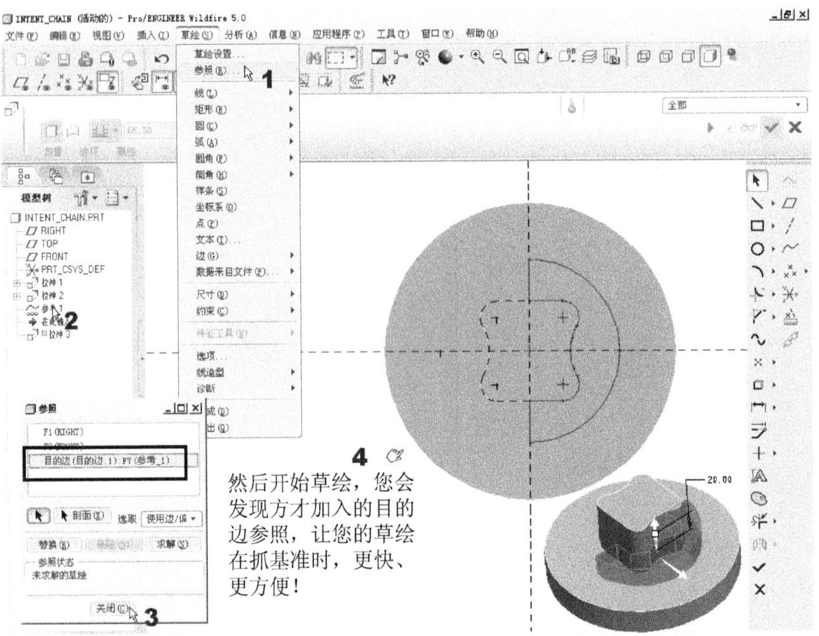

图 5-65　将目的边加入草绘参照

要注意的是：目的边参照在设置后就会被解散回其组成的曲线，如图 5-66 所示。

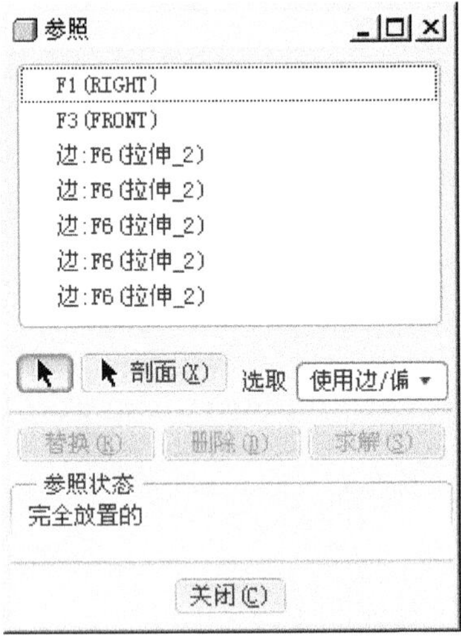

图 5-66　操作后目的边参照被解散回其组成的曲线

习 题

1. 什么是基准特征？请说明它的定义，以及它所扮演的角色。
2. 什么是模型树？它有什么用途？
3. 请实际演练本章所示范的基准面，基准轴和基准点等范例。
4. 选取基准面的方法有哪些？
5. 试述 Pro/E 所提供的三种坐标系，以及设置坐标系的影响。
6. 试述草绘的类型有哪两种？
7. 在使用相同的草绘图状况下，图 5-Q1 最上面那个图，是按指定的草绘平面、参照面和定向等三条件所绘出的。现在，变换不同的草绘平面、参照面和定向设置后，请用手描绘出其下面那两个实体绘出的样子。

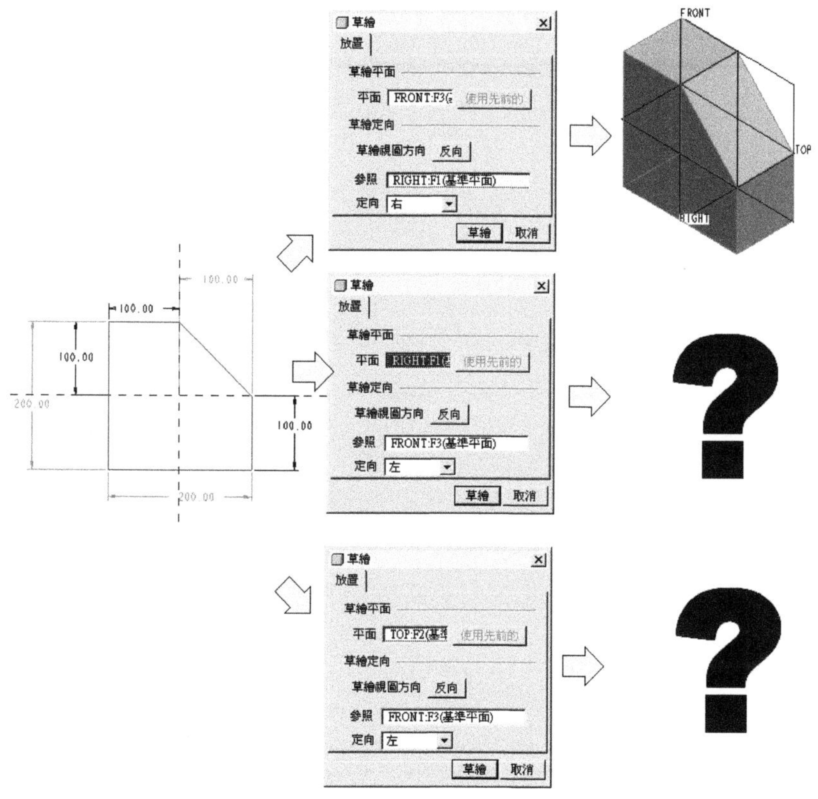

图 5-Q1

8. 在特征中的草绘为何需要参照面(线)？
9. 按图 5-Q2 中的示范，请将第 4 章习题中的 14 道草绘题，按 5.5.2 节的方式，一一变成实体图(提示：草绘平面可任意自定，实体的厚度均为 5)。

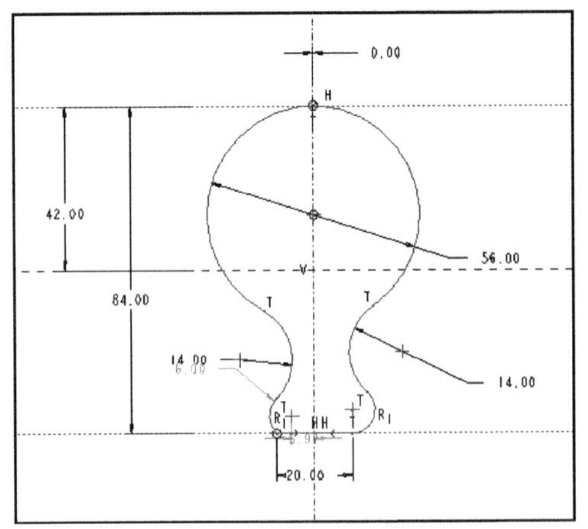

图 5-Q2

第 6 章

建模基础(一)

拉伸(Extrude)是建构实体最基本的命令，而倒圆角(Fillet)和倒角(Chamfer)则是最热门的搭配修饰命令。我们将在本章正式开始练习这三个基本的实体建模特征命令。

- 拉伸(Extrude)
- 倒圆角(Fillet)
- 倒角(Chamfer)

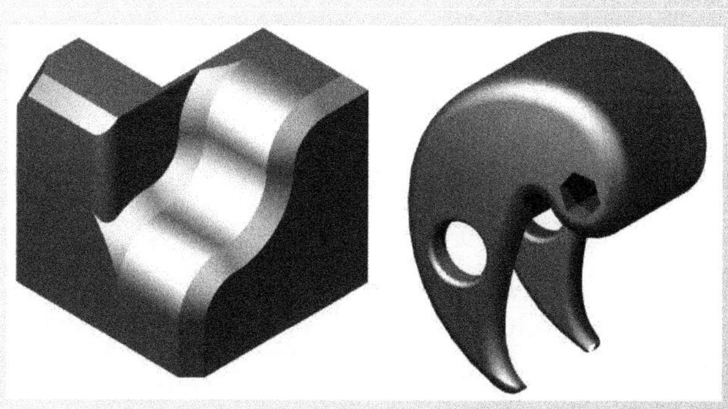

6.1 拉伸特征

拉伸(Extrude)是实体建模中最基本的特征。虽然，在第 5 章我们已初步练过这个命令，但是它还有很多的其他功能和应用。我们将正式在此练习这个实体建模基本命令。在练习前，我们会先为您说明这个命令的选项意义。这样，在稍后的练习中，我们就可以避免重复性操作的表述了。

“拉伸”属线性扫描，是所有 3D CAD 软件必备的基本功能。当完成平面的剖面草绘后，就可以使用此特征于垂直该剖面的方向，扫描出实体。

注意：除非有新增功能或界面内容有差异，否则本章图例将沿用 Wildfire 4.0 版的，但视频文件则全数采用 5.0 新版的。

命令或工具栏图标位置

(1) “插入(I)”→“拉伸(E)...”。
(2) 右工具栏中的[图标]。

选项板内容

拉伸特征选项板中的选项说明如图 6-1 所示。

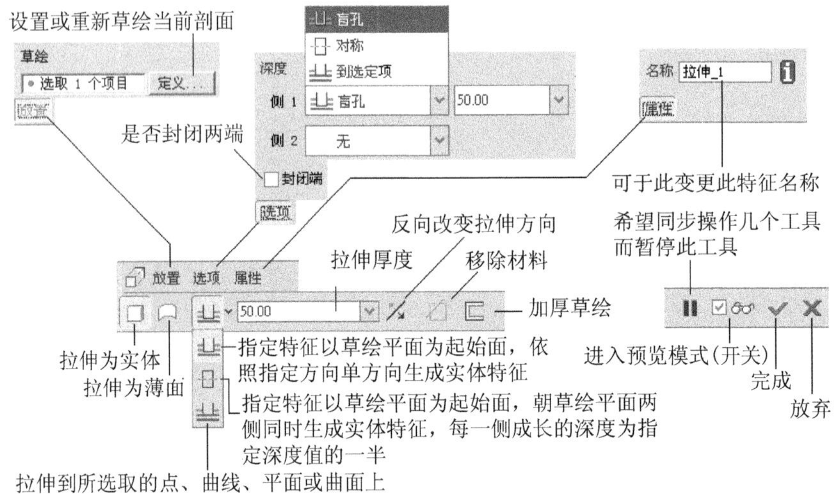

图 6-1 拉伸特征选项板

6.1.1 拉伸的“叠”与“挖”

在前面，我们一直在强调：实体的创建是堆叠积木的概念，所以在 5.5.2 节中，我们就示范使用了拉伸命令 “叠”的概念，这也最为初学者所接受。我们特别将 4.4.11 节的范例十一，再拿到这里来做一次“叠”的示范，只是此范例要叠三次。

请打开范例光盘中的(1)Examples\ch06\12_add.prt 文件，我们必须将图 4-37 的这个合成草绘平面图，拆成三个叠加草绘图，这是因为这个图虽是封闭，但图形区域却是重叠的，这在独立的草绘图中可以画出并存盘，但是若强用于特征草绘里，就会出现如图 6-2 所示的错误信息。

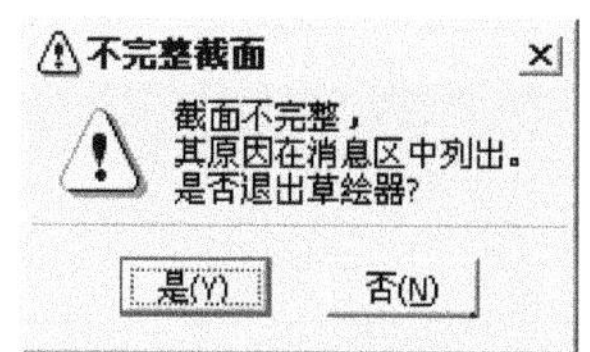

图 6-2　特征草绘中，图形区域重叠时的错误信息

因此，这个图我们就要运行三次的“拉伸”命令来画，而草绘图也要拆成三个来叠加。请按图 6-3 来操作。

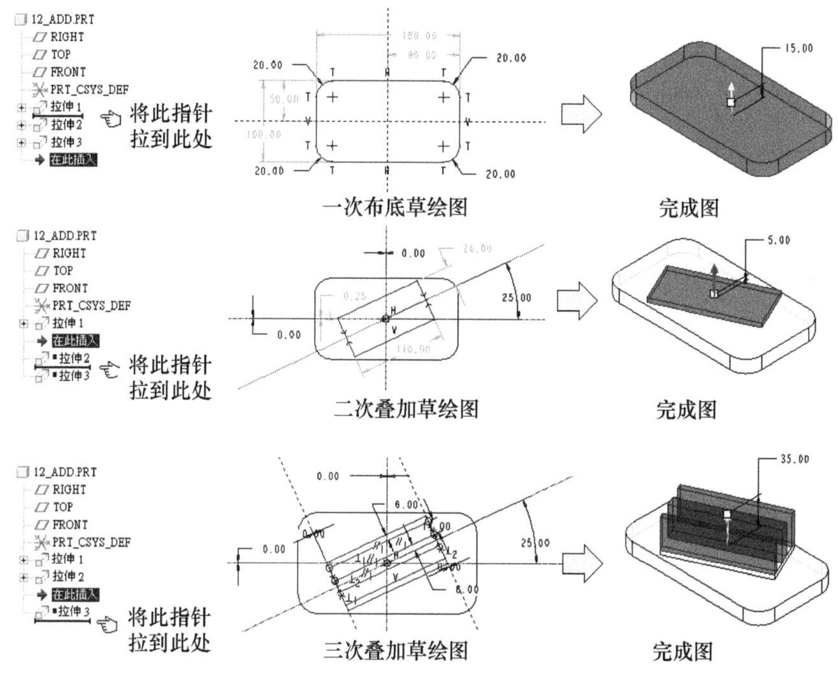

图 6-3　三次叠加拉伸示意图

如果您在 5.5.2 节认真练习的话，那么上述的操作只是再增加一次草绘而已，对操作理解上应该完全没有问题。您也可以自行画一次，看看结果和我们画的是否一样。

而在图 6-3 中示范可以通过在模型树区拉动“在此插入”指针的方式，来研究追寻这个文件的建模过程。拉到希望研究的特征下后，再于特征名称上右击，选择“编辑定义”，就可以进入了解该特征里的设置状态了。

“叠”的反面就是“挖”；两者是表象不同，但概念完全相同的东西。因此，不论是 5.5.2 节的 edge_tools.prt 范例，还是现在这个 12_add.prt，当我们将其中某一草绘“叠”的概念转变为“挖”时，它们就会变成不同的物体。我们就拿 12_add.prt 这个范例来做示范。请按图 6-4 所示操作。

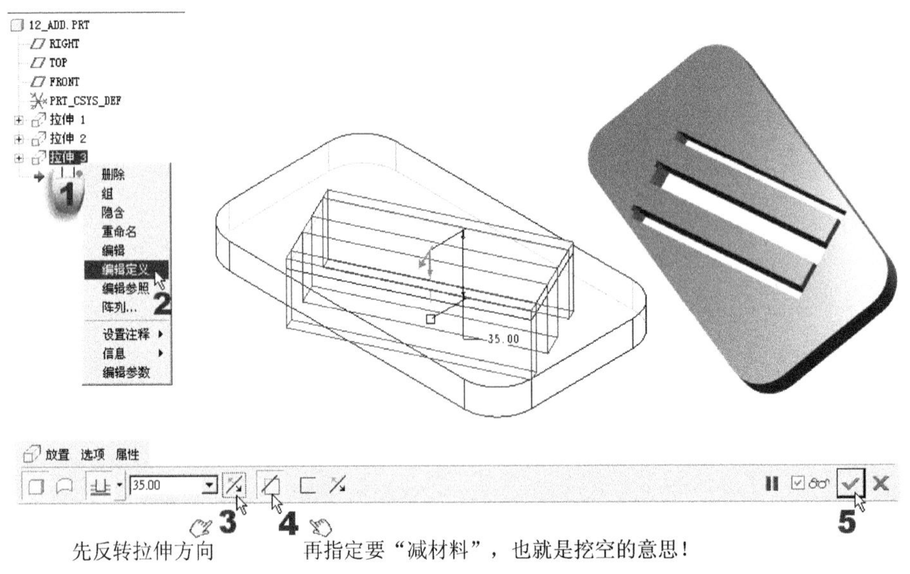

图 6-4　将第三个拉伸特征变更为“挖”的操作

“叠”和“挖”的效果完全不同吧！现在，我们再通过图 6-5 所示的操作，将这张图另存为 12_dig.prt。

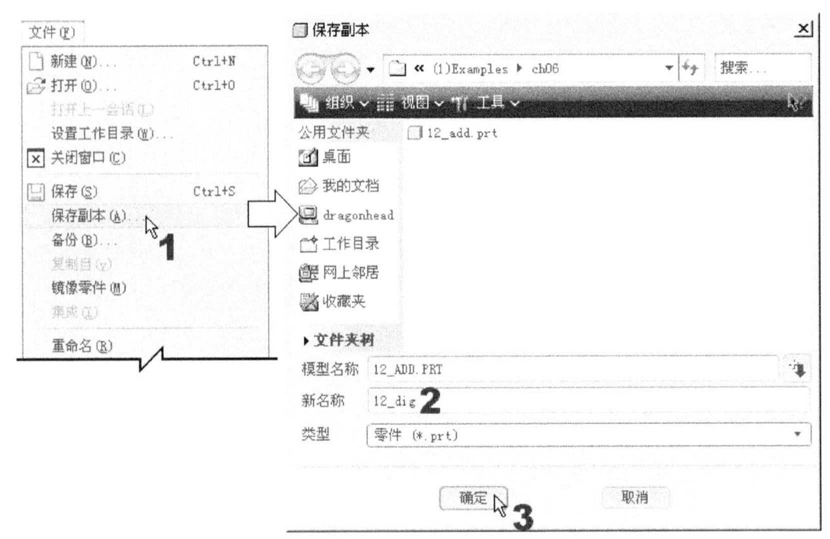

图 6-5　保存副本的操作

6.1.2　拉伸的基准

了解了“叠”和“挖”的概念和操作方法以后，下一个就是精确控制“叠多高”和“挖多深”的方法了。除了接指定深度以外，还有其他的方法。请打开范例光盘中 (1)Examples\ch06\extrude_border.prt 文件，再按图 6-6 的示意图来操作。

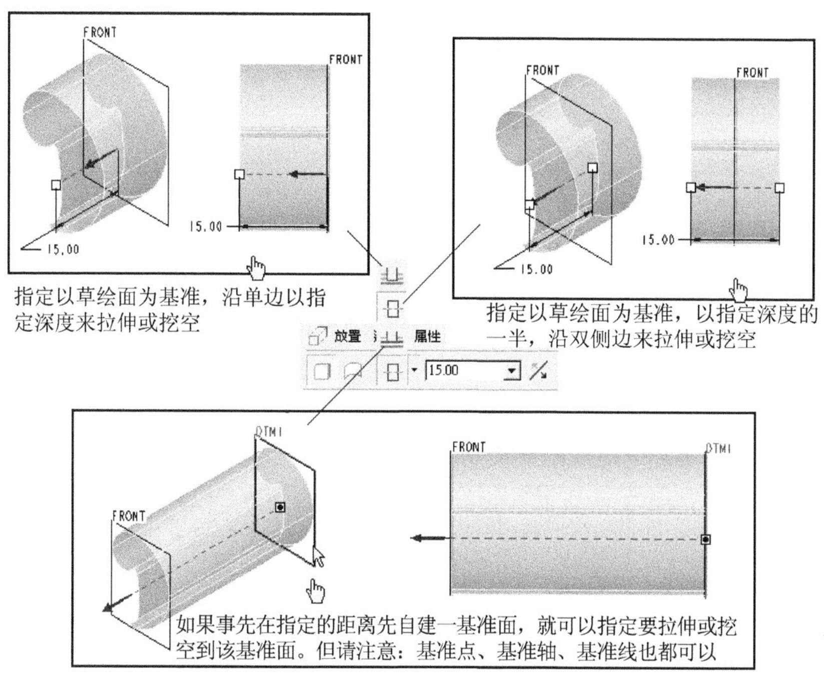

图 6-6　初次的拉伸基准的设置操作示意

两次拉伸以后的基准设置就较多了，请参照图 6-7 的示意图。

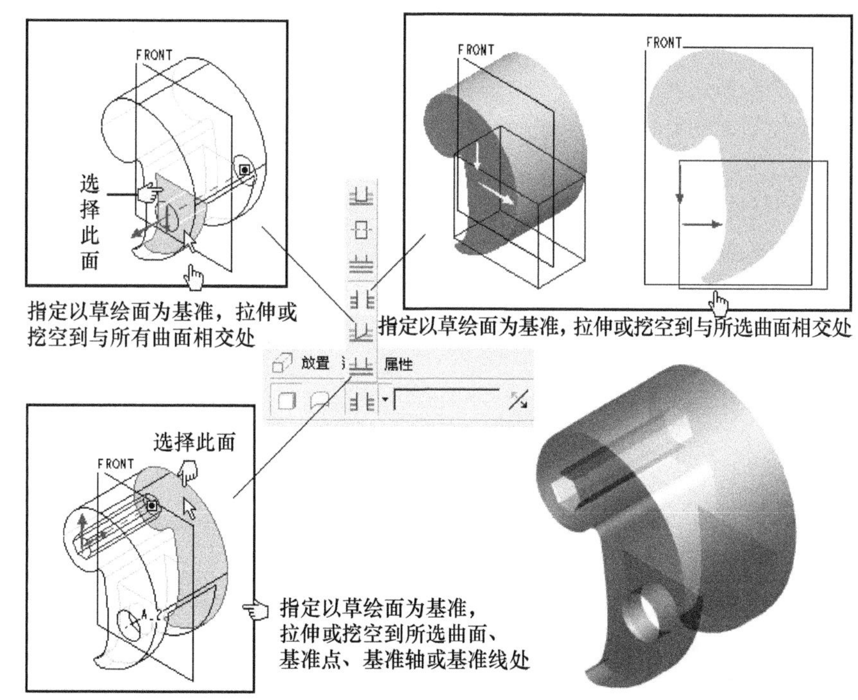

图 6-7　两次以后的拉伸基准的设置操作示意

信息补充站　　右键轮选法

在 Pro/E 的标准操作中，有一项基本选取操作鲜为人知，在无声的视频文件中也无法表达，必须练习多了，才能自行体会的操作法，我们称为“右键轮选法”。

在图 6-7 中，当我们要选的面是立体图的背面时，就是“右键轮选法”的使用时机。其操作法是：将光标移到该线框面上，连续单击右键轮选；此时，被选到的面或线会变色，当所希望的面或线变色时，再单击左键即可选取到。

在图形很复杂的情况下，如果要轮选很久才选得到，太费劲，那么也可以在欲选图形所在的区域上右击，于快捷菜单中选“从列表中拾取...”命令，再从出现的列表框中选择所要的图素(选取图素时，图中相应的图素会变色，以供您确认)，最后再单击“确定”按钮即可。此效果和轮选的效果完全一样，当然麻烦一点，因此建议用于复杂图形时。

为此，我们特别制作一个有声的视频文件来展示这个操作，请参见视频文件：(1)avi(gb)\ch06\Circle_Selection(有声).avi。

此法在模具设计模块中最常被使用，但是很多人基础没学通，所以在该模块的操作上就吃足苦头，请大家注意！

6.1.3　薄面拉伸和开口薄壳

在“拉伸”选项板里，还有两个功能要介绍。一个是薄面拉伸，另一个则是拉伸开口薄壳。前者用来绘制薄面或是用在仅需要薄面的场合；后者则用来让实体变成薄壳。以下，我们就直接练习来体会其意义。

薄面拉伸实例

本范例配合文件：(1)Examples\ch06\curce.sec。

本范例完成文件：(1)Examples\ch06\extrude_surface_finish.prt。

本范例视频文件：(1)avi(gb)\ch06\extrude_surface.avi。

本范例完成图如图 6-8 所示。

图 6-8　薄面拉伸范例完成图

操作 1：新建文件，并运行“拉伸”命令。再按图 6-9 所示操作。

操作 2：通常，以薄面模式画出来的图形性质是曲面，并不是实体。所以，它多半用于设计构思阶段。最后，还是要通过图 6-10 所示范的“加厚”命令，来将其变为实体。

操作 3：存盘。“加厚”命令是一个简单的命令，我们下一章就会正式介绍它。

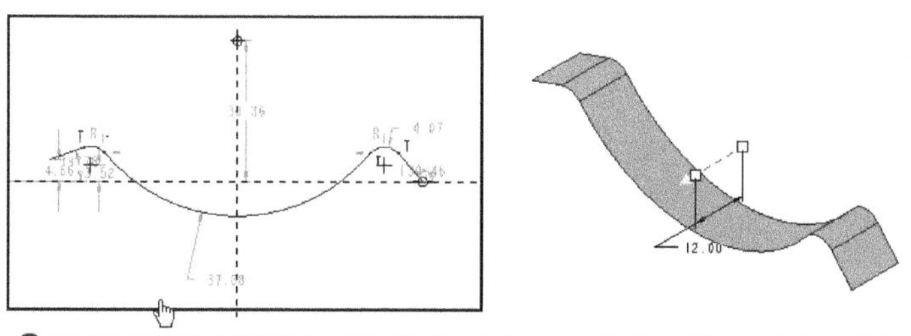

3 随后的操作就按先前的经验，进入草绘模式并将curve.sec的草绘文件输入。因为一开始就选薄面模式，所以此草绘图形就可以是非封闭的图形。

图 6-9　薄面拉伸的操作

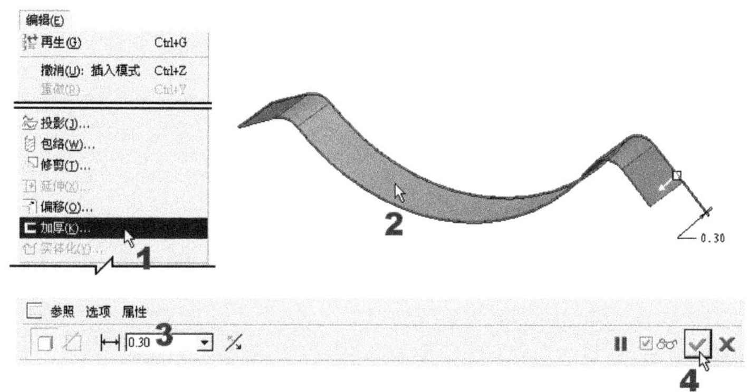

图 6-10　使用“加厚”命令来将薄面变为实体的操作

拉伸开口薄壳实例

本范例配合文件：(1)Examples\ch04\13.sec。
本范例完成文件：(1)Examples\ch06\extrude_shell_finish.prt。
本范例视频文件：(1)avi(gb)\ch06\extrude_shell.avi。
本范例完成图如图 6-11 所示。

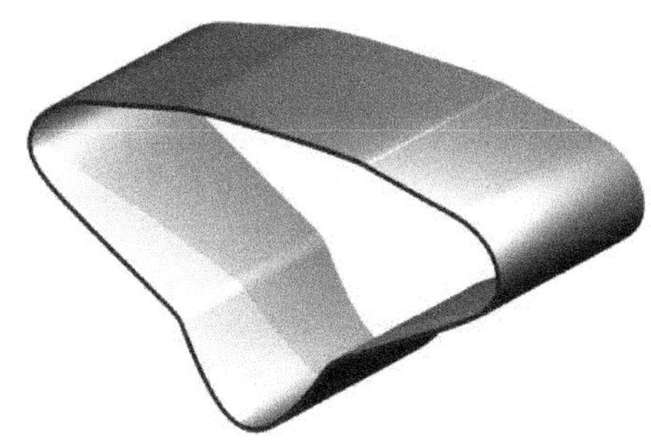

图 6-11　拉伸开口薄壳范例完成图

操作 1：新建文件，并运行“拉伸”命令。再按图 6-12 所示操作。

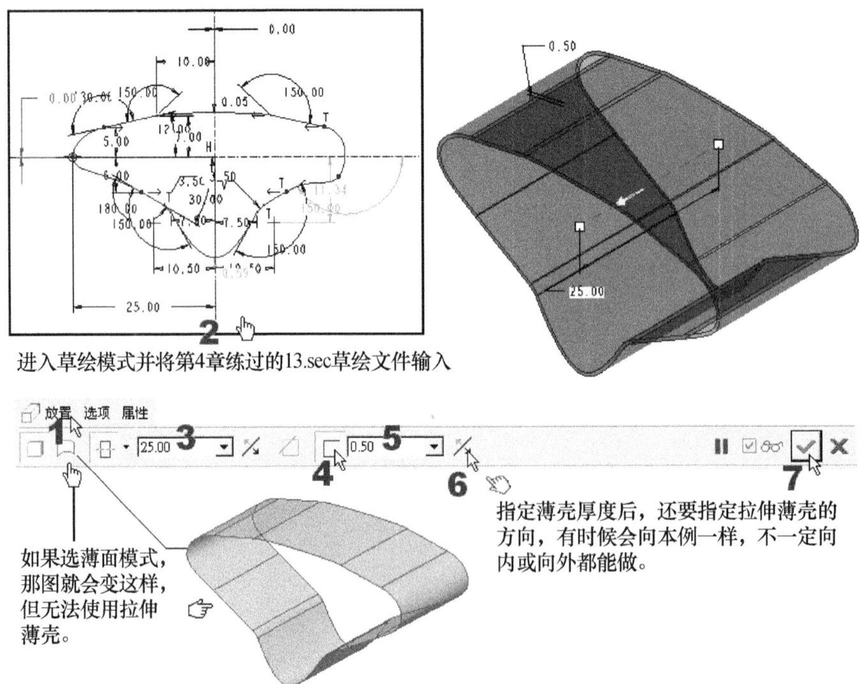

图 6-12 拉伸开口薄壳的操作

操作 2：存盘。

双侧面切削实例

本范例目的：拉伸的“挖”也有切削的作用。本例将示范在物体双侧面的曲线减材料，也能造成一不规则曲面。

本范例完成文件：(1)Examples\ch06\extrude_double_side_cut_finish.prt。

本范例视频文件：(1)avi(gb)\ch06\extrude_double_side_cut.avi。

本范例完成图如图 6-13 所示。

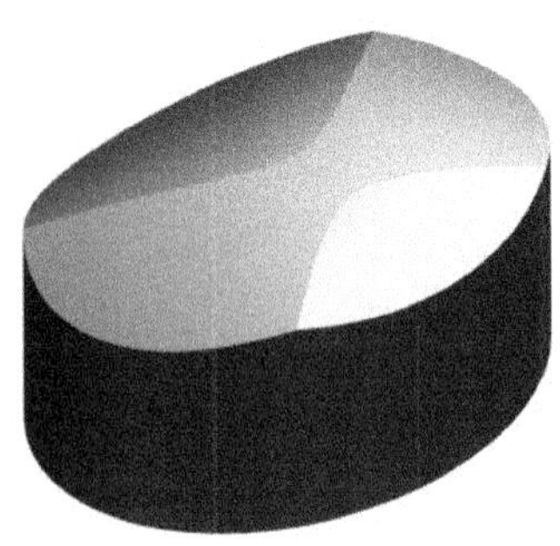

图 6-13 双侧面切削范例完成图

操作 1：新建文件，并运行“拉伸”命令，先画一个任意尺寸和厚度的椭圆实体。再第二次运行“拉伸”命令，并参照图 6-14 所示的操作重点示意图进行操作。注意，从视频文件中您可以发现：之所以可以在参照中选到顶点，是因为椭圆的顶点正好在短轴上。这和画椭圆时，先画哪一个轴有关系！如果没有顶点可用，那么以其长轴或短轴的尺寸来画中心线当参照也可以(图 6-15 的那步就没有参照顶点可用，我们就自画中心线来取代)。

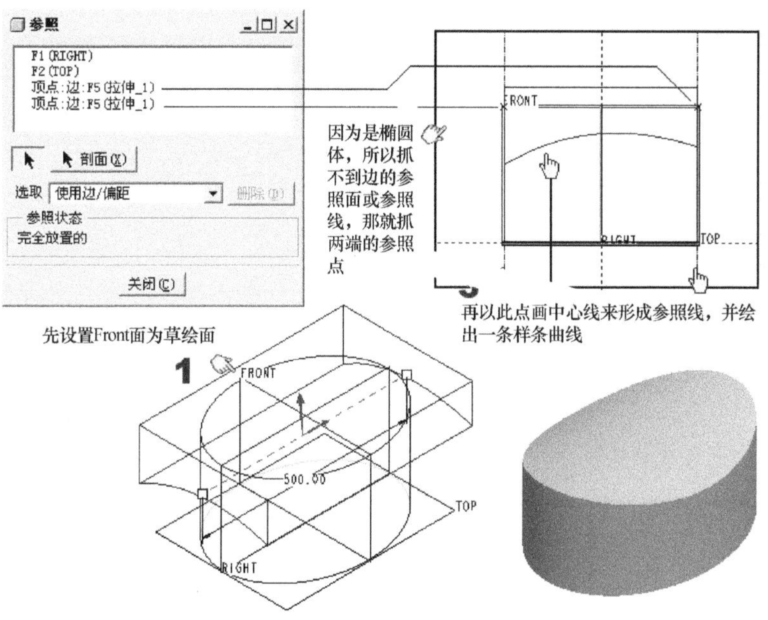

图 6-14　Front 面切削的操作重点示意图

操作 2：第三次运行“拉伸”命令，并参照图 6-15 所示的操作重点示意图，来切削另一方向的面。

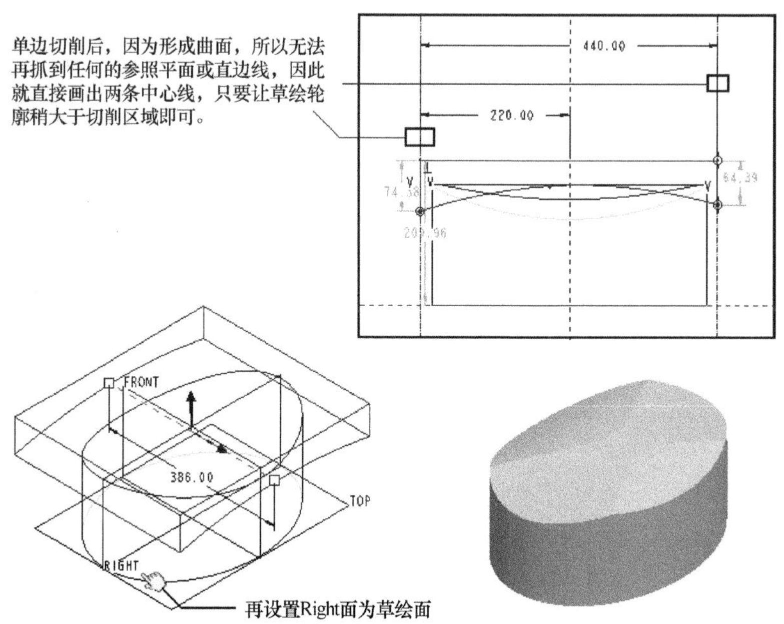

图 6-15　Right 面切削的操作重点示意图

操作 3：存盘。

6.2 倒圆角特征

倒圆角(Fillet)特征也是零件设计中，经常用来修饰实体棱线、角边的一种特征，以使零件造型更为美观、安全或达到增加零件强度的目的。由于倒圆角特征的选项用途很广，因此，我们在本书介绍的是简单的基本倒圆角操作，而在本系列书的下一本——《Pro/ENGINEER Wildfire 5.0 进阶提高》一书中，将练习到较深入的提高级倒圆角操作。

命令或工具栏图标位置

(1) “插入(I)”→“倒圆角(O)...”。
(2) 右工具栏里的 。

选项板内容

倒圆角特征选项板的说明如图 6-16 所示。

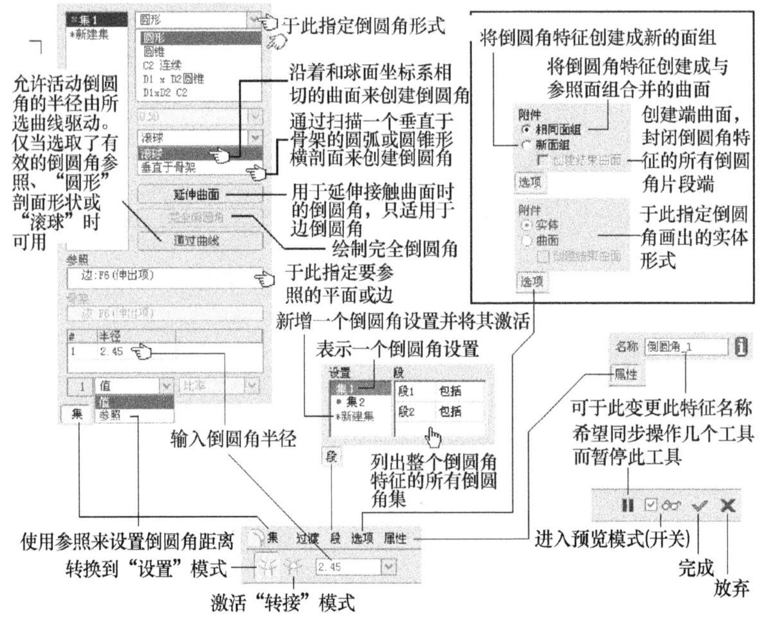

图 6-16 倒圆角特征的选项板

6.2.1 简单倒圆角

本范例目的：将上一节画好的 extrude_border.prt，用简单的倒圆角来修饰。

本范例练习文件：(1)Examples\ch06\extrude_border.prt。

本范例完成文件：(1)Examples\ch06\extrude_border_fillet1.prt。

本范例视频文件：(1)avi(gb)\ch06\extrude_border_fillet1.avi。

本范例完成图如图 6-17 所示。

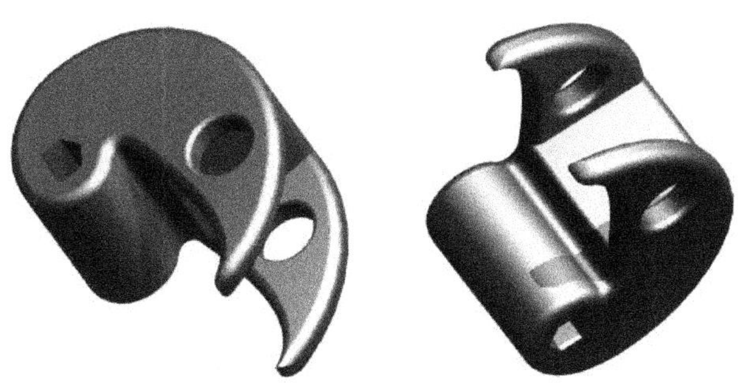

图 6-17　简单倒圆角范例完成图

操作 1： 新建文件，并按图 6-18 所示，运行“倒圆角”命令来操作。

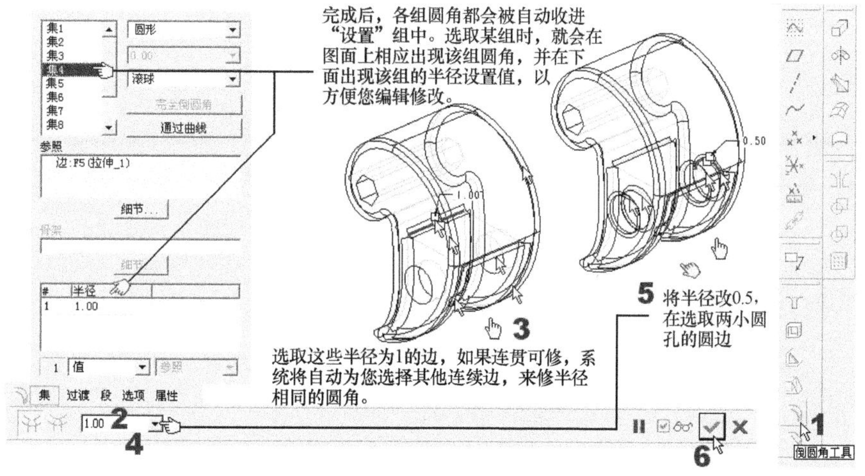

图 6-18　简单倒圆角的操作

操作 2： 存盘。

注 意

① 在视频文件中，我们示范了在“圆角类型”框中，选择了新增的“圆锥形”圆角和“C2 连续型”圆角。“圆锥形”圆角就是以圆锥曲线为骨架的圆角，所以可以有不同的半径值可指定；而“C2 连续型”圆角，则是使用一条介于 0.05～0.95 之间的“C2 形状系数”所定义的样条曲线为骨架。C2 形状系数对样条曲线的影响，就类似 rho 系数对圆锥曲线的影响。

② 在视频文件中，您可以发现，不论圆角是什么类型，只要所设置的半径值无法修好就会失败。一般说来，圆角半径值越小，成功机会越大！这和圆角的曲率半径，以及所修边线的连接类型有关。

6.2.2　不等半径的倒圆角

本范例目的：将刚才画好的 extrude_border_fillet1.prt，用编辑的方法对其外缘修不等半径的倒圆角。

本范例练习文件：(1)Examples\ch06\extrude_border.prt。

本范例完成文件：(1)Examples\ch06\extrude_border_fillet2.prt。

本范例视频文件：(1)avi(gb)\ch06\extrude_border_fillet2.avi。

本范例完成图如图 6-19 所示。

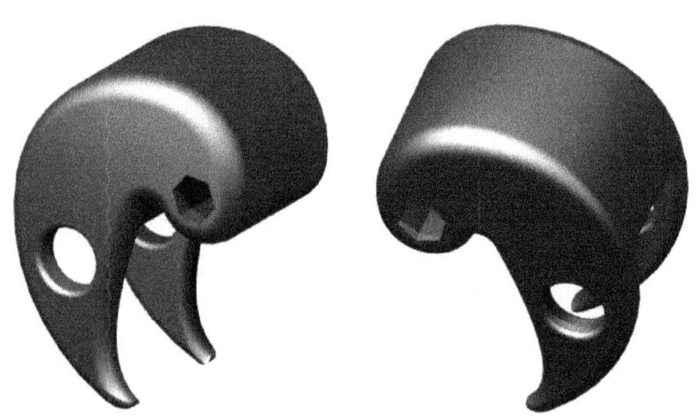

图 6-19　不等半径的倒圆角范例完成图

操作 1：新建文件，并按图 6-20 所示的编辑操作，来修不等半径的倒圆角。

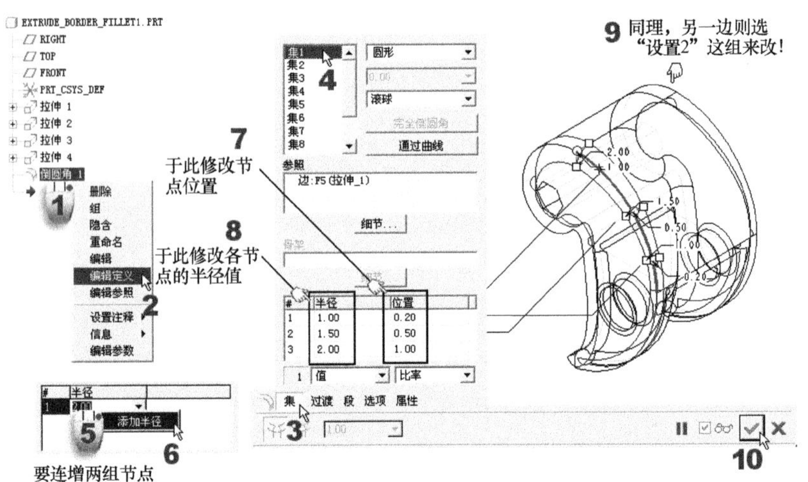

图 6-20　不等半径的倒圆角操作

操作 2：存盘。

6.2.3　完全倒圆角实例

本范例目的：以“完全倒圆角”的方式，来练习绘制这类圆角的方法。“完全倒圆角”就是通过第三个圆角曲面来衔接两曲面。

本范例练习文件：(1)Examples\ch06\fillet3-1.prt。

本范例完成文件：(1)Examples\ch06\fillet3-2.prt。

本范例视频文件：(1)avi(gb)\ch06\fillet3-2.avi。

本范例完成图如图 6-21 所示。

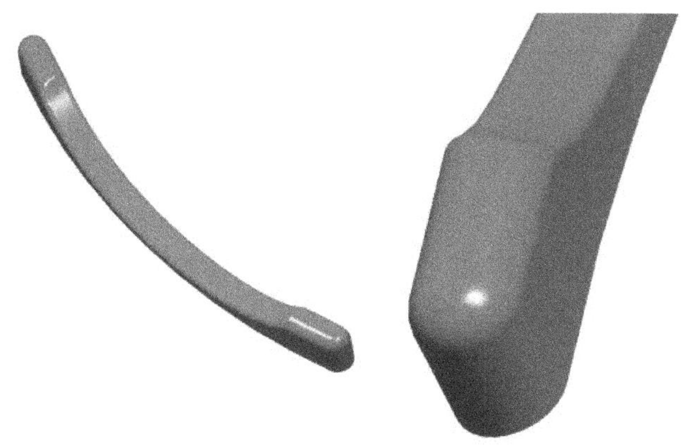

图 6-21　完全倒圆角范例完成图

操作 1：新建文件，并按图 6-22 所示的编辑操作，来修不等半径的倒圆角。

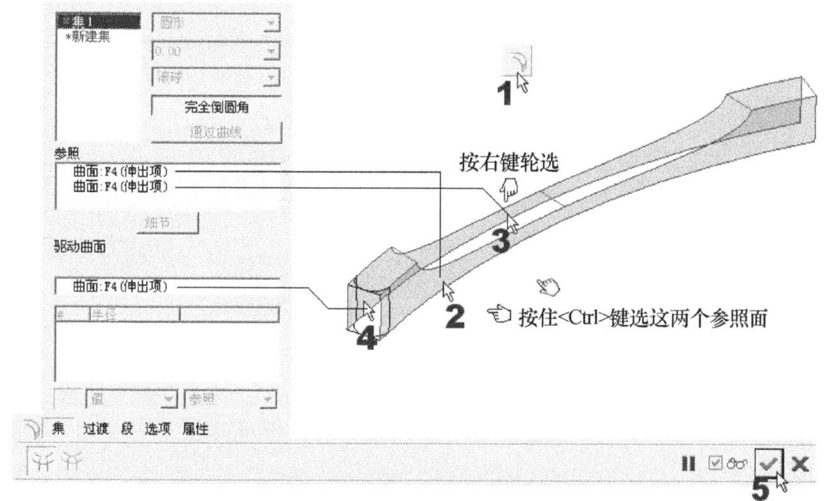

图 6-22　完全倒圆角的操作

操作 2：以同样的方法完成另一边的完全倒圆角的操作。
操作 3：其他边的倒圆角，则按一般的倒圆角操作。请参照完成文件。
操作 4：存盘。

信息补充站　**草绘倒圆角和特征倒圆角的取舍**

在前面的练习中，相信您已发现：在草绘模式里面画轮廓时，也可以直接修圆角，而到了外面，还有这个倒圆角特征，那哪一种方式比较好呢！我们给您一个中肯的建议，如表 6-1 所示。

换句话说，这个角要在哪里画，和您的图形造型与设计考虑有很大的关系。一般来说，变动编辑可能性大，造型复杂度高，或数量多且半径不一的，我们多半会用倒圆角特征来画；而造型单纯、变化机会不高者，就会采用草绘圆角的方式来处理。请特别注意这个应用技巧(本书第 12 章会有相关的应用题)。

表 6-1　草绘圆角和倒圆角特征的优缺点分析

圆角绘出方式	优　点	缺　点
草绘圆角	处理速度较快 绘图简单快速	修改不便，且万一为其他图形参照到，将“牵一发而动全身” 无法处理复杂圆角
倒圆角特征	编辑修改时较快速方便 可以处理各种造型复杂的圆角	圆角处越多，处理速度越慢 操作较复杂

6.2.4　自动倒圆角

在 Wildfire 4.0 版以后，还新增了“自动倒圆角”工具。这个新特征可以让用户在实体几何、零件或组件的面组上创建固定半径的倒圆角几何。所以，Auto Round(自动倒圆角)特征名也叫做“自动倒圆角成员”(Auto Round Member，ARM) 。同时，在“模型树”上会显示“自动倒圆角”特征的子节点。要注意的是，ARM 的创建顺序无法修改。

图 6-23 就是自动倒圆角选项板。

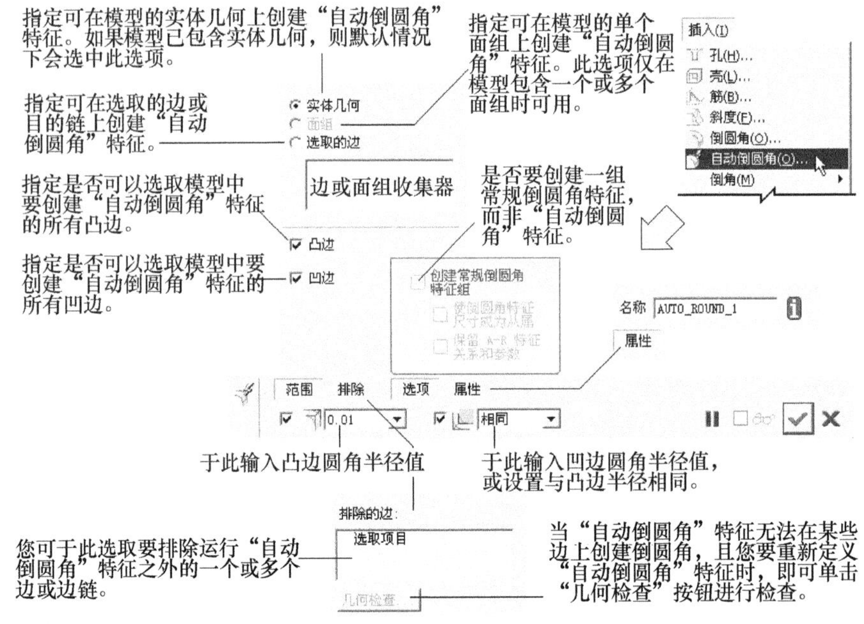

图 6-23　自动倒圆角选项板

控制“自动倒圆角”工具中，每个 ARM 所能包含的最大边链数的选项变量是 autoround_max_n_chains_per_feat。

本范例练习文件：(1)Examples\ch06\Auto_fillet1-1.prt。

本范例完成文件：(1)Examples\ch06\Auto_fillet1-2.prt。

本范例视频文件：(1)avi(gb)\ch06\Auto_fillet1-2.avi。

本范例完成图如图 6-24 所示。

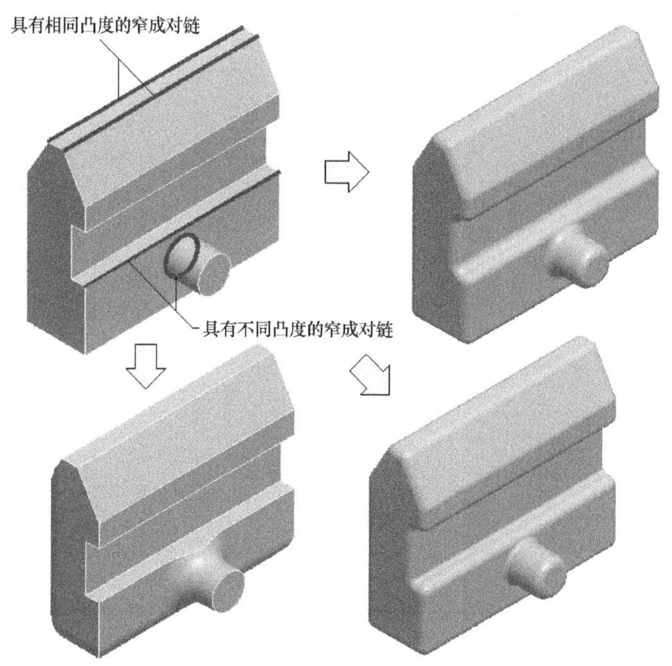

图 6-24　自动倒圆角范例完成图

操作 1：请打开 Auto_fillet1-1.prt 文件，并按图 6-24 所示的操作自动倒圆角。对本操作来说，一切都按图 6-23 所示的默认设置，您只要在选项板左下角部位输入凸边的圆角半径值即可。我们先设置凸边圆角半径 R1=10。可以看到，因为半径值小于各边边长，所以每个边都会自动修到。当然，如果有不想修的边，可先选取，在默认状态下，先选取的边会被自动加入“排除”选项卡里的排除边收集器中，如图 6-25 所示。

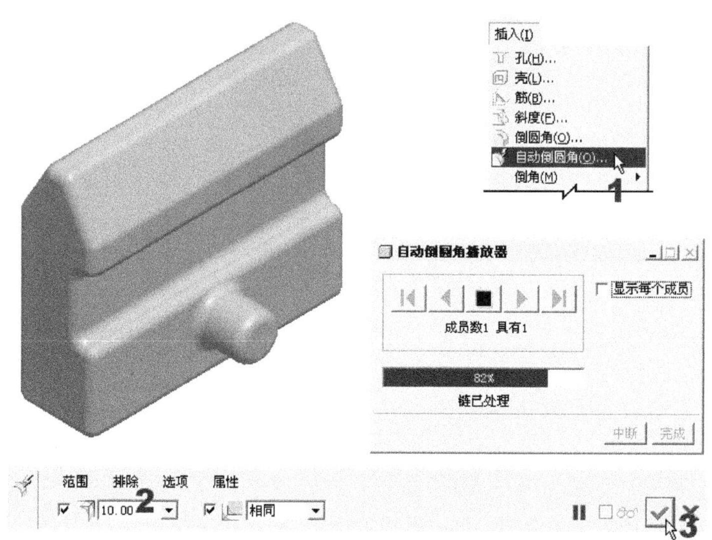

图 6-25　当凸边或凹边的半径值小于边长时的自动倒圆角操作

操作 2：当凸边或凹边的半径值小于各边边长时，一切都会按我们的意思顺利修好圆角，这是没问题的。但是当半径值大于边长时，系统会分别处理。如果在两个或多个链上创建的倒圆角会彼此相交，那么它们被视为“窄链”。而成对的“窄链”就称为“窄成对链”。在图 6-24 中，已为您说明两种“窄成对链”的情况。如图 6-26 所示，当我们将凸边圆角半径 R1 改设为 20 时，有趣的情况就发生了！Pro/E 会针对 3 种不同的情况来做处理。

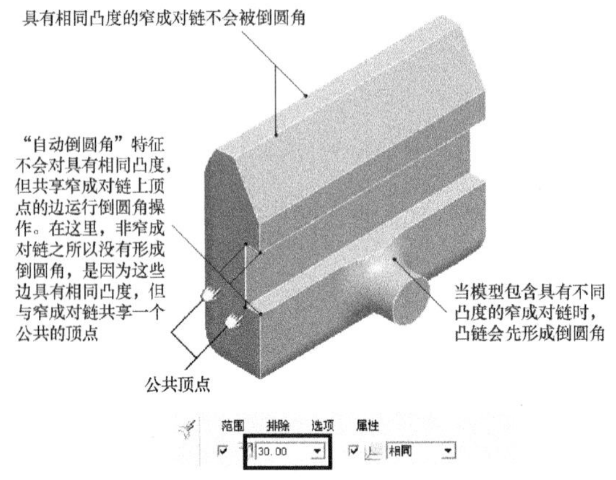

图 6-26　当凸边或凹边的半径值大于边长时的自动倒圆角操作

操作 3：如果希望凸边或凹边的半径值不同，当然也可以分别设置。设置的效果如图 6-27 所示。

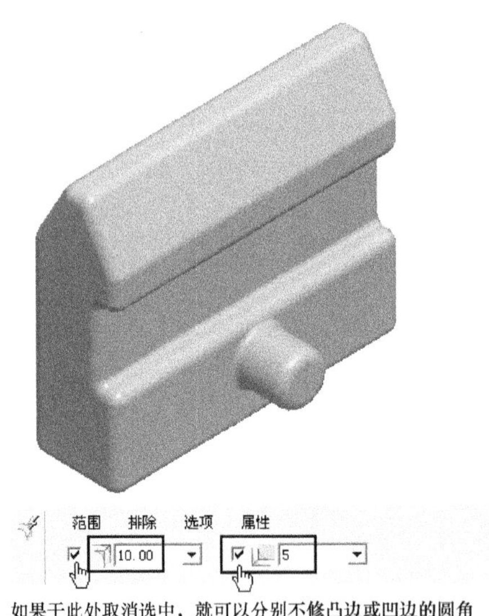

图 6-27　当凸边或凹边的半径值不同时的自动倒圆角操作

Pro/E 会在用户创建每个“自动倒圆角”特征时，为其提供默认名称。默认名称包括 Auto Round 和循序递增的序号，例如 Auto Round 1。“自动倒圆角”每个 ARM 的默认名称包括 Auto Round #，以及一个循序递增的序号，例如 Auto Round 1 [1]。可以重命名整个“自动倒圆角”特征，但不能重命名各个 ARM 名。

操作 4：存盘。

注 意

在“选项”选项卡中，“使倒圆角特征尺寸成为从属”复选框的意思是，可以使组中各个倒圆角特征的尺寸从属于彼此。更改其中任何一个尺寸将会更新该倒圆角组中所有其他倒圆角特征的尺寸。 而“保留 A-R 特征关系和参数”复选框的意思是，保留自动倒圆角特征级属性。诸如倒圆角组的单个倒圆角特征中的参数和关系等。

在修改模型并再生“自动倒圆角”特征之后，对边进行倒圆角操作的顺序可能会改变。修改之前未创建倒圆角的某些边可能会创建倒圆角，而修改之前已创建倒圆角的某些边，其倒圆角可能会消失。对于无法通过“自动倒圆角”特征来倒圆角的边或边链，Pro/E 会为其创建几何检查。“故障排除器”(Troubleshooter) 对话框会显示边或边链无法创建倒圆角的原因。当重新定义“自动倒圆角”特征时，可使用几何检查来检查“自动倒圆角”特征无法为其创建倒圆角的边或边链。然后，再重新定义“自动倒圆角”特征时，可将这些边或边链排除在创建倒圆角操作之外。如果将“自动倒圆角”特征的结果设置为倒圆角组，或是如果将“自动倒圆角”特征转换成倒圆角组，那么几何检查并不会报告无法创建倒圆角的边。

也可以将“自动倒圆角”特征转换为倒圆角组，操作法如图 6-28 所示。

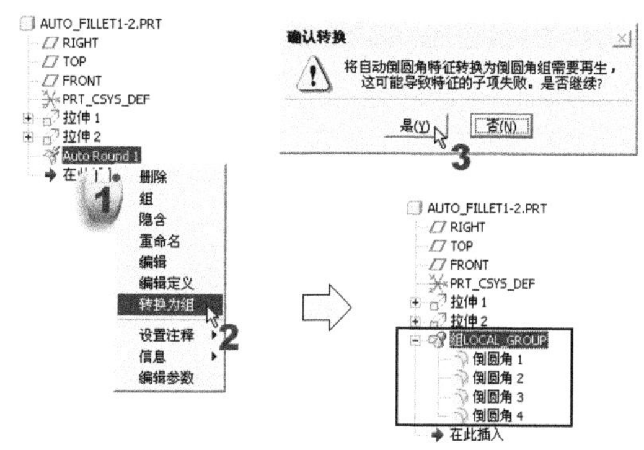

图 6-28　转换为倒圆角组的操作

如果在“选项”选项卡中，选中了“使倒圆角特征尺寸成为从属”复选框，那么完成后倒圆角特征就会自动转换为组。

从图 6-28 可看出，倒圆角组是一组倒圆角特征。将 Auto Round (自动倒圆角)特征转换成倒圆角组时，会再生 Auto Round 特征并创建一组一般的倒圆角特征。各个倒圆角特征都继承 Auto Round 特征的属性。

要注意的是，将“自动倒圆角”特征转换为倒圆角组时，会发生下述现象：

- 模型被再生；
- 几何不改变；
- 几何检查被移除；
- 当 ARM 转换成常规倒圆角特征时，倒圆角几何的 ID 会改变；
- 参照“自动倒圆角”特征的特征会失败；
- 撤销操作会再生模型，并触发“自动倒圆角”算法；
- 撤销操作会恢复倒圆角几何的原始 ID。

在“族表”(Family Table)中，无法将“自动倒圆角”特征转换为倒圆角组。另外，也不能对 ARM 运行诸如隐含、恢复、阵列等操作。不过，在 ARM 上单击鼠标右键，然后选择“信息”→“特征”，即可取得有关 ARM 的信息。在默认情况下，ARM 不会显示在“模型树”中。

6.3 倒 角 特 征

和倒圆角类似，倒角(Chamfer)特征是在零件的边线或角落上切削材料，在相应位置生成一个斜面，以达到设计要求的一类切割特征。倒角特征可在零件两个面的交在线生成，也可在零件的拐角处生成。若欲在零件的边在线生成倒角特征，需选取零件的边线，此边线应位于两面之间，系统可允许同时选取多个边来进行倒角。

和圆角一样，我们将在本节中练习基本倒角方面的功能。

命令或工具图标位置

1. 边倒角部分

(1) “插入(I)”→“倒角(M)”→“边倒角(E)...”。

(2) 右工具栏里的[icon]。

2. 拐角倒角部分

“插入(I)”→“倒角(M)”→“拐角倒角(C)...”。

选项板内容

1. 边倒角部分

边倒角选项板中的选项说明如图 6-29 所示。

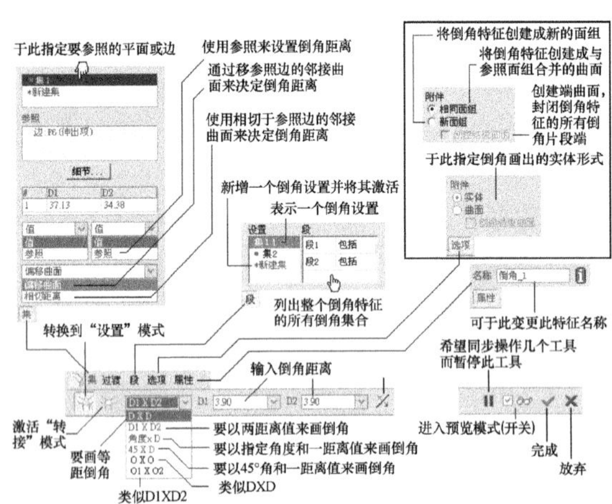

图 6-29 边倒角选项板

2. 拐角倒角部分

拐角倒角的选项说明如图 6-30 所示。

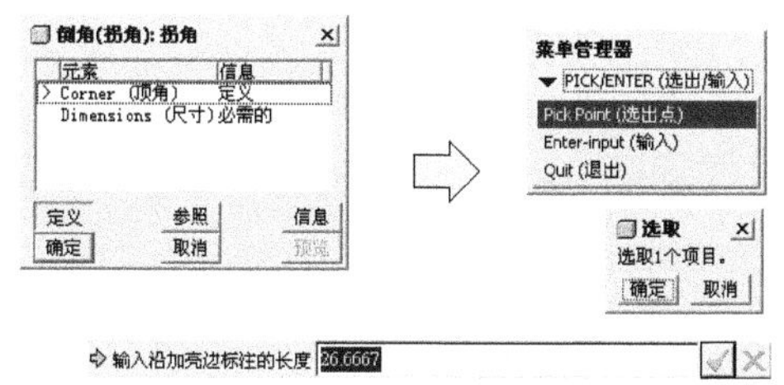

图 6-30　拐角倒角特征的菜单管理器选项流程

6.3.1　简单倒角

本范例目的：将刚才画好的 extrude_border.prt，用简单的倒圆角来修饰。

本范例练习文件：(1)Examples\ch06\chamfer1.prt。

本范例完成文件：(1)Examples\ch06\chamfer1_finish.prt。

本范例视频文件：(1)avi(gb)\ch06\chamfer1.avi。

本范例完成图如图 6-31 所示。

图 6-31　简单倒圆角范例完成图

操作 1：请打开练习文件，并按图 6-32，运行“边倒角”命令来操作。我们先练习来它的 4 种倒角类型。

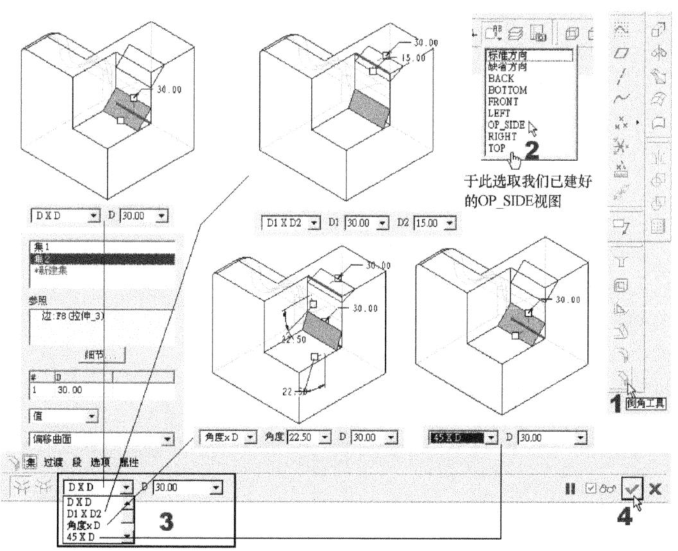

图 6-32　简单倒角的操作

信息补充站　　Wildfire 3.0 版以后新增的倒角类型

在 Wildfire 3.0 版以后，新增了“O×O”和“O1×O2”两种倒角类型。这两种类型类似原来的“D×D”和“D1×D2”。我们以图 6-33 来说明它们的不同处。

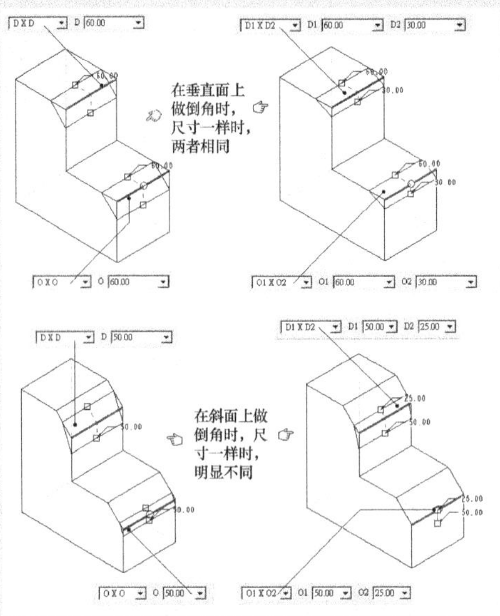

图 6-33　“O×O”、“D×D”和“O1×O2”、“D1×D2”的差别

这是因为“D×D”或“D1×D2”只有在边链的所有成员，都必须由两个 90° 的平面或两个 90° 的曲面所构成时，才能在使用“偏移曲面”条件下使用。

而“O×O”或“O1×O2”则专门在“偏移曲面”条件下才能使用。默认时，Pro/E 只有在“D×D”无法使用时，才会自动选取“O×O”选项。

操作 2：按图 6-34 所示的操作，分别练习对一个曲面和一条边，以及对两个面做倒角。

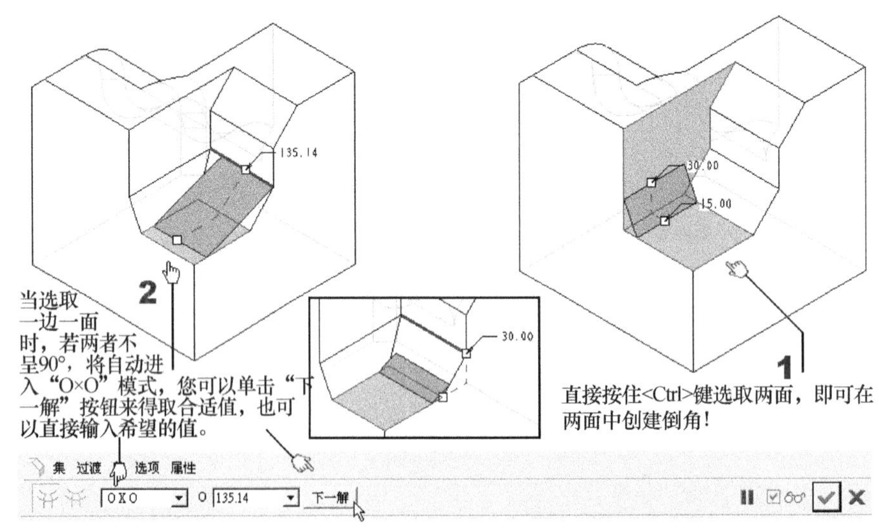

图 6-34　对一曲面、一边和两面的倒角操作

操作 3： 练习对曲线边做倒角的方法。请参照图 6-35 的操作。

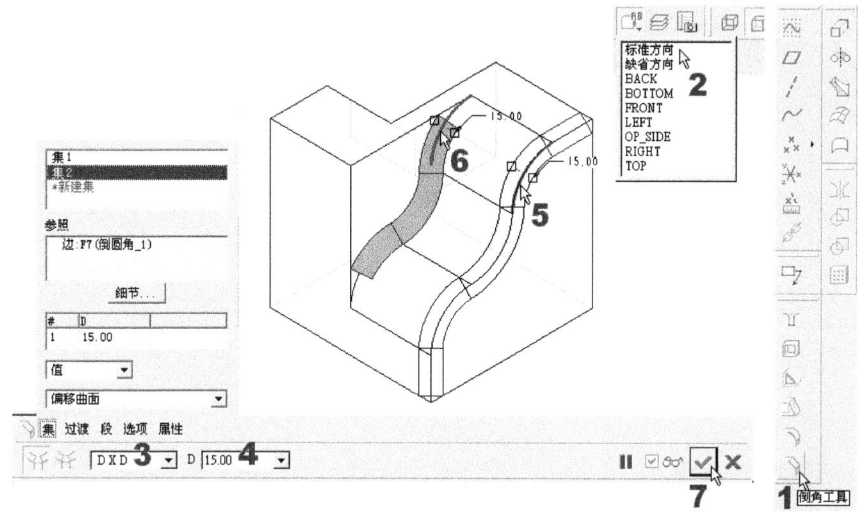

图 6-35　对曲线边做倒角的操作

操作 4： 存盘。

6.3.2　拐角倒角实例

本范例目的：本来这个功能应该是提高的，但是修拐角是很常碰到且实用的，况且其操作简单，我们就先在此练习。能举一反三的人，也能将类似的操作应用在修拐角倒圆角上，练一个等于会两个。

本范例练习文件：(1)Examples\ch06\chamfer1_finish.prt。

本范例完成文件：(1)Examples\ch06\chamfer2_finish.prt。

本范例视频文件：(1)avi(gb)\ch06\coner_chamfer.avi、chamfer2_01.avi、chamfer2_02.avi。

本范例完成图如图 6-36 所示。

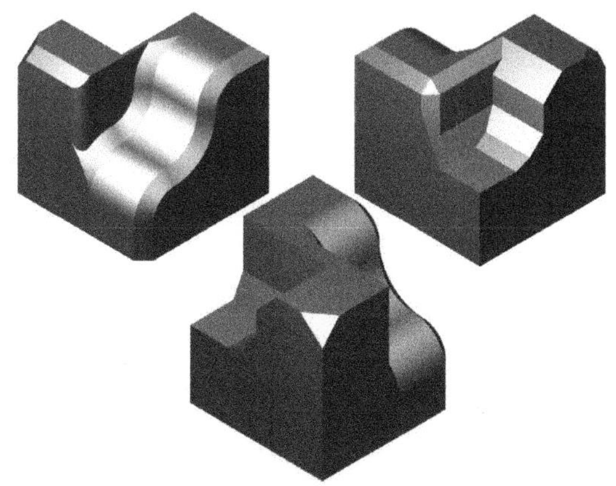

图 6-36　拐角倒角范例完成图

操作 1： 请打开练习文件，按图 6-37 所示，使用拐角倒角工具来修拐角倒角。本操作视频文件：coner_chamfer.avi。

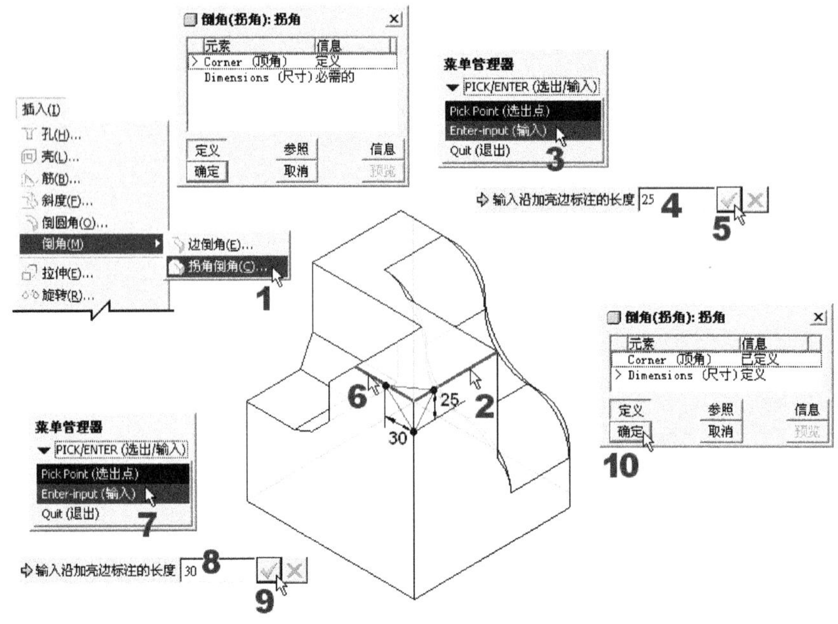

图 6-37　拐角倒角的操作

操作 2：还有一种拐角的倒角情况，要动用到前面边倒角的“转接”模式来做。请按图 6-38 所示的操作修拐角倒角。本操作视频文件：chamfer2_01.avi。

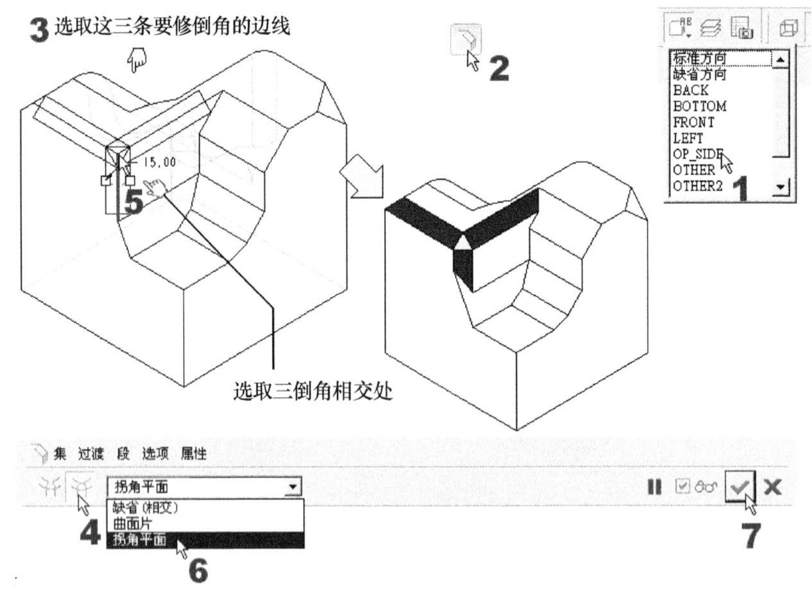

图 6-38　三倒角交会的拐角倒角编辑操作

操作 3：如果是二倒角、一圆角，那么请参考图 6-39 所示的操作。本操作视频文件：chamfer2_02.avi。

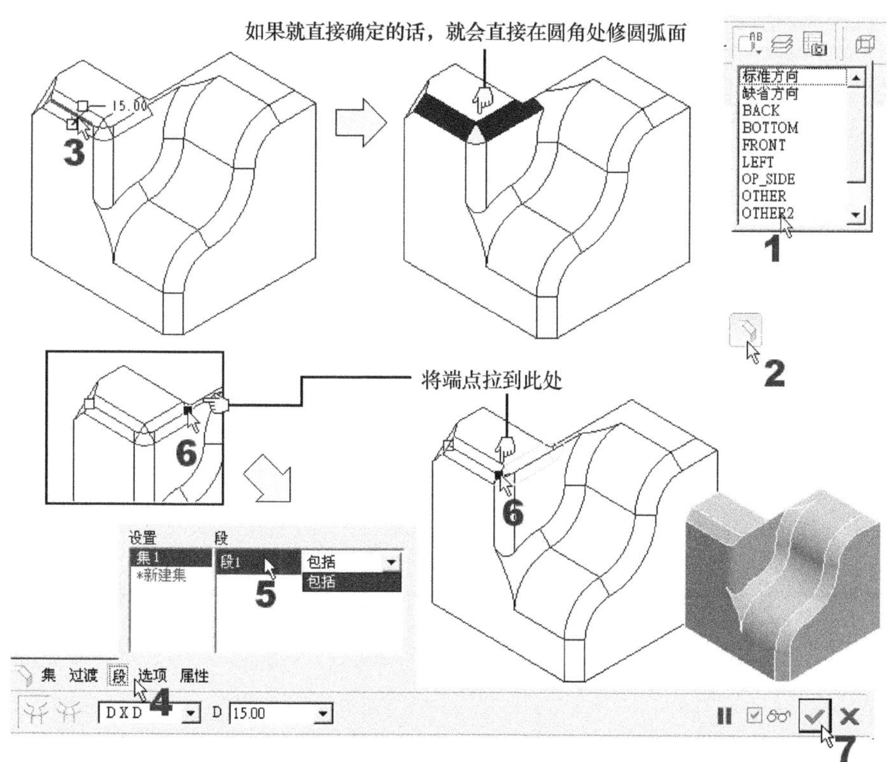

图 6-39　二倒角、一圆角的倒角编辑

操作 4： 存盘。

6.4　基准面应用实例

在上一章我们谈基准特征时，我们练的范例都是单独的。因为在前面的章节中还没有正式讲到建模命令。本章已介绍了基本建模的概念和命令，现在，我们就设计一个范例来说明：如何在一个主要实体中，指定的位置上，画出指定形状的图形。彻底明白这个范例之后，在未来自设基准面的技巧应用上，您将可以很快的举一反三，获益良多。

本范例练习文件：(1)Examples\CH06\datum.prt。

本范例完成文件：(1)Examples\CH06\datum_finish.prt。

本范例视频文件：(1)avi(gb)\ch06\datum.avi。

本范例完成图如图 6-40 所示。

操作 1： 打开图 6-41 所示的练习图。

操作 2： 画出那个靠圆轴的图形。先按图 6-42 所示的操作，在拉伸操作设置基准面时，临时以 Front 基准面为准，来创建一新的 DTM1 基准面。因为这个图形是坐落于 DTM1 上的。

操作 3： 完成后，系统会将草绘连同该基准面，整个放在“拉伸”特征下成为子项目，并自动关闭该临时基准面的显示。

操作 4：草绘一个曲线和两个基准点来画梯形体。这条曲线和基准点，等于就是可以定位梯形体位置的辅助线和点。请参照图 6-43 的操作。

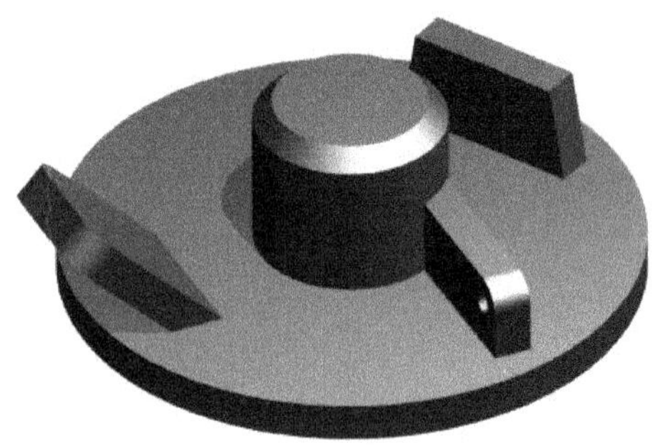

图 6-40　本范例完成图

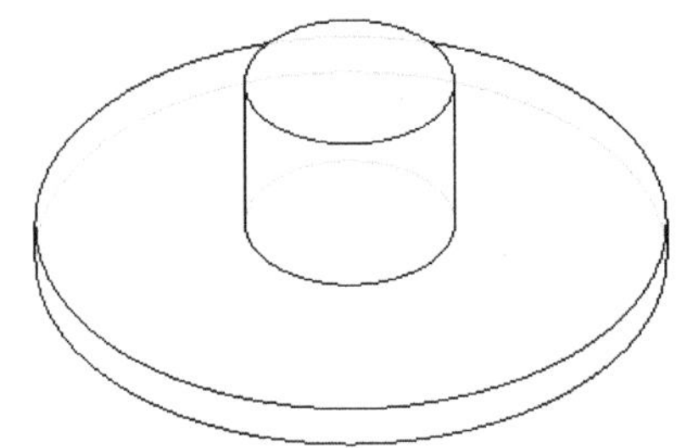

图 6-41　初始图

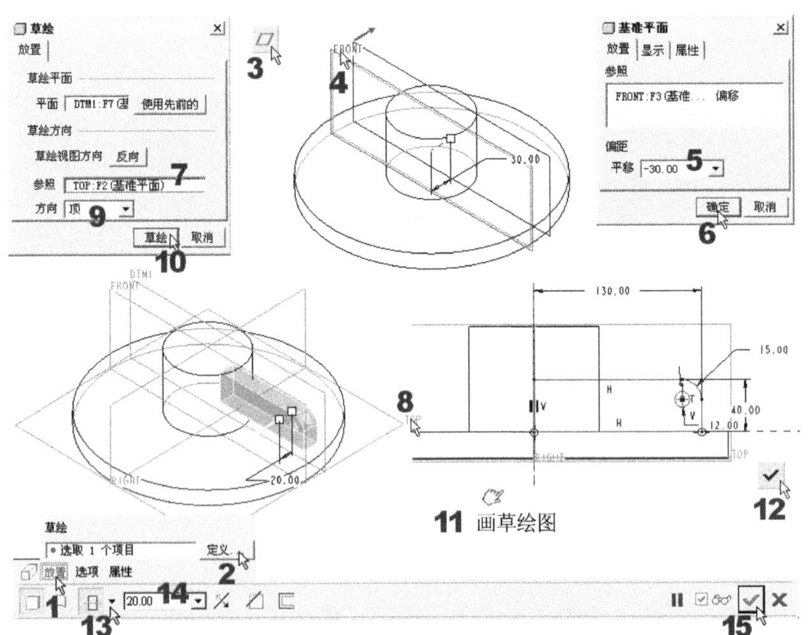

图 6-42　创建一个临时基准面来做拉伸的操作

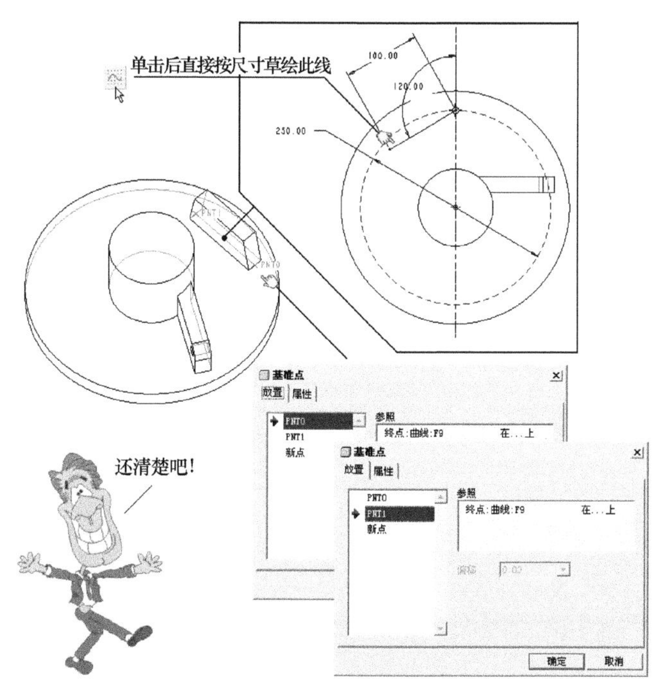

图 6-43　创建一个临时基准面来做梯形体拉伸的操作

信息补充站　　**草绘工具的作用**

草绘工具 放在右工具栏的首位。我们并没有正式介绍它，因为单击它后，就时接进入“草绘”设置窗口和草绘模式，和一般的特征命令一样，所以不需要特别介绍。

它是一个画辅助线的好工具，而且打印时不会印出来。在很多场合中，基准特征想要落脚的地方不一定有实线，此时借用草绘工具就是不错的方法。它所绘出的图形会以草绘特征保存于模型树区中。

操作 5：同理，梯形体的基准面也是在草绘时要临时建立的。以下我们仅说明其重点的设置。如图 6-44 所示。

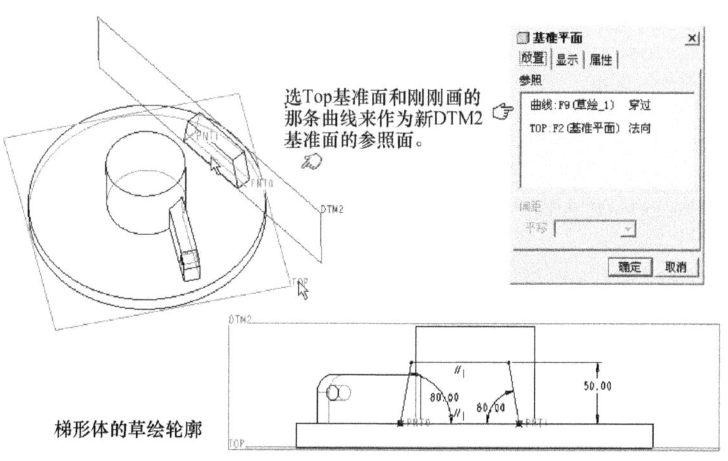

图 6-44　梯形体的临时基准面操作示意图

操作 6： 草绘一个曲线和两个基准面来画斜矩形体。请参照图 6-45 的操作。

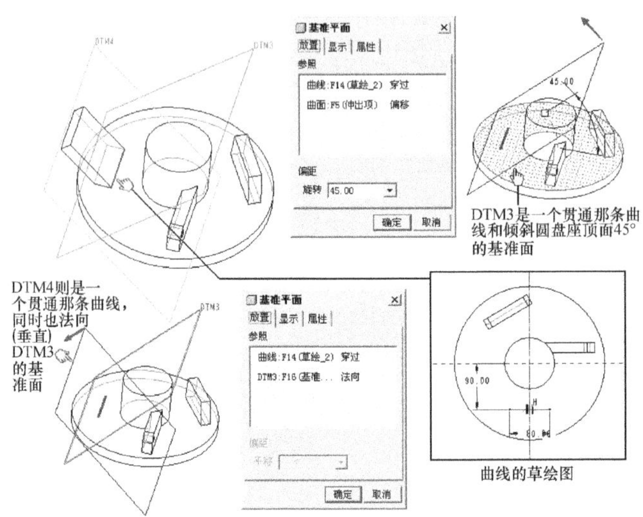

图 6-45　创建一个临时基准面来做斜矩形体拉伸的操作

再按图 6-46 来拉伸出斜矩形体。

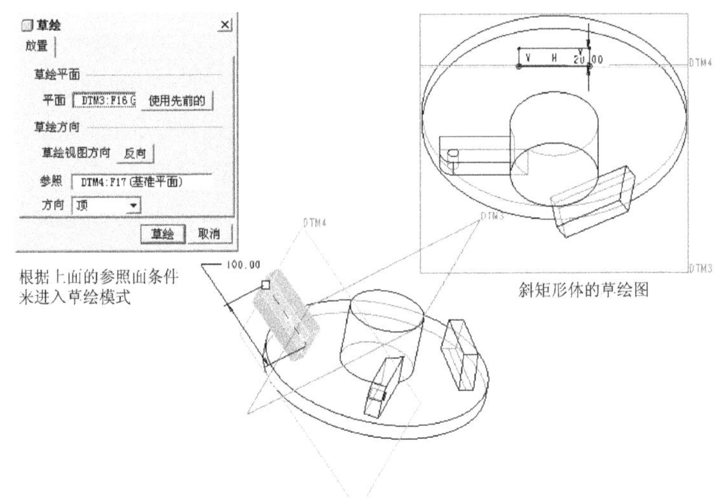

图 6-46　拉伸出斜矩形体的操作示意图

特别讨论(非垂直的基准面应用)

在第 5 章的 Datum_plane_01(有声) .avi 视频文件中，我们曾经在一个非垂直的基准面上创建一个倾斜实体。当以现在的程度再回顾该视频时，就会发现在非垂直的基准面上作草绘时，于指定草绘面后，系统不会像垂直基准面那样，自动指定草绘参照方向；所以，导致进入草绘后，需要再指定那三个基准点来作为参照，模型即可创建。实际上，也可以指定任意可以帮系统确认方位的任何参照。这就是非垂直基准面的应用方法，在本章的习题中也有类似的应用(只是用于剪材料)。

习　　题

追寻解答文件中的特征步骤和设置，在前面的练习中已做过。其方法就是：将模型树区最底下的“在此插入”指针往上提，再逐步将它往下一个特征、一个特征的移动，在有问题的特征上右击，选择“编辑定义”命令，就可以查看特征的设置。

这样，由于在追寻中用了脑筋做判断，再配合本书的图例和视频，就可以真正学到所需要的知识。在本工作室的教学经验中，往往发现学生喜欢看视频，但却在观看的过程中打瞌睡，或只是模仿照做，脑筋完全不用，这类学生的学习效果和程度明显很差，只能做教过的范例，换个样子就不知所措，更别谈设计了！

由于 Wildfire 本身日益全面化的选项板界面，以及良好相应的操作反应辅助，都让这个追寻理解绘图步骤的效果更佳。在这样的情况下，学会并熟练特征的步骤追寻，以及对追寻到的设置技巧体会，就会让您学到更多，从某方面来看这也是一种教学。既然这样，我们就不用制作很多重复操作的图例，而将更多精力放在习题的设计和解答的制作上。

1. 试述右键轮选法的操作方法和其应用时机。

2. 试述草绘倒圆角和特征倒圆角的差别和应用取舍。

3. 请使用到当前为止所教的概念和命令，在尺寸随意自定义的情况下，绘出图 6-Q1 所示的实体(训练将所视实体直接绘出的能力)。

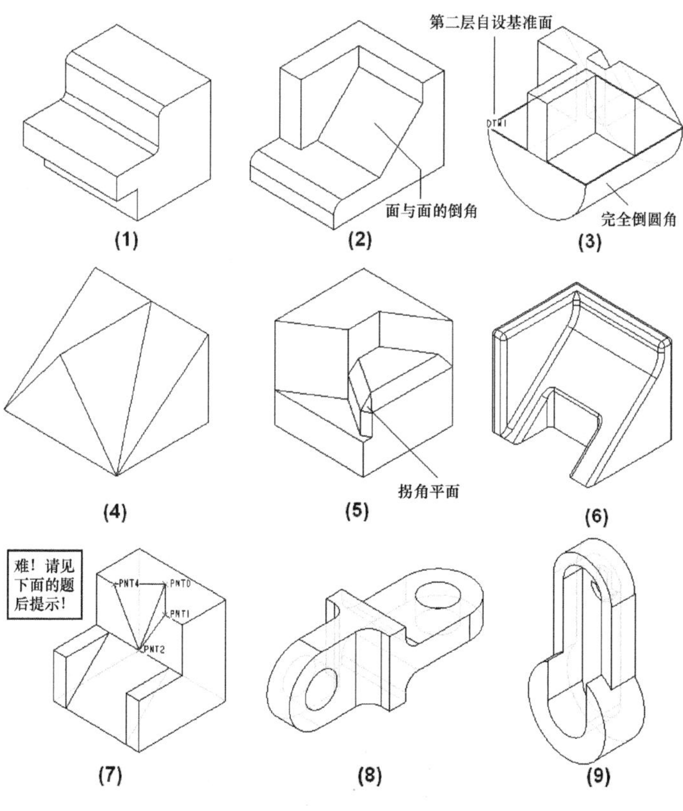

图 6-Q1

题后提示 任意斜基准面的绘图技巧

在图 6-Q1 的第 7 题里，我们加了一个高难度的题目，来强迫您将自设基准面的好处应用上来。通过本题的练习后，您将真正的体会到基准面、基准轴和基准点等基准特征的好用之处。

在此题中，斜面已知通过三点但未知角度，所以很难在默认的基准面上草绘要挖掉的轮廓。显然，草绘面必须就在这个斜面上。换句话说，必须自设这个基准面。下述就是相关的操作提示。

① 通过三点必有一面，所以这两个(左右各一个)基准面必通过如图 6-Q1 所示的两组四点，就要想办法设置出来。您可能要先设置相关的基准面和基准轴，才能设置好这四点；概念掌握较好的读者不用设的那么复杂，很快就可以定出正确的基准面。如果按部就班的来，基准特征就会很多如图 6-Q2(左)所示。

当基准特征很多时，可以直接在模型树区将该基准特征隐藏起来，而只看到需要的。

② 该基准面建好以后，我们必须指定该面为草绘平面，但是没有适用的参照面可用，所以需要再建一个和该基准面垂直的基准面来当作参照面。

③ 进入草绘后，因为不是垂直的，且线条都叠在一起，很难搞清楚草绘要摆哪里才对，因为只是要画一个矩形区域来切掉不要的实体，所以通常我们会转到等角图视面下来画，在等角视图下比较好操作。如图 6-Q2(右)所示。

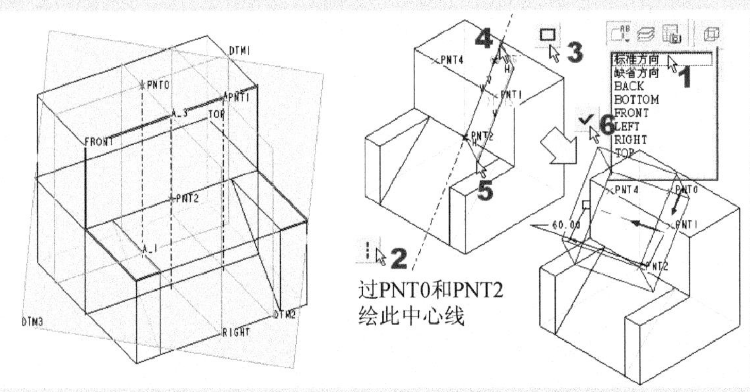

图 6-Q2 技巧题示图例

当然，要做这题并用像题解般这样麻烦，这是用我们当前所学命令来解决的最佳方法。但即使是未来更好切的命令中，基准面的创建还是主要重点，因此请善用此题来清楚前面相应用基准特征的模糊印象。

4. 请按照尺寸图绘出图 6-Q3 中的实体(训练三视图组合立体图的识图能力)。

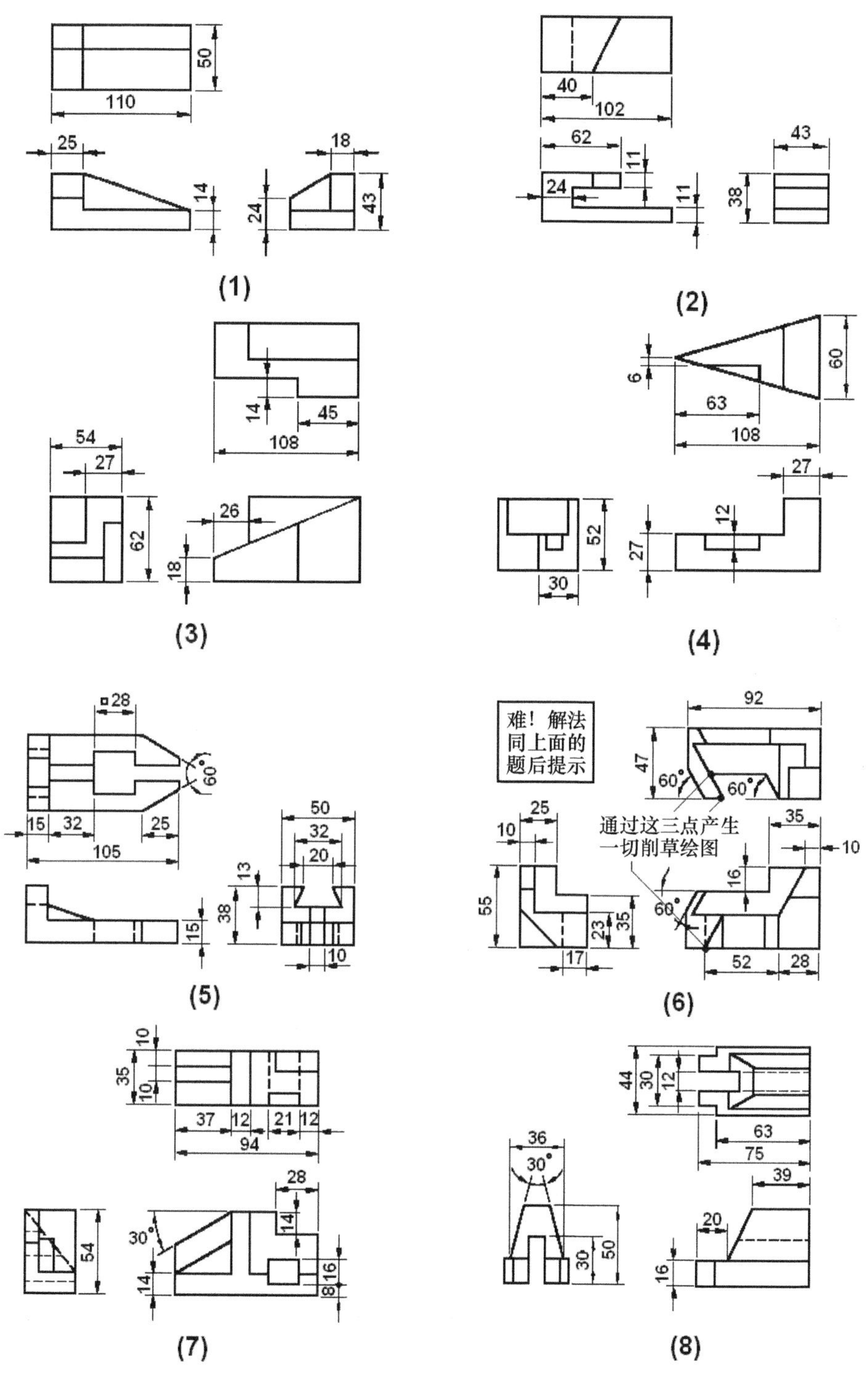

图 6-Q3

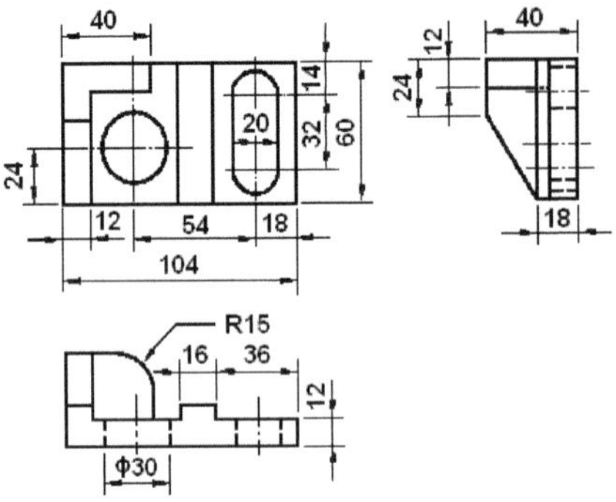

(9)

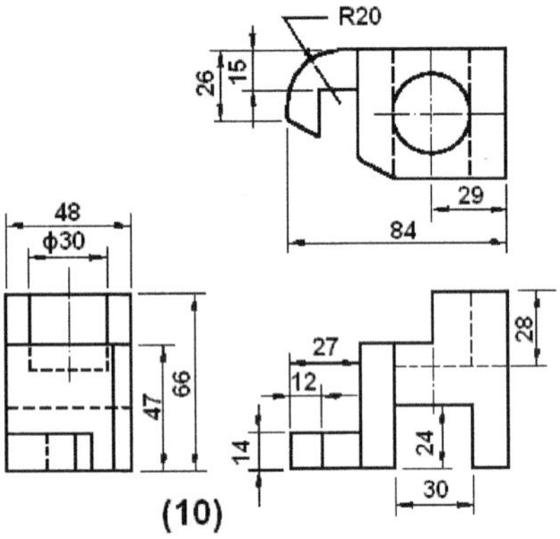

(10)

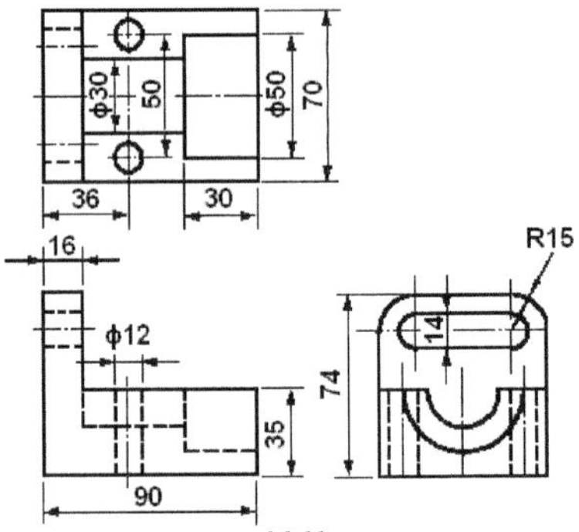

(11)

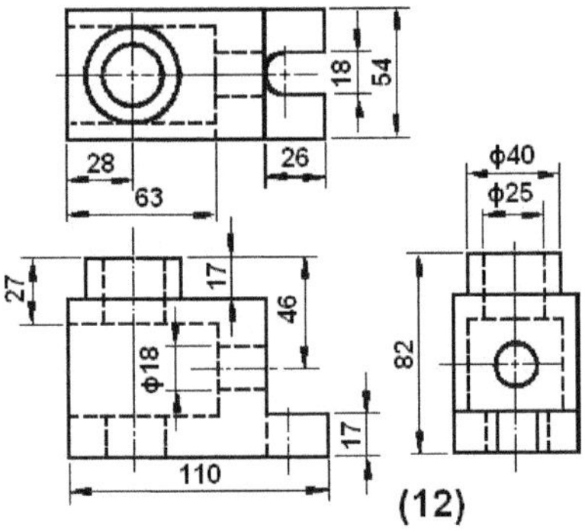

(12)

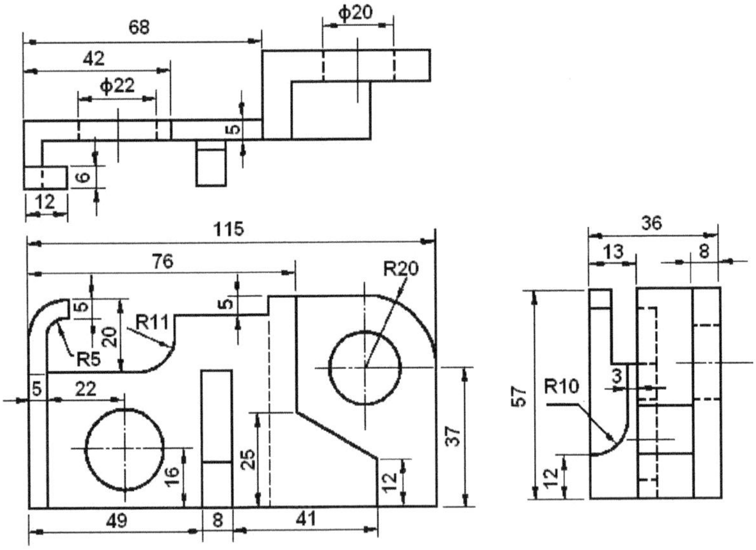

(13)

图 6-Q3 (续)

5. 如果前面的基准特征概念清楚，那么本题的 4 道子题(如图 6-Q4 所示)应该就简单了！其中，有些斜切面使用下一章才学到的倒角(Chamfer)特征比较方便，但是用拉伸来切也可以。不过，用户仍可以在下一章练过倒角特征后，再回头来做！

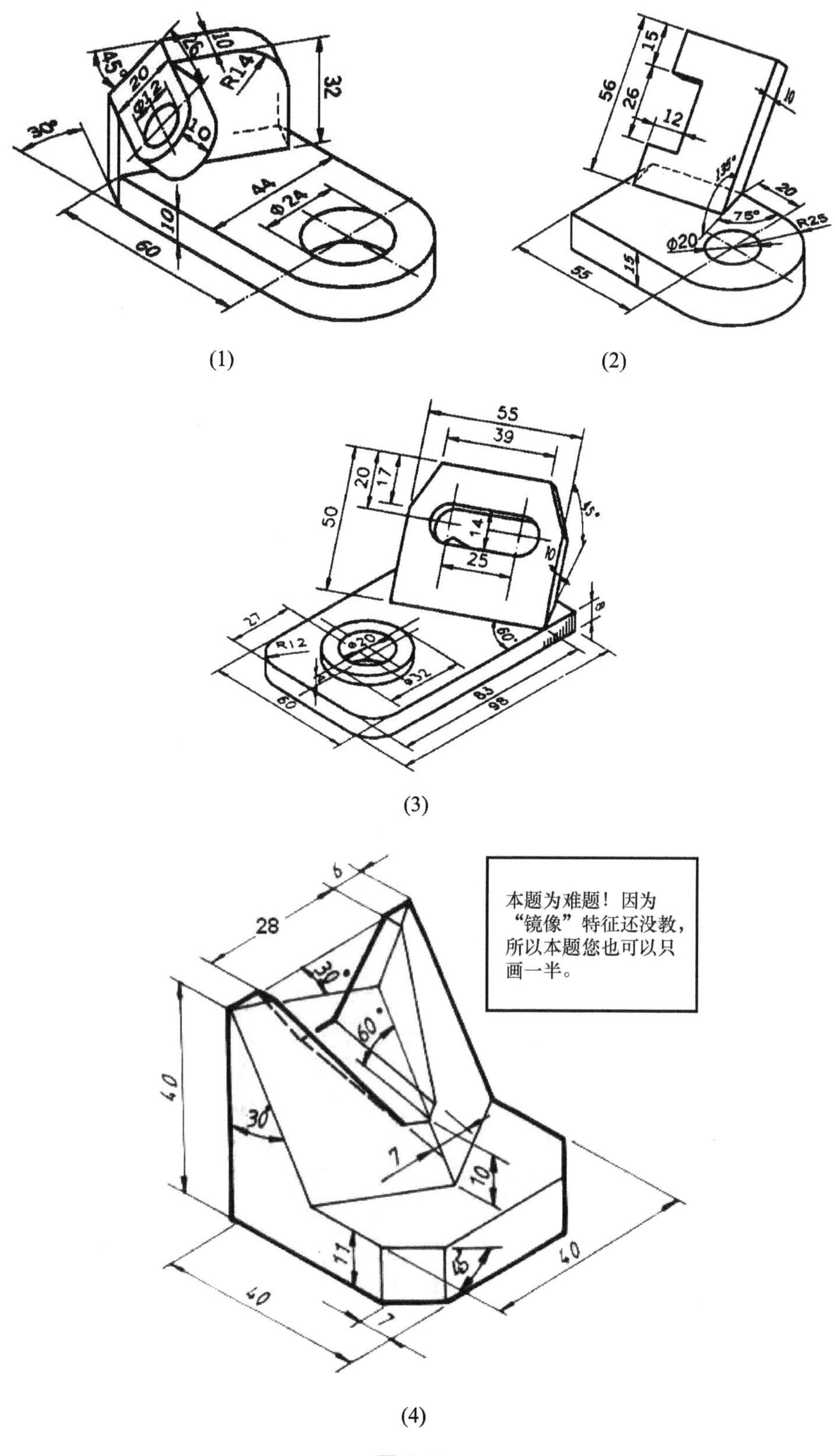

(1) (2) (3) (4)

图 6-Q4

6. Pro/E 只能草绘出水平或垂直的椭圆，请根据提示，画出一 45° 的椭圆实体。

题后提示

此问题的关键点即在：结合基准面、基准点和草绘的应用。请如图 6-Q5 所示操作。

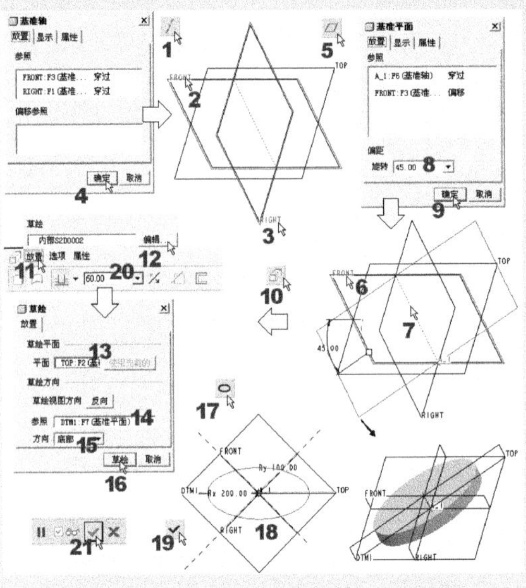

图 6-Q5　绘制 45° 椭圆的操作提示

7. 请根据图 6-Q6 自行绘出一球体，然后在其上穿出一洞。此问题只是要练习圆球和穿洞的画法(旋转命令下一章就教，您可以学过后再回头做此题)。

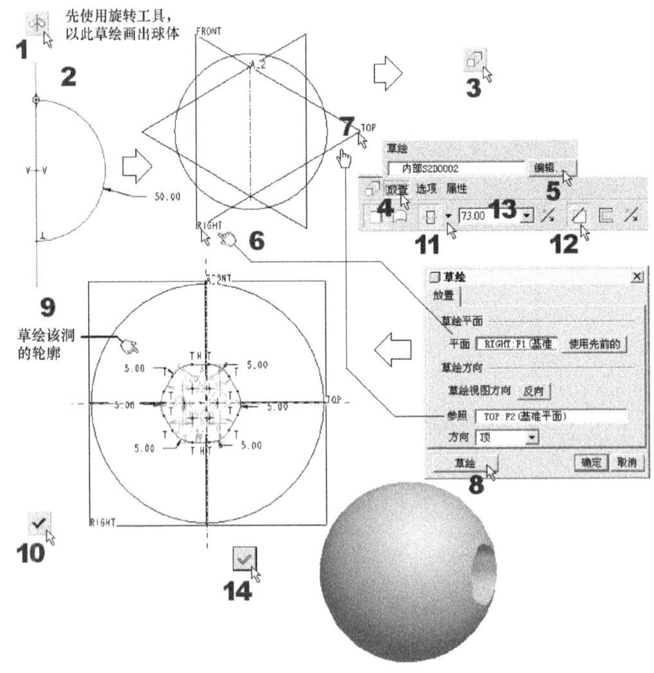

图 6-Q6　　圆球穿洞

8. 打开本书范例光盘中(1)Question Files\ch06 目录里的 06-Q08.prt.1 图形文件，按下面提示里的方法，练习在倒圆角时配合按<Shift>键，选链边来修圆角，如图 6-Q7 所示。

题后提示

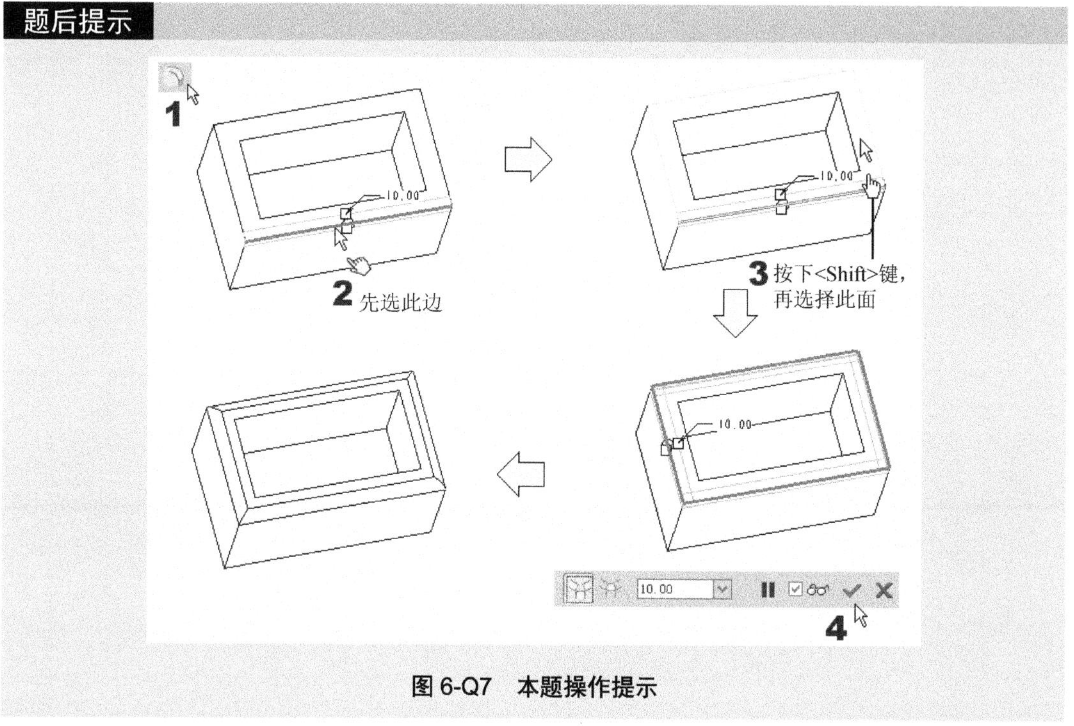

图 6-Q7　本题操作提示

9. 请参照图 6-Q8 所示的平面尺寸图来绘出此零件。

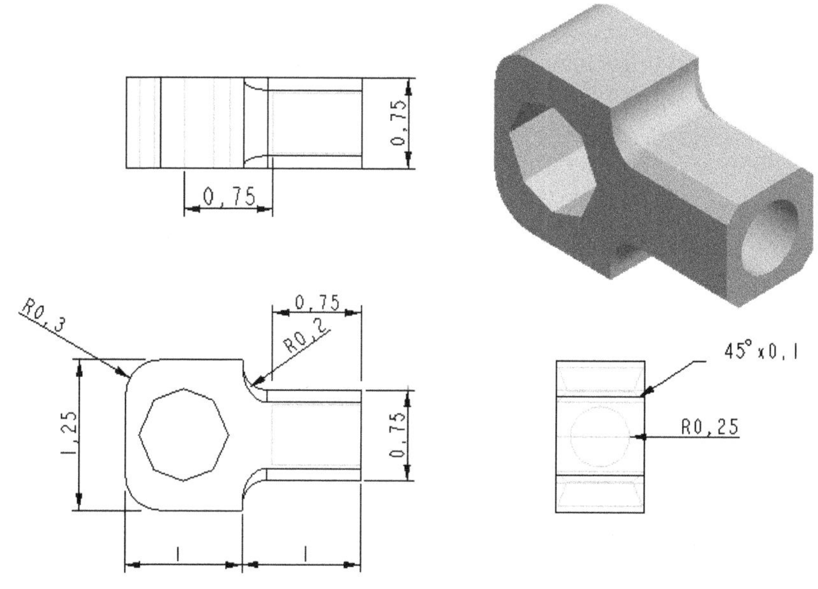

图 6-Q8　本范例的平面尺寸图

题后提示

本题主要说明：柱面连接处修圆角的顺序不同可能稻致的结果也不同。提示如图 6-Q9 所示。

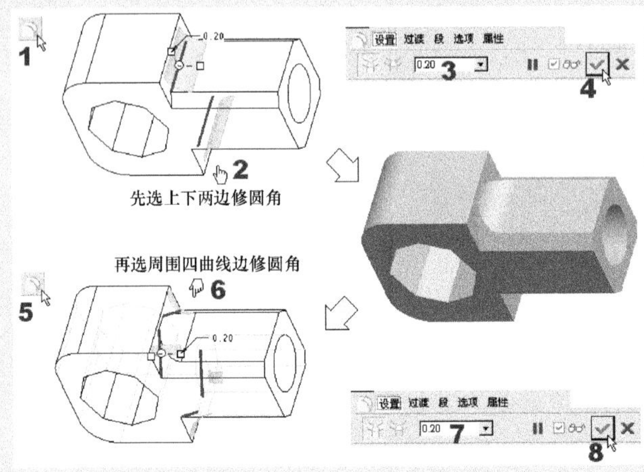

图 6-Q9　本题操作提示

第 7 章

建模基础(二)

和拉伸一样，旋转也是独立的基本实体建模命令，再搭配薄壳和加厚等编辑特征命令，就可以专门用来绘制锅、盆、碗、瓶类对称造型，且有薄壳厚度的物体。当然，引伸和旋转也常会用而阵列(Pattern)来绘制图形。它们一样是初学者应该首先学会的，我们将在本章中练习并讨论这 4 个基本的命令。

- 旋转(Revolve)
- 薄壳(Shell)
- 加厚(Thicken)
- 阵列(Pattern)

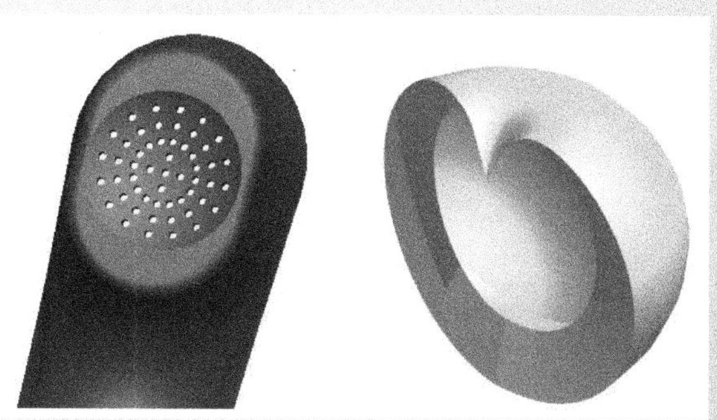

7.1 旋转、薄壳和加厚特征

旋转(Revolve)、薄壳和加厚，是我们认为应先一起讲的一组特征命令。前者和拉伸(Extrude)特征的角色相同，是基本的实体和薄面建模命令，后两者是编辑特征命令，所以它当然也可以用来编辑拉伸出的实体图形。

7.1.1 旋转特征

旋转特征是所有 3D CAD 软件中必备的基本功能。在完成剖面及旋转中心线的草绘后，该剖面绕着中心线旋转，即可扫描出实体体积(注意：此剖面必须为封闭的线，且剖面上所有的图形必须在中心线的同一侧。若剖面有两条以上的中心线，则系统将会自动确认第一条生成的中心线为旋转轴。如果需要用于旋转的中心线不是第一条绘出的中心线，那么只要将之前绘出的其他中心线依次删除再绘出，这样就可以保证该中心线为“第一条”绘出的中心线)。

命令或工具栏图标位置

(1) “插入(I)”→“旋转(R)...”。

(2) 右工具栏里的[图标]。

选项板内容

旋转特征选项板中的选项说明如图 7-1 所示。

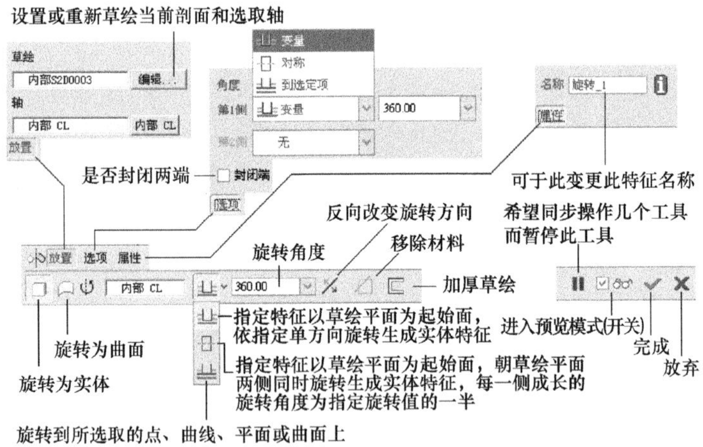

图 7-1 旋转特征的选项板

7.1.2 薄壳特征

薄壳(Shell)特征，就是指在模型上选择一个或多个移除面，并设置希望生成的薄壳厚度后，系统就从选取的移除面开始，掏空所有和选取表面有结合的特征材料，只留下指定壁厚的薄壳。在一般情况下，所生成的薄壳，各表面的厚度均相等，若欲生成不同厚度的薄壳，可对某些表面的厚度做单独的设置。

命令或工具栏图标位置

(1) “插入(I)” → “壳(L)...”。
(2) 右工具栏里的▣。

选项板内容

薄壳特征选项板中的选项说明如图 7-2 所示。

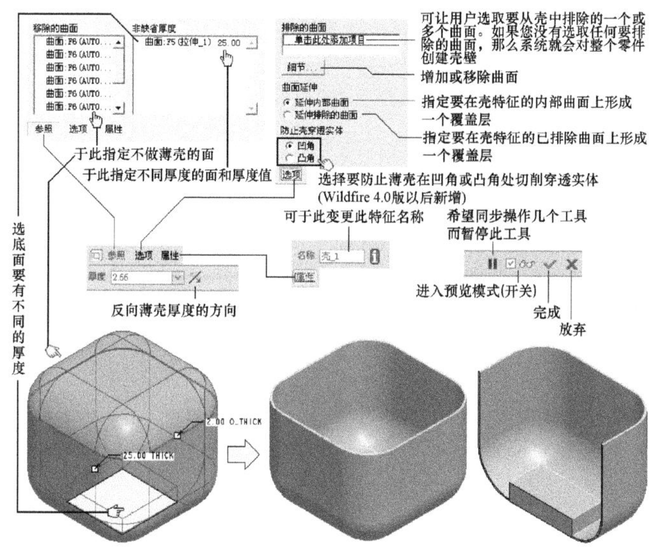

图 7-2 壳特征的选项板

7.1.3 加厚特征

加厚(Thicken)特征用于将曲面或面组特征生成实体薄壁，或者移除薄壁材料。因此，“加厚”特征可用于创建复杂的薄实体，以提供比实体建模更复杂的曲面造型。“加厚”特征在设计上有极大灵活性。图 7-3 即为“加厚”特征的添加材料或去除材料的示例。

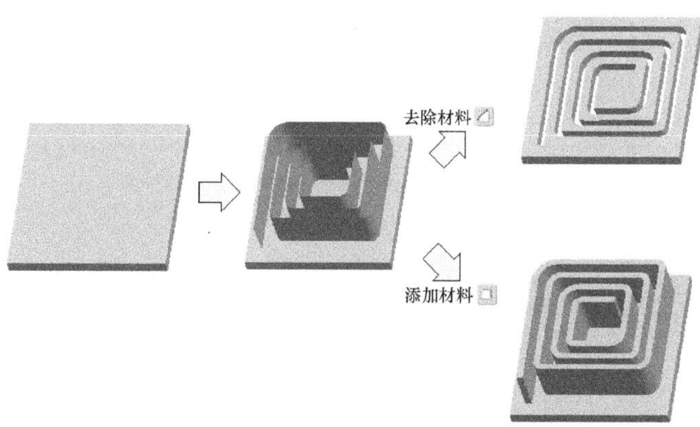

图 7-3 加厚的功能示意图

命令或工具栏图标位置

“编辑(E)” → “加厚(K)…”。

选项板内容

“加厚”特征选项板中的选项说明如图 7-4 所示。

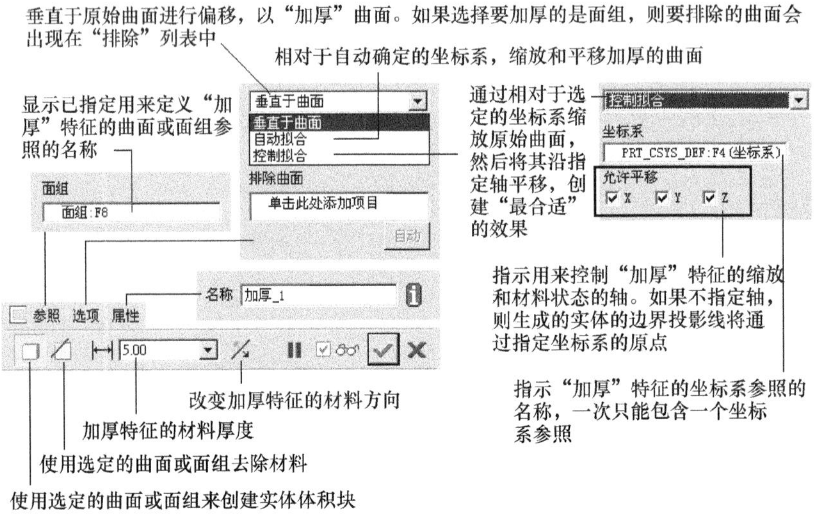

垂直于原始曲面进行偏移，以“加厚”曲面。如果选择要加厚的是面组，则要排除的曲面会出现在“排除”列表中
相对于自动确定的坐标系，缩放和平移加厚的曲面
显示已指定用来定义“加厚”特征的曲面或面组参照的名称
垂直于曲面
自动拟合
控制拟合
排除曲面
单击此处添加项目
自动
面组
面组:F6
通过相对于选定的坐标系缩放原始曲面，然后将其沿指定轴平移，创建“最合适”的效果
坐标系
PRT_CSYS_DEF:F4(坐标系)
允许平移
X
Y
Z
指示用来控制“加厚”特征的缩放和材料状态的轴。如果不指定轴，则生成的实体的边界投影线将通过指定坐标系的原点
指示“加厚”特征的坐标系参照的名称，一次只能包含一个坐标系参照
名称
加厚_1
参照
选项
属性
5.00
改变加厚特征的材料方向
加厚特征的材料厚度
使用选定的曲面或面组去除材料
使用选定的曲面或面组来创建实体体积块

图 7-4 “加厚”特征选项板中选项说明

“控制”各选项对加厚模型的影响，如图 7-5 所示。

PRT_CSYS_DEF
模型边界与原平面法向平行
模型边界与坐标系X轴平行
模型边界过坐标系原点
垂直于曲面
排除曲面
单击此处添加项目
自动
控制拟合
坐标系
PRT_CSYS_DEF:F4(坐标系)
允许平移
X
Y
Z

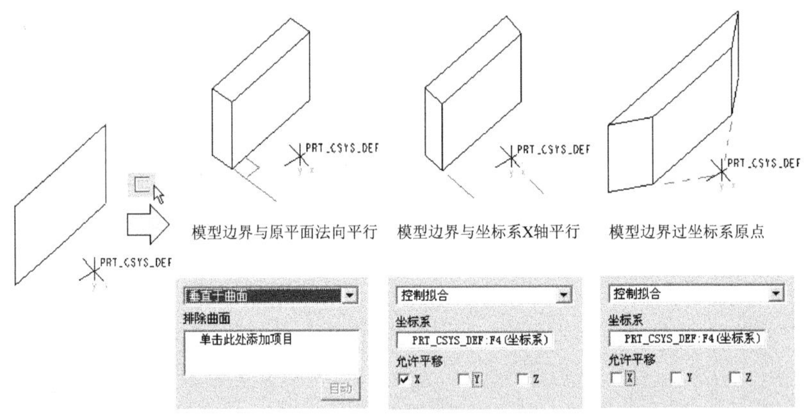

图 7-5 “控制”各选项对加厚模型的影响

7.1.4 综合实例

简单旋转+薄壳实例

本范例目的：最容易用来表现旋转实体的，莫过于制陶师傅利用旋转器所制作的瓶罐类器件。本范例用来演示旋转与薄壳特征的创建方法。

本范例完成文件：(1)Examples\CH07\revolve1.prt。

本范例视频文件：(1)avi(gb)\ch07\revolve1.avi。

本范例完成图如图 7-6 所示。

图 7-6　本范例完成图

操作 1：请运行“旋转”命令，再按图 7-7 所示操作。注意：旋转的草绘一定要画轴线(即中心线)，否则会出现错误。

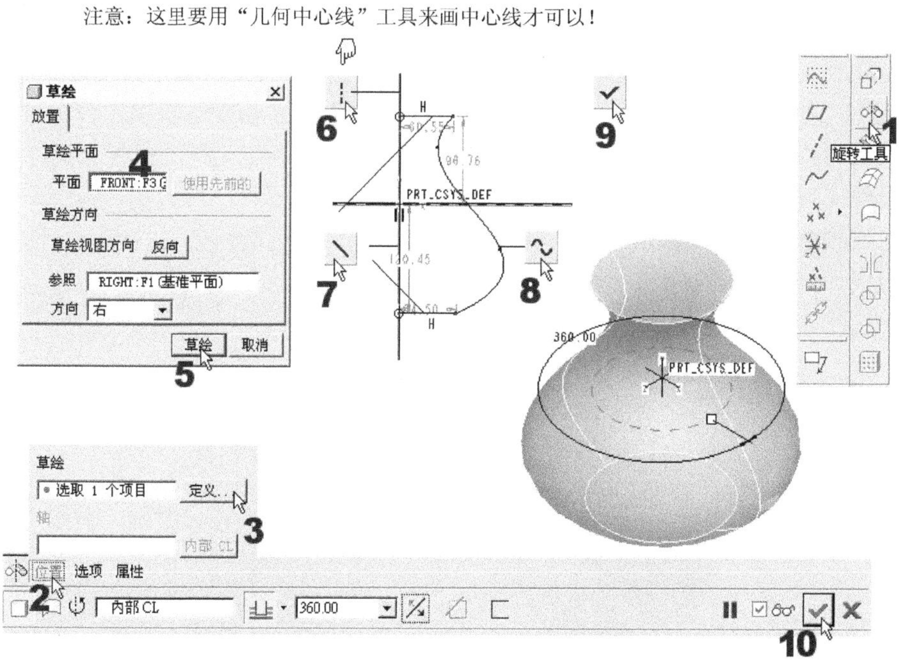

注意：这里要用“几何中心线”工具来画中心线才可以！

图 7-7　旋转草绘操作

操作 2：运行“壳”命令，再按图 7-8 来进行薄壳特征的正规操作法。注意：这种方法当厚度值为正时，是里面挖空；当为负值时，则是向外增加实体厚度来挖空(或单击选项板上的“反向”按钮)！

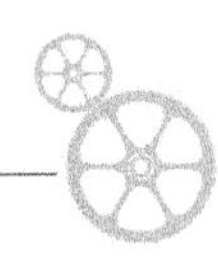

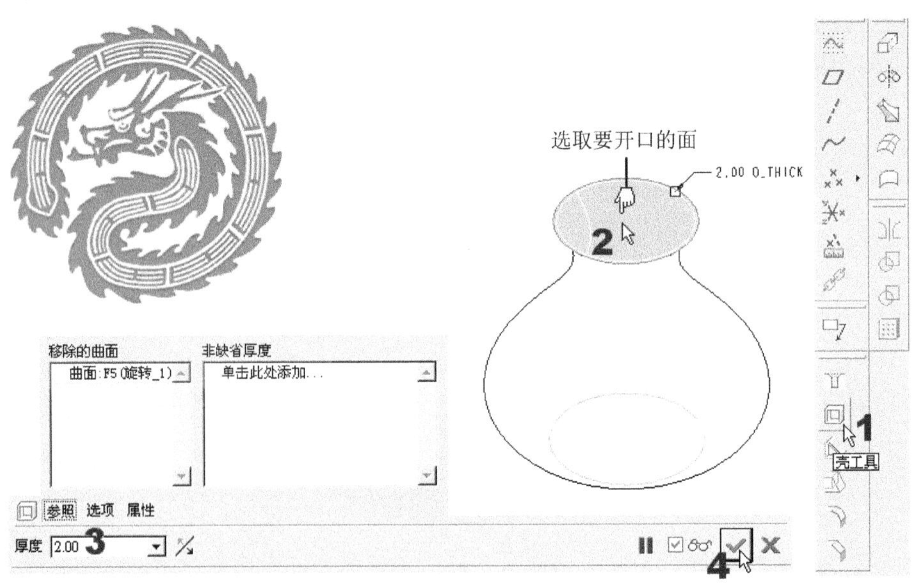

图 7-8 薄壳特征的编辑操作

操作 3：存盘。

阴阳复合双旋转实例

本范例目的：练习绘出一个旋刮出的实体。这次，由于挖空的部位不是固定厚度，所以不能用薄壳做。不过，也因为挖空处的造型是旋刮体，因此就造成以内外各做“旋转”一次，然后再以减材料方式来造成“阴阳差集”的效果。

本范例完成文件：(1)Examples\CH07\revolve2.prt。

本范例视频文件：(1)avi(gb)\ch07\revolve2.avi。

本范例完成图如图 7-9 所示。

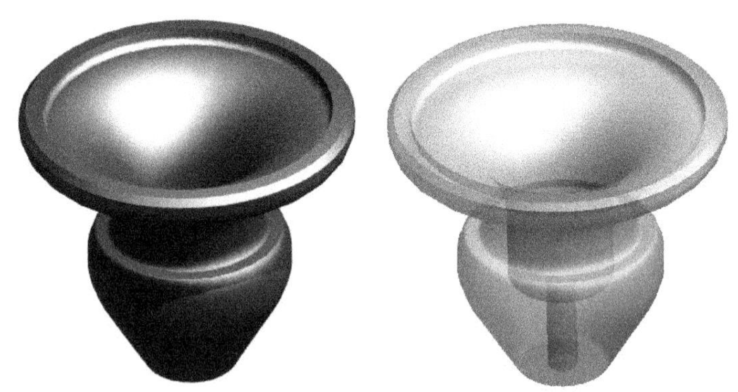

图 7-9 本范例完成图

草绘图：这个范例的绘图技巧和前节所练过的都一样，只是要运行两次轮廓不一样的“旋转”操作。而这两次“旋转”操作所用到的草轮廓图如图 7-10 和图 7-11 所示。

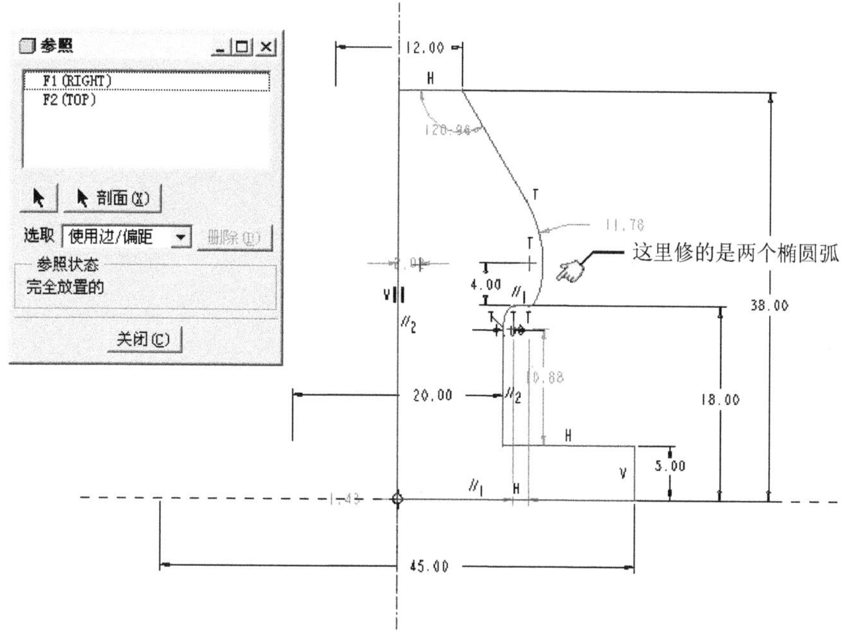

图 7-10　外形轮廓的旋转草绘图

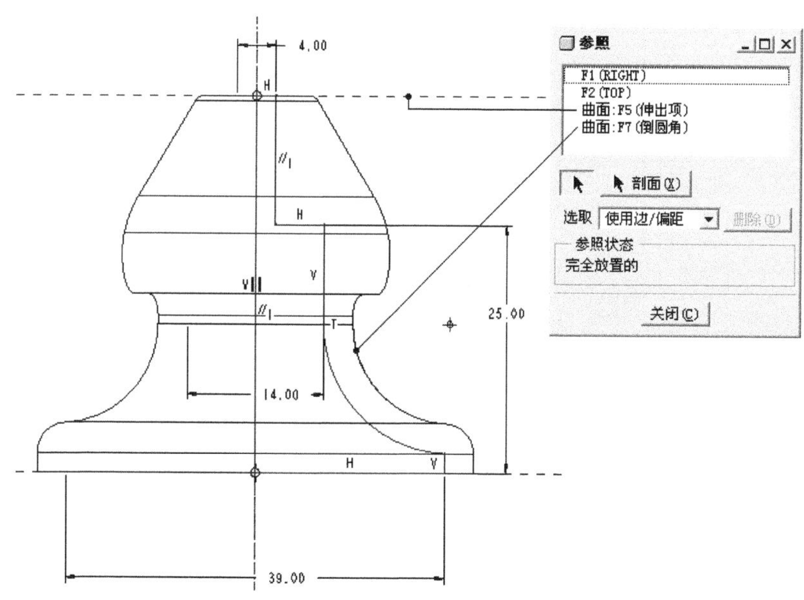

图 7-11　中间挖空部分的旋转草绘图

最后，再于相关的部位上修倒角和圆角即可，请直接参照完成文件。

旋转薄面实例

本范例完成文件：(1)Examples\CH07\revolve3.prt。

本范例视频文件：(1)avi(gb)\ch07\revolve3.avi。

本范例完成图如图 7-12 所示。

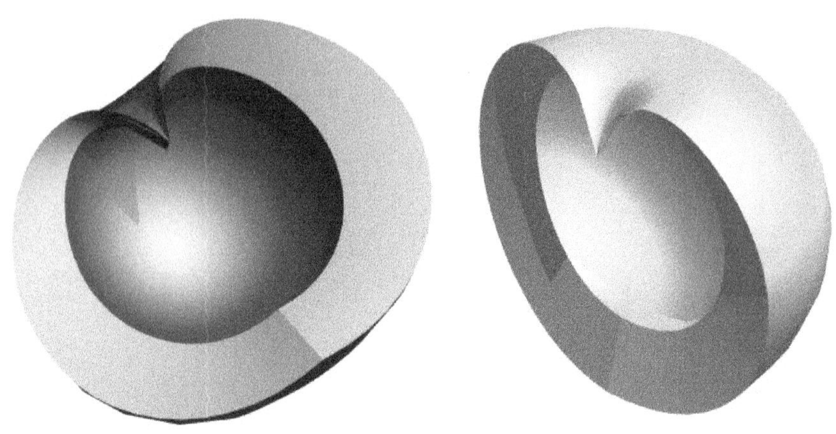

图 7-12　本范例完成图

操作 1：请运行“旋转”命令，图 7-13 是操作示意图。

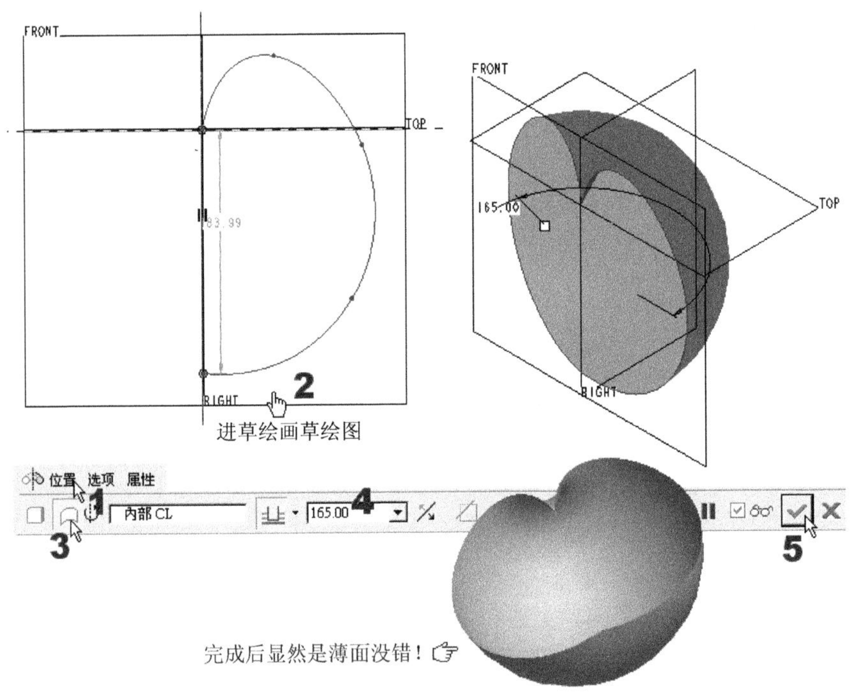

图 7-13　薄面轮廓的旋转草绘图

操作 2：所以，再运行“加厚”命令来转实体并变薄壳，再按图 7-14 来设置。要注意薄壳的设置中是还有文章的。

操作 3：存盘。在视频文件中，我们还为您示范了如何显示旋转 360° 以后的剖面操作。不过，这个功能还没正式教，读者可先练习。

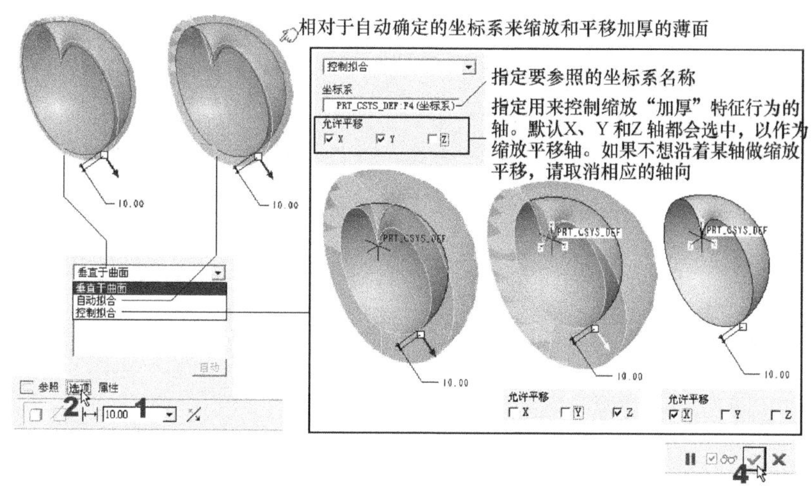

图 7-14　旋转薄面的薄壳设置

7.1.5　薄壳还是加厚的问题

不论是“旋转＋薄壳”，或是“旋转＋加厚”，别以为这些组合的操作很简单毫无技巧，因为有 “旋转＋薄壳”、 “旋转＋加厚”和“旋转＋加厚按钮” 等三种情况，都可以造成薄壳的效果。它们有何不同？我们要在此给您一个中肯的说明。

这个问题的起因是：“旋转”特征的选项板最右边也有一个“加厚”按钮，可以用来达到薄壳的目的，为何不用？如果要用到外部特征命令来处理，那是要用“壳” 特征，还是“加厚”特征？

我们先打开以下两个文件来讨论这个问题。

本范例讨论文件：(1)Examples\CH07\revolve4a-1.prt、revolve4a-2.prt。

如图 7-15 所示，从这两个范例的表面来看，两者完全相同。但是其中一个用的是“旋转＋薄壳”(revolve4a-1.prt)，另一个则是“旋转＋加厚按钮”(又称“薄片旋转”法，revolve4a-2.prt)。

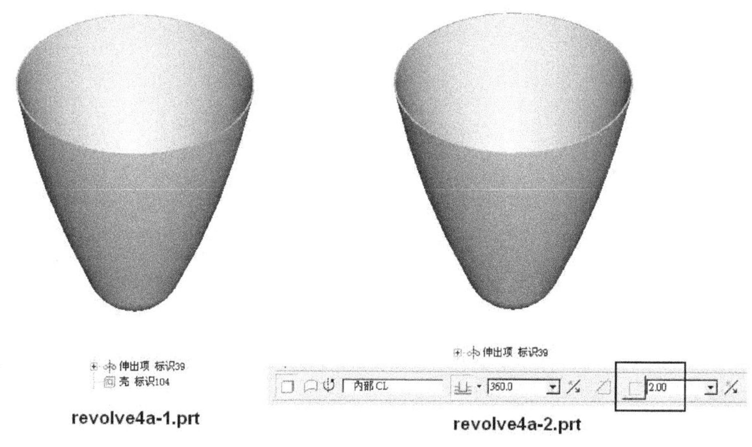

图 7-15　本范例讨论图

有趣的是：两者的草绘图完全相同，那么会有什么差异呢？“薄片旋转”法有一特色，就是：放大边角后，它和基准面间会生成一斜角，而一般以“壳”特征命令来挖空的就不会这样！比较图例如图 7-16 所示。

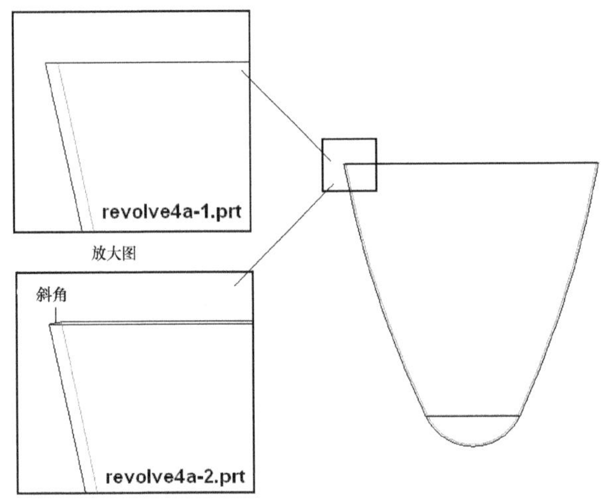

图 7-16　两种绘法的差异比较

这个差异基本上并不会太大的影响到造型，就看您对所需造型的要求而定。因为有斜角的，等于就是一起做了一个不能控制尺寸的小倒角。

这个问题和技巧基本上已经解释清楚了，接下来，我们再想：如果我们将“壳”特征命令换成“加厚”特征命令，那会如何呢？请将 revolve4a-1.prt 改一下。

首先，显然是要将旋转改为薄面模式，并如图 7-17 所示修改一下草绘图(完成图为 revolve4a-3.prt)，因为如果绘出的是实体，就不能用“加厚”特征命令了。

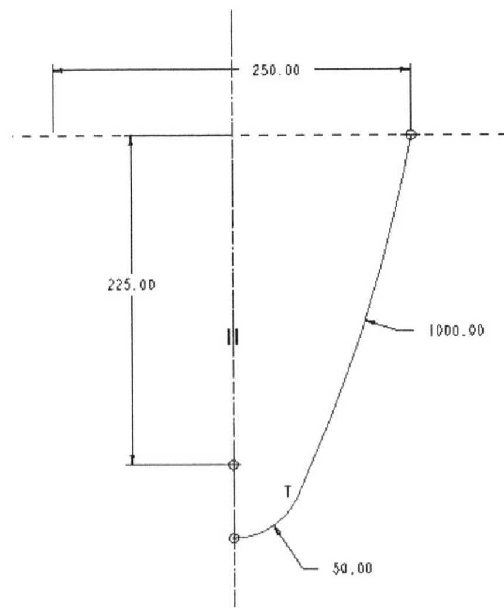

图 7-17　修改为薄面模式的草绘图

然后，我们就运行“加厚”命令来处理，完成后发现其结果和“旋转＋加厚按钮”

(revolve4a-2.prt)的做法是一样的。如果您要的是这种效果，那就直接在旋转特征中使用“加厚”按钮来画就好了，除非您需要像图 7-14 那样的特殊效果。若按图 7-14 选“控制的配合特征”模式，那么应用 X、Y、Z 的某组会扩大厚度的设置，就会扩大那个倒角。

7.1.6　草绘还是薄壳的问题

还有一个问题也是很重要的！有时候，我们也会面临旋转是要在草绘里直接画出薄壳轮廓，还是要在外面使用独立的“旋转＋薄壳”特征来处理这样的问题。

这个问题的答案，我们也是再打开以下两个文件的草绘图来讨论。

本范例讨论文件：(1)Examples\CH07\revolve4b-1.prt、revolve4b-2.prt。

如图 7-18 所示，从这两个范例的草绘图来看，很明显的，左边的那个就是直接在草绘里画出薄壳轮廓(revolve4b-1.prt)，而右边的那个，则是前面一般的画法(revolve4b-2.prt)。

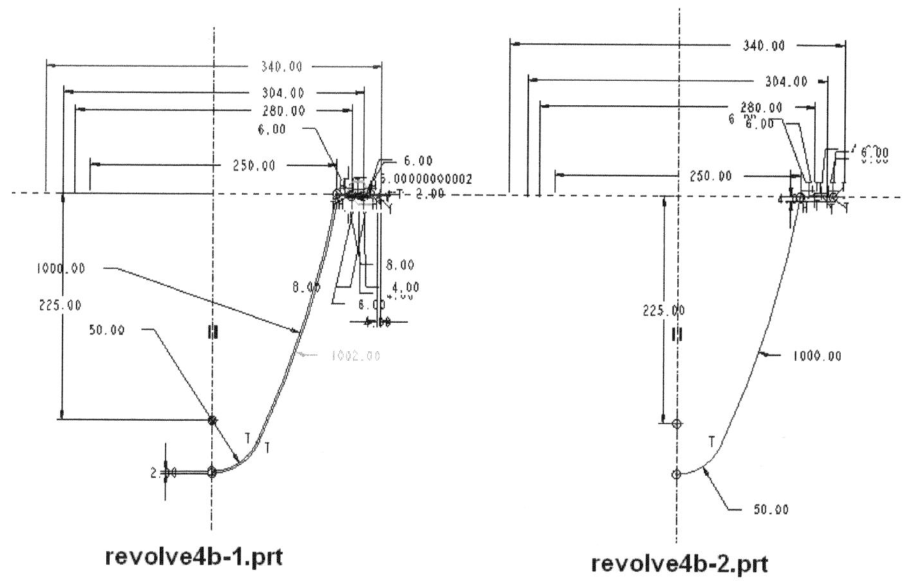

图 7-18　本范例讨论图

在正常的情况下，一般会采用右边 revolve4b-2.prt 文件所用的方法，因为当厚度很小时，左边的绘法很不好画。Pro/E 草绘的自动捕捉功能，经常会帮倒忙的将距离很近的弧线“吸”在一起，而增加了绘图的困扰！所以，两者间的取舍就很明显。当然，如果您想象我们提供的范例一样，来练练这种高难度的草绘，还是很欢迎！为什么呢？即便我们已经在图 7-10 和图 7-11 中，练过用两次阴阳旋转的手法来构建出不同厚度的薄壳，如果草绘的功夫高，一次草绘就能解决也不错。

7.1.7　旋转中心的问题

本节在此要讨论的则是旋转的一个特殊技巧。在本范例中，它们的草绘图非常相似(轮廓相同，只是局部的图形定义不同)，却可造成截然不同的造型。这是一个用来说明草绘中心线定义影响的最佳范例！我们打开以下的两个文件来讨论。

本范例讨论文件：(1)Examples\CH07\revolve5-1.prt、revolve5-2.prt，如图 7-19 所示。

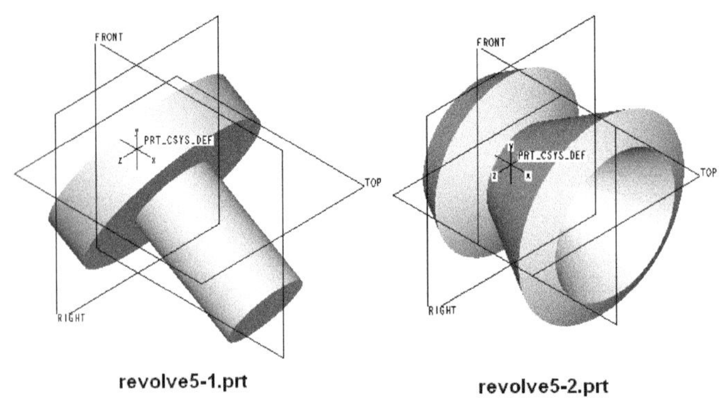

图 7-19　本范例讨论图

为什么草绘图都一样，却造成截然不同的造型？关键还是在草绘图。所以，我们如图 7-20 所示，直接以其草绘图来讨论。

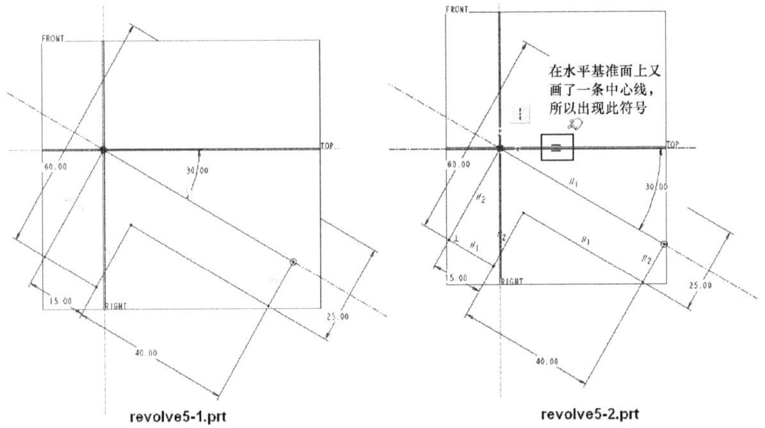

图 7-20　两张图的草绘图

从图 7-20 中的这两个草绘图中，我们发现两者的差别在于：左图是在一开头时，就画那条与水平线呈 30° 的中心线，这样所有轮廓就会绕着这条中心线旋转并旋转出实体；而右图它是在一开头时先画出一条水平中心线，并对齐 Top 基准面，此时草绘轮廓是以水平中心线为旋转轴，而倾斜中心线则只是用来作为对称标注用途的！换句话说，有效的旋转轴要以有那个═符号为主的才算数。利用这样的规则和特性，就可以在草绘图相同的情况下，适时的随意摆布草绘图形。

7.2　阵 列 特 征

在有了前面的建模绘图基础后，现在的阵列(Pattern)特征算是重要的了！使用 Pro/E 的阵列命令来创建阵列时，可通过变更某些指定尺寸，创建出所选特征的模板。为进行阵列所选取的特征称为“阵列导引对象”。这个特征命令功能有以下的特点。

- 阵列是参数控制的。因此，可以通过变更阵列参数(例如模板数、模板间的间距和原始特征尺寸)来修改阵列。
- 修改阵列比修改各特征更为有效。当改变阵列中的原始特征尺寸时，系统也会自动更新整个阵列。
- 对包含在阵列中的多个特征运行一次操作。这总比分别对各特征运行操作，更快更方便。

此外，由于系统只允许一次阵列一个单独特征。如果要阵列多个特征，则可创建一个“局部群组”，然后再阵列这个群组。创建群组阵列后，可以再取消阵列和取消对模板的分组，以方便对它们进行编辑修改。注意：系统不会将基准线的线型属性也带到阵列中。

命令或工具栏图标位置

(1) “编辑(E)”→“阵列(P)...”。
(2) 右工具栏里的▦。

选项板内容

阵列特征的选项说明如图 7-21 所示。

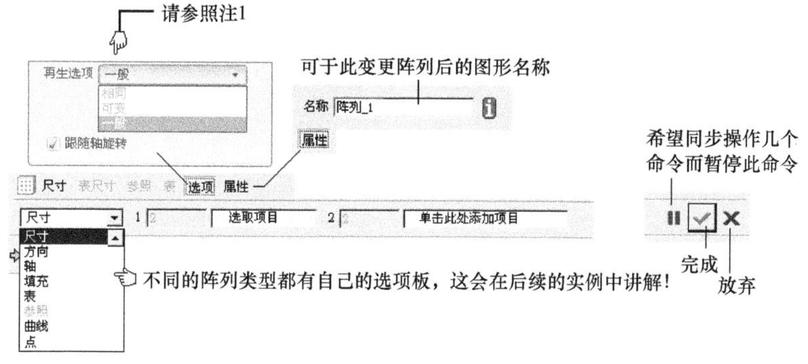

图 7-21 阵列特征的选项

注 意

面对阵列所涉及的特征和曲面的复杂度，Pro/E 使用“再生选项”来定义阵列。换句话说，当阵列复杂性愈低，Pro/E 所做出的假设就愈多，创建阵列的速度也就愈快。因此，“再生选项”里会有三个下述选项。

① 相同。是最简单的阵列选项，它将假设：所有模板大小相同，且都放置在同一曲面上、所有模板均不与任何特征边相交。这三种选项中，此选项的再生速度最快。注意，在相同阵列中，系统不会进行确定在阵列模板间，有没有发生覆盖情况的检查，用户必须自行检查。如果不想自行检查，请选择“一般”。

② 可变。变量要比相同更为复杂。它将假设：模板大小可变化，且放置在不同曲面上，以及所有模板均不与其他模板相交。Pro/E 将分别为每个特征生成几何，然后一次生成所有相交特征。

③ 一般。此选项将用来创建最复杂的阵列。系统对这个选项的模板不做假设。因此，Pro/E 将单独计算每个模板的几何，并分别求交每个特征。当特征阵列化后，可用此选项

来使特征与其他模板接触、自交或与曲面边界相交。即使模板与基础特征内部相交，且相交处不可见，也需要选用此选项。

下面介绍各类型阵列的范例。其中，填充阵列、曲线阵列、参照阵列等将是本系列书下一本的中级主题。

7.2.1 轴阵列(正规圆阵列)

本范例目的：轴阵列是 Wildfire 2.0 版以后新增的功能，因为原先的模式都是立体圆阵、方阵混用的，对立体概念不佳的初学者来说比较难懂。因此，轴阵列是最简单、最接近 2D 概念的圆形阵列模式，也是最容易人所接受的一个。

本范例练习文件：(1)Examples\CH07\pattern_axis.prt。

本范例完成文件：(1)Examples\CH07\pattern_axis_finish.prt。

本范例视频文件：(1)avi(gb)\ch07\pattern_axis.avi。

本范例完成图如图 7-22 所示。

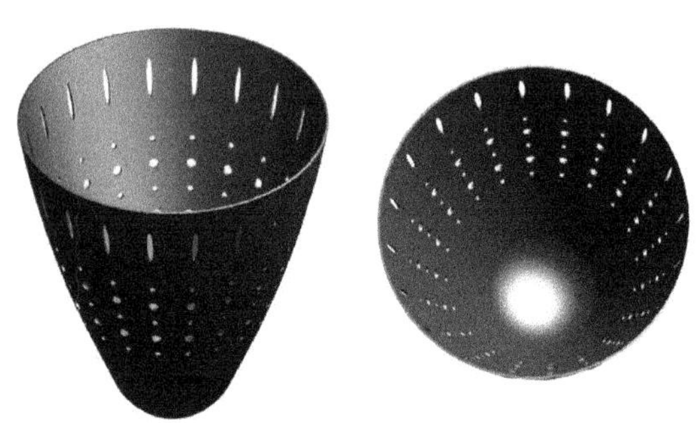

图 7-22　本范例完成图

操作 1：请打开练习文件，再按图 7-23 所示操作。其中，步骤 1 和步骤 2 是已经画好的草图。

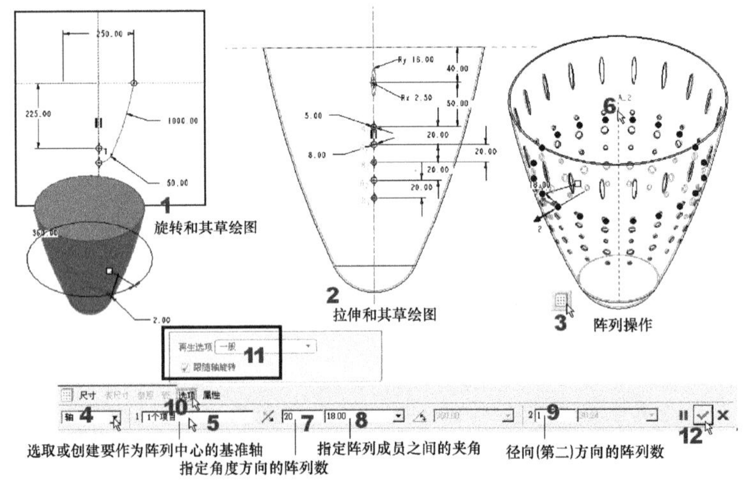

图 7-23　正规圆阵列的操作

操作 2：存盘。

7.2.2 轴阵列(螺旋阵列)

本范例目的：使用轴阵列功能来绘出螺旋阵列。

本范例练习文件：(1)Examples\CH07\pattern_axis_helical0.prt。

本范例完成文件：(1)Examples\CH07\ pattern_axis_helical1.prt、pattern_axis_helical2.prt、pattern_axis_helical3.prt。

本范例视频文件：(1)avi(gb)\ch07\pattern_axis_helical_01.avi、pattern_axis_helical_02.avi、pattern_axis_helical_03.avi。

本范例完成图如图 7-24 所示。

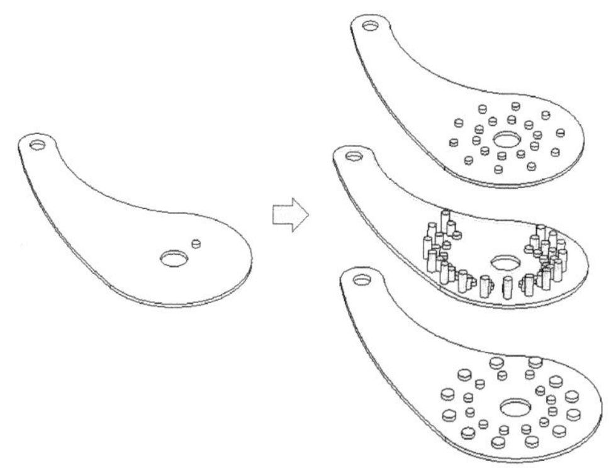

图 7-24 本范例完成图

操作 1：请打开练习文件。

操作 2：第一个是双层圆形阵列，请按图 7-25 所示操作。以这样的操作，就可以绘出多层圆形阵列图案。本范例视频文件：pattern_axis_helical_01.avi。

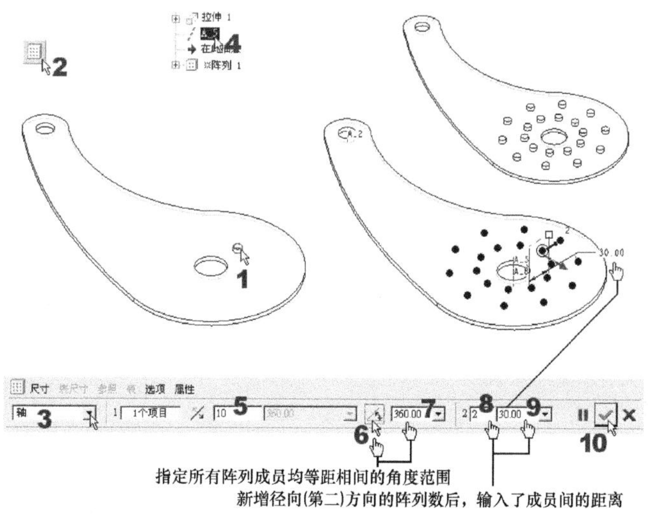

图 7-25 双层圆形阵列的操作

操作 3：第二个才是正式的螺旋阵列，请按图 7-26 所示操作。以这样的操作，就可以绘出很多类似的变体阵列图案。本范例视频文件：pattern_axis_helical_02.avi。

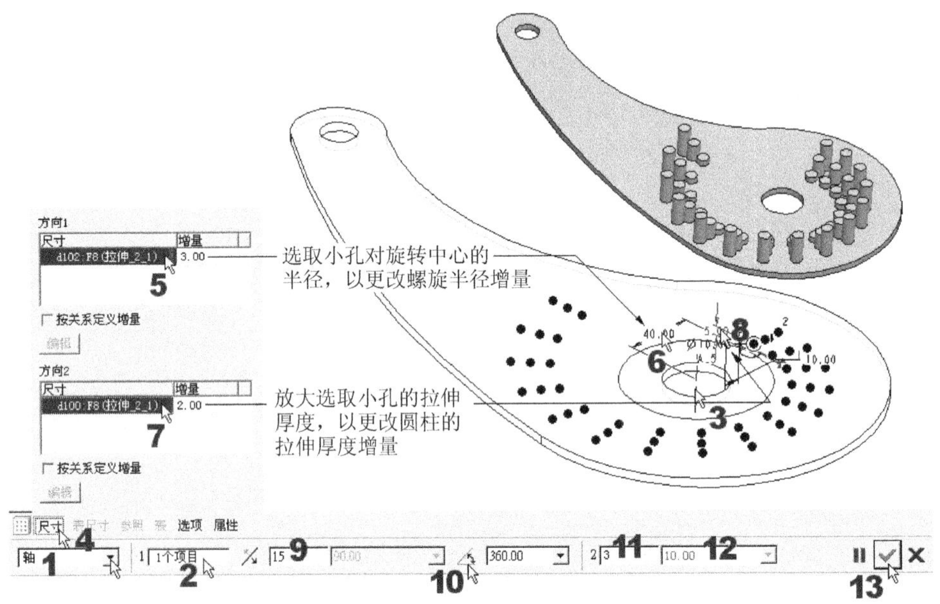

图 7-26　螺旋阵列的操作

操作 4：同理，图 7-26 的情况也可以让螺旋配合小孔的半径来走，请参照图 7-27。但遗憾的是，此功能只能适用两个变量，而不能处理三个变量的情况。本范例视频文件：pattern_axis_helical_03.avi。

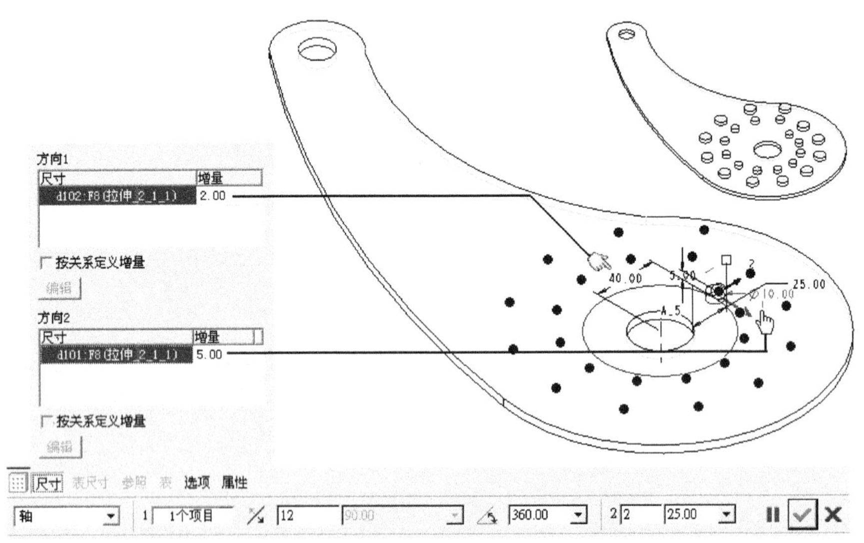

图 7-27　螺旋配合小孔半径的阵列操作

操作 5：存盘。

7.2.3 方向阵列

本范例目的："方向阵列"就是平面画图中的矩形阵列，所以不论在概念上或操作上都很容易。如图 7-28 所示，我们想在一个矩形盘中，阵列出圆柱物的矩阵。同时，还希望不要阵列中的某几个圆柱特征。

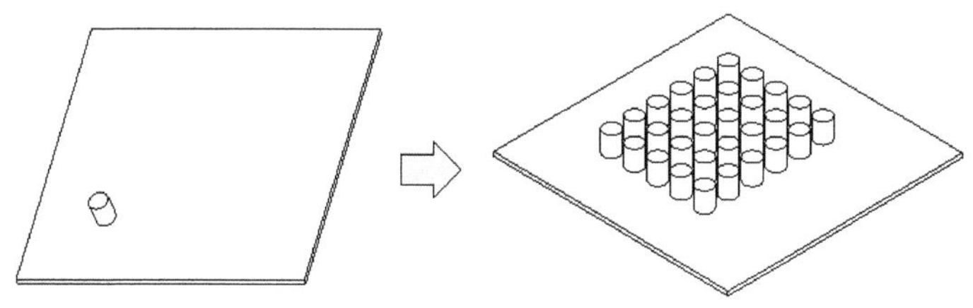

图 7-28 本范例完成图

本范例练习文件：(1)Examples\CH07\pattern_direction1.prt。
本范例完成文件：(1)Examples\CH07\pattern_direction2.prt。
本范例视频文件：(1)avi(gb)\ch07\pattern_direction2.avi。
本范例完成图如图 7-28 所示。

操作 1：请打开练习文件，再按图 7-29 所示进行操作。

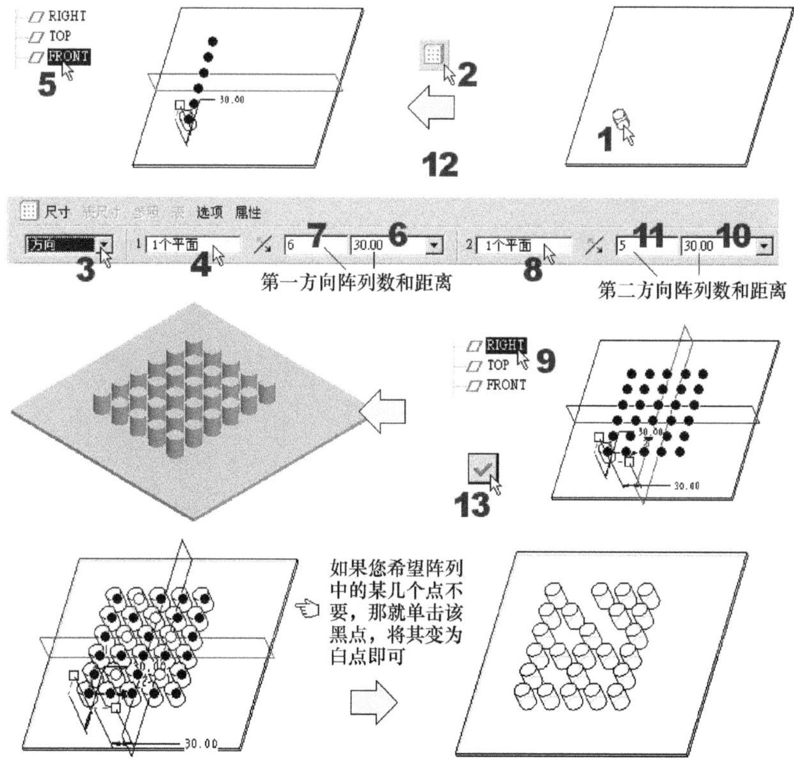

图 7-29 方向阵列的操作

注 意

图 7-29 步骤 4 处可以选取直边、平面或曲面、直线、坐标系轴或基准轴等，来作为方向参照。

操作 2：存盘。

7.2.4　空间阵列(行列阵列)

本范例目的：空间阵列是 Pro/E 最早的阵列项目，“尺寸阵列”是其误译。熟悉它的原理，创建方阵、圆阵、2D 草图、3D 特征就很容易。但是并非所有操作者的 3D 概念都很强，所以最后才被迫于 Wildfire 2.0 版时，再开发出“轴”阵列和“方向”阵列来应急。本节将练习以前的首要阵列功能。这个范例使用前面的“方向”阵列，一样能画出。首先，我们先来练习一个键盘的按键阵列。

本范例练习文件：(1)Examples\CH07\pattern_dimension1.prt。

本范例完成文件：(1)Examples\CH07\pattern_dimension2.prt。

本范例视频文件：(1)avi(gb)\ch07\pattern_dimension2.avi。

本范例完成图如图 7-30 所示。

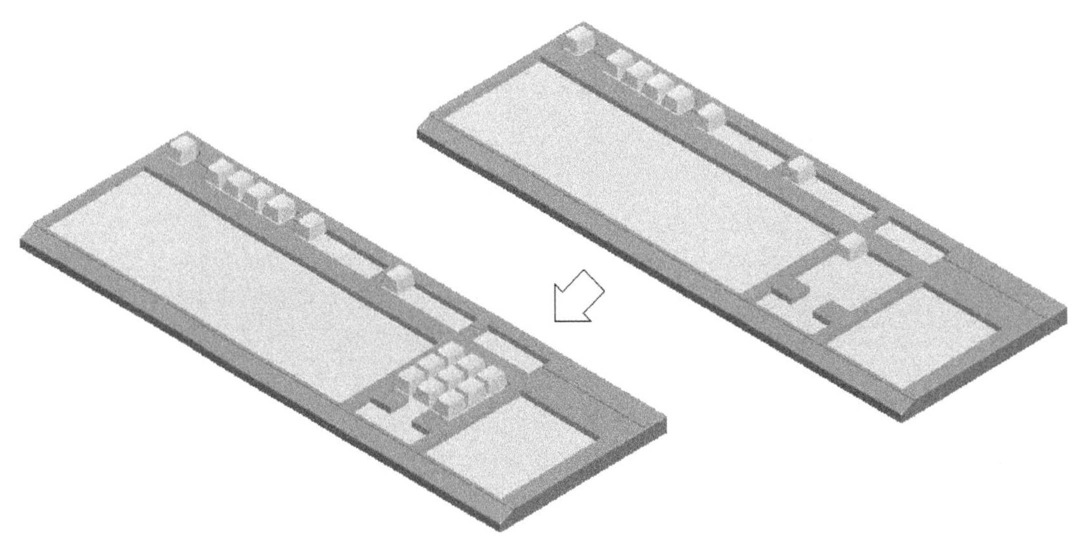

图 7-30　本范例完成图

操作 1：请打开练习文件。再如图 7-31 所示操作。它的操作法和刚刚练过的螺旋阵列很像，就是选取 X 和 Y 轴的增量尺寸后，再指定各自的偏移增量距离即可。要注意的是，操作不难，但是要达到这个可以操作的环境难，按键的尺寸标注很重要，这部分请读者自己从完成文件中查看。

操作 2：存盘。

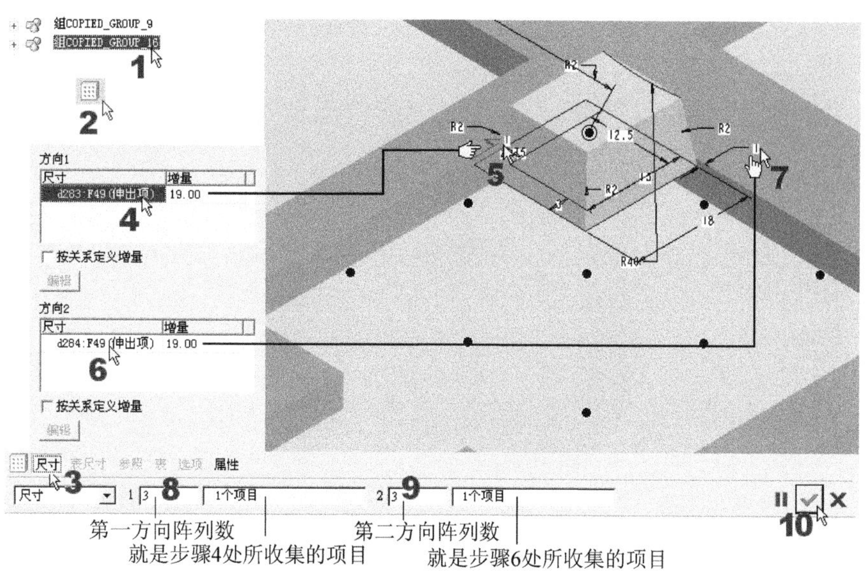

图 7-31 行列阵列的操作

7.2.5 空间阵列(曲面阵列)

本范例目的：本范例练习空间阵列里的曲面阵列。整个阵列将在曲面上创建，但实际上就是创建在曲面上的圆形阵列。这个范例使用前面的“轴”阵列功能，一样能画出。

本范例练习文件：(1)Examples\CH07\pattern_dimension3.prt。

本范例完成文件：(1)Examples\CH07\pattern_dimension4.prt。

本范例视频文件：(1)avi(gb)\ch07\pattern_dimension4.avi。

本范例完成图如图 7-32 所示。

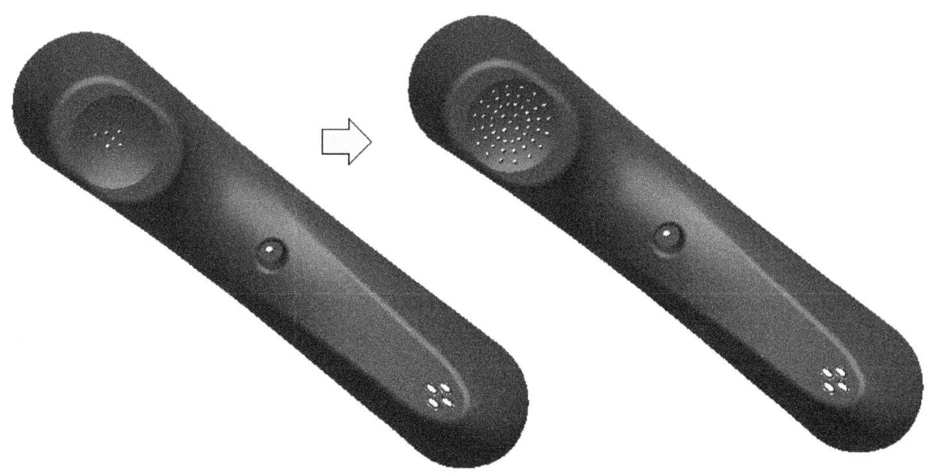

图 7-32 本范例完成图

操作 1：请打开练习文件，再按图 7-33 所示进行操作。

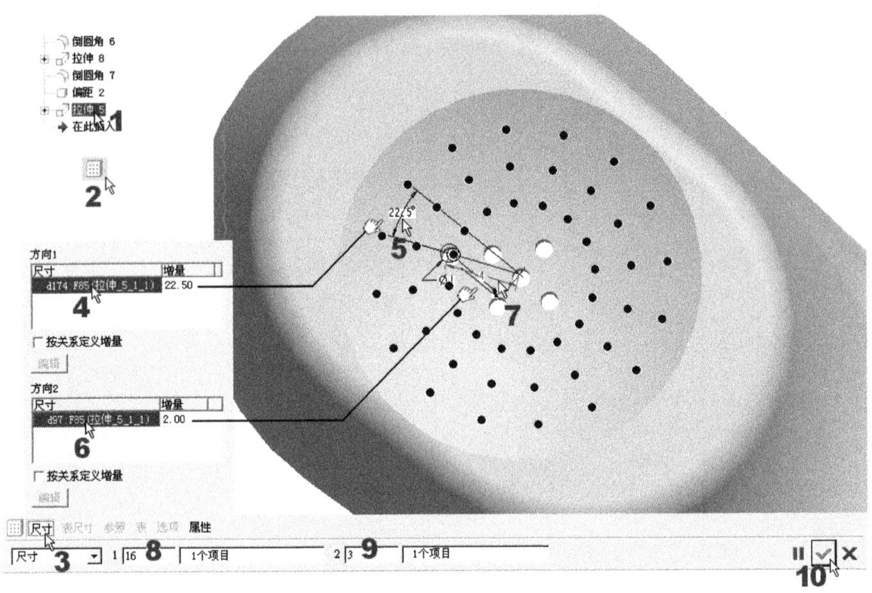

图 7-33　曲面阵列的操作

操作 2：存盘。

7.2.6　表阵列

本范例目的：表阵列是 Pro/E 早期版本就有的功能，它可以利用表格的特性，来画出不同孔径工件的阵列。本例就要来绘制一个不同孔径的圆阵，表阵列和前面螺旋阵列中不同孔径的螺旋阵列范例，差别在于前者可以指定无规律的圆孔尺寸规格，而后者的圆孔尺寸是以规则的增量来递增的。

本范例练习文件：(1)Examples\CH07\pattern_table1.prt。

本范例完成文件：(1)Examples\CH07\pattern_table2.prt。

本范例视频文件：(1)avi(gb)\ch07\pattern_table.avi。

本范例完成图如图 7-34 所示。

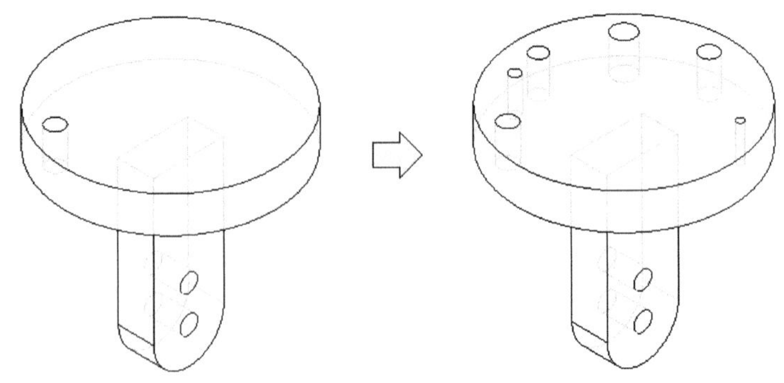

图 7-34　本范例完成图

操作 1：请打开练习文件，再按图 7-35 所示进行操作。

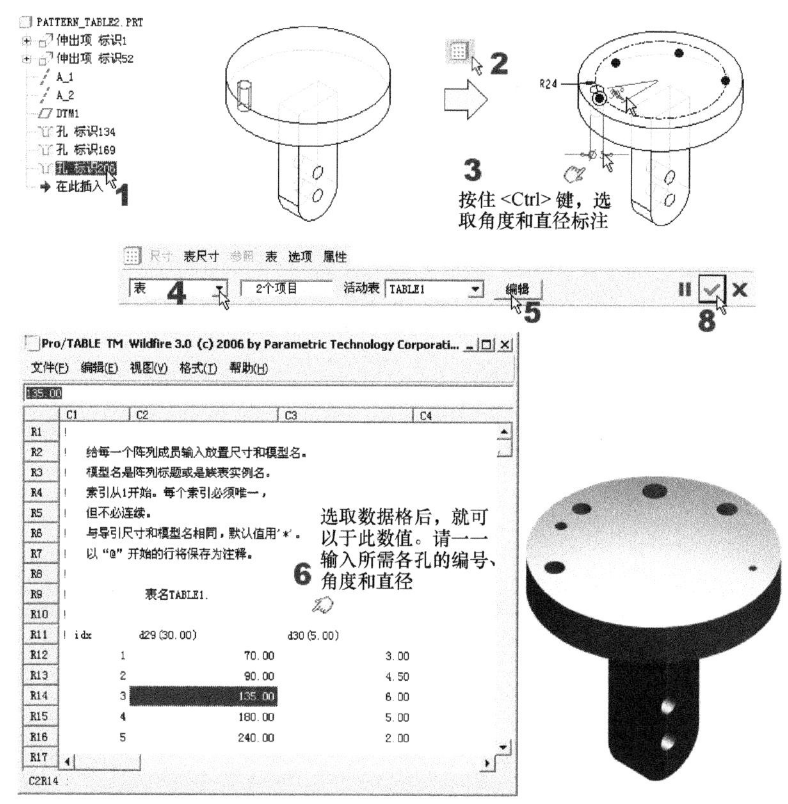

图 7-35　表阵列的操作

操作 2：存盘。

7.2.7　填充阵列(平面填充)

本范例目的：在日常生活中，可以看到在很多电器产品上，会有散热孔设计。这些散热孔群的形状不一定是前面所练的圆形、螺旋或矩形。此时，简单的填充阵列就派得上用场了！

信息补充站　　填充阵列的操作概念

选择“填充”阵列时，必须用样板来将位于格点中的整个区域填满。可以选取阵列的排列型式之一(如矩形、圆形、三角形)，然后指定格点参数，如阵列的中心间距、圆形与螺旋格点的径向间距、阵列成员中心与区域边界间的最小距离、阵列角度等。若要定义欲由阵列所填充的区域，可以利用草绘制作或选取草绘的基准曲线。如果选取一条曲线，那么它就会被复制到一个不含关联性链接的阵列中。这就表示即使稍后修改此曲线，阵列也不会有所改变。除了以阵列样板来填充整个区域外，也可选取“曲线”格点，沿着区域边界来定位阵列成员。通过从原点将阵列图形位置转出(根据格点、格点方向与阵列图形间的间距而定)，即可创建填充阵列。草绘区域和边界误差容许度可决定要创建哪些阵列图形。任何中心位于为边界误差容许度内(从草绘边界算起)的阵列图形都将会被创建。此边界误差容许度并不会变更阵列图形的位置。

本范例练习文件：(1)Examples\CH07\pattern_fill1.prt。
本范例完成文件：(1)Examples\CH07\pattern_fill2.prt。
本范例视频文件：(1)avi(gb)\ch07\pattern_fill2.avi。
本范例完成图如图 7-36 所示。

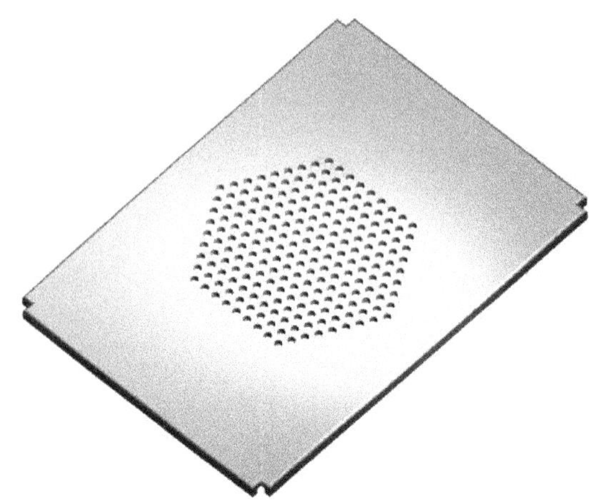

图 7-36　本范例完成图

操作 1：请打开练习文件，再按图 7-37 所示进行操作。

注 意

当您使用其他填充类型时，还要调整选项板上的各设置项，以让其表现的更漂亮。

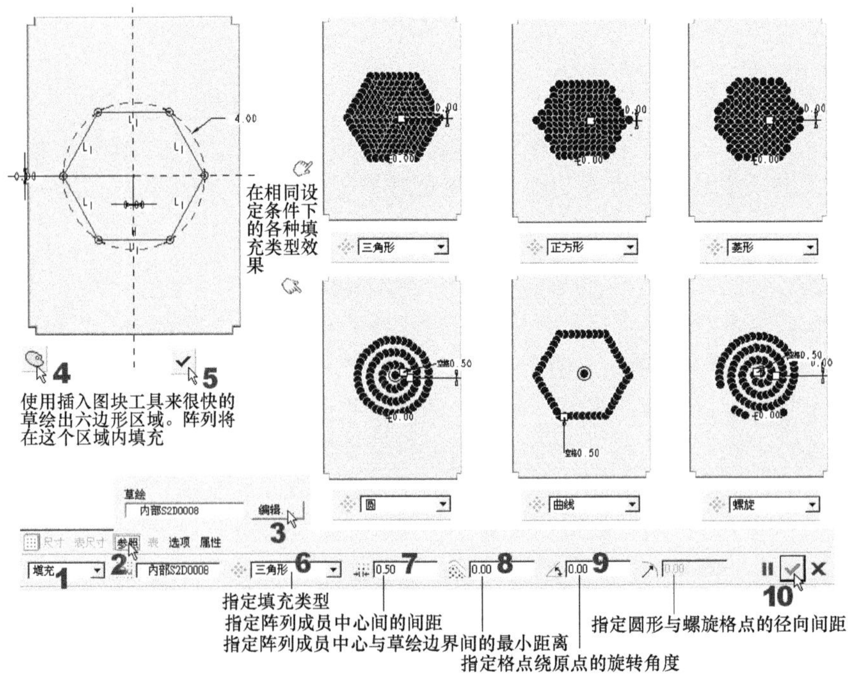

图 7-37　填充阵列的操作

操作 2：存盘。

7.2.8 填充阵列(曲面填充)

本范例目的：利用前面已完成的花瓶，使用填充阵列在其上绘出一些图样。
本范例练习文件：(1)Examples\CH07\pattern_fill3.prt。
本范例完成文件：(1)Examples\CH07\pattern_fill4.prt。
本范例视频文件：(1)avi(gb)\ch07\pattern_fill4.avi。
本范例完成图如图 7-38 所示。

图 7-38 本范例完成图

操作 1：请打开练习文件，再按图 7-39 所示进行操作。

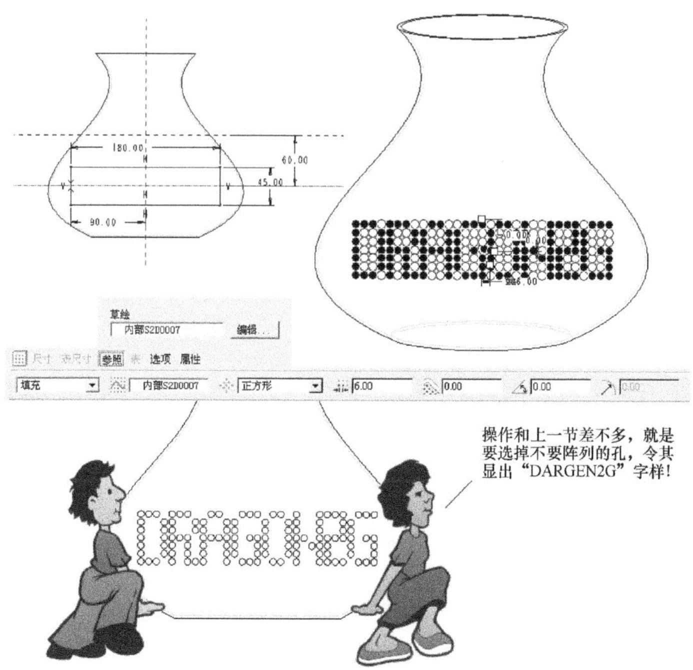

图 7-39 填充阵列的操作

操作 2：存盘。

信息补充站　　创建群组来做阵列

完成阵列的操作后可以创建特征组，如图 7-40 所示，也可以再按图 7-41 的操作来解除阵列，而解除的结果将回到未阵列前的单一特征或群组状态。同理，群组也可以同样的操作手法来解除。

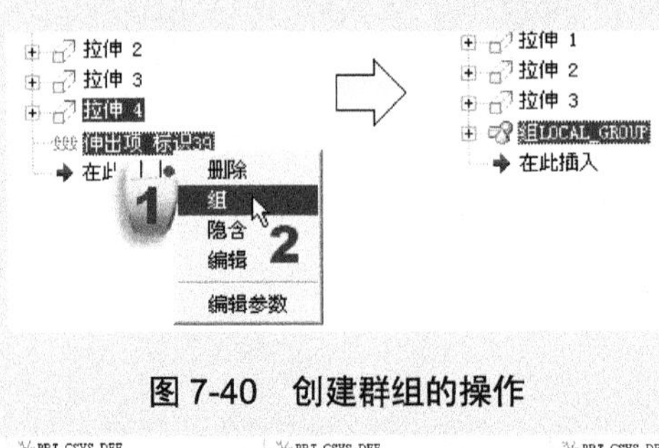

图 7-40　创建群组的操作

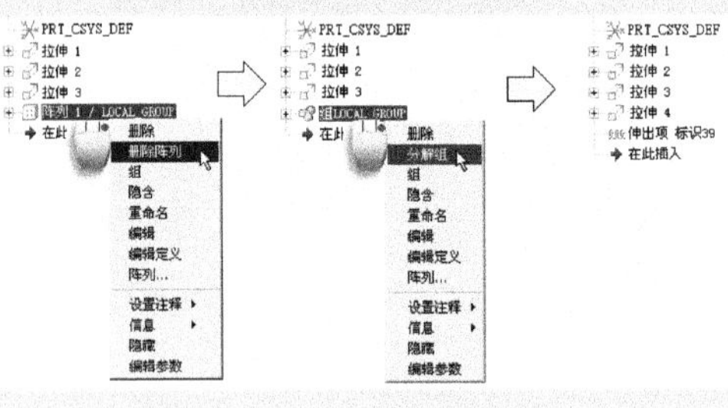

图 7-41　解除阵列或群组的操作

7.2.9　阵列

通过将阵列成员放置在点或坐标系上，就称为“点阵列”，这是从 Wildfire 5.0 版起新增的新阵列工具。当使用“点阵列”时，应创建或选择以下任何参照。

- 包含一个或多个几何草绘点或几何草绘坐标系的草绘特征。
- 包含一个或多个几何草绘点或几何草绘坐标系的内部草绘。
- 基准点特征。
- 导入特征 (包含一个或多个基准点)。
- 分析特征 (包含一个或多个基准点)。

完成阵列时，阵列成员会被放置到每个点或坐标系上。确保草绘的图素都是几何图素。构建图素仅仅是草绘辅助，它们不会将特征级的信息传达到“草绘器”之外。

所参照的草绘也可能包含曲线。当选中“选项”选项板上的“跟随曲线方向”复选框时，每个阵列成员将被定向为反映曲线切向(在此方向上其点与曲线重合)。如果取消选中“跟随曲线方向”复选框，那么就会忽略草绘中的所有曲线参照，而让阵列成员和其源特征的方向一致。

本范例练习文件：(1)Examples\CH07\pattern_point.prt。

本范例完成文件：(1)Examples\CH07\pattern_point_f01.prt、pattern_point_f02.prt。

本范例视频文件：(1)avi(gb)\ch07\pattern_point01.avi、pattern_point02.avi。

本范例完成图如图 7-42 所示。

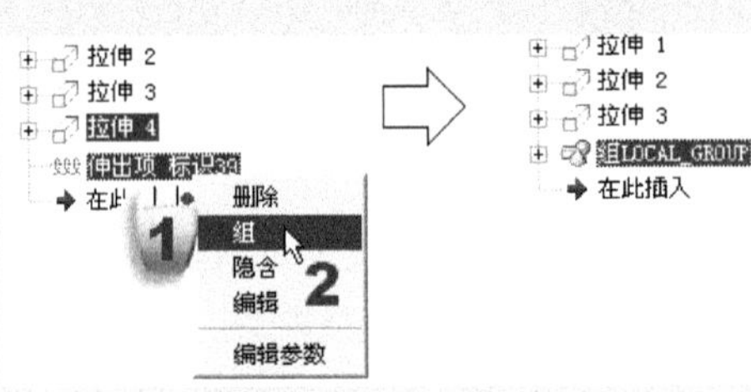

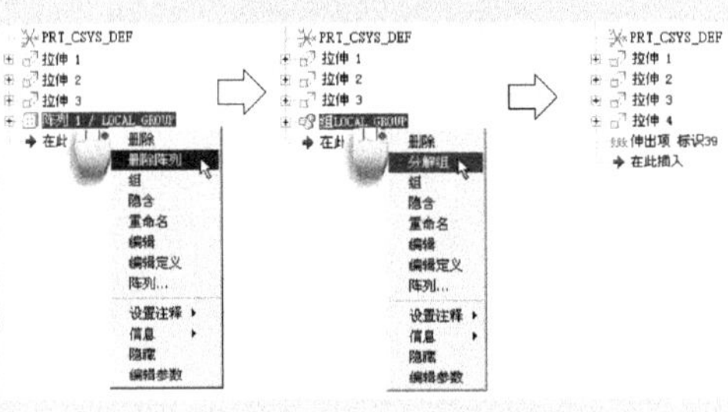

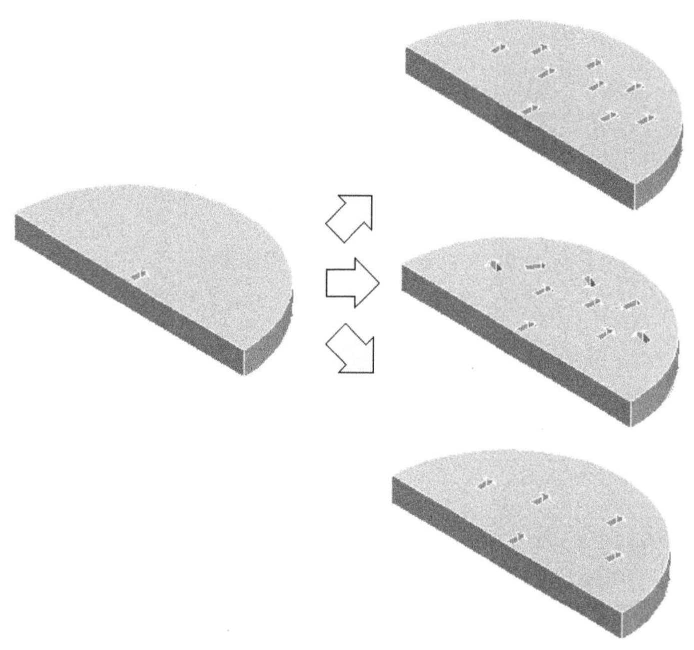

图 7-42 本范例完成图

操作 1： 请打开练习文件，在箭头孔的特征上右击，选择“阵列…”，再按图 7-43 所示进行操作。本范例视频文件：pattern_point01.avi。

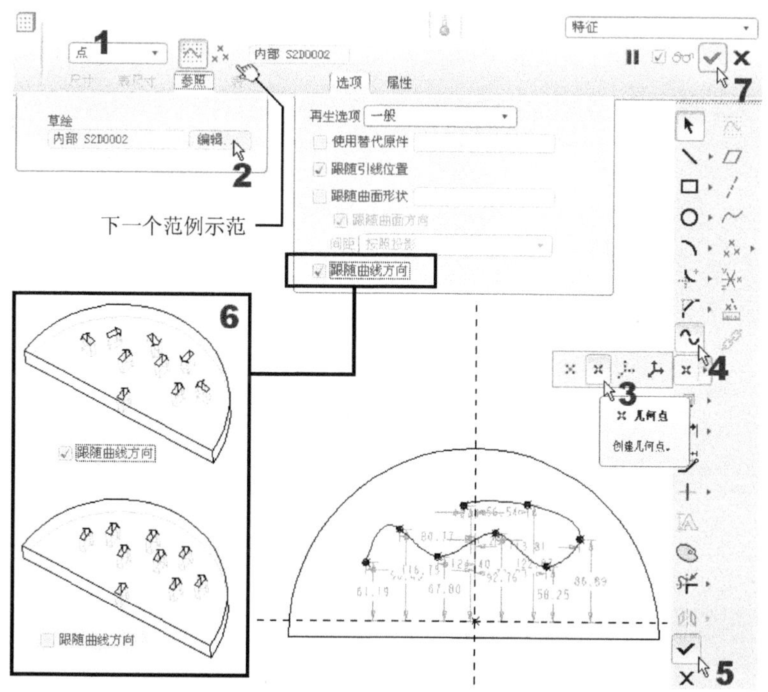

图 7-43 点阵列的操作(草绘法)

另一种绘法是图 7-44 所示的基准点法。本范例视频文件：pattern_point02.avi。

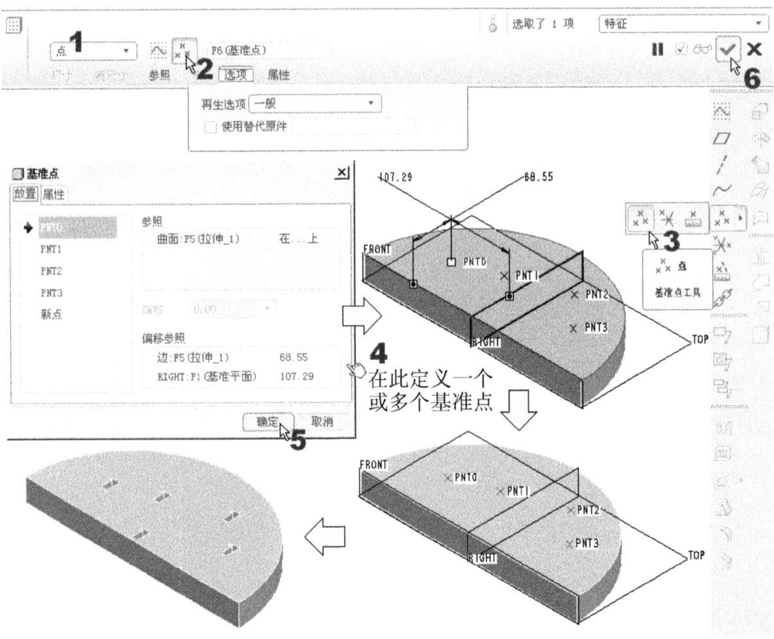

图 7-44　点阵列的操作(基准点法)

操作 2：存盘。

习　　题

1. 请使用到当前为止所教的概念和命令，在尺寸自定义的情况下，绘出图 7-Q1 所示的实体(训练将所观察到的实体直接绘出的能力)。

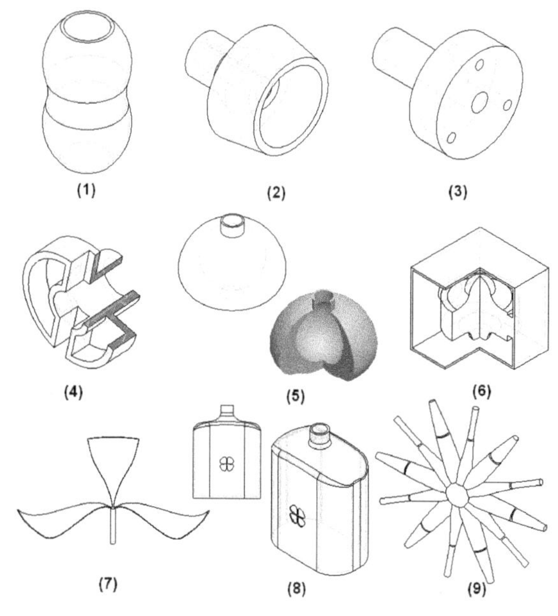

图 7-Q1

2. 请按照尺寸图绘出图 7-Q2 所示的实体(训练三视图组合立体图的识图能力)：

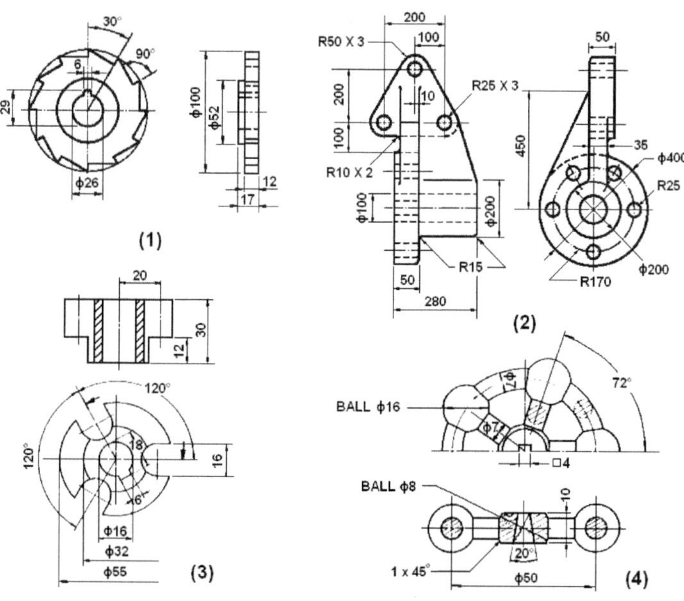

图 7-Q2

3. 在尺寸自定的情况下，请使用指定的阵列类型来绘出图 7-Q3 所示图形。

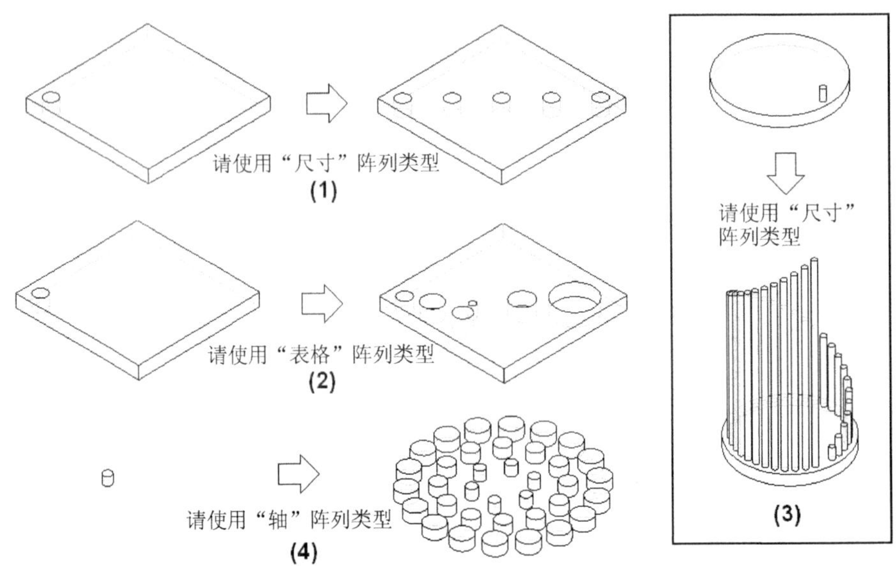

图 7-Q3

4. 打开本书范例光盘中(1)Question Files\ch07 目录里的 07-Q04.prt.1 图形文件，使用“填充”的阵列类型来完成图 7-Q4 所示图形。

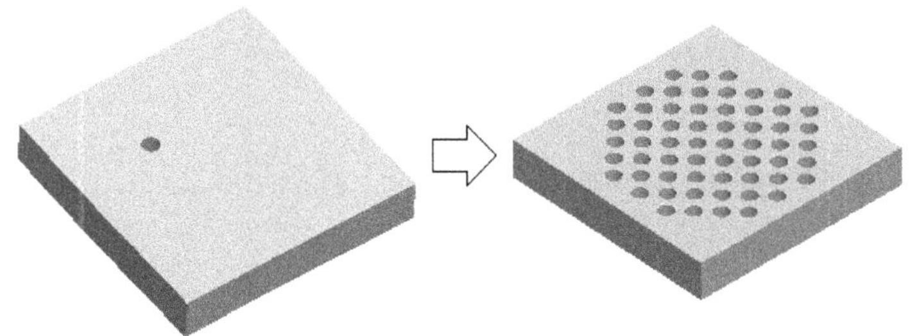

图 7-Q4

此时，如图 7-Q5 所示，若再对第一个孔修倒角，再单击按钮来运行阵列，就可以如图 7-Q5 所示，一次将其他的已阵列圆孔做自动变更，为什么？

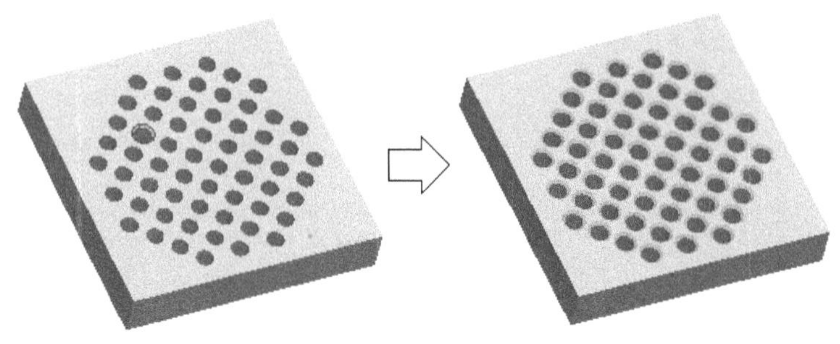

图 7-Q5

5. 打开本书范例光盘中(1)Question Files\ch07 目录里的 07-Q05.prt.1 图形文件，使用"方向" 阵列类型来完成图 7-Q6 所示图形。

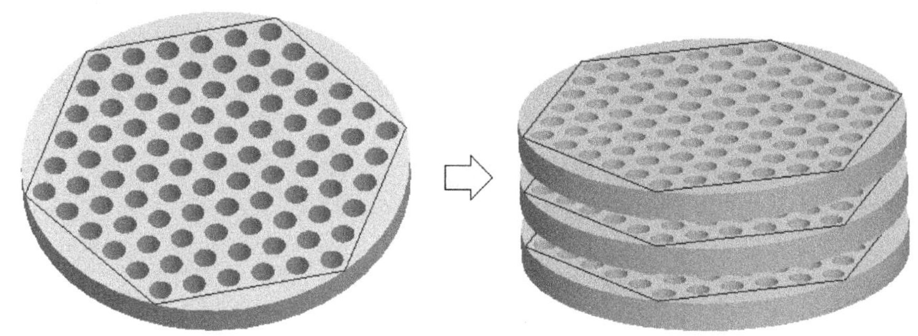

图 7-Q6

6. 请自定尺寸和造型，绘出类似如图 7-Q7 所示的两个图形。

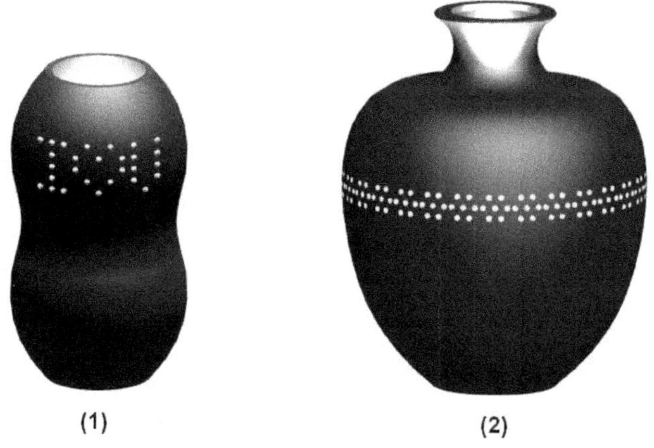

图 7-Q7

第 8 章

建模基础(三)

如果读者已经掌握了前面章节的内容，其实可以创建的“规矩模型”就已经够多了。“规矩模型”就是比较方方正正、对称的模型。

本章要学的特征命令开始要应付一些造型难度较高的模型，但不用担心，有前面的良好基础，这个难度还不至于让您有挫折，它们只是需要一些简单的机械专业和立体几何的概念，基本上仍在基础的范围内。请继续用心练习！

8.1 扫 描 特 征

扫描(Sweep)特征的两个中心对象是轨迹和剖面轮廓。通过草绘轨迹或选取轨迹，然后将指定的剖面轮廓沿该轨迹来扫描出实体。把握这两个中心对象，就可以很快地创建出希望的扫描实体。

命令或工具栏图标位置

“插入(I)”→“扫描(S)”→“伸出项(P)...”。

菜单流程

扫描特征的菜单流程如图 8-1 所示。

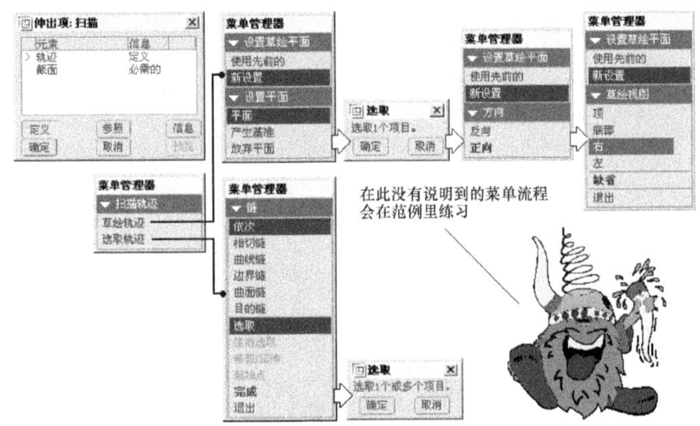

图 8-1　扫描特征的菜单流程

8.1.1　扫描(草绘轨迹)+修倒圆角

本范例目的：我们要在不使用默认模板的情况下，来练习使用扫描特征绘出一个实体。而本范例主要展示的是通过同一轨迹和剖面轮廓扫描后，可造成中空和非中空的不同造型。

本范例完成文件：(1)Examples\ch08\Sweep1.prt、Sweep2.prt。

本范例视频文件：(1)avi(gb)\ch08\Sweep1_2.avi。

本范例完成图如图 8-2 所示。

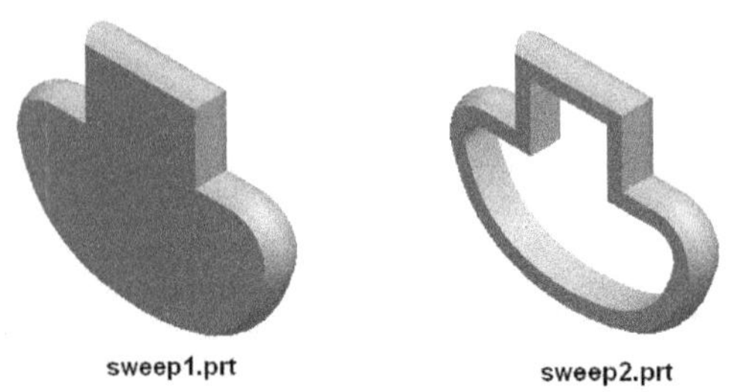

图 8-2　本范例完成图

操作 1： 如图 8-3 所示，以“空模板”的方式来新建一个零件文件。

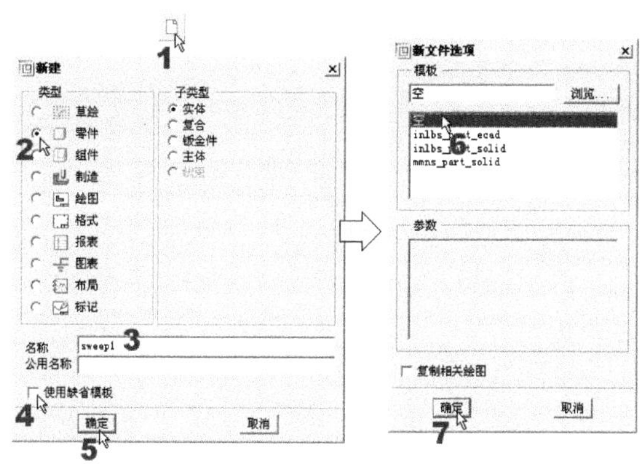

图 8-3　以“空模板”的方式来新建一个零件文件

信息补充站　为什么要使用“空模板”？

为什么要在这个练习中不使用任何默认的模板呢？因为空模板最早是为了让初学者在练习之初，可以让环境单纯一点，所以本例才以“空模板”的模式来练习。

由于空模板没有任何的默认基准特征设置，所以不论第一个特征使用了哪一个特征命令，其特征名称都是：**第一特征 标识 1**。很多人看到它都觉得理解不了，搞不清楚这个特征是怎么来的。其实就是这么简单！

在空模板状态下，大家记得要手动的设置单位、加入基准面和坐标系等，这是我们已经在前面章节中谈过的主题。

操作 2： 选择“插入(I)”→“扫描(S)”→“伸出项(P)…”命令，再按图 8-4 所示的用草绘轨迹法来操作基本扫描。

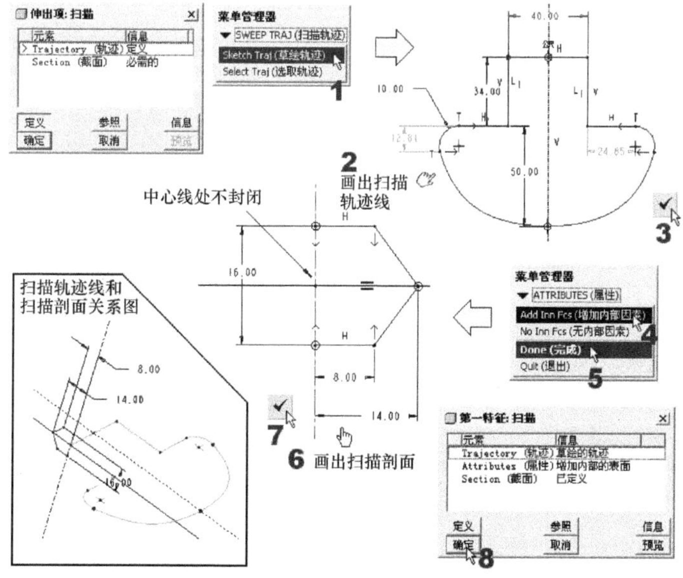

图 8-4　草绘轨迹扫描的操作

操作 3：对尖边做倒圆角(半径为 10)的操作。这是前面我们已练过多次的一般倒圆角设置，在此不再复述！

操作 4：如果图 8-4 中的步骤 4 选择了“无内部因素”这个选项，那么其操作过程都和图 8-4 一样，只是要如图 8-5 所示，在画扫描剖面时，中心线处要加画一条线使其封闭。

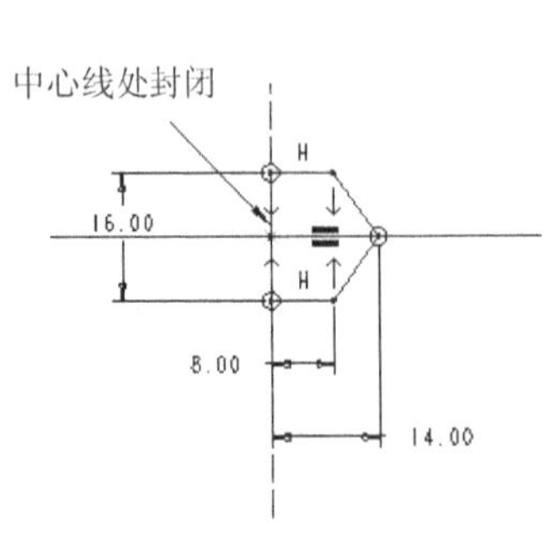

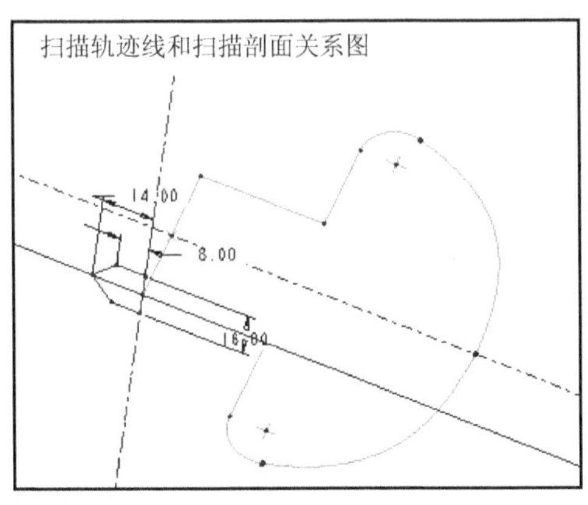

图 8-5 “无内部因素”选项的封闭扫描剖面

操作 5：存盘。

8.1.2 扫描(选取轨迹)

本范例目的：在不使用默认模板的情况下，来练习使用扫描特征绘出一实体。而本范例还要展示的是经扫描后可造成中空和非中空的造型。

本范例练习文件：(1)Examples\ch08\Sweep3.prt。

本范例完成文件：(1)Examples\ch08\Sweep4.prt。

本范例视频文件：(1)avi(gb)\ch08\Sweep4.avi。

本范例完成图如图 8-6 所示。

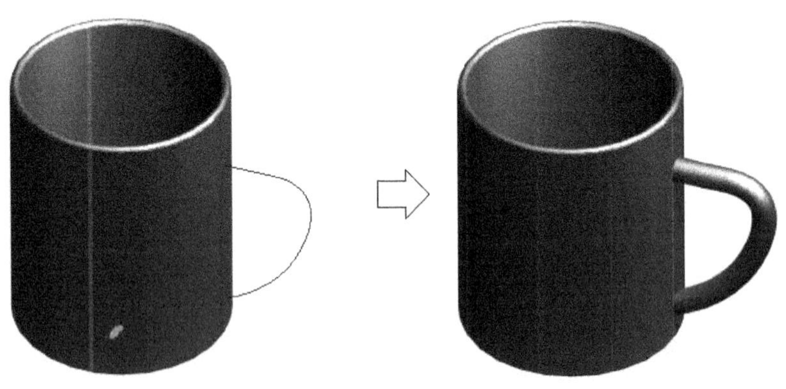

图 8-6 本范例完成图

操作 1：请打开练习文件，选择“插入(I)”→“扫描(S)”→“伸出项(P)...”命令，再按图 8-7 所示操作。

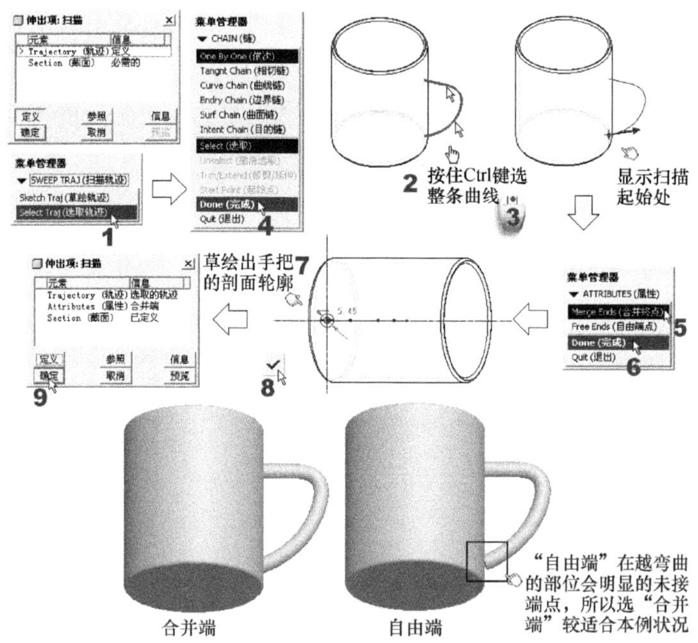

图 8-7　草绘轨迹扫描的操作

操作 2：存盘。

8.2　可变截面扫描特征(基础级)

在 Pro/E 中，可变截面扫描(Variable Section Sweep)特征是基本特征中，效力最大的，它可以解决变化较多的造型。所以应用面较多，选项也较复杂。对初学者来说，操作难度也稍大。

它可让用户通过控制剖面的方向、旋转和几何，沿着一个或多个指定的轨迹来扫描一个剖面，以创建一个实体或曲面。用户可以使用恒定剖面或可变剖面两种方法来做。更简单地说，可变截面扫描特征，就是剖面可以变化的扫描特征。相对于剖面恒定的扫描特征而言，沿着扫描轨迹，它的剖面可以仅有方向上的变化、仅有形(形状或大小)上的变化，也可以既有方向也有形上的变化。

图 8-8 所示为扫描特征与以上三种变剖面扫描特征的示例。

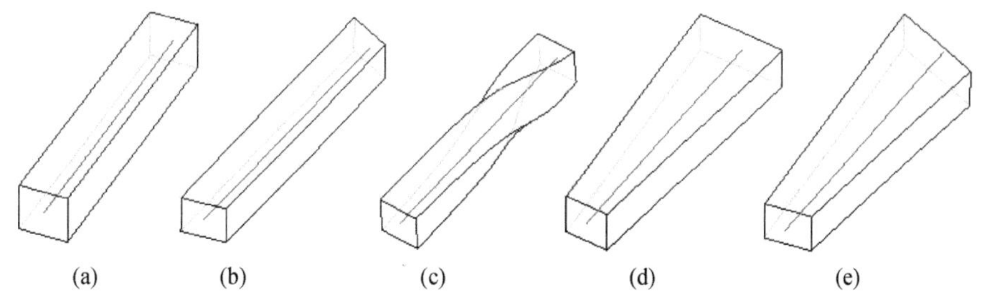

图 8-8　各种变剖面示例

图中，(a)为扫描特征，(b)～(e)为变剖面扫描特征。沿扫描轨迹线取任意两个剖面，通过比较可知，在一般情况下，(a)的剖面方向和形状均不发生变化；(b)和(c)的剖面形状不变，而剖面方向改变；(d)的剖面方向不变，而剖面的形状发生变化；(e)的剖面方向和形状均发生了变化。

命令或工具栏图标位置

(1) “插入(I)”→“可变截面扫描(V)...”。
(2) 右侧工具栏里的。

选项板内容

可变截面扫描特征选项板中的选项说明如图 8-9 所示。

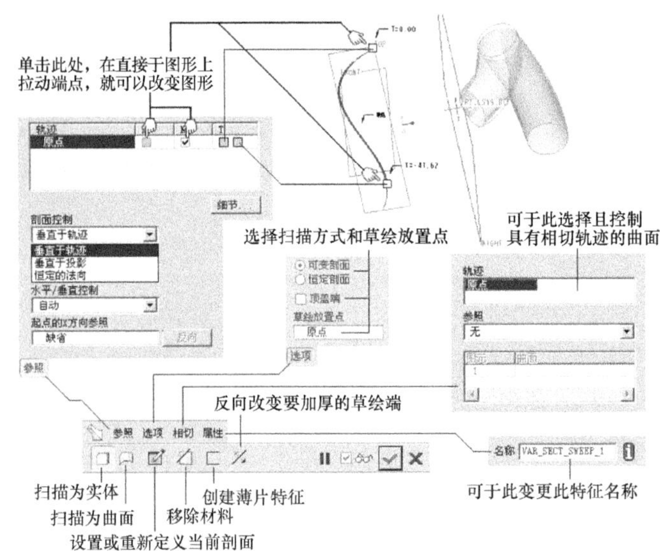

图 8-9 可变截面扫描特征的选项板

8.2.1 重要名词解释

在练习前，请先了解以下和可变截面扫描有关的名词，以方便后面的练习。

- 可变剖面(Variable Section)。即将草绘图形剖面约束到其他轨迹(中心平面或是现有几何)上，或是使用剖面关系和 trajpar 参数，来使该草绘剖面可变。用来约束草绘剖面的参照也可以改变剖面形状。此外，依照图形基准或关系(使用 trajpar)来定义尺寸配置也会让草绘剖面可变。草绘剖面会沿着轨迹的点再生，并相应的更新其形状。
- 恒定剖面(Constant Section)。草绘剖面以固定的形状沿着轨迹进行扫描。只有剖面所在的方向会改变。
- 原点轨迹线(Origin Trajectory)。在扫描的过程中，剖面的原点在任何时刻均落在此轨迹上。这条线可以由多条线段组成，但这些线段必须是相切的。
- X 矢量轨迹线(X-Vector Trajectory)。或称“水平矢量轨迹线”(Horizontal Vector

Trajectory)，用于定义在扫描的过程中，剖面的 X 轴的方向。

根据几何学，如图 8-10 所示，假设坐标系 O 固结在剖面上，则剖面方向上的变化可以分解成为绕 X 轴、绕 Y 轴及绕 Z 轴的转动，任何从坐标系 O 到 O′的方向上的变化都可以通过绕这三个坐标轴的转动实现。

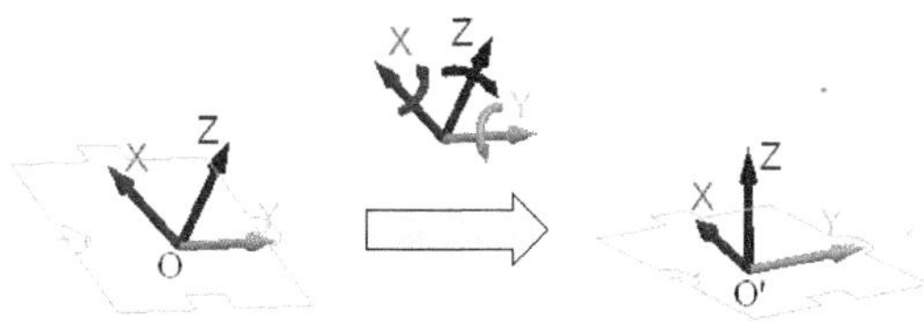

图 8-10　从几何学的角度来看剖面绕轴转动的变化

在以下的练习中，将遇到以下两种可能的剖面变化。

(1) 在变剖面扫描特征中，如图 8-11 所示，将绕 X 轴和绕 Y 轴的变化进行合成，从而实现让 Z 轴沿某条曲线的切线方向或垂直于某个平面。

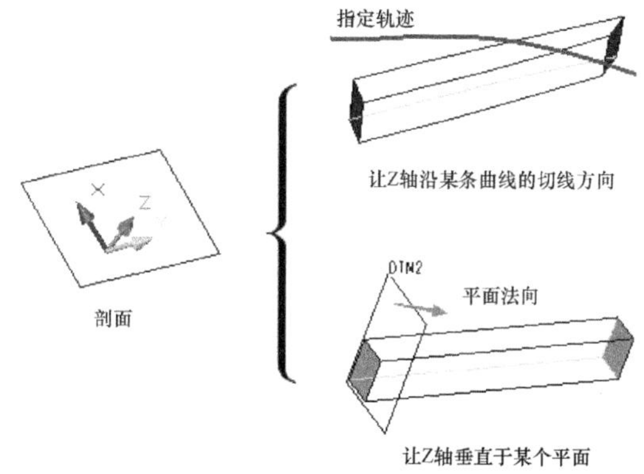

图 8-11　以绕 X 轴和绕 Y 轴的变化来进行合成

(2) 通过剖面的 X 矢量方向来控制绕 Z 轴的转动，如图 8-12 所示。

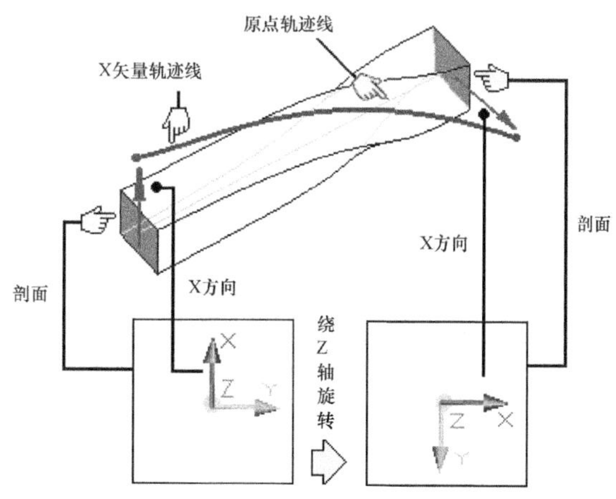

图 8-12　通过剖面的 X 矢量方向来控制绕 Z 轴的转动

8.2.2 可变截面扫描(法向于轨迹)

本范例练习文件：(1)Examples\CH08\vsweep_NormToTraj-1.prt。

本范例完成文件：(1)Examples\CH08\vsweep_NormToTraj-2.prt。

本范例视频文件：(1)avi(gb)\ch08\vsweep_NormToTraj-2.avi。

本范例完成图如图 8-13 所示。

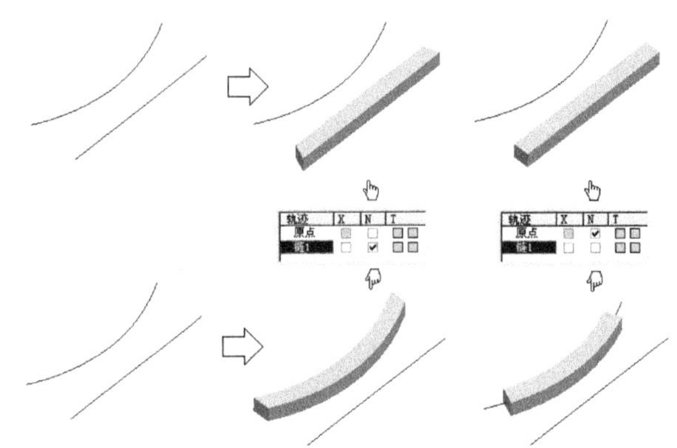

图 8-13 本范例完成图

操作 1：请打开练习文件，再按图 8-14 所示进行操作。

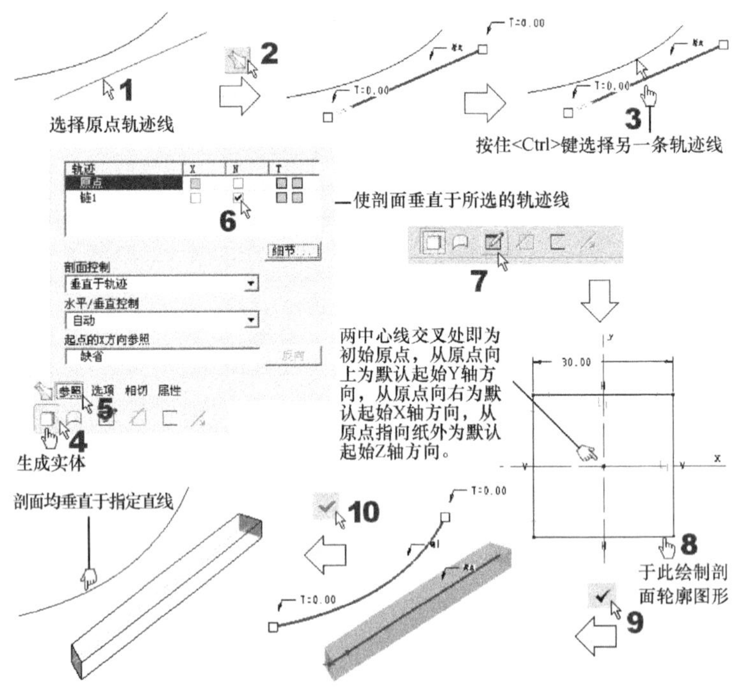

图 8-14 用“法向于轨迹”来确定剖面方向的操作

操作 2：在图 8-14 中的步骤 4 处选取不同的设置，将造成不同的效果。其上的字段字母 X、N、T 意义如下。

- X：若选中此项，可使该轨迹成为 X 轨迹(但必须是不是在“X 轨迹”的状态下)。
- N：若选中此项，可使该轨迹成为法向轨迹。
- T：若选中此项，可使该轨迹成为相切轨迹。

操作 3：若在图 8-14 中的步骤 1 处，先选取那条曲线(即步骤 1 和步骤 3 顺序对调)，那就会反过来。

操作 4： 存盘。

8.2.3 可变截面扫描(法向于投影)

本范例练习文件：(1)Examples\CH08\vsweep_NormToProj-1.prt。

本范例完成文件：(1)Examples\CH08\vsweep_NormToProj-2.prt。

本范例视频文件：(1)avi(gb)\ch08\vsweep_NormToProj-2.avi。

本范例完成图如图 8-15 所示。

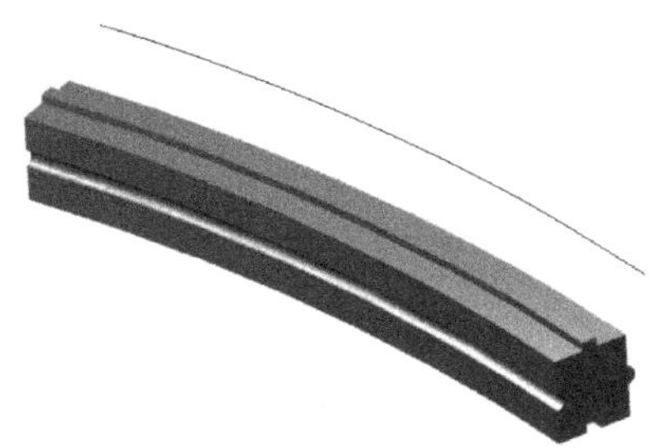

图 8-15　本范例完成图

操作 1： 请打开练习文件，再按图 8-16 所示进行操作。

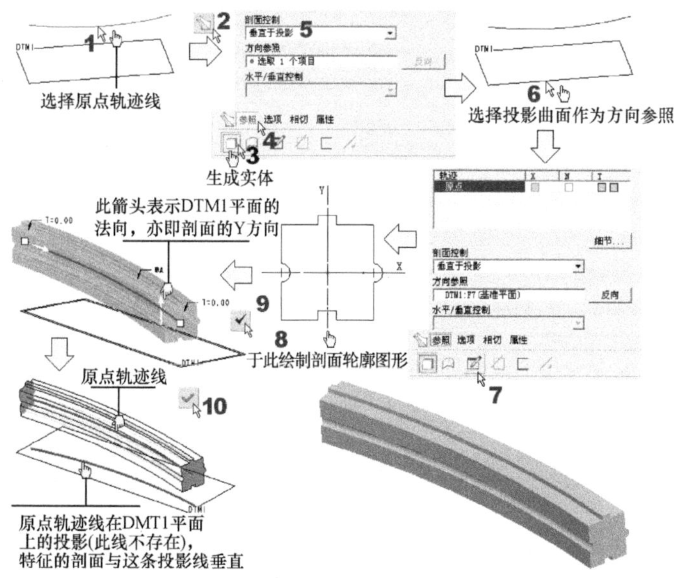

图 8-16　用“法向于投影”来确定剖面方向的操作

操作 2： 存盘。

8.2.4　可变截面扫描(恒定法向)

本范例练习文件：(1)Examples\CH08\vsweep_ConstNorm-1.prt。
本范例完成文件：(1)Examples\CH08\vsweep_ConstNorm-2.prt。
本范例视频文件：(1)avi(gb)\ch08\vsweep_ConstNorm-2.avi。
本范例完成图如图 8-17 所示。

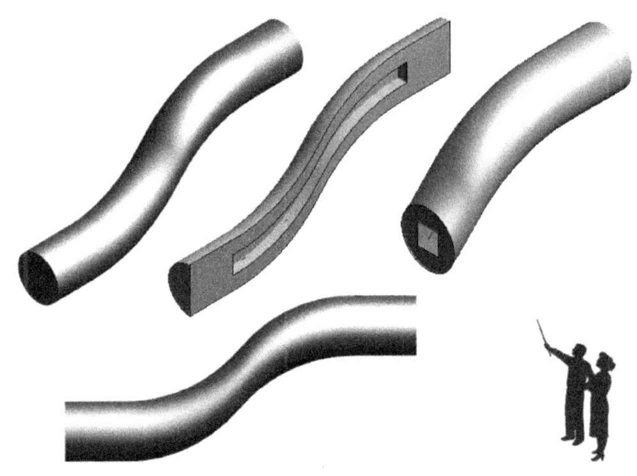

图 8-17　本范例完成图

操作 1： 请打开练习文件，再按图 8-18 所示进行操作。

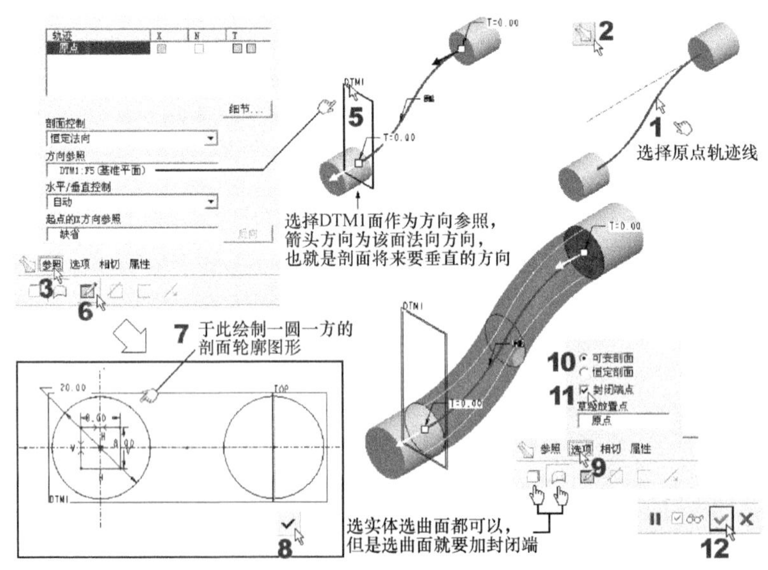

图 8-18　用“恒定法向”来确定剖面方向的操作

操作 2： 存盘。

信息补充站　　可变剖面和恒定剖面的效果在哪里？

在图 8-18 中的步骤 10 处，“可变剖面”和“恒定剖面”的效果从外表来看，似乎没有很大的不同。这是因为剖面的层次单纯。同图 8-18，如果在草绘中加上一些“料”，让扫描的剖面变化起伏较大，那效果就看的出来了！如图 8-19 所示。

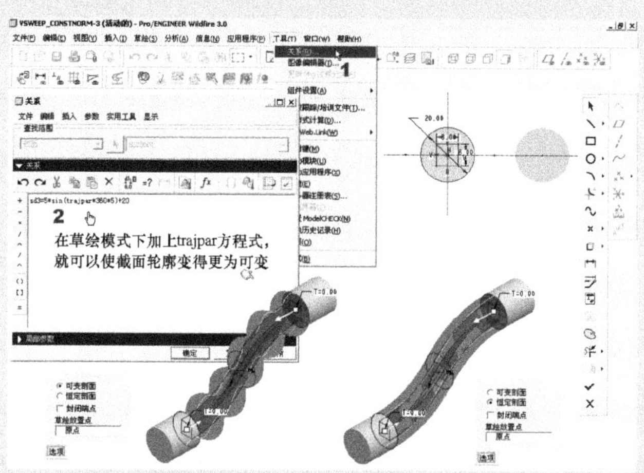

图 8-19　可变剖面和恒定剖面的效果

本范例完成文件：(1)Examples\CH08\vsweep_ConstNorm-3.prt。

本范例视频文件：(1)avi(gb)\ch08\vsweep_ConstNorm-3.avi。

trajpar 方程属于本系列书的《Pro/ENGINEER Wildfire 5.0 高级设计》一书的范围。我们只是在此先让大家了解效果的变化而已。大家在此先将基础练熟！

8.2.5　可变截面扫描(X 矢量轨迹线)

本范例练习文件：(1)Examples\CH08\vsweep_XVect-1.prt。

本范例完成文件：(1)Examples\CH08\vsweep_XVect-2.prt。

本范例视频文件：(1)avi(gb)\ch08\vsweep_XVect-2.avi。

本范例完成图如图 8-20 所示。

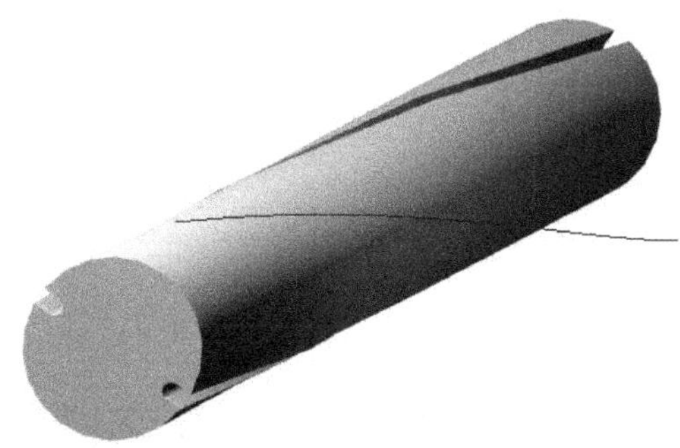

图 8-20　本范例完成图

操作 1：请打开练习文件，再按图 8-21 所示进行操作。

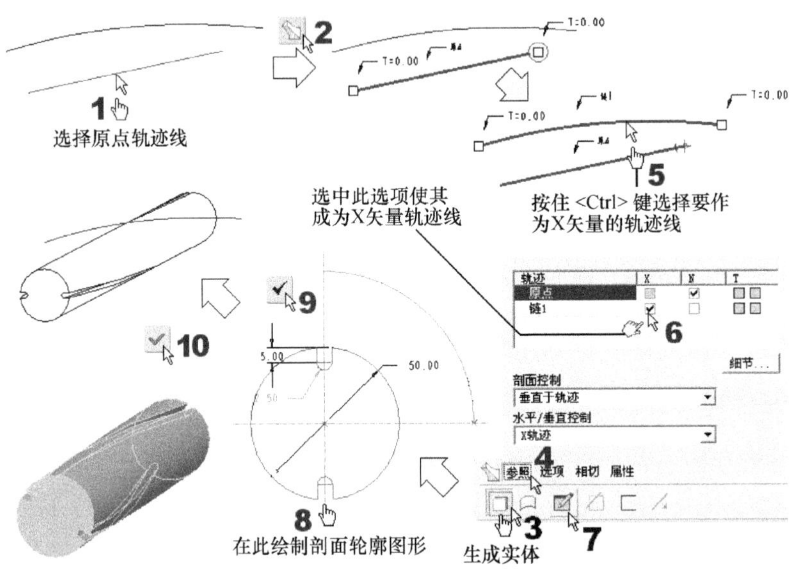

图 8-21 用"X 矢量轨迹线"来变化剖面的操作

操作 2：存盘。

信息补充站　　本题的概念提示

如图 8-22 所示，从 XY 平面来看，按照 X 矢量轨迹线的走向，剖面的 X 方向将从水平转到垂直。因此，指定旋转 1/4 周的螺旋线为 X 矢量轨迹线，在扫描过程中，剖面的 X 方向将发生了变化。

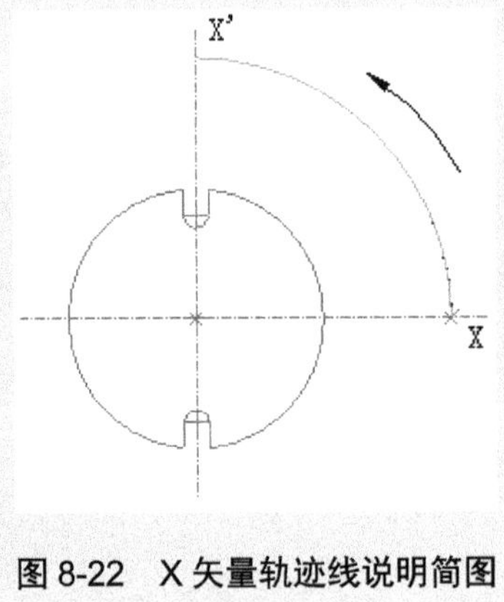

图 8-22 X 矢量轨迹线说明简图

8.3 混 合 特 征

一个混合(Blend)特征是由一系列、至少两个平面剖面组成，Pro/E 将于这些平面剖面的边界处用一转接曲面来连接，以形成一个连续特征。它具有以下三种类型。

(1) 平行(Parallel)。所有混合剖面都位于剖面草绘中的多个平行面上。

(2) 旋转(Rotational)。混合剖面将绕 Y 轴旋转，最大角度可达 120°。每个剖面都单独草绘，并和剖面坐标对齐。

(3) 一般(General)。一般混合剖面可以绕 X 轴、Y 轴和 Z 轴旋转，也可以沿这三个轴平移。每个剖面都单独草绘，并和剖面坐标对齐。

我们也可以通过从一个文本文件中读入数据点来创建混合特征。该数据文件将定义混合类型，同时定义所有混合剖面点的笛卡儿坐标。所有的混合剖面点都是相对一个单一的坐标系来定位的。

命令或工具栏图标位置

“插入(I)”→“混合(B)”→“伸出项(P)...”。

菜单流程

混合特征的菜单流程如图 8-23 所示。

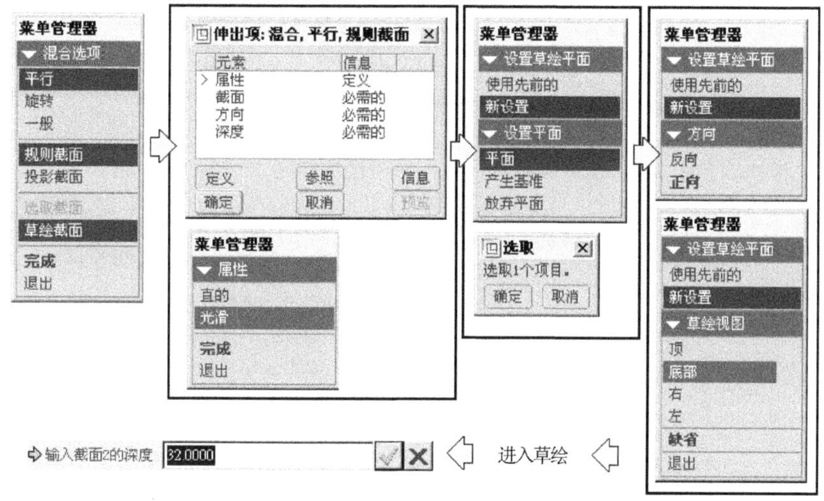

图 8-23 混合特征的菜单流程

注 意

① 曲线上的两点定义一条直线，两个以上的点定义一条样条曲线。

② 一条曲线的端点和下一条曲线的起始点必须重合。对于封闭的剖面，曲线的终点和起始点必须重合。每个剖面只能有一条封闭曲线，而且这条封闭曲线必须至少由两段组成。

③ 在文本文件中，用于创建混合剖面的点不在一个平面上时，系统将创建最适合的平面，并将这些点投影到该平面上。

8.3.1 平行混合范例

本范例完成文件：(1)Examples\CH08\Blend1.prt。

本范例视频文件：(1)avi(gb)\ch08\Blend1.avi。

本范例完成图如图 8-24 所示。

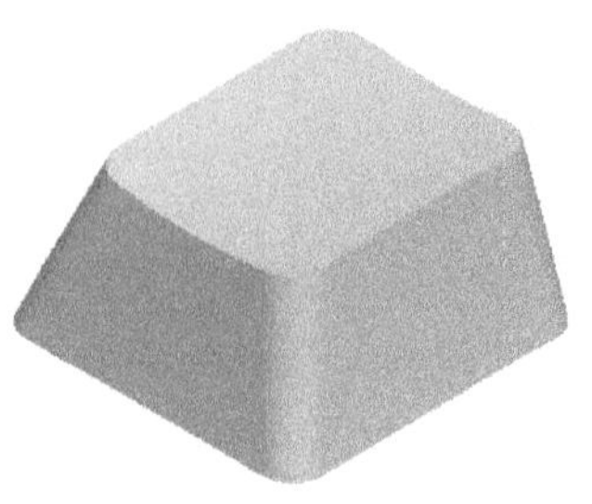

图 8-24　键盘按键完成图

操作 1： 新建零件文件，并运行混合命令，再按图 8-25 所示进行操作。

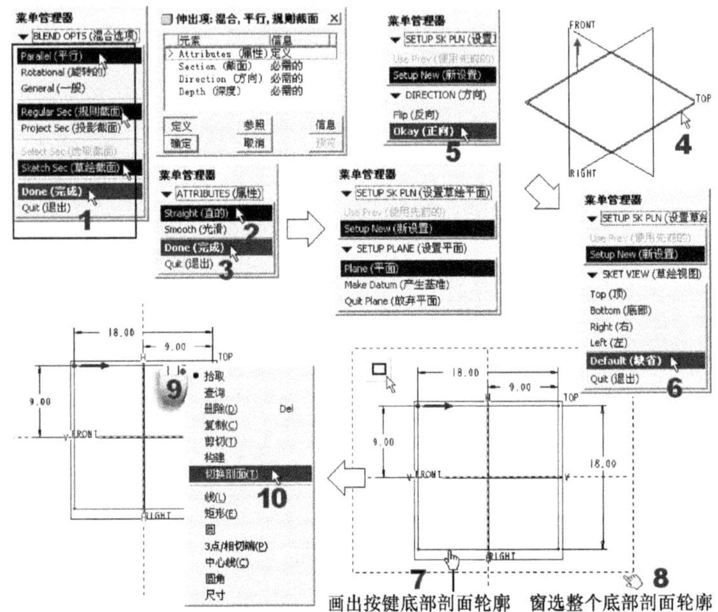

图 8-25　画出底部剖面轮廓的操作

操作 2： 请按图 8-26 所示画出按键顶部剖面轮廓，即可完成。

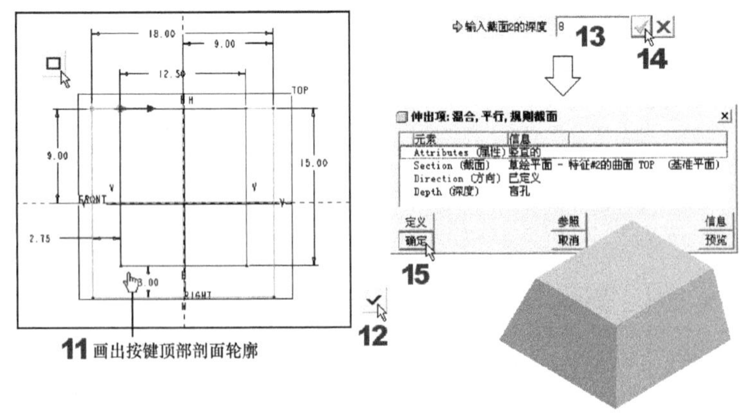

图 8-26　画出顶部剖面轮廓的操作

操作 3：使用“拉伸”命令切出按键顶面圆弧，再使用“倒圆角”修出四边圆角即可。

操作 4：存盘。

8.3.2 平行混合与投影剖面范例

本范例练习文件：(1)Examples\CH08\Blend2-1.prt。

本范例完成文件：(1)Examples\CH08\Blend2-2.prt。

本范例视频文件：(1)avi(gb)\ch08\Blend2-2.avi。

本范例完成图如图 8-27 所示。

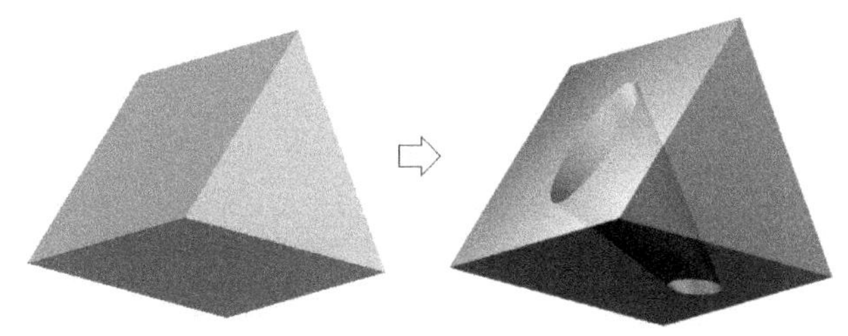

图 8-27　本范例完成图

操作 1：打开 Blend2-1.prt 文件，运行混合命令，再按图 8-28 所示的操作来画出大圆剖面。

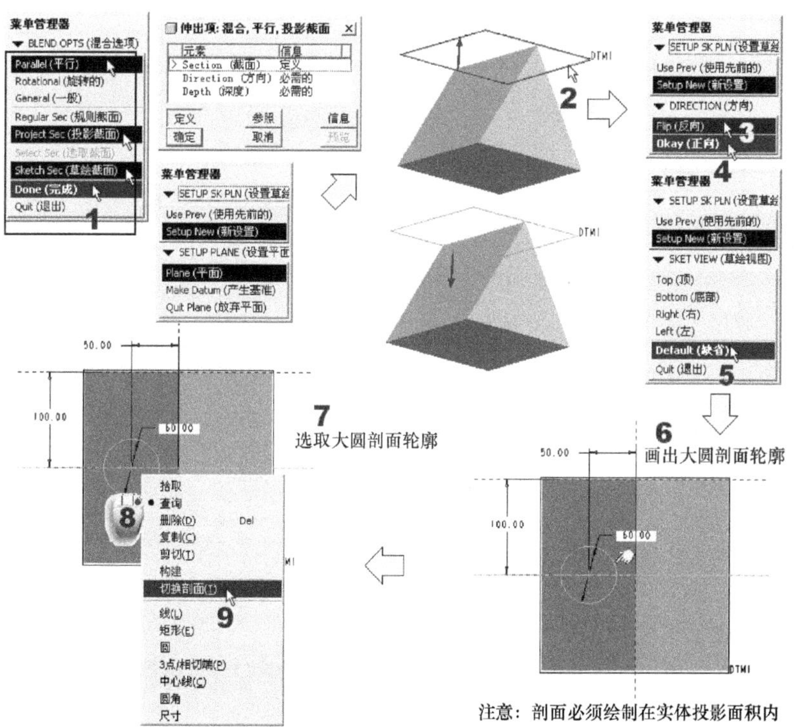

图 8-28　画出大圆剖面轮廓

操作 2：按图 8-29 所示的操作来画出小圆剖面，并完成混合的操作。

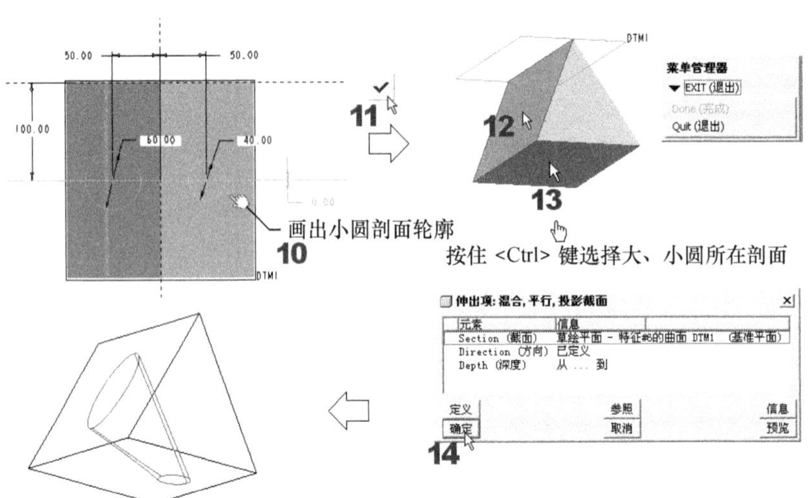

图 8-29　画出小圆剖面轮廓并混合

操作 3：存盘。

8.3.3　旋转混合范例

本范例完成文件：(1)Examples\CH08\Blend3.prt。

本范例视频文件：(1)avi(gb)\ch08\Blend3.avi。

本范例完成图如图 8-30 所示。

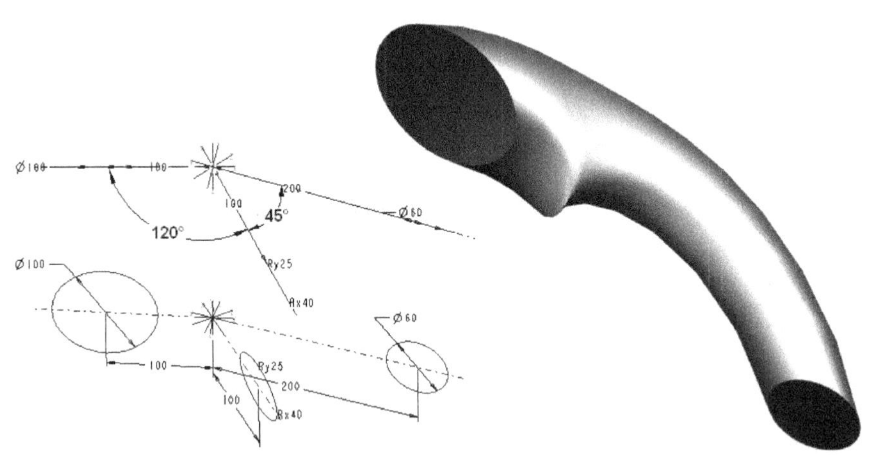

图 8-30　渐变剖面环完成图

操作 1：新建零件文件，并运行混合命令，再按图 8-31 所示进行操作。注意，所有剖面都要先使用坐标系工具和中心线工具绘出一个坐标系和一条水平中心线(如图中的步骤 7a～7b)。

操作 2：存盘。

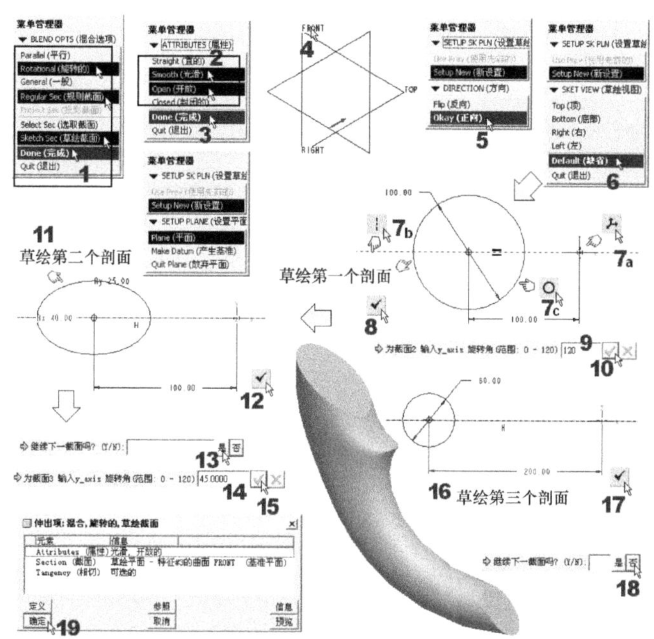

图 8-31　旋转混合特征的操作

信息补充站　**追踪菜单设置与编辑技巧**

关于在模型树区中追踪特征设置的方法，我们在前面已经谈过了。然而，当您在模型树中的特征名称上右击，在弹出的快捷菜单中选择“编辑定义”命令时，比较好追踪的是选项板的新界面，对于那些仍然以传统菜单来设置的特征，可能就会难一点。

上一节谈的可变截面扫描命令就是一个最好的例子。该命令在以前用的是菜单，到了 Wildfire 以后就改成新的选项板界面，所以很多人拿到用旧版 Pro/E 创建的，里面有可变截面扫描特征的零件文件时，不论是想改变设置或是想追踪设置，都会困惑，因为出现的还是旧的菜单界面，而不是新的选项板界面。Pro/E 并不会为我们将旧界面的设置改为新界面，所以很多人就无法追踪这类特征的设置。幸好，本系列书将一一针对此问题来为您寻求解决之道，本系列书的《Pro/ENGINEER Wildfire 5.0 高级设计》一书第 4 章的螺丝刀建模就是一个解答此问题的最佳范例。

但是图 8-31 所示的这个例子，它没有新旧界面的问题，因为它属于还未选项板化的命令，这就让我们有机会来讲解如何追踪菜单的设置。我们动用的是您应该已很熟悉的“编辑定义”和较少练到的“编辑”选项。请先参照图 8-32。

在这样的情况下，“追踪设置”这句话和“编辑修改设置”是一样的意思。您应该发现：还是要对这个命令熟悉一些，才有可能真正追踪到设置的内容，并了解它的设置意义。尤其是这种草绘还有好几个转折的复杂命令。当然，并不是所有的菜单命令，在编辑定义的窗口中都有一样的选项内容，这是随命令本身的内容而变化的！

在编辑方面，到了 Wildfire 5.0 版以后，新增了“动态编辑”这一项。所谓“动态编辑”，其实就是将图 8-32 所示的操作动态化，就是说动态的拉伸就可以变更尺寸，并同步观察到修改后的结果。这部分的操作请参见范例光盘中的视频文件(1)avi(gb)\ch08\Dynamic_Edit(有声).avi。

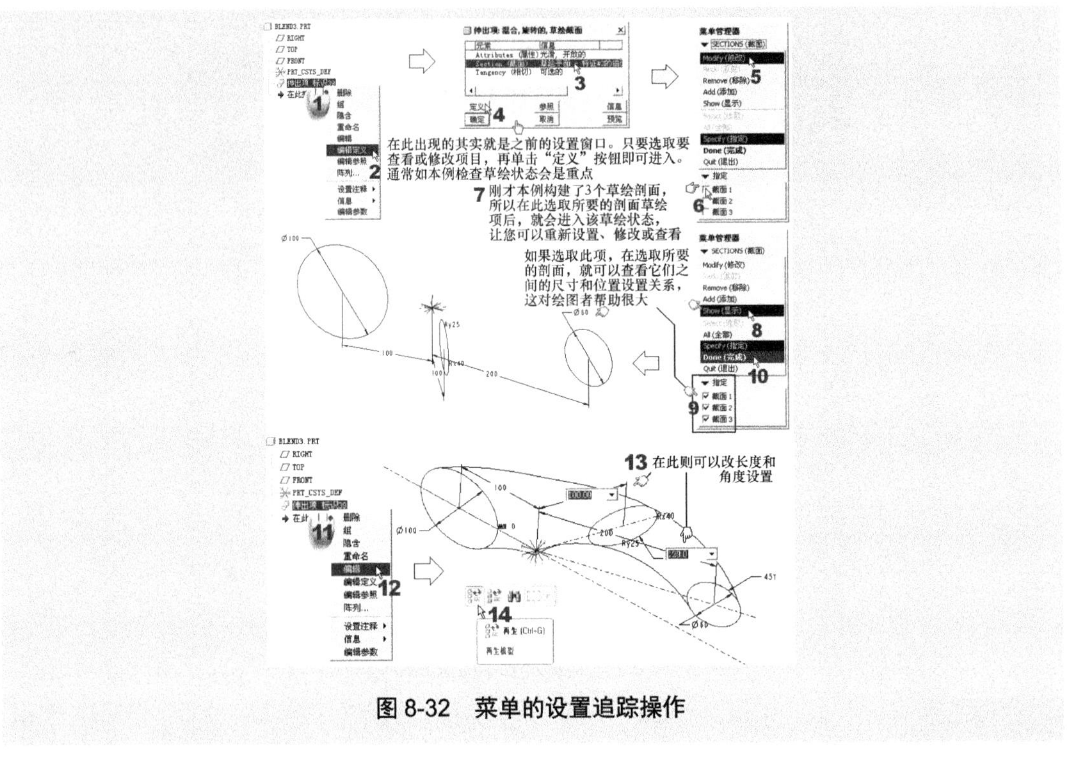

图 8-32　菜单的设置追踪操作

8.3.4　一般混合范例

本范例完成文件：(1)Examples\CH08\Blend4.prt。

本范例视频文件：(1)avi(gb)\ch08\Blend4.avi。

本范例完成图如图 8-33 所示。

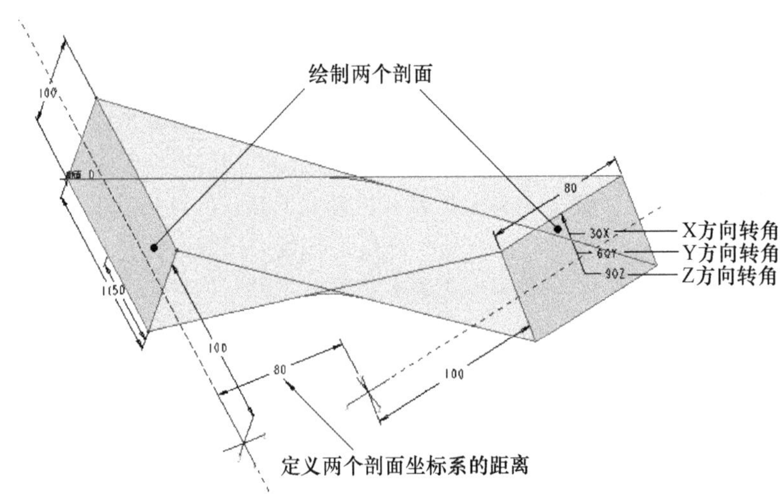

图 8-33　渐变扭曲造型完成图

操作 1： 新建一个零件文件，并运行混合命令，再按图 8-34 所示进行操作。

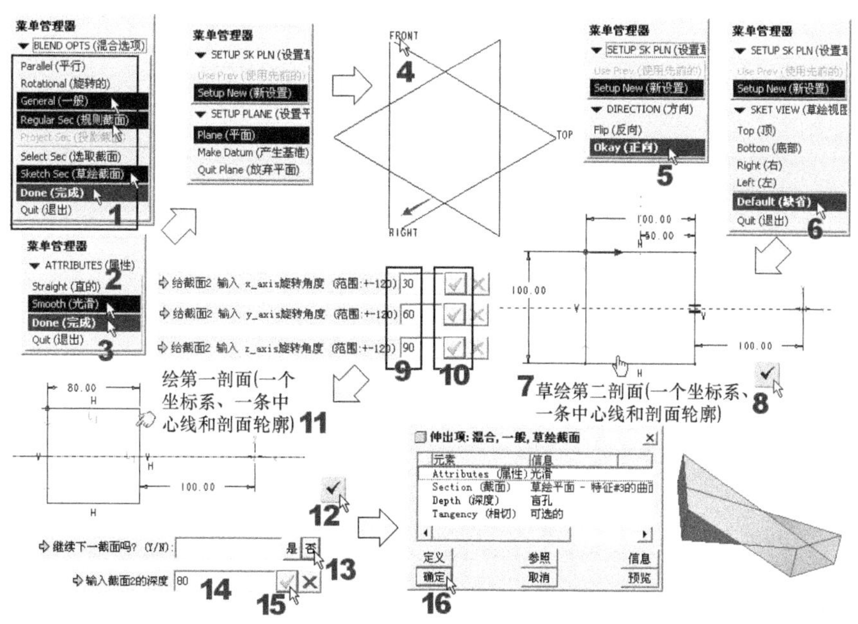

图 8-34　一般混合特征的操作

操作 2：按图 8-32 中的操作原理，可以使用“编辑”的方式来变更 X、Y、Z 等三个方向的转角值，于“再生”后，就可以发现这些数值的影响以及它们的意义。这是本范例的重点。相关操作可参考本范例视频文件。

操作 3：存盘。

8.3.5　变口体混合范例

本范例目的：练习绘出“不同剖面，但同点同位相应”、“不同剖面，但同点异位相应”，以及“不同剖面，但相应点数量不对称”等变口体图形。

本范例完成文件：(1)Examples\CH08\Blend5-1.prt、Blend5-2.prt、Blend5-3.prt。

本范例视频文件：(1)avi(gb)\ch08\Blend5.avi。

本范例完成图如图 8-35 所示。

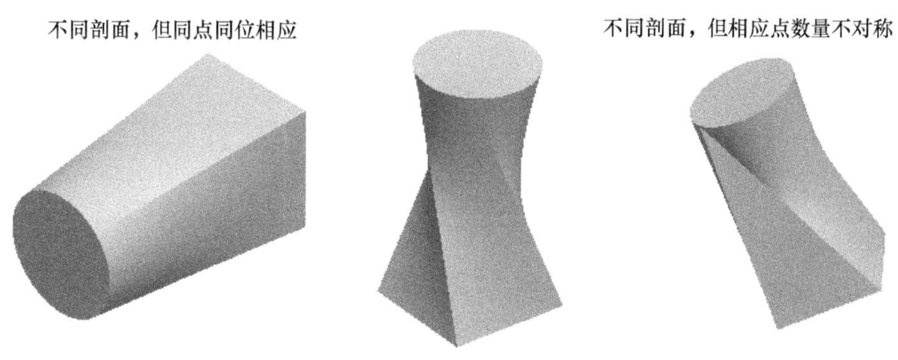

图 8-35　变口体图形的绘制

1. 不同剖面，但同点同位相应

操作 1：请新建一个零件文件，并运行混合命令，再按图 8-36 所示进行操作。

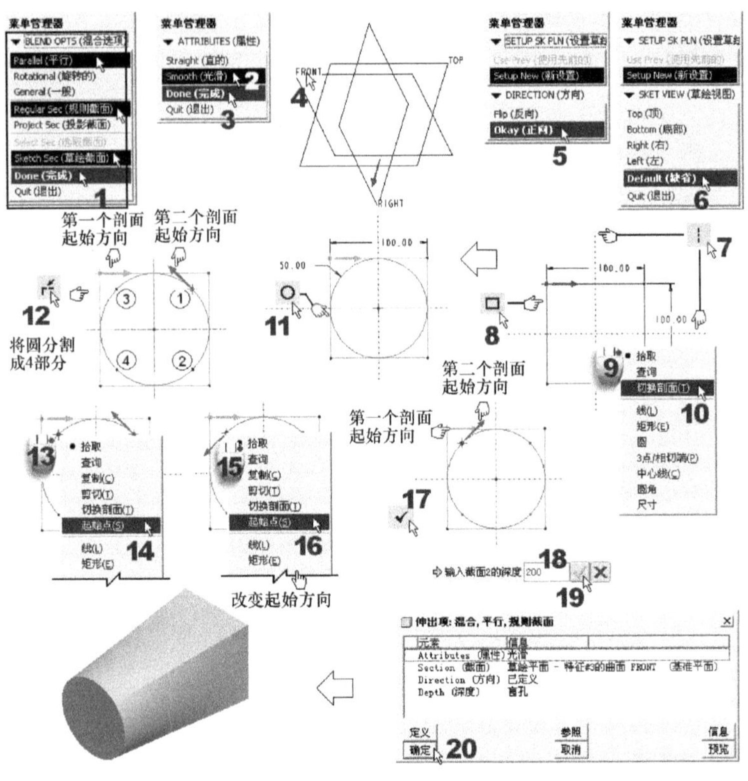

图 8-36 不同剖面，但同点同位相应的操作

操作 2：存盘。

2. 不同剖面，但同点异位相应

操作 1：同图 8-36 所示的操作，但是变更剖面起始点方向，如图 8-37 所示，即可变为不同剖面，但同点异位相应的状况。

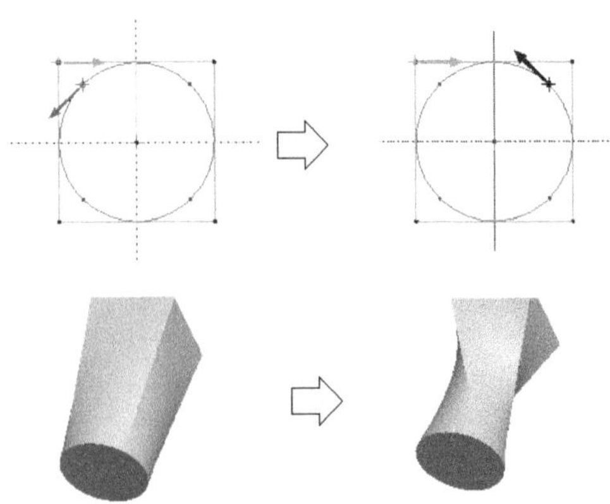

图 8-37 不同剖面，但同点异位相应的操作

操作 2：存盘。

3. 不同剖面，但相应点数量不对称

操作 1：同图 8-36 所示的操作，但如果将圆分割成三点，再使用混合顶点的方式，就可以达到不同剖面，但相应点数量不对称的效果，如图 8-38 所示。

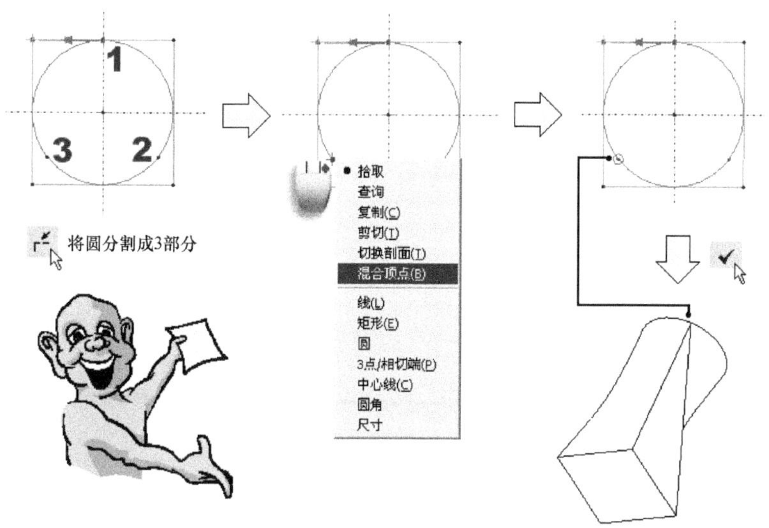

图 8-38　不同剖面，但相应点数量不对称的操作

操作 2：存盘。

8.4　举一反三的综合范例

我们在学会多种单独的命令或功能操作后，就应该要能灵活应用。在本节中，我们就设计了一种常见的造型，这个造型可以用三种不同的手法来绘出。而在练习过程中，将强迫我们去思考各命令功能的优缺点，以让我们未来在处理类似的情况下，有最好的操作选择。

8.4.1　可变截面扫描法

本范例练习文件：(1)Examples\CH08\handle0.prt。
本范例完成文件：(1)Examples\CH08\handle1.prt。
本范例视频文件：(1)avi(gb)\ch08\handle1.avi。
本范例完成图如图 8-39 所示。

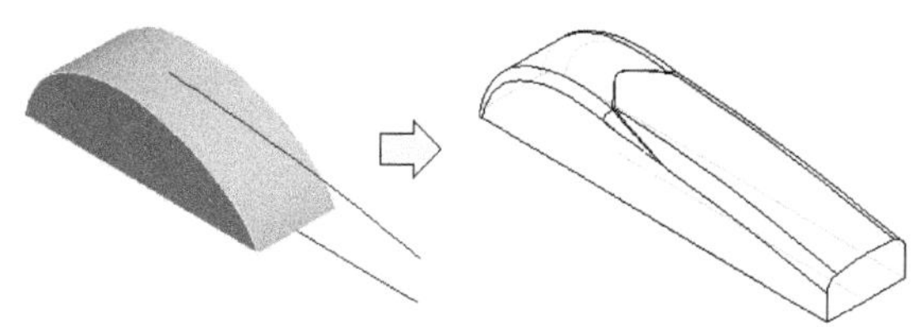

图 8-39　本范例完成图

操作 1： 首先，请打开 handle0.prt 练习文件。

操作 2： 再按图 8-40 所示进行操作，使用可变截面扫描命令来绘出柄状造型。这也是我们现在最熟悉的画法。

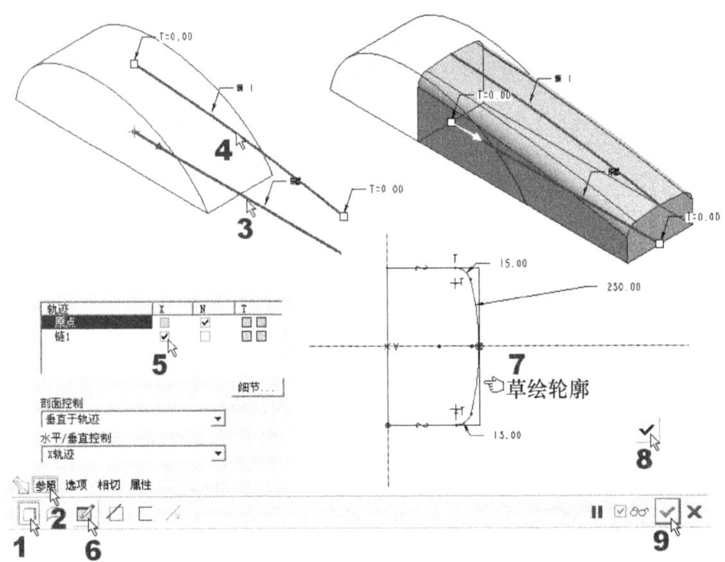

图 8-40　可变截面扫描的操作

操作 3： 对相关部位修圆角，完成图如图 8-39 所示。

操作 4： 存盘。

8.4.2　混合法

本范例练习文件：(1)Examples\CH08\handle0.prt。

本范例完成文件：(1)Examples\CH08\handle2.prt。

本范例视频文件：(1)avi(gb)\ch08\handle2.avi。

本范例完成图如图 8-41 所示。

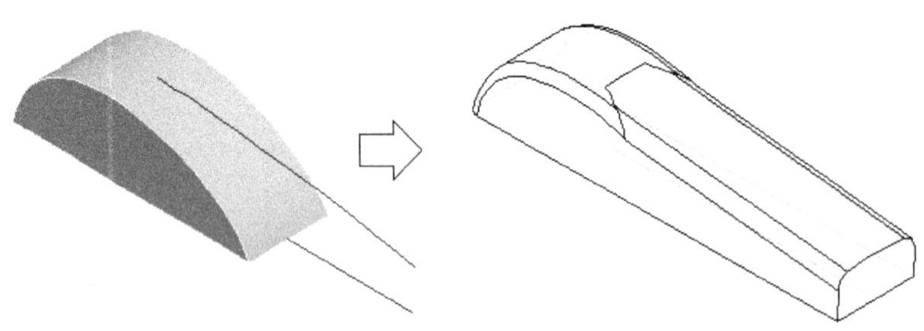

图 8-41　本范例完成图

操作 1： 请打开 handle0.prt 练习文件。

操作 2： 先按图 8-42 所示进行操作，先加上需要的基准点。

操作 3： 使用“混合”命令来绘出一样的造型。请按图 8-43 所示进行操作。

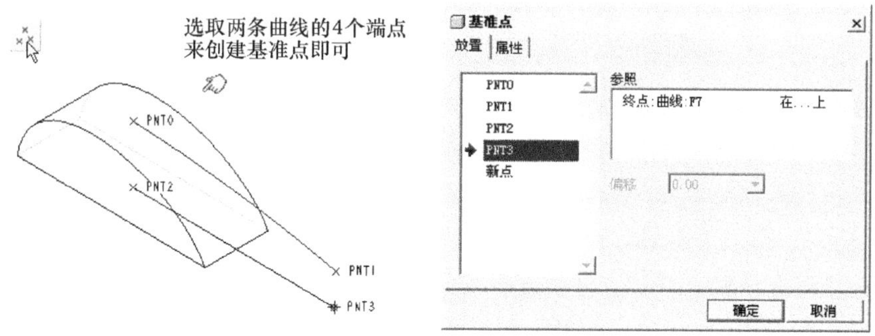

图 8-42　辅助基准点的绘制

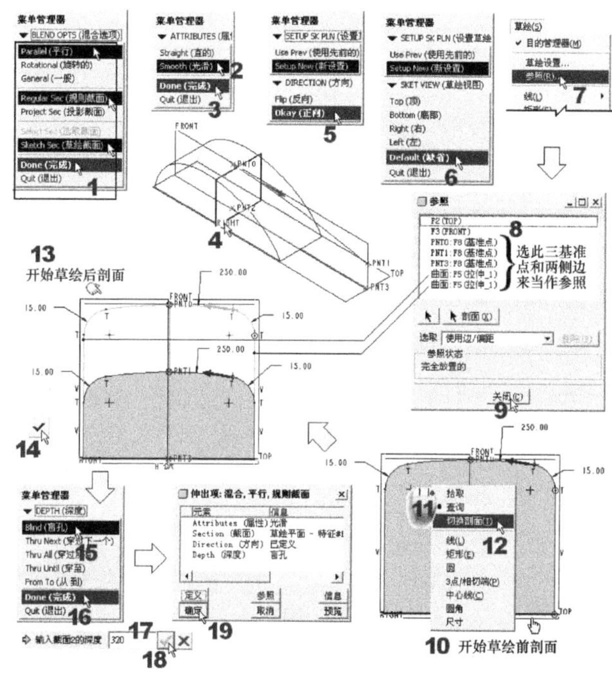

图 8-43　混合命令的操作

注 意

在步骤 12 中画前后剖面时，因为方向是从后到前，所以要画较高的后剖面，再画较低的前剖面。

操作 4：对相关部位修圆角，完成图如图 8-41 所示。

操作 5：存盘。

8.4.3　拉伸+扫描法

本范例练习文件：(1)Examples\CH08\handle0.prt。

本范例完成文件：(1)Examples\CH08\handle3.prt。

本范例视频文件：(1)avi(gb)\ch08\handle3.avi。

本范例完成图如图 8-44 所示。

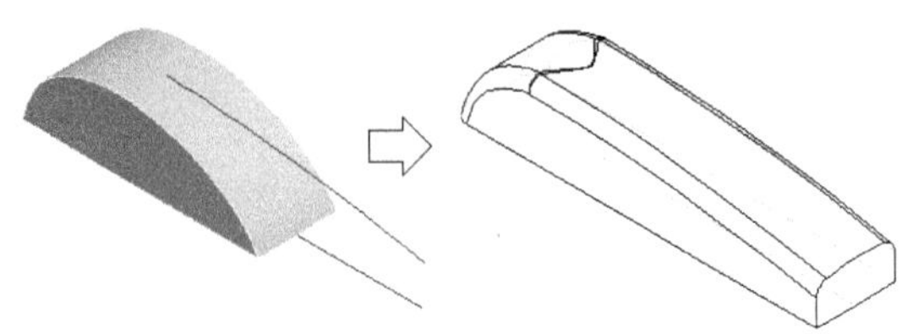

图 8-44　本范例完成图

操作 1：请打开 handle0.prt 练习文件。

操作 2：先按图 8-45 所示，使用“拉伸”命令先拉伸出代表该部位的立体实体块(中心线两端延伸模式，长度 320，厚度：100)。

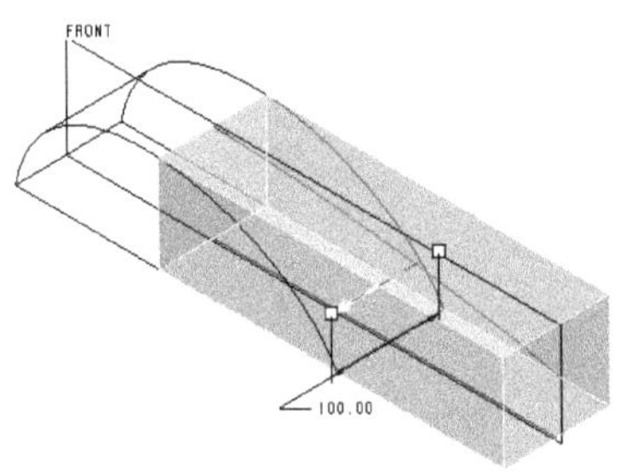

图 8-45　先拉伸出一实体块

操作 3：用扫描(直接在操作中画轨迹线)的方式，来切除立体块顶部的轮廓。请运行“扫描”命令的“切口”选项，并按图 8-46 所示进行操作。

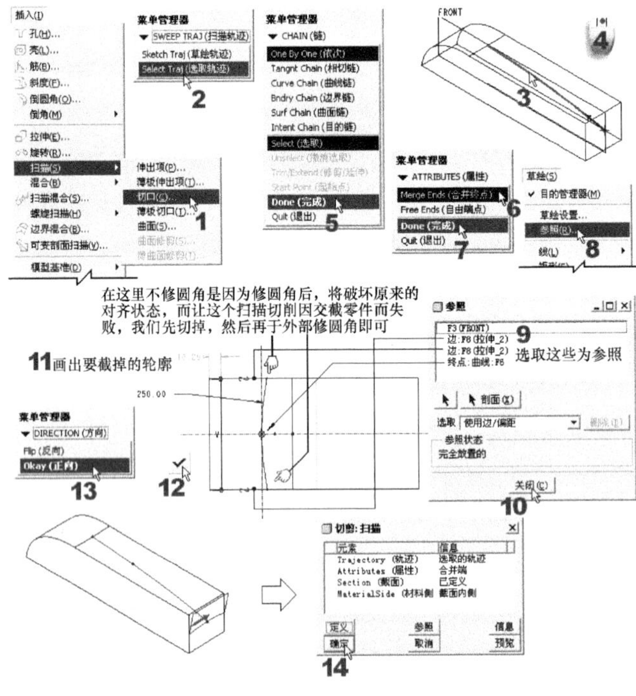

图 8-46　扫描切除的操作

操作 4： 对相关部位修圆角，完成图如图 8-44 所示。

操作 5： 存盘。

讨论：

我们在此讨论这个范例的原因是：不同的命令可以创建出类似的图形，而由其些微的差距中，就可以知道各命令的特色。从前面的各完成图中，我们可以看出，这三个图的俯视图在背部修圆角后，都展现了不同的风貌。那么侧视图呢？让我们先看图 8-47 的侧视图比较。

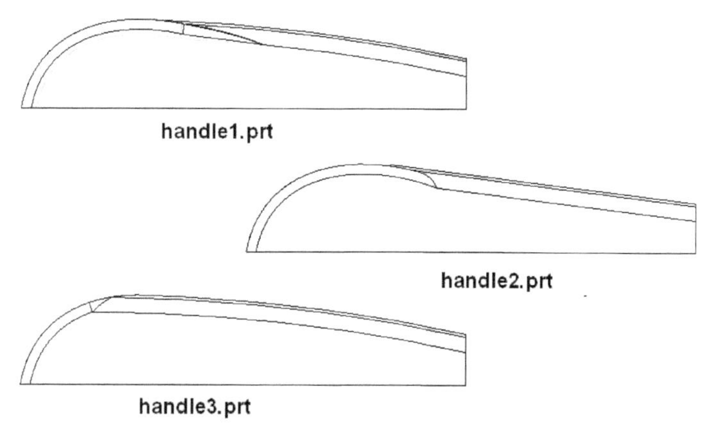

图 8-47　本节三例的侧视完成图

在图 8-47 中，显然 handle1.prt 和 handle3.prt 的背部轮廓是曲线的，而 handle2.prt 则是直线的。这说明 handle2.prt 所使用的混合特征，其特色在直线上，它当然也可造成曲线轮廓，那就是在前后两剖面中再增加数个剖面轮廓就好了，但是这样就麻烦了，还不如选 handle1.prt 和 handle3.prt 的做法。

handle1.prt 和 handle3.prt 的背部轮廓虽是曲线的，但是显然相切的切线点不同，而导致修圆角后的形态不同。照说，handle3.prt 是最准确的，若将头部的圆角半径也改为 15，那会更流畅了。handle1.prt 照说也应该很流畅，但是可能在草绘中先修圆角了，导致随后等于是用二段圆角来接，而生成异变。读者可以试着将圆角部分也像 handle3.prt 那样到外面来修，看会不会好一点？但是无可讳言的，handle1.prt 所代表的可变截面扫描命令还是最灵活，操作速度最快的。

因此，如果将背部那条轨迹线从曲线改为直线，左边的曲线头改为垂直面，圆角也不修了，那这三种方法所做出来的造型照说就要一样了。我们会在习题里出一道这样的题目给大家做。

换句话说，当造型单纯死板时，用那一种命令都没关系，您挑熟悉的来做就可以。handle3.prt 的做法虽然复合使用了两个命令来完成，但是在操作概念和逻辑上，大家最容易了解。可是当造型是图 8-48 所示的造型时，那恐怕也只有 handle1.prt 的可变截面扫描，才会更有效率的应付了(第 12 章的 152-910305a 题会有实例)。

当然，这个造型也会是本章的习题之一。

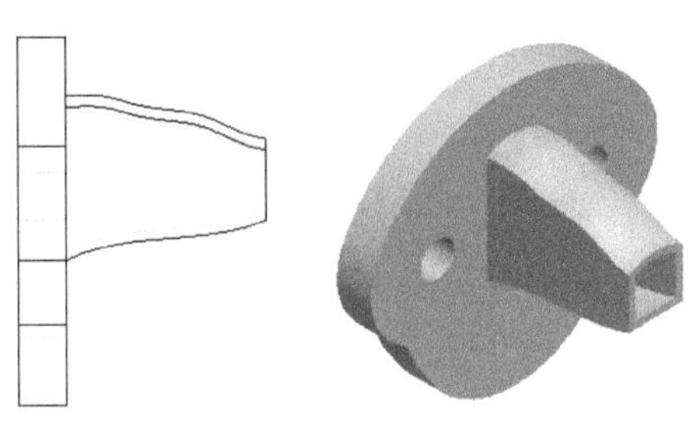

图 8-48　上下皆曲线的造型

8.5　孔　特　征

孔特征(Hole)是机械设计中最常用到的一种切割特征，常用于机器底座的固定。在 Pro/E 中，孔特征分为三种。

1. 简单直孔

属简单型的一种。指剖面为圆形且有固定直径的一类孔特征，它是孔特征中最为简单的一种。创建直孔特征时，要指定孔的直径大小及孔的深度。其中，孔的深度可由放置面延伸一定距离生成，也可由放置面延伸到指定位置生成。在设置完孔的直径及深度后，需指定孔的放置面及孔中心轴的定位尺寸，以确定孔的位置。其中，放置面可为零件表面，也可为基准平面。

2. 简单标准孔

简单标准孔操作原理类似直孔，可根据螺纹标准来绘制孔。

3. 草绘孔

草绘孔是在草绘模式下，草绘一旋转剖面生成的。其形式包括：沉头孔、阶梯孔或任意形状的孔。由于该类型特征是以旋转的方式生成的，所以在绘制剖面时，须另外绘制一条中心线来作为旋转轴。在绘制剖面时，其剖面必须有互相垂直的线段，以对齐放置平面。若无互相垂直的线段，当使用此选项生成特征时，系统将在“选项操控板”提示无法生成此特征。若剖面中有两个平直的几何图形，那么系统将自动使用上部线段所形成的平面，来对齐放置平面。

命令或工具图标位置

(1)　“插入(I)”→“孔(H)…”。
(2)　右工具栏里的▢。

选项板内容

1. 直孔(简单孔)部分

直孔的选项说明如图 8-49 所示。

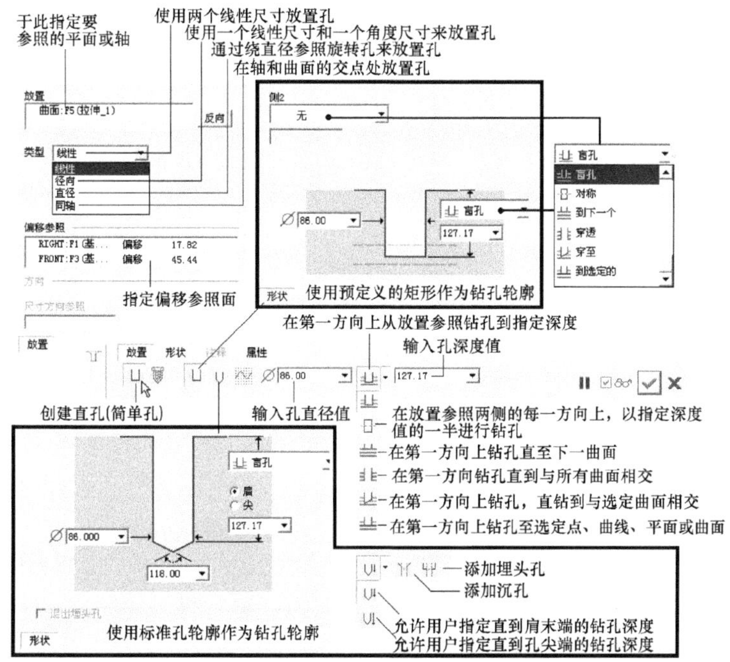

图 8-49　直孔(简单孔)特征的选项

2. 标准孔和锥孔部分

标准孔和锥孔的选项说明如图 8-50 所示。

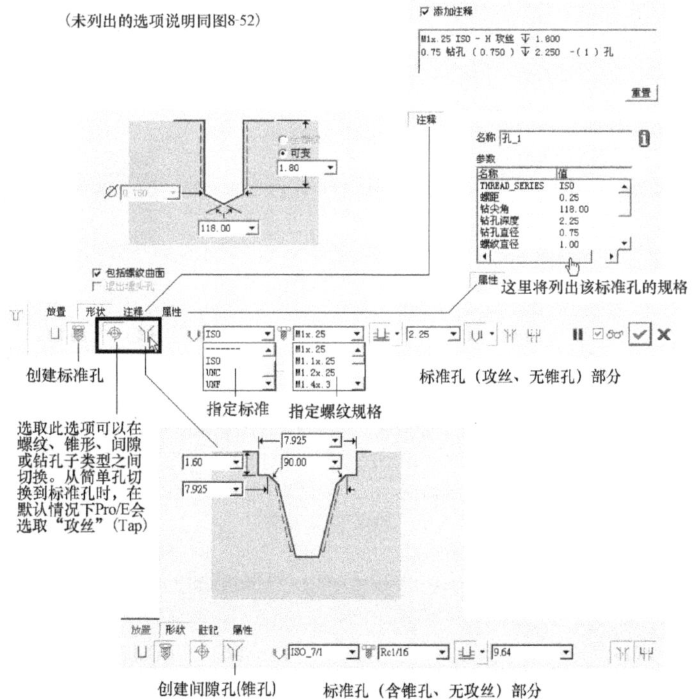

图 8-50　标准孔和锥孔特征的选项

3. 草绘孔部分

草绘孔的选项说明如图 8-51 所示。

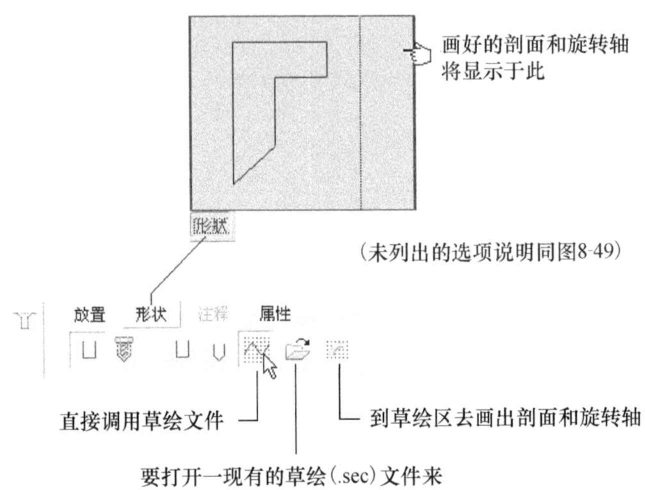

图 8-51　草绘孔特征的选项

8.5.1　直孔

本范例练习文件：(1)Examples\CH08\StraightHole-1.prt。
本范例完成文件：(1)Examples\CH08\StraightHole-2.prt。
本范例视频文件：(1)avi(gb)\ch08\StraightHole-2.avi。
本范例完成图如图 8-52 所示。

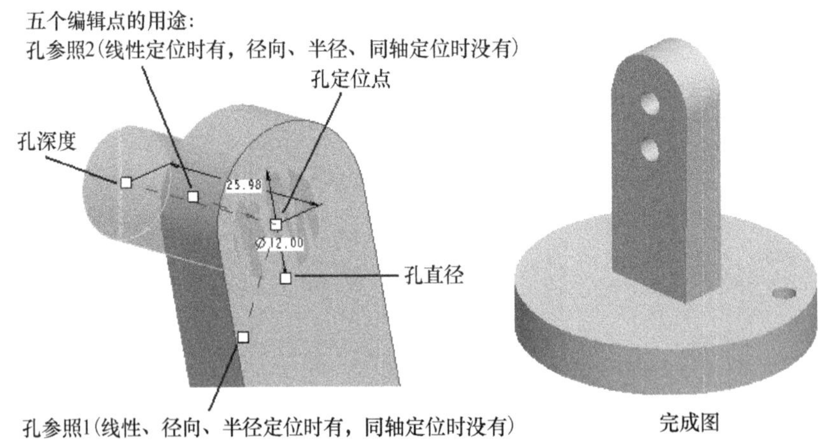

图 8-52　法兰(Flange)柄完成图

操作 1：请打开 StraightHole-1.prt 练习文件，再按图 8-53 所示进行操作，来画出第一个孔。

操作 2：第二个孔的画法，其实和第一个孔一样，但是刚才用的是以基准轴的方式，而现在要示范的则是以拖动控制点的方式。操作前，可参照图 8-52，再按图 8-54 所示进行操作。

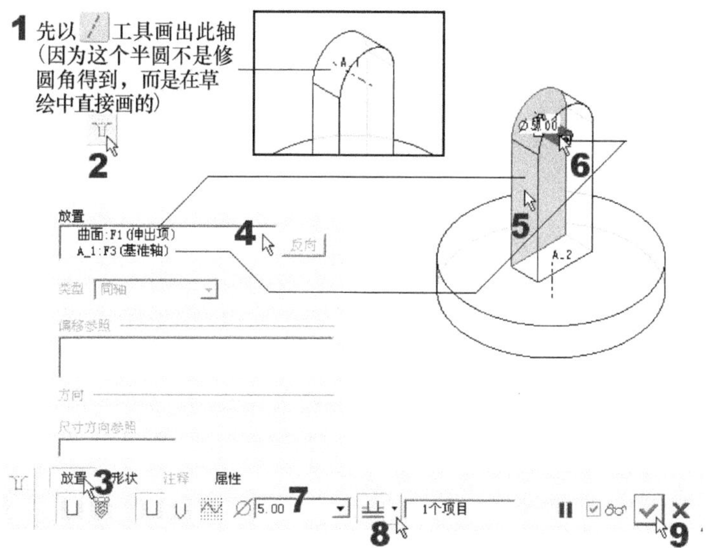

图 8-53　第一个孔的绘制操作

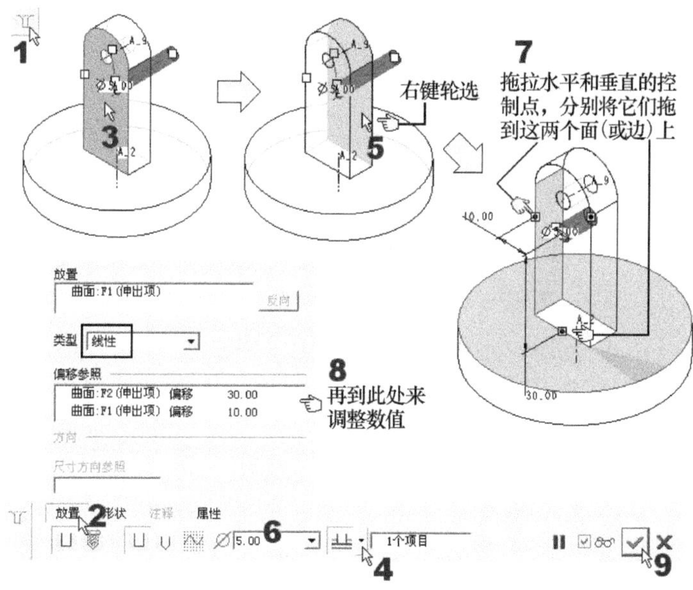

图 8-54　第二个孔的绘制操作

操作 3：按图 8-55 所示的操作方法，画出第三个孔。

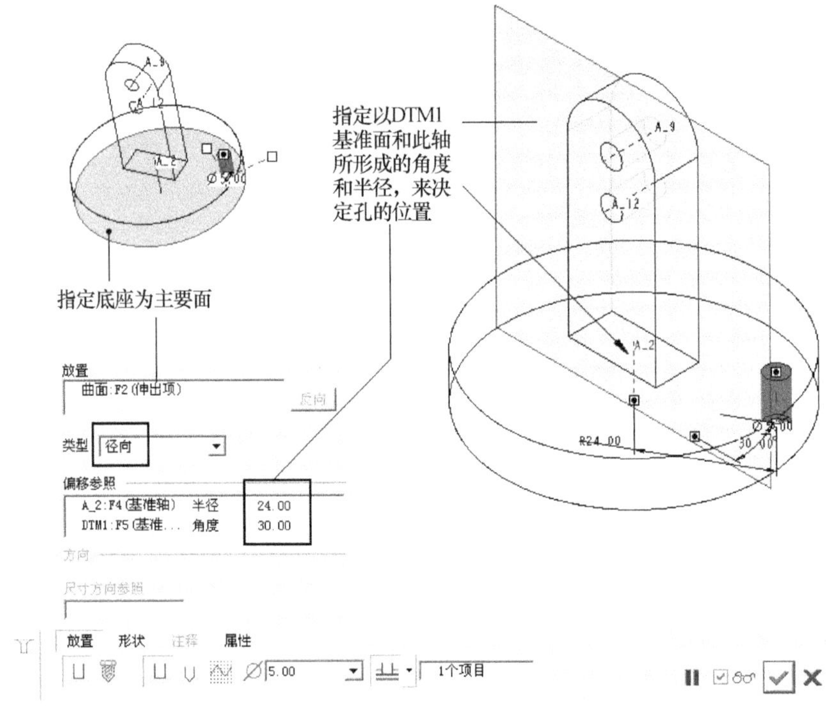

图 8-55　第三个孔的绘制操作

操作 4：存盘。

8.5.2　草绘孔

本范例练习文件：(1)Examples\CH08\Sketchhole-1.prt。
本范例完成文件：(1)Examples\CH08\SketchHole-2.prt。
本范例视频文件：(1)avi(gb)\ch08\SketchHole-2.avi。
本范例完成图如图 8-56 所示。

本范例要画的底座穿孔部分

滚珠丝杆螺母成品

图 8-56　滚珠丝杆螺母座的完成图

操作 1：请打开 Sketchhole-1.prt 练习文件，选择“孔”命令，再按图 8-57 所示进行操作。

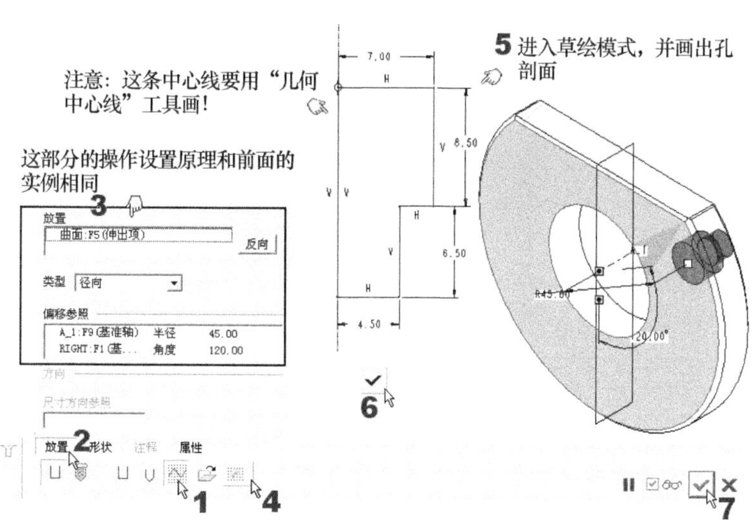

图 8-57　草绘孔特征的操作

操作 2：存盘。

8.5.3　标准孔

本范例练习文件：(1)Examples\CH08\ StandardHole.prt。
本范例完成文件：(1)Examples\CH08\StandardHole_F.prt。
本范例视频文件：(1)avi(gb)\ch08\StandardHole.avi。
本范例完成图如图 8-58 所示。

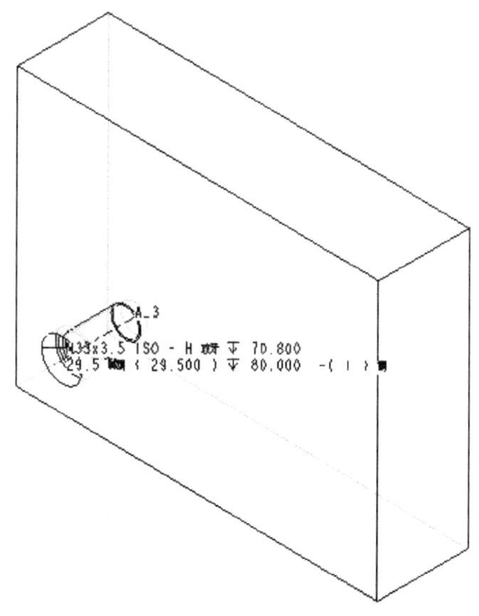

图 8-58　随意工件上的标准孔完成图

操作 1：请新建一个零件文件，选择“孔”命令，再按图 8-59 所示进行操作。

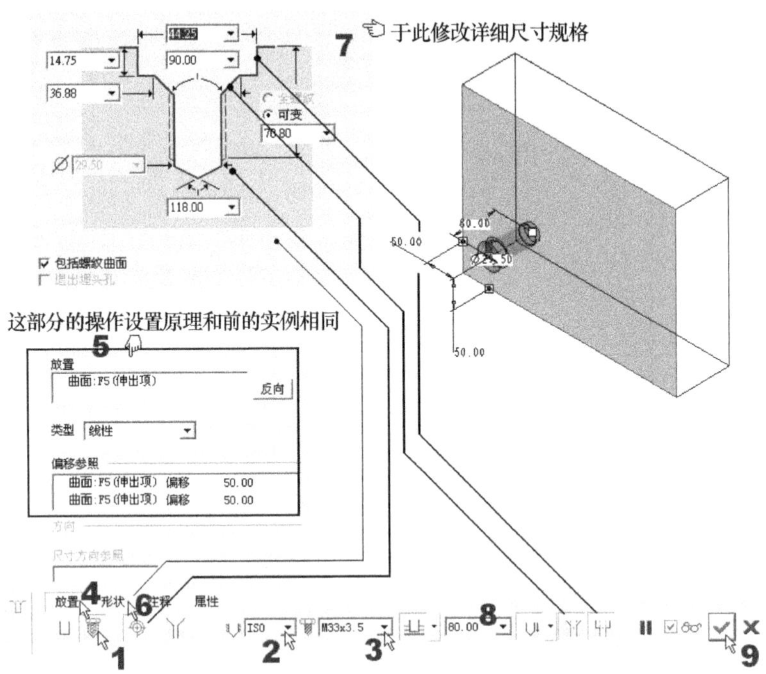

图 8-59 标准孔特征的操作

操作 2：完成标准孔的绘制后，系统都会自动加上注释。单击上工具栏的“注释显示”开关钮()即可关闭注释的显示。

操作 3：存盘。

8.6 筋 特 征

筋(Rib)特征也是零件建模过程中经常会用到的一种特征。常依附于零件中强度较低的特征上，以增加零件的强度。在 Wildfire 5.0 版以后，筋特征分为“轮廓筋”与“轨迹筋”两种。

“轮廓筋”特征是设计中连接到实体曲面的薄翼或腹板伸出物。通常，这些筋用来加固设计中的零件，也常用来防止出现不需要的折弯。可以通过定义两个垂直曲面之间的特征剖面来创建轮廓筋。

“轮廓筋”分为“平直加强筋”和“旋转加强筋”两种，即依附的特征若为平直造型，此时可生成平直造型的筋，如图 8-60(左)所示；依附的特征若为旋转造型，则生成旋转造型的筋特征，如图 8-60(右)所示。创建加强筋特征，须在准备生成特征的位置生成一个基准平面作为绘图平面，绘制完剖面的形状后，特征将在草绘面的左右两侧对称地伸出项体积。此处须注意的是：由于加强筋特征是依附于零件的另一个特征上，所以绘制的剖面必须是开放的剖面。

“轨迹筋”则常用于加固塑料零件。这些零件在腔槽曲面之间含有基础、壳或其他空心区域。腔槽曲面和基础必须由实体几何组成。通过在腔槽曲面之间草绘制筋的轨迹，或通过选取现有草绘来当作轨迹筋，就可以创建一个轨迹筋。

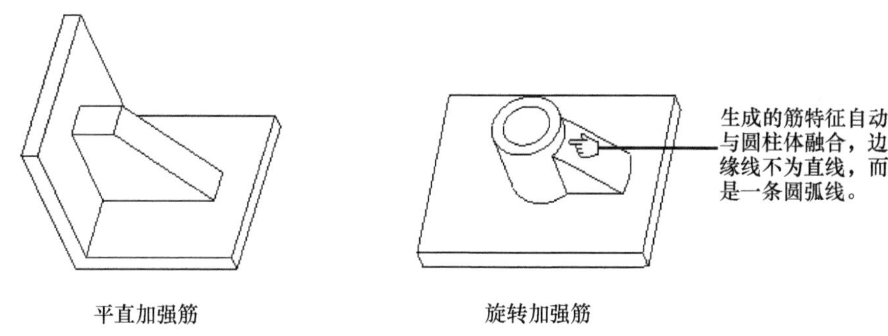

图 8-60　平直加强筋和旋转加强筋示例

轨迹筋具有顶部和底部。底部是与零件曲面相交的一端，而所选的草绘平面则用来定义筋的顶部曲面。筋几何的侧曲面会延伸至下一个曲面。筋草绘可包含开放环、封闭环、自交环或多环。

换句话说，轨迹筋特征是一条轨迹，可包含任意数量和任意形状的段。此特征还可包括每条边的倒圆角和拔模。可以在图形窗口中或“轨迹筋”选项板上定义草绘、倒圆角和筋宽度。同时，还可以将倒圆角分成其他特征的独立特征，如图 8-61 所示。

图 8-61　轨迹筋示例

命令或工具图标位置

(1)　“插入(I)”→“筋(B)…”。

(2)　右工具栏里的。

选项板内容

- 轮廓筋特征选项板中的选项说明如图 8-62 所示。

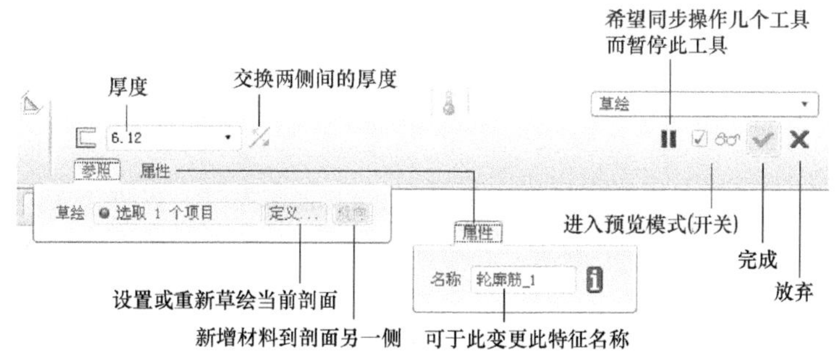

图 8-62　轮廓筋特征的选项板

- 轨迹筋特征选项板中的选项说明如图 8-63 所示。

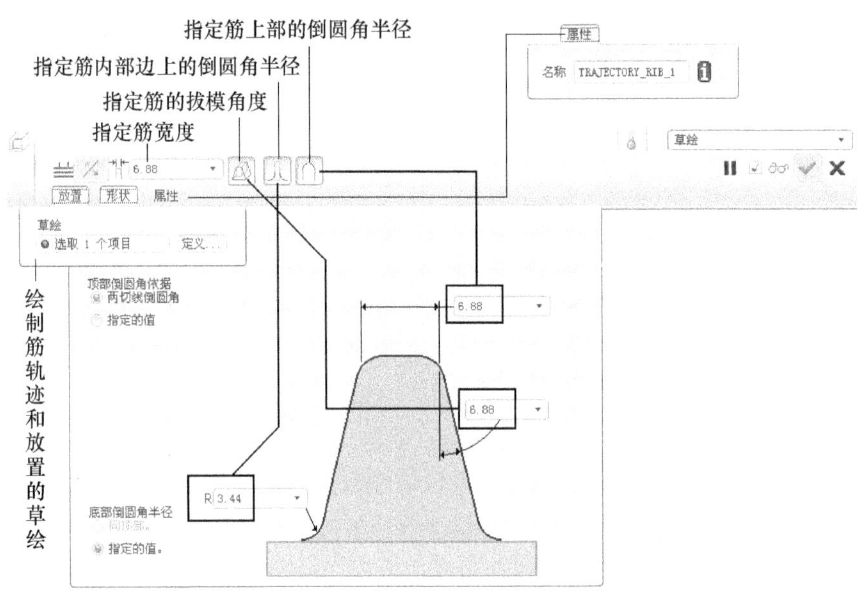

图 8-63　轨迹筋特征的选项板

8.6.1　平直加强筋

本范例练习文件：(1)Examples\CH08\Rib1-1.prt。
本范例完成文件：(1)Examples\CH08\Rib1-2.prt。
本范例视频文件：(1)avi(gb)\ch08\Rib1-2.avi。
本范例完成图如图 8-64 所示。

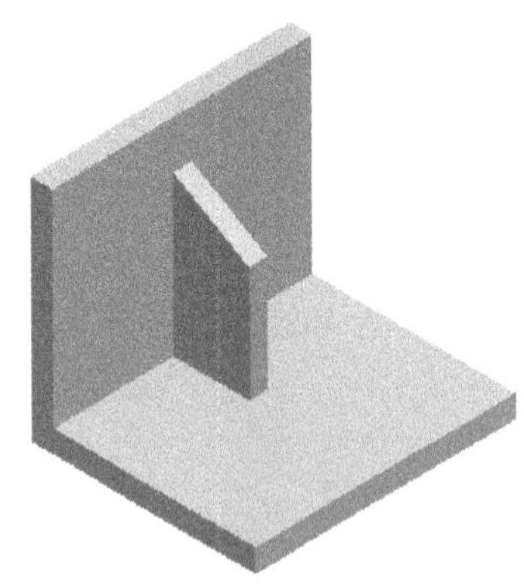

图 8-64　平直加强筋完成图

操作 1： 请打开 Rib1-1.prt 练习文件。选择“插入(I)”→“筋(I)”→“轮廓筋(P)...”命令，再按图 8-65 所示进行操作。

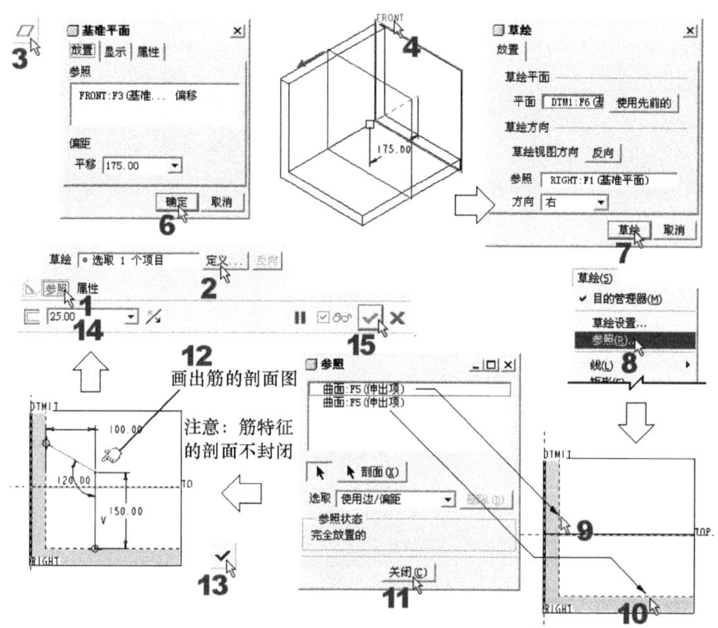

图 8-65　平直加强筋的绘图操作

操作 2： 完成后会发现这种在命令执行时所做的临时基准面，将自动附在该特征里面，并被隐藏起来。可以在模型树区里验证到此结果。

8.6.2　旋转加强筋

本范例练习文件：(1)Examples\CH08\Rib2-1.prt。

本范例完成文件：(1)Examples\CH08\Rib2-2.prt。

本范例视频文件：(1)avi(gb)\ch08\Rib2-2.avi。

本范例完成图如图 8-66 所示。

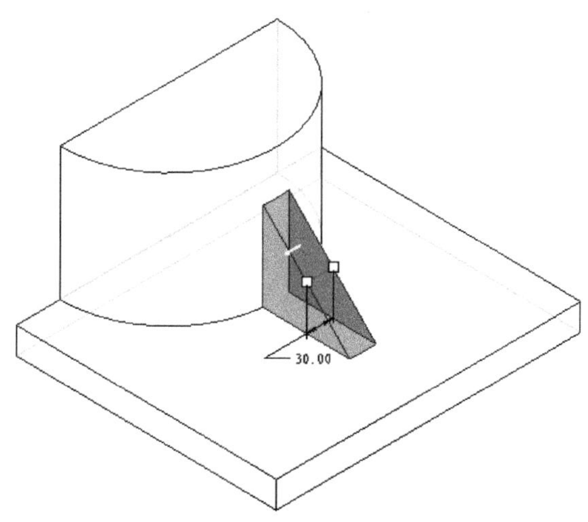

图 8-66　旋转加强筋完成图

操作 1：请打开 Rib2-1.prt 练习文件。选择“插入(I)”→“筋(I)”→“轮廓筋(P)...”命令。接下来的步骤和图 8-65 中的步骤 2、7、8 一样，而草绘部分的操作示意如图 8-67 所示。

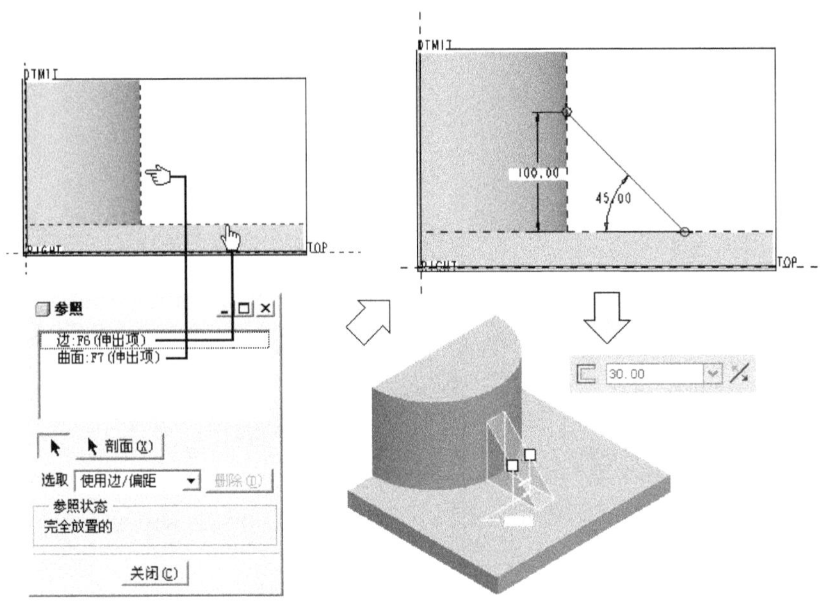

图 8-67　旋转加强筋的绘图操作

操作 2：存盘。

8.6.3　轨迹筋

本范例练习文件：(1)Examples\CH08\Rib3-1.prt。

本范例完成文件：(1)Examples\CH08\Rib3-2.prt。

本范例视频文件：(1)avi(gb)\ch08\Rib3-2.avi。

本范例完成图如图 8-68 所示。

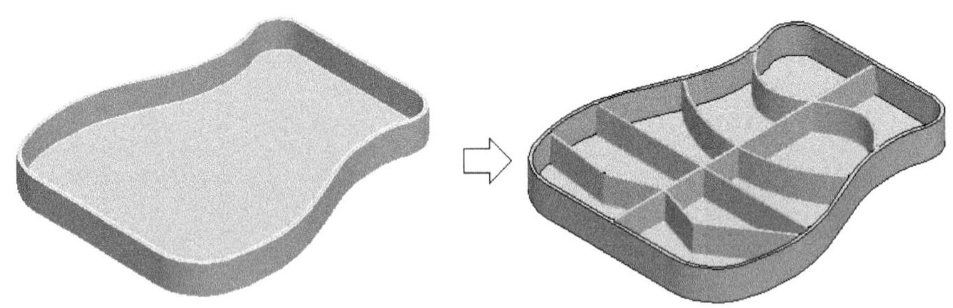

图 8-68　轨迹筋完成图

操作 1：请打开 Rib3-1.prt 练习文件。“插入(I)”→“筋(I)”→“轨迹筋(T)...”命令，再按图 8-69 所示进行操作。

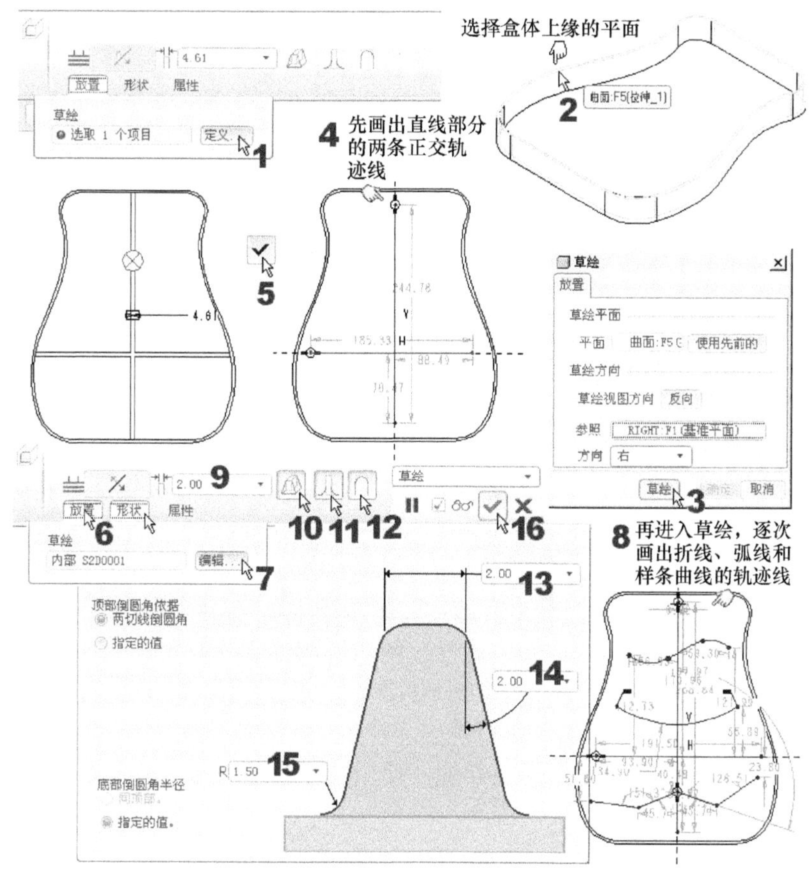

图 8-69　轨迹筋的操作

操作 2：在操作过程中，有以下两点值得注意。

(1) 想要一次在草绘中画出所有曲线，可能会导致建模失败！因此，在视频文件中看到我们逐次来草绘轨迹线。

(2) 当您希望指定拔模角度、轨迹筋上部或内部边上的倒圆角半径时，如果这些数值给的不合理，彼此冲突到实体，那就会不成功！必须像本范例视频文件示范的那样，将这些值修改到合理值就可以了(通常设小一点的值，会比较容易成功)。

操作 3：存盘。

8.7　特　　征

螺旋扫描(Helical Sweep)就是通过旋转曲面的轮廓(即从螺旋特征的剖面原点到其旋转轴间的距离)和螺距(螺旋线间的距离)两者来定义轨迹。然后，再沿着螺旋轨迹来扫描剖面，以完成实体的绘制。

命令或工具栏图标位置

“插入(I)”→“螺旋扫描(H)”→“伸出项(P)...”。

菜单流程

螺旋扫描特征的菜单流程如图 8-70 所示。

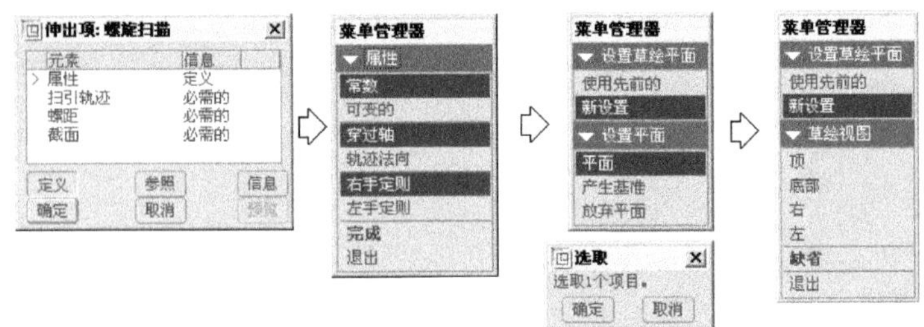

图 8-70　螺旋扫描特征的菜单流程

“螺旋扫描”功能将用于实体和曲面的绘制。在“属性”(Attributes) 菜单中，对成对出现的选项(只选其一)进行选择，定义螺旋扫描特征。

(1)　常数(Constant)。螺距为常数。

(2)　可变的(Variable)。螺距是可变的，并由某图形定义。

(3)　穿过轴(Thru Axis)。横剖面位于旋转轴通过的平面内。

(4)　轨迹法向(Norm To Traj)。确定横剖面方向，使其垂直于轨迹(或旋转面)。

(5)　右手定则(Right Handed)。即右螺旋，使用右手规则来定义轨迹。

(6)　左手定则(Left Handed)。即左螺旋，使用左手规则来定义轨迹。

8.7.1　简易的弹簧螺旋扫描

本范例目的：弹簧是机械设计中的标准零件，按机械制图标准规定，标准零件不需画零件图，而在装配工程图中，也只需使用简画法绘出即可。因此，弹簧的建模通常用于立体的装配分解图(爆炸图)中。本例的目的就是示范如何绘出一个简单的弹簧模型。

本范例完成文件：(1)Examples\CH08\Helical_Sweep.prt。

本范例视频文件：(1)avi(gb)\ch08\Helical_Sweep.avi。

本范例完成图如图 8-71 所示。

图 8-71　弹簧完成图

操作 1：请新建一零件文件，选择“插入(I)”→“螺旋扫描”→“伸出项(P)...”命令，再按图 8-72 所示进行操作。

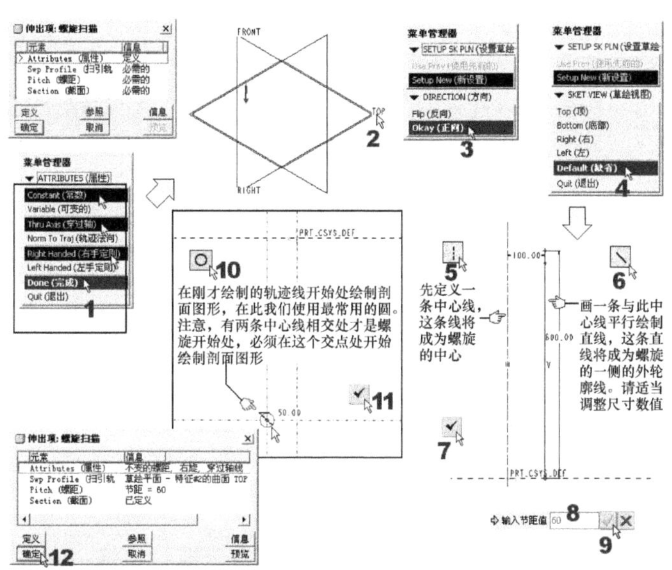

图 8-72　弹簧的螺旋扫描操作

操作 2：存盘。

信息补充站　“菜单特征”的选项组

PTC 公司希望将 Pro/E 的命令全面选项板化，但是它并不是一次就完全改变，而是分好几次。因此，本工作室将那些还没选项板化的特征命令称为“菜单特征”。我们现在练到的螺旋扫描命令就是这种特征。

这种特征因为还没有选项板化，所以用菜单流程的方式来做。为了不让菜单流程太复杂，它就不能像选项板那样，将曲面、切口等大类的分项都放在一起。因此，如图 8-73 所示，您就会看到在这类特征命令的菜单中，后面就会跟着一些名为“曲面”、“切口”……的选项。这在该命令未来的选项板化过程中，都应该被集中。

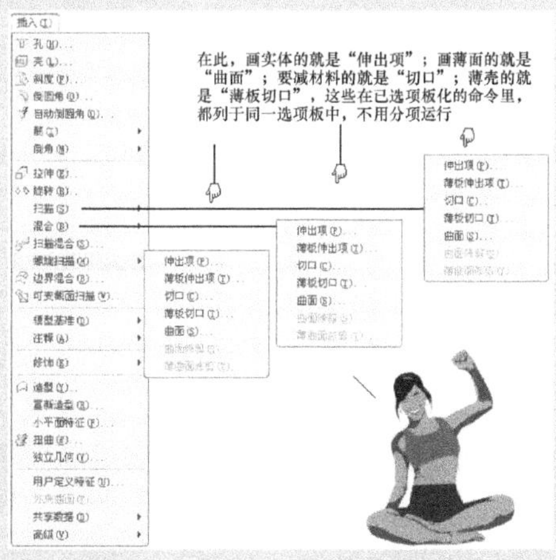

图 8-73　“菜单特征”的选项内容

8.7.2 简易的螺纹螺旋扫描

本范例目的：通过这个范例来示范绘出一个真实且正确的螺纹。因为含有螺纹的零件，如螺栓、螺母等，一直是机械设计中重要的标准零件。所以，创建一个螺纹模型，其主要的意义并不是建模的结果(因为在工程图中可以使用简化法来代表螺纹)，而是可以将具有设计意义的数据融入模型中，让建模者可以通过建模操作来真正了解螺纹的设计意义。

本范例练习文件：(1)Examples\CH08\Thread1.prt。

本范例完成文件：(1)Examples\CH08\Thread2.prt。

本范例视频文件：(1)avi(gb)\ch08\Thread2.avi。

本范例完成图如图 8-74 所示。

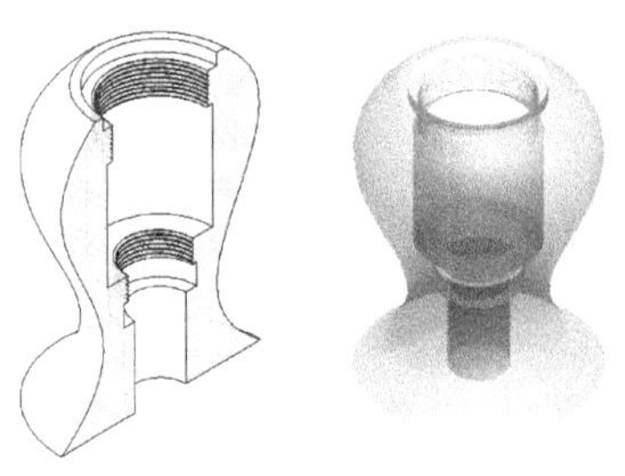

图 8-74　本范例完成图

操作 1： 请打开 Thread1.prt 练习文件。选择“插入(I)”→“螺旋扫描(H)”→“切口(C)...”命令(注意，因为是切出螺纹，所以要选“切口”选项)，再按图 8-75 所示进行操作。我们先创建上螺纹的扫描轨迹。

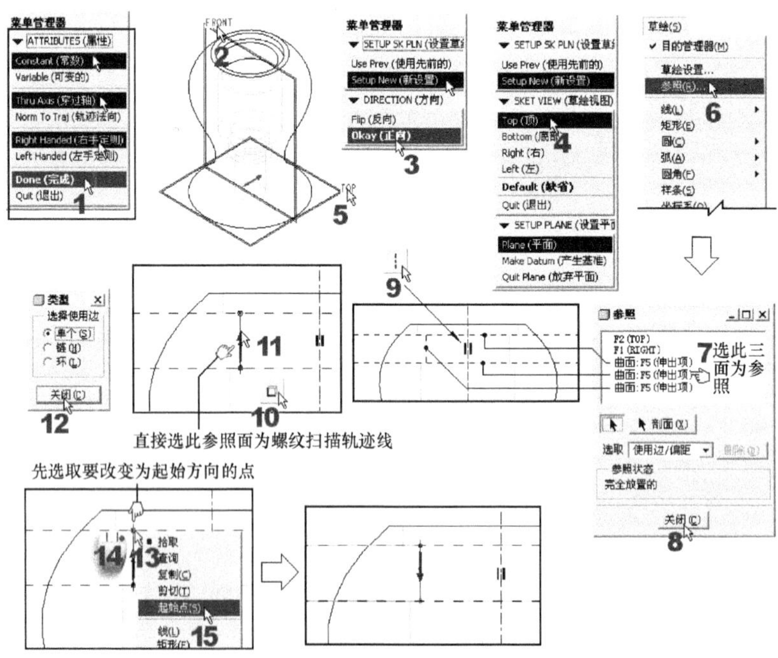

图 8-75　上螺纹的扫描轨迹操作

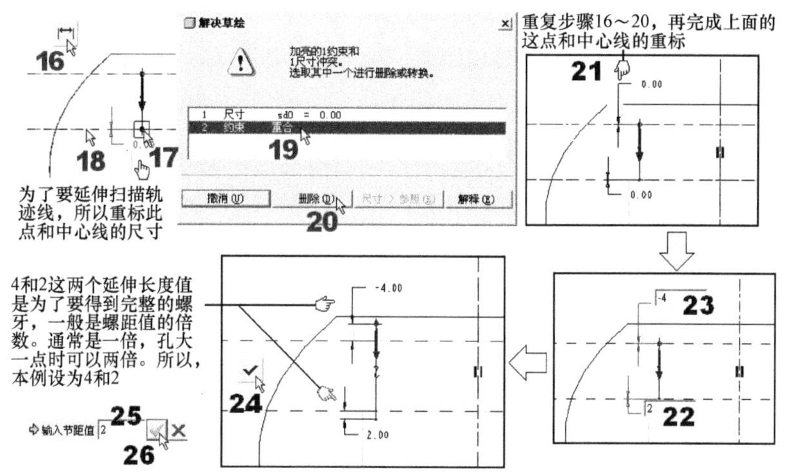

图 8-75　上螺纹的扫描轨迹操作(续)

操作 2：续图 8-75，我们要继续画出上螺纹的剖面草绘。请按图 8-76 所示进行操作。

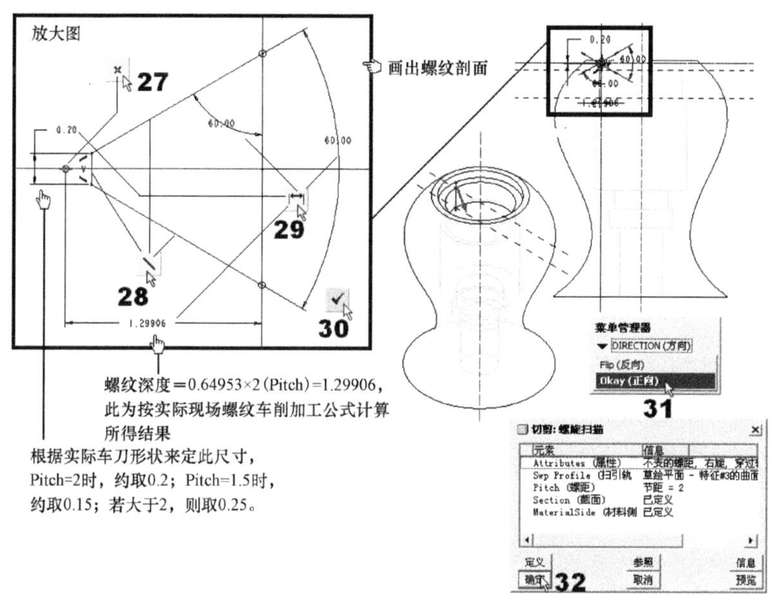

图 8-76　上螺纹的剖面草绘操作

操作 3：接下来是下螺纹的部分。操作和上螺纹完全一样(Pitch=2)，所以我们仅列出代表其尺寸的草绘图，如图 8-77 所示。

信息补充站　本范例采用的螺纹深度数据

本题所用到的公式如下：

① 按现场螺纹车削加工公式：螺纹深度(外牙) = 0.64953×Pitch(螺距)

② 按现场螺纹车削加工公式：螺纹深度(内牙) = 0.54×Pitch(螺距)

本题采外牙公式来做，但视需要采内牙公式也可以！

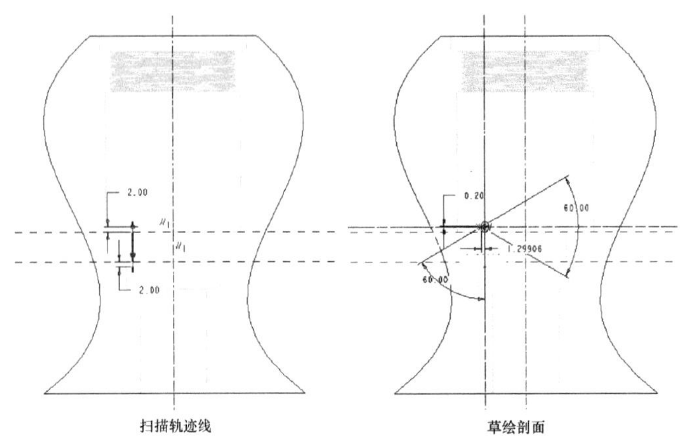

图 8-77　下螺纹的草绘图

8.8　修饰螺纹特征

由于机械制图中对某些重复性但又不好画的零件采用“简画法”；所以，所有知名的CAD 软件都会提供“修饰特征(Cosmetic Feature)”来给用户使用。

在机械制图中，凡是弹簧、紧固件(如螺钉、螺母等)或齿轮等标准零件，都有简画法；即以简单的线条来代表复杂且重复性的轮廓。在这样的情况下，“修饰特征”的功能可以让模型转到工程图时，具有符合制图标准的尺寸标注。

在这些修饰特征中，和机械相关的有：螺纹、草绘和凹槽等三个特征。本节就分三小节为您详细介绍画出这些修饰特征的方式。

8.8.1　修饰螺纹

图面上的螺纹越多，图形文件的容量就越大。在实际上的 2D 工程图中，按机械制图惯例，螺纹可以使用如图 8-78 所示的简画法来表示。

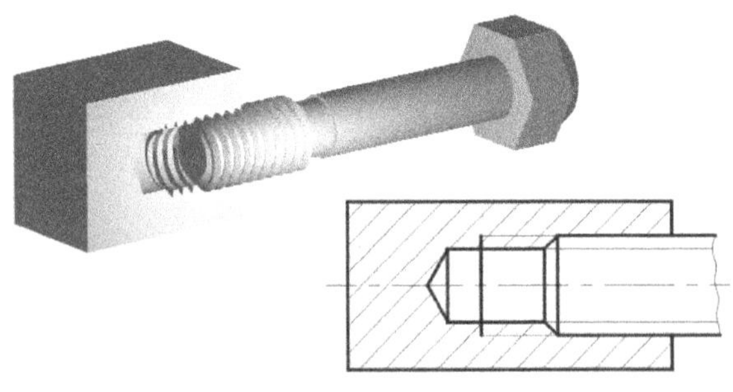

图 8-78　螺纹的简画法

这个简画法就是“修饰”的意思。在 Pro/E 中，您只要使用绘修饰螺纹的命令，就可以画出一个以洋红色显示，代表螺纹直径的修饰特征。它可以在转成 2D 工程图时，标注出螺纹的简画法。当然，在实体图里，修饰螺纹是看不出来的。因此，与其他修饰特征不同的是：修饰特征不能修改修饰螺纹的线型，且螺纹也不会受到“环境”选项中，显示隐藏线设置的影响。螺纹将以默认的极限公差设置来创建。

修饰螺纹可以是外螺纹或内螺纹，也可以是盲孔的或贯通的。通过指定螺纹次径或螺纹主径(分别对于外螺纹和内螺纹)、起始曲面和螺纹长度或终止边，就可以很快的创建出一个修饰螺纹。

命令或工具列图标位置

“插入(I)”→“修饰(E)”→“螺纹(T)...”。

实例

本范例练习文件：(1)Examples\CH08\cosmetic_thread.prt。
本范例完成文件：(1)Examples\CH08\cosmetic_thread_finish.prt。
本范例视频文件：(1)avi(gb)\ch08\cosmetic_thread.avi。
本范例完成图如图 8-79 所示。

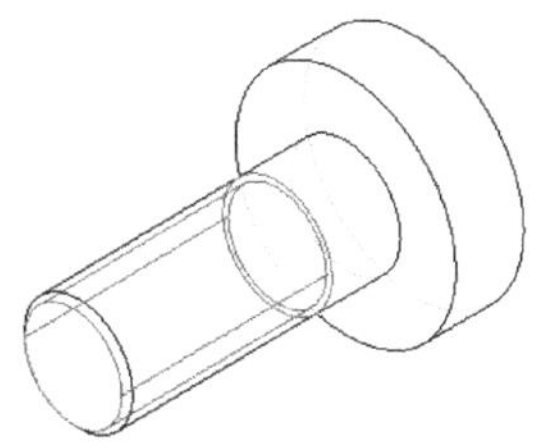

图 8-79　本范例完成图

操作 1：请打开 cosmetic_thread 练习文件。选择“插入(I)”→“修饰(E)”→“螺纹(T)...”命令，再按图 8-80 所示进行操作。

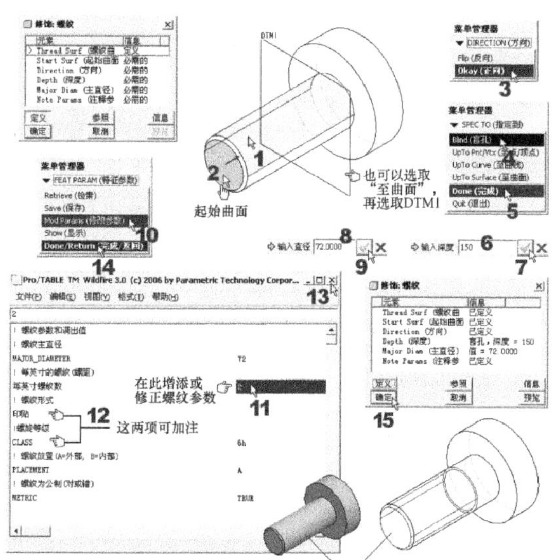

图 8-80　绘出修饰螺纹的操作

注 意

① 图 8-80 中，规格数据输入窗口里的“每英寸”只是翻译名词，您只要确定图本身的单位无误即可。如果是公制，仍输入以 mm 为单位的螺距值；若是英制，则是每英寸多少牙。

② 是外螺纹还是内螺纹，取决于螺纹曲面的几何。如果是圆柱轴，则为外螺纹；如果是孔，则为内螺纹。而在图 8-81，指定螺纹等级输入中(步骤 12)，一般代表外螺纹有 4h、6h 和 6g 三种等级；代表内螺纹有 5H、6 H 和 7H 三种等级。

③ 对于内螺纹来说，默认直径值应比孔的直径大 10%。对于外螺纹而言，默认直径值应比圆柱轴直径小 10%。

④ 不能使用非平面的曲面来定义使用深度参数(盲孔螺纹)的螺纹。

⑤ 如果螺纹次径等于放置曲面的直径，那么盲孔的外修饰螺纹将会失败。

操作 2：在图 8-80 中步骤 10 的上面，选择“保存”选项，就可以将所设参数存为.thr 格式的参数文件。以后，当有类似设置时，就可以选择“保存”选项上面的“检索”选项，再重复图 8-80 所示的步骤来修改。

操作 3：当建模完成并转到工程图中后，将出现图 8-81 所示的标注。您可以发现，在模型外观上看不到有螺纹的修饰螺纹部位，在工程图中都会出现，并可以作正常的尺寸标注(详细操作，请参考本范例的视频文件)。

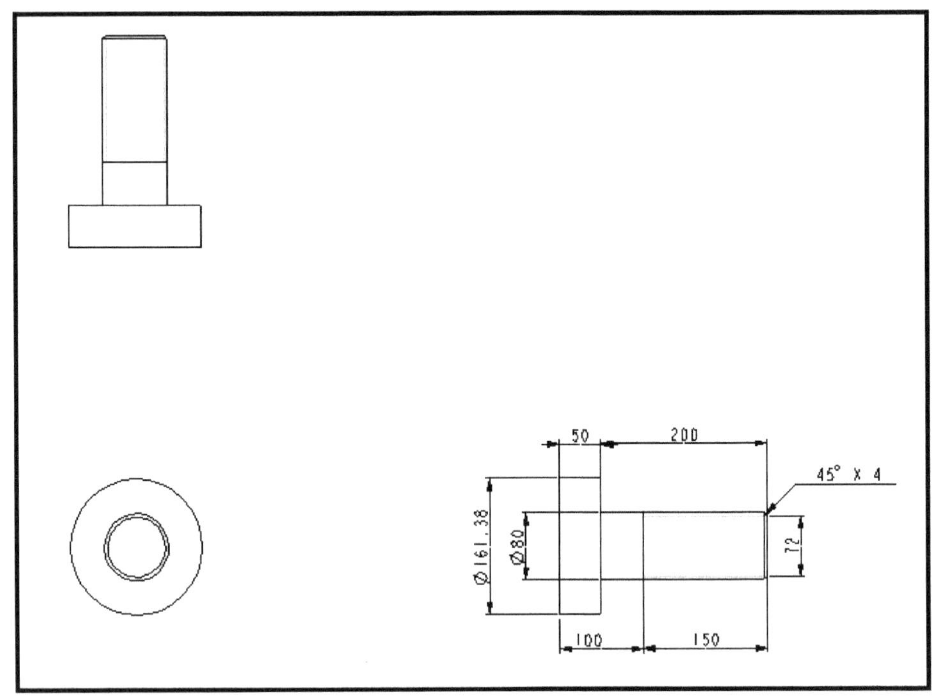

图 8-81 转到工程图后的修饰螺纹

操作 4：存盘。

信息补充站　　修饰螺纹画法的取舍

之所以会采用修饰螺纹来作为机械制图的绘图惯例，是因为早期手工绘图的时代，要详细绘出螺纹的细节，是一件非常辛苦的事。所以，在工程图面上绘出修饰螺纹，符合机械制图规定。

但是随着计算机绘图功能的增强，只要通过上一节的操作，我们就可以轻松地绘出实际立体的螺纹细节，虽然这会增加一些图形文件的容量，不过以立体图来表现图面，已是现代工程图的重要演进。在国外的图面中，如德国，我们就经常看到立体细节的螺纹图面标注。

因此，我们就教学生都会这两种方法(即本节和上一节的操作)，同时让它们并存于图面中。如果要应付工程图面，那就将上一节所教的立体螺纹特征“隐抑”起来；倘若要表现立体螺纹的细节，就再将其取消“隐抑”即可。

8.8.2　草绘修饰

草绘修饰特征被用来以“绘”的方式画在零件的曲面上。它可以包括要印制到对象上的公司徽标 (Logo)或序号等内容，也可以用来绘制“修饰的”剖面。然而，草绘修饰特征也可用在结构分析中，定义“有限元”局部负载区域的边界。但要注意以下事项。

(1) 其他特征不能参照修饰特征(草绘中的“尺寸”、“通过边”等)。

(2) 草绘修饰特征不必再生或标注。但在非参数状态时，它们的截面或位置不能修改。

(3) 与其他特征不同，修饰特征可以有线型值。可以用“几何工具”菜单中的“修饰字体”选项，来设置特征的颜色、线型和线型值。

(4) 特征的每个单独的几何段，不论是单个特征还是阵列，都可以设置线型值，但不必都设置相同的值。

(5) 重新定义几何特征时，线型值不会改变。如果线型值没有默认宽度，或使用了用户定义的线型时，则可使用合适的默认值取代它。

(6) 草绘修饰特征无法在渲染中显示。

投影截面的草绘修饰特征

将截面修饰特征投影到单个零件曲面上，就称为“投影截面的草绘修饰特征”。但它们不能跨越零件曲面，也不能对投影截面加剖面线或进行阵列。

1) 范例一(投影截面修饰)

本范例练习文件：(1)Examples\CH08 目录里的 project_cosm_feature-1.prt。

本范例完成文件：(1)Examples\CH08 目录里的 project_cosm_feature-2.prt。

本范例视频文件：(1)avi(gb)\ch08\project_cosm_feature-2.avi。

本范例完成图如图 8-82 所示。

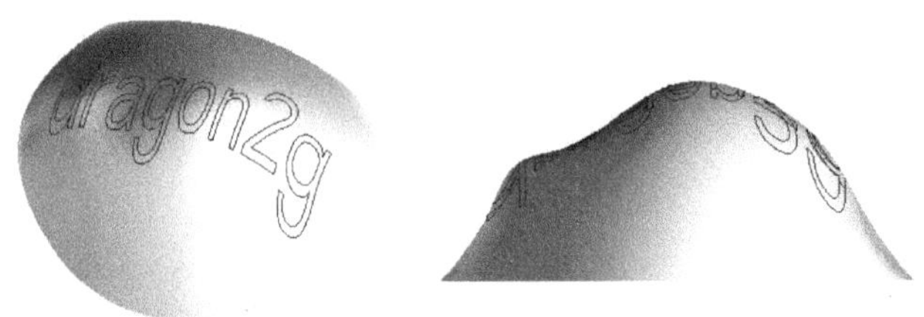

图 8-82　投影草绘修饰完成图

绘图步骤如图 8-83 所示。

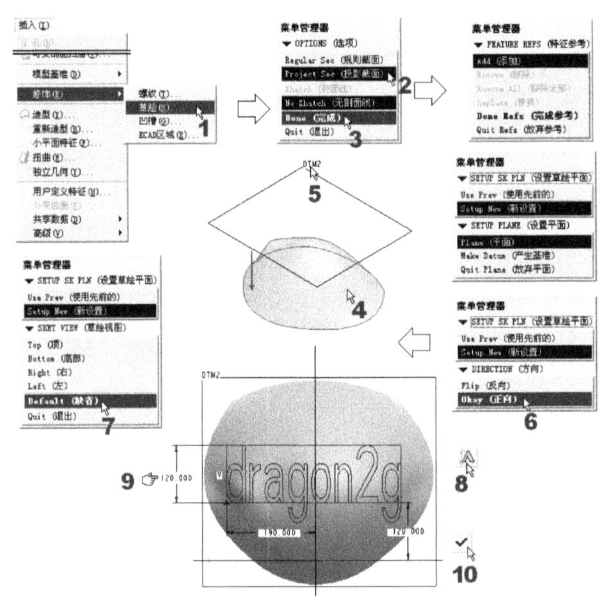

图 8-83　投影草绘修饰特征的操作

规则截面的草绘修饰特征

不论是在“空间”中，还是在零件的曲面上，规则截面修饰特征总会位于草绘平面上。这是一个平坦特征。

当创建规则截面修饰特征时，我们可以为它们加上剖面线。剖面线将显示在所有模式中，但只能在“工程图”模式下修改。在“零件”和“组件”模式下，剖面线均以 45°显示。

如果创建的修饰特征为阵列特征，那么对该阵列成员的任何修改，包括剖面线的修改，都会改变阵列的其他成员。

2)　范例二(规则修饰剖面)

本范例练习文件：(1)Examples\CH08 目录里的 plan_cosm_feature-1.prt。

本范例完成文件：(1)Examples\CH08 目录里的 plan_cosm_feature-2.prt。

本范例视频文件：(1)avi(gb)\ch08\plan_cosm_feature-2.avi。

本范例完成图如图 8-84 所示。

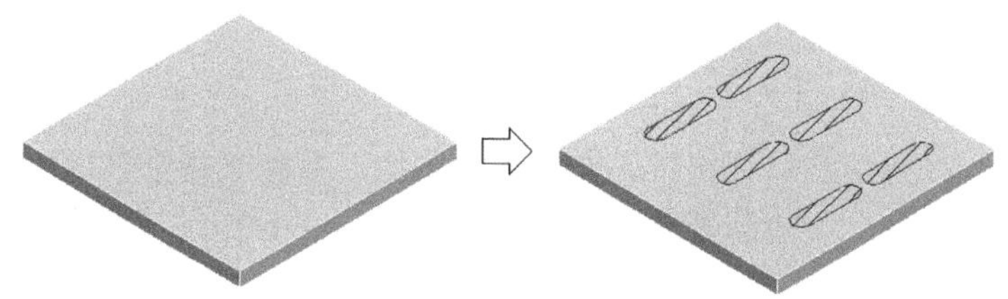

图 8-84　规则草绘修饰完成图

绘图步骤如下。

操作 1： 先按图 8-85 所示进行操作，创建第一个原始的修饰草绘图案。

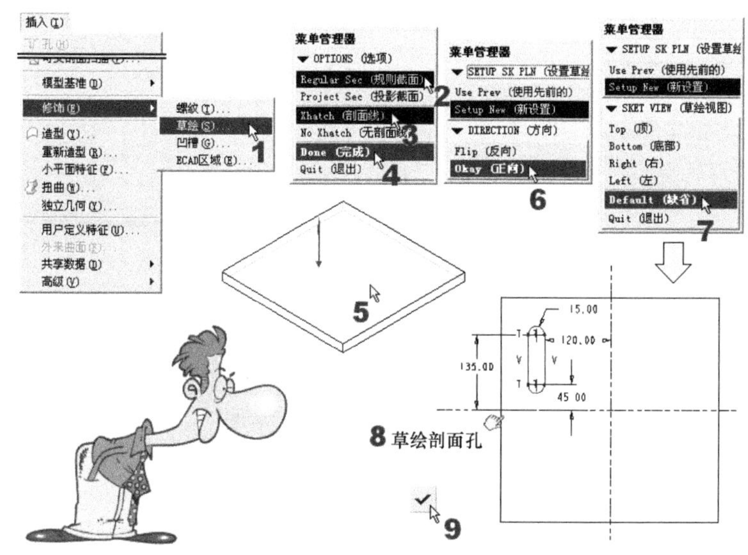

图 8-85　规则草绘修饰特征的操作

操作 2： 开始阵列规则修饰草绘，如图 8-86 所示。

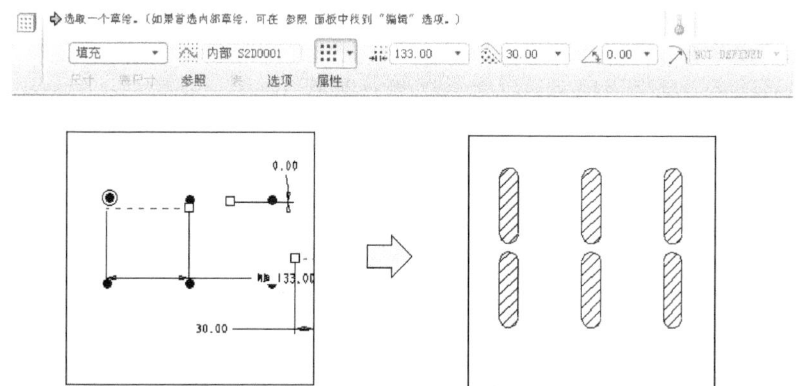

图 8-86　阵列规则修饰草绘特征的操作

操作 3： 转到工程图中，即可发现剖面草绘修饰特征会转到工程图里。

操作 4： 存盘。

8.8.3 凹槽修饰

凹槽修饰是一种投影的修饰特征。通过绘制草图，并将其投影到曲面上，就可以创建凹槽修饰特征。凹槽特征不能跨越曲面边界。此外，在 Pro/NC 制造模块中使用“凹槽”(Groove) 选项时，也可以使用凹槽特征。此处，刀具将沿着凹槽轨迹走刀。凹槽特征也可以用来做阵列。

本范例练习文件：(1)Examples\CH08 目录里的 groove_cosm_feature-1.prt。

本范例完成文件：(1)Examples\CH08 目录里的 groove_cosm_feature-2.prt。

本范例视频文件：(1)avi(gb)\ch08\groove_cosm_feature-2.avi。

本范例完成图如图 8-87 所示。

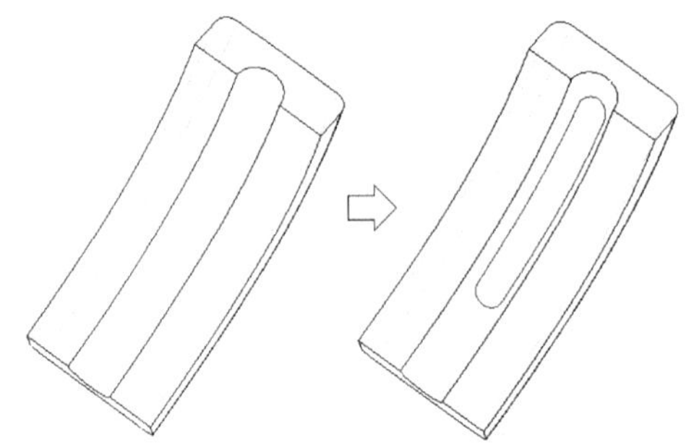

图 8-87 凹槽修饰特征完成图

绘图步骤如下。

操作 1： 先按图 8-88 所示进行操作，创建修饰凹槽。

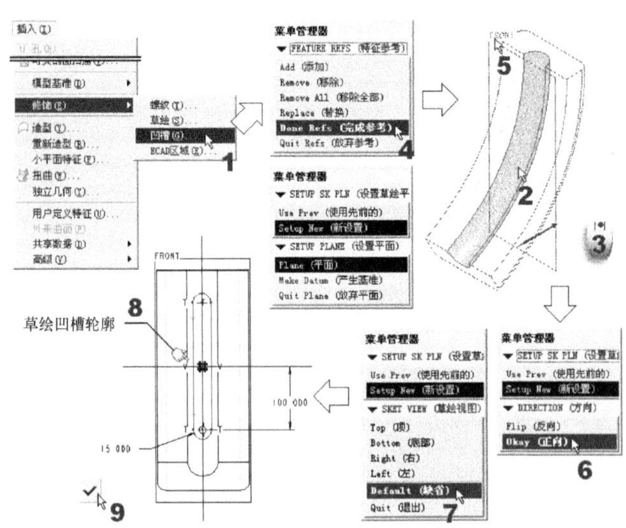

图 8-88 凹槽修饰特征的操作

操作 2： 照例转到工程图中，即可发现凹槽修饰特征一样会转到工程图里。

操作 3： 存盘。

习　　题

1. 请自定尺寸，并绘出图 8-Q1 所示的图形。

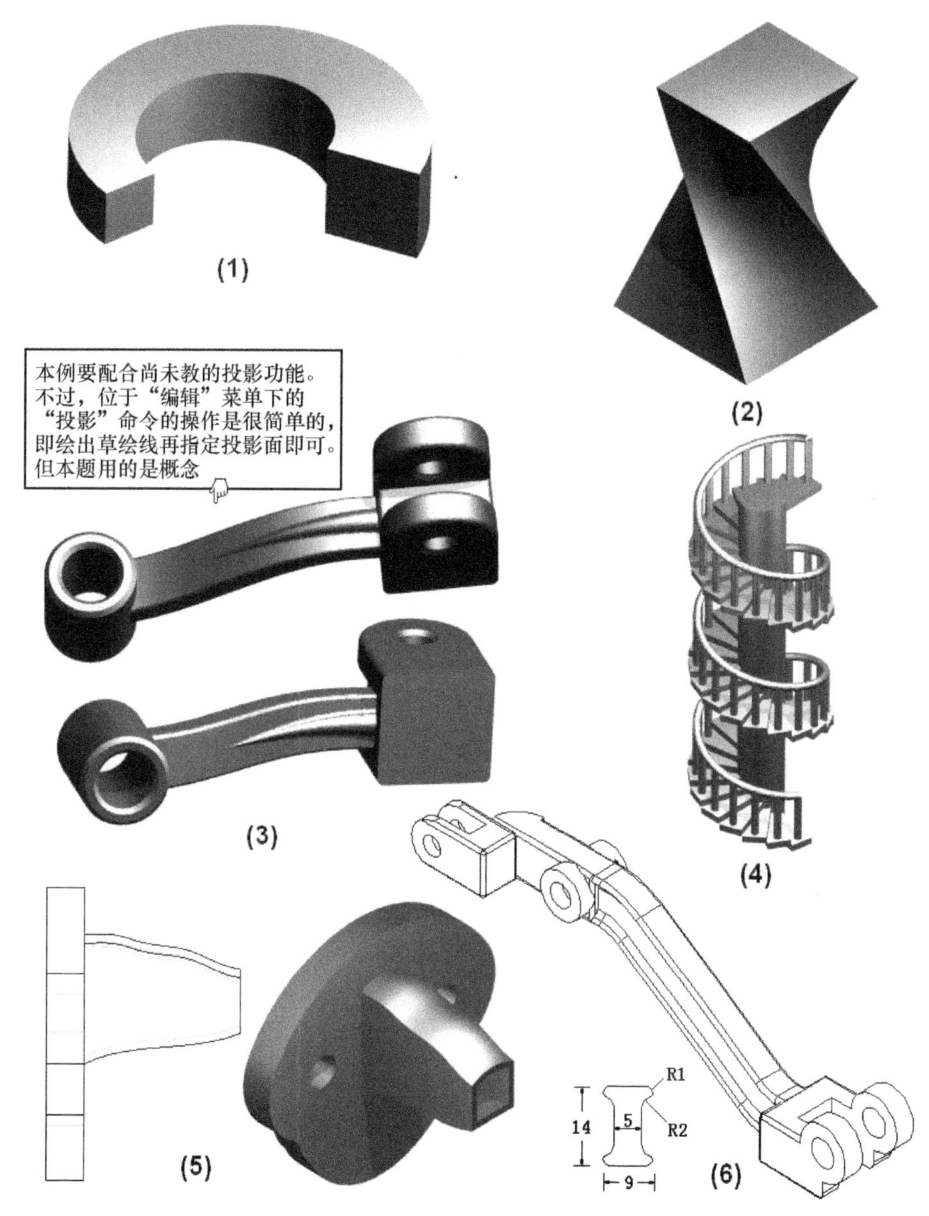

图 8-Q1

2. 请按尺寸绘出图 8-Q2 所示的图形。

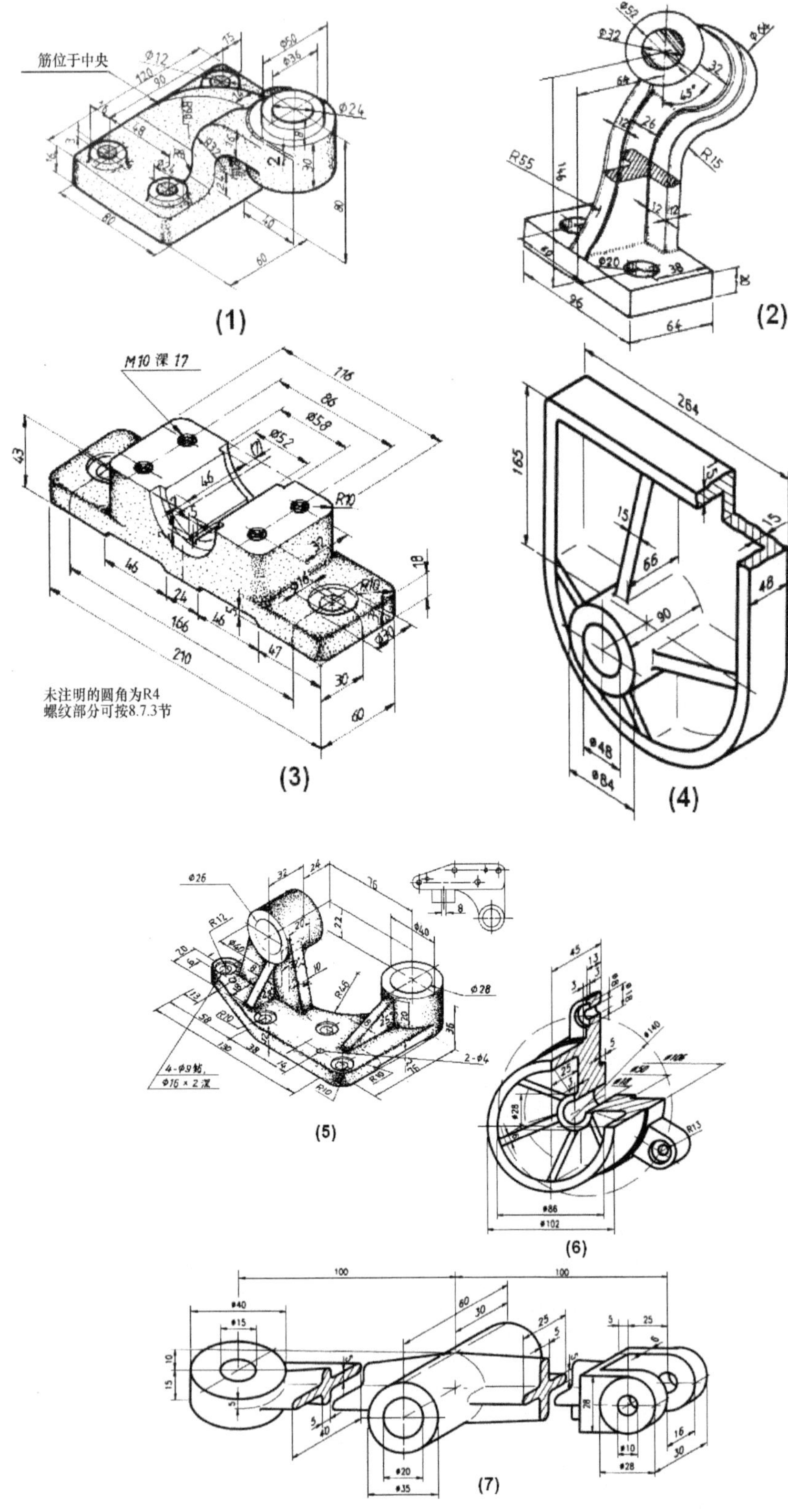

图 8-Q2

3. 打开范例光盘中(1)Question Files\ch08 目录里的 08-Q03.prt 图形文件，来完成图 8-Q3 所示的图形。必须使用 8-4 节所述的方法来做，因为造型的关系，这三种方法所做出来的图形是完全一样的。但是要注意：只有使用可变截面扫描的方法会没有顺序约束，其他两种方法，垂直的背板部分一定要后画，鼻部要先画，这是因为特征父子顺序关系的问题(下一章会详谈)，而导致如果背板先画，而鼻部后画时，鼻部将无法做薄壳！这再次印证可变截面扫描的强大功能所在。因此，您先以可变截面扫描方法完成第一个，先清楚背板的尺寸，然后于使用第二个和第三个方法时，先删除 08-Q03.prt 文件中的背板实体，等绘出鼻部后，再补回背板实体即可。

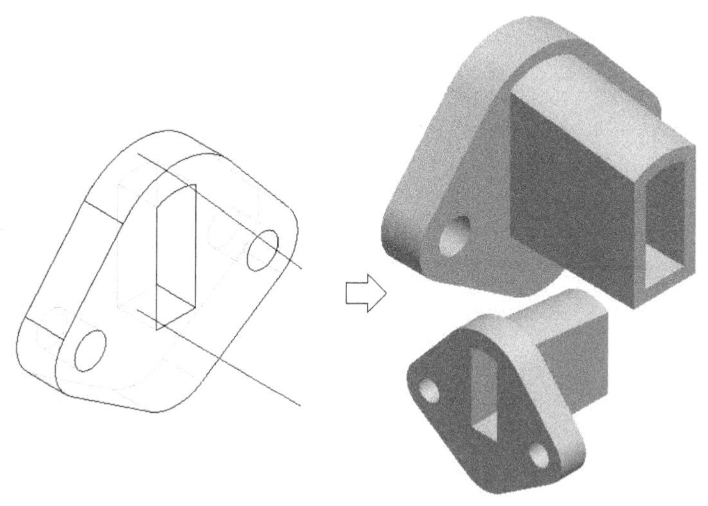

图 8-Q3

4. 打开范例光盘中(1)Question Files\ch08 目录里的 08-Q04.prt 图形文件，来完成图 8-Q4 所示的图形。

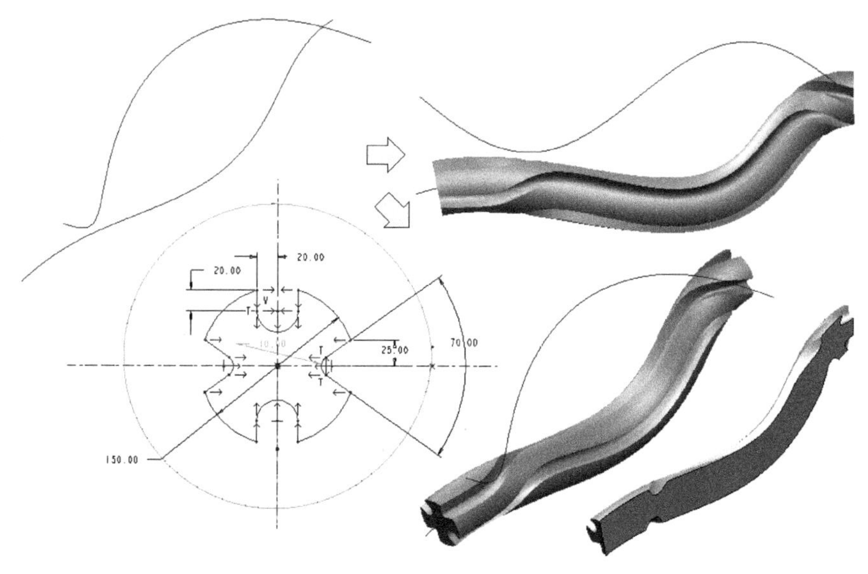

图 8-Q4

5. 就像螺丝刀只用一个特征就解决全部造型的范例一样，我们在网络上看到很多类似的有趣实例，但它们都是用旧版菜单管理器中的可变截面扫描来完成的。您可以使用 Wildfire 4.0 的可变截面扫描来完成图 8-Q5 所示的图形吗？

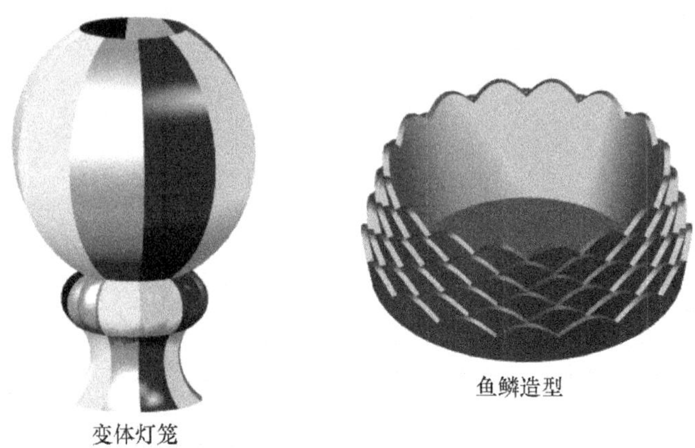

图 8-Q5

6. 打开范例光盘中(1)Question Files\ch08 目录里的 08-Q06.prt 图形文件，参照图 8-16 所示的剖面来完成图 8-Q6 所示的图形。

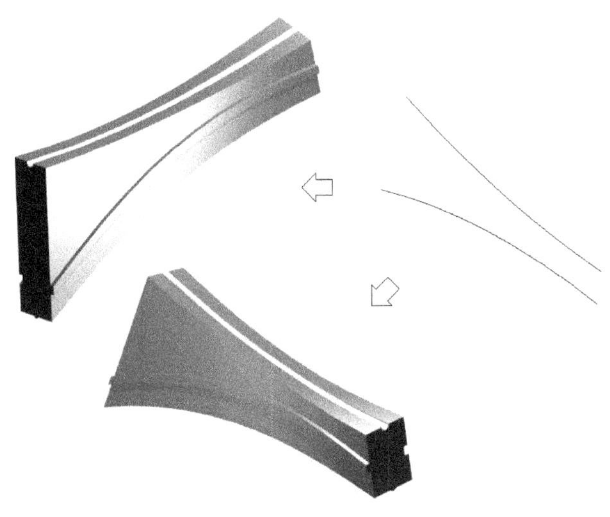

图 8-Q6

第 9 章

复制和操作特征基础

在本章中，我们要和您一起来讨论复制特征、操作特征和编辑特征的基本概念，本章还列举了相关的实例。

和第 8 章比起来，本章显然要简单得多，但是本章的概念和操作，却对后续的提高及学习非常重要，所以，请不要因为简单而忽略它们！

9.1 复制特征基础

在零件建构过程中，常常需要同时创建几个相同或相似的特征，例如：孔特征、筋特征等。此时，若一个接一个地重复绘制，将浪费大量的时间。Pro /E 系统提供了本节所述的 4 种复制方法，来方便您对指定特征，进行各种不同形式的复制，以大幅提高零件的建模速度。

利用复制命令，可以复制出选中的所有特征，和阵列命令不同的是：阵列命令一次可复制出多个特征，而复制命令每次只能复制出一个特征或一个特征组。复制命令不仅可完成同一个零件模型中的复制特征，而且可以在不同零件模型间进行复制。

命令或工具图标位置

复制命令的位置及其选项说明如图 9-1 所示。

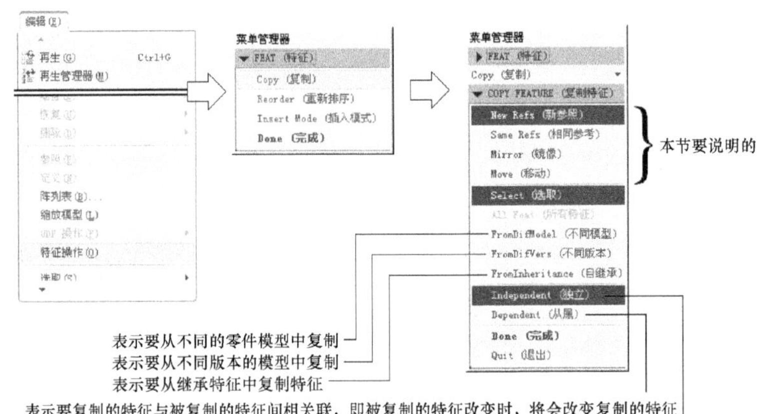

图 9-1 复制特征命令功能所在位置

在操作这些复制特征功能以前，必须先决定是要以“独立”还是“从属”的方式来进行复制。以下，就分 4 小节来叙述这 4 个复制特征功能。

9.1.1 新参照复制

新参照就是通过选取新参照来复制特征。特征本来就是依靠选定的参照来创建的。所以，只要通过改变这些参照，就可以改变特征的位置，这就是这个命令的主要作用。

另外，这个命令的同时还能改变特征的尺寸。特征创建的时候，要定义它的型(对于要绘制剖面的特征而言，剖面的形状如方形、圆形就是它的型)以及尺度(剖面的尺寸)。在新建的复制特征中，可以具有与被复制特征不同的尺寸，但形状不能改变。

下面就使用一个范例来示范使用“新参照”命令所进行的复制特征。要复制的特征通常是一个常见的伸出项(Protrusion)特征。以下，我们就先以这种拉伸特征来进行示范。图 9-2 所示的拉伸特征，它具有 3 个参照和 4 个尺寸。

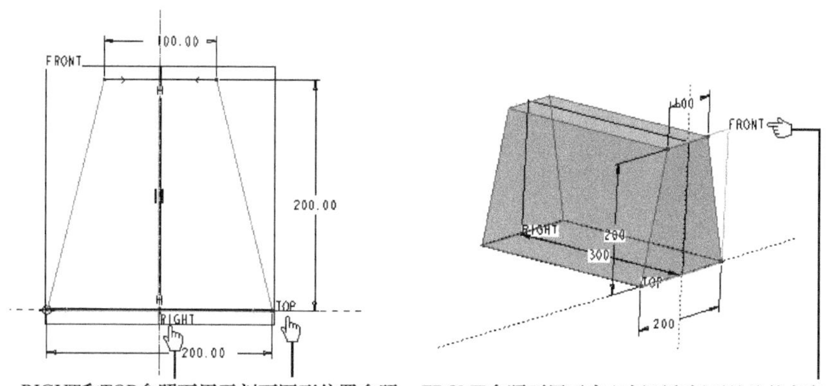

图 9-2　具有 3 个参照和 4 个尺寸的拉伸特征图形

本范例目的：示范将复制特征的 FRONT 参照面移动至 DTM 参照面，而其余两个参照不变。另外，还要合适地修改尺寸。

本范例练习文件：(1)Examples\ch09\CopyNewRef1-1.prt。

本范例完成文件：(1)Examples\ch09\CopyNewRef1-2.prt。

本范例视频文件：(1)avi(gb)\ch09\CopyNewRef1-2.avi。

本范例完成图如图 9-3 所示。

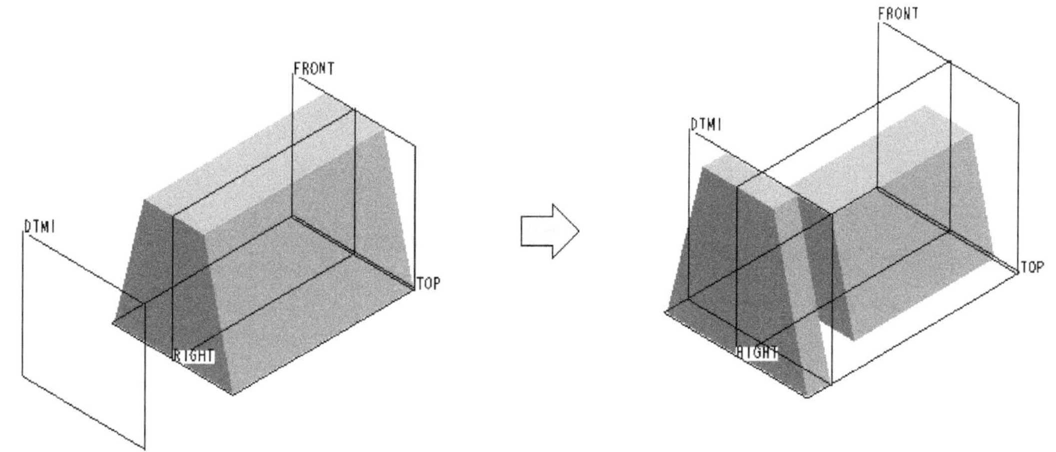

图 9-3　本范例完成图

操作 1：请打开 CopyNewRef1-1.prt 文件，按图 9-1 进入复制的菜单中，再按图 9-4 所示进行操作。我们首先要在复制的同时变更复制体的尺寸。

操作 2：接续图 9-4，决定复制体要摆放的位置。请按图 9-5 所示进行操作。

操作 3：存盘。

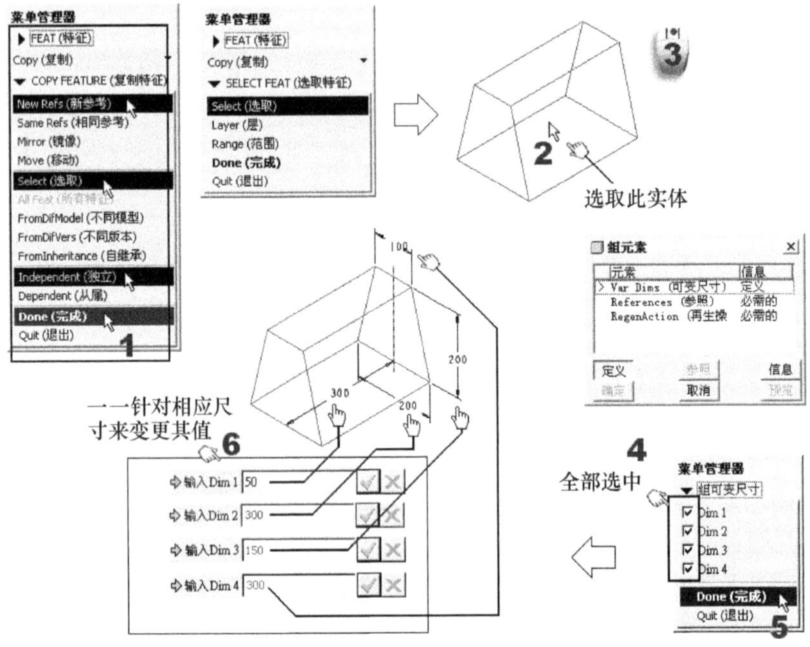

图 9-4　以“新参照”选项来复制特征(变更尺寸)

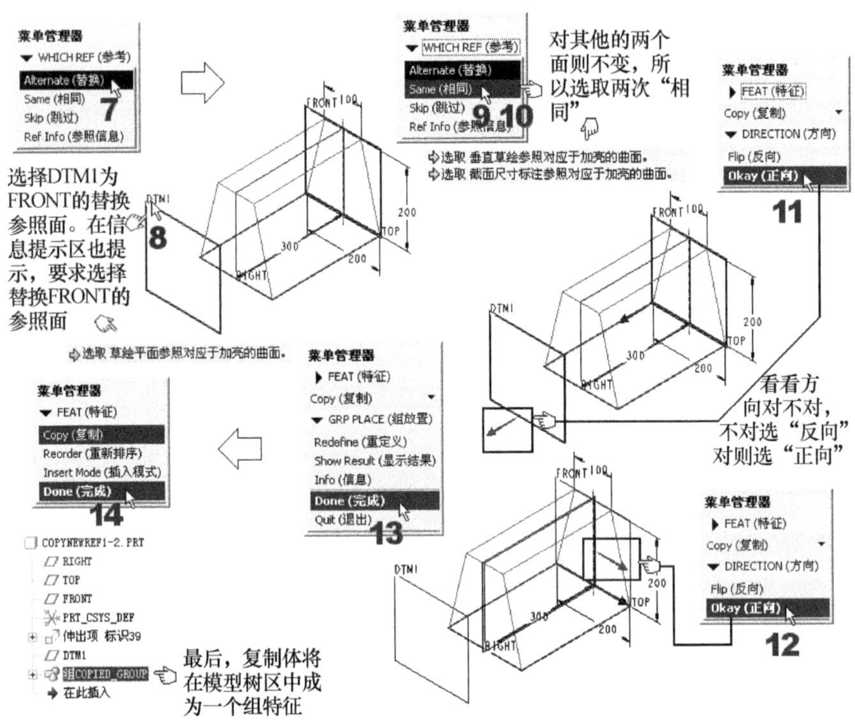

图 9-5　以“新参照”选项来复制特征(决定位置)

9.1.2 相同参照复制

与“新参照”命令不同的是，这个命令将使用相同的参照来复制特征。这个命令在进行复制特征的同时，也可以改变特征的尺寸。由于操作步骤与“新参照”非常类似，所以本节范例将简单说明。

本范例练习文件：(1)Examples\ch09\CopySameRef1-1.prt。

本范例完成文件：(1)Examples\ch09\CopySameRef1-2.prt。

本范例视频文件：(1)avi(gb)\ch09\CopySameRef1-2.avi。

本范例完成图如图 9-6 所示。

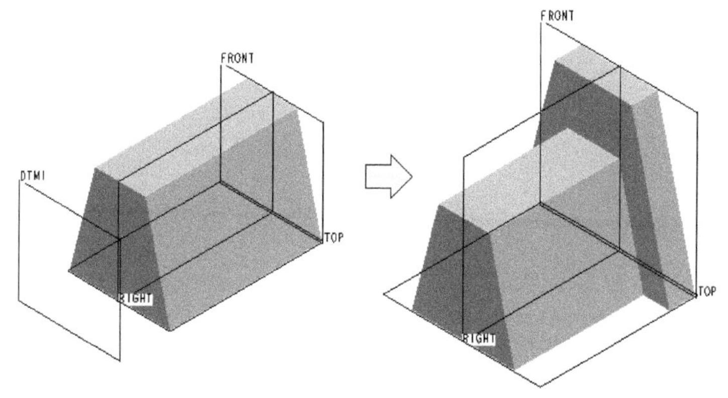

图 9-6 本范例完成图

操作 1： 请打开 CopySameRef1-1.prt 文件，按图 9-1 进入复制的菜单中，再按图 9-7 所示进行操作。

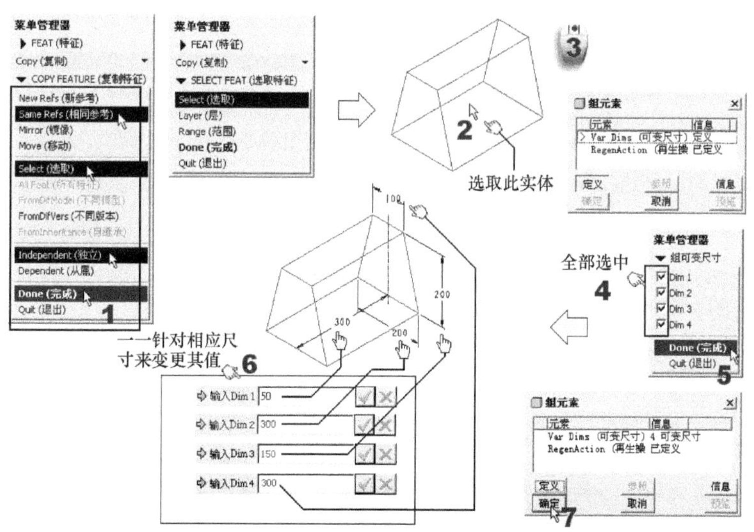

图 9-7 以“相同参照”选项来复制特征

操作 2： 存盘。

9.1.3 移动复制

移动(Move)命令有平移和旋转两种模式，可用来进行以下操作。

(1) 沿着和参照平面垂直的方向来平移曲面、基准曲线和轴。也可以沿着直边、轴、和平面垂直、两点或坐标系统来平移。

(2) 围绕现有的轴、直边、两点、和平面垂直或坐标系，来旋转移动曲面、基准曲线和轴。

注 意

① 复制特征下的“移动”命令实际上也是复制，移动后被复制特征仍然存在。从这个意义上说不是真正的“移动”，仍然是复制。

② 若要相对于其原始方位来移动曲面或曲线，您必须定义一个移动参照。在平移模式中，移动参照一般是和平移方向垂直的平面或边。而在旋转模式中，移动参照通常是围绕其来旋转移动的轴或边。

表 9-1 的项目可用来作为移动参照。

表 9-1 在平移和旋转两种模式下可用的参照项目

平移模式	旋转模式
直线	直线
直边	直边
轴	轴
坐标系统轴	坐标系统轴
两点	两点
平面	

1) 范例一(平移复制)

本范例目的：在这个范例中，我们要复制铁片上的圆孔特征。

本范例练习文件：(1)Examples\ch09\CopyMove1-1.prt。

本范例完成文件：(1)Examples\ch09\CopyMove1-2.prt。

本范例视频文件：(1)avi(gb)\ch09\CopyMove1-2.avi。

本范例完成图如图 9-8 所示。

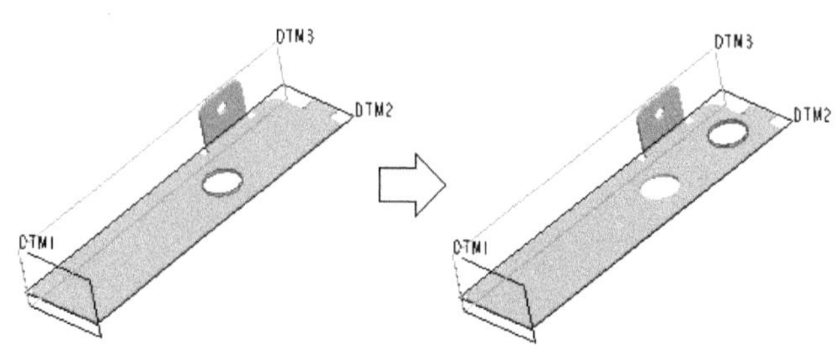

图 9-8 平移复制特征的完成图

操作 1：请打开 CopyMove1-1.prt 文件，按图 9-1 进入复制的菜单中，再按图 9-9 所示进行操作。

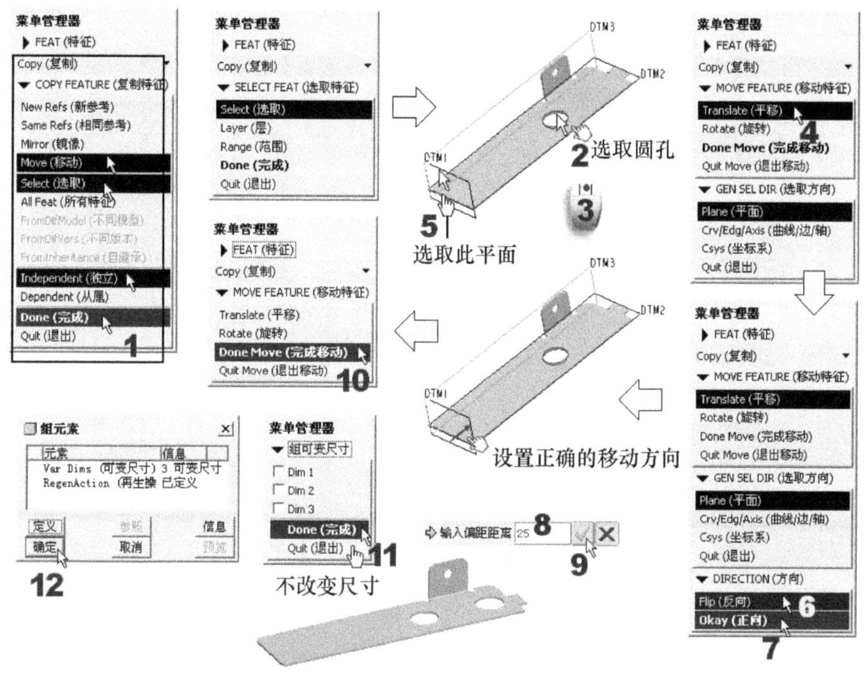

图 9-9　平移复制特征的操作

操作 2：存盘。

2)　范例二(旋转移动复制)

本范例目的：在这个范例中，我们要旋转移动复制圆孔特征。在前面的章节中，我们曾经讨论过在零件文件中没有自转问题，但是会有“公转”问题，即绕一个公共轴来旋转。而本练习则再加上复制动作。

本范例练习文件：(1)Examples\ch09\CopyMove2-1.prt。

本范例完成文件：(1)Examples\ch09\CopyMove2-2.prt。

本范例视频文件：(1)avi(gb)\ch09\CopyMove2-2_01.avi、CopyMove2-2_02.avi。

本范例完成图如图 9-10 所示。

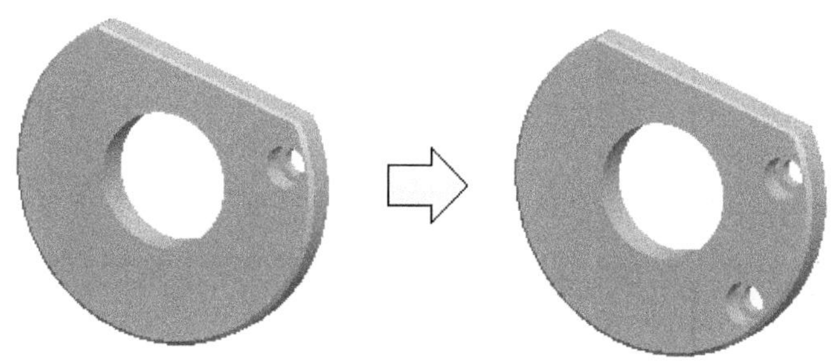

图 9-10　旋转移动复制特征的完成图

操作 1：请打开 CopyMove2-1.prt 文件，按图 9-1 进入复制的菜单中，再按图 9-11 所示进行操作。本范例视频文件为 CopyMove2-2_01.avi。

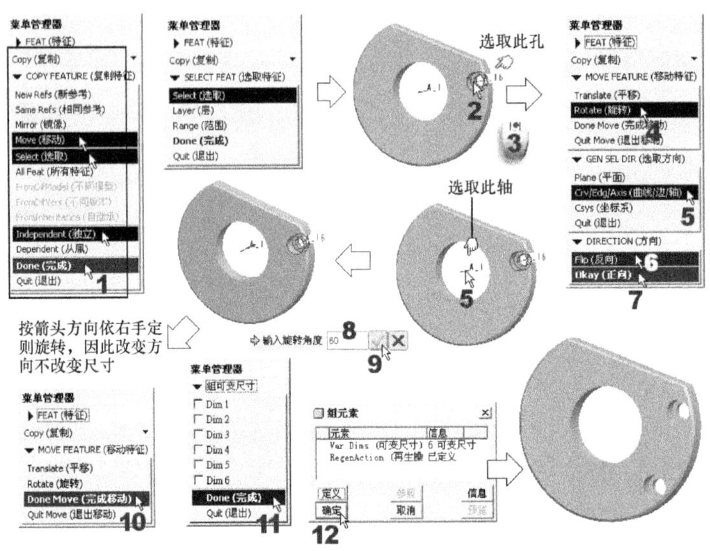

图 9-11 旋转移动复制特征的操作

操作 2：存盘。注意，本范例的另一个视频文件 CopyMove2-2_02.avi，则是使用“复制”选项的方式，来达到同样是旋转移动复制的目的。同时，在此视频文件中，我们还示范了“从属”选项的作用(即当源特征的尺寸改变时，复制特征也会随之改变)。

9.1.4 镜像复制

镜像(Mirror)命令可让我们将一个平面当作镜子，以镜像方式来创建所选特征的拷贝。用户可使用此命令将简单的零件镜像成较复杂的零件。

本范例目的：在这个范例中使用“从属”选项，来示范一个剪切特征的镜像。

本范例练习文件：(1)Examples\ch09\CopyMirror-1.prt。

本范例完成文件：(1)Examples\ch09\CopyMirror-2.prt。

本范例视频文件：(1)avi(gb)\ch09\CopyMirror-2.avi。

本范例完成图如图 9-12 所示。

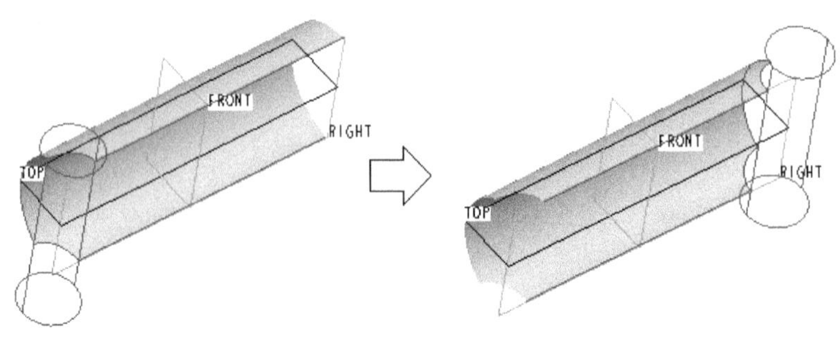

图 9-12 本范例完成图

操作 1：请打开 CopyMirror-1.prt 文件，按图 9-1 打开复制菜单，再按图 9-13 所示进行操作。

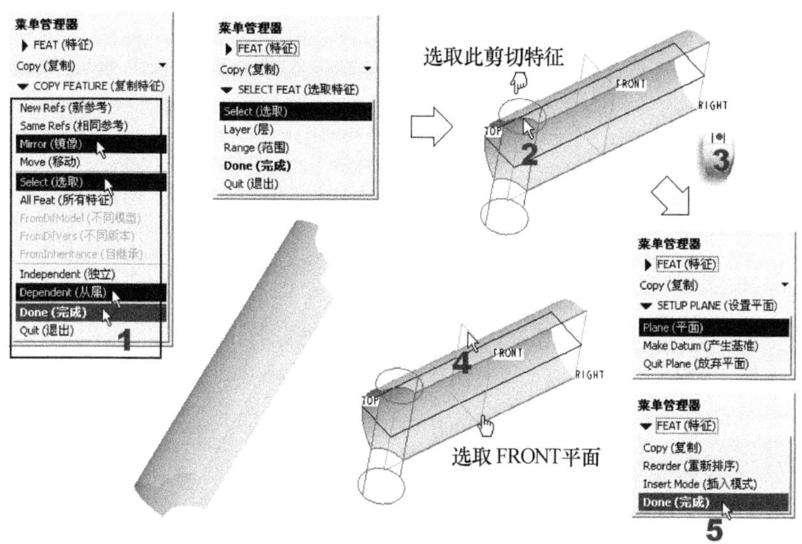

图 9-13 镜像复制特征的操作

操作 2：为了证明“从属”选项的效果，请继续再按图 9-14 进行操作。

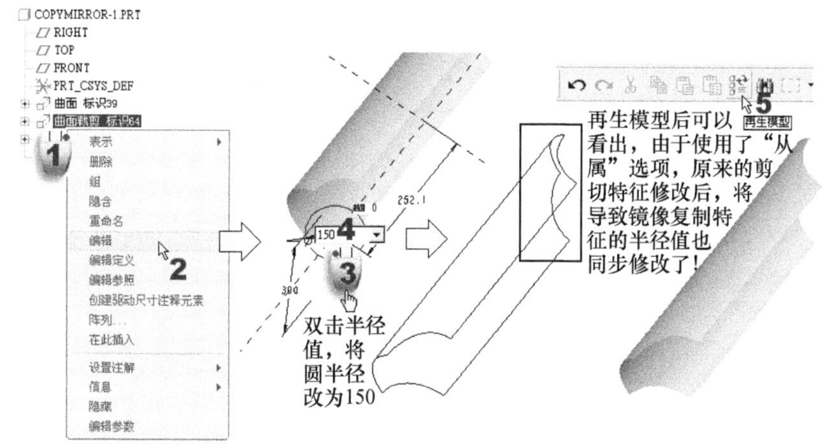

图 9-14 后续的证明操作

操作 3：存盘。

9.2 另类或独立的复制类特征

在 Wildfire 2.0 版以后，Pro/E 还新增了一些复制功能，来应付更多的状况的复制，尤其是针对面或曲面的复制。

本节将练习一些有独立编辑命令的复制特征，以对比上一节所谈的 4 种复制类命令。

9.2.1 Wildfire 版新增的复制和粘贴特征

在 Wildfire 版本以后，Pro/E 又新增了外表是 Windows 界面的“复制”和“粘贴”功能。换句话说，现在您也可以在 Pro/E 中使用 Windows 标准的复制操作，即选取位于“编辑”下拉菜单下的“复制”(<Ctrl>+ <C >)、“粘贴”(<Ctrl>+ <V >)和“选择性粘贴”(Paste Special)等选项，就可以用来复制、旋转和移动特征、几何图形、曲线和边链等对象。

当然，也可以在两个不同模型之间，或是在相同零件的两个不同版本之间，以同样的操作程序来使用复制与粘贴的功能。但在粘贴选定的对象时，会视粘贴的对象，而有不同的操作界面。

信息补充站　以相同参照或新参照进行粘贴操作

使用相同参照或新参照进行粘贴操作时，请注意以下规则。

① 当您粘贴特征并选取了与原始特征所用的相同主要参照时，系统会使用“相同参照”的方法来放置特征。然后，可视需要调整放置尺寸。

② 如果默认收集器是空的，或是选取了无效的参照，那么系统会粘贴特征，而不使用任何参照。缺少的参照会在收集器中标示成一个红点。

如果选取的是其他有效的主要参照，那么系统会使用新参照，但其他参照将会遗失。

命令或工具图标位置

(1) “编辑(E)”→“复制(C)”和“编辑(E)”→“粘贴(P)”。

(2) 上工具栏里的。

选项板内容

复制选项板中的内容如图 9-15 所示。

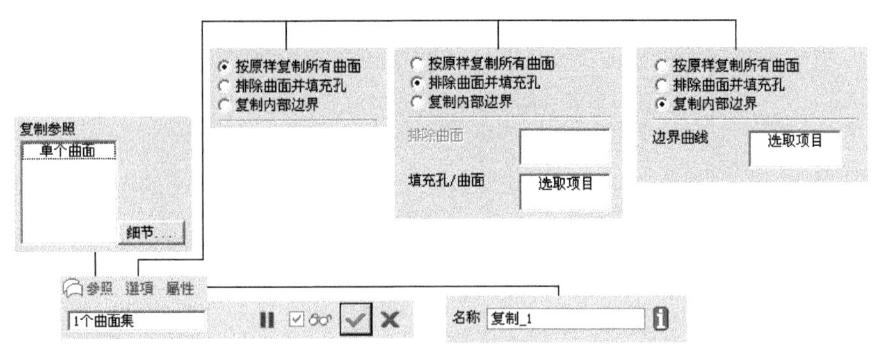

图 9-15　复制的选项板内容

1) 范例一(原面复制与排除面复制)

本范例目的：“复制”和“粘贴”功能，主要用来复制面，同时还可以局部面做复制的排除选择。

本范例练习文件：(1)Examples\ch09\surf_copy1-1.prt、surf_copy1-3.prt。

本范例完成文件：(1)Examples\ch09\surf_copy1-2.prt、surf_copy1-4.prt。

本范例视频文件：(1)avi(gb)\ch09\surf_copy.avi。

本范例完成图如图 9-16 所示。

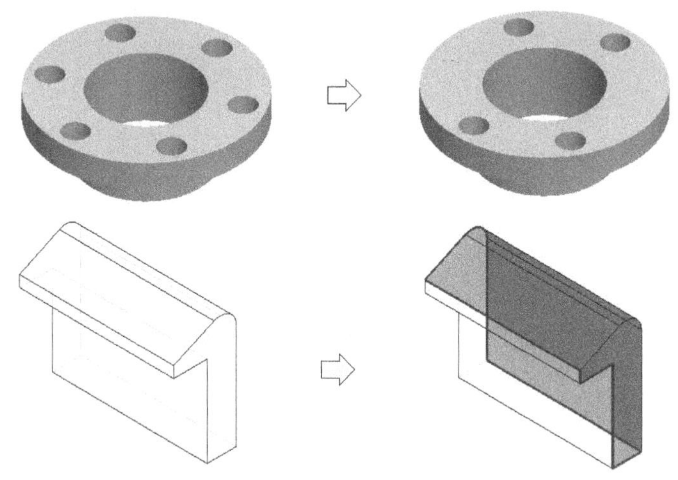

图 9-16　本范例完成图

操作 1： 首先练的是准确地按原样复制曲面。如果希望原样复制原始曲面，请使用此选项。此选项最常使用，也是默认选项。请打开 surf_copy1-1.prt 文件，再按图 9-17 所示操作。

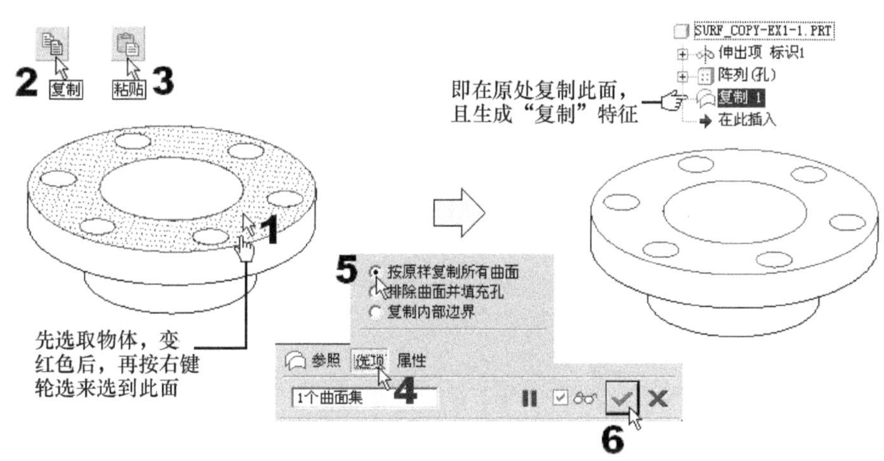

图 9-17　按原样复制所有曲面

操作 2： 在这样的状况下，可以排除曲面并填充孔。在复制曲面后，还可以选择填充曲面内的孔。如果需要对原始曲面中的某些孔进行填充，请按图 9-18 所示进行操作。

操作 3： 存盘。

操作 4： 请打开 surf_copy1-3.prt 文件来练习复制内部边界。此法用来仅复制边界内的部分曲面。请按图 9-19 进行操作。

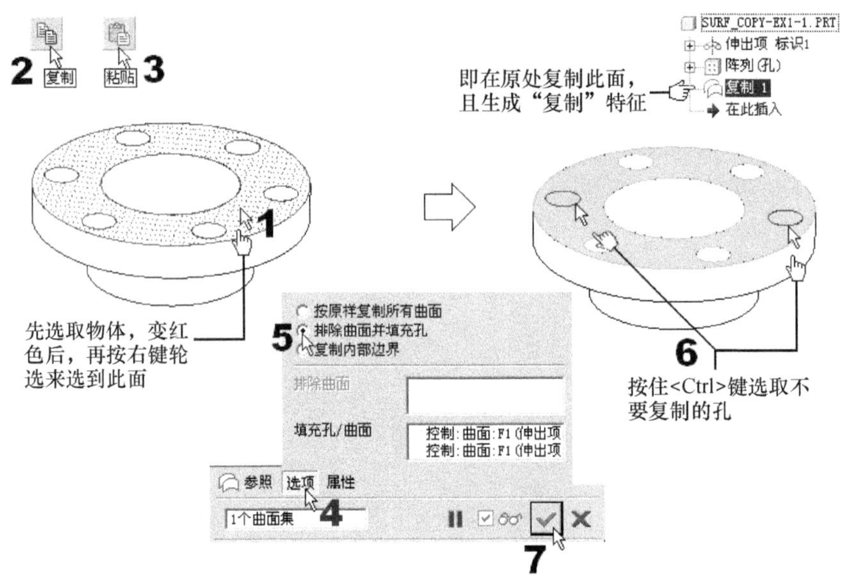

图 9-18　排除曲面并填充孔

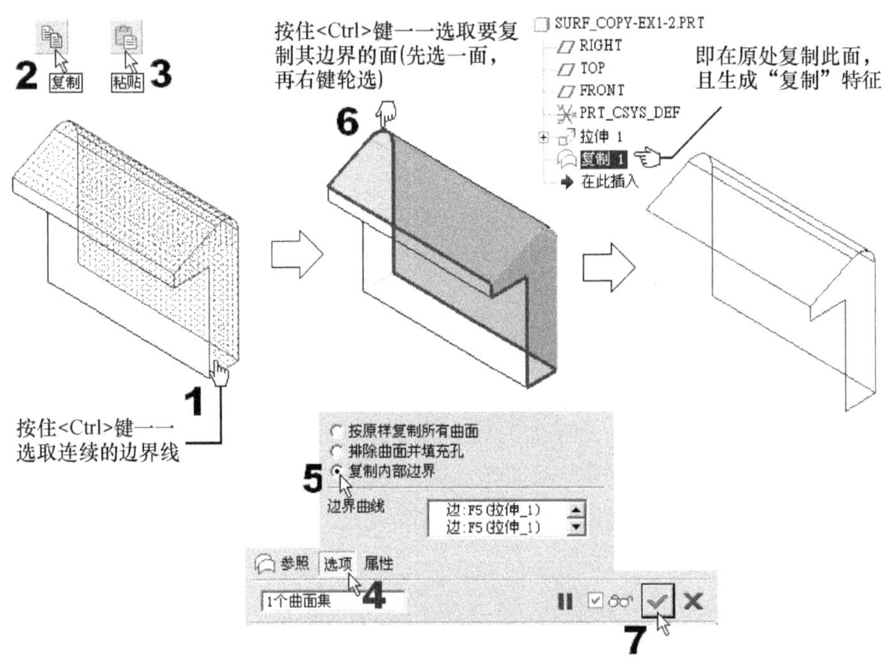

图 9-19　复制内部边界

操作 5：存盘。

2)　范例二(曲面复制)

本范例目的：复制面通常不会单独使用，一般后面都还会配合一些命令。否则就会像图 9-19 那样，复制好了那个面后，就不知道要做什么！本例要练的就是在复制一组面后，再将该复制体做镜像，最后将其实体化(将面变实体)。这样，您就会了解为什么前面讲过的一些伸出项的基本特征，都会有实体和薄面两种状况。因为用薄面对曲面部分的编辑比较好做，等编辑好了，再“实体化”即可。虽然实体化的命令还没正式讲，不过本例要表达的就是这个道理。

本范例练习文件：(1)Examples\ch09\surf_copy2-1.prt。

本范例完成文件：(1)Examples\ch09\surf_copy2-2.prt。

本范例视频文件：(1)avi(gb)\ch09\surf_copy2-2.avi。

本范例完成图如图 9-20 所示。

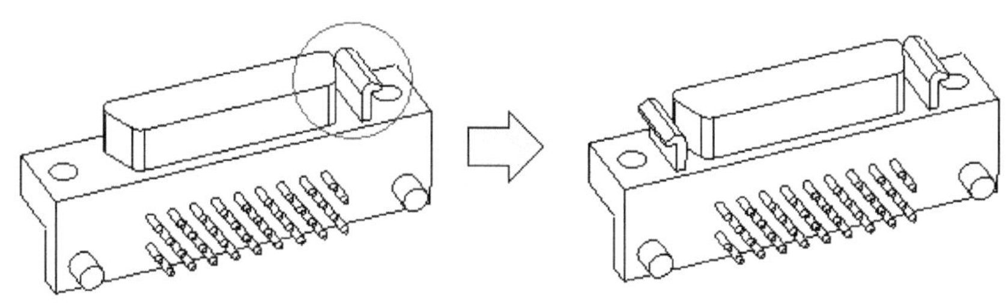

图 9-20　本范例完成图

操作 1：请打开 surf_copy2-1.prt 文件，再按如图 9-21 所示进行操作。

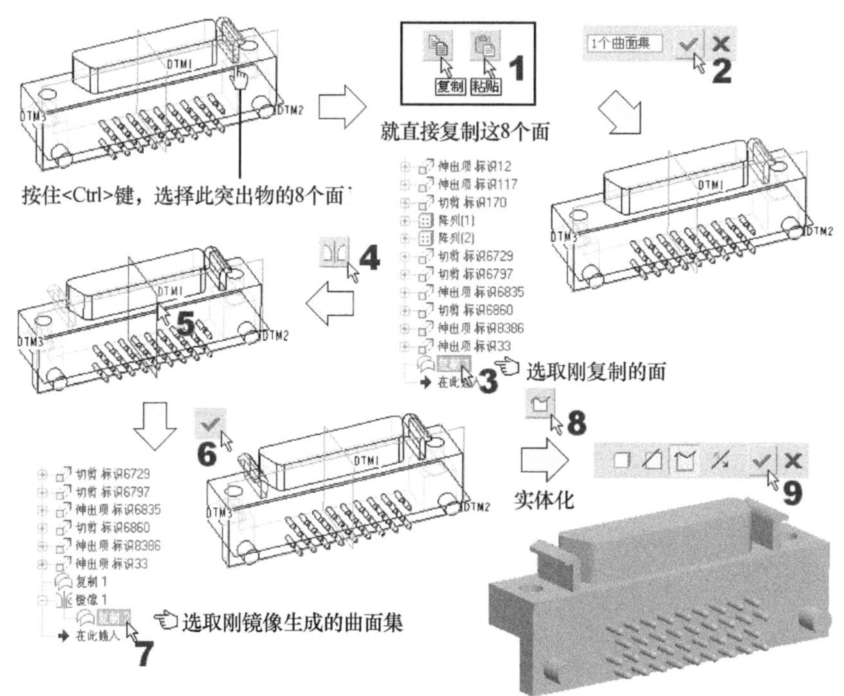

图 9-21　曲面复制的实例操作

操作 2：存盘。

3)　范例三(选择性粘贴)

本范例目的：在这个范例中，我们要利用选择性粘贴功能，来制作两种不同的复制特征。第一种(Part 1)是利用操作者指定的参照面，来做类似镜像的复制操作。第二种(Part 2)

是利用指定的参照边来做移动、旋转或移动+旋转的复制操作。上一个范例和本范例，都显示了“复制”和“粘贴”这两个功能的多样性和广泛性。

本范例练习文件：(1)Examples\ch09\copy2-1.prt。

本范例完成文件：(1)Examples\ch09\copy2-2.prt、copy2-3.prt。

本范例视频文件：(1)avi(gb)\ch09\copy2-2.avi、copy2-3.avi。

本范例完成图如图 9-22 所示。

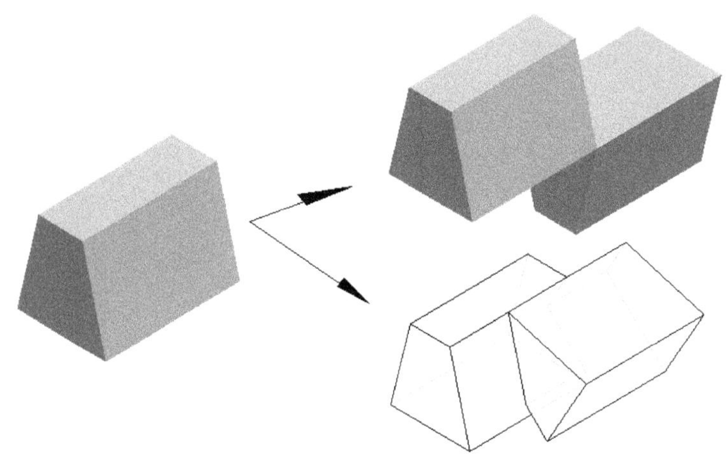

图 9-22　本范例完成图

操作 1：请打开 copy2-1.prt 文件，再按图 9-23 所示进行操作。首先指定参照面，来做类似平移镜像的复制操作。本步的视频文件为 copy2-2.avi。

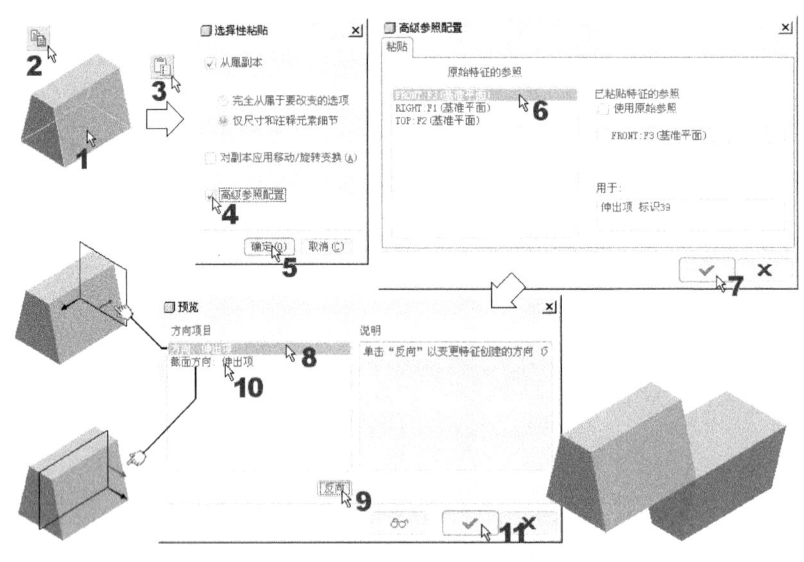

图 9-23　选择性粘贴的操作(参照面)

操作 2：请存盘。接着，指定的参照边来做移动、旋转或移动+旋转的复制操作。请按图 9-24 来操作。本步的视频文件为 copy2-3.avi。

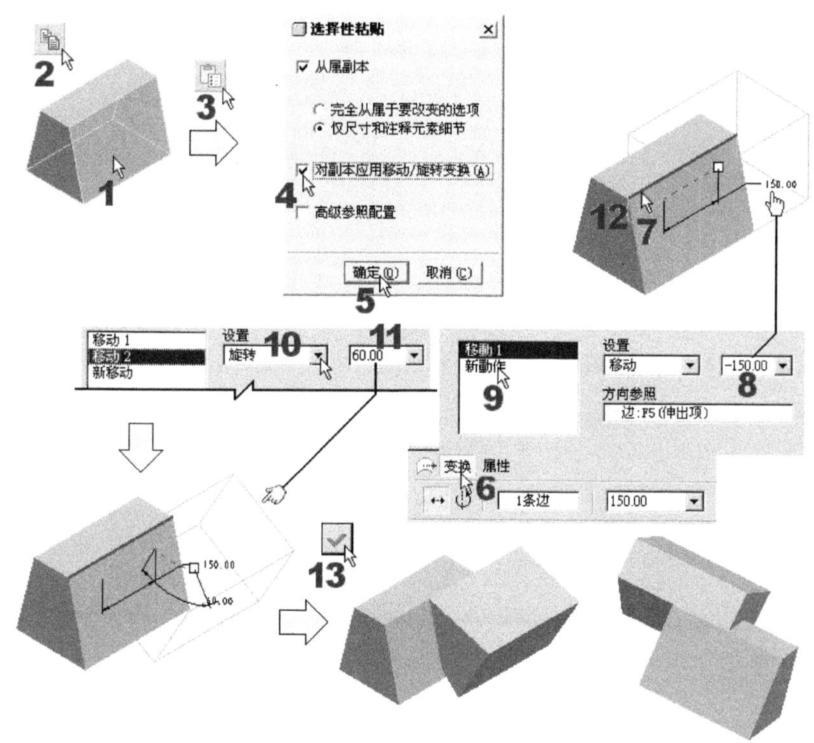

图 9-24　选择性粘贴的操作(参照边)

操作 3：存盘。

9.2.2　移动工具和旋转

到了 Wildfire 2.0 以后，移动工具也是被并到复制功能中了。只是它可能是复制(Copy)和“粘贴”的组合，也可以是复制(Copy)和“选择性粘贴”(Paste Special)的搭挡。

我们可以用它来对曲面、曲线和轴等图素对象，进行移动或旋转。当要对这些图素进行移动时，应根据移动的模式来指定需要的参照。

1. 平移

可以指定的参照来进行移动。可在“平移”模式中可选择来用作移动参照的有：直线、直边、基准轴(Axis)、基准面、坐标系的轴和平面。

2. 旋转

可以指定的参照来进行旋转。可在“旋转”模式中可选择来用作移动参照的有：直线、直边、基准轴(Axis)和坐标系的轴。

在很多情况下，我们会使用移动工具来创建和移动现有曲面或曲线的副本(即先对曲面或曲线进行“复制”后再“移动”)，而非移动原型。这相当于快速地对曲面和曲线进行简单的阵列。

命令或工具图标位置

(1) “编辑(E)”→“复制(C)”，“编辑(E)”→“选择性粘贴(S)...”。
(2) 上工具栏里的 。

选项板内容

移动的选项说明如图 9-25 所示。

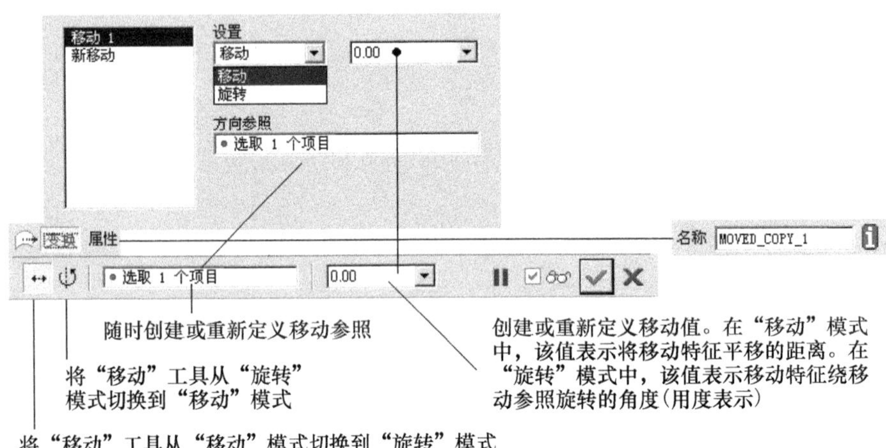

图 9-25 移动的选项说明

1) 范例一(平移复制曲面)
本范例目的：以四方体的一面为参照来移动(复制)曲面。
本范例练习文件：(1)Examples\ch09\move_pan1-1.prt。
本范例完成文件：(1)Examples\ch09\move_pan1-2.prt。
本范例视频文件：(1)avi(gb)\ch09\move_pan1-2.avi。
本范例完成图如图 9-26 所示。

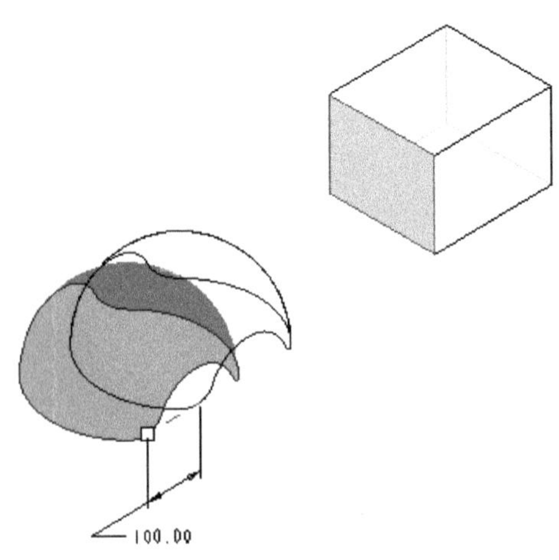

图 9-26 本范例完成图

操作 1：请打开 move_pan1-1.prt 文件，再按图 9-27 进行操作。注意，选取要移动的曲面时，会因为选取的特征对象不同而有不同的结果，请参考本范例视频文件。

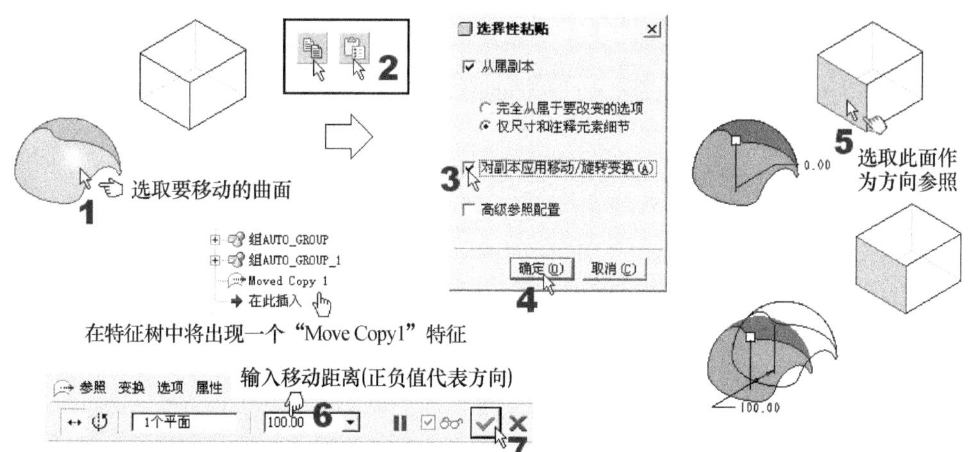

图 9-27　平移复制曲面的实例操作

操作 2：存盘。

2)　范例二(旋转移动复制)

本范例练习文件：(1)Examples\ch09\move_rot1-1.prt。

本范例完成文件：(1)Examples\ch09\move_rot1-2.prt。

本范例视频文件：(1)avi(gb)\ch09\move_rot1-2.avi。

本范例完成图如图 9-28 所示。

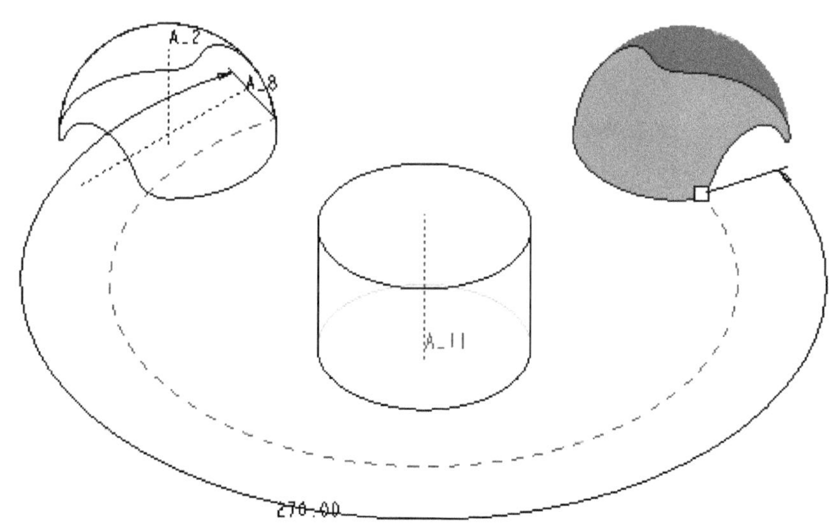

图 9-28　本范例完成图

操作 1：请打开 move_pan1-1.prt 文件，再按图 9-29 所示进行操作。

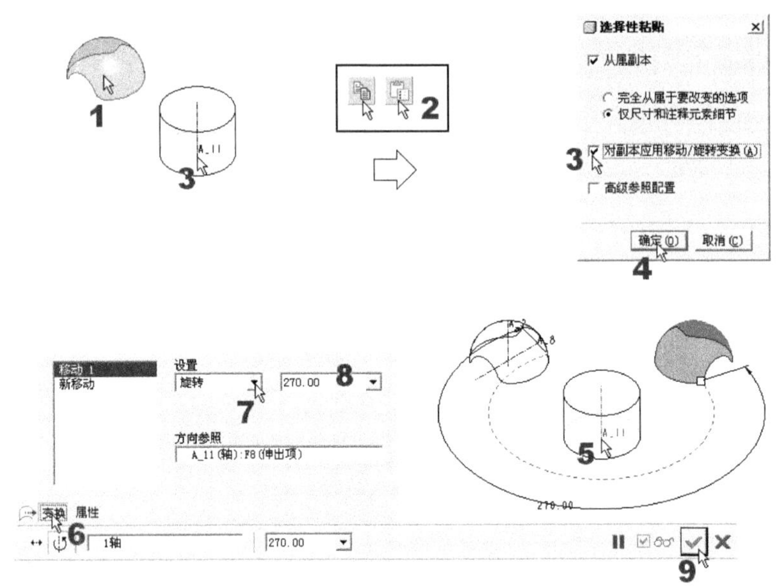

图 9-29　旋转移动复制曲面的实例操作

操作 2：存盘。

3)　范例三(对实体的复制、平移和旋转)

请自行使用本节操作(或图 9-24)，将前面 9.1.1～9.1.3 节的范例改用复制(Copy)和“选择性粘贴”(Paste Special)的组合来做。

9.1.3 节的平移和旋转没有问题，9.1.1 节的复制则是先以移动的方法做，完成后再到模型树区重新编辑定义该实体，更该其所在的草绘基准面即可，而 9.1.2 节的范例则是直接移动即可。

信息补充站　**复制、移动操作的选择**

9.1.1～9.1.4 节，所讲述的是 Pro/E 四个传统的“复制类”特征。而 9.2 节的新复制命令，显然提供了一种完全不同，且复合的操作概念。

新的复制和粘贴，以及复制和选择性粘贴的功能，几乎包含了这四个传统复制特征，且针对性更宽。这些传统命令显然是为了老用户而存在的，但是用起来都还容易，所以您都可以用，但多用新的即可。因为新的复制功能还有更令您惊奇的用法，这会在下一本书中讲解。

9.2.3　独立的镜像编辑

镜像工具将以平面为参照来创建特征的副本，参照可以是基准平面、平直的实体表面或曲面。镜像工具常用于复制镜像平面周围的曲面、曲线和轴。

命令或工具图标位置

(1)　“编辑(E)”→“镜像(I)…”。

(2)　右侧工具栏里的。

选项板内容

镜像选项板的内容如图 9-30 所示。

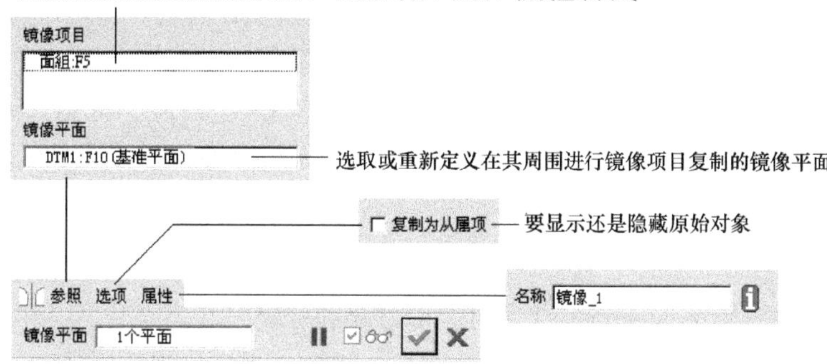

图 9-30　镜像的选项板内容

本范例目的：镜像的操作都很简单，图 9-21 中我们已做过曲面镜像，所以本例直接来练习零件的镜像。

本范例练习文件：(1)Examples\ch09\part_mirror-1.prt。

本范例完成文件：(1)Examples\ch09\part_mirror-2.prt。

本范例视频文件：(1)avi(gb)\ch09\part_mirror-2.avi。

本范例完成图如图 9-31 所示。

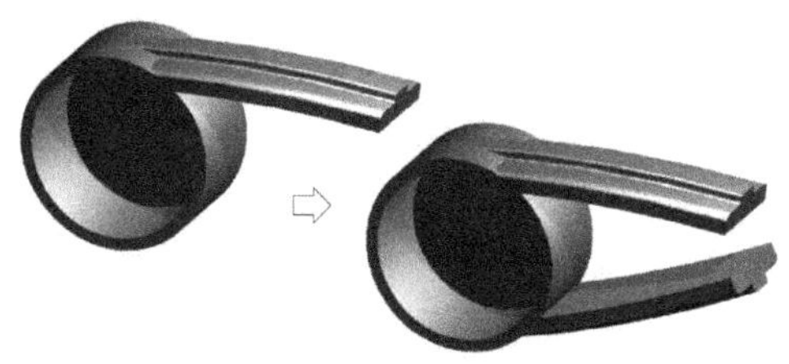

图 9-31　本范例完成图

操作 1：请打开 part_mirror-1.prt 文件，再按图 9-32 操作。

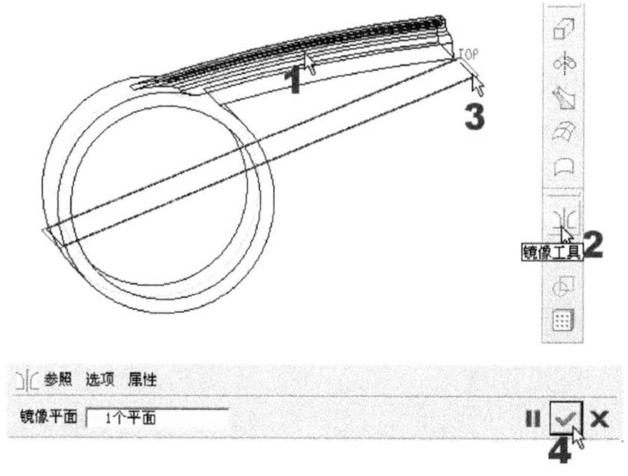

图 9-32　零件镜像的实例操作

操作 2：存盘。

信息补充站　　镜像操作的选择原则

“镜像”与“复制”和“移动”一样，位于“特征操作”中，“复制”类下的“镜像”选项，与独立于“编辑”菜单下的“镜像”特征，显然也有一样的问题。

从图 9-32 来看，使用独立的“镜像”编辑命令后的特征，它与原始实体是一个全局，修改任一个，另一个也会跟着改。如果一样的范例，但使用 9.1.4 节的方法来做，那就可以单独修改镜像后的实体特征。

换句话说，两者间的选择要看您的需求而定，但两者的操作原理其实都是一样的。

9.3　特征操作类

当您学会使用 Pro/E 的特征功能来画出实体图形之后，必须知道让图形具有特征，会有什么好处。我们可以使用复制特征的功能，来画出更多复杂的图形。在本节中，将再进一步来说明我们还可以如何来操作特征。这些操作主题如下。

(1) 特征修改(Modify)。
(2) 特征的隐含(Suppress)和恢复(Resume)。
(3) 特征的删除(Delete)。
(4) 特征的隐藏/取消隐藏。
(5) 特征信息的查询。
(6) 特征的注释。
(7) 特征的测量。
(8) 不完全特征(Incomplete Feature) (本系列书第 3 本中说明)。
(9) 群组(Group) (本书第 7 章说明)。
(10) 自定义特征(UDF) (本系列书第 3 本中说明)。

在进入本节主题之前，请先了解以下名词。

特征的父子关系

在特征的绘制过程中，除了要标注剖面的尺寸外，还要定义特征与其他特征之间的关系，也就是定义特征的绘图面和特征的位置尺寸。在 Pro/E 中，建模过程也就是特征的创建过程，而对于复杂图形，也会自动创建复杂的特征关系，这种关系，我们就称为的“父子关系”。生成父子关系的原因有以下几点。

- 草绘使用的平面。当创建一个不规则特征时，需要先创建一个草绘平面，以创建这个特征的剖面，那么这个平面所属的特征就是这个不规则特征的父特征。如图 9-33(左)所示，圆形柱拉伸特征就是方形柱拉伸特征的父特征。
- 创建特征所使用的基准特征。如创建特征 A 时，所使用的基准点、基准轴和基准面等都是在特征 B 上创建的，那么特征 B 则为这些基准点、基准轴和基准面的父特征，也是特征 A 的“父特征”的“父特征”，但因 Pro/E 中没有这种“祖父特征”说法，因此，特征 B 仍是特征 A 的父特征。如图 9-33(右)所示，DTM1 在圆形柱拉伸特征上创建，而方形柱特征又是在 DTM1 上创建的，因此，圆形柱拉伸特征是 DTM1 和方形柱拉伸特征的父特征。

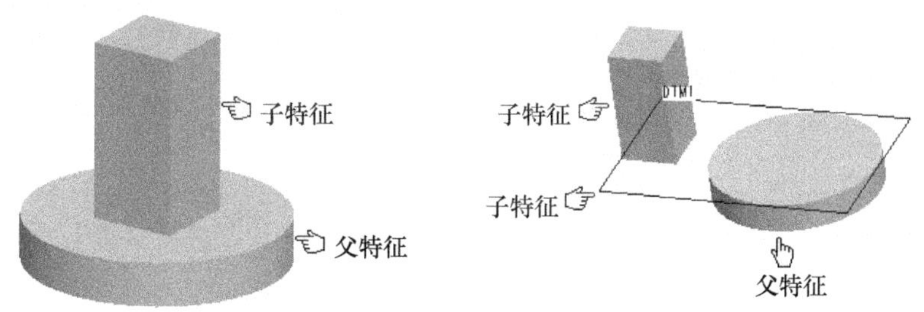

图 9-33　父子特征关系的图例

草绘的参照对象

即几何参照，如用于尺寸标注的参照，以及通过草绘中约束功能设置的约束。

特征放置参照

如孔放置时，需要提供的面或轴所属的特征，如定义移动方向时，需要件提供的边或面所属的特征等。

父特征就是子特征的基础，当基础发生变化时，子特征也会相应地变化。知道这个关系后，要修改特征时，就方便多了。如图 9-34 所示。

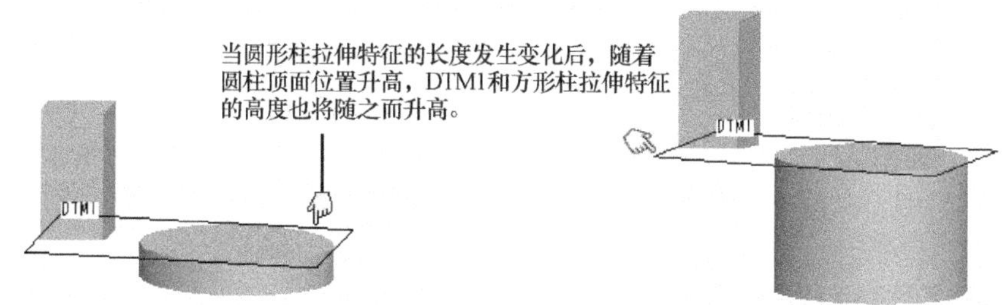

图 9-34　父子特征间的互动变化

注 意

在模型树中父特征只位于子特征的上层。

9.3.1　特征修改

特征修改(Modify)有以下四种模式。

1. 编辑

即编辑特征的尺寸，前面已经练习过，在此正式说明的功能。这个功能可快速地修改特征的尺寸，但不能修改特征的参照。请双击特征或在模型树区中的特征名称右击，并选择“编辑”命令即可。如图 9-35 所示。

本范例练习文件：(1)Examples\ch09\Mod1-1.prt。

本范例完成文件：(1)Examples\ch09\Mod1-2.prt。

本范例视频文件：(1)avi(gb)\ch09\Mod1-2.avi。

操作图例如图 9-35 所示。

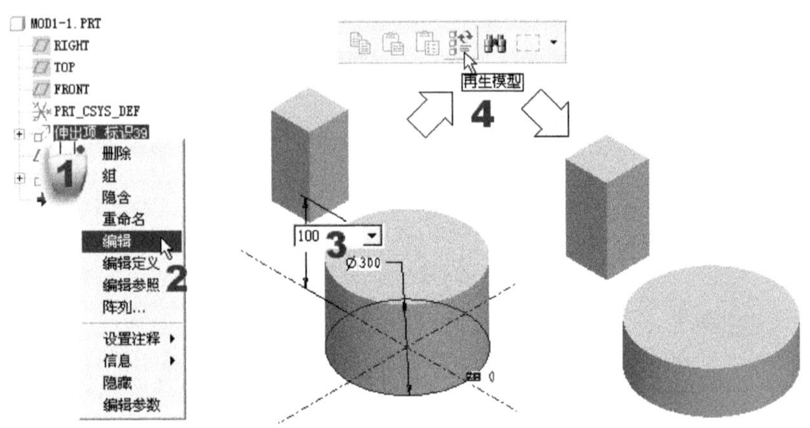

图 9-35　编辑的操作

2. 编辑参照

即编辑特征的参照。由于特征的父子关系，父特征发生修改时，可能影响到子特征，这取决于创建子特征需要的参照是否发生了变化。如果父特征被删除(Delete)或隐含(Suppress)，则子特征也将被删除或隐含。要在建模的过程中避免这种情况发生，改变参照是一种解决方案。

如图 9-36 所示，方形柱拉伸特征创建在 DTM1 上，而 DTM1 是创建在圆形柱拉伸特征的基础上。现在要将 DTM1 删除(选取 DTM1 后，右击选择“删除”命令，或按下<Del>键)。删除时，被影响的特征的边界将以绿色表示，而在模型树中也将以高亮度显示。

本范例练习文件：(1)Examples\ch09\Mod2-1.prt。

本范例完成文件：(1)Examples\ch09\Mod2-2.prt。

本范例视频文件：(1)avi(gb)\ch09\Mod2-2.avi。

操作图例如图 9-36 所示。

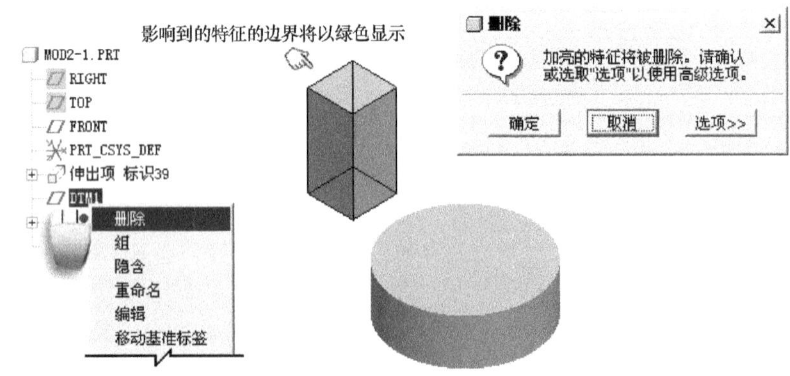

图 9-36　删除 DTM1 的关联

在确定被影响的特征后，就可以对其的参照进行修改。如图 9-37 所示。

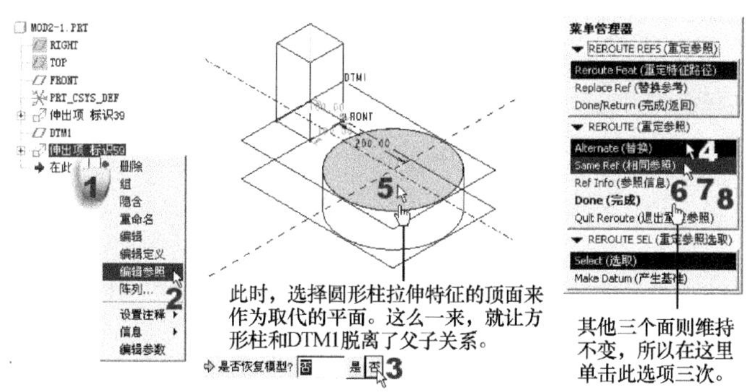

图 9-37 脱离父子关系的操作

修改完成以后，再删除 DTM1 时，就不会影响到方形柱的拉伸特征了。注意：由于在模型树中，父特征位于子特征上层，因此，在选择参照时，不能在模型树中选取比当前进行“编辑参照”的特征更下层的特征。

3. 编辑定义

此功能用来对特征的定义进行修改，基本上相当于对特征进行重新建构，在修改的过程中，对需要修改的参数或参照进行修改。这个操作我们在前面已经练过很多次，大家应该已都熟练了。在图 9-38 中，我们想将方形柱的实体拉伸，修改为中空圆形曲面拉伸，同时将草绘面从 DTM1 改为圆形拉伸实体的顶面，并修改草绘剖面。

本范例练习文件：(1)Examples\ch09\Mod3-1.prt。

本范例完成文件：(1)Examples\ch09\Mod3-2.prt。

本范例视频文件：(1)avi(gb)\ch09\Mod3-2.avi。

操作图例如图 9-38 所示。

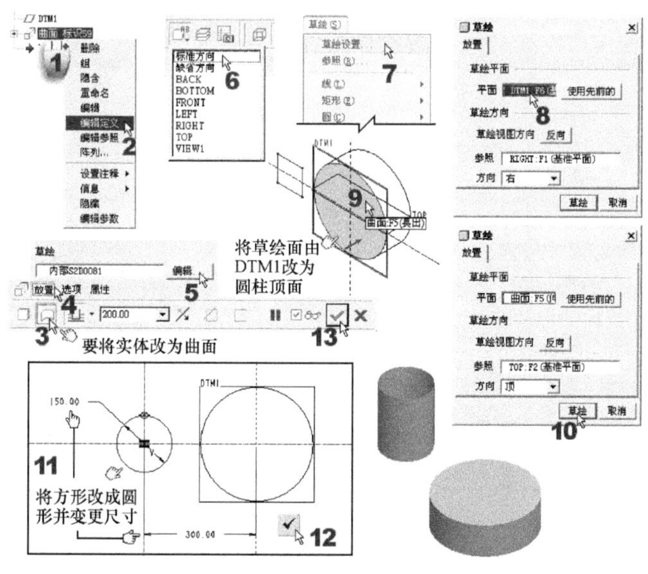

图 9-38 编辑定义的操作

注 意

① 除了包含“编辑”和“编辑参照”的功能，通过“编辑定义”还能够修改特征的的其他参数。例如，将“实体拉伸”改为“曲面拉伸”、将“增加材料”改为“移除材料”等。

② 对某个特征进行“编辑定义”时，在屏幕上将只在模型树中显示这个特征以上的特征，而在这个特征以下的特征则不显示。

4. 重新排序

如果特征与特征之间没有父子关系，那么这两个特征在模型树中的顺序可调。在以下的一些情况下，可能需要对特征重新排序。

- 因为某些特征(如壳(shell)或移除材料等特征)的作用范围，只能是模型树中，在它以上的其他特征，因此可能要在模型树中调整特征的位置，以改变其作用的范围。
- 要参照的特征位于模型树下方，所以要调整特征在模型树中的位置。

注 意

由于父特征在模型树中，始终位于子特征之上，因此，当子特征被拖动时，父特征也会自动地进行移动，以保持其位于子特征之上的位置。

对特征重新排序可通过两种方法运行，我们以下述范例来说明。

(1) 直接在模型树中，将特定的特征拖拉到合适的位置上。请按图 9-39 所示来进行操作。

本范例练习文件：(1)Examples\ch09\Mod4-1.prt。

本范例完成文件：(1)Examples\ch09\Mod4-2.prt。

本范例视频文件：(1)avi(gb)\ch09\Mod4-2.avi。

操作图例如图 9-39 所示。

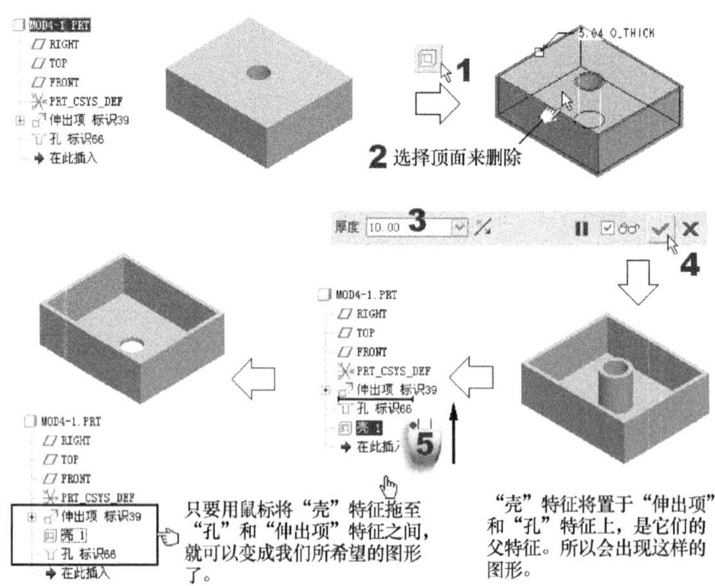

图 9-39　直接在模型树中拖拉特定特征的操作

(2) 选择“编辑”→“特征操作”→“重新排序”命令。这种方法与鼠标直接拖动有一些区别。如图 9-40 所示，有三种选择模式。

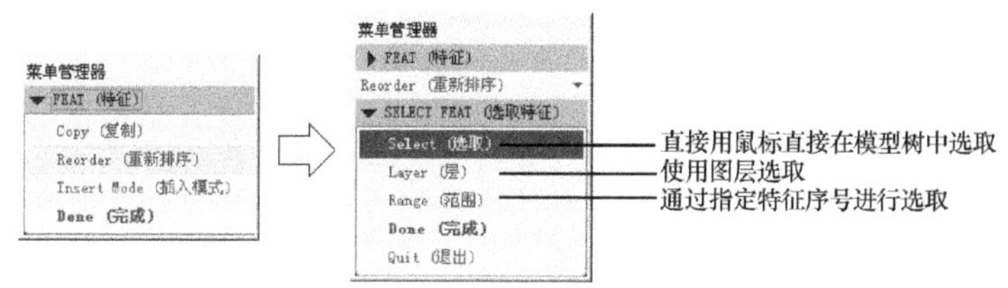

图 9-40 “重新排序”命令的三种选择模式

以图 9-41 的图例来说明我们的问题：图(A)模型有三个切削特征：“切剪 标识 66”(圆 A)、“切剪 标识 95” (槽 B)和“切剪 标识 139” (圆 C)。其中，槽 B 是以圆 A 为参照创建的，如图(B)所示。然后，如图 C，现在要删除圆 A，但圆 A 是槽 B 的父特征，因此在删除之前，要先将槽 B 的参照改变为圆 C。又因为在模型树中，圆 C 位于槽 B 之后，因此在进行“编辑参照”过程中，当参照圆 A 变为蓝色(或加亮)时，就不能选取圆 C 来作为槽 B 中心线的替代定位参照。

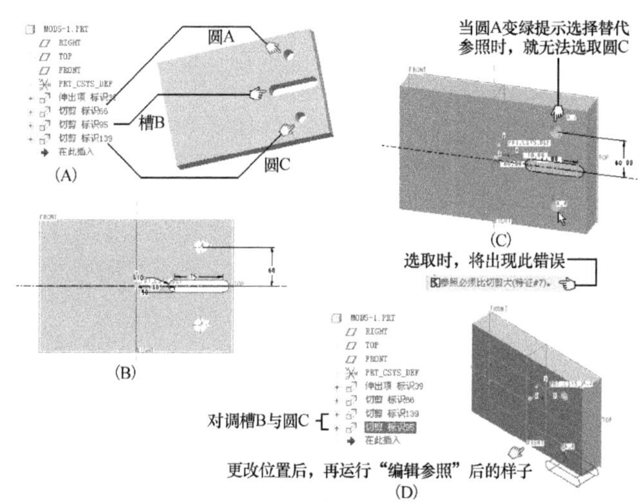

图 9-41 特征父子关系和顺序问题所带来的影响

要解决这个问题，就需要改变它在模型树中的位置，如图(D)所示。当然，除了用鼠标直接于模型树中拖拉以外，图(D)的操作也可以使用图 9-40 所示的方式来移动。如图 9-42 所示。

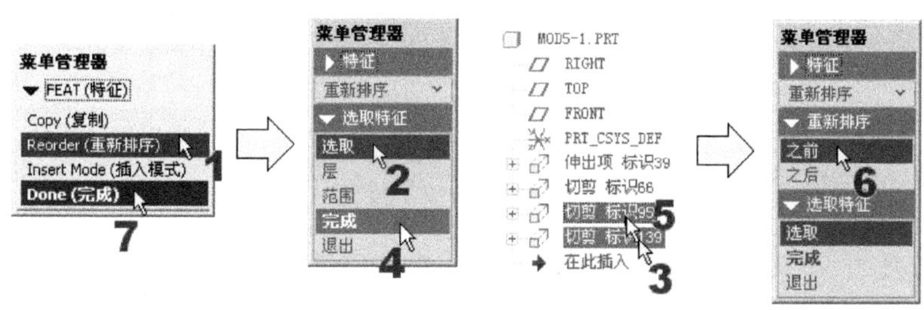

图 9-42 以菜单管理器方式来重新排序

排序后就可以进行“编辑参照”的操作，让槽 B 以圆 C 为参照。但因为圆 C 下已无实体，所以外表看起来就将槽 B 删除了，但是实际上并没有，因为模型树区上仍有槽 B(切削标识 95)名称的存在。

我们制作这类范例的原因，就是希望读者彻底了解特征图形间的父子关系及其影响，以方便应付随时的编辑需要。

9.3.2 特征的隐含和恢复

所谓“隐含”(Suppress) 特征，就相当于将特征从模型中临时删除。被隐含的特征图形，可以视需要时随时恢复。此外，我们通常通过隐含零件上的特征来简化零件模型，以减少再生时间。或者在处理一个复杂组件时，可以先隐含一些在当前绘图过程中，并不需要的特征和组件。所以，可以隐含特征，进行以下操作。

- 更专注于当前工作区。
- 加速图形编辑修改的过程。
- 加速图形的显示过程。
- 尝试不同近似的设计结果，使它们之间不重复。

注 意

① 与其他特征不同，基本特征不能隐含。如果对基本(第一个)特征不满意，可以重新定义特征剖面，或将其删除并重新创建。

② 如果有子特征，则子特征将一起被隐含。

在 Pro/E Wildfire 3.0 版以后，可以用两种方法对特征进行隐含操作，图 9-43 表示了如何对特征进行隐含的操作(请打开(1)Examples\ch09\Suppress.prt 文件，来一起进行操作)。

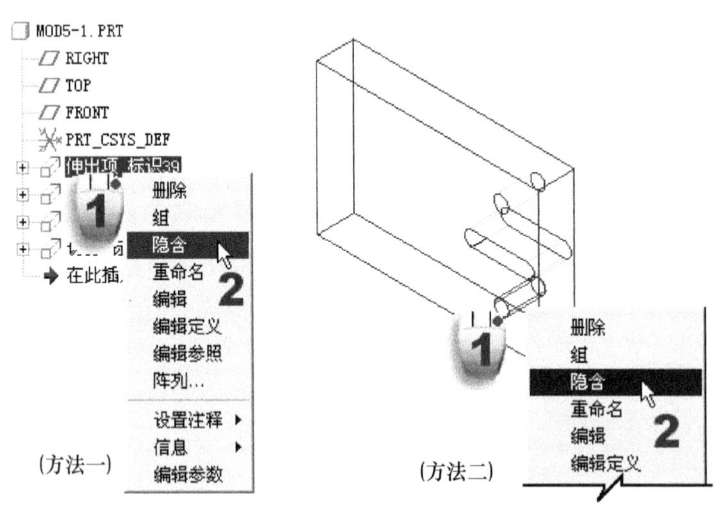

图 9-43 隐含的操作

隐含后，将出现“恢复”(Resume)选项，此选项用来恢复已隐含的特征。操作时，需注意以下两种情况。

(1) 如果父特征通过修改，则被隐含的特征在恢复时，可能由于参照的变化而改变，有时甚至会恢复失败。

(2) 隐含特征一般不可见，可以通过“树过滤器”的设置，并显示被隐含的特征，如图 9-44 所示(第 3 章的图 3-3 就已示范过，这里正式讲，请打开(1)Examples\ch09\Resume.prt 文件来一起进行操作)。

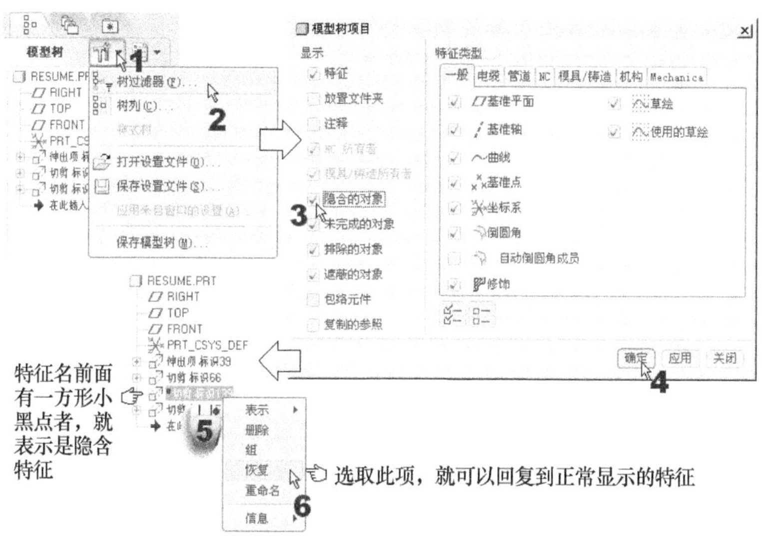

图 9-44　恢复被隐含的特征

此外，也可以下拉菜单的方式来运行恢复命令，如图 9-45 所示。

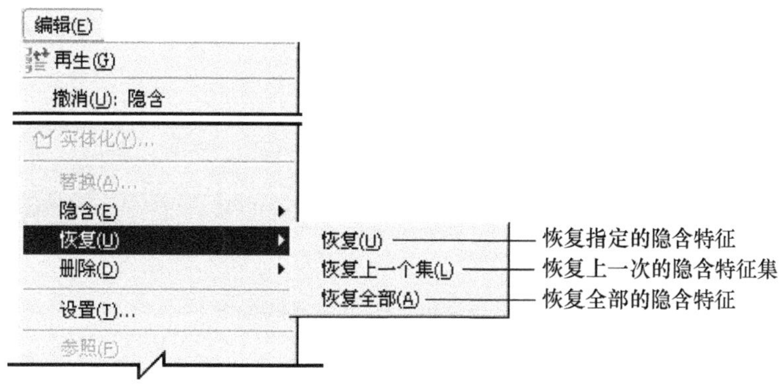

图 9-45　以下拉菜单的方式运行恢复命令

9.3.3　特征的删除

此功能用来将指定的特征做永久性地删除。注意，如果删除的特征有子特征，则子特征将一起被删除，但可以通过复位参照来保存子特征。通常，在选择“再生”(Regenerate)时，Pro/E 会再生从第一修改特征，或具有外部参照的第一特征开始的所有特征。而在“删除”操作期间，当计算从何处开始再生过程时，Pro/E 不会考虑具有外部参照的特征。

删除特征的操作如图 9-46 所示。

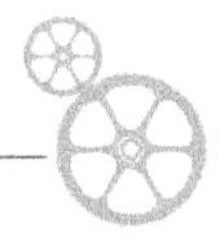

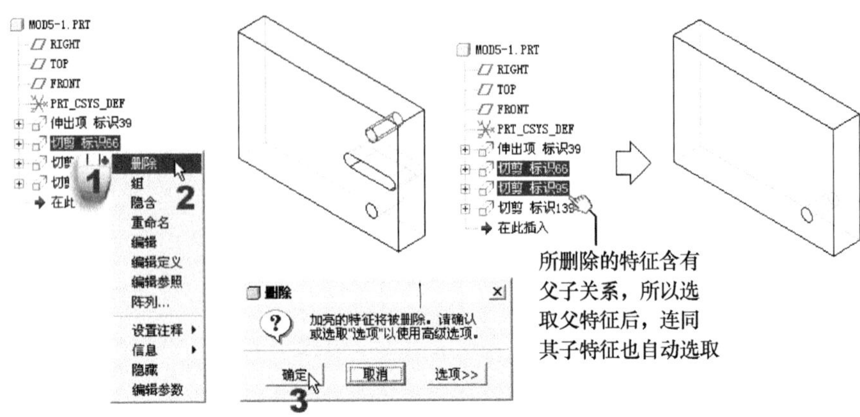

图 9-46　删除特征的操作

9.3.4　特征的隐藏/取消隐藏

欲隐藏/取消隐藏某一特征时，请按图 9-47 进行操作。

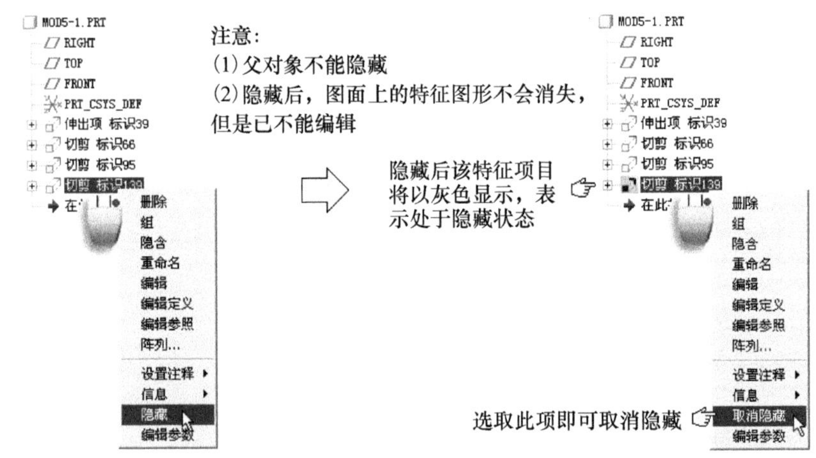

图 9-47　隐藏/取消隐藏特征的操作

9.3.5　特征信息的查询

在 Pro/E 中，特征和模型信息可以 html 或文字格式，显示于报告窗口中。

注 意

若要以文字格式显示信息，请将配置文件(Config.pro)中的参数 info_output_format 的值设为 text(默认值是 html)。系统会将信息保存到一个名为 feature.inf 的文件中。

在图 9-48 中，“参照查看器”(Reference Viewer)对话框是值得我们再深入探讨的主题。“参照查看器”专门用来做“参照调查”。通过此功能可调查特征和模型间的关系和从属情况，从而增强对设计意图的管理。

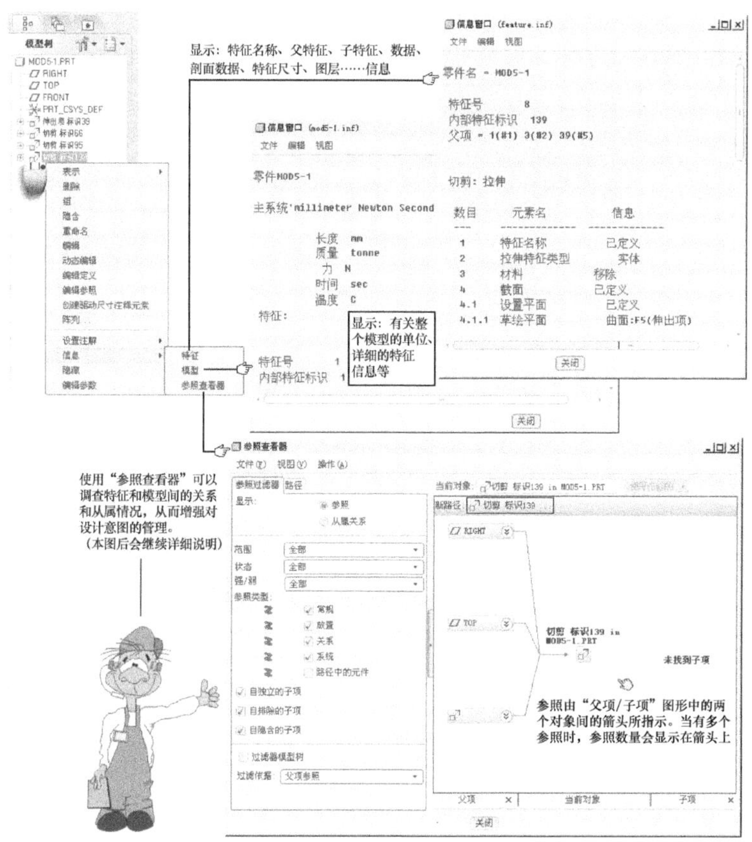

图 9-48　特征信息查询的操作

以下，我们就以一个组件文件的实例来介绍“参照查看器”的用途。

本范例练习文件：(1)Examples\ch09\Reference Viewer Sample\whirlwind_250.asm。

本范例视频文件：(1)avi(gb)\ch09\Ref_Viewer_01(有声).avi～ Ref_Viewer_04(有声).avi。

操作步骤

操作 1：“参照查看器”提供设计中父项和子项关系的图示。当选择组件对象用于参照调查时，图形区域显示其父项和子项。调查的对象通常放置在“父项/子项”图形的中心。父对象位于关系图的左侧，子对象位于关系图的右侧。在本操作中，将讲解如何打开“参照查看器”，以及查看当前对象的父项和子项。请打开 whirlwind_250.asm 练习文件，并在模型树中展开 BASE.ASM 子组件。然后，在 BASE_ARM.PRT 名称上右击，并选择“信息”→“参照查看器”。将出现如图 9-49 所示的画面。视频文件：Ref_Viewer_01(有声).avi。

操作 2：在本操作中，我们将说明如何按范围、状态，以及类型控制图形来显示或过滤出指定的参照。同时，还将练习如何过滤“模型树”找到具有特定参照类型的对象。请展开 FAN.ASM 子组件。在 DRIVETRAIN_SKEL.PRT 上右击，并选择“信息”→“参照查看器”。将出现如图 9-50 所示的画面。视频文件：Ref_Viewer_02(有声).avi。

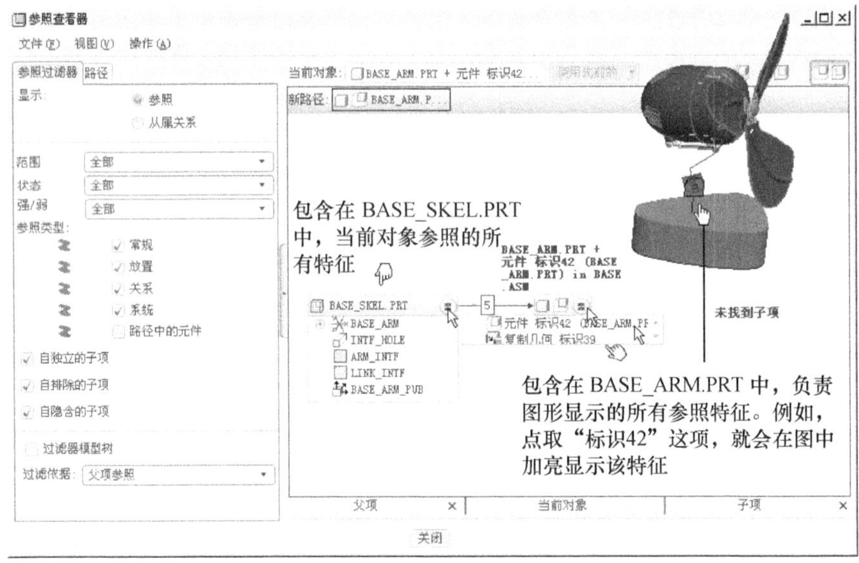

图 9-49 “参照查看器”的父项与子项关系图

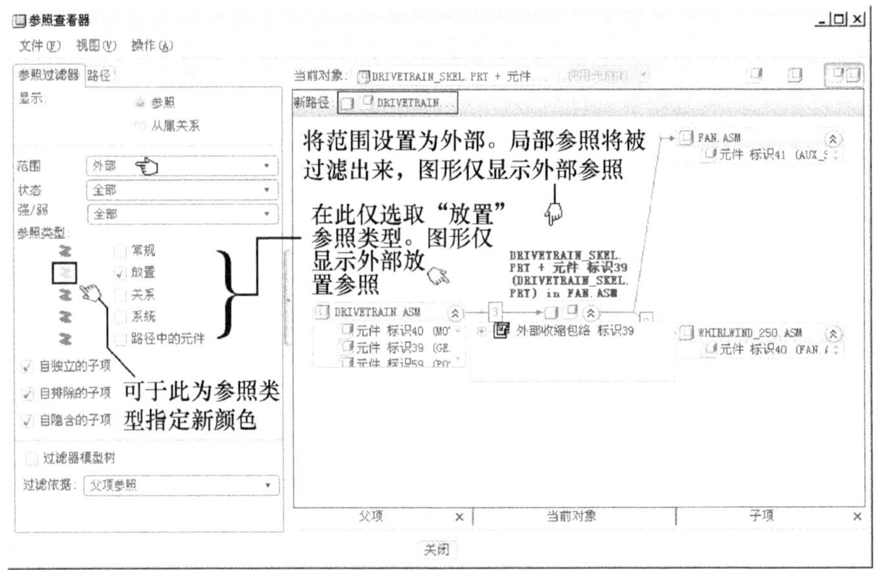

图 9-50 查找指定对象的操作

接着按图 9-51 操作来过滤“模型树”，以便找到具有特定参照类型的对象。请先在 WHIRLWIND_250.ASM 上右击，并选择“信息”→“参照查看器”。

操作 3：在本练习操作中，有以下三种目的。

视频文件：Ref_Viewer_03(有声).avi。

(1) 使用路径概述图形显示和导航已定义的路径。请展开 BASE.ASM 子组件，在 BASE.PRT 上右击，并选择“信息”→“参照查看器”。然后按图 9-52 进行操作。

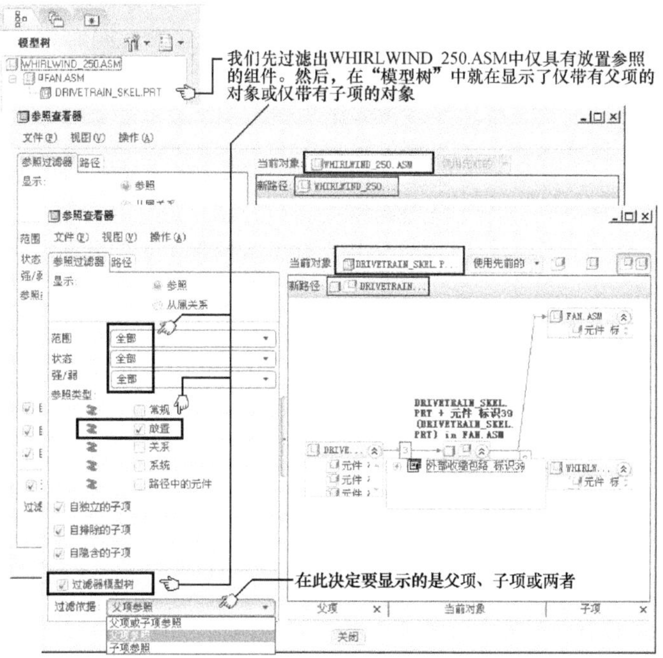

图 9-51　过滤"模型树"来找到具有特定参照类型的对象

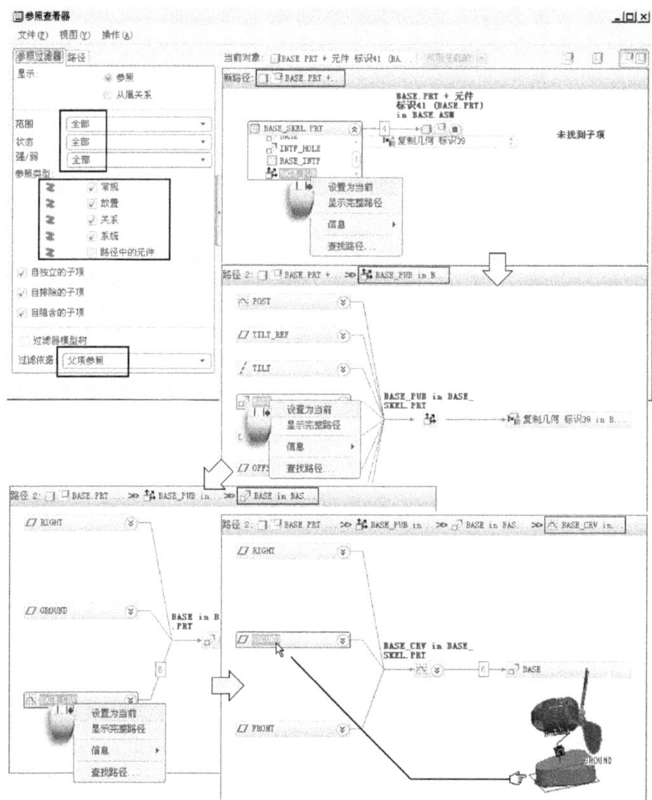

图 9-52　使用路径概述图形显示和导航已定义的路径的操作

(2) 使用“参照查看器”查找和保存两对象间的路径。请展开 FAN.ASM 子组件，在 DRIVETRAIN_SKEL.PRT 上右击，并选择“信息”→“参照查看器”。然后按图 9-53 进行操作。

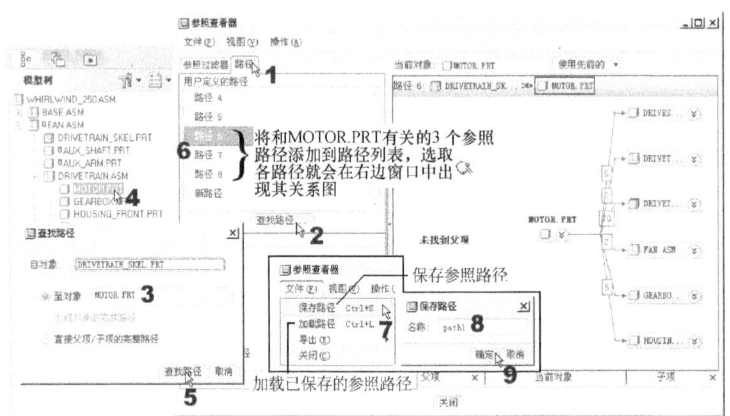

图 9-53 查找和保存两对象间的路径

(3) 查找和调查循环参照。当组件中包含许多交叉参照，而这些交叉参照间又形成一个环时，就会出现循环参照。请先在 WHIRLWIND_250.ASM 名称上右击，并选择“信息”→“参照查看器”。然后按图 9-54 所示进行操作，得到 HUB 和 BLADE 零件之间存在循环参照。BLADE 参照 hub 放置约束，HUB 的伸出项参照 BLADE。在默认情况下，循环路径文件会被存储在当前的工作目录中，如 WHIRLWIND_250.CRC。

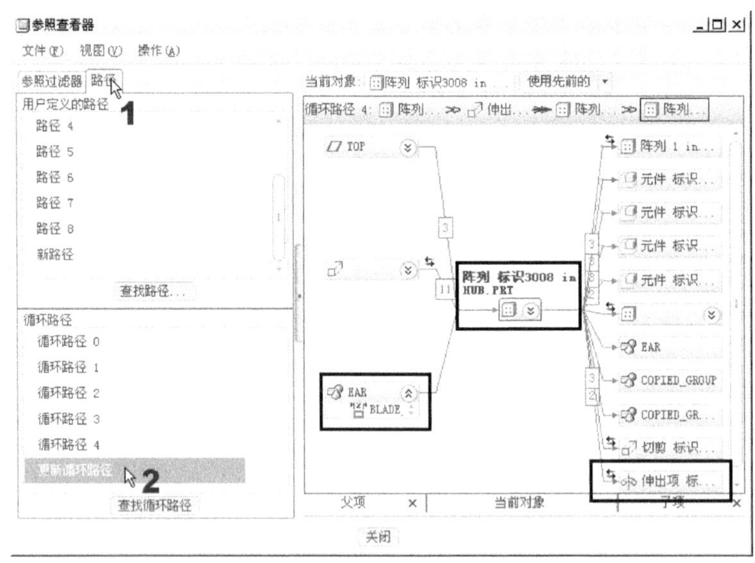

图 9-54 查找和调查循环参照的操作

操作 4：在本操作中，将说明如何显示模型从属关系。同时，还将了解到如何在模型检入到 PDM 系统之前，中断从属关系。请在 FAN.ASM 名称上右击，并选择“信息”→“参照查看器”。然后按图 9-55 进行操作。视频文件：Ref_Viewer_04(有声).avi。

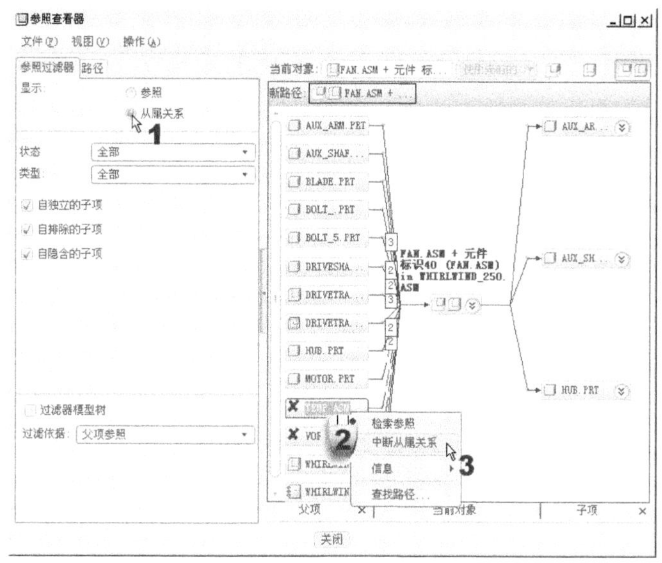

图 9-55　显示模型从属关系的操作

9.3.6　特征的注释

模型注释是可以附加到对象的文字符串。可以将任意数量的注释附加到模型的任一对象中。当将注释附加到对象后，该对象将成为此注释的父对象。删除父对象时，所有的子注释将随其一同删除。模型注释的作用如下。

- 告诉工作组中其他成员如何查看或使用已经创建的模型。
- 说明如何在定义模型特征时处理或解决设计问题。
- 说明对模型逾时的特征所做的改变。

图 9-56 为注释文字的示范操作。本范例视频文件：(1)avi(gb)\ch09\Note.avi。

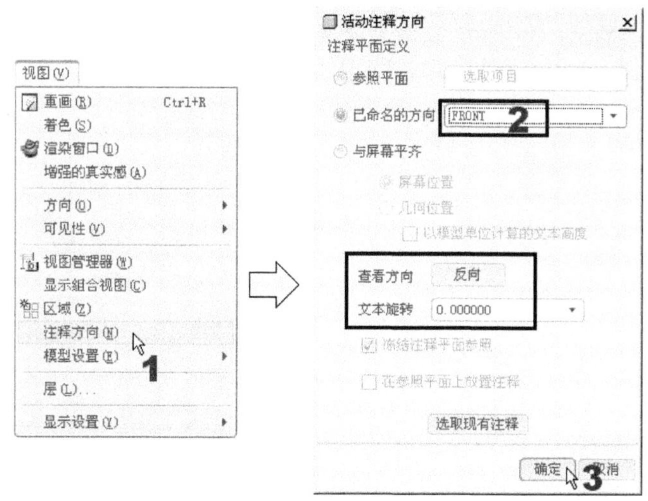

图 9-56　文字注释的操作

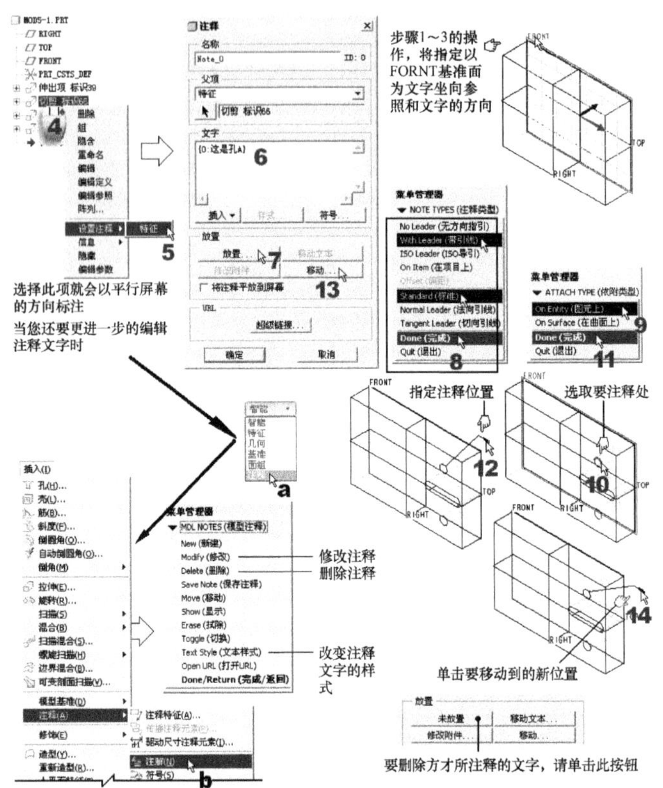

图 9-56　文字注释的操作(续)

信息补充站　**注释的删除和显示开关**

删除注释的方法有两种，一种是在图 9-56 中，单击“未放置”按钮的实时删除，另一种则是事后删除，即选取图 9-56 中，左边菜单中的“删除”选项，再选取所要删除的注释即可。

若要切换注释的显示，请按图 9-57 所示进行操作。

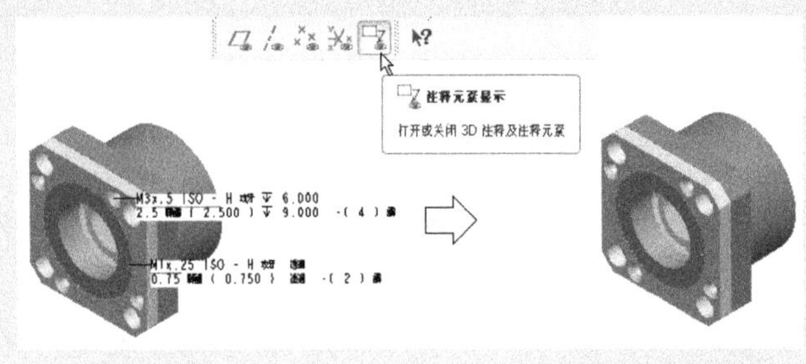

图 9-57　文字注释的显示开关操作

9.3.7　特征的测量

测量并不属于特征操作的范围。但是对基础操作来说，有一些简单的测量是必要的。因此，我们就将此功能操作，放到本小节来，以方便您的应用。

“分析(A)”菜单下的“测量”后的各选项，就是对特征及基准进行分析测量。在建模过程中，我们经常需要了解特征及基准之间的相对几何尺寸关系或坐标位置等信息，就可以应用这些功能。测量工具的位置如图 9-58 所示，选取不同的测量类型后，就会出现相应的定义设置窗口。

图 9-58　测量选项的选取处

本范例练习文件：(1)Examples\ch09\Measure.prt。
本范例视频文件：(1)avi(gb)\ch09\Measure.avi。
操作步骤：请打开 Measure.prt 文件，再按图 9-59 的操作来进行测量。

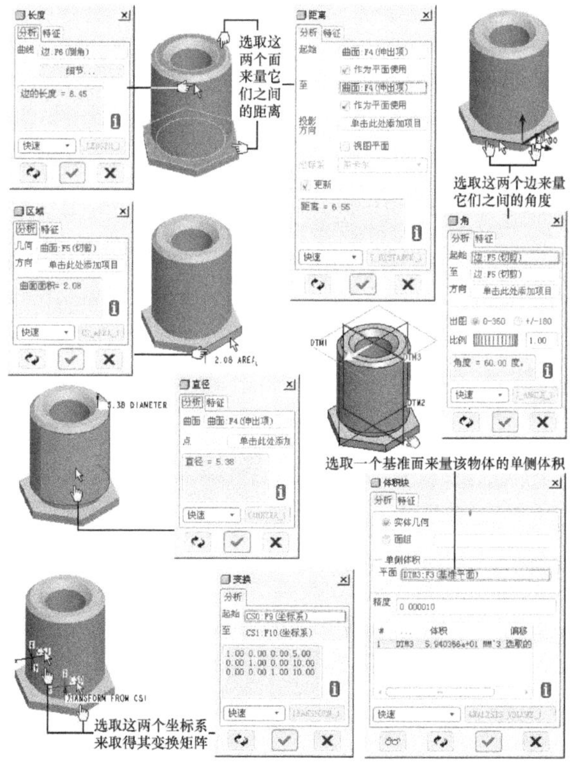

图 9-59　特征测量的操作

有关“分析(A)”下拉菜单下的其他功能，将在本系列书的第 2 本中详述。

9.4　特征的修复与处理

在建模的过程中，经常会遇到以下两类的错误。

(1) 因为改变特征后，尺寸发生变化导致无法与其他尺寸匹配，或是因为失去参照而发生的错误。

(2) 因为对所用工具命令不熟悉，导致在运行时发生错误无法完成命令。

针对这些错误，Pro/E 提供了表 9-2 所列的工具来解决。

表 9-2　Pro/E 的诊断工具

工具名称	主要作用	本章所在小节
参照查看器	用来查询问题特征的父子关系	9.4.1 节
故障排除器	通过“几何检查”和“模型播放器”激发。如果在特征的创建过程中发生错误，则会当场自动激发	9.4.2 节
“修复模型”	通过“模型播放器”激发	9.5.4 节图 9-71

以下，就说明这些工具的用法。

9.4.1　改变特征后的修复处理

在父特征改变之后，子特征将有可能失去基准或参照，而让系统出现错误提示。在建模后的修改过程中，经常会遇到这类问题。因此，需要了解特征失败的解决方案，尽量减少修改时间和不必要的损失。请先参照图 9-60，这是我们希望完成的图例。

在图 9-60 中，很明显的，鼻部是建构在圆桶上的子特征，因为圆桶先画，鼻部又参照了圆桶上的某些基准线而绘于其上。因此，当我们要将圆桶的厚度缩减时，就可以预期鼻部会因为参照边变更而出错。在这样的情况下，Pro/E 就提供的一个修正错误的功能方法，来方便我们进行必要的修复，如图 9-61 所示。

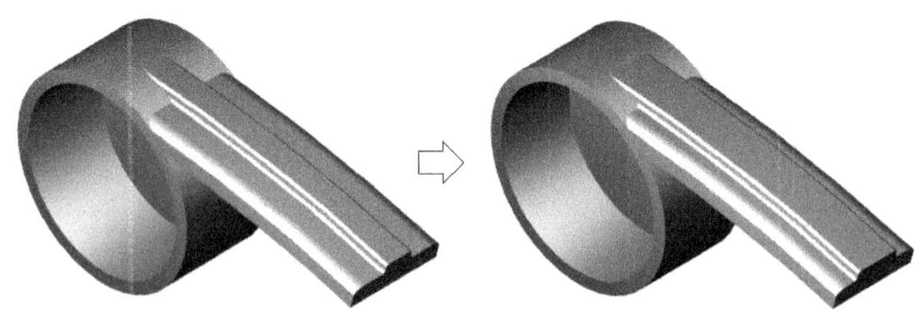

图 9-60　希望修改后的完成图

本范例练习文件：(1)Examples\ch09\part_mirror-1.prt。

本范例视频文件：(1)avi(gb)\ch09\Modify_Feature.avi。

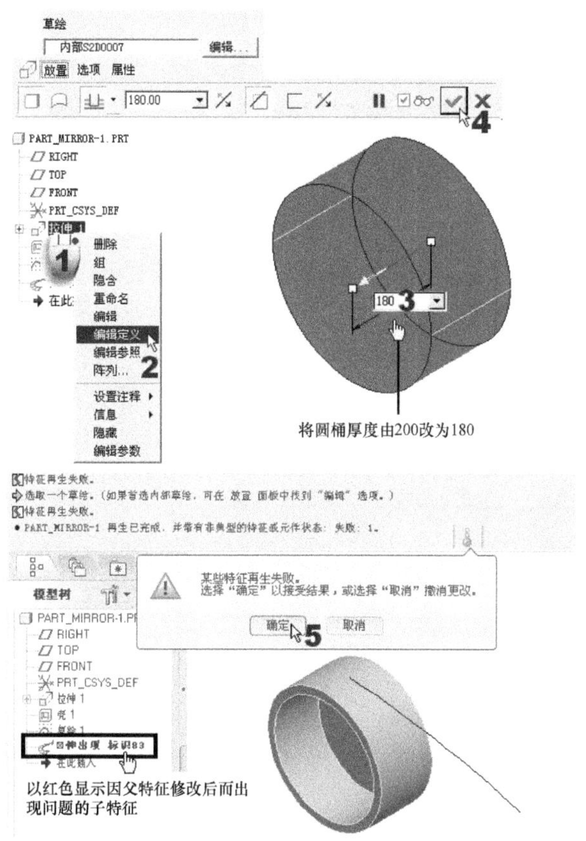

图 9-61　发生错误的操作

这时，按图 9-62 进行操作，我们现在要重新定义红色显示的子特征，以解决问题。

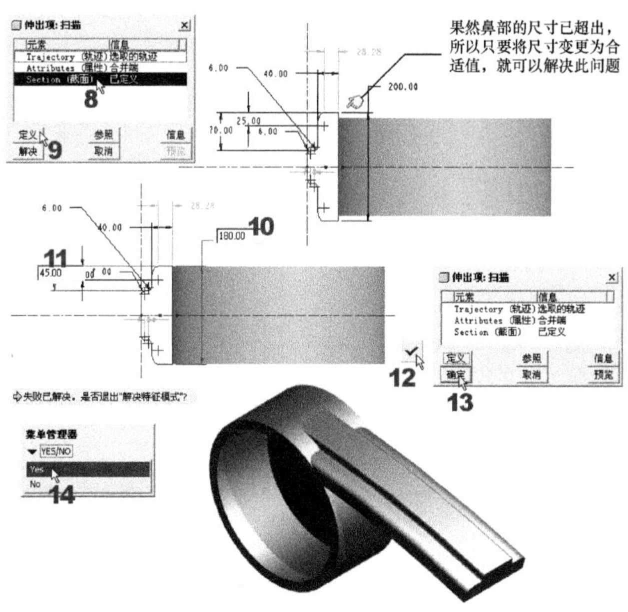

图 9-62　修正错误的操作

注 意

① 针对本节主题，当模型或特征产生错误时，从 Wildfire 5.0 版以后，就不再出现 4.0 版以前的旧界面(即 9.5.4 节图 9-71 所示的“修复模型”菜单，让用户先修正或将错误处删除，才可以继续操作)，而如图 9-62 所示的那样，先让用户继续，再以红色来显示有问题的特征。

② 如果模型是自己建的，为什么出错？哪里出错？如何修改？会比较容易！但是，拿别人的模型改起来就会比较麻烦。我们在 9.3.5 节练习过的“参照查看器”，就是为了方便您查出那些不是自己所建模型详细信息的工具。图 9-63 就是本节范例的“参照查看器”内容。不用先前学过的复杂操作，您可以一眼看出，是红色显示的子特征“扫描伸出项”有问题要修正。

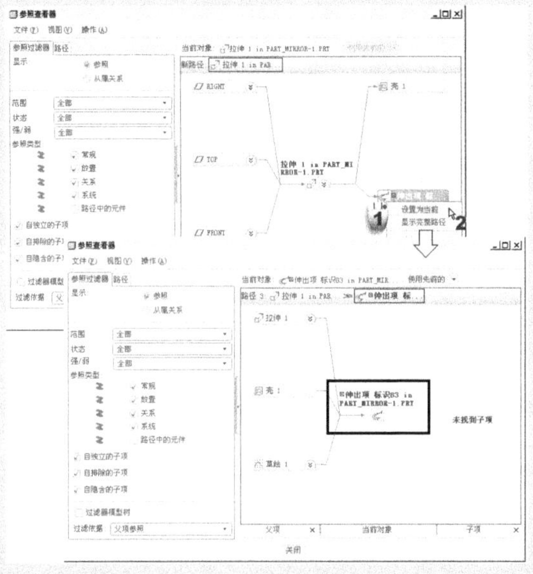

图 9-63　本范例的“参照查看器”内容

图 9-64 所示范的就是在一个稍复杂模型里，改变某一个特征后的“参照查看器”内容。

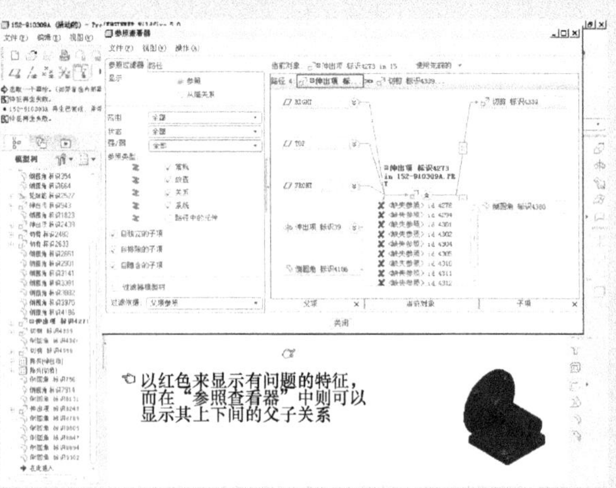

图 9-64　稍复杂模型里发生错误时的“参照查看器”

③ 并不是所有错误都可以修复的。有时会因为父特征更改过大，而导致子特征无法修复。此时可使用“隐含”、“修剪隐含”或“删除”退出，再使用跟踪文件，来找回部分图形。

信息补充站

减少发生参照错误的技巧

出现出错修复菜单的状况是很多的，所以也不一定是图 9-62 所出现的那样。例如，在下一章会谈到的组件文件中，就经常会因为找不到零件文件而出错，您只要如图 9-65 所示，选取“检索丢失元件”选项，告知该零件文件的位置就可以了。

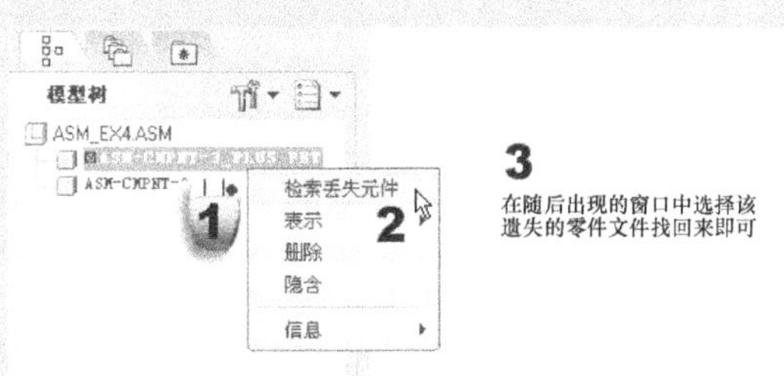

图 9-65　组件文件中的零件文件遗失处理

只要图是自己画的，通过本系列书扎实的基础练习后，多数的错误都能找到原因。但是如何减少出现像本节范例这类的参照错误发生，则是值得探讨的。

事实上，要在一般零件图里完全避免这类的错误，是不可能的。因为 Pro/E 采用的是关系型特征参照的架构，这种方式是优点也是缺点。关系型特征参照可以发挥“牵一发而动全身”的效果，当修改一个零件时，包含此零件的组件文件、工程图都会因关联而自动修改，这是好处。但也就是因为这样，当要从这个层层叠加的参照中删除(抽除)一个时，建筑于其上的子特征就受到牵连了，且删除的对象越近底层，受牵连的就越多。图 9-66 就可以用来解释这种情况。

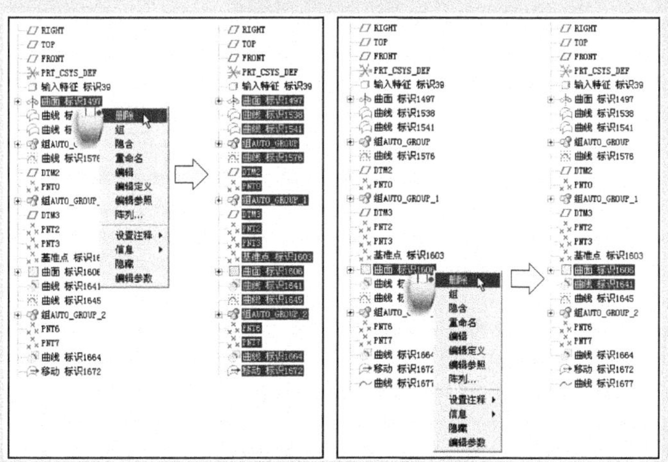

图 9-66　删除或隐含特征时的影响

如图 9-66(左)所示，删除时，加亮的特征越多，就表示该特征越近参照底层，也越关键，通常第一个实体特征会是这样的情况。那要怎么画，才可以降低这种情况呢？我们提供以下技巧。

① 慎选草绘参照面。只要是以后有可能变动的地方，不到万不得已不要选已建实体的面来当作草绘面。而使用自定义基准面作为草绘面。

② 慎选参照。进入草绘后还要定参照，同理，尽量不要拿关键实体的边或面来当参照，而以自绘的中心线，或是加以约束来画草图。

当然，关联的功能经常是一刀两刃，优缺点并存，闪过了参照，但当需要有关联的效果时，也会有一样的困扰。因此，一般还是先随意做吧！当经验多了，又知道这个技巧后，就会慢慢应用，最终养成了个人的操作习惯和本能，就可以了。

9.4.2 Pro/E 的故障排除器

“故障排除器”(Troubleshooter)算是 Pro/E 中比较实用的错误调试工具。“故障排除器”可以完成以下工作。

- 查看再生期间出现的警告和错误。
- 将警告和错误的说明另存为注释。
- 加亮显示项目，以在模型中对其进行定位。
- 使加亮显示项目居中并将其放大。
- 获取有关错误和建议解决方案等信息。

可以运行“几何检查”和“模型播放器”中激发故障排除器。如果在特征的创建过程中发生错误，则会当场自动激发。如图 9-67 所示。

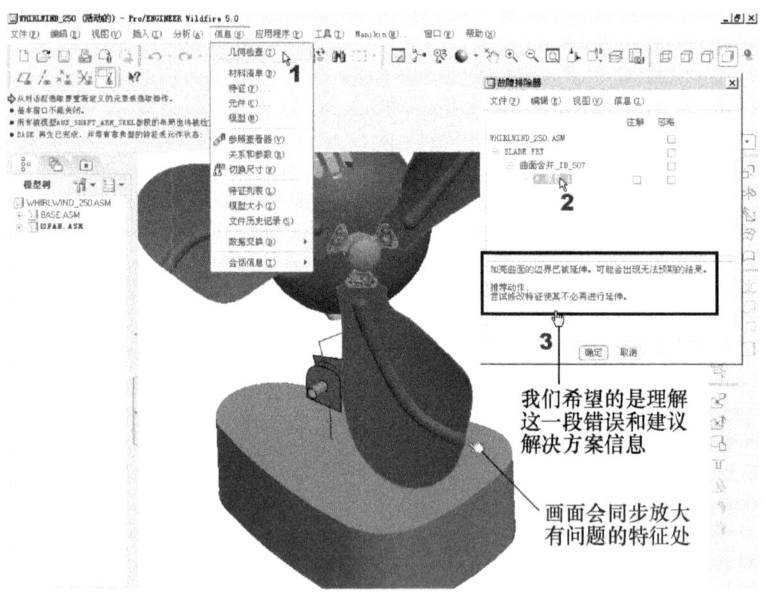

图 9-67 故障排除器的内容

从我们的操作经验来看，最实用的“故障排除器”虽然会提供错误和建议解决方案信息，但如果对 Pro/E 的命令不熟，对多数的初学者来说，其实多数的错误说明和建议解决方案是无法理解的(因为这些错误说明本身就很笼统，某些还只是逻辑上的错误，真正的错误并非它所讲的，所以按它的解决方案也不一定有用)；而对老手而言，模型为什么会出错，心里其实有底，也不太用到这些工具。以上经验仅供读者参考。

为此，我们特别制作了一个有声的视频文件：(1)avi(gb)\ch09\Troubleshooter(有声).avi，来示范解决一个有问题的组件文件供大家参考。

9.5 特征的 Undo 功能

本节来讨论“挽回”这个主题。不论是操作上的，或是文件方面的，都有这个主题。

9.5.1 操作上的 Undo 与 Redo

在所有软件的操作特性中，都会强调有取消(Undo)和重做(Redo)的功能。而在 Pro/E Wildfire 2.0 版以后，在大多数的模块中都已提供了 Undo和 Redo功能。

9.5.2 历史文件

在图形文件方面，Pro/E 提供以历史文件的方式来恢复图形文件。在 Pro/E 的工作目录路径下，每存盘一次，就会在扩展名的最后编上一流水编号，如：xxx.prt、xxx.prt.2、xxx.prt.3、xxx.prt.4 等，每次打开文件 xxx.prt 时，Pro/E 会打开后缀流水编号数最大的文件。这样，如果最近的文件出了错误，可以修改次新文件的后缀数，使其数字最高，就可以恢复至上一次存盘的内容。

9.5.3 跟踪文件

在 Pro/E 的工作路径下，还有许多 trail.txt.*的文件。这些是每次进入 Pro/E 的完整操作过程记录文件，这些记录文件就称为“跟踪文件”，其内记录了设计人员每次打开 Pro/E 进行的每一次操作。遗憾的是，跟踪文件并不实用，所以建议您定期的清除这些 trail.txt.* 的跟踪文件。

我们就先来练习一个范例。请按下述的图例步骤来制作跟踪文件。

操作 1：如图 9-68 所示，在 Windows 环境下，确定“显示所有文件和文件夹”选项已被选取，以及“隐藏已知文件类型的扩展名”复选框已被取消选中。因为这样才可以看到文件的扩展名。

操作 2：由于后一个跟踪文件会累加前一个跟踪文件的内容；所以，开始前，请先清除启动目录里的所有 trail.txt.×××文件。

操作 3：进入 Pro/E，画一个简单的图，然后关闭 Pro/E。

操作 4：到启动目录区里，找出后缀数最大(即最新)的跟踪文件，这就是最新的跟踪文件。本例找到 trail.txt.2。

操作 5：将这个 trail.txt.2 文件名为任意名称的文件。本例改名为 test.txt(注意：不能有 2 这个编号)。

操作 6：再进入 Pro/E 中，选择“工具(T)”→“播放跟踪/培训文件(T)...”命令，并按图 9-69 所示操作。本范例视频文件：(1)avi(gb)\ch09\ trail.avi。

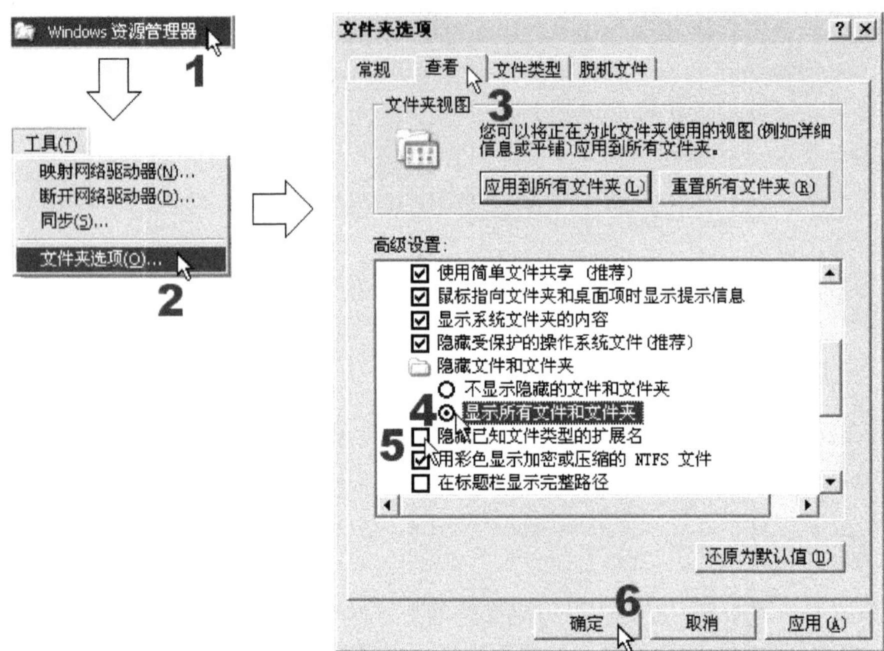

图 9-68　Windows 环境下的文件选项设置(以 Windows XP 画面为例)

图 9-69　运行 TEST.txt 文件的内容

这种模式是一次播放到底，播放速度不好控制！如果要暂停，则在画面中单击，再次单击则继续播放(但是会迟滞，效果不佳)。这个跟踪文件播放法有以下特色。

(1) 跟踪文件播放功能等于是幻灯片的作用，所以只能看是不能编辑的。

(2) 跟踪文件播放没有倒退功能，也没有局部播放功能，但是因为 trail.txt 文件本身是文本文件，所以您可以进入编辑切割，复制或剪接所需的部分。

(3) 老师可以用来制作动态教学文件，但效果可能比使用 Camtasia Studio 这类的软件差，实用性不佳。

9.5.4　模型播放器

“模型播放器”工具将记录着模型的创建历史，操作者可以观察模型文件的生成过程。使用“模型播放器”，也可以帮助我们诊断零件中的坏特征。

因此，使用“模型播放器”可以进行以下工作。

- 在模型的特征创建历史中前后移动，以便观察模型的创建过程。还可在模型创建历史的任何点开始回放。
- 当模型向前移动时，会从指定特征开始按顺序再生每个特征。
- 当特征再生或向前滚动时显示它。
- 到达所需的特征或完成回放过程时，更新(包括在其中再生所有特征)整个显示。
- 获取有关当前特征(停止模型回放过程时，当前再生的特征)的信息。可显示尺寸、获得常规特征信息、调查几何错误，以及进入“修复模型”模式。

请按下述的图例步骤来操作。

操作 1： 先调用一任意的零件文件。

操作 2： 按图 9-70 所示，运行“模型播放器”工具。然后按图来一个一个回放建模特征。本范例视频文件：(1)avi(gb)\ch09\Model_Player.avi。

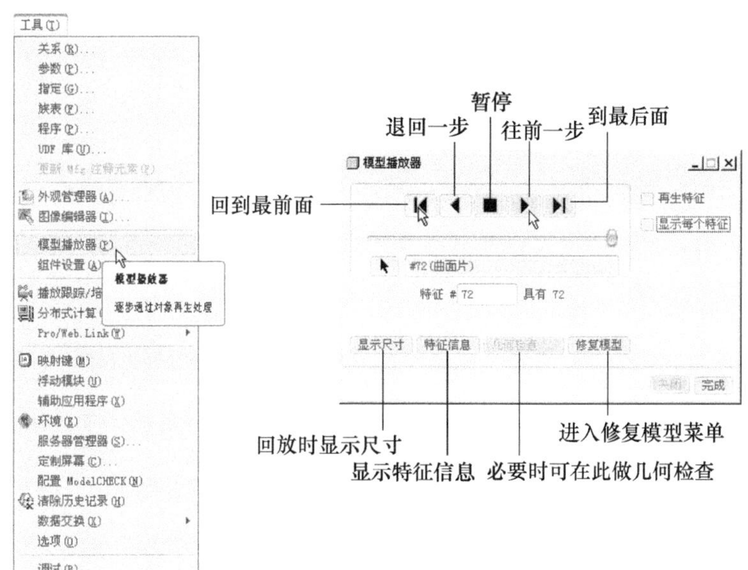

图 9-70　运行“模型播放器”工具

“模型播放器”工具虽然可以一步一步地播放特征，但是这项多显示了建模的顺序；对模型哪里错了，或是发生错误的根源在哪里，所能提供的帮助，并不如“故障排除器”。只是在图 9-70 中，有一个“修复模型”按钮，单击后将出现如图 9-71 所示的菜单。

这个“修复模型”菜单就是在 Wildfire 4.0 版以前，只要一出现错误就会出现的菜单。从图 9-71 中可以看出，用户一样可以在此调用到“参照查看器”和“故障排除器”，因此，此模式已在 Wildfire 4.0 版以后逐渐不用，仅保留在“模型播放器”对话框内。

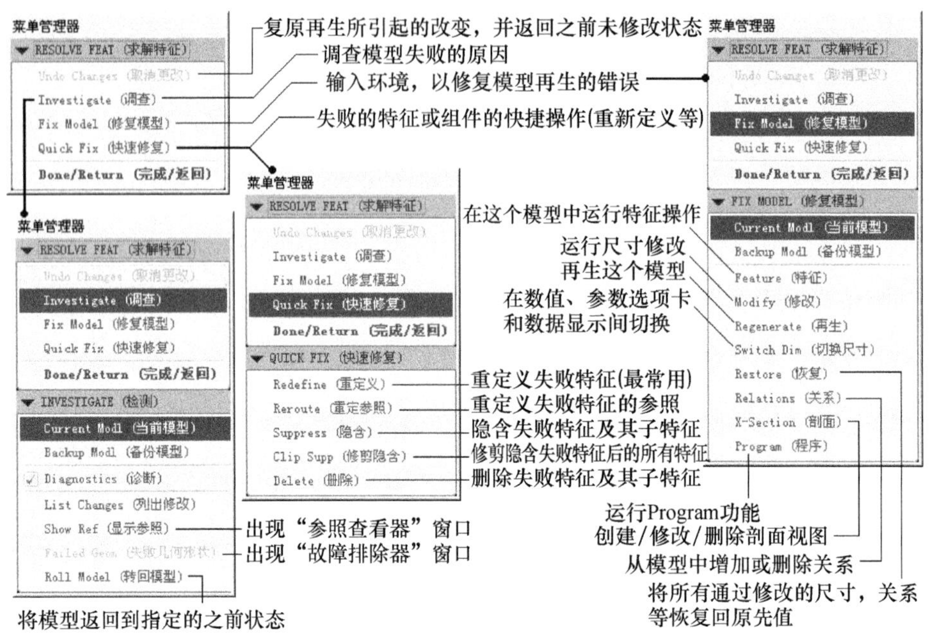

图 9-71 “修复模型”菜单的选项说明

习　题

1. 请打开范例光盘中(1)Question Files\CH09 目录里的 09-Q01.dwg 这个 AutoCAD 文件，按图 9-Q1 的尺寸，来画出图 9-Q1 所示的机箱散热风扇支撑片。其中，孔的部分请使用复制命令来创建。

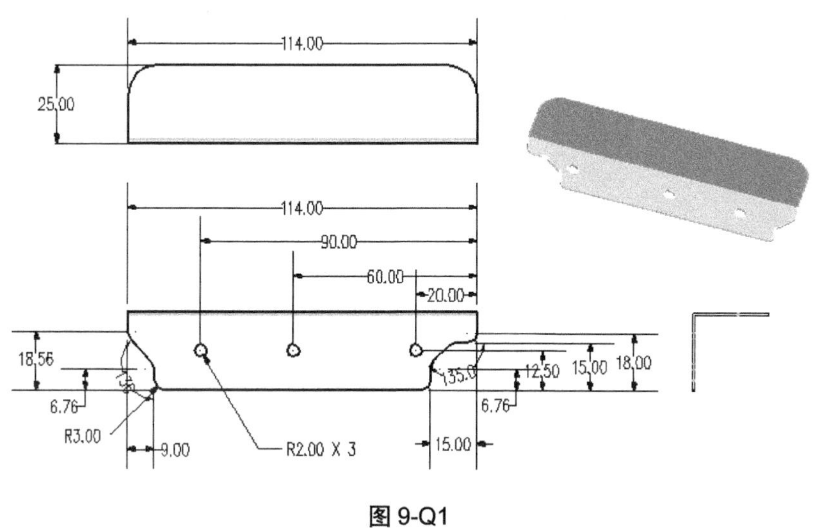

图 9-Q1

2. 请打开范例光盘中(1)Question Files\CH09 里的 09-Q02.prt 图形文件，使用特征操作中的“复制”选项来完成图 9-Q2 所示的图形。

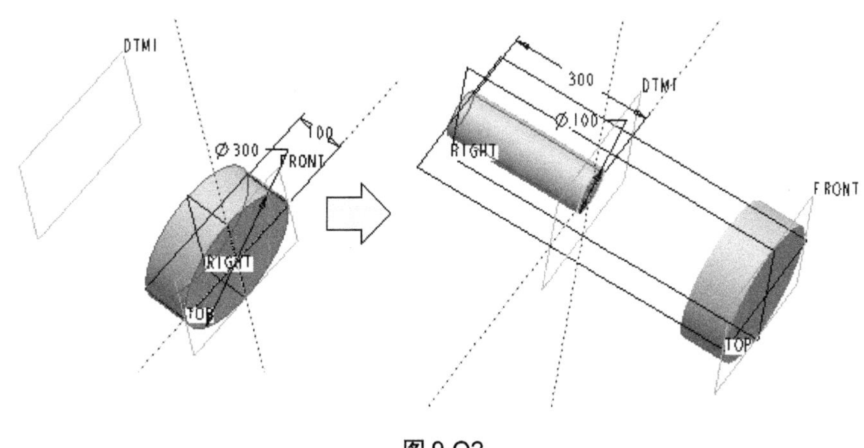

图 9-Q2

3. 请打开范例光盘中(1)Question Files\CH09 里的 09-Q03.prt 图形文件，使用特征操作中的“复制”选项来完成图 9-Q3 所示的图形。

4. 请打开范例光盘中(1)Question Files\CH09 里的 09-Q04.prt 图形文件，使用特征操作中的“镜像”选项和独立的镜像命令来各做一次。完成图如图 9-Q4 所示。

5. 请打开范例光盘中(1)Question Files\CH09 里的 09-Q05.prt 图形文件，我们要求在选取方向时使用“曲线/边/轴”选项。完成图如图 9-Q5 所示。

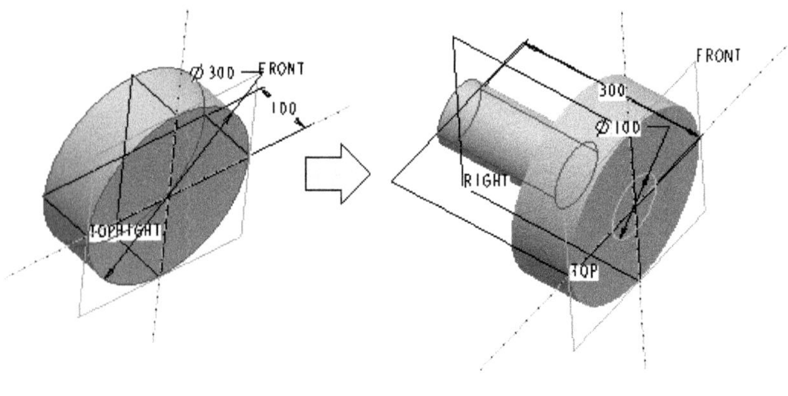

图 9-Q3

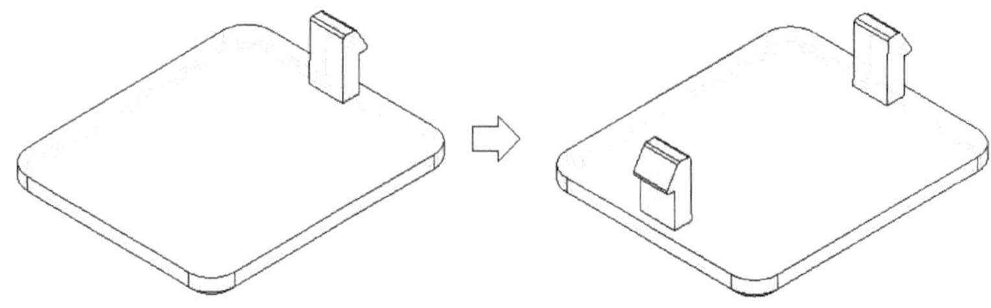

图 9-Q4

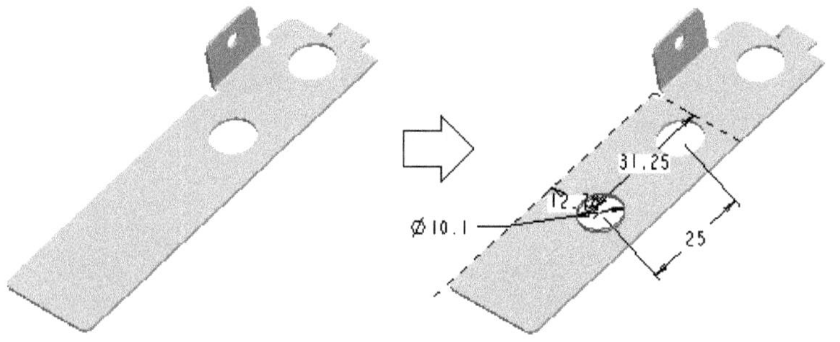

图 9-Q5

6. 请打开范例光盘中(1)Question Files\CH09 里的 09-Q06.prt 图形文件，完成其他三个孔的旋转移动复制。完成图如图 9-Q6 所示。

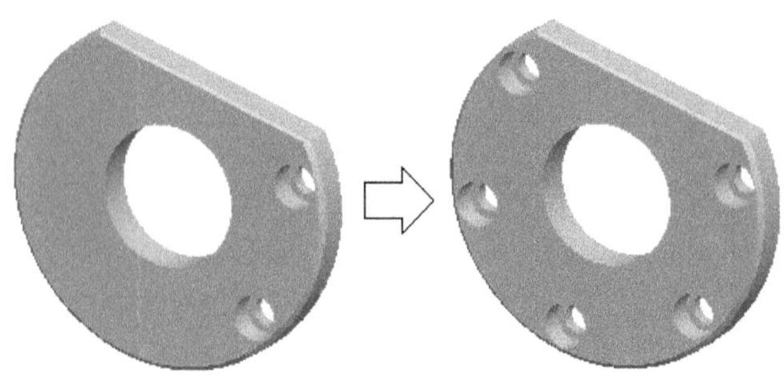

图 9-Q6

7. 请对第 6 章习题第 5 题的第 4 子题的结果做镜像操作。用户必须使用特征操作中的“镜像”选项和独立的镜像命令来各做一次。非常有意思的是，可能会有非预期的结果。您能说明这两种做法的结果为何会有不同的原因吗？您能改善画法，以降低非预期结果的机会吗？

8. 在特征操作中的“复制”选项和 Windows 下的“复制”、“粘贴”有何不同？您会选择哪一个？为什么？

9. 试说明在模型树区对特征的操作下，“编辑”和“编辑定义”有何差别？

10. 试说明在模型树区对特征的操作下，“删除”和“隐含”有何差别？

11. 如何关闭注释的显示？

12. 何谓父子特征？它在操作上会为我们带来什么影响？

13. 减少发生参照错误的两个技巧是什么？为什么会有这个问题？

14. 请按 9.4 节的方法，找一个您已完成的图形文件，变更底层特征的尺寸或删除它，造成需修复的错误状态，然后修复它。

15. 如果您当前的图形文件因为错误操作，或是不满意新的内容，而想回复未修改前的图形文件，要如何做？

16. 请说明跟踪文件的用途，并试做一份。

17. 请找一个您已完成的图形文件，来测量其上的图素的距离、长度或角度。

第10章

Pro/Assembly组装基础

当您将3D的零件图都画出来后，在传统的设计图面上，还需要画出其组装图和分解图。在平面画图中，组装图是平面的，而分解图则是需要技术和立体观念都是一流的设计者，以平面等轴测画法来画出的。现在，在Pro/E上，既然零部件部分都已是立体图，那么要将其组装起来成为立体的组装图和分解图，就只是时间和操作的问题罢了！

这部分的功能，在Pro/E系列模块里，就称为Pro/Assembly。在Wildfire 3.0版以后，整个组装功能的选项板界面改造工程已经全部完成，因此操作者又要面临适应力的考验，本章将以全新的界面来为您介绍这个模块的基本功能，然后在本系列的其他书里，再介绍其提高级功能。

10.1 组装概述

在零件造型完成以后，根据设计意图，必须将不同零件用一定的方法组织在一起，形成与实际产品一致的组装结构，以供后续的配合尺寸检查和分析评估等，这种方法就称为“组装模型”(Assembly Modeling)。

从基本概念上来说，一个“零件”或组件(Component)是由一个特征或一系列特征，通过叠加、剪切组合在一起；而一个“组件”或“组装件” (Assembling)则是由一系列组件或子组件按照一定的位置和约束关系组合在一起的。在 Pro/Assembly 组装模式下，可以进行组件的组装，也可以直接新建零件和特征。在本章中，我们将介绍生成组装中的基本方法，并辅之以实例，以让用户对组装件的创建过程有清楚的了解。如图 10-1 所示。

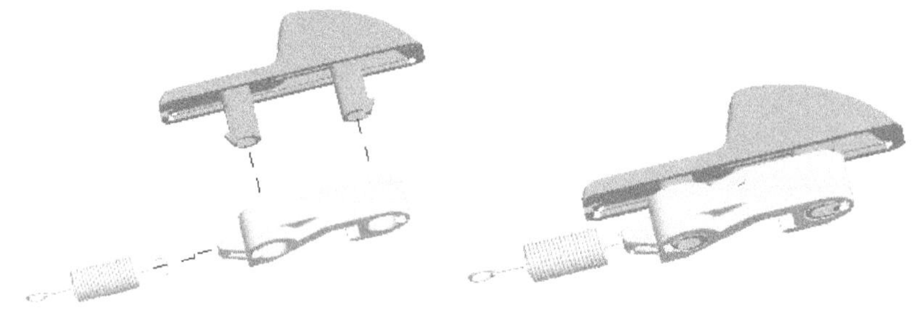

图 10-1　组装件的结构

从种类上进行区分，组装图有以下几种。

1. 设计草图

指产品在初设计时的图样。从全局概念上看，设计草图一般会先以设计组装草图的方式来表现，使其具有正确规划、创造和表达发明等功能，如图 10-2 所示。

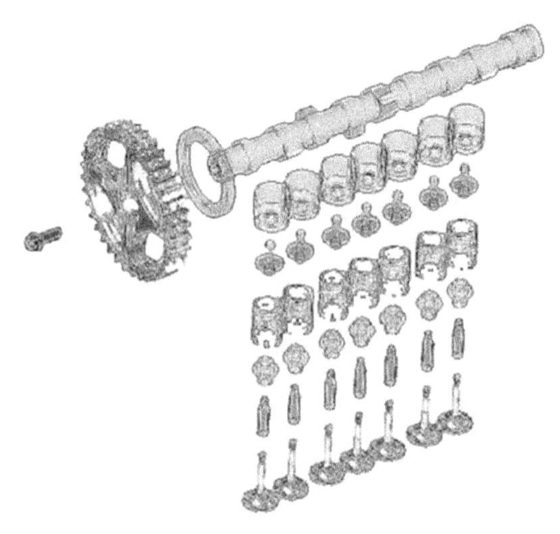

图 10-2　典型的设计草图

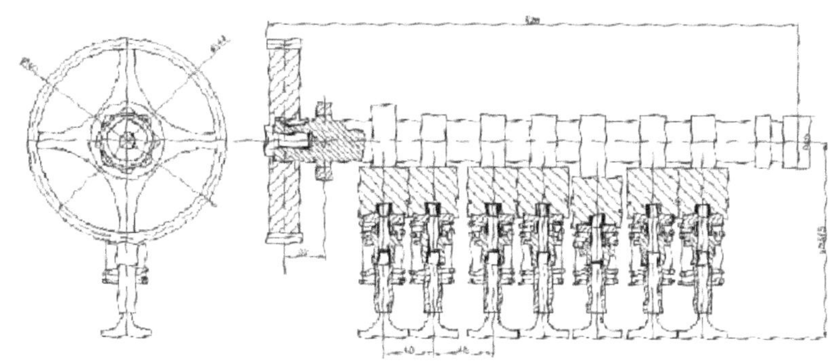

图 10-2　典型的设计草图(续)

2. 局部组装图

当机器本身较为庞大或复杂时，可以将一部分相关零件绘制成部分组装图形，用以表示该复杂机械的组装，如车床组装图内有车头、尾座、齿轮箱、刀座及床台等局部组装图。这也是本章范例的重点(图例请参照 10-4 节)。

3. 轮廓组装图

仅提供机器外形的大致轮廓和主要尺寸的组装图形，称为“轮廓组装图”。由于安装设备所需的数据也常由这样的图形提供，所以又称为“组装图”或“组立图”。如果将其用于产品广告目录中或其他说明用途时，则可省略尺寸标注，如图 10-3 所示。

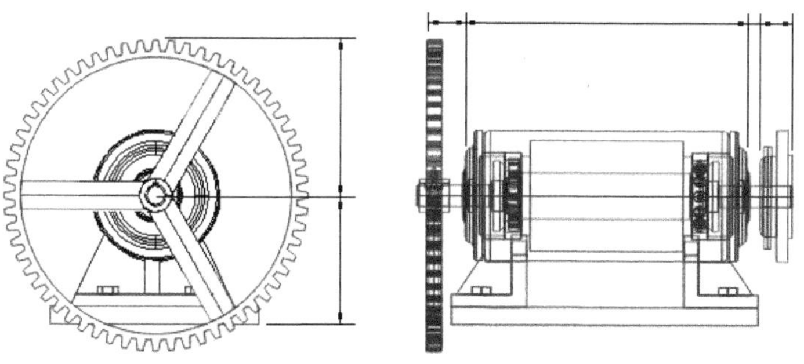

图 10-3　典型的轮廓组装图

4. 平面组装图

在一个图形上提供机械所需的全部数据，除绘制所需的视图外，还需另加尺寸标注及批注说明等。如图 10-4 所示。

这部分完整的说明将于本系列《Pro/DETAIL Wildfire 5.0 工程图设计》一书中说明。

5. 立体组装图

以立体的方式绘出全部工件，用于表示机器各部位的相对位置和相互间的关系。即使是未受过投影训练的人员，如生产线组装人员，也能清楚地了解工件组合的关系。常见的立体组装图有 “立体组装图”、“立体组装剖视图”和“立体分解系统图”(俗称“分解图”)等，这也是本章的重点内容(10. 6 节)。如图 10-5 所示。

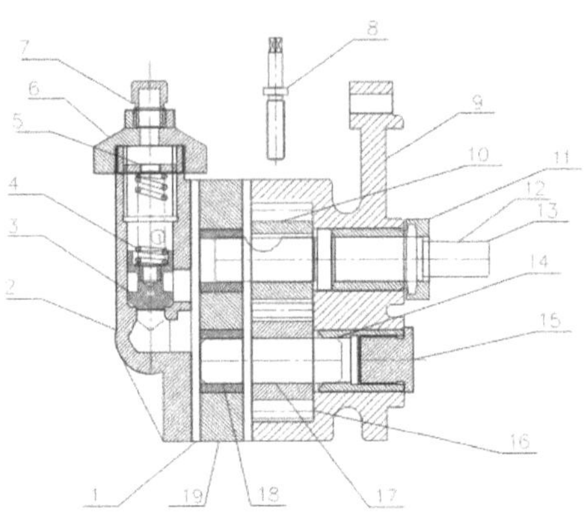

图 10-4　典型的平面组装图

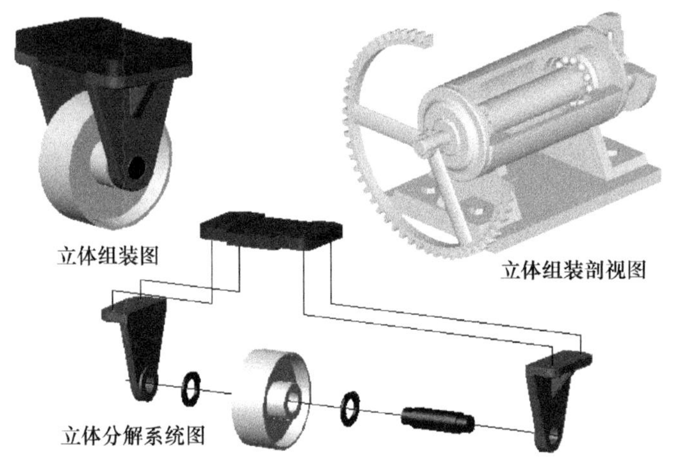

图 10-5　各种立体组装图

10.2　组装功能的新界面问题

从 Wildfire 3.0 版起，PTC 的界面改良工程列车这次开到了 Pro/Assembly，所以整个组装的操作界面和 2.0 版有很大的不同。读者们又再度要面临适应力的考验。不过，因为除了界面的变动以外，组装方面的新增功能有限，为了帮助大家可以很快的适应，我们想了一个好办法：在开头的选项板说明时，辅之以旧版设置窗口画面的比对；这样，大家很快就知道哪个功能现在被摆到哪里去了！

另外要特别强调的是：在本章中，我们陈述的只是组装中的基本功能，本系列的前三本书中也都会将 Pro/Assembly 分阶，以练习更多的实务应用。然而，在 Pro/E 中的组装应用非常广泛，几乎遍及 Pro/ENGINEER 的各类模块，所以在本系列书讲到的其他模块时，用于该专业模块的提高应用，可能比基本还要多得多。例如，模具设计拆模用的 Pro/MODESIGN 模块、数值控制制造用的 Pro/NC 模块、钣金设计用的 Pro/SHEETMETAL 模块，以及机构设计用到的 Pro/Mechanism 模块等，都有更多提高的组装操作和应用，以让大家对组装的个层面应用有更深入的练习。

10.3 认识组装的基本操作环境和流程

请按图 10-6 的操作来进入零件组装模式的初始环境。

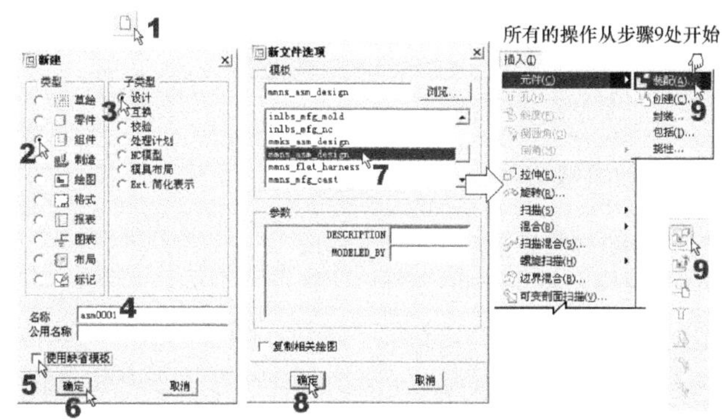

图 10-6 进入组装的初始环境

10.3.1 组装选项板

当您按照图 10-6 操作后，将进入一个要指定第一组装零件文件的窗口，在指定第一个零件文件后，系统将出现如图 10-7 所示的“组件放置”选项板界面。在这个选项板中，我们可以用来设置放置组件时，显示组件的屏幕窗口、组装的约束类型、参照特征的选择，以及组合状态的显示等。我们特别将旧版界面摆在一起对照，这样，您很快就知道要在哪里找到以前选项的位置。

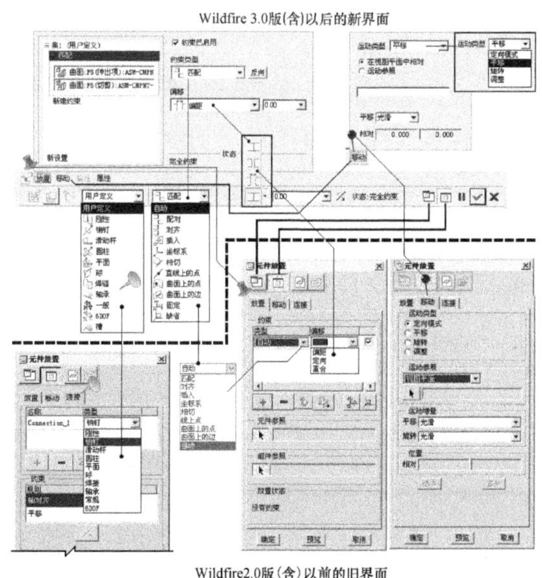

图 10-7 “组件放置”对话框

以下，我们就针对选项板中的各部位成员作详细的介绍。

1. 下选项板部分

表 10-1 将为您说明下选项板部位的图标按钮成员。

表 10-1　下选项板的图标钮或列表选项说明

图标按钮	说　明
	使用界面来放置组件
	采用手动方式来放置组件
	将用户定义集合转换成预定义集合或相反

预定义集合列表(Predefined Set list)主要用来显示预定义约束选项组。这些约束选项在机构设计中应用最广，所以主要范例将出现在本系列书的《Pro/Mechanism Wildfire 5.0 机构/运动分析》一书中。预选定义集合列表中的选项说明如表 10-2 所示。

表 10-2　预先定义集合列表选项说明

图标按钮	说　明
	用户定义(User Defined)。创建用户定义的约束集合
	刚性(Rigid)。不得移动组件内的组件
	销钉(Pin)。包含移动轴和平移约束
	滑动杆(Slider)。包含移动轴和旋转约束
	圆柱(Cylinder)。包含旋转轴，只能进行 360° 的移动
	平面(Planar)。包含平面约束，可沿参照平面进行旋转和平移
	球(Ball)。包含点对齐约束，可进行 360° 的移动
	焊缝(Weld)。包含一个坐标系和一个偏移值，可将固定方位的组件“焊缝”到组件中。在旧版中，它叫“焊接”
	轴承(Bearing)。包含点对齐约束，可沿着轨迹进行旋转
	一般(General)。创建两个约束的用户定义集合。在旧版中，它叫“常规”
	6DOF。包含一个坐标系和一个偏移值，可朝所有方向移动
	槽(Slot)。包含点对齐，可沿着非直线轨迹进行旋转

选取用户定义集合时，默认设置为“自动”(Automatic)，但可手动变更此设置。用户定义集合的选项说明如表 10-3 所示。

表 10-3　用户定义集合选项说明

选　项	说　明
自动	系统将根据所选取的参照，和它们的方向来选取合适的约束，并创建相互组装的组件上，其曲面和组件曲面间的参照
	配对(Mate)。定位两个相同类型的参照，使其彼此面对。它有“偏移”、“定向”和“重合”等三种偏移方式(在“放置”选项卡中)可配合设置。在旧版中，它叫“匹配”
	对齐(Align)。定位两个平面在同一平面上(重合且方向相同)，两条轴线同轴或两个点重合。它也有和“配对”相似的三种偏移方式
	插入(Insert)。将一个旋转曲面插入另一个旋转曲面内，且两面的轴线共轴
	坐标系(Coordinate System)。当两个参照坐标系对齐，且其相应轴线互相重合时(即 X 轴相应 X 轴、Y 轴相应 Y 轴、Z 轴相应 Z 轴)，将组件坐标系与组件坐标系加以对齐
	相切(Tangent)。定位两个不同类型的参照，让其彼此面对，而接触点为切线
	直线上的点(Point on Line)。将点置于直线上。它将用来控制参照边、轴线，或基准曲线与参照点的接触
	曲面上的点(Point on Surface)。将点置于曲面上。即用来控制参照曲面与参照点的接触
	曲面上的边(Edge on Surface)。将边置于曲面上。即用来控制参照曲面与参照边的接触
	固定(Fix)。固定被移动或通过封装之组件的当前位置
	缺省(Default)。将组件坐标系与默认的组件坐标系加以对齐

偏移类型(Offset type)内的选项，将用来指定“配对”(Mate)或“对齐”(Align) 约束的偏移类型，其说明如表 10-4 所示。

表 10-4　偏移类型选项说明

选　项	说　明
	重合(Coincident)。让组件参照与组件参照彼此重合。它也是系统默认的选项，即设置两参照间的偏移量为零
	定向(Oriented)。让组件参照定向于同一平面且与组件参照平行
	偏距(Offset)。组件将参照组件参照里，输入于图标右边输入框里的偏移值。它可以是距离偏移量，也可以是下面那个角度偏移量
	角度偏距。组件将参照组件参照里，输入于图标右边输入框里的角度值。它可以是角度偏移量，也可以是上面那个距离偏移量
	可在“配对”(Mate)和“对齐”(Align)约束之间进行切换

2. 上选项板右边的工具选项

表 10-5 将说明这里的两个图标按钮。

表 10-5　上选项板右边的工具选项图标按钮说明

图标按钮	说　明
	指定组件约束时，在另一个窗口(子窗口)中显示该导入组件
	在主窗口内显示导入组件，并在指定约束时更新导入组件位置

当上述两个图标同时被单击时，可将此导入组件同时显示在主窗口及子窗口中，其效果如图 10-8 所示。这样，一些不容易选取到的对象，就可以使用这个方法来选取。

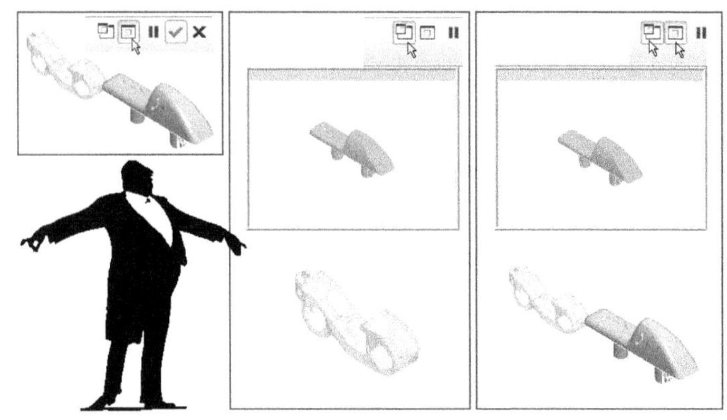

图 10-8　在主窗口及子窗口中显示组件

3. “放置”选项卡

选取此选项卡后，将出现如图 10-9 所示的设置框。用来启用并显示组件位置和连接的定义。

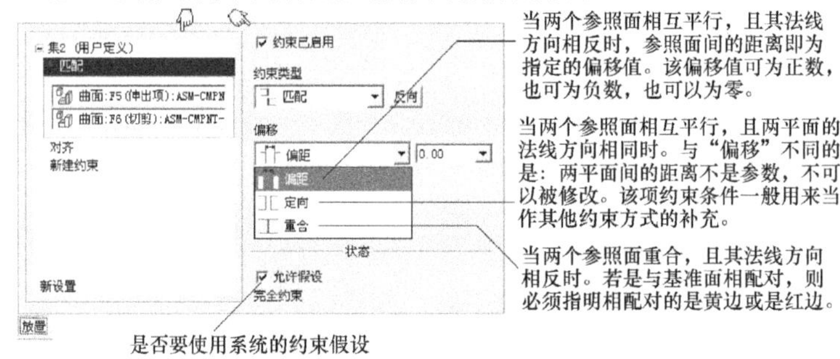

图 10-9　“放置”选项卡的内容

信息补充站　**零件组装的基本方法——约束关系**

在开始进行组装时，我们必须合理地选取一个组件来作为“起始组件”。起始组件应为整个组装模型中最为关键的一个组件。在组装过程中，各个组件或子组件均以一定的约束关系，来和起始组件组装在一起。这样，各个组件和起始组件之间，就形成了“父子关系”(本书第 8 章说明)。这个起始组件将作为各组件的组装父组件。若删除此父组件，则和其相连的所有组件或子组件将一起被删除，换句话说，在组装过程中，若删除了起始组件，那么整个组件将被全部删除。所以，您必须注意：在整个组装过程中，绝不可删除起始组件！

指定了起始组件后，就要再选取其余的组装组件或子组件。然后，再将组件或子组件以一定的组装约束关系，来和起始组件组合在一起，以形成完整的组装件。

在组装过程中，也常常使用到系统所默认的模板。例如，以三个默认的基准平面，以及一个默认的坐标系，来作为组装的第一个特征。使用基准平面作为第一特征将有以下优点。

- 可以回复组装第一个组件的放置约束。
- 可以阵列添加的第一个组件，从而创建灵活的设计。
- 可以将后面的组件重新排列，使之排在第一个组件之前(只要这些组件不是第一个组件的子组件)。

在图 10-9 中，在左边框中单击最下面的“新设置”，还可以设置多组组装状态，这让用户在测试组装阶段会比较方便！

4. “移动”选项卡

此选项卡用来移动要组装的组件，以更轻松地存取该组件。当此选项卡处于活动状态时，会暂停所有其他的组件放置操作。要移动的组件必须是封装组件，或已配置有预定义的约束集合。其内容如图 10-10 所示。

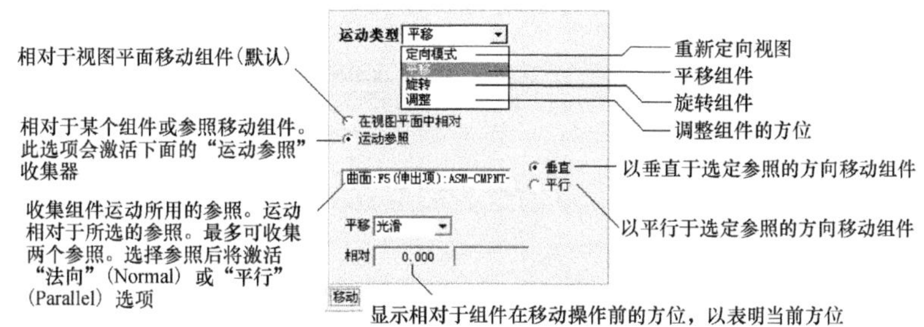

图 10-10 “移动”选项卡的内容

5. “挠性”选项卡

此选项卡只适用于具有已定义挠性的组件。选取“可变项目”(Varied Items) 选项，就会打开“可变项目”(Varied Items)设置框，而组件放置操作会暂停。但这并分基本课程范围，本章不介绍。

10.3.2 使用约束条件的原则

放置约束指定了一对参照的相对位置，也是整个组装操作的灵魂。因此，在放置约束时，请遵守下述的一般原则。

- 使用“配对”和“对齐”时，两个参照必须属于同一类型(例如，平面对平面、旋转对旋转、点对点、轴对轴)。“旋转曲面”(Revolved Surface) 指的是通过旋转一个剖面，或者拉伸一个圆弧/圆，而形成的一个曲面。在放置约束中，只能使用平面、圆柱、圆锥、环面和球面。
- 使用“配对”和“对齐”并输入偏移值后，系统将显示偏移方向。对于反方向偏移，要用负偏移值。
- 系统一次只添加一个约束。例如，不能用一个“对齐”选项，将一个零件上两个不同的孔，来和另一个零件上的两个不同的孔对齐。要这样做，必须定义两个不同的对齐约束。

- 可以组合地使用放置约束，以便完整地指定放置和定向。例如，可以将一对曲面约束为对齐重合，另一对则约束为插入，还有一对约束为配对定向。
- 只有在创建轴对齐或边对齐约束之后，才能使用角度偏移约束。

配对和对齐在方向上的区别，如图 10-11 所示。

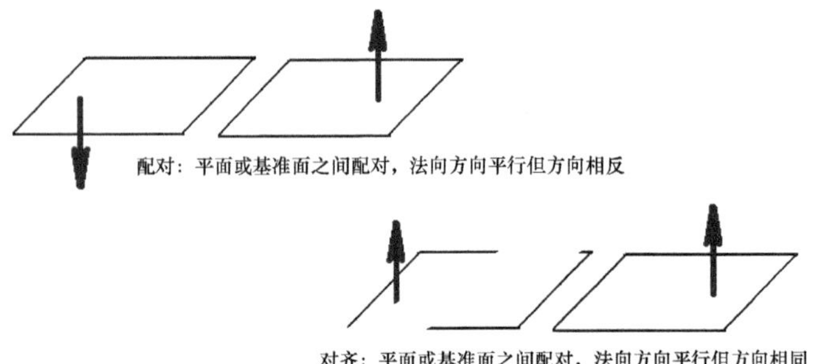

图 10-11　配对和对齐在方向上的区别示意图

10.4　基础组装实例

本节特别设计了几个很实用又简单的组装类型范例，藉以让读者很快地了解它的操作理念和应用。

10.4.1　配对和对齐

本范例目的：将两个组件组装成一个组件。

本范例配合文件：(1)Examples\ch10\ex01\asm-cmpnt-1.prt、asm-cmpnt-2.prt。

本范例完成文件：(1)Examples\ch10\ex01\asm_ex1.asm。

本范例视频文件：(1)avi(gb)\ch10\asm_ex1.avi。

本范例完成图如图 10-12 所示。

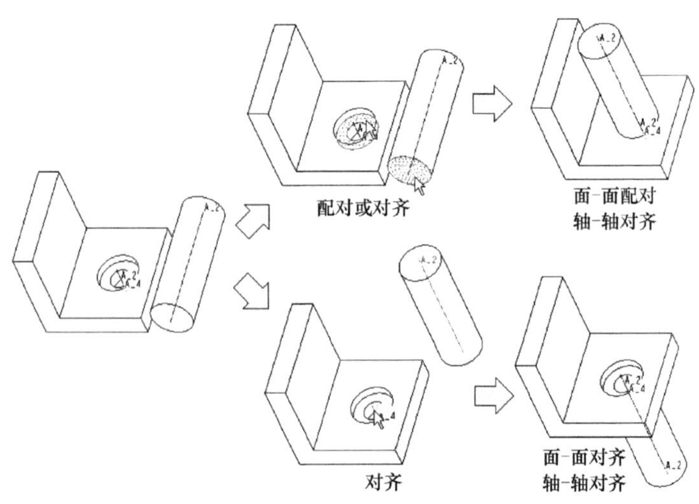

图 10-12　配对和对齐的完成图

操作 1：请按图 10-6 所示的方式开一个新的组件文件。

操作 2：按图 10-13 开始加载第一个零件文件。对这个首先放进来组装的零件来说，我们在一般装配类型上采用“自动”，而在机构特性的装配类型上选择 “用户定义”。两者皆是系统的默认值。

操作 3：开始这两个图形的组装操作。请按图 10-14 所示的操作(以下的操作都是于选取组装基准后，自动设置组装类型的)。操作时要视需要配合前面练过的基准特征开关操作(见图 5-4)。

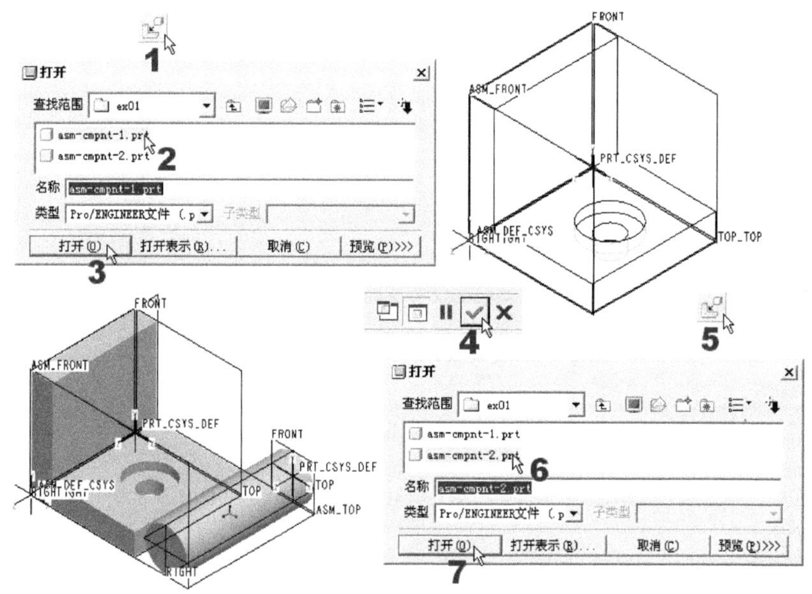

图 10-13 加载要组装的零件

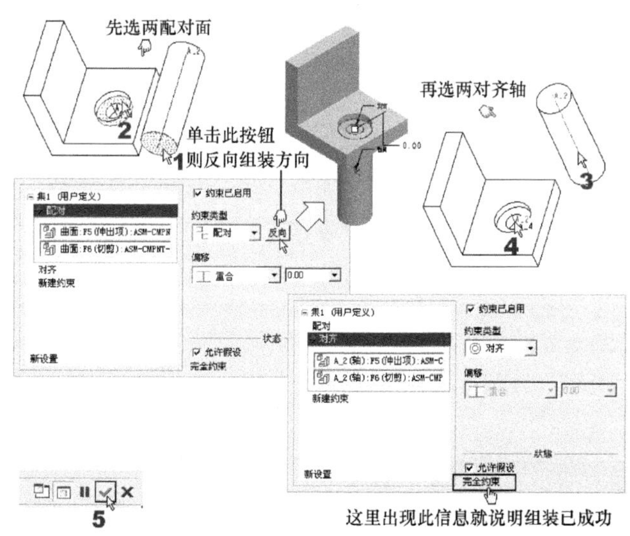

图 10-14 配对和对齐的组装

操作 4：存盘。

10.4.2 重合、偏移和定向

本范例目的：使用上一节完成的组件文件，以修改设置的手法来练习重合、偏移和定向的组装。

本范例配合文件：(1)Examples\ch10\ex02\asm_ex1.asm。

本范例完成文件：(1)Examples\ch10\ex02\asm_ex2.asm。

本范例视频文件：(1)avi(gb)\ch10\asm_ex2.avi。

本范例完成图如图 10-15 所示。

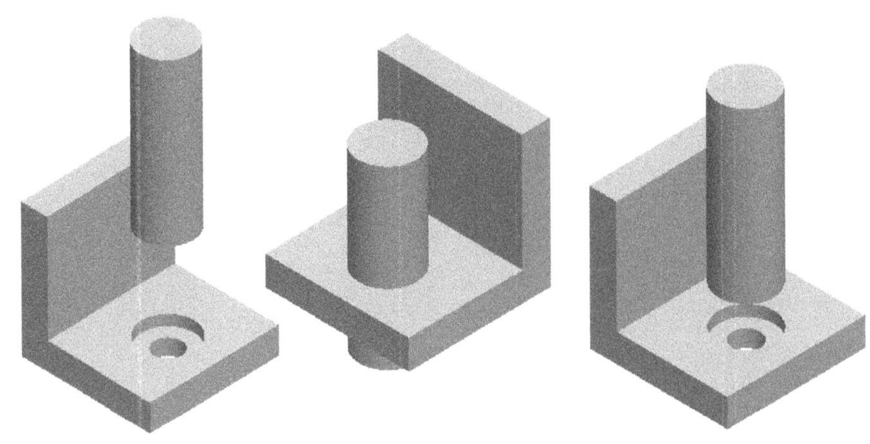

图 10-15 本范例完成图

操作 1：打开 asm_ex1.asm 图形文件，再按图 10-16 操作。我们先练习重合的组装操作。因为此例是承范例一而来，其本身就已经是重合，所以看起来外表不会有什么改变。

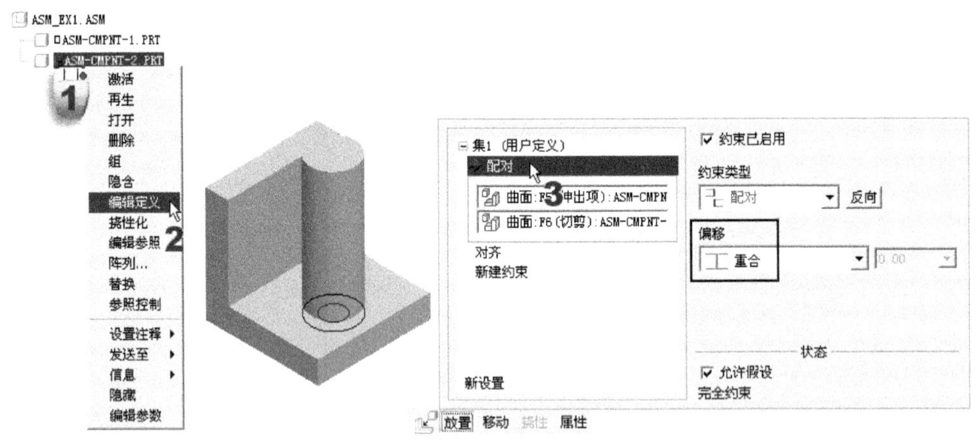

图 10-16 重合的组装操作

操作 2：按图 10-17 来练习配对偏移和对齐偏移的组装操作。

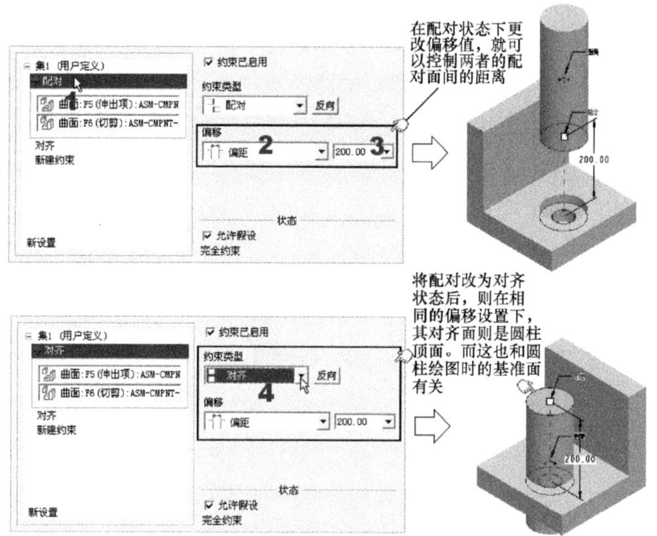

图 10-17　配对偏移和对齐偏移的组装操作

操作 3：继续按图 10-18 来练习定向的组装操作。

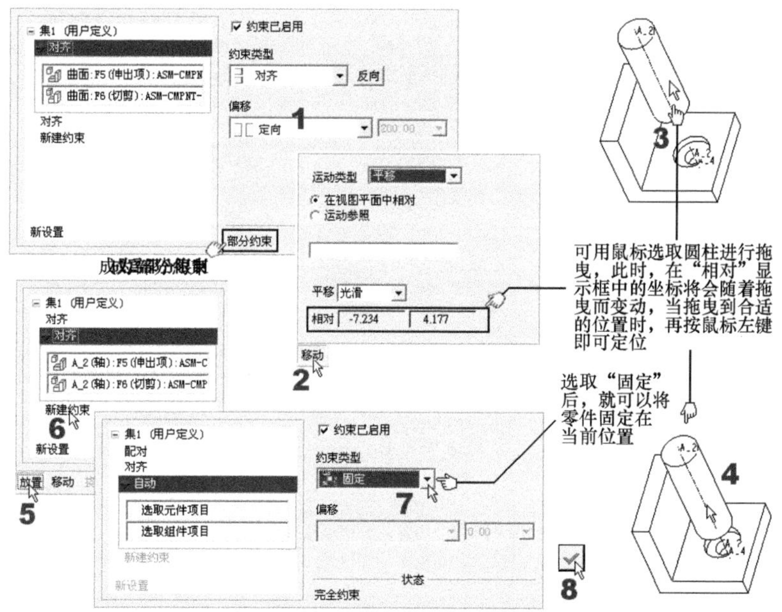

图 10-18　定向的组装操作

操作 4：存盘。

10.4.3　插入

本范例目的：练习插入的组装，即将一个旋转曲面插入另一个旋转曲面内，且两面要共轴。

本范例配合文件：(1)Examples\ch10\ex03\asm-cmpnt-2.prt、asm-cmpnt-3.prt。

本范例完成文件：(1)Examples\ch10\ex03\asm_ex3.asm。

本范例视频文件：(1)avi(gb)\ch10\asm_ex3.avi。

本范例完成图如图 10-19 所示。

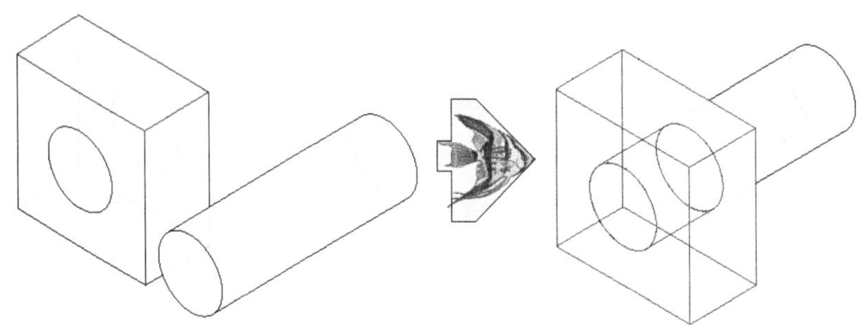

图 10-19　本范例完成图

操作 1：请先按图 10-14 的操作，载入 Asm-cmpnt-2.prt 和 Asm-cmpnt-3.prt 两零件文件后，再按图 10-20 操作。

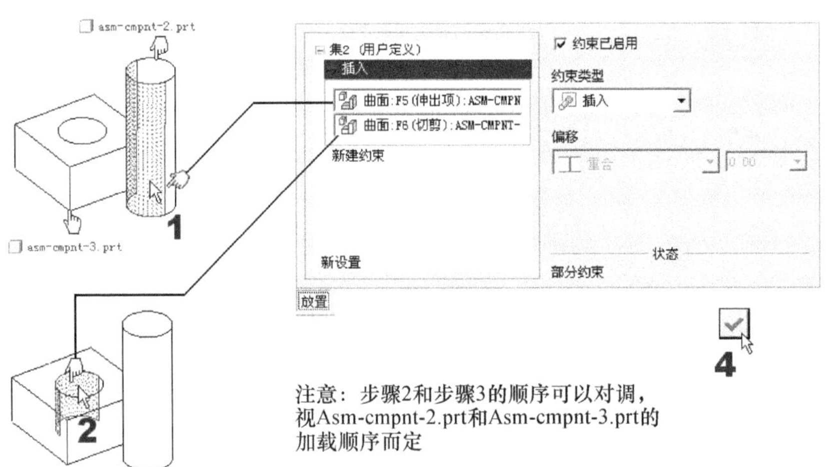

图 10-20　插入的组装操作

操作 2：存盘。

10.4.4　坐标系

本范例目的：练习坐标系的组装，让两个参照坐标系对齐，且其相应轴线互相重合(即 X 轴对应 X 轴、Y 轴对应 Y 轴、Z 轴对应 Z 轴)。

本范例配合文件：(1)Examples\ch10\ex04\asm-cmpnt-2.prt、asm-cmpnt-3_plus.prt。

本范例完成文件：(1)Examples\ch10\ex04\asm_ex4-01.asm。

本范例视频文件：(1)avi(gb)\ch10\asm_ex4_01.avi。

本范例完成图如图 10-21 所示。

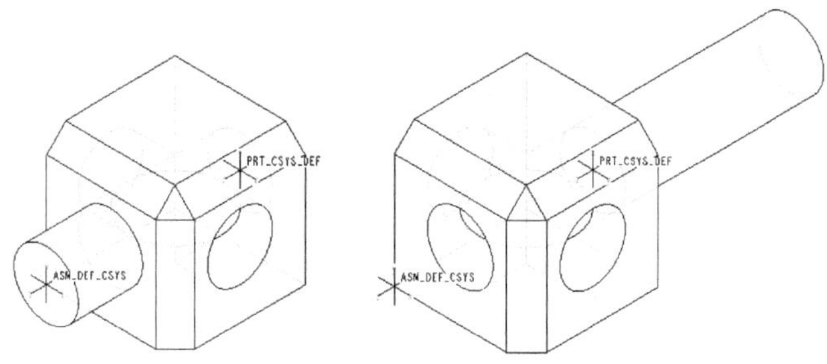

图 10-21 本范例完成图

操作 1：请先按图 10-13 的操作，载入 asm-cmpnt-2.prt 和 asm-cmpnt-3_plus.prt 两零件文件后，再按图 10-22 操作。

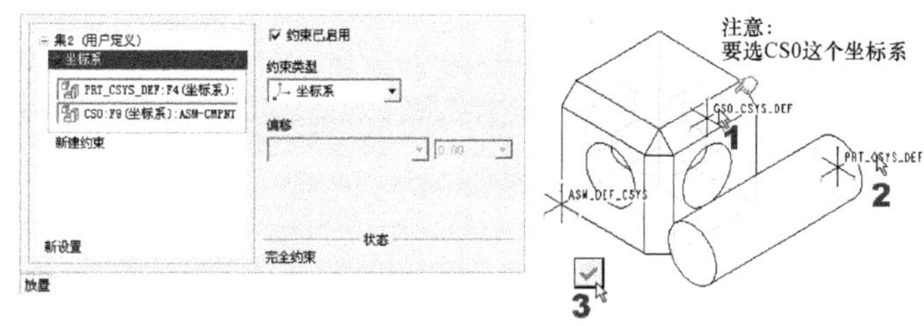

图 10-22 坐标系的组装操作

操作 2：存盘。

信息补充站 **零件的坐标系会影响到组装吗？**

我们在第 5 章的最后一节中，曾经提到：坐标系的影响必须在组装中才看的出来，我们不妨做个小实验，按图 10-23 打开那个 asm-cmpnt-3_plus.prt 原始零件图，修改其坐标系方向，再来看看图 10-22 会生成什么变化？

本范例配合文件：(1)Examples\ch10\ex04\asm-cmpnt-2.prt、asm-cmpnt-3_plus_modify.prt。

本范例完成文件：(1)Examples\ch10\ex04\asm_ex4-02.asm。

本范例视频文件：(1)avi(gb)\ch10\asm_ex4_02.avi。

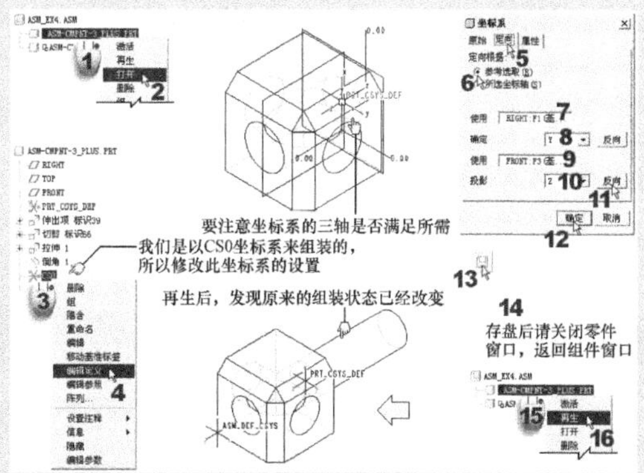

图 10-23 修改零件坐标系方向所带来的影响

改变零件坐标系的技术重点在于以下几个方面

① 默认的PRT_CSYS_DEF坐标系无法编辑，所以必须自设一个CS0坐标系，这就是本范例中出现CS0坐标系的原因。而以CS0来组装，只要稍后视需要来编辑CS0的方位，就能改变组装方向。因此，不会改变的组装状态的零件，我们一般就用默认的PRT_CSYS_DEF；如果组装状态可能会变更，那就要采用自设的CS0会比较方便。

② 整个操作的困难点在于：要怎样的坐标系方位设置，才能符合我们需要的。在图10-22中，我们已经要您注意坐标系的三轴文字所代表的轴向，这个轴向是不是您需要的，是最关键的。但是对大多数的人来说，这可能有点困难。因此，图10-24是我们想到，可以用来对照解析所做设置的一个方法。

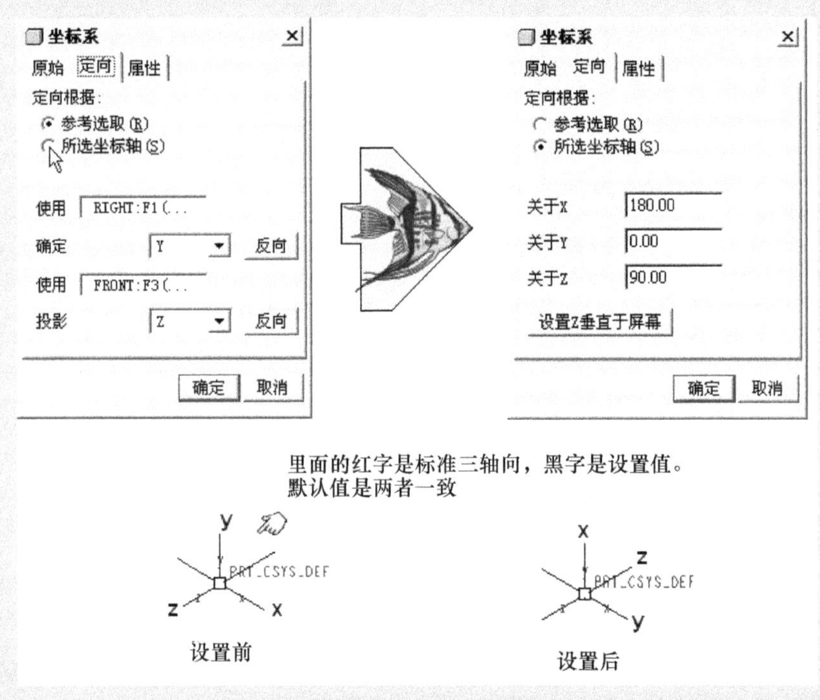

图10-24 坐标系的设置解析

按图10-24说明设置后，X、Y轴对调了，而Z轴则反向。因为圆柱的X、Y轴对调还是圆柱，而Z轴反向，则明显的让组装的圆柱反向调头。

对多数的人来说，要一次就想象出设置和结果的样子，实在很困难，通常您可以先随意设坐标系的一组定向，然后再根据反映到组装的错误结果，再去修改该定向的设置会比较快，熟能生巧，练习的次数多了慢慢就会摸出窍门了。

10.4.5 相切

本范例目的：练习相切的组装，让两个参照曲面以相切的方式配合。

本范例配合文件：(1)Examples\ch10\ex05\asm-cmpnt-4.prt、asm-cmpnt-5.prt。

本范例完成文件：(1)Examples\ch10\ex05\asm_ex5.asm。

本范例视频文件：(1)avi(gb)\ch10\asm_ex5.avi。

本范例完成图如图 10-25 所示。

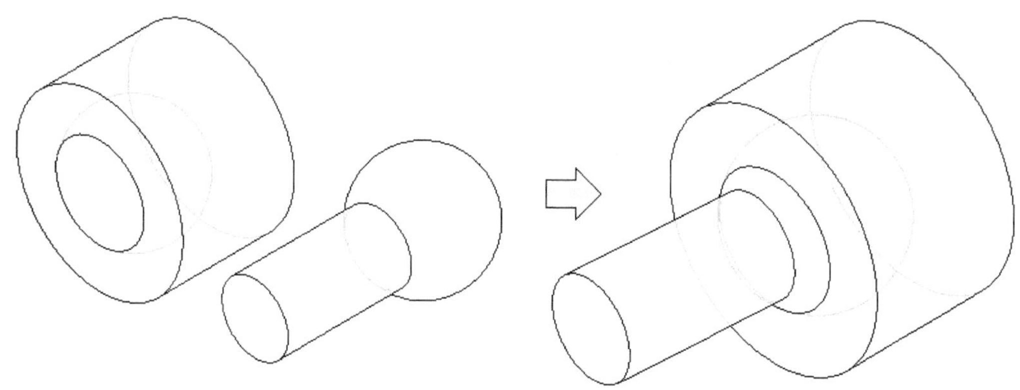

图 10-25　本范例完成图

操作 1： 请先按图 10-14 的操作，载入 asm-cmpnt-4.prt 和 asm-cmpnt-5.prt 两零件文件后，再如图 10-26 所示进行操作。

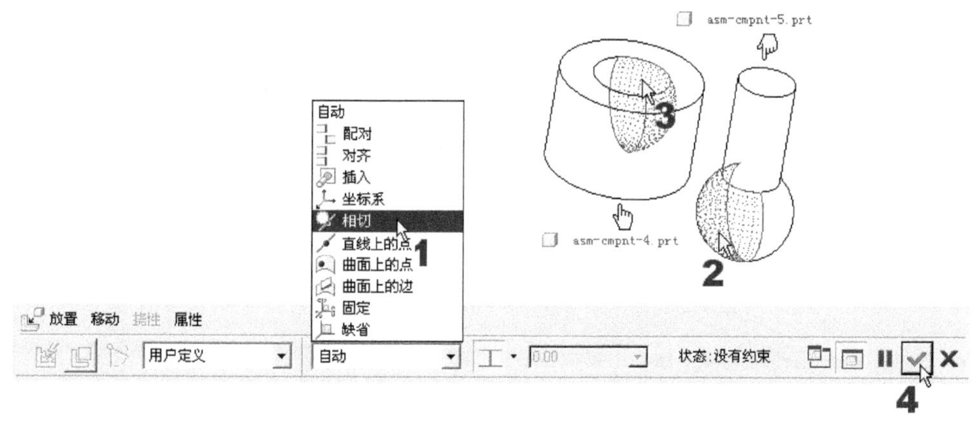

图 10-26　相切的组装操作

操作 2： 存盘。

10.4.6　直线上的点

本范例目的：练习直线上的点的组装。以控制参照边、轴线或基准曲线与参照点的接触来组装。

本范例配合文件：(1)Examples\ch10\ex06\asm-cmpnt-6.prt、asm-cmpnt-7.prt。

本范例完成文件：(1)Examples\ch10\ex06\asm_ex6.asm。

本范例视频文件：(1)avi(gb)\ch10\asm_ex6.avi。

本范例完成图如图 10-27 所示。

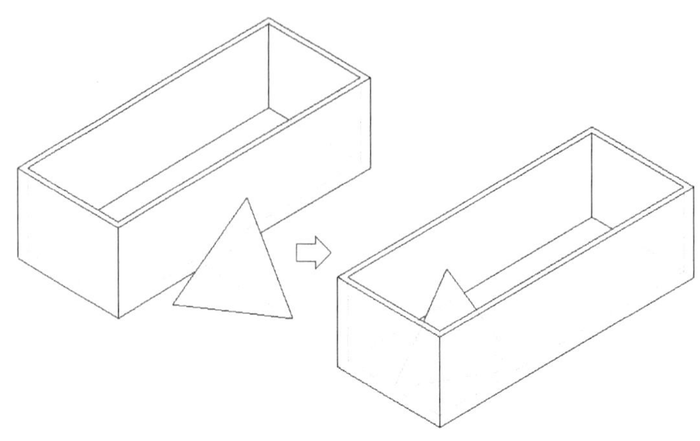

图 10-27　本范例完成图

操作 1： 请先按图 10-13 的操作，载入 asm-cmpnt-6.prt 和 asm-cmpnt-7.prt 两零件文件后，再如图 10-28 操作。

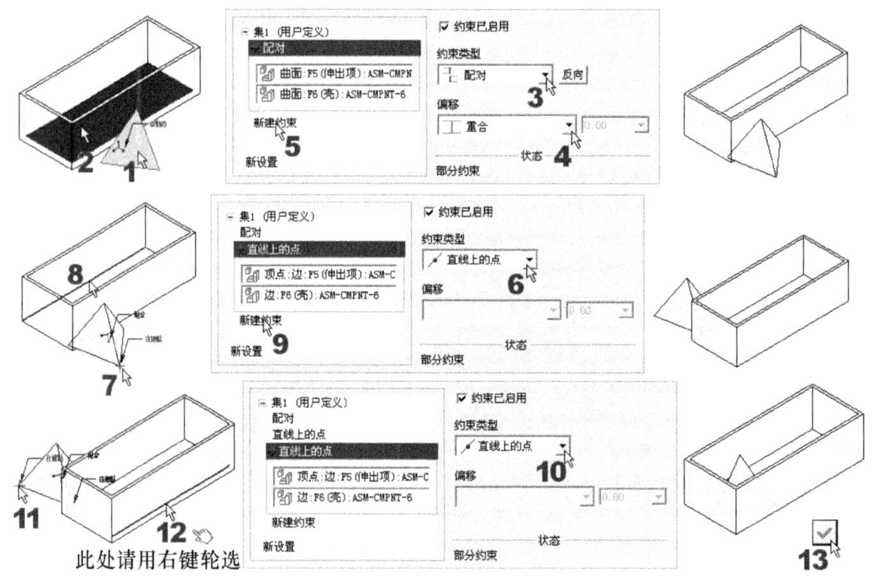

图 10-28　直线上的点 I 的组装操作

操作 2： 存盘。

10.4.7　直线上的点 II

本范例目的：再练习一个非常实用的“直线上的点”组装。即一物体的二角点，正好要组装在另一物体的两边在线。

本范例配合文件：(1)Examples\ch10\ex07\asm-cmpnt-8.prt、asm-cmpnt-9.prt。

本范例完成文件：(1)Examples\ch10\ex07\asm_ex7.asm。

本范例视频文件：(1)avi(gb)\ch10\asm_ex7.avi。

本范例完成图如图 10-29 所示。

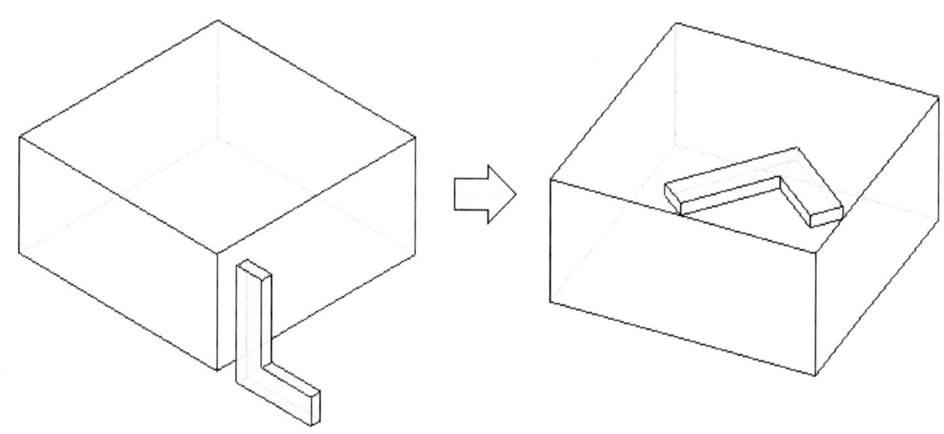

图 10-29　本范例完成图

操作 1： 请先按图 10-14 的操作，载入 asm-cmpnt-8.prt 和 asm-cmpnt-9.prt 两零件文件后，再按图 10-30 操作。

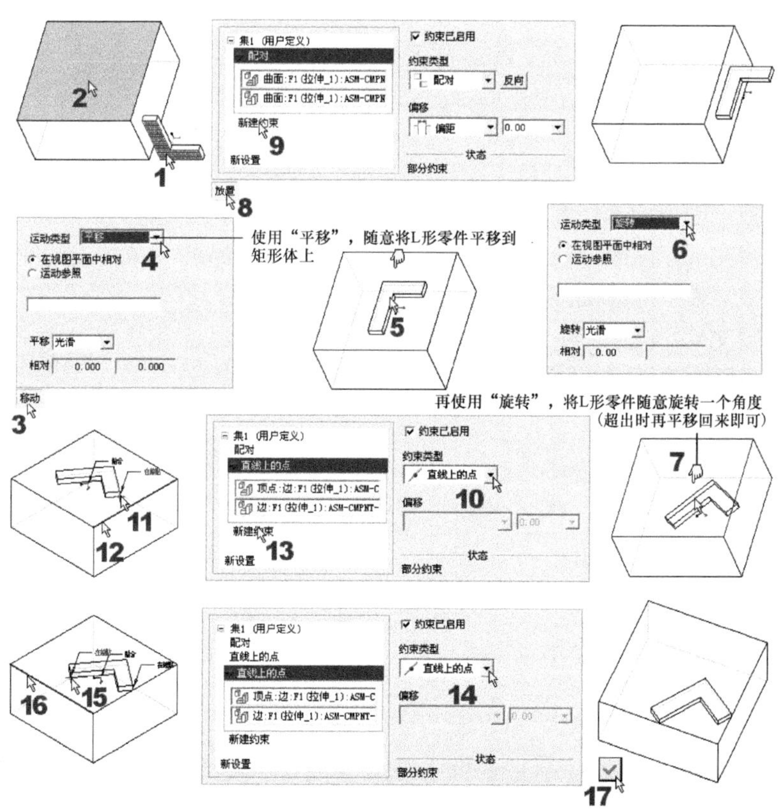

图 10-30　直线上的点的组装操作

操作 2： 存盘。

信息补充站　　**重命名组件文件里的零件文件**

练到这里，想必您已经对组件文件的基本组装操作有一个大体上的认识。现在，您可能会有一些特殊的需求。例如组装完成后，才发现零件的名称有重复的，而希望变更已组装零件的名称。此时可以按图 10-31 所示的方式操作。

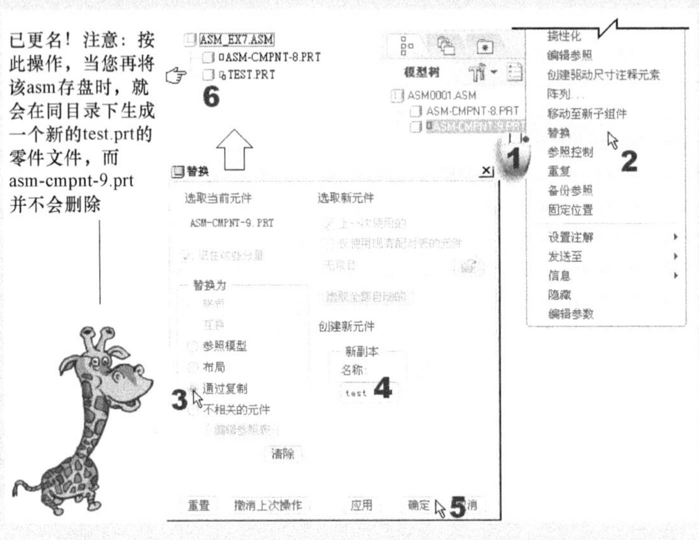

图 10-31　对组件文件里的零件文件更名操作

10.4.8　曲面上的点

本范例目的：同 10.4.6 节范例，但练习控制参照曲面与参照点的接触来做组装。

本范例配合文件：(1)Examples\ch10\ex08\asm-cmpnt-10.prt、asm-cmpnt-11.prt。

本范例完成文件：(1)Examples\ch10\ex08\asm_ex8.asm。

本范例视频文件：(1)avi(gb)\ch10\asm_ex8.avi。

本范例完成图如图 10-32 所示。

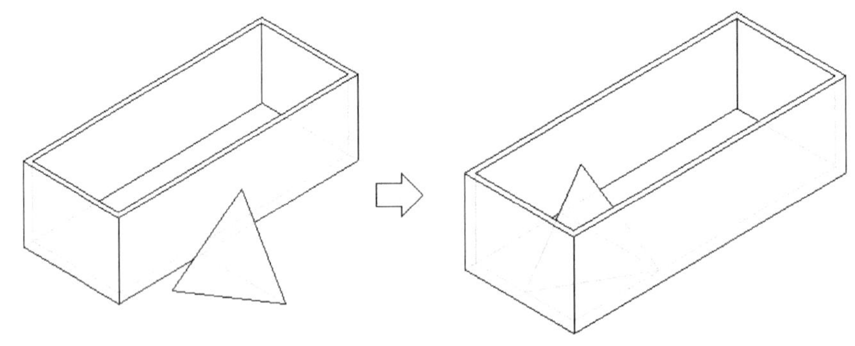

图 10-32　本范例完成图

操作 1：请先按图 10-14 的操作，载入 asm-cmpnt-10.prt 和 asm-cmpnt-11.prt 两零件文件后，再按图 10-33 操作。

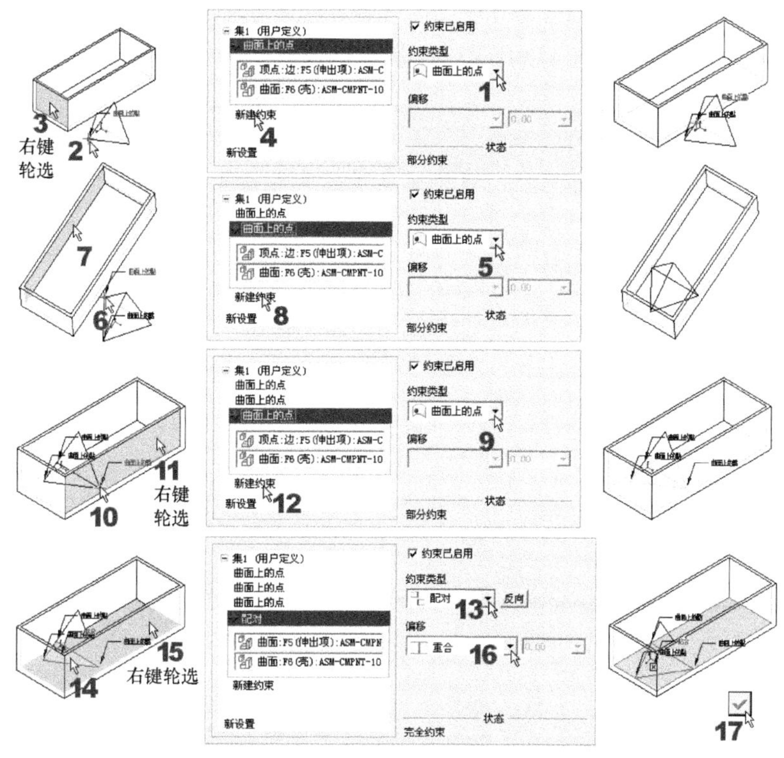

图 10-33　曲面上点的组装操作

操作 2：存盘。

10.4.9　曲面上的边

本范例目的：练习控制参照曲面与参照边的接触装配。同时，因为两组装体大小差距较大，让我们有机会动用到“子母屏幕”的方式来操作。所以，这也是一个不错的典型范例。

本范例配合文件：(1)Examples\ch10\ex09\asm-cmpnt-12.prt、asm-cmpnt-13.prt。

本范例完成文件：(1)Examples\ch10\ex09\asm_ex9.asm。

本范例视频文件：(1)avi(gb)\ch10\asm_ex9.avi。

本范例完成图如图 10-34 所示。

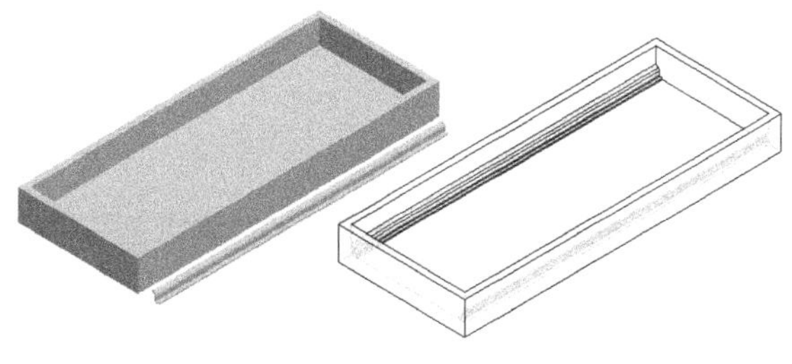

图 10-34　本范例完成图

操作 1：先载入 asm-cmpnt-12.prt 和 asm-cmpnt-13.prt 两零件文件后，再按图 10-35 操作。

操作 2：再打开 asm-cmpnt-13.prt 文件，以原理相同的操作完成另一边的组装。

操作 3：存盘。

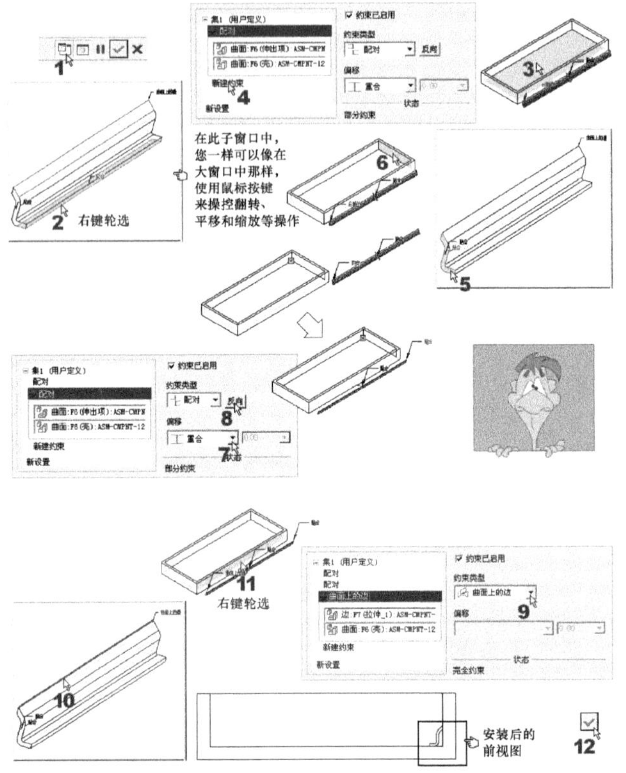

图 10-33　曲面上的边的组装操作

10.4.10　混合“直线上的点”和“曲面上的边”

本范例目的：练习混合“直线上的点”和“曲面上的边”来组装。

本范例配合文件：(1)Examples\ch10\ex10\asm-cmpnt-14.prt、asm-cmpnt-15.prt。

本范例完成文件：(1)Examples\ch10\ex10\asm_ex10.asm。

本范例视频文件：(1)avi(gb)\ch10\asm_ex10.avi。

本范例完成图如图 10-36 所示。

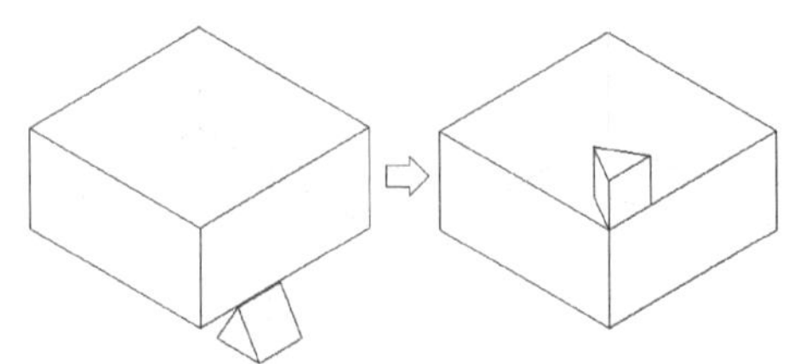

图 10-36　本范例完成图

操作 1：先载入 asm-cmpnt-12.prt 和 asm-cmpnt-13.prt 两零件文件后，再按图 10-37 进行操作。

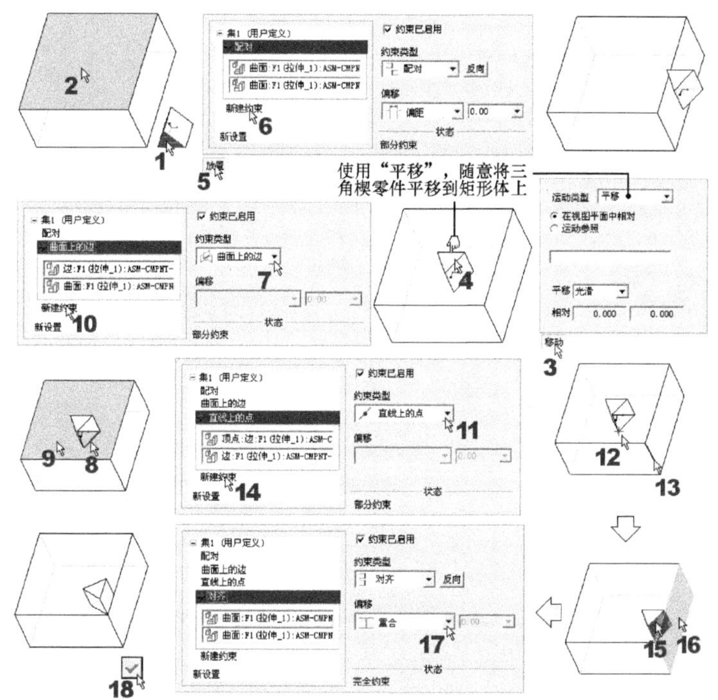

图 10-37　混合“直线上的点”和“曲面上的边”的组装操作

操作 2：存盘。

10.4.11　斜面组装

本范例目的：在设计中，我们经常无法预知两组装体的尺寸是否契合，所以，这个范例就是用来练习一已知、一未知组装体间的整个技巧。第一阶段要参照已知零件来绘出可和其契合的未知零件，然后再于第二阶段将其组装起来。

本范例配合文件：(1)Examples\ch10\ex11\asm-cmpnt-16.prt。

本范例完成文件：(1)Examples\ch10\ex11\asm-cmpnt-17.prt、asm_ex11.asm。

本范例视频文件：(1)avi(gb)\ch10\asm_ex11.avi。

本范例完成图如图 10-38 所示。

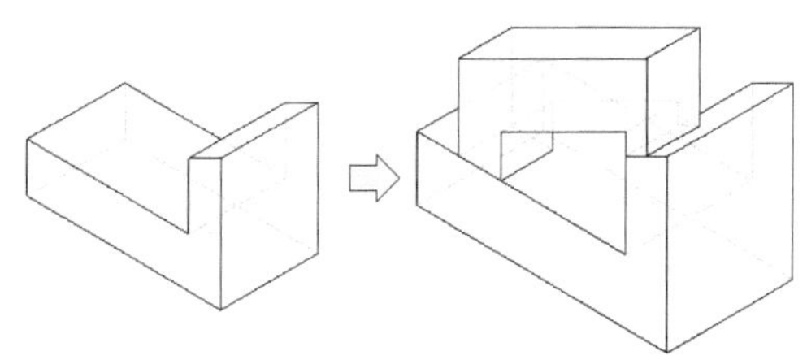

图 10-38　本范例完成图

操作 1：这个步骤的技巧是先只加载一个零件，而另一个零件因为外形问题，为方便配合，可以临时画，并将它变成一个零件文件。请先新建一个组件文件，载入 asm-cmpnt-16.prt 文件，再按图 10-39 进行操作。

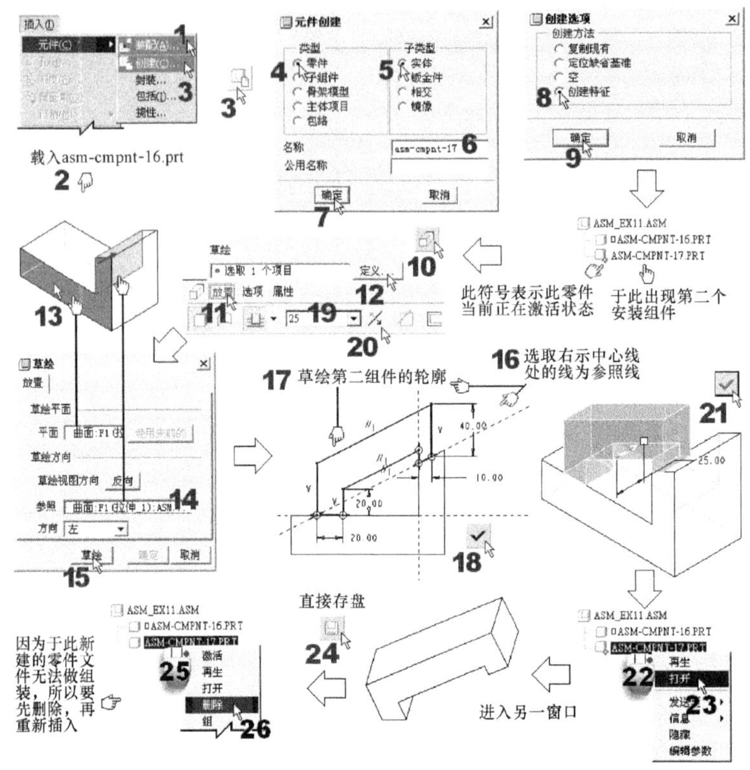

图 10-39　斜面组装的操作(1)

操作 2：将新建的组件，按一般的组装方式组装进来即可。如图 10-40 所示。

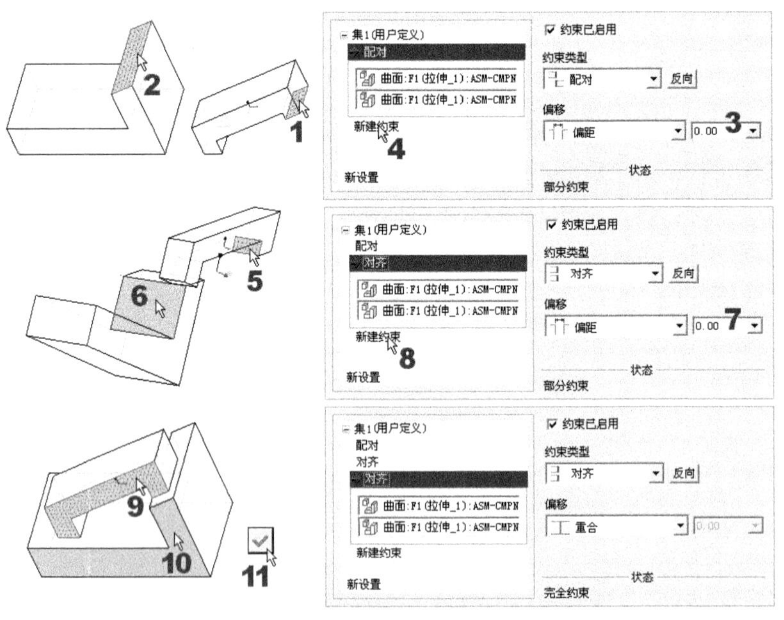

图 10-40　斜面组装的操作(2)

操作 3：存盘。

信息补充站　**组件文件模型树区里的符号**

在组件文件的模型树区中，有三个符号用来表示该子件的状态，如表 10-6 所示。

表 10-6　出现在组件文件模型树区的符号

符　号	说　明
ASM-CMPNT-16.PRT	在子件的名称前有一小方格符号。表示该子件(零组件)未正式定位或约束不完全，即是封装组件(package 状态)
ASM-CMPNT-17.PRT	在子件的名称前有两个重叠小方格符号。这表示该子件(零组件)是参照封装组件进行装配的
ASM-CMPNT-17.PRT	在子件图标的下标部分出现一个“亮灯”符号，表示该子件当前正处于激活状态，现在虽然是在组装的窗口中，但是主要是在编辑该子件(如图 10-39 所示的状态)。如果要回到该组件文件的正常情况，那么就要让组件文件也“激活”，如下图所示 ASM_EX11.ASM 激活 打开 发送至 信息 编辑参数

10.5　组装的修改和分析

完成组件组装后，可能会因为各种原因，而需要修改，同时为确保组装的质量，来经常会需检查“干涉”(Interference) 和“间隙“(Clearance)，并估算其值，再配合制造公差、合适的修正后，来逐步改良提升设计的质量。本节将以简单基础的实例，来和您一起练习这三个主题！

10.5.1　组装件位置定义的修改

本范例配合文件：(1)Examples\ch10\ex11\asm-cmpnt-18.prt、asm-cmpnt-19.prt、asm_ex12-1.asm。

本范例完成文件：(1)Examples\ch10\ex11\asm_ex12-2.asm。

本范例视频文件：(1)avi(gb)\ch10\asm_ex12.avi。

本范例完成图如图 10-41 所示。

操作 1：先载入 Asm-cmpnt-18.prt 和 Asm-cmpnt-19.prt，然后按图 10-41 的示意图来做组装。完成图形文件为 asm_ex12-1.asm。

操作 2：对组装位置进行修改，如图 10-42 所示。

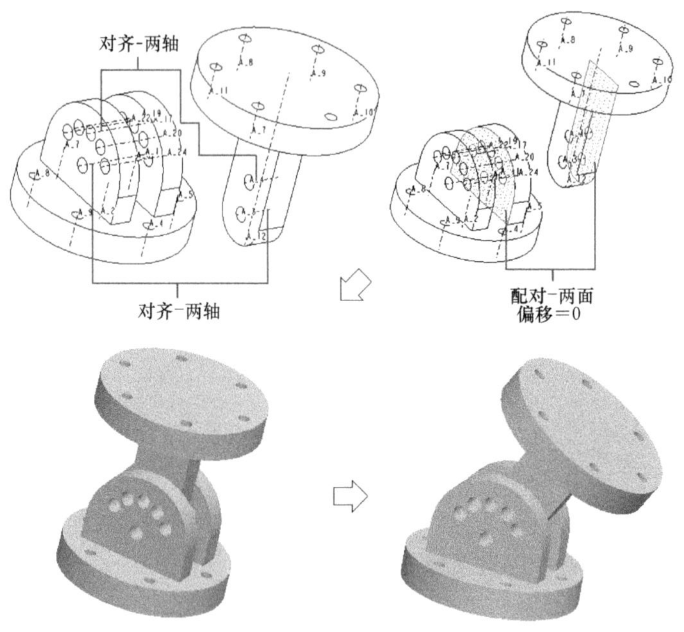

图 10-41　本范例完成图

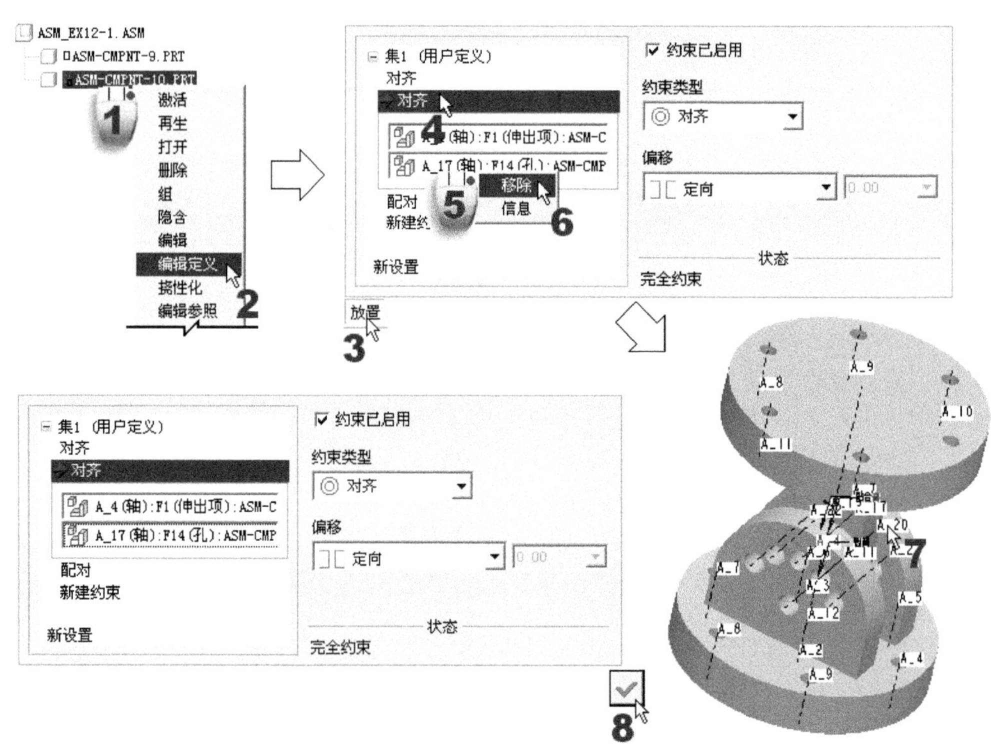

图 10-42　组装位置的修改

操作 3：存盘。

10.5.2 组装件组件的修改

组件的修改也是通过修改特征来实践，这与第 8 章中所述的特征修改方法相同，请打开(1)Examples\ch10\ex01\asm_ex1.asm，再按图 10-43 所示操作。

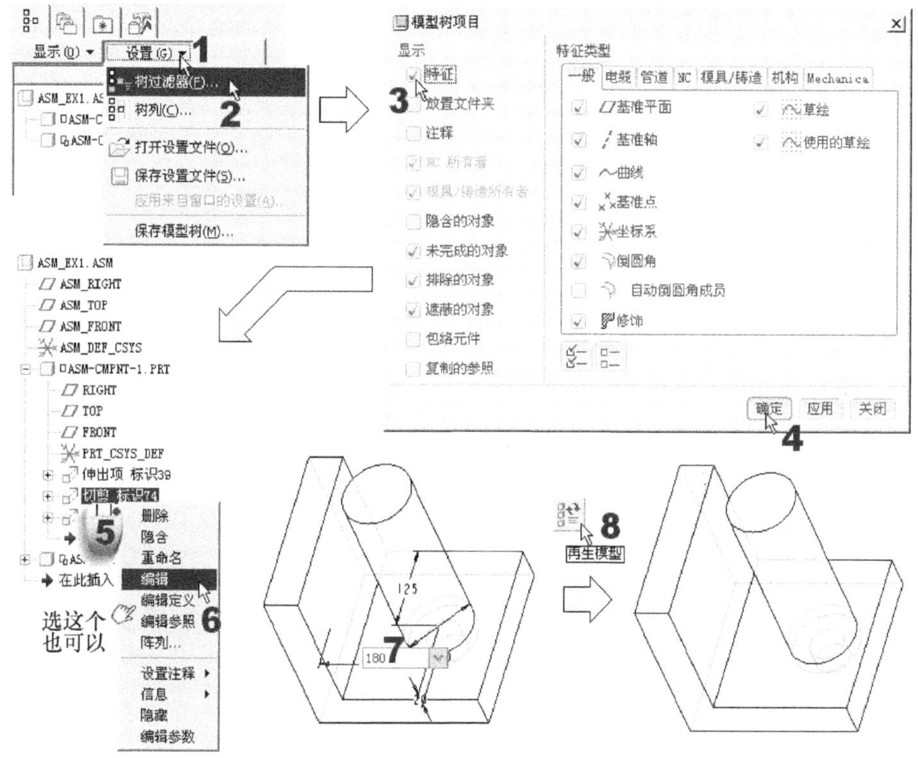

图 10-43 组件的修改操作

此外，如果要修改一个零件的造型时，也可以在组件文件的模型树区中，先选取要修改的组件，单击右键，于菜单中选取“打开”命令，单独打开一个窗口来进行组件编辑。这是之前修改坐标系时曾练过的方法。

10.5.3 组装件的分析(间隙)

间隙分析(Clearance Analysis)就是通过 Pro/E 系统来寻找和估算出组件间，间隙所在的位置及间隙值。可以根据这些数据来查看是否符合设计条件。操作实例如下。

本范例练习文件：(1)Examples\ch10\ex13\asm_ex13-1.asm。

本范例视频文件：(1)avi(gb)\ch10\asm_ex13-1.avi。

如图 10-44 所示，请打开 asm_ex13-1.asm 这个图形文件，这是一个螺杆与轴承的组装文件，原来轴承应该组装于螺杆的第二个阶梯轴上，而实际组装在了第一个阶梯轴上，这样将生成间隙。通过 Pro/E 的间隙分析功能，就可以将此设计漏洞检查出来。

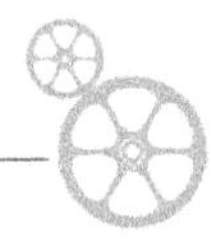

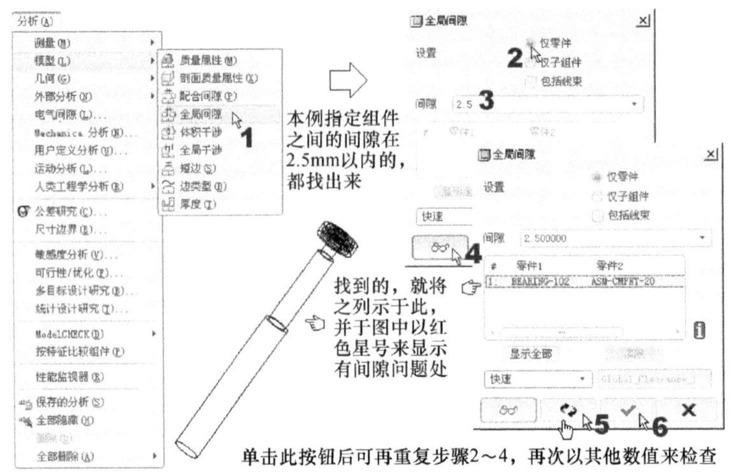

图 10-44　间隙的分析操作

10.5.4　组装件的分析(干涉)

当希望在一个模型中显示每个零件或次组件之间的干涉状况时，就可以运行此功能。

本范例练习文件：(1)Examples\ch10\ex13\asm_ex13-2.asm。

本范例视频文件：(1)avi(gb)\ch10\asm_ex13-2.avi。

如图 10-45 所示，请打开 asm_ex13-2.asm 图形文件。这是一个螺杆与轴承的组装文件，原来轴承应该组装于螺杆的第二个阶梯轴上，而实际装错了，组装在第三个阶梯轴上，这样将会生成干涉现象。通过干涉分析，就可以将其检查出来。

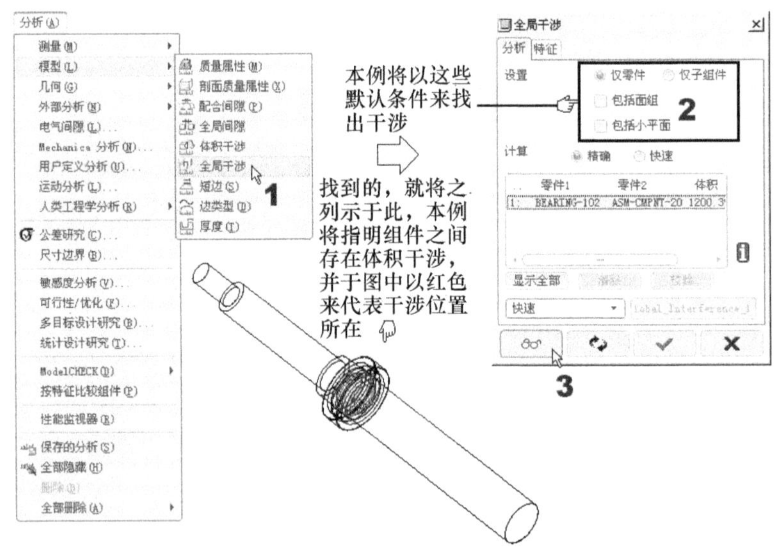

图 10-45　干涉的分析操作

于是，我们试着根据干涉分析来修改原组装图，完成文件为 asm_ex13-3.asm。然后，再将正确的组装图拿来再运行一次干涉分析。如图 10-46 所示，已无干涉出现。

图 10-46　修正后的干涉分析操作

注 意

对于间隙和干涉检测，其计算精度由零件精度决定。间隙度量或干涉体积的精度由配置文件(config.pro)里的参数 measure_sig_figures 控制。

10.6　分解图的制作

在组装模型生成，且分析检查无误以后，为了更清楚地表达该模型的结构，常常需要将生成的组装模型分解开，这就称为“分解图”。在 Pro/E 中，和分解相关的命令位置如图 10-47 所示。

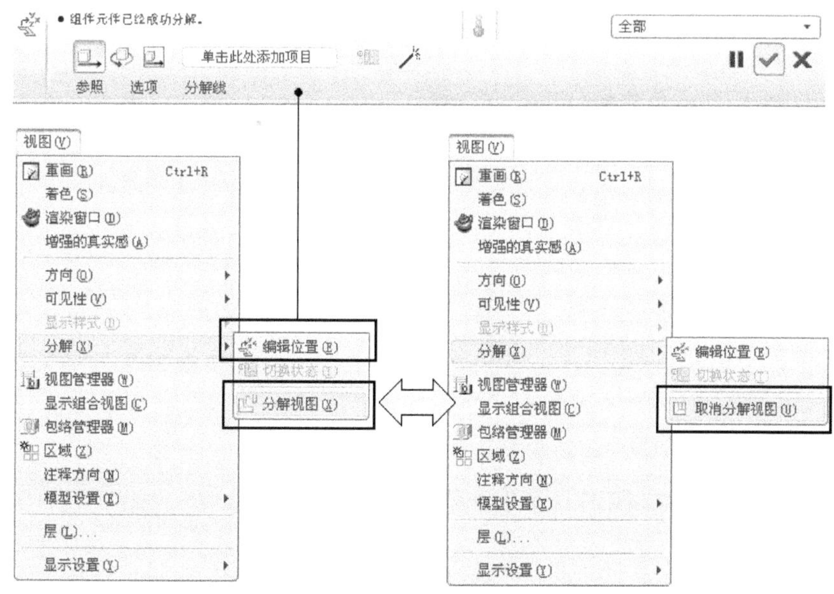

图 10-47　和分解相关的命令位置

说 明

分解图的创建步骤如下。

① 先运行分解视图。

② 编辑位置。

③ 增加偏移线(或分解线)。

④ 如果有需要修改偏移线(或分解线)。

10.6.1 简单的分解图实例

本范例练习文件：(1)Examples\ch10\ex14\asm_ex14.asm。

本范例完成文件：(1)Examples\ch10\ex14\asm_ex14_finish.asm。

本范例视频文件：(1)avi(gb)\ch10\asm_ex14.avi。

这部分的操作实例，请打开 asm_ex14.asm 图形文件(完成图形文件为 asm_ex14_finish.asm)，我们要完成的简单分解图如图 10-48 所示。

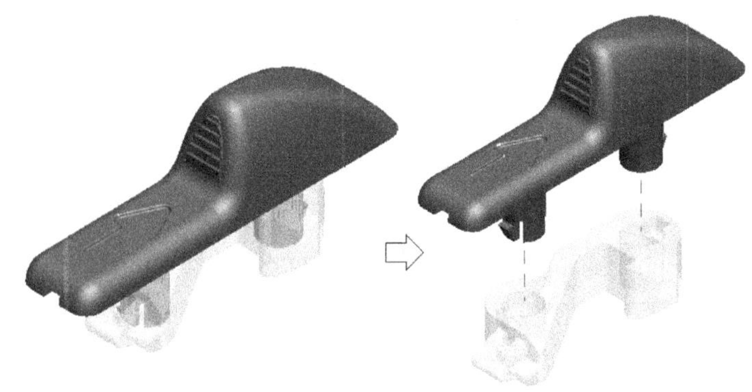

图 10-48 本范例完成分解图

请按图 10-49 先完成各分解位置的定义操作。

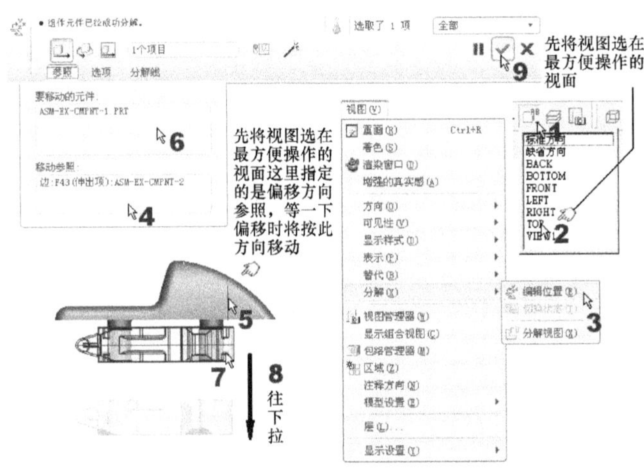

图 10-49 分解位置的操作

在练习图 10-49 的操作中，您可以发现："参照"选项卡将是整个操作的关键。必须先于"移动参照"栏中指定要参照的对象，可选择的有以下几种。

- 视图平面。选取此项后，就可以选取一视图平面，以其为基准来移动指定组件。
- 选取平面。选取此项后，就可以选取任一平面，以其为基准来移动指定组件。
- 图元/边。选取此项后，可以选取任一图原形或边，以其为基准来移动指定组件。
- 平面法向。选取此项后，即指定一平面，然后让指定组件的分解位置，沿着和平面垂直的方向移动。
- 2 点。选取此项后，就可以先选取一点，再拖动组件到第二点的方式，来移动指定组件。
- 坐标系。选取此项后，就可以指定坐标系为基准，来移动指定组件。

总之，"参照"选项卡就是要让用户以指定参照和拖拉零件的方式，来将已组装好的组件拉开到合适距离的。然后，才画出"分解轴线"，也就是图 10-50 步骤 2 处的"偏移线"按钮。请按图 10-50 来完成各分解轴线的定义操作。

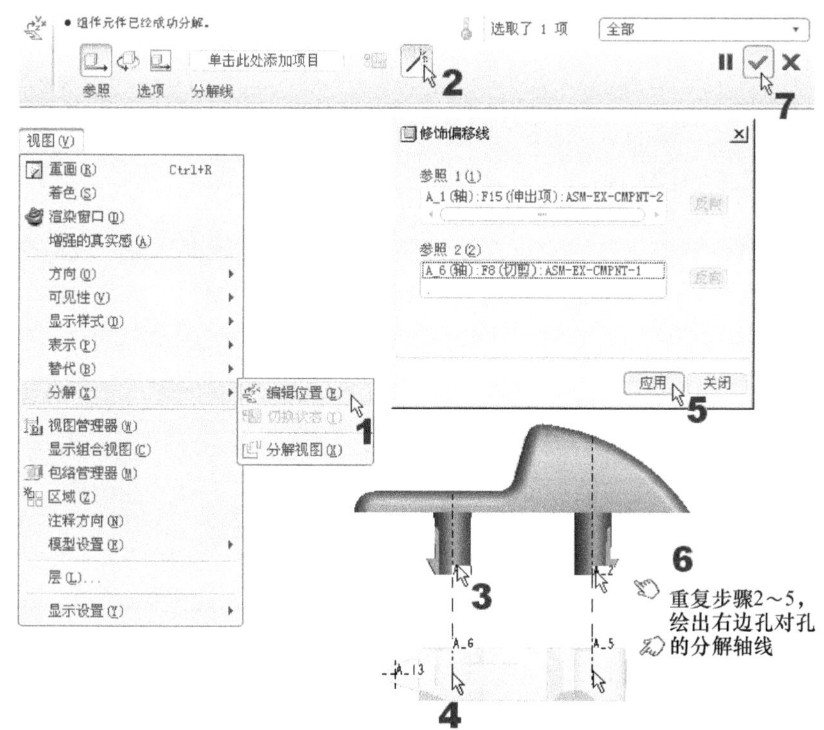

图 10-50　分解轴线的定义操作

"分解轴线"它是用来显示分解组件的对齐方式，以代表组装的顺序和对齐方式。它们将以虚线形式显示，Pro/E 将它译为"偏移线"(或"分解线")，由三条直线段组成。

完成后，可以按图 10-51 所示的方法来切换分解前后的视图。

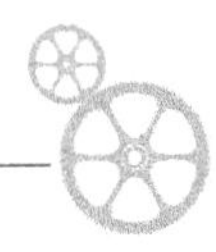

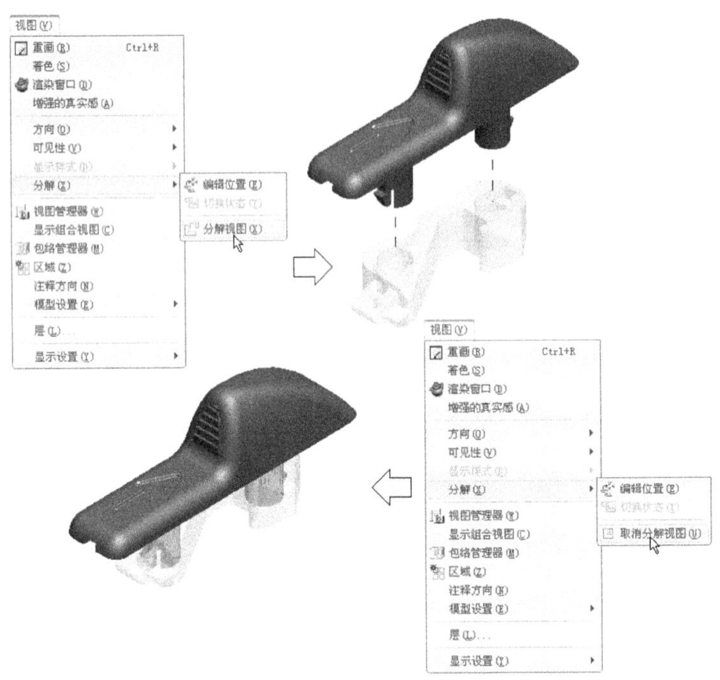

图 10-51　分解图的切换

10.6.2　分解图的保存

上一节的分解图状态只是暂时的，并无法存下来。若要保存下来，我们需要通过“视图管理器”里的“分解”选项卡来处理。请按下述图例步骤操作。

(1) 如图 10-52 所示，先定义一个分解图名称和空的内容。

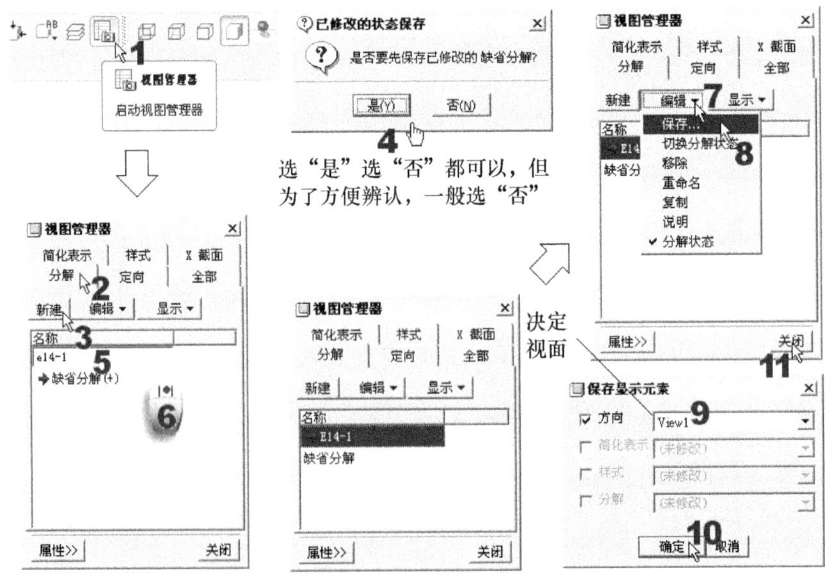

图 10-52　“视图管理器”里的“分解”选项卡

(2) 按图 10-50 和图 10-51 的操作，设置好分解图。

(3) 按图 10-53 的操作将所做的分解视图设置保存起来。

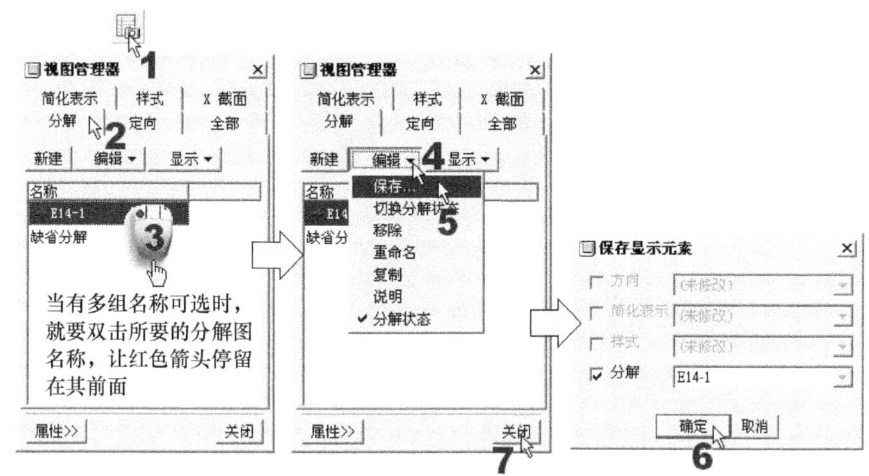

图 10-53 保存分解图的操作

(4) 当再打开此组件图(.asm)以后，就可以在“视图管理器”里，双击选择所要的分解图视面，再按图 10-51 的操作来切换观察了。

10.6.3 分解图的编辑

前面的范例显然是一个最简单又单纯范例。一般它会通过选取参照(平行于某条边或曲线或垂直于某个曲面)确定两端直线段的方向，将中间段和两端直线段相连。在编辑分解状态时，还可以再对其进行修改或删除。

请按下述的图例步骤操作。

(1) 按上一节的图 10-52 创建新的分解图名称(本例为 ex14-2)。

(2) 如图 10-54 所示，承续上一节的范例，但是将其故意偏移，以做出有转折的偏移线(或分解轴线)。

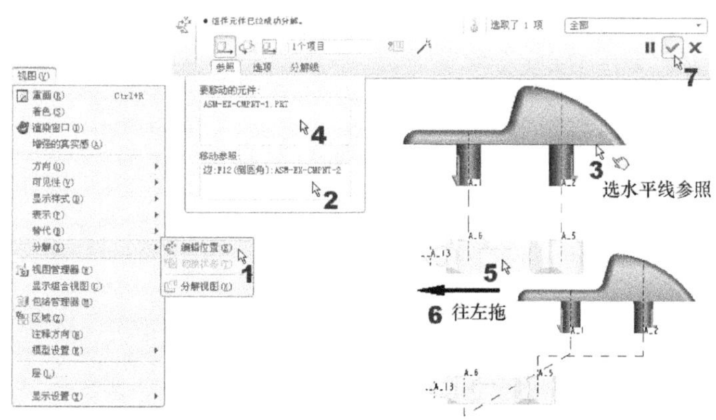

图 10-54 对偏移线(或分解轴线)的编辑

(3) 编辑校正偏移线。请按图 10-55 所示操作。

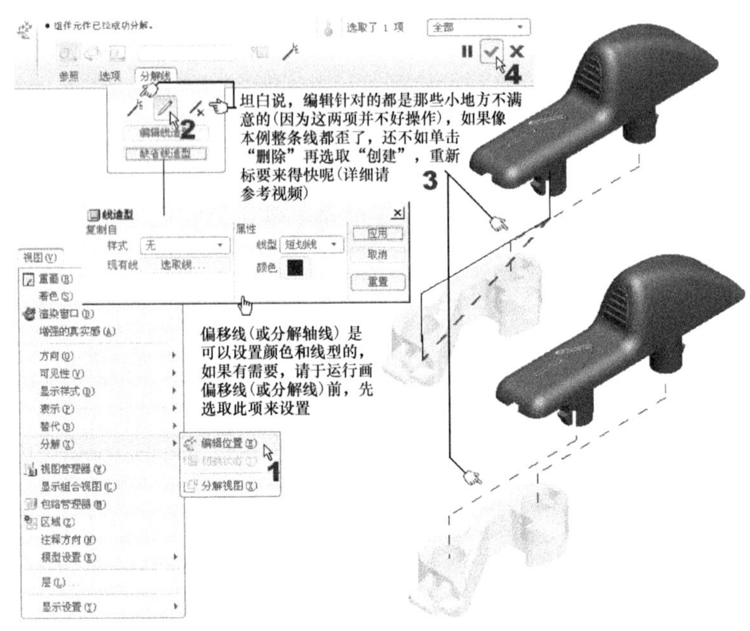

图 10-55　对偏移线(或分解轴线)的编辑

(4) 再按图 10-53 操作。将这个分解图保存起来。当再次打开此组件文件后，就可以如图 10-56 所示切换显示这两组分解图了。

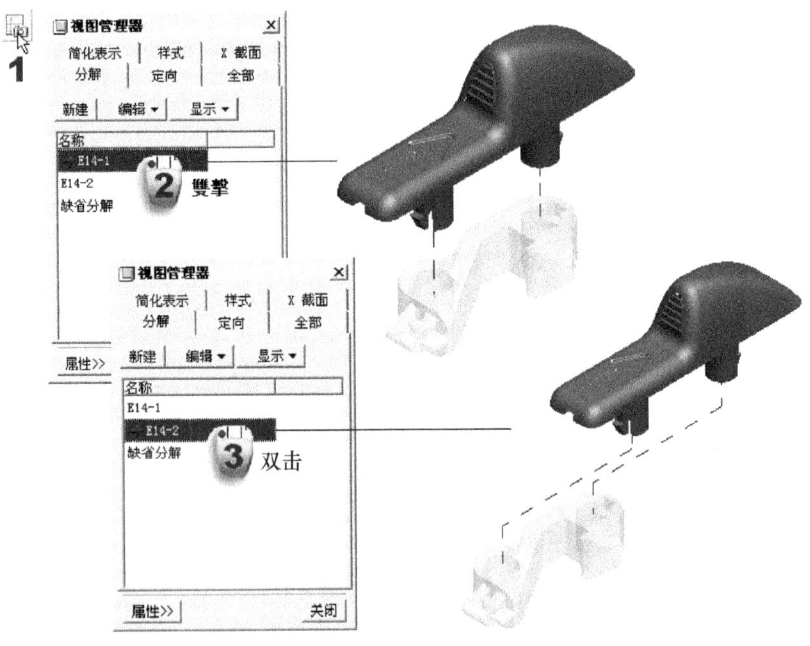

图 10-56　两组分解图的切换操作

10.6.4 点评

Pro/E 的分解图和分解轴线工具在 Wildfire 5.0 版有了新的界面。但是通过我们的实践后，们发现在分解轴线工具的编辑功能方面非常差劲，竟然对分解轴线要对齐的孔中心基线方向都不能事先调整，而调整后，欲删除错误的分解轴线时，竟然会连同编辑后的正确轴线也一并删除！

PTC 公司对这类小工具的操作方便性研发不尽如人意，同类工具比 SolidWorks 还差很多。

10.7 练 习 范 例

对在校的学子或是社会新人来说，当您初次上岗时，公司不会立刻就叫您做设计。通常初步是拿一套公司产品的 2D 工程图给您建模，然后再提供一个产品设计规范，要您按规范修改其中几个零件的尺寸规格，以变为同型但另一套规格不同的产品。最后，再转为制造工程图。

当您在本书中学会了基本的建模手法以后，本节就要提供一个工业产品的范例，让您自己按各零部件的 2D 工程图，完整的做一次所有零部件的建模，然后再制作该产品的组装图和分解图(爆炸图)。

图 10-57 就是此产品的组装图和分解图。

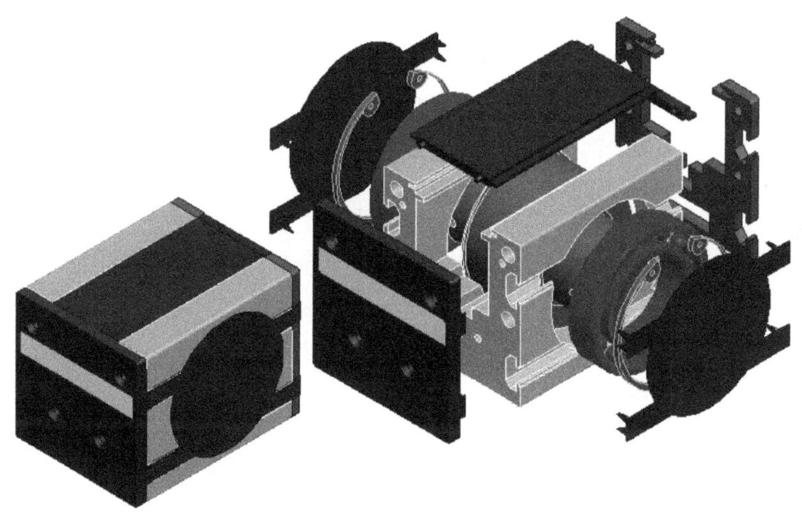

图 10-57 本范例完成的组装图和分解图

下面会列出各零部件的 2D 工程图。总共有 9 个零件。注意：本范例提供的工程图为国际图面，采 ISO 标注法(小数点标注为“,”号)。另外，本范例的完成文件都放在范例光盘里，(1)Examples\ch10\ex15 目录中。而因为所用的操作都是本章所学，因此本例不做视频文件，读者应该独立按图例来完成实作。

(1) 驱动座(完成文件：driving-base.prt)这个零件里用到的“镜像”工具，虽然还没有正式介绍，但是可以使用 9.1.4 节教过的“镜像复制”来做。当然，因为操作原理都类似，所以您能直接使用“编辑”里的“镜像”工具最好，零件如图 10-58 所示。

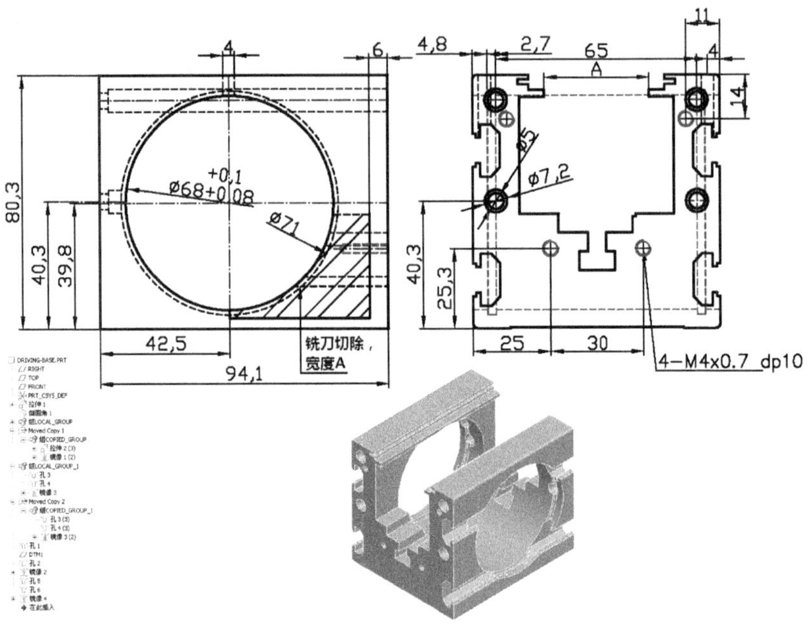

图 10-58　驱动座(driving-base.prt)

(2) 皮带轮(完成文件：toothed-pulley.prt)，如图 10-59 所示。

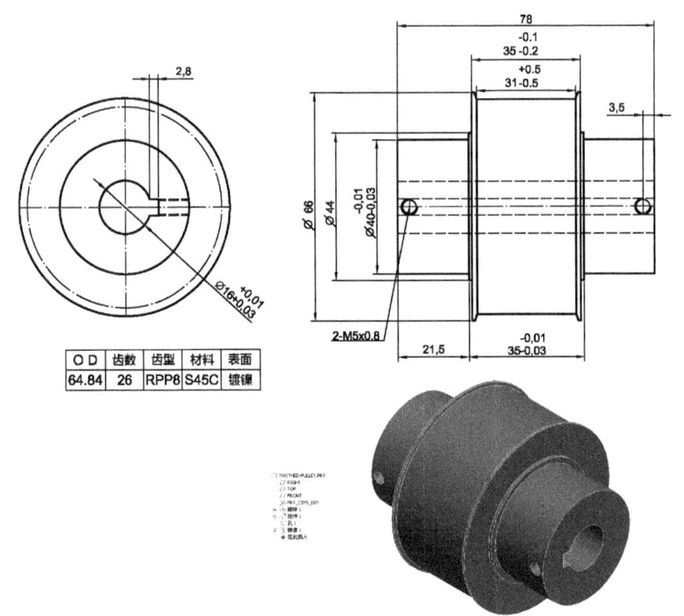

O D	齿數	齿型	材料	表面
64.84	26	RPP8	S45C	镀镍

图 10-59　皮带轮(toothed-pulley.prt)

(3) 轴承(根据皮带轮规格即可决定轴承规格，完成文件：ball-bearing.prt)，如图 10-60 所示。

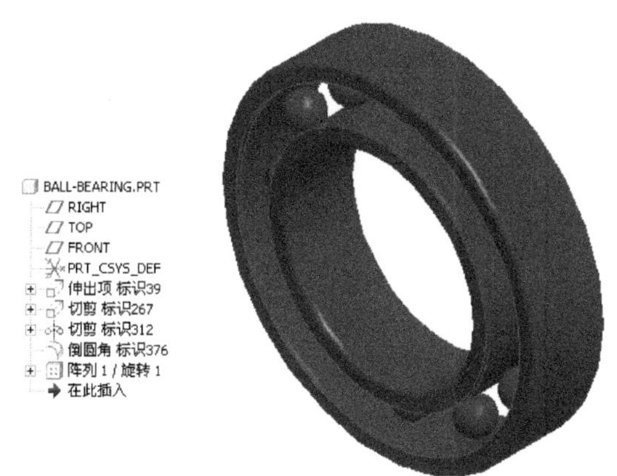

图 10-60　轴承(ball-bearing.prt)

(4)　C形扣环(根据皮带轮或轴承规格即可决定C形扣环规格，完成文件：snap-rings.prt)，如图 10-61 所示。

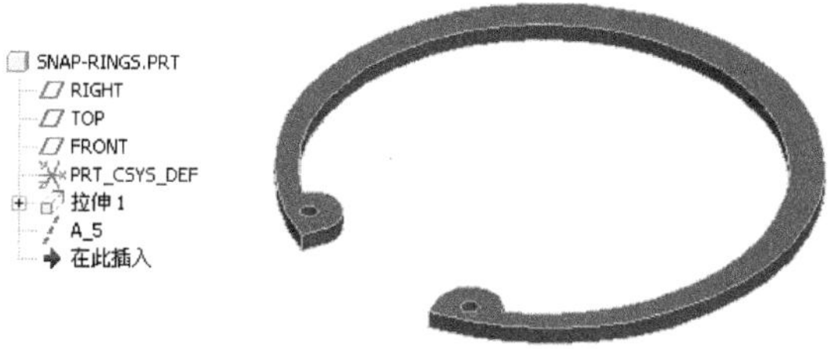

图 10-61　C 形扣环(snap-rings.prt)

(5)　皮带轮盖板(完成文件：lateral-cap.prt)，如图 10-62 所示。

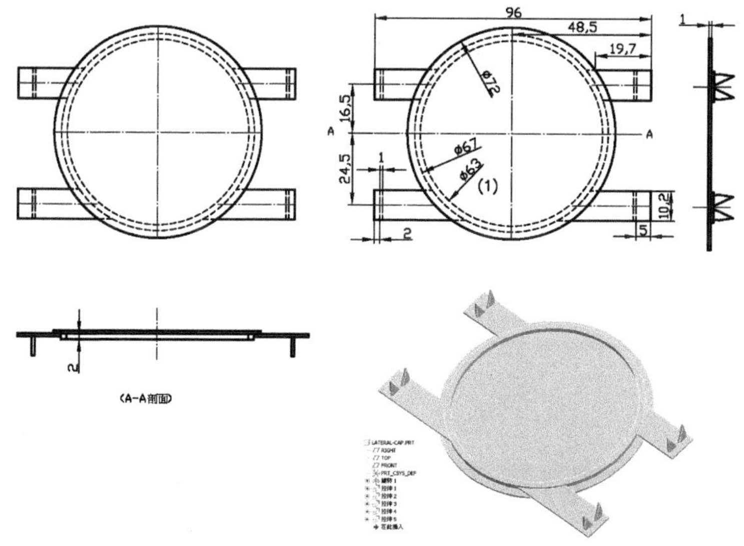

图 10-62　皮带轮盖板(lateral-cap.prt)

(6)　上盖板(完成文件：head-cap.prt)，如图 10-63 所示。

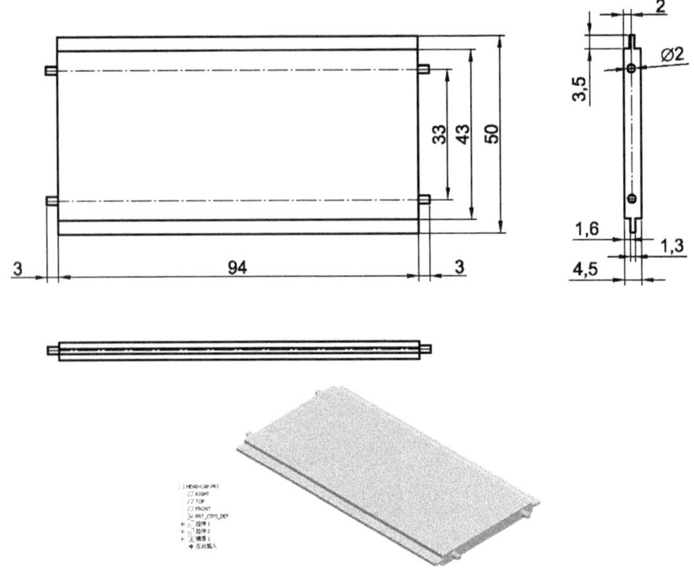

图 10-63　上盖板(head-cap.prt)

(7)　驱动座端盖(完成文件：protective-cap.prt)，如图 10-64 所示。

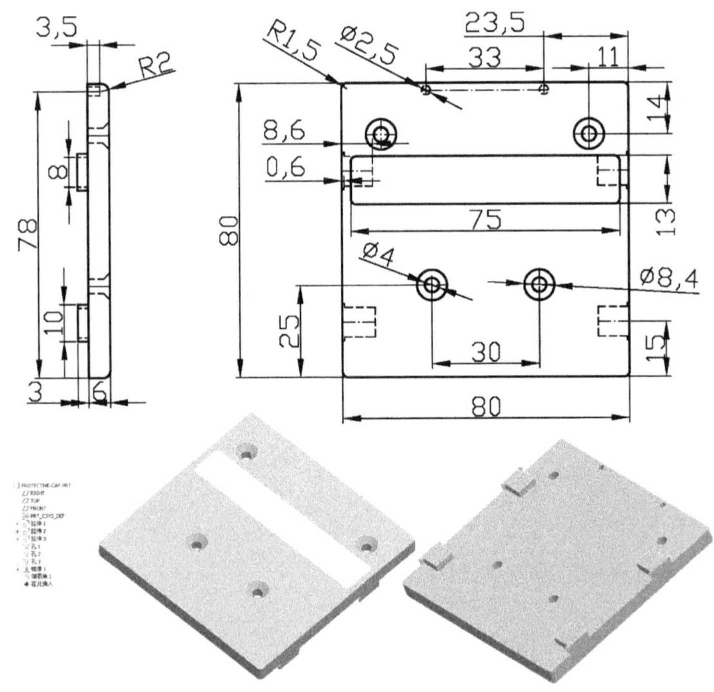

图 10-64　驱动座端盖(protective-cap.prt)

(8)　连接板(完成文件：joint.prt)，如图 10-65 所示。

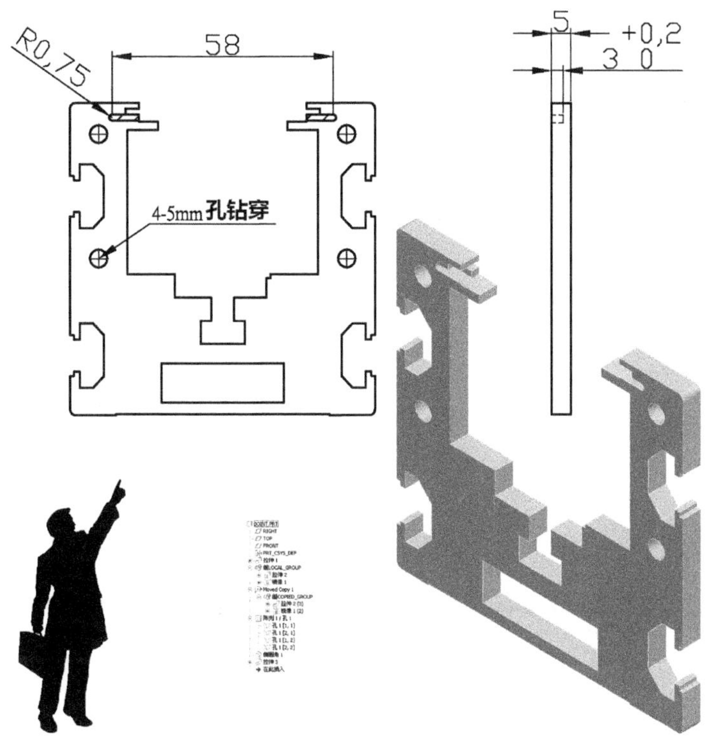

图 10-65　连接板(joint.prt)

(9) 塑料挡块(完成文件：rubber-stopper.prt)，如图 10-66 所示。

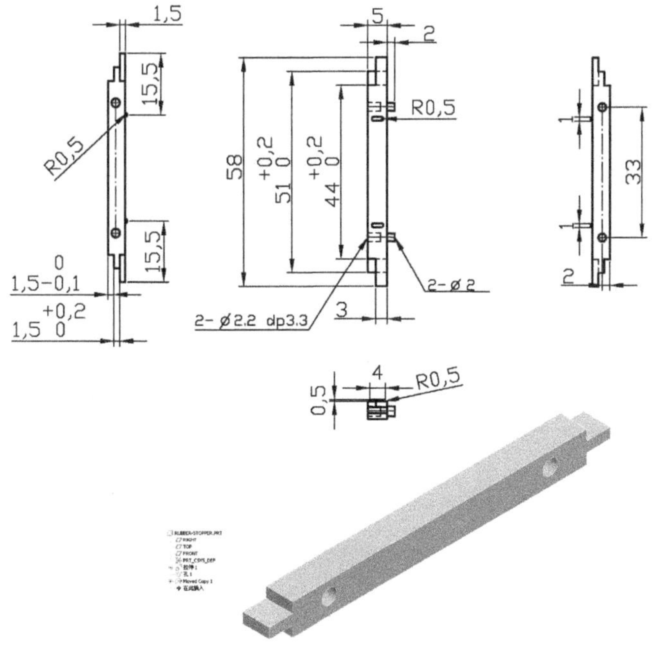

图 10-66　塑料挡块(rubber-stopper.prt)

有图有尺寸，相信上述的建模并不难完成！当然，您可以在有困难时，参照我们的完成文件。但是，我们仍希望由您自己完成。

组装的操作如下。

操作 1：请先以“缺省”的方式将驱动座定位，再按图 10-67 所示的组装提示，来组装驱动座和皮带轮。

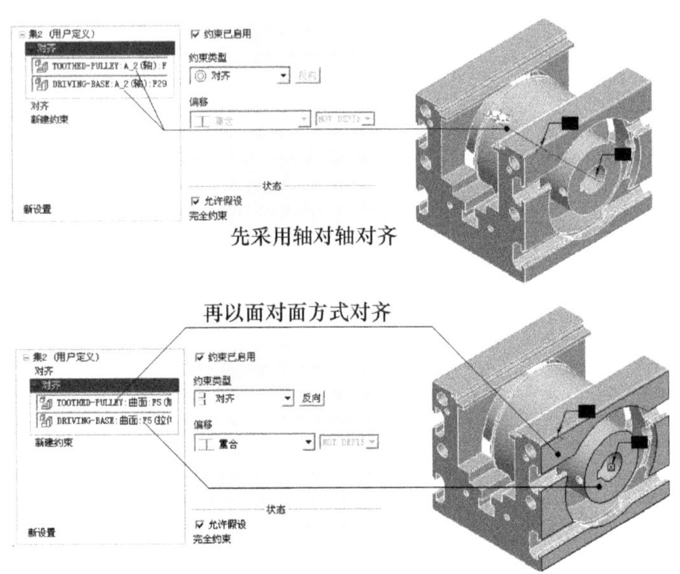

图 10-67　驱动座和皮带轮的组装提示

操作 2：进行前、后两轴承的组装，前轴承的组装提示如图 10-68 所示。

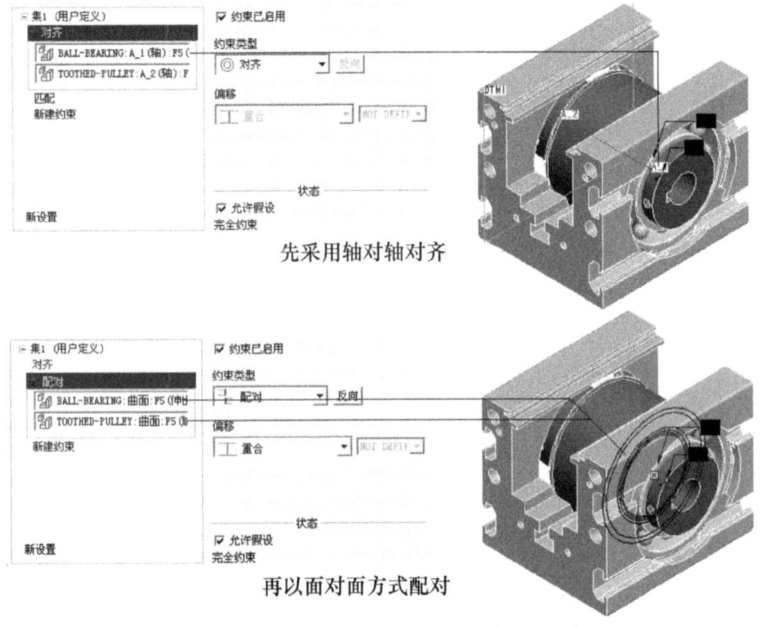

图 10-68　驱轴承的组装提示

操作 3：进行前、后两 C 形扣环的组装，前 C 形扣环的组装提示如图 10-69 所示。

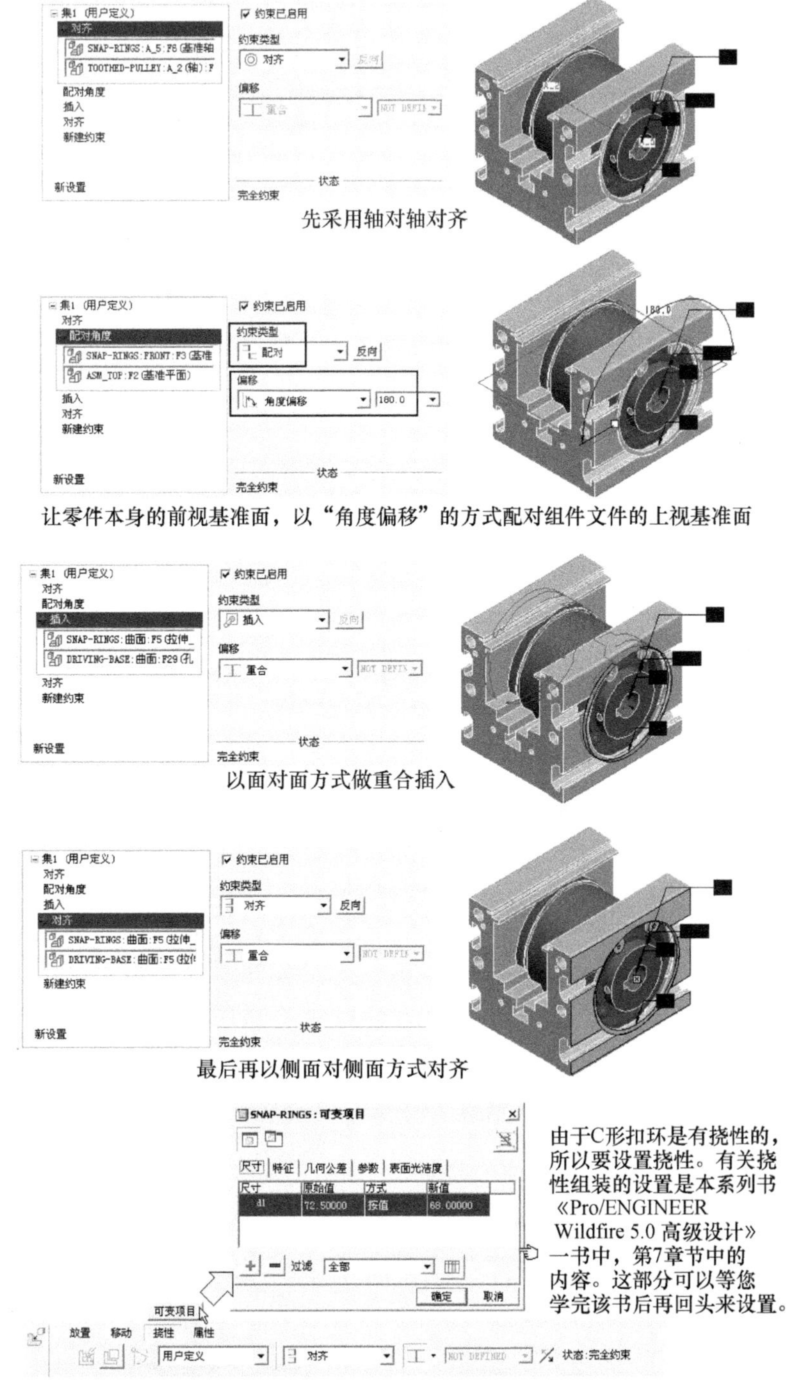

图 10-69　C 形扣环的组装提示

操作 4：组装前、后两皮带轮盖板，前皮带轮盖板的组装提示如图 10-70 所示。

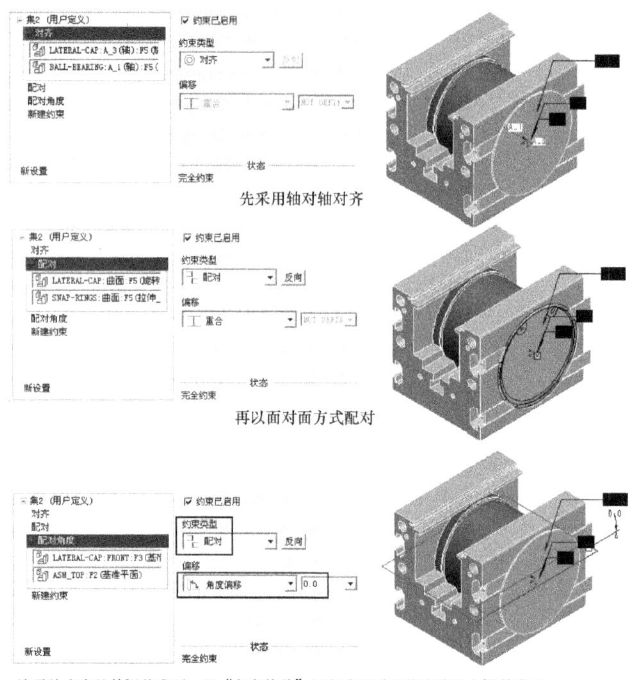

图 10-70　皮带轮盖板的组装提示

操作 5：按图 10-71 所示的组装提示来组装上盖板。

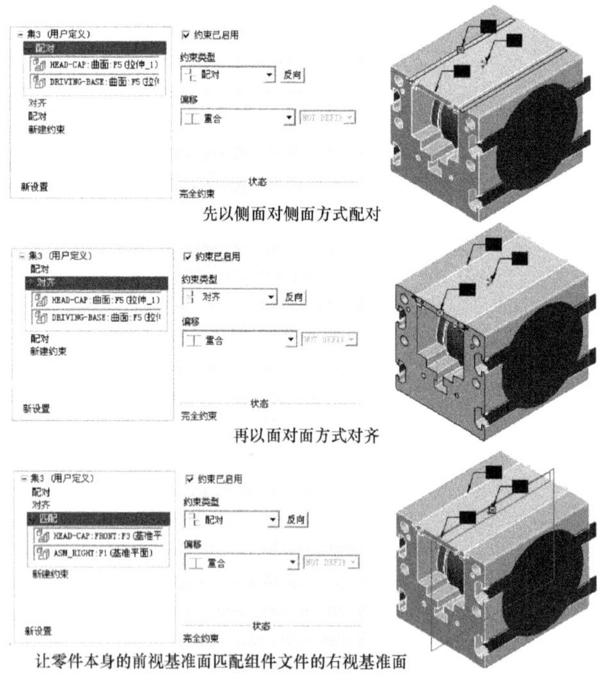

图 10-71　上盖板的组装提示

操作 6：按图 10-72 所示的组装提示来组装驱动座端盖。

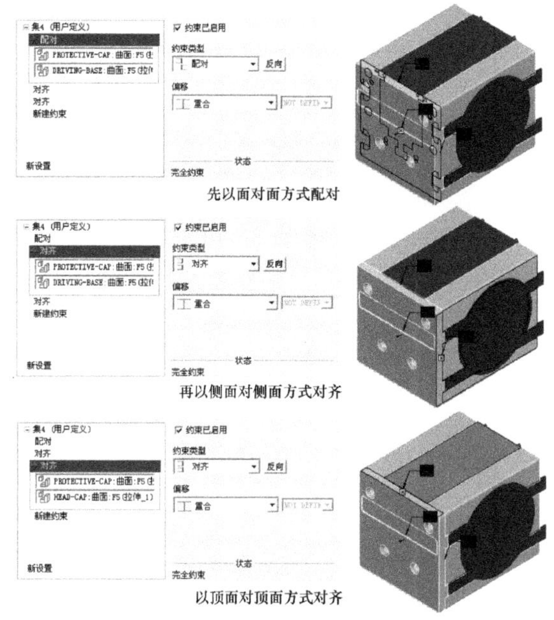

图 10-72　驱动座端盖的组装提示

操作 7： 连接板的组装提示原理同驱动座端盖，请参照图 10-72。

操作 8： 请按图 10-73 所示的组装提示来组装塑料挡块。

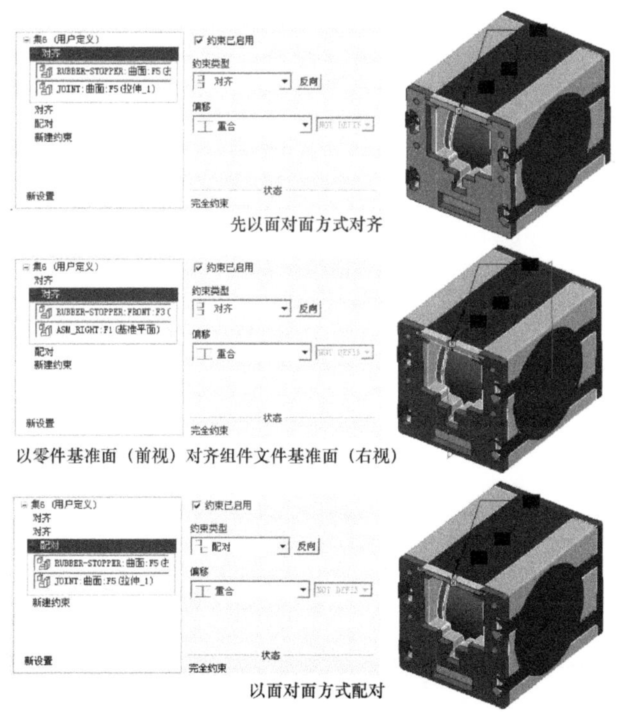

图 10-73　塑料挡块的组装提示

至于分解图的操作，则同前面练习过的，于此不再花篇幅复述，请读者自己练习。完成图如 10-74 所示。

图 10-74　分解完成图

整个实例其实在考验读者的 2D 识图能力，但是并无牵涉到设计，因为您必须有正确的识图，才顺利建模。然而，通过此范例，我们还要您注意以下事项。

(1)　按照有详细尺寸的零件图来建模和组装，当然不难！但是在一般情况下，或是进入设计的领域后，以实物绘测来建模的场合可能更多(即以测量样品的方式来建模)。

(2)　除了造型图以外，和制造有关的图面也是您应该要注意的。因为一定会用到，而这部分还与专业素养有关。我们还会在本工作室的其他相关丛书中，逐步提供更多和制造方面有关的图面来供您练习，如模具图、加工图等。

习　题

1. 使用本书范例光盘中(1)Question Files\ch10\10-Q01 目录里的两个零件文件，将它们组合成图 10-Q1 所示的图形。

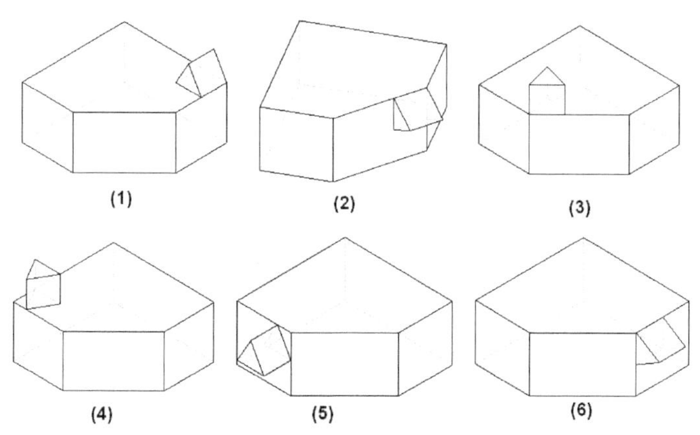

图 10-Q1

2. 使用本书范例光盘中(1)Question Files\ch10\10-Q02 目录里的所有零件文件，一一将它们组合成图 10-Q2 所示的图形。同时，还要制作分解图视面。

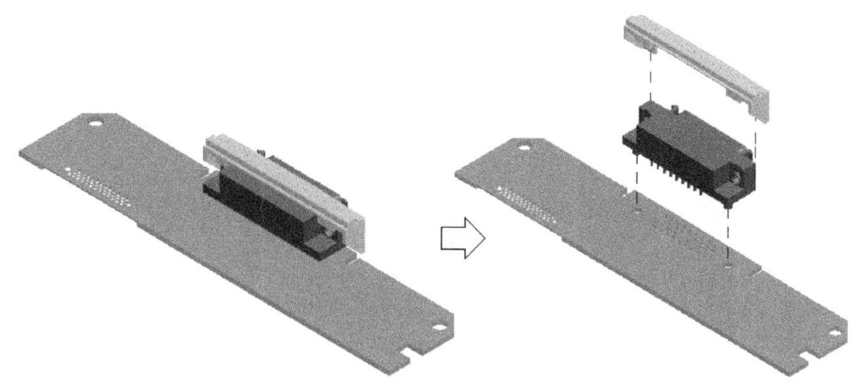

图 10-Q2

3. 使用本书范例光盘中(1)Question Files\ch10\10-Q03 目录里的所有零件文件，一一将它们组合成图 10-Q3 所示的图形。同时，还要制作分解图视面。

4. 使用本书范例光盘中(1)Question Files\ch10\10-Q04 目录里的所有零件文件，一一将它们组合成图 10-Q4 所示的图形。同时，还要制作分解图视面。本题比较特别的是在组件文件中再组装进其他的组件文件来。

5. 使用本书范例光盘中(1)Question Files\ch10\10-Q05 目录里的所有零件文件，一一将它们组合成图 10-Q5 所示的图形。

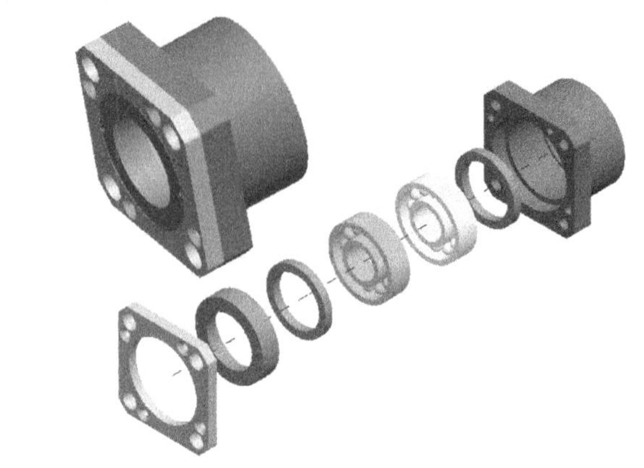

图 10-Q3

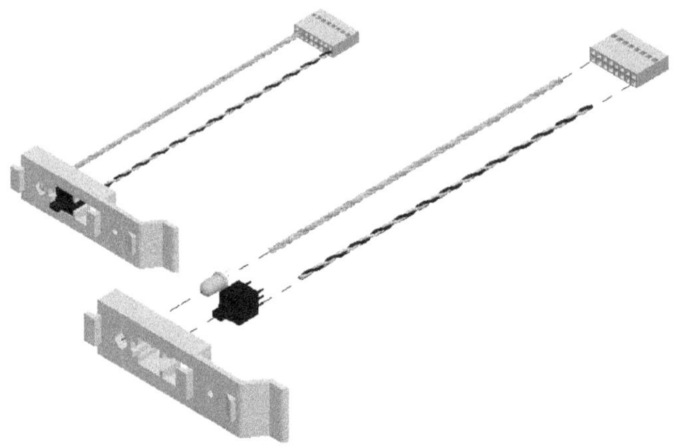

图 10-Q4

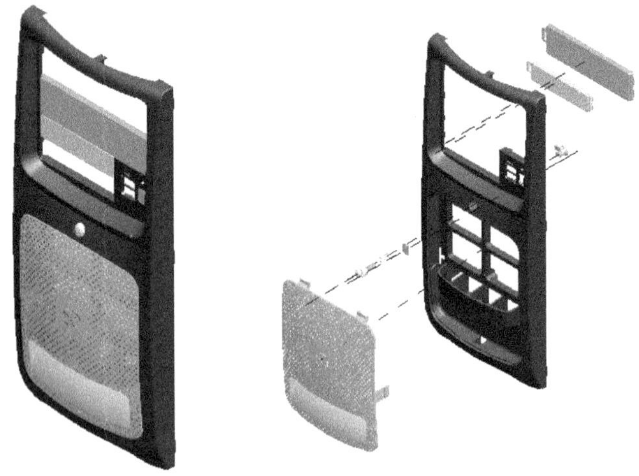

图 10-Q5

第 11 章

Pro/E 渲染基础

一个工业产品的造型被设计出来，本来就需要有一系列包括外观材质贴附、灯光和渲染等功能，来方便设计师做效果图的工作。因此，对从事工业设计工作的读者来说，Pro/E 的渲染功能是需要的。

我们将在本章中为您完整地讲述这个基础，并在这方面提供更多的实例和详细解说。

11.1 Pro/E 渲染概论

在工业设计专业中，产品构思初期的草图，以及设计后期的完成图，都需要用到渲染(Render)效果，以制作简报或是广告。

在任何 CAD 软件中，任何的渲染效果图，都必须通过材料贴附、灯光和渲染这三个步骤。当然，为了这三个主体步骤，还需要有一些周边的操作来营造出这个环境。

首先，我们要谈的是材料贴附。为了要让物体的渲染效果更为逼真，一般的 CAD 软件都允许我们贴附指定的材料到立体模型上。讲究一点的，会附有一些材料图库；最简单的，至少可以让您通过混合颜色和插入真实材料的图像图片等方式，来制作材料贴附。

材料贴附之后，需要用灯光来衬托材料。灯光有两个效果：一个是要照亮立体模型或模型中的重点部位；另一个则是要造成着色(Shading)效果。很多人经常分不清楚 Shading(着色)、Solid Shading(实体着色)和 Rendering(渲染)间的区别。事实上，有很多书和英文软件的中文版将 Shading 错误翻译"渲染"，就是因为这些译者不了解英文在实际含义上的差别，而生成的错误。为免积非成是，我们特别在此导正此概念。

简单来说，在 Pro/E 中的实体立体模型中，单击所出现的就是"实体着色"(Solid Shading)，其特色是灰色，并以固定且均匀的环绕式环境光源来照射物体，所以从任一个角度看，因为实体上有阴影的明暗，立体模型的呈现会很清楚。所以，"着色"的特色就是：操作者只需操作切换而不用特别设置，是系统的默认功能。

但是要注意：或许您认为将 Shading 译为"阴影"会更合适。但是在 CAD 里，当我们使用灯光仿真的方式来照射物体后，物体明暗面的差异会更明显，同时还会出现投射在地面上的阴影，使得仿真更真实(这是着色所没有的)，但是这些却必须通过彩现引擎才能表现其阴影效果。因此，这里的"阴影"效果是包含在彩现中的，也就是因为怕误解，所以才将 Shading 译为"着色"来区隔。当然，这个说法也有少数例外的，像 SolidWorks 在"实体着色"阶段，就可以让操作者切换要不要显示阴影。

"渲染"(Rendering)就是使用专有的"渲染引擎"，综合材料贴附和灯光，来仿真出实体立体模型的真实状况。一般说来，渲染后的效果通常不是最后的效果图，而是还要拿到如 Photoshop 这类的软件中再经编辑或美化，最后才是最终的产品效果图。龙震老师非常鼓励造型设计师继续往制作效果图的"视觉传播"方向再提升，以培养自己的第二专长。

如果您是初次接触到这方面的知识，那么建议您先阅读本章最后一节有关图像方面的术语，以方便后续的操作和选项的意义了解。

在 Wildfire 5.0 版中，部分工具界面又有一点变化，所有和渲染功能有关的命令选项，都被组织在图 11-1 所示的"工具栏"和"菜单"界面中。

对于这些命令的说明，我们采用边说边做的方式来教学。在以下的章节中，我们将针对零件和组件文件，按照制作渲染的过程顺序来和读者一起练习。

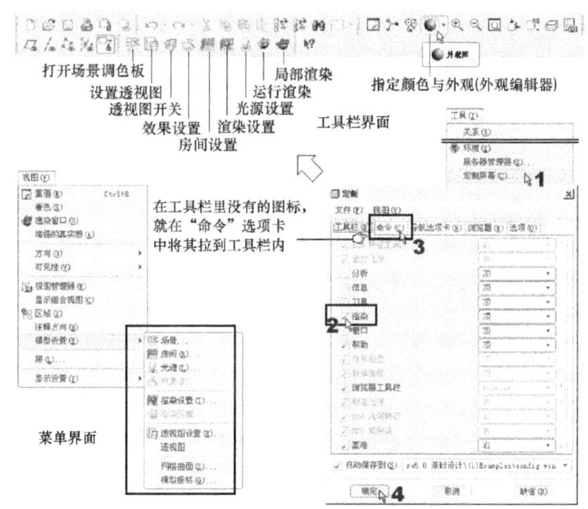

图 11-1　“渲染控制”工具栏

信息补充站　**Pro/E 的渲染操作流程**

虽然一般的渲染操作主要是由材料贴附、灯光布置和渲染等三大主要流程所构成，但软件本身总有自己的其他辅助功能。Pro/E 的渲染流程如下。

材料贴附(着色)→视图控制→灯光布置→房间设置→环境效果修正→制作场景→渲染

以下实例中的各小节名和顺序，即按照上述的流程顺序。

11.2　材料贴附(着色)

本节从简单的着色开始练习。这也是一般的零件图画好以后，会采取的标准操作。着色的目的是希望它们在未来的组装中，可以被清楚地辨认出来！因此，就是简单地将实体涂上颜色，也就是“着色”。对 Pro/E 来说，第一阶段的着色就是贴附材料。

如图 11-2 所示，单击“上工具栏”里的“外观库”图标，即可进行材料贴附(着色)的工作。

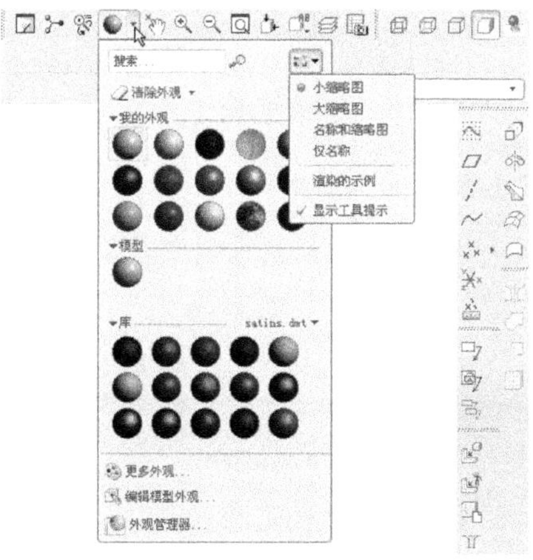

图 11-2　“外观库”图标的内容

11.2.1 针对零件的简单材料贴附(着色)

不论是着色还是材料贴附，一定是针对零件。我们将上一章最后一个范例所完成的组件文件复制过来，然后用它和它的零件成员来贯穿整个渲染过程的实例。而在本节中，我们将上一章最后一个范例所完成的组件文件复制过来，然后用它来贯穿整个渲染过程的实例。首先，用它来练习着色的操作。

本范例练习文件：(1)Examples\ch11\Render_Exercise\head.asm。

本范例完成文件目录：(1)Examples\ch11\Render_Exercise_Shading_Finish。

本范例视频文件：(1)avi(gb)\ch11\Parts_Shading.avi。

本范例完成图如图 11-3 所示。

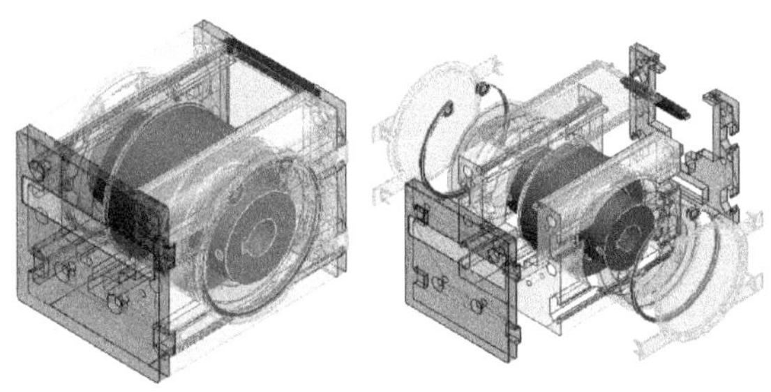

图 11-3 零件的着色(材料贴附)阶段完成图

操作 1：为了了解整体配置，我们打开的是组件文件，然后再打开要着色的零件来着色。着色时有两种常用的颜色分派方式。一种是全局同色分派，另一种是各面不同色分派。图 11-4 先示范全局同色分派的操作。现在，请先将 head.asm 组件文件加载进来。

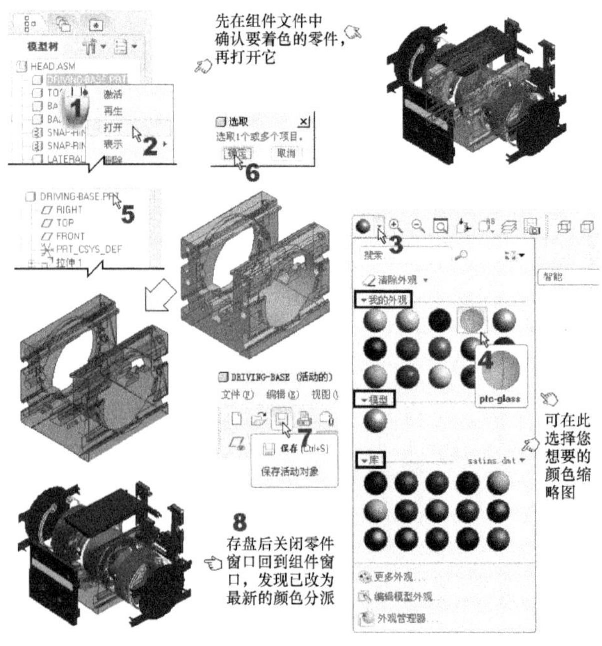

图 11-4 全局同色的着色

信息补充站　　颜色缩略图的来源与选择

在图 11-4 步骤号 4 处，可以选择来自以下三种来源的颜色缩略图。

① 我的外观。“我的外观”(My Appearances)调色板里显示的是用户自己创建并存储在启动目录或指定路径中的外观。调色板中将显示缩略图颜色样本以及外观名称。

② 模型。“模型”(Model)调色板里会显示在活动模型中存储和使用的外观。如果活动模型没有任何外观，那么“模型”调色板就只会如图 11-4 那样，显示默认的外观。当新外观应贴附到模型后，它就会自动显示在“模型”调色板中(如图 11-6 所示)。

② 库。“库”(Library)调色板里显示的是 Photolux 库和系统库中所提供的现成外观颜色样本。如图 11-5 所示，库浏览器在文件夹树视图中以文件形式显示可用的外观。文件根据 Photolux 和“系统库”文件夹中的外观等级组织到子文件夹中。从文件夹树库选取的外观文件，在调色板中显示为颜色缩略图样板，从而替换了调色板中的当前外观。

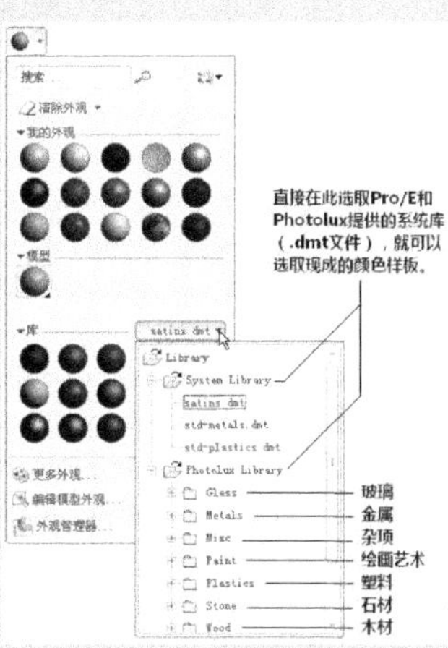

图 11-5　“库”调色板

注意：

- 每个调色板中的外观名称都是唯一的。选取外观便可将此外观设置为活动外观。
- 可将外观从“模型”调色板和“库”调色板复制到“我的外观”调色板，以将其属性作为新外观并进行编辑。要复制外观，可右击并选择 Copy to My Appearances，或将该外观的缩略图拖动到“我的外观”调色板中。如果使用该名称的外观已存在，那么请为该外观名称加上括号，而后续外观名称将带有数字后缀。
- 可选取外观以显示其属性。不能选取多个外观。
- 在“外观管理器”对话框中，可以编辑“我的外观”调色板中的外观属性。无法从“模型”调色板和“库”调色板中删除外观。无法编辑“模型”调色板和“库”调色板中的外观。
- 无法修改默认外观的名称、说明、关键字和属性。

在图 11-4 中我们选择贴上一个黑色透明玻璃的颜色(严格说也算材料)；要注意的是，如果是全局同色，其实不需要打开零件文件，只要直接在组件文件中操作即可。本例的视频文件会采用这样的操作法，以图 11-4 来体现两种不同的操作方式。

图 11-6 示范的是各面不同色分派的操作。

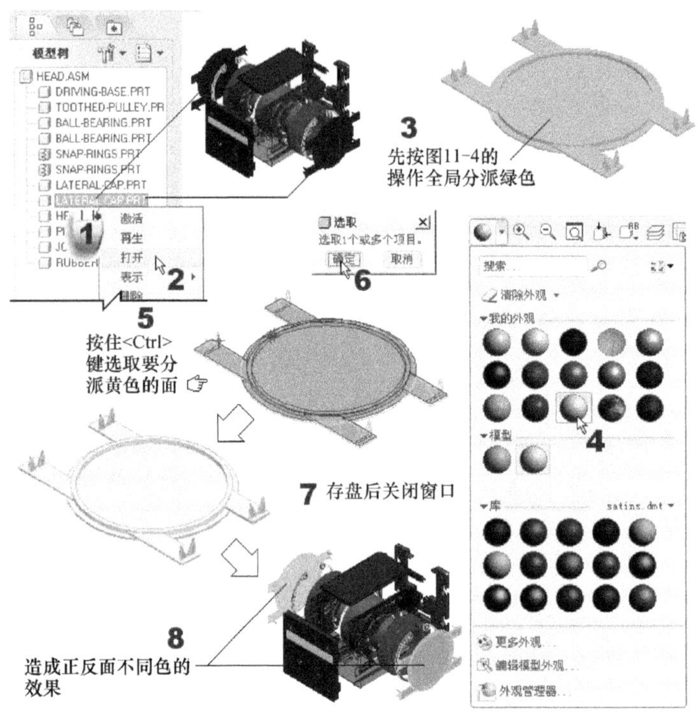

图 11-6　各面不同色的着色

操作 2：现在要练习的是对颜色属性的控制。如图 11-7 所示，我们希望将颜色(或材料)由黑色透明玻璃改为白色透明玻璃。

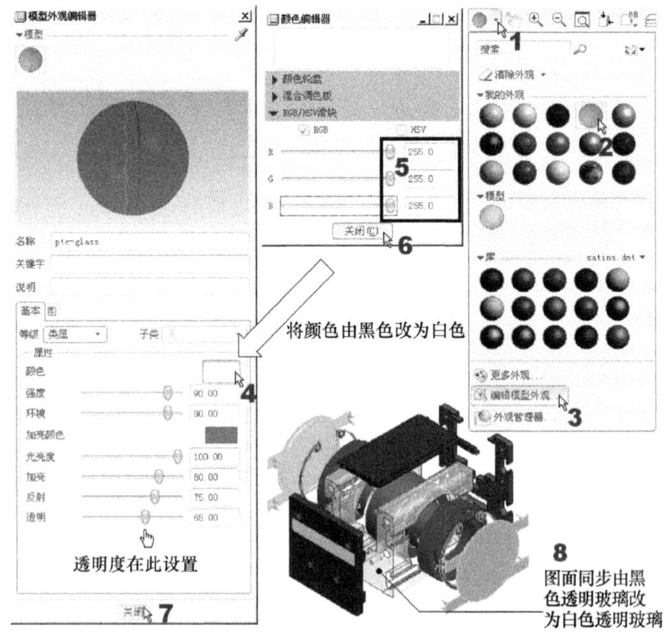

图 11-7　颜色属性的控制

图 11-7 中的颜色属性详述如下。

(1) 颜色：在此设置主要的颜色。和颜色有关的属性如下。

- 强度(Intensity)：指定“灯泡光源”(即“点光源”)、“远光源”或“聚光灯光源”的反射量。
- 环境(Ambient)：即“环境光”。用来设置控制环境光源的量。

(2) 加亮颜色(或反射颜色)：用来设置反光区域的颜色和属性，内容会视选择的等级不同而不同。和加亮颜色有关的属性如表 11-1 所示。

表 11-1　各等级和加亮颜色有关的属性

<table>
<tr><th>等　级</th><th colspan="2">属性内容</th><th>说　明</th></tr>
<tr><td rowspan="4">类属</td><td colspan="2">光亮度(Shine)</td><td>即反光量。曲面越光亮则加亮区越小</td></tr>
<tr><td colspan="2">加亮度(Intensity)</td><td>用来指定加亮区的亮度，与光亮度直接有关高度抛光的曲面具有较小的明加亮区，而蚀刻过的塑料则具有较大的暗加亮区</td></tr>
<tr><td colspan="2">反射(Reflection)</td><td>用来指定局部对房间或场景的反射程度。阴暗的外观比光亮的外观对房间的反射要少。例如，织品比金属的反射值少</td></tr>
<tr><td colspan="2">透明(Transparency)</td><td>用来控制穿透曲面的可见程度</td></tr>
<tr><td rowspan="3">金属</td><td colspan="2">扩散(Diffuse)</td><td>用来指定从模型曲面反射回来的光量</td></tr>
<tr><td colspan="2">反射率(Reflectivity)</td><td>用来指定模型的反射程度</td></tr>
<tr><td colspan="2">光泽度(Glossiness)</td><td>用来指定模型曲面的光泽度</td></tr>
<tr><td>塑性</td><td colspan="3">同“金属”</td></tr>
<tr><td rowspan="2">玻璃</td><td colspan="3">扩散、反射率和光泽度同“金属”，透明同“类属”</td></tr>
<tr><td colspan="2">折射指数(Refraction Index)</td><td>用来指定光通过模型曲面时折弯的程度</td></tr>
<tr><td rowspan="6">木头</td><td rowspan="6">Photolux 属性
类型 花梨木
枫木
橡木
松木
花梨木
基础
第二
年轮
轴 X 轴
旋转 0.00
比例 3.00
扩散 1.00
高光强度 0.20</td><td>基础</td><td>用来指定木头的基础颜色</td></tr>
<tr><td>第二</td><td>用来指定木头的第二颜色</td></tr>
<tr><td>年轮</td><td>用来指定木头的环或边的颜色</td></tr>
<tr><td>轴</td><td>用来指定外观的旋转轴</td></tr>
<tr><td>旋转</td><td>用来指定木纹的旋转值。有效值：0～359，默认值为 0</td></tr>
<tr><td>比例</td><td>用来指定调整比例，默认值为 3</td></tr>
<tr><td rowspan="2">橡胶</td><td colspan="2">扩散(Diffuse)</td><td>用来指定从模型曲面反射回来的光量</td></tr>
<tr><td colspan="2">高光强度(Specularity)</td><td>用来指定曲面的镜面反射率</td></tr>
<tr><td>陶瓷</td><td colspan="3">扩散、反射率和光泽度同上述</td></tr>
<tr><td>涂漆</td><td colspan="3">扩散、反射率和光泽度同上述</td></tr>
<tr><td>杂项</td><td colspan="3">扩散和高光强度同上述</td></tr>
</table>

操作 3：重复上述的操作来着色其他零件，并将在外围的零件设为透明，完成如图 11-3 所示的透明着色，以方便看清物体内部结构。

操作 4：存盘。注意：如果您在先前的零件文件中着色后并未存盘；那么在组件文件中存盘时，也会自动为有改变颜色的零件文件存盘。

“模型外观编辑器”用来让您新建或编辑颜色的内容。“模型外观编辑器”的基本内容如图 11-8 所示。

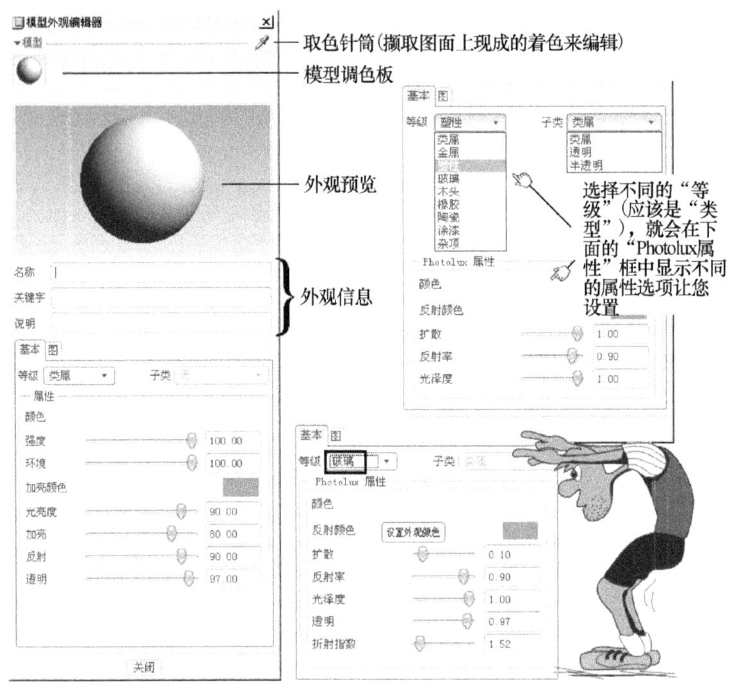

图 11-8 “模型外观编辑器”的基本内容

信息补充站 **材料的折射率(IOR)**

在图 11-7 中，如果在“Photolux 属性”选项组中出现有“折射指数”设置，那么再加上“透明”设置，就可以用来模拟玻璃或琉璃等这类的材料。但是您必须先了解表 11-2 所示的物质折射率(IOR)。

表 11-2 一般常见材料的折射率(IOR)

材　料	IOR 值	材　料	IOR 值	材　料	IOR 值
真空	1.000	溶度 30%糖	1.380	翡翠	1.570
二氧化碳	1.200	粉末	1.434	轻铅玻璃	1.575
液体	1.200	石英	1.460	黄玉	1.610
空气	1.0003	溶度 80%糖	1.490	碳硫酸盐	1.630
冰	1.309	玻璃	1.500	重铅玻璃	1.650
酒精	1.329	氯化钠	1.530	次甲基碘	1.740
丙酮	1.360	含盐氯化钠	1.544	红、蓝宝石	1.770
四乙铅	1.360	多苯乙烯	1.550	超重铅玻璃	1.890
水晶	2.000	钻石	2.417	氧化铬	2.705
氧化铜	2.705	非结晶硒	2.920	碘晶体	3.340

11.2.2 贴图效果

在“模型外观编辑器”内还有一个名为“图”的选项卡，用来专门处理贴图的设置。“贴图”(Mapping)是图像处理的专有名词，您如果熟悉 Photoshop 这个软件，就会知道它的用途。这部分属于提高级的应用，所以我们花一节的篇幅来专门介绍它。请先参考图 11-9 所示的界面。

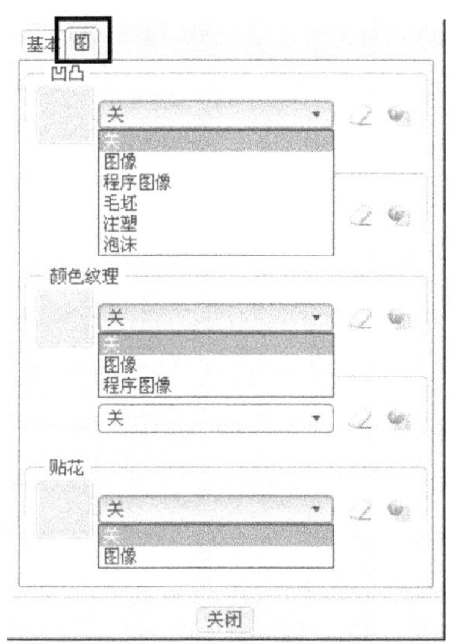

图 11-9 “模型外观编辑器”的“图”选项卡

“图”选项卡中提供以下三种贴图。

1. 凹凸(Bump)

即凹凸贴图，是一种于贴附图片后，让图片的内容可以模拟物体凹凸粗糙表面的纹理类型。应用凹凸时，可以指定凹凸高度 (定义所应用的凹凸值高度或深度) 和凹凸比例 (定义所应用的凹凸值大小)。而可选择的纹理类型有：图像、程序图像、毛坯、注塑和泡沫等。除图像以外，其余必须在选择使用 Photolux 渲染器时才可使用。

2. 颜色纹理(Color Texture)

即纹理贴图，是一种将图像放置到曲面或零件时，会替换图像覆盖区域颜色的纹理类型。可选择的纹理类型有：图像和程序图像。

3. 贴花(Decal)

即贴纸贴图，是一种模拟透明贴纸效果的纹理类型。为了模拟透明贴纸，贴花位于所有颜色纹理的顶层，同时也包括透明区域。

注 意

如果为“凹凸”和“颜色纹理”选择了“程序图像”纹理类型，那么就不能再使用贴花。贴花仅支持“凹凸”和“颜色纹理”的“图像”纹理类型。

下面练习一个可以对贴图效果一目了然的实例。这类实例一般都用一个球体来做示范。

本范例练习文件：(1)Examples\ch11\sphere.prt。

本范例完成文件：(1)Examples\ch11\sphere_mapping.prt。

本范例视频文件：(1)avi(gb)\ch11\sphere_mapping.avi、mapping_type.avi、other_mapping_type.avi。

本范例完成图如图 11-10 所示。

图 11-10　贴图练习完成图

操作 1：请自行创建一个圆球体，或是打开本范例练习文件 sphere.prt 来练习。请按图 11-11 所示的操作来设置这三类贴图。

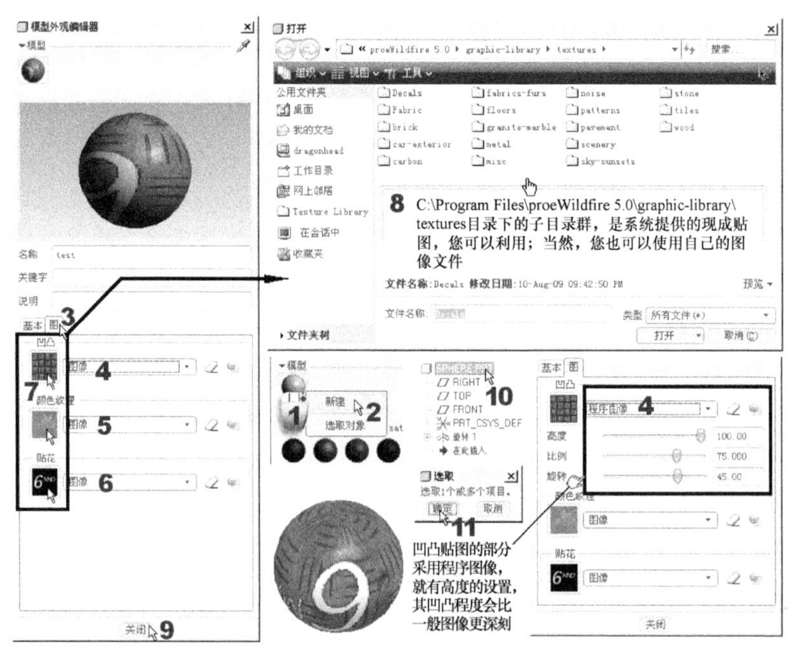

图 11-11　凹凸、颜色纹理与贴花的操作

从以上操作中可以清楚看出，整个操作的重点在于贴图文件的取用。同时，当设置完

成后，就可以了解凹凸贴图就是在物体表面上表示凹凸不平的图像，它不会占据整体；颜色纹理贴图是代表物体的材料，所以会覆盖整体；而贴花贴图就如同透明贴纸般，被贴在物体上。

您要注意的是：在图 11-11 步骤 4 中，我们采用的是以图像文件的方式来作为贴图，这种方式可以立刻显示在图面上。但是如果选择“程序图像”，那么就必须通过渲染才能看到效果。这些操作都会在本范例的视频文件 sphere_mapping.avi 中示范。

信息补充站　关于纹理贴图文件的常识

“纹理”就是指实物的材料图片，这种贴图是单纯的颜色无法表示的，比如木纹或布纹。在 CAD 软件里，纹理贴图是一种特殊的图像文件。利用将这种图片贴附在模型上，就可以渲染出几可乱真的实物效果图。Pro/E 提供了一个包含许多纹理的图形库。该库于安装后，位于 C:\Program Files\proeWildfire 5.0\graphic-library\textures 文件夹下。

通过前面的实例，相信您已知道，在着色的操作中，我们可以调用系统提供的现成图形库，也可以使用自己创建的纹理文件(后面 11.3 节就会正式说明)。同时，使用 save_texture_with_model 配置选项将纹理与模型一起保存。您也可以将此目录指定为 config.pro 文件中，texture_search_path 配置变量的值。这样，在下次打开零件或组件时，Pro/E 就能自动找到这些纹理文件。

操作 2：在图 11-11 中，贴花的方向反了，可以对其方向进行修正这部分的操作重点在于，要通过图 11-12 的步骤 3、4 来激活贴图的“位置编辑按钮”。本操作的视频已包含在 sphere_mapping.avi 文件中。

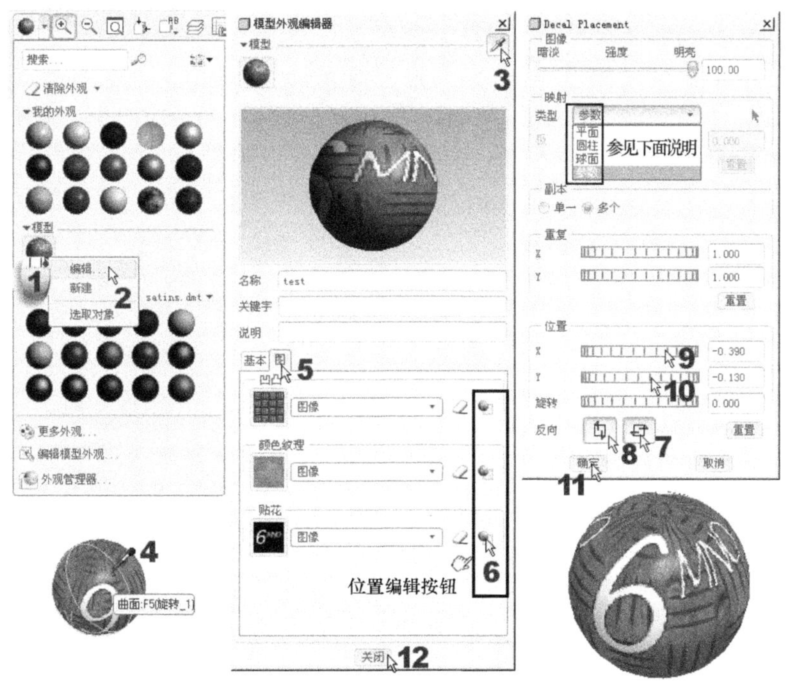

图 11-12　调整贴花图像位置与角度的操作

说 明

在图 11-11 的“映射”(Map)框(“Map”在此应译为“贴图”)中，有下述四种贴图类型可以配合“位置”框的操作，以更好地控制贴图的位置。

- 平面 (Planar)：适用于平整、不复杂的对象或曲面。
- 圆柱 (Cylindrical)：适用于圆形的对象或曲面。
- 球面 (Spherical)：适用于球面对象或曲面。
- 参数 (Parametric)：适用于模型中可以使用某种材料单独进行映射的曲面。

这 4 种贴图类型的设置效果如图 11-13 所示。而这部分功能的详细操作，请参见 mapping_type.avi 视频文件。

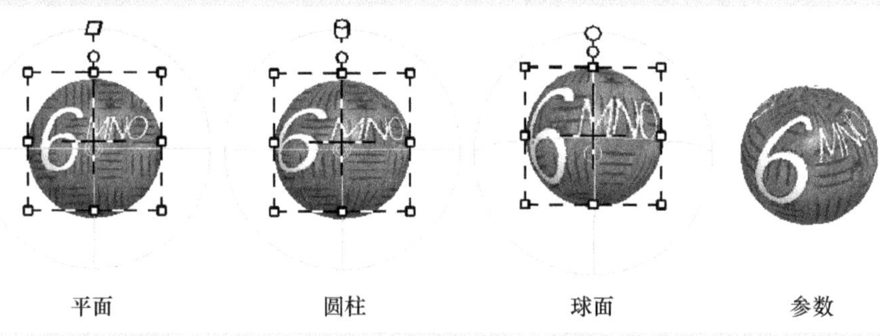

图 11-13　编辑贴图类型的效果

操作 3：选用“场景”工具做快速渲染，即可看出贴图效果。但这部分还没正式教，请先模仿 sphere_mapping.avi 视频文件操作。

操作 4：存盘。

最后，我们再来补充其他诸如毛坯、注塑与泡沫等纹理类型的效果。如图 11-14 所示，这些效果也是需要渲染后才能看到。详细操作请参见本操作视频文件 other_mapping_type.avi。

图 11-14　毛坯、注塑和泡沫的效果

11.3 自定义颜色或材料贴图

贴图时一般会有以下两个自定义需求。

(1) 自定义颜色

(2) 自定义贴图(材料)

以下就分两小节来练习以上的自定义设置。

11.3.1 自定义颜色

自定义颜色的操作其实已经练习过，前面的图 11-11 就是自定义颜色的范例，所以，本小节的重点是保存方面的操作。

当新定义一个颜色，或是调用一个旧的颜色来修改了一个新的颜色后，要在“名称”框中设置一个新的颜色名称，然后，按如图 11-15 所示的操作，到“外观管理器...”中做存盘的操作。“外观管理器”界面其实就是“模型外观编辑器”界面(图 11-8)+“外观库”界面(图 11-2)。

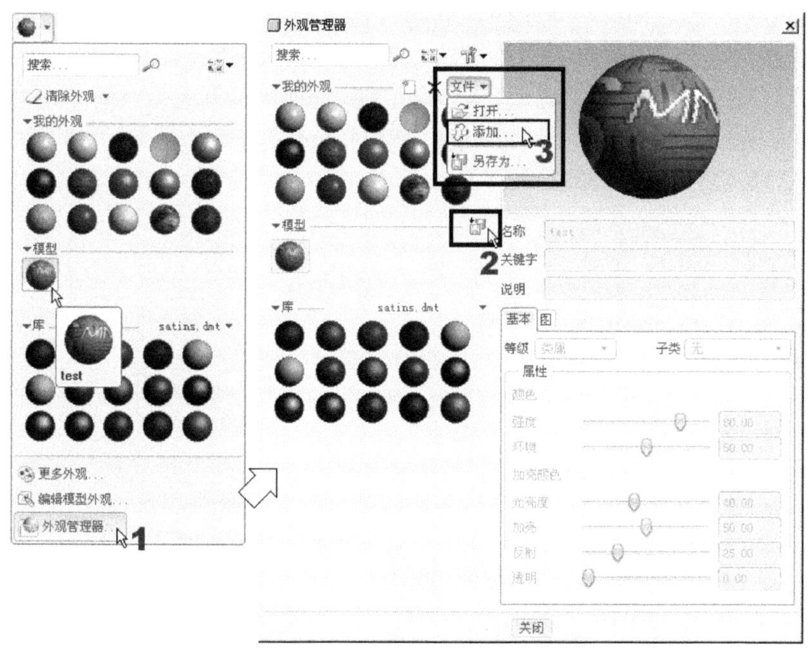

图 11-15　外观管理器的存盘操作

在图 11-15 中，我们利用之前的范例新建了一个名为“test”的新颜色(材料)，此时这个新的颜色缩略图会放在“模型”调色板里。因此，在步骤 2 处，我们先将这个新的颜色保存为 test. dmt 文件(材料数据库文件)中。

Pro/E 所提供的材料数据库文件就放在 C:\Program Files\proeWildfire 5.0\graphic-library\appearances。

目录中。其内有两个. dmt 文件，一个名为 appearance.dmt。系统默认会自动加载此文件，其内容就是在“我的外观”调色板里看到的颜色缩略图样板。另一个则是 global.dmt。global.dmt 文件不同于 appearance.dmt 文件，当传送模型时，相关的 global.dmt 文件必须与模型一起传送。如果 global.dmt 文件丢失，那么默认设置以外的颜色就不适用于与模型一同保存的所有材料。

对本例来说，在“我的外观”调色板里使用默认的 appearance.dmt 文件是很合适的，因此当我们再打开其他零件文件要着色时，如果要用到这个“test”新颜色，那就要选取图 11-15 步骤 3 处的“添加...”选项，来将放在 test. dmt 文件中的“test”颜色缩略图，增加到“我的外观”调色板中。

当“添加”了很多常用的颜色(材料)后，就可以选取图 11-15 步骤 3 处的“另存为...”选项来将“我的外观”调色板里的所有颜色缩略图回存到 appearance.dmt 文件或是另一个“新名称.dmt”文件中(需使用图 11-15 步骤 3 处的“打开...”选项来加载)。注意，texture_search_path 配置选项可用来指定.dmt 文件的搜索路径。

11.3.2 自定义贴图

对需要贴附有真实材料的实体来说，贴图的功能还是实用的。因此，如何自定义“凹凸”、“颜色纹理”和“贴花”等贴图，就成为我们希望了解的课题。

本节就要以自定义贴花贴图的过程为例，来示范这个操作。

本范例练习文件：(1)Examples\ch11\Design_Decal\Dragon2g.jpg、shell_mid.prt。

本范例完成文件：(1)Examples\ch11\Design_Decal\Dragon2g.gif、Dragon2g.tx4、shell_mid_F.prt。

本范例视频文件：(1)avi(gb)\ch11\Decal_Photoshop.avi、Decal_Transfer.avi、Decal_ProE.avi。

本范例完成图如图 11-16 所示。

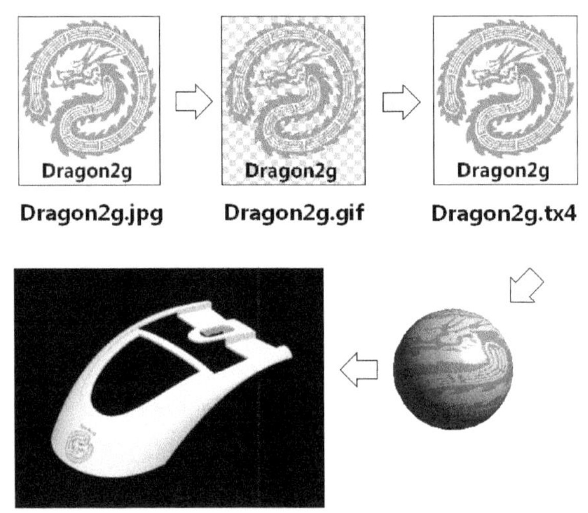

图 11-16 自定义贴花完成图

操作 1：将贴花的原始图像制作成透明图片，同时还要将其保存为可以存储透明特性的 gif 图像格式。可以达到此要求的软件是 Photoshop，虽然 Photoshop 不是本书主题，但是因为操作过程都是固定的，您可以按本范例视频文件的示范来完成。请进入 Photoshop(本例采用 Photoshop CS3 版的画面)，打开 Dragon2g.jpg 练习文件，再按图 11-17 所示操作。本阶段操作的视频文件：Decal_Photoshop.avi。

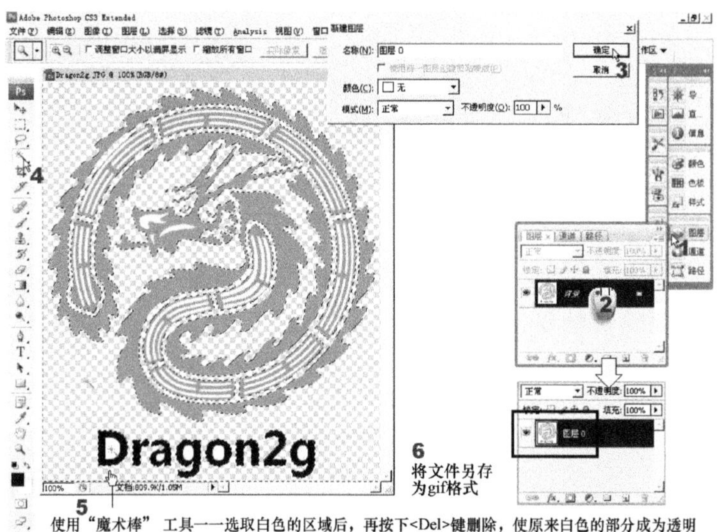

图 11-17　利用 Photoshop CS3 版制作 gif 透明图片

操作 2：使用 Pro/E 的“图像编辑器”来将 gif 透明图片转换为 PTC 的贴花格式(tx4)。请在调用 shell_mid.prt 练习文件后，再按图 11-18 操作。在图中可以看到，PTC 的图像格式是 imf；凹凸贴图格式是 tx1；颜色纹理是 tx3。常用的其他图像格式都可以通过“图像编辑器”来转换为所需的 PTC 图像格式。本阶段操作的视频文件：Decal_Transfer.avi。

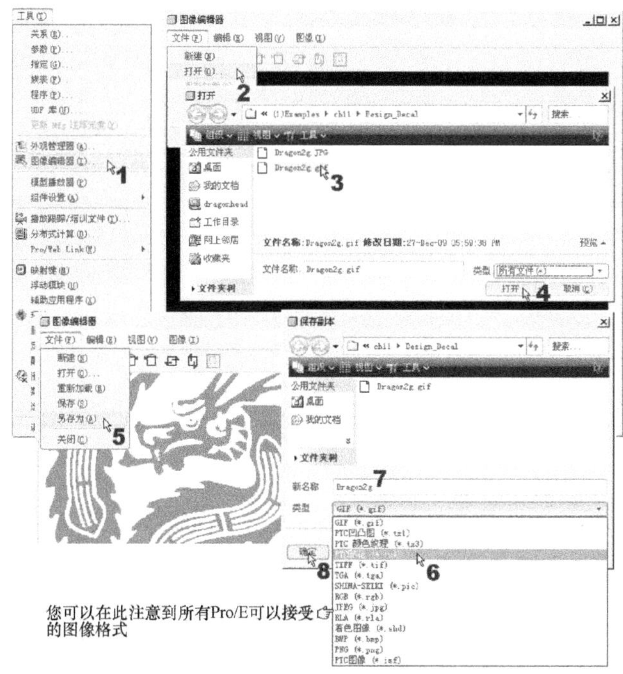

图 11-18　将 gif 透明图片转换为 PTC 贴花格式(tx4)

操作 3：按先前所学将自定义的贴花贴图制作为一个新的颜色缩略图。如图 11-19 所示。本阶段操作的视频文件：Decal_ProE.avi。

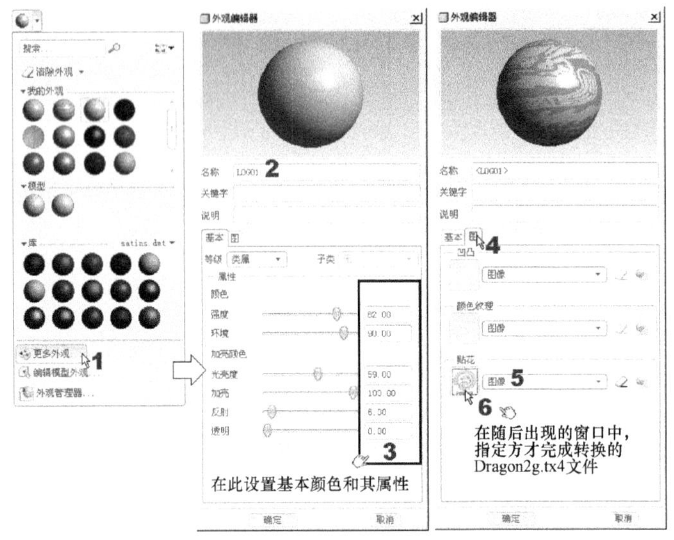

图 11-19 将自定义的贴花贴图制作为颜色缩略图

操作 4：按图 11-20 的操作示意图，贴附并调整自定义的贴花图片。详细操作，请参见视频文件。

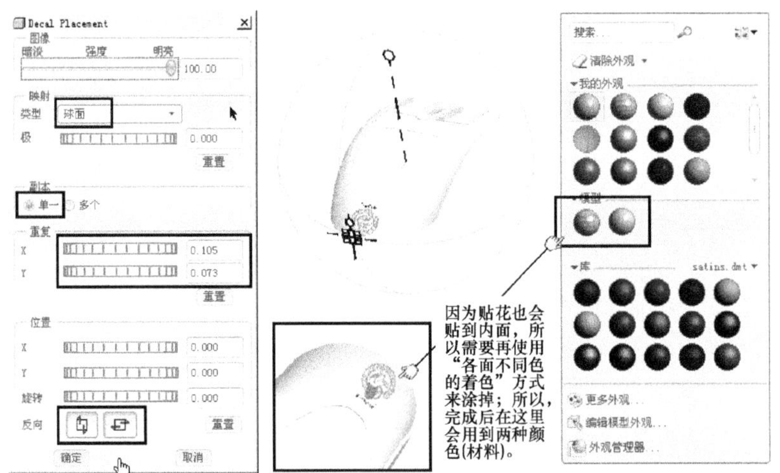

通过尝试后决定使用球面类型会比较合适，在使用黑框处所在的选项来调整贴花的位置和大小。

图 11-20 贴附测试自定义的贴花图片

操作 5：完成后，再将自定义的颜色缩略图保存到系统默认会自动读入的 appearance.dmt 文件中。以后，只要进入 Pro/E 就会自动加载此贴花图片。这个操作会在 Decal_ProE.avi 视频文件中示范。

操作 6：如果要将材料连同模型一起保存起来，那么请在 config.pro 文件内加上“save_texture_with_model yes”或是设置 save_texture_with_model 系统变量设置为 yes。

操作 7：存盘。

技术问题讨论

自定义贴花是没问题了！但是，“凹凸”和“颜色纹理”这两种贴图呢？如果您能举一反三的话，应该很快就知道关键在图 11-18 的格式转换。在那里，既然我们能将常见的 bmp、gif、jpg 与 tif 等格式，转为 tx4 的 PTC 贴花格式，自然也能将其转为凹凸贴图 tx1 格式或颜色纹理的 tx3 格式。

其实直接使用透明的 gif 格式来做贴花贴图，而不要转 tx4 格式，一样可以达到贴花效果。换句话说，这三种贴图通常也能直接使用 bmp、gif、jpg 与 tif 等知名常见的图像格式。此举将让我们联想到：究竟是 PTC 自己的图像格式比较好，还是一般知名的图像格式比较好？否则为什么 PTC 需要自创一套图像格式(答案下面即将分晓)。

本例还有以下两个缺点值得我们讨论。

(1) 贴花会两面贴附。图 11-20 显示的就是这样的情况，尽管我们已经选取“单一”副本，但是贴花还是具有“正反面”和“穿透”的效应，导致我们还要费工夫使用“各面不同色的着色”法来涂掉。我们认为这是软件标准的“Bug”(瑕疵)设计。

(2) 使用 PTC 的贴花格式后，只能使用 PhotoRender 渲染器做渲染。在视频文件中，我们使用的是渲染效果较差的 PhotoRender 渲染器，如果使用较佳的 Photolux 渲染器，贴花的渲染效果就不好。因而被迫使用 PhotoRender，我们认为不应该有这种差异。令人惊讶的是：使用透明的 gif 格式来做就不会有此情况，那又何必使用 PTC 的图像格式呢？

最后，我们还是建议大家还是先使用常见的 bmp、gif、jpg 与 tif 等图像格式来作为贴图文件，当您确知 PTC 的图像格式有什么了不得的好处时，再尝试使用 PTC 的图像格式吧！

11.4 透视设置

本范例目的：在本节中，我们要来练习透视的设置和切换操作。我们延续 11.2 节的范例来做练习。

本范例练习文件：(1)Examples\ch11\Render_Exercise_Shading_Finish\head.asm。

本范例完成文件：(1)Examples\ch11\Render_Exercise_Shading_Finish\head_P.asm。

本范例视频文件：(1)avi(gb)\ch11\Perspective.avi。

本范例完成图如图 11-21 所示。

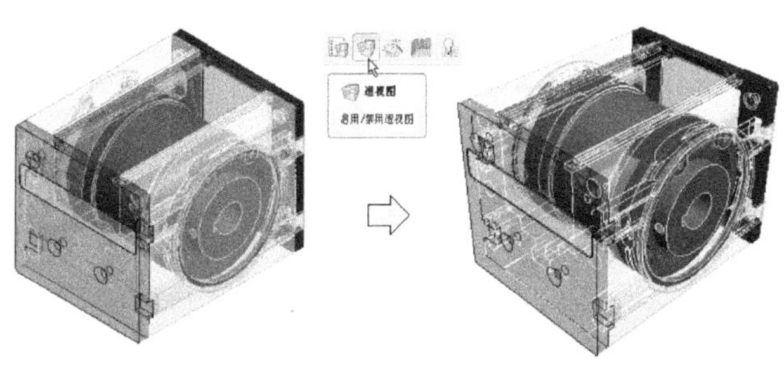

图 11-21 透视完成图

操作 1：按图 11-22 来设置透视的条件。

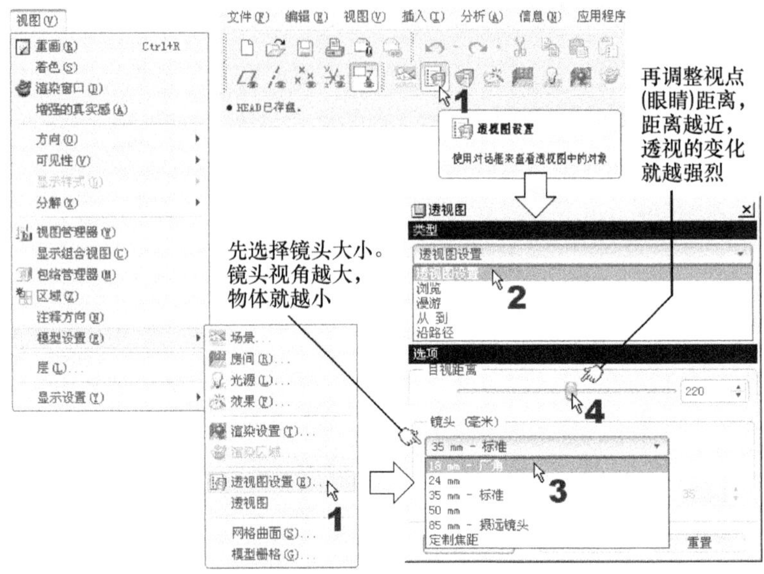

图 11-22　透视的条件设置

在图 11-22 的“类型”框中，有以下五种选项可选，说明如下。

(1) 透视图设置：即图 11-22 所示的设置窗口，一般选此默认设置。

(2) 浏览(Walk Through)：允许您通过使用“透视图”对话框中的控件，或采用鼠标控制在图面上移动模型来操控视图。可按照下列方法移动模型。

- 向前或向后，朝向或背离模型移动。
- 旋转以使模型面向不同的方向 (向上或向下，向左或向右)。

(3) 漫游(Fly Through)：允许您通过连续运动方式来查看模型，用手动的方法来更改透视图。模型的定向及方位是由类似飞行仿真器的互动来控制。

(4) 从_到(From/To)：由两个基准点或顶点所定义的查看路径来做透视。

(5) 沿路径(Follow Path)：通过轴、边、曲线或轮廓来定义的查看路径来做透视。

操作 2：然后，如图 11-21 的完成图所示，单击“透视切换”按钮，就可以切换透视和一般视图的状态。

操作 3：存盘。

11.5　灯 光 布 置

再继续，就要开始来设计灯光布置了。在设计灯光之前，先让我们来谈谈一些灯光布置的传统手法。

1. 单一点光源或多个点光源布置法

这是最简单的灯光布置法。单点光源就是模拟家里浴室里常用的灯泡效果。它可以随心所欲的放置在欲强调的部位。其优点是操作简单，效果比较好掌握，但这也是缺点。因为其被照面光明，未照面黑暗，对比强烈，仅能适用于若隐若现的情况。如果采用多个点光源，则会让画面变成毫无重点，一般对美感要求较高的人，不会用此方法。单一点光源是 Pro/E 的默认状态。其示意图如 11-22 所示。

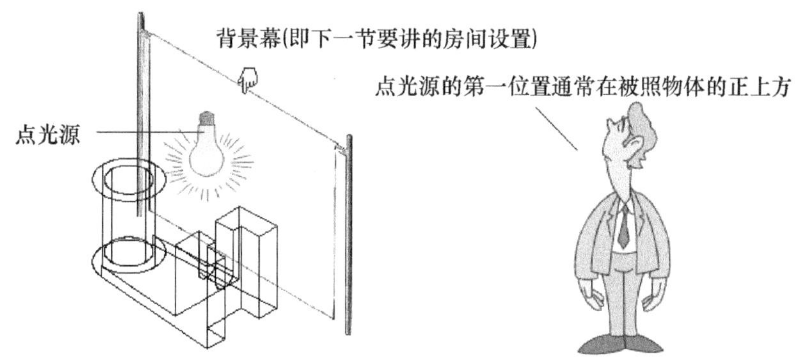

图 11-23　单一点光源布置法示意图

2. 平行光(或点光源)＋聚光灯布置法

接下来，是再加上聚光灯照射的做法。聚光灯常见于舞台照射，呈圆锥照射状。而平行光则类似日光灯效果，和点光源一样，用来布置环境光源。它们和聚光灯搭配起来，只要光度强弱适宜，不但能强调重点部位，未照面也不会太暗。这也是一般最常采用的方法。其示意图如 11-24 所示。

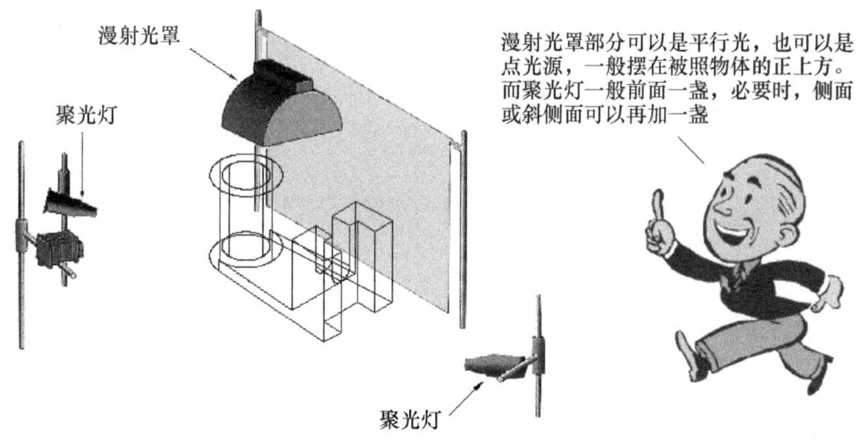

图 11-24　平行光(或点光源)＋聚光灯布置法

3. 多盏聚光灯布置法

采用多盏聚光灯的布置法是专业者常用的。它一般会照射物体的多个部位，然后布置好后，再视情况开关布置里面的某几盏，来看哪一种效果最适合当前想要的。其示意图如 11-25 所示。

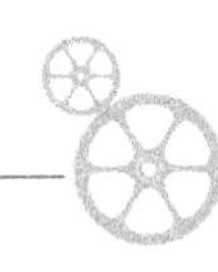

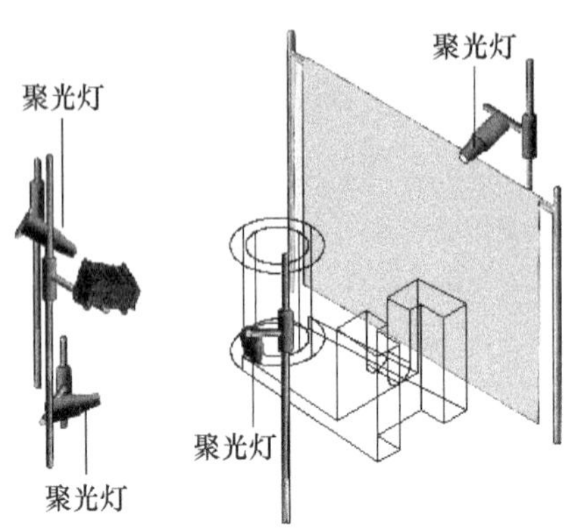

图 11-25　多盏聚光灯布置法

11.5.1　Pro/E 的灯光工具

请按图 11-26 来调用 Pro/E 的灯光工具。在 Wildfire 5.0 版以后，包括房间、灯光、效果和场景等设置，都被集成到“场景”窗口的选项卡中。所以，不论选取这四个工具的哪一个，都会进入其各自的选项卡里。

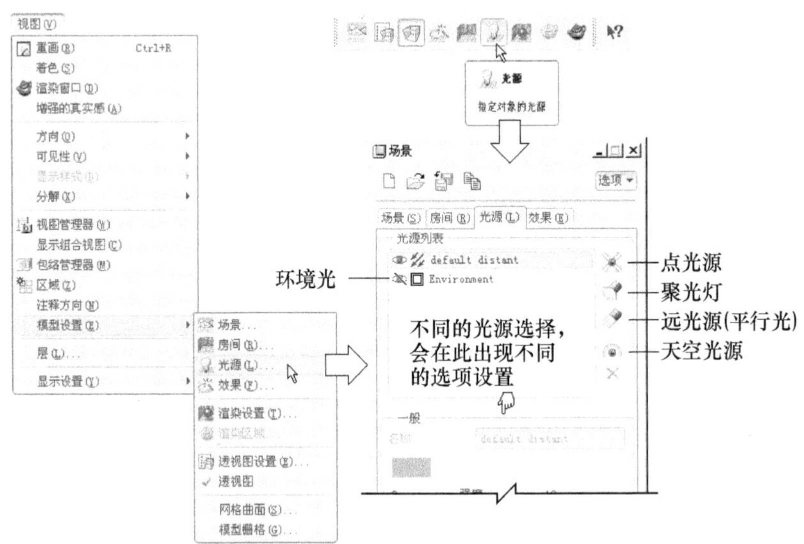

图 11-26　Pro/E 灯光工具的界面

在 Pro/E 中，它提供了点光源、聚光灯、远光源(平行光)和天空光源等。以下，我们就要配合实例来说明各种灯光选项的设置。

本范例练习文件：(1)Examples\ch11\Render_Exercise_Shading_Finish\head_P.asm。

本范例完成文件：(1)Examples\ch11\Render_Exercise_Shading_Finish\head_L.asm。

本范例完成场景文件：(1)Examples\ch11\Light_Scene_Sample.scn。

本范例视频文件：(1)avi(gb)\ch11\Light.avi。

本范例完成图如图 11-27 所示。

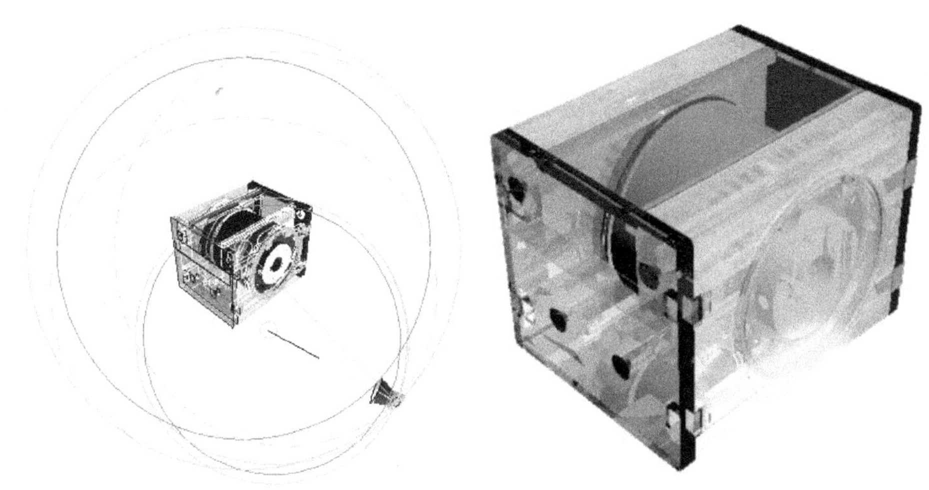

图 11-27　Pro/E 灯光设置完成图

在灯光布置方面的设置重点如下。

1. 远光源(平行光，Distant Light)

即模拟太阳光，属定向光源投射平行光线。无论模型位于何处，均以相同角度照射物体的所有面。一般多放在上方、前方或侧前方。如图 11-28 所示，名为“default distant”的灯光就是系统默认的远光源布置，它不能删除。

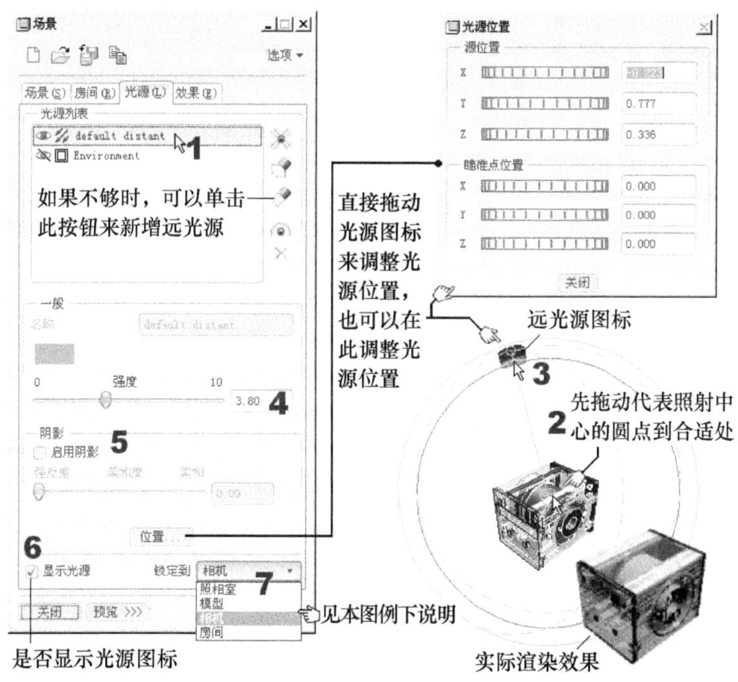

图 11-28　远光源的设置

说 明

在图 11-28 步骤 7 处“锁定到”后的列表中，其内的四个选项可以用来将光源固定到对象或视图中，如下所述。

- 照相室(Studio)：指定要将光源固定到某照相室。光源始终照亮视图的同一点，而与房间和模型的旋转无关。
- 模型 (Model)：指定要将光源固定到模型。光源始终照亮模型的同一点，而与视点无关。
- 相机(Camera)：指定要将光源固定在与相机相对的某位置。
- 房间(Room)：指定要相对于房间，将光源固定在同一位置。例如，如果在房间的左上角放置一个光源，那么该光源将始终位于房间的同一拐角。

2. 环境光(Environment Light)

使用“高动态范围图像”(HDRI) 来照亮模型的光。此类型光源只能与 Photolux 渲染器一起使用。如果将渲染器设置为 Photorender，环境光源将不会显示在光源调色板中。名为 Environment 的灯光就是系统默认的环境光源布置，它也不能删除。设置内容如图 11-29 所示。

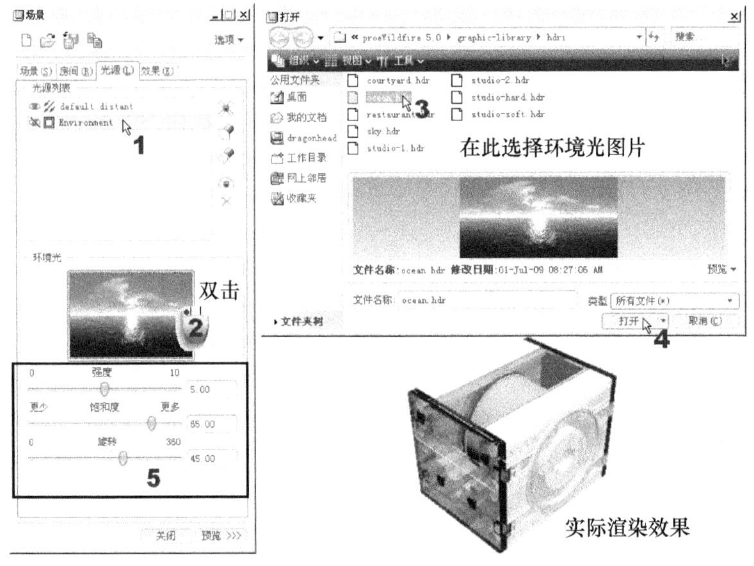

图 11-29　环境光源的设置

3. 点光源(Point Light)

即模拟灯泡的光源，光从灯泡的中心向外辐射。因此，根据曲面与光源的相对位置，曲面的反射光会有所不同。既是仿真灯泡，所以一般会放在物体上方。设置内容如图 11-30 所示。

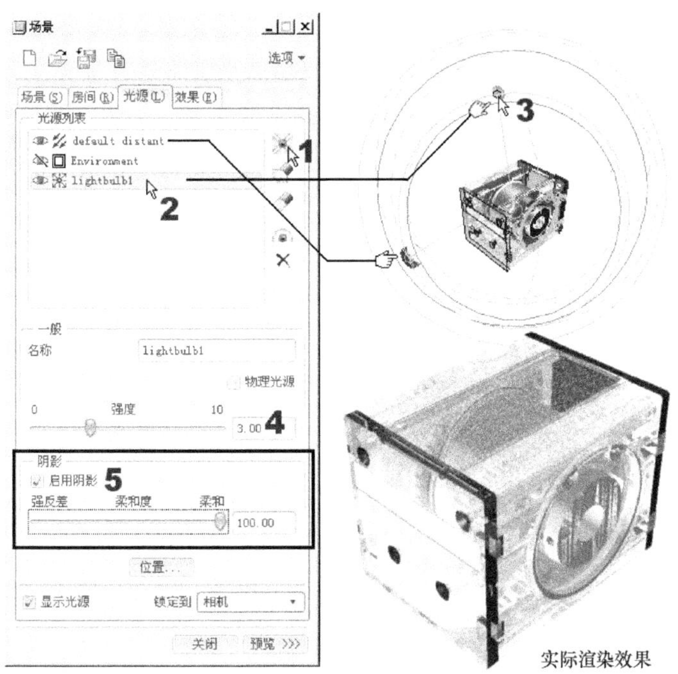

图 11-30　点光源的设置

4. 聚光灯(Spot Light)

即聚光源。光线会约束在一个聚光角所形成的圆锥体之内。设置内容如图 11-31 所示，可放在物体四周任意处，但照射物体。

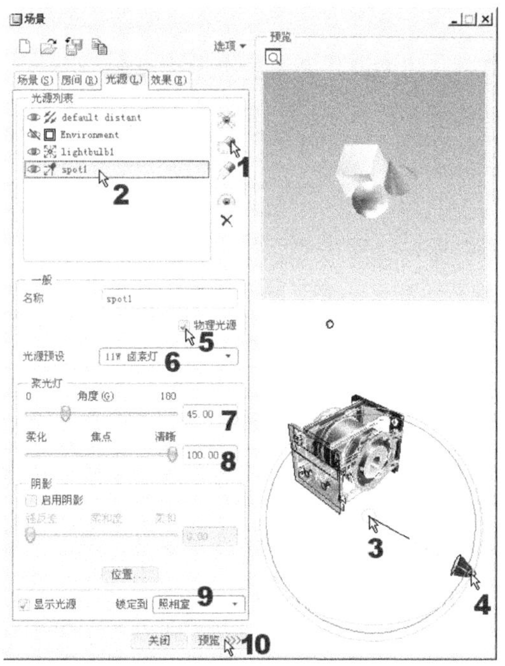

图 11-31　聚光源的设置

5. 天空光源(Skylight)

提供了一种使用包含许多光源点的半球来模拟天空的方法。要精确地渲染天空光源，则必须使用 Photolux 渲染器。如果将 Photorender 用作渲染程序，那么光源将被处理为远距离类型的单个光源。设置内容如图 11-32 所示(单独使用天空光源的情况)。

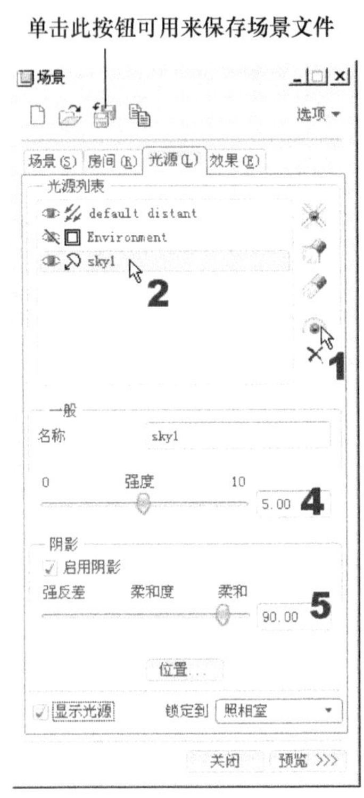

图 11-32 天空光源的设置

请注意：由于光源部分的设置无法保存在图形文件中，必须以另外的文件形式保存。现在，有以下两种保存灯光的方式。

1) 保存为场景格式的文件。

由于在 Wildfire 5.0 版以后，包括房间、灯光、效果和场景等设置，都已集成到“场景”窗口中。所以，在本范例视频文件中，我们示范使用图 11-32 上面的那个保存按钮，将整个“场景”窗口中的所有选项卡设置，都保存到一个 scn 场景格式的文件中 (本例命名为 Light_Scene_Sample.scn)。然后，下次打开任何图形文件时，都可以在“场景”窗口中再叫回来(本章 11.8 节会示范)。

2) 单独保存为专门的 dlg 灯光格式文件。

操作界面如图 11-33 所示。单独保存的文件容易遗失，而且只有灯光设置。所以，Wildfire 5.0 版以后，我们比较建议保存为场景文件比较方便。

11.5.2 快速做灯光布置的方法

对机械专业的初学者来说，操作不是问题，但是除非操作者本身对摄影有兴趣，否则灯(灯光布置)要打得好，手法还是很专业的。因此，Pro/E 提供以下两种方法来帮助非专业者快速打出有专业水平的灯光。

(1) 现成的场景库(本章 11.8 节详谈)。

(2) 灯光组数据库。您可以在图 11-33 中，选用 Pro/E 本身所提供的四组灯光库。

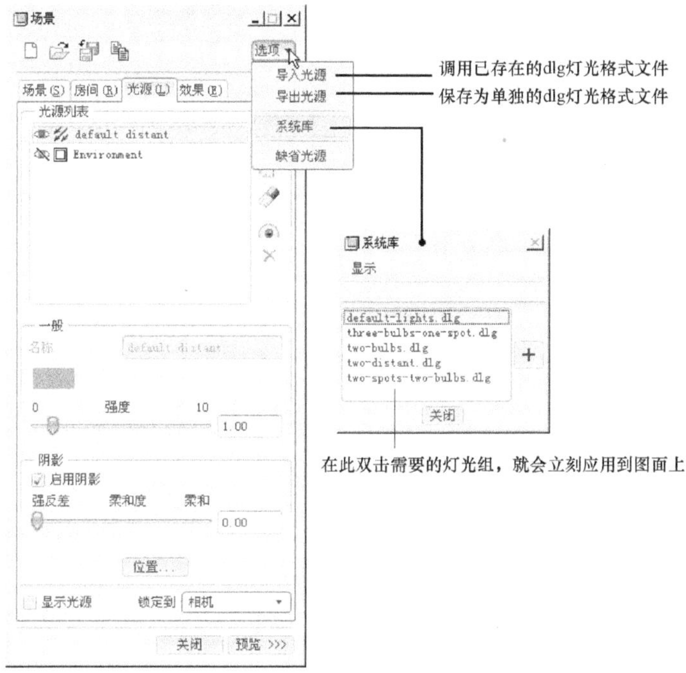

图 11-33　选用 Pro/E 灯光库的操作

11.6　房间设置

从字面上看来，您或许看不出来“房间设置”到底是什么。但是如果说那就是“背景”，相信大家就都明白了。“房间设置”其实是误译，应译为“空间设置”，也就是“背景幕”的意思。就像将物体放在一个六面的房间(空间)中，整个空间上下前后左右都是“背景幕”。您可以试着将效果图上的背景加到房间设置中。

尽管如此，在 Pro/E 里设置背景图片后，一样可以选择要不要渲染背景，对多数的设计师来说，一样可用。以下，我们就直接以实例示范来讲解房间设置的内容。

本范例目的：房间设置通常用来制作产品型录和出版品封面的素材，本例就为您示范制作一个出版品封面的房间设置练习，本练习只需要有地板部分的图案。让您了解这个功能的用途，以及更多的应用。

本范例练习文件：(1)Examples\ch11\Render_Exercise_Shading_Finish\head_L.asm。

本范例完成文件：(1)Examples\ch11\Render_Exercise_Shading_Finish\head_R.asm。

本范例完成场景文件：(1)Examples\ch11\Room _Scene_Sample.scn。

本范例视频文件：(1)avi(gb)\ch11\Room_Setup.avi。

本范例完成图如图 11-34 所示。

图 11-34　房间设置完成图

操作 1：请先了解房间设置的取用界面，如图 11-35 所示。

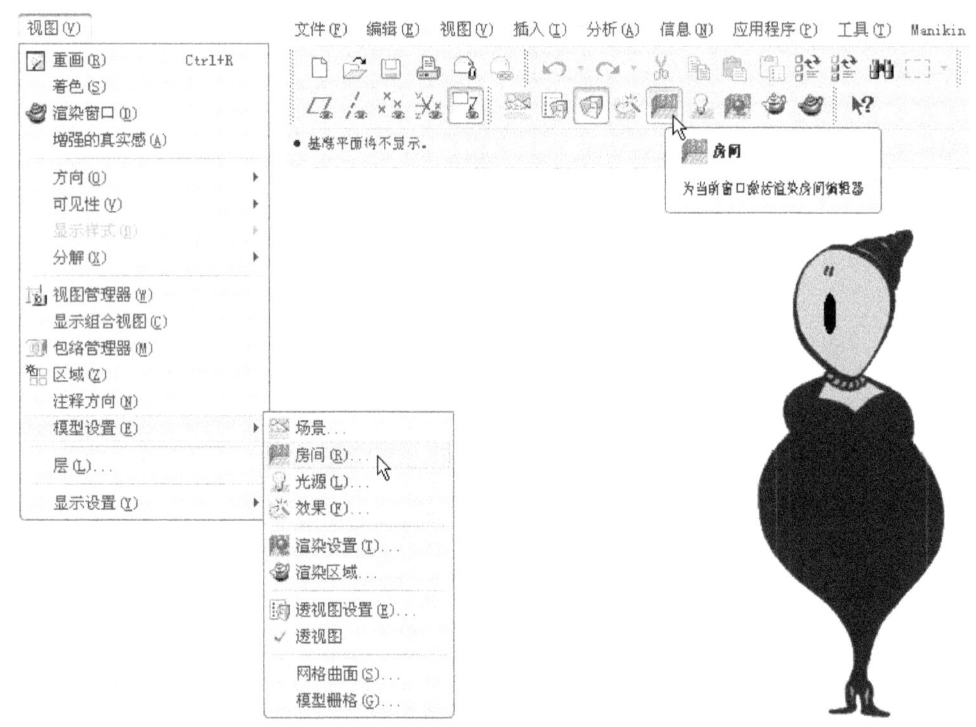

图 11-35　房间设置的取用界面

操作 2：房间设置界面的内容说明如图 11-36 所示。在开始设置前，为了取用先前存盘的灯光设置，要先取回 Light_Scene_Sample.scn 场景文件。而详细设置操作，请参见本范例的视频文件。

操作 3：开始渲染(尚未正式教，本章 11.9 节详说)。

操作 4：保存为场景文件，本例为 Room_Scene_Sample.scn。其实房间设置也可以单独保存为 drm 格式的文件(操作和灯光布置文件一样)，但我们仍然建议以场景为主来保存。

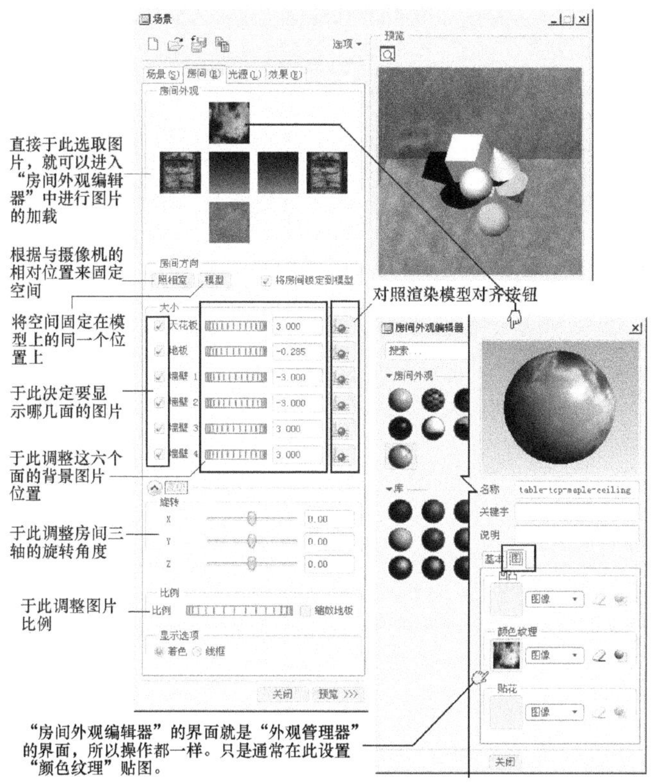

图 11-36　房间设置的选项内容

操作 5：存盘。

操作 6：继续将渲染后的结果保存成知名的图像格式文件(本章 11.9 节详说)，形成素材文件，再到 Photoshop 里作封面编辑(加入背景图片和封面文字)。图 11-37 所示的，就是一个通过 Photoshop 编辑后的类似完成结果(除主体物体不同外，风格是一样的)。

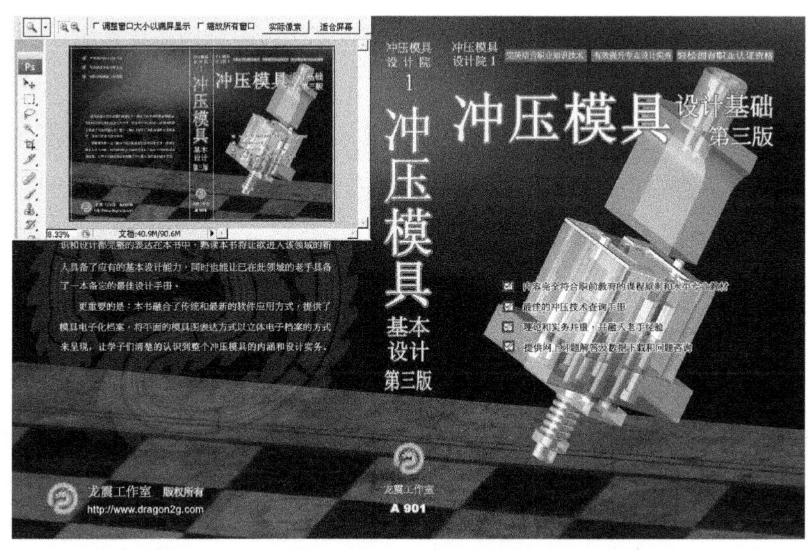

图 11-37　通过 Photoshop 素材编辑后的封面设计

11.7 效果设置

“效果”功能是用来辅助 Photolux 渲染引擎的。注意：如果“效果”图标不可用，那就是您 Wildfire 5.0 版的 license.dat 文件中，并无有效的 Photolux 渲染器许可证！请换一个有效的 license.dat 文件，再重新安装。因为这个功能只限于设置使用 Photolux 渲染引擎时才有作用。请按图 11-38 所示选取。

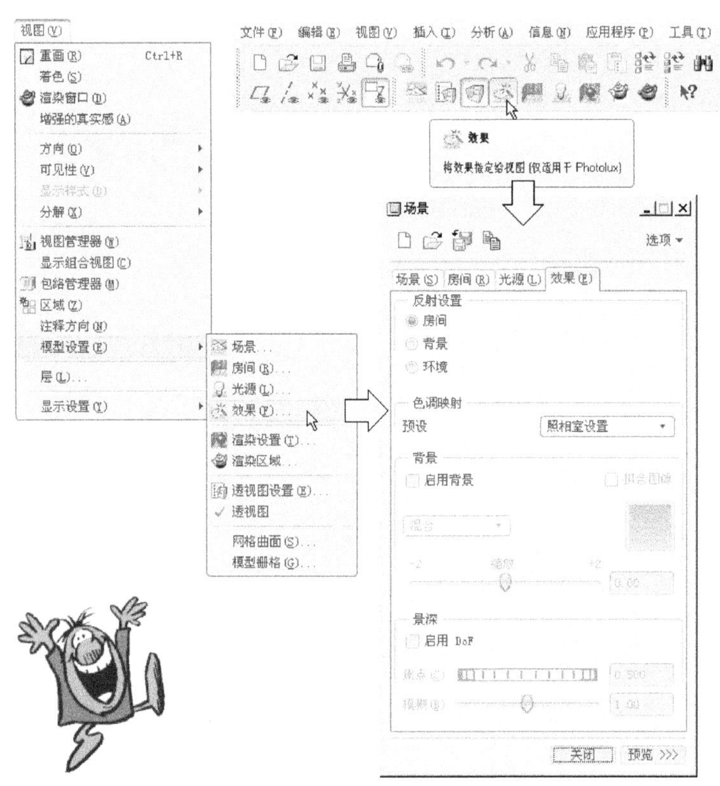

图 11-38 “效果”选项卡界面

本范例练习文件：(1)Examples\ch11\Render_Exercise_Shading_Finish\head_R.asm。

以下，我们还是调用之前的 head_R.asm 完成范例，来逐一说明“效果”选项卡内的选项和效果。

(1) “反射设置”选项组：在此指定要反射的场景是房间、背景，还是环境。默认的反射设置为“房间”。

(2) “色调映射”选项组：在高动态范围(HDR)中生成的图像，通常被解释为曝光过度或过亮。色调映射是一种将 HDR 图像转换为低动态范围(LDR)图像的技术，以使图像适合在普通计算机屏幕上显示。在此有以下 4 项选择。

- 照相室设置。为照相室环境中的对象设置色调映射。照相室就是一个室内，但是使用接近于白色光源布置的空间，所以效果会比较亮一些，此项定为默认设置。图 11-39 就是照相室设置的渲染效果。

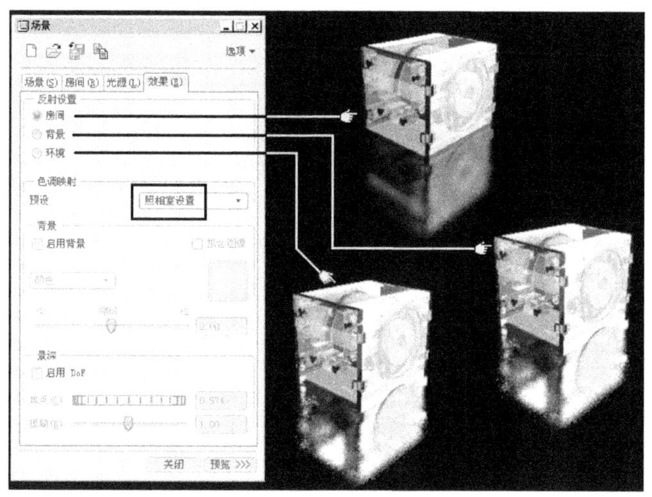

图 11-39　照相室设置的效果

- 室内设置。为室内环境中的对象设置色调映射，本身使用 HSV 值为 57、21、100 的点光源來模拟室内灯光。比起“照相室”设置来说，效果会暗淡一点。图 11-40 就是照相室设置的渲染效果。

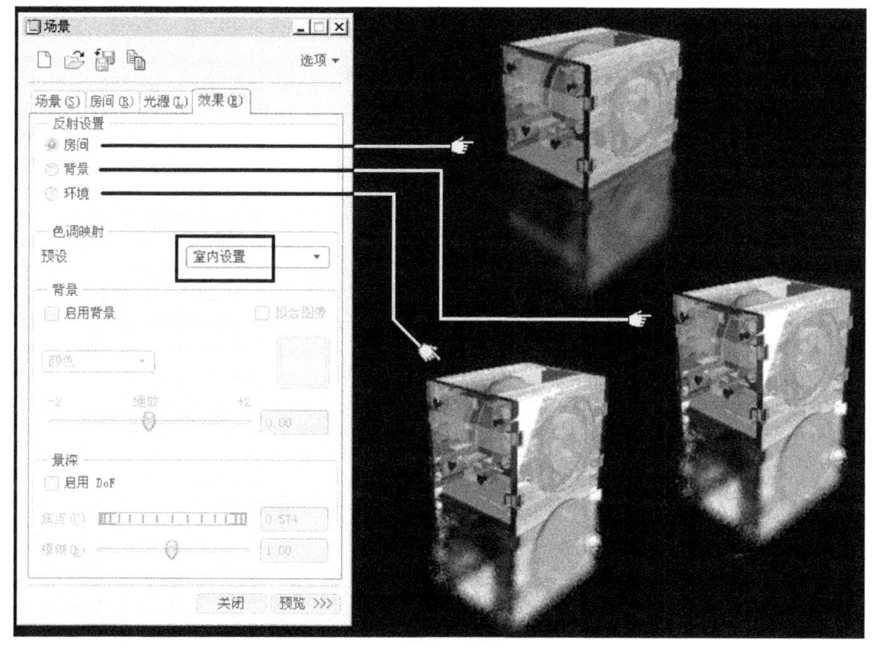

图 11-40　室内设置的效果

- 室外设置。为室外环境中的对象设置色调映射。要模拟室外环境，它将使用 HSV 值为 10、15、100 的定向光源模拟阳光，而使用 HSV 值为 200、39、57 的定向光源模拟月光。图 11-41 就是室外设置的渲染效果。
- 用户定义。允许用户通过调整以下参数来定义对象的色调映射。
    - ◆ 胶片 ISO：从列表中选择值以设置胶片速度。默认的胶片速度为 100。

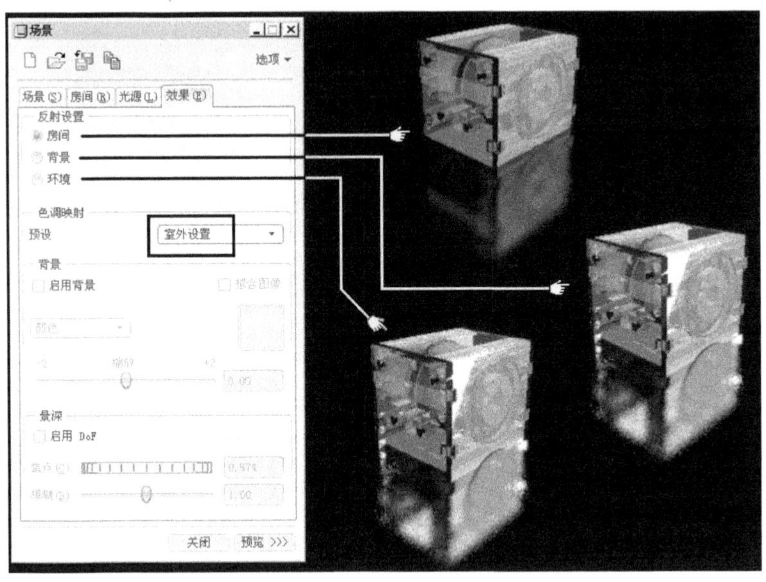

图 11-41　室外设置的效果

- 快门速度：从列表中选择值，以分数秒为单位设置照相机快门的速度。默认的快门速度为 1/15。
- 光圈值：从列表中选择值，设置照相机的分数光圈值。默认的光圈值为 f/4。
- cm2 因子：调整滑块或在相邻的框中输入值作为乘数，以将渲染像素值缩放为屏幕像素。默认值为 1500.00。

图 11-42 就是用户定义的渲染效果。

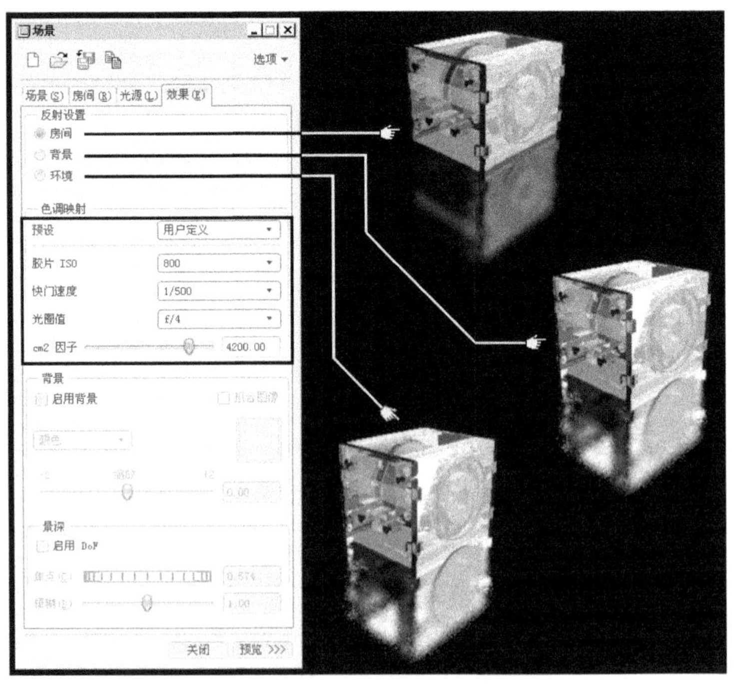

图 11-42　用户定义的效果

(3) “背景”选项组：在指定的场景中放置指定的背景。背景模拟特定设置中的模型，并在模型和房间后进行渲染，如图 11-43 所示。

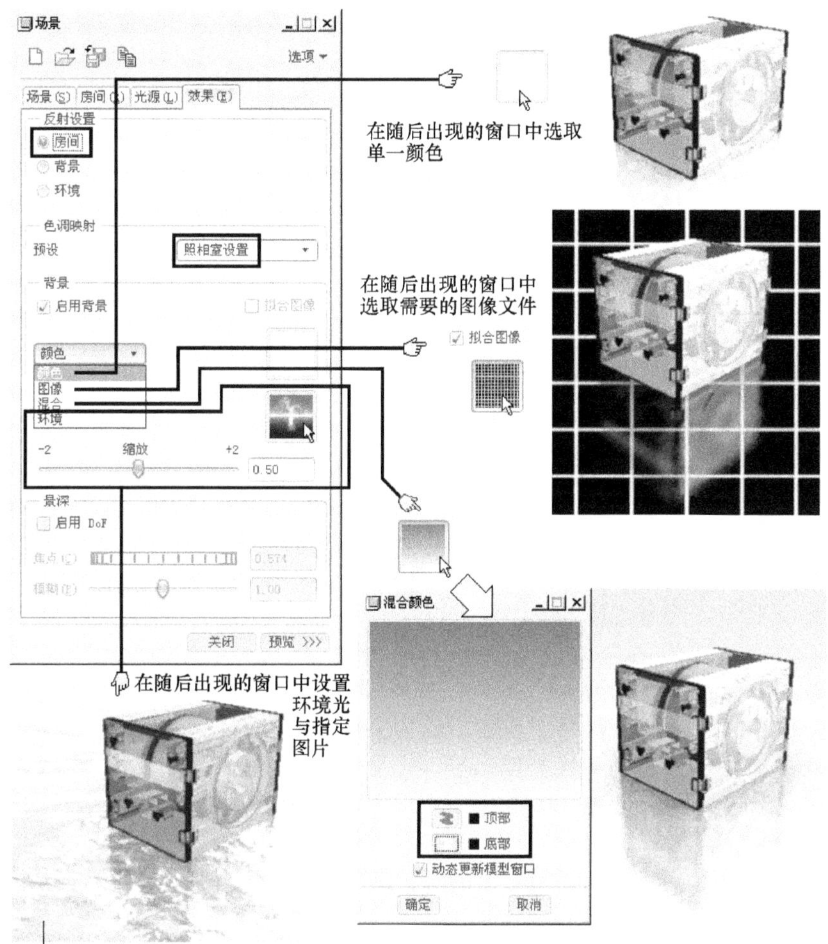

图 11-43 背景设置的效果

(4) “景深”选项组：用来生成整个场景的变焦效果。在此有以下选择。

- 启用 DOF：仅能在透视图状态下打开这个域深度(Depth of Field，DOF)复选框。
- 焦点：调整“焦点”的指轮，或在相邻的框中指定一个值，以模型单位指定从视点到场景聚焦点的距离。
- 模糊：调整滑块，或在相邻的框中输入值，指定在聚焦平面之外场景变模糊的速度。

图 11-44 就是景深设置效果的图例。

效果设置也可以单独保存为 den 格式的文件(操作和灯光布置文件一样)，但我们仍然建议以场景为主来保存。

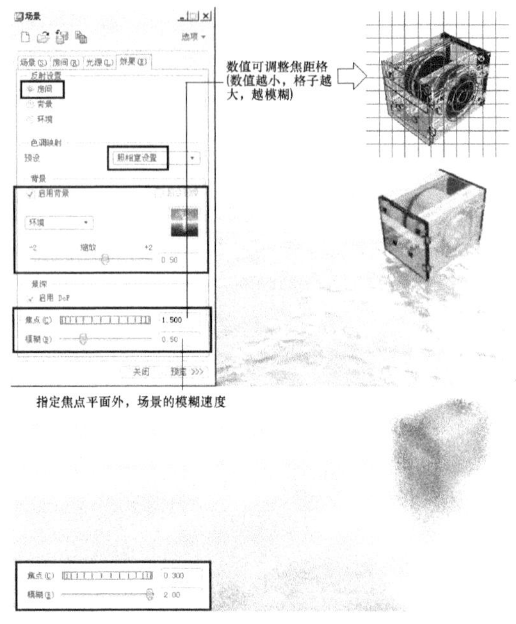

图 11-44　景深设置的效果

11.8　制作和使用场景

Wildfire 3.0 版以后，Pro/E 终于添加了较为实用的“场景”功能，而在 Wildfire 5.0 版以后更加强了所有渲染设置的集成功用。

所谓“场景”，就是一个集材料贴附、灯光、房间为一身的样板，所有关于场景的信息，都可以保存在一扩展名为.scn 的场景设置文件中。场景文件就是渲染设置的集合。这些设置包括灯光、空间布置和环境效果等。图 11-45 所示的，就是“场景”工具的操作界面。

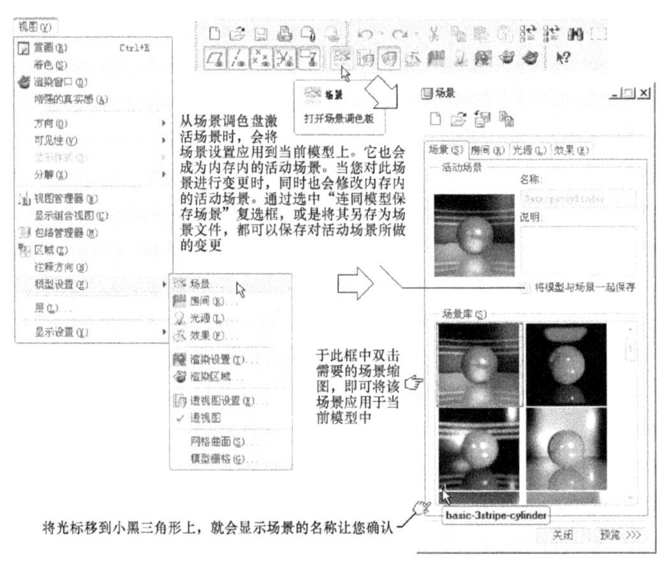

图 11-45　场景工具的操作界面

场景在作业阶段期间会被加载并在内存中保留。如果想要永久保存场景，则必须将其另存为场景文件。

当您将 save_scene_with_file 系统变量设为 yes 时，在作业阶段期间，“连同模型保存场景”复选框会一直保持在选中状态。如果您想要将材料和场景都一起保存起来，则必须将 save_texture_with_model 系统变量设为 yes。

本范例目的：在前面练习中所完成了两个.scn 的场景设置文件，在这个范例中，除了“场景”本身的设置外，我们还要来应用这两个已完成的场景文件。

本范例场景配合文件：(1)Examples\ch11\Light_Scene_Sample.scn、Room_Scene_Sample.scn。

本范例视频文件：(1)avi(gb)\ch11\scene.avi。

请按以下步骤图例来使用场景。

(1) 请随意打开一个要做渲染的零件文件或组件文件。

(2) 按图 11-46 的操作加载现有的场景文件。

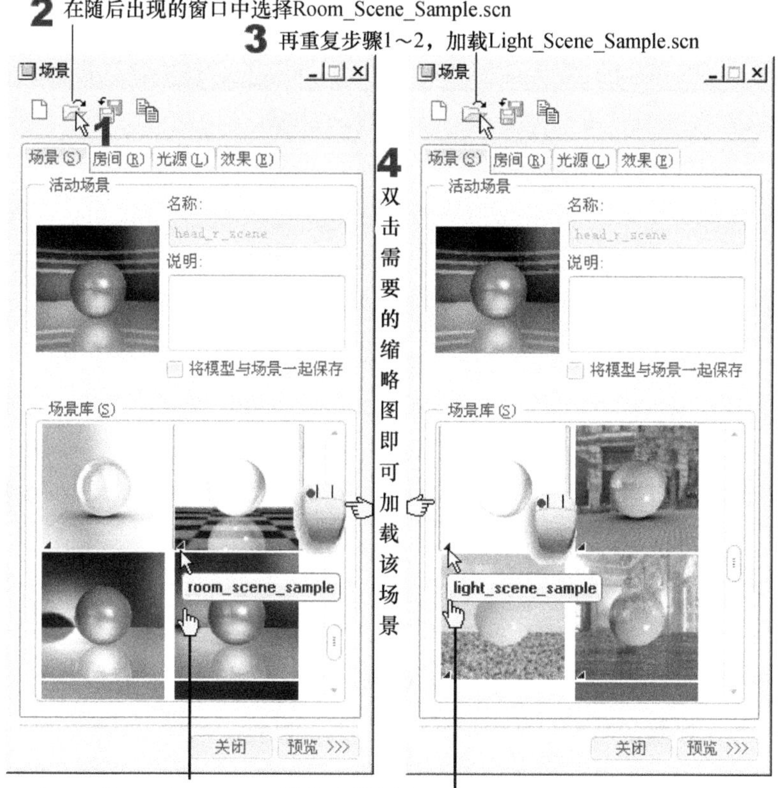

图 11-46 场景功能的操作

(3) 开始做渲染(下一节开始正式教)。

注 意

① 在场景调色盘中，当前活动的场景缩略图其边界为红色，所选场景的缩图其边界为蓝色。

② 在场景缩略图上按右键，即可于快捷菜单上选择“激活”、“复制”或“删除”一场景。

11.9 正式渲染

前面所做的所有设置，无非就是为了在这最后的阶段得到最好的渲染效果。所谓“渲染”就是将给定的场景条件转化成几近实物的真实图像，所以通常必须用专门的程序来处理，这个程序就叫“渲染引擎”(Rendering Engine)，也称“渲染器”。

Pro/E 里提供了两个“渲染引擎”，一个叫 PhotoRender，是基本的渲染器；另一个是 Photolux，属提高级渲染器。前面提过，如果在 Pro/E 中找不到 Photolux 渲染器，那就是您 Wildfire 5.0 版的 license.dat 文件中，并无有效的 Photolux 渲染器许可证！请换一个包含 Photolux 渲染器许可证的有效 license.dat 文件，再重新安装。

要完成渲染操作，必须先做渲染设置，然后再运行渲染，两者的操作界面如图 11-47 所示。

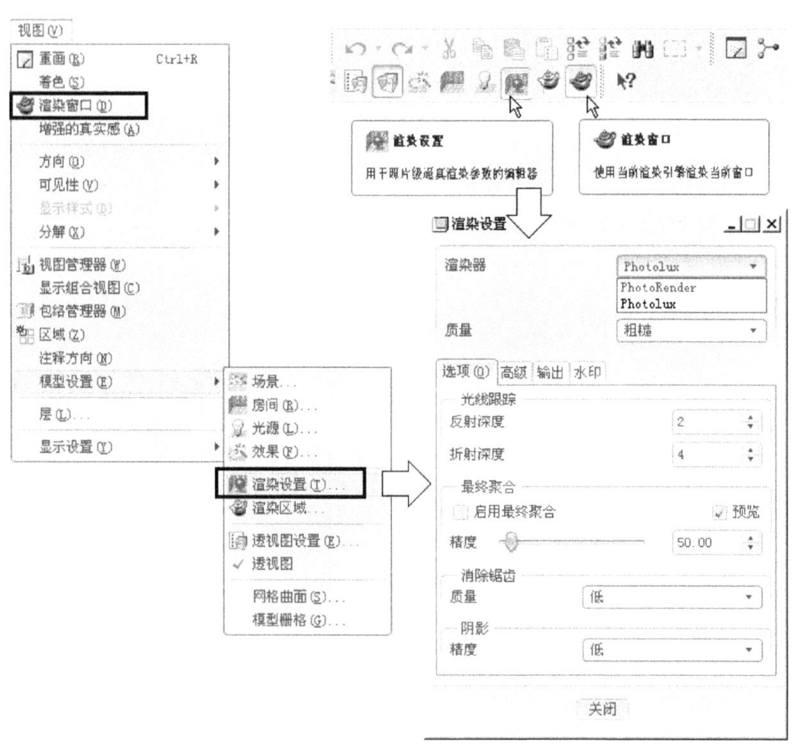

图 11-47 渲染设置和运行渲染的操作界面

以下，我们就分节来陈述渲染的设置和操作。

11.9.1 PhotoRender 渲染引擎的设置

PhotoRender 是默认的渲染器，图 11-48 是 PhotoRender 的渲染功能选项内容。

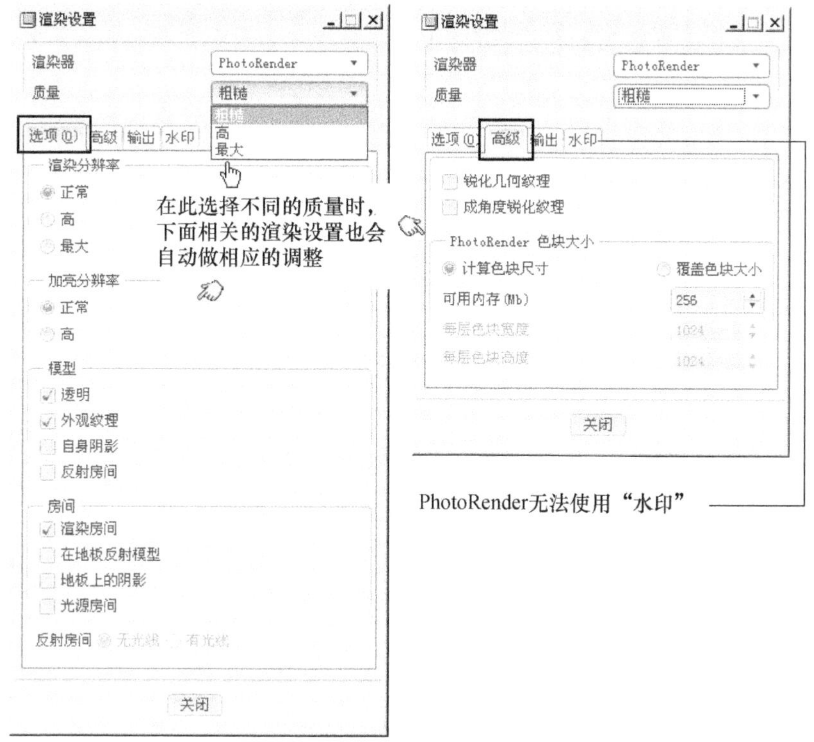

图 11-48　PhotoRender 的渲染设置选项

渲染的设置牵涉到很多和图像处理相关的专业术语，所以光说不练没有用，建议一般初学者，应该先以“粗糙”(应译为“草图”)的质量来做渲染测试，因为“粗糙”虽然效果粗一点，但渲染的时间比较短。然后，正式输出时，再选用“高”或“最大”。

图 11-48 的各选项说明如下。

(1) “选项”选项卡。用来选取渲染要素，并控制渲染的整体质量。包含以下选项。

- “渲染分辨率”选项组：您可以在此选择“正常”、“高”或“最大”，以控制模型中的曲面渲染质量。但是任何质量提高均会增加创建渲染图像所需的时间。
- “加亮分辨率”选项组：您可以在此选取下列选项之一。
  - 正常：加亮区渲染较快，但看起来可能会有一些倾斜。
  - 高：使加亮区变平滑，但会增加渲染时间。
- “模型”选项组：可以在此选取所需的下列复选框。
  - 透明：将指定曲面渲染为透明曲面，例如玻璃。否则，透明曲面被渲染为不透明。要设置透明度，请使用“外观管理器”对话框。
  - 外观纹理：渲染应用于曲面的纹理。如果不应用曲面纹理，则不必使用此选项。

- ◆ 自身阴影：由场景中的对象向其自身和其他对象投射阴影，但不能向环境中的地面和壁投射阴影。只有在“场景”对话框的“光源”选项卡中为一个或多个定义的光源选择“启用阴影”选项后，才能显示阴影。
- ◆ 反射房间：房间的所有曲面均在模型上进行反射。指定反射属性后，可以应用无光泽或镜面外观。
- ● “房间”选项组：您可以在此选取所需的下列复选框。
  - ◆ 渲染房间：渲染模型和壁图案。不选中此选项时，只渲染模型，但是壁图案仍然可以在模型表面进行反射。即使在渲染中不显示房间，在图像中也能看到房间的反射。
  - ◆ 在地板反射模型：在地板上反射模型，以便使地面有光亮的外观。但是，这样也会增加渲染时间。不选中时，地板具有无光泽的外观。
  - ◆ 地板上的阴影：打开或关闭阴影。只有在“场景”对话框的“光源”选项卡中为一个或多个定义的光源选择“启用阴影”选项后，才能投射阴影。
  - ◆ 光源房间：应译为“照亮房间”，即使用活动光源来渲染房间的壁。不选中时，会使用恒定光渲染壁外观。仅在选中此选项后，才能使用“反射房间”选项。
  - ◆ 无光线：使用相同的光源渲染房间的壁，并使其在模型上反射。
  - ◆ 有光线：采用用户定义的光线渲染房间的墙壁。只有定制光源照亮的壁部分才能在模型上反射。

(2) “高级”选项卡。包含以下选项。

- ● “锐化几何纹理”复选框：即用较高的清晰度来渲染几何壁图案。使用此选项可创建大型的地板或壁。几何图案包括条纹和棋盘格。
- ● “成角度锐化纹理”复选框：就是锐化模糊的壁图案的图像，但可能会造成锯齿（锯齿边缘）。图案与视点之间的夹角太小时，壁图案会变模糊。
- ● “PhotoRender 色块大小”选项组：您可以在此选择下列选项之一。
  - ◆ 如果想让“照片级逼真渲染”计算色块大小，请选取“计算色块尺寸”。软件会根据模型大小和指定的可用内存值进行计算。推荐的内存设置为运行“照片级逼真渲染”计算机中的内存量。
  - ◆ 选择“覆盖色块大小”，并在相邻框中指定“每层色块宽度”值或“每层色块高度”值。该值决定每个通道渲染图像的量。此数目越大，则所需的内存越多，但渲染速度越快。

11.9.2 Photolux 渲染引擎的设置

Photolux 是 Pro/E 提供的一种提高级渲染引擎。Photolux 是一个使用追踪光线轨迹的渲染引擎，所以从我们前面的实例练习效果来看，其图像效果的确是要比 PhotoRender 逼真。图 11-49 就是 Photolux 的渲染功能选项内容。

图 11-49　Photolux 的渲染设置选项

图 11-49 的各选项说明于下。

(1) “选项”选项卡。用来选取元素并控制渲染的总体质量。包含以下选项。

- “光线跟踪”选项组：可以在此指定“反射深度”和“折射深度”的值。如果要在渲染过程中使用光线跟踪，请选取“光线跟踪”。在需要时，Photolux 光线可以仅跟踪图像的某些部分。例如，仅跟踪透明或反射材料。对于使用玻璃或其他透明材料的模型来说，光线跟踪特别有效。
- “最终聚合”选项组：勾选“启用最终聚合”开关项，用来计算场景中的间接照明。“最终聚合”将使用周围曲面和背景的颜色值来计算场景中的光照。然后，调整“精度”下的滑块，或在相邻的框中指定值，就可以确定最终聚合的精度。注意，在默认情况下，如果渲染的“质量”设置为“高”或“最大”，便会启用“最终聚合”。
- “消除锯齿”选项组：可选择“低”、“中”、“高”或“最大”4 种等级。
- “阴影”选项组：可选择将阴影精度设置为“低”、“中”、“高”或“最大”4 种等级。

(2) “高级”选项卡。包含以下选项。

- “全局照明”选项组。包含以下设置项。
  - ◆ “启用全局照明”开关项：用来计算场景中的间接照明。“全局照明”将使用光源发出的光子来计算场景中的间接照明。
  - ◆ “精度”：在此设置光子数。
  - ◆ “半径”：按房间大小的百分比指定全局照明的半径。
- “焦散”选项组。包含以下设置项。
  - ◆ “启用焦散”复选框：指定是否使用焦散进行渲染。注意，焦散和全局照明设置仅用于物理光源。如果使用非物理灯泡和聚光灯作为光源，则会忽略这些设置。
  - “精度”：在此设置光子数。
  - “半径”：按房间大小的百分比指定焦散半径。
- “全局设置”选项组。包含以下设置项。
  - “光子数”：控制要发送到场景的光子的数目。
  - “能量标度”：调节来自符合物理定律的光源的能量输出。这会改进“焦散”和“全局照明”的结果。
- “即时几何”选项组。选中“即时几何”复选框，系统将根据需要，仅将必需的几何下载到渲染引擎。如果取消选中此复选框，那么系统将下载组件中的所有对象，以用于渲染。选中此复选框可能会增加渲染时间，但可减少内存的使用量。

(3) “水印”选项卡。“水印”是指希望在渲染图上出现的文本或图像。此选项卡中将包含以下设置项。

- “文本水印”选项组。包含以下设置项。
  - “启用文本水印”复选框：指定是否要在图形窗口的模型中插入文本水印。当勾选后，将出现以下的设置项。
  - 文本：允许您输入水印文本。默认水印文本为 Advanced Rendering Extension。
  - 字体：确定水印文本的字体。默认字体为 Shannon。也可使用 pro_font_dir 配置选项，来将字体添加到可用字体列表中。
  - 颜色：指定水印文本的颜色。默认颜色为白色。
  - 尺寸：确定水印文本的大小。默认大小为 0.4。
  - 对齐：相对于模型对齐或定位水印文本。默认对齐设置为“左下”。
  - Alpha：确定水印文本的透明度百分比。默认 Alpha 设置为 50%。Alpha 设置为 0，表明将水印渲染为透明。Alpha 设置为 100%，表明将水印渲染为不透明。
- “图像水印”选项组。包含以下设置项。
  - “启用图像水印”复选框：指定是否将图像作为水印插入到模型中。当勾选后，将出现以下的设置项。
  - 图像：允许您在此浏览并选取水印图像。
  - 对齐：相对于模型对齐或定位水印图像。默认对齐设置为“右下”。

11.9.3 渲染操作

渲染本身的操作是很单纯的，只要简单的选取图 11-47 所示的“渲染窗口”选项或图标即可。这在前面的视频文件中，我们已经示范过很多。

Pro/E 还提供另一个如图 11-50 所示的局部渲染方式，但是只适用于 Photolux 渲染器。这个 Pro/E 译为“渲染区域”的工具，应译为“局部渲染”。

因此，对渲染来说，复杂的是上一节所讲的渲染设置选项，不同的设置可以组合成千变万化的不同情况和效果。不过，就如同前述，实际上只要在“质量”框中选择“粗糙”、“高”或“最大”等不同的质量时，下面相关的渲染设置也会自动做相应的调整。对非专业的操作者来说，也不会太费心。

因此，本节的范例(使用任意的零件或组件文件，以及任意的场景)仅为您介绍在同一渲染设置下，分别使用 PhotoRender 和 Photolux 渲染器的效果。如图 11-51～图 11-53 所示。

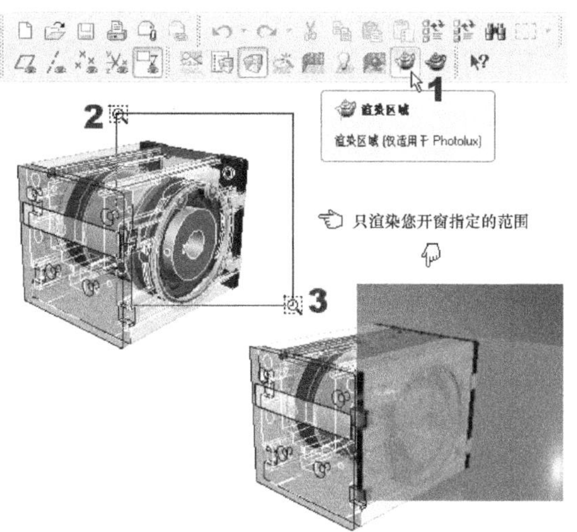

图 11-50　局部渲染的操作

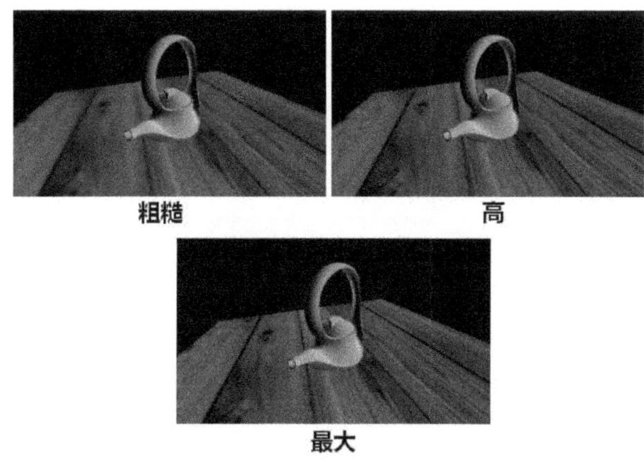

图 11-51　本范例渲染图(PhotoRender 渲染引擎)

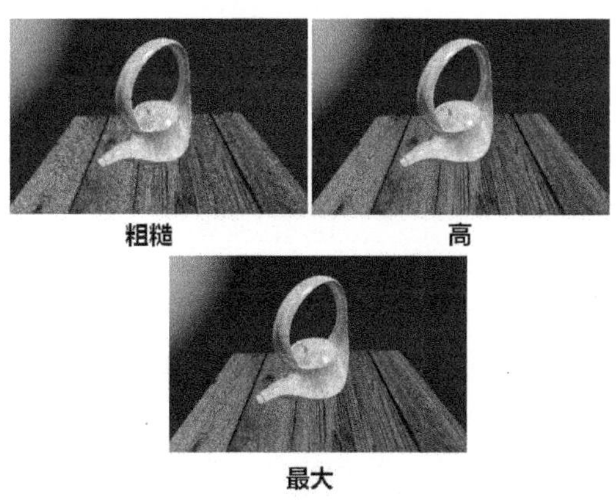

图 11-52　本范例渲染图(Photolux 渲染引擎)

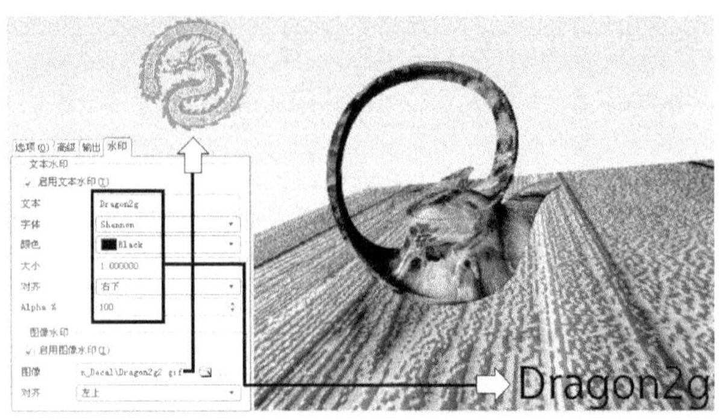

图 11-53　水印的效果

11.9.4　渲染图像输出的操作

将渲染的结果输出为一个图像文件，对一位初学者来说，可能更为重要！在“渲染设置”窗口中，还有一个图 11-54 所示的“输出”选项卡还没讲。这个选项卡就是主要的输出控制处。

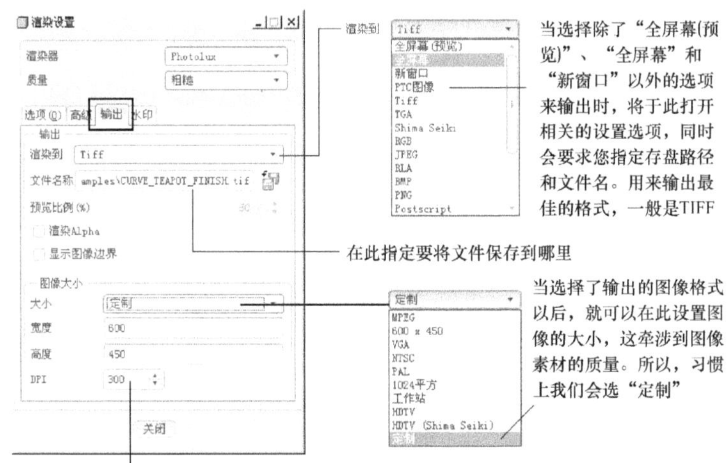

图 11-54　渲染功能的输出选项说明

就按照图 11-54 的设置，我们将图 11-53 的那张渲染图，以“最大”的质量输出到范例光盘中(1)Examples\ch11 目录下的 Output.tif 文件，您可以使用 ACDSee 这类的看图软件来看。

信息补充站　　**图像格式的常识**

讲到图像文件就不得不提到图像格式。在 Pro/E 中制作出漂亮的渲染画面后，要将它以何种的图像格式保存下来？那就需要一些常识了。表 11-3 将列出我们常见的几种图像格式。

通过表 11-3 的常识补充后，我们建议读者了解以下应用原则。

① 图片如果要达到可制作广告质量的水平要求，就要采用 TIFF 格式。

② 如果是简报、草图或网页用，则可采用 JPG 格式。

表 11-3　常见的图像格式说明

格　式	类　型	说　明
GIF	不失真	GIF 是 1987 年由 Compu-serve 所提出的图像压缩格式，所使用的压缩方法是“蓝波-立夫-卫曲编码法”，又可称为“字符串表(String Table)压缩法”。其基本的原理是将原始图像数据中重复的字符串编成一个表，然后再利用表上的索引值来取代原始图像数据中的字符串，由于索引值的体积远比原始图像中的字符串体积来的小，因此 GIF 的图像具有压缩的效果。然而，GIF 中所使用的蓝波-立夫-卫曲编码法是经改良过后的版本，它和标准版本最大的不同点在于：GIF 的蓝波-立夫-卫曲编码法其字符串表没有最大体积的约束，而且以“可变长度码”来编码其索引值，所以有效的节省压缩后的空间，提高压缩的比例。GIF 的缺点是：编码法本身的程序设计困难，要花费较多的时间。但是由于它的高压缩效率，还是让 GIF 在图像压缩处理上占有一席之地。当前我们在 WWW、DOS、MS Windows、Macintosh 上，到处都可以看见支持 GIF 的各种应用软件。然而 GIF 的色彩支持只到 256 色，在当前图像质量要求越来越高的情况下，GIF 并不能完全满足用户的需求
JPG	失真	JPEG 是由国际标准组织(ISO)和国际电话电报咨询委员会(CCITT)所创建的一个数字图像压缩标准，主要是用于静态图像压缩方面。JPEG 采用可失真(Lossy)编码法的概念，利用数字余弦转换法(Discrete Cosine Transform，简称 DCT) 将图像数据中较不重要的部分去除，仅保留重要的信息，以达到高压缩率的目的。虽然被 JPEC 处理后的图像会有失真的现象，但由于 JPEG 的失真比例可以利用参数来加以控制；一般而言，当压缩率(即压缩过后的体积除以原有数据量的结果)在 5%～15%之间时，JPEC 依然能保证其合适的图像质量，这是一般无失真压缩法根本做不到的。由于 JPEG 的压缩率极高，且图像质量可以接受，所以是当前最受欢迎的压缩法之一。JPEG 能应用于压缩全彩或是 8 位的灰度图像。一般而言，凡是照片或是色彩连续的图像都非常适合利用 JPEG 来压缩
BMP	不失真	是微软公司专门为 Windows 所发展的不失真图像文件格式，无法做一般图形文件的压缩，所以文件体积大
PCX	不失真	这种图像压缩格式是由 Zsoft 公司所设计、发展的，它是以变动长度编码法(Run Length Encoding，简称 RLE)为其核心压缩技术，并以位为基本单位，水平式(Row by Row)的进行编码。由于变动长度编码法的算法简单、易懂，且程序设计十分简单，所以被广泛的运用在图像保存方面。几乎所有支持图像的软件，都会使用 PCX 的文件格式。然而，由于变动长度编码法对于数据的内容相当敏感，随着图像复杂度的不同，其压缩率也会大幅的变动，经常不能保持一定的压缩水平，有时遇到重复性极低的图像数据，PCX 处理过的图像体积常常会不减反增；因此，PCX 并不是一个理想的图像压缩格式

续表

格　式	类　型	说　明
TIF	不失真	Tagged Image File Format，TIFF 也是一个非常重要的图像压缩格式。它的第一个版本是由 Aldus Corporation 公司的 Aldus Developers 于 1986 年所公布的。它利用标签(Tag)为其组成的基本架构，具有极大的扩充性。TIFF 有三个重要的特色如下： 已被大量使用于多种工作面台上，例如 Windows、DOS、UNIX 和 OS/2 等。 提供多种压缩策略，包括蓝波-立夫-卫曲编码法(Lempel-Ziv-Welch Encoding，简称 LZW)、霍夫曼编码法(Huffman's Encoding)，以及变动长度编码法等；用户可以依照自己的需求，使用合适的压缩策略。 具有丰富的色彩支持，包括单色、灰度、及全彩的图像格式，TIFF 皆能处理
TGA	不失真	是 AT&T 公司研发出来的图像压缩格式，其主要的目的是用来做图像撷取时使用的。由于图像撷取时是以像素(Pixel)为基本的处理单位，而且每次可以撷取到图像中的一列像素，所以 TGA 也是以像素为其压缩的基本单位，而且以图像中的一列像素为其一个段落来进行编码。TGA 使用类似 PCX 的图像压缩方式(即变动长度编码法)来压缩它所撷取到的图像数据，因为 TGA 具备保存全彩图形的能力，因此支持它的软件大多具有高级的图形撷取及数字图像处理的功能，是早期图像应用领域中非常重要的文件格式之一。TGA 的文件架构较 PCX 复杂，但其可保存的图形模式则较广泛，而且文件架构的延展性亦较强，用户可依自己的需求来指定 TGA 格式，以保存图像

11.10　计算机机箱的渲染实例

在前面的章节中，我们已将渲染的基本操作，从头到尾演练过一次。渲染后的成品图漂亮与否，见仁见智，各人有各人的层次，但整个操作过程和内容就是这样。

而本节要和大家一起来练习的，则是计算机机箱组件图的渲染操作。组件图(.asm)和零件图(.prt)的渲染有何不同呢？当然都一样，但是一般来说，由于零件的造型较为单一，除非特殊，否则通常仅做到着色阶段就可以了，因为它主要在于方便组装后的辨识。但组件文件就是所有或局部零件的集合了，这部分比较有挥洒的空间。

因此，我们建议在零件模式下就要贴附材料(着色)。要不然，等到组装后才来使用这个功能，会因为零件复杂，而增加操作困难度。针对复杂的组装图形，您会有以下两种方式来设计材料贴附。

(1) 增加外壳材料的透明度，以看清内部组件。这种方法用来制作产品的全部三维效果图。

(2) 将外部立体包覆模型隐藏，只显示要观看的部分。这种方法用来制作局部三维效果图。当然，里面的材料就可以用原材料色。

以下，就打开以下的组件文件，来练习这个渲染范例。

本范例制作目的：要将计算机机箱产品，以侧面手法表现箱体的空间情况。由于这个渲染图要用于制作简报、广告或型录等众多场合，所以背景必须是白色，以方便使用其他图像处理软件(如 Photoshop)来做二次加工。

本范例练习文件：(1)Examples\CH11\pc_case\006-000333.asm。

本范例完成图如图 11-55 所示。

图 11-55　组件文件的渲染完成图

操作 1：打开该组件文件。文件很大，请耐心加载，打开后的内容如图 11-56 所示。左图是原来的图，右图则是我们要表现的主体，我们特别将塑料面框的部分隐藏起来的效果图。

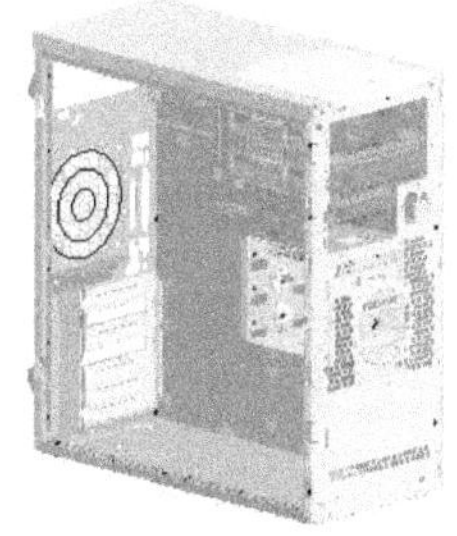

图 11-56　本范例初始图

操作 2：设置透视图视面。如图 11-57 所示。

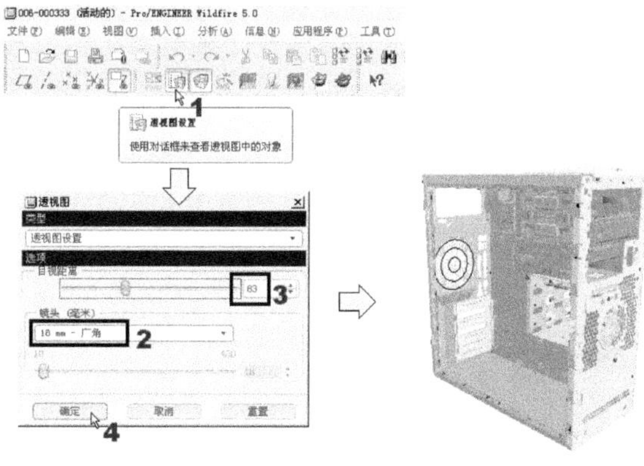

图 11-57　设置透视图视面的操作

操作 3：灯光布置。我们先如图 11-33 的方式加载一组合适的默认灯光组(本例选第四组)。叫进来后，再增删所需的灯光组，并给予合适的设置。完成图如图 11-58 所示。完成后将这组灯光文件 pc_case.dlg 存到 (1)Examples\ch11\pc_case 目录下。加载此文件后，就可以参照其内的详细设置，并将其更改为效果更好的设置。

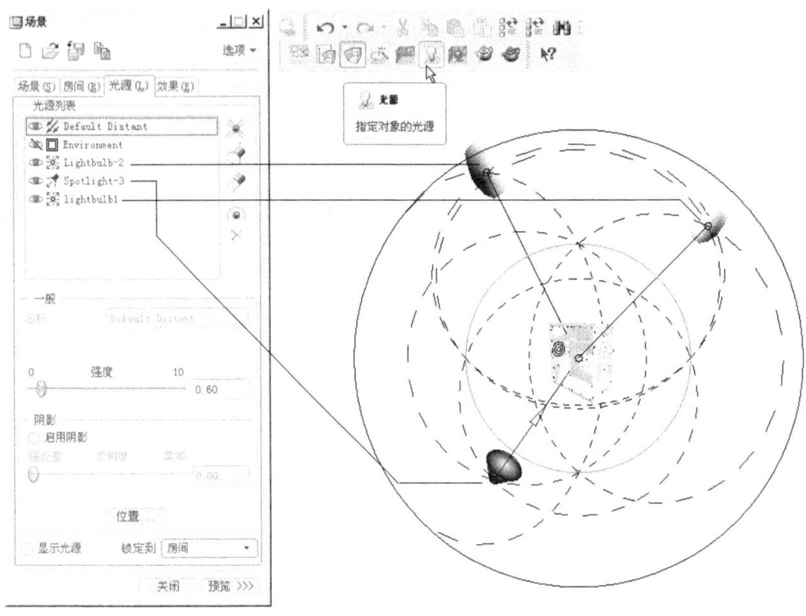

图 11-58 灯光布置的内容

操作 4：选用一个场景，如图 11-59 所示，然后开始做“粗糙”的渲染。侧面的聚光灯太亮，可回到灯光设置窗口中将聚光灯源删除。

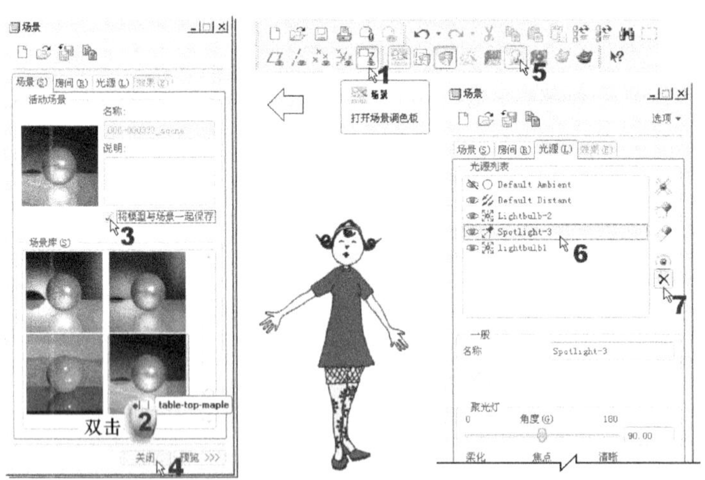

图 11-59 选择场景并调整光源

操作 5：开始渲染操作。图 11-60 就是采用 Photolux 引擎在“最大”质量下做渲染的结果。但是在正常情况下，为了节省时间，应该在“粗糙”质量下做渲染，确认后在输出前才转为“最大”质量。

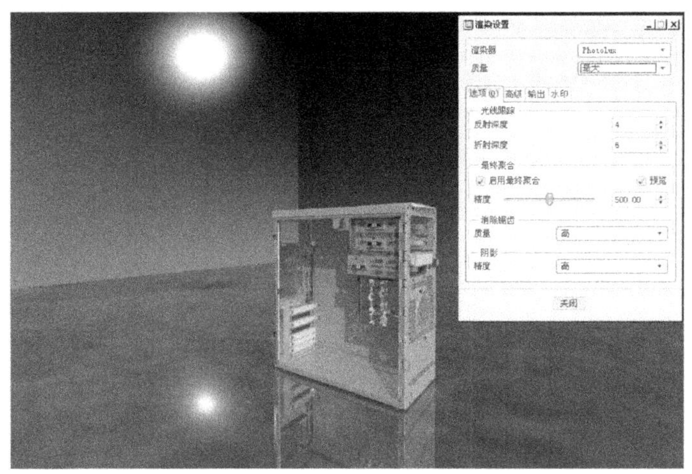

图 11-60　草图渲染的操作

操作 6：如果这样的结果还不满意，就回头去做相关的设置修正(一般是材料和灯光)，直到满意为止。此时，如果要求要白底，所以就参照图 11-43 来设置白色背景。如果还要加上其他相关的环境特效，也请在“效果”选项卡中一起设置。

操作 7：最后，一切无误后，要正式输出了。所谓“正式输出”就是要将这个渲染画面转为图像格式文件。请按图 11-61 所示进行操作。

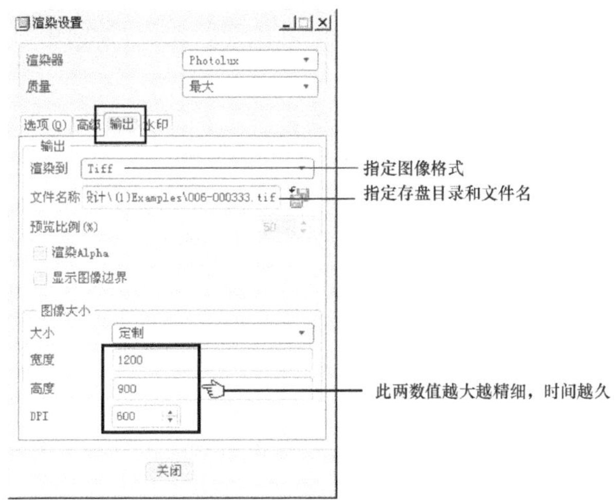

图 11-61　正式输出的操作

11.11　与渲染有关的名词说明

(1) Alpha：RGB 图像文件中可选的第四通道，通常用于复合图像。

(2) 环境光源：平均作用于渲染场景中所有对象各部分的一种光。

(3) 环境光反射：一种曲面属性，用于决定该曲面对环境光源光的反射量，而不考虑光源的位置或角度。

(4) 凸缘贴图：应译为“凹凸贴图”，一种单通道材料贴图，创建曲面凹凸不平的效果。

(5) 凸缘高度：应译为“凹凸高度”，即凹凸贴图特征的高度或深度。

(6) 颜色方块：颜色编辑器的一部分，用来根据红、绿和蓝的颜色值沿两个轴线定义颜色。

(7) 调色板：颜色编辑器的一部分，提供一系列颜色。

(8) 颜色材料：三通道纹理贴图，由红、绿和蓝色值组成。

(9) 颜色轮盘：颜色编辑器的一部分，可基于色调、饱和度和亮度选择颜色。

(10) 贴花：四通道纹理贴图，由标准颜色纹理贴图和透明度(如 Alpha)通道组成。

(11) 远光源(即平行光)：远光源会投射平行光线，以同一个角度照亮所有曲面(无论曲面的方位为何)。此类光照模拟太阳光或其他远距离光源。

(12) Gamma：显示设备(显示器)所固有的对强度的非线性复制。

(13) Gamma 修正：修正图像数据，使图像数据中的线性变化在所显示图像中生成线性变化。

(14) 加亮颜色(光点)：从模型中反映出来的加亮部分的颜色。

(15) 加亮光泽：加亮区的锐化和扩散程度；加亮区越小，则曲面更有光泽。

(16) 加亮强度：加亮区的亮度。

(17) 色调：用于定义颜色的基本颜色或色度。

(18) 色调、饱和度、亮度：用来完全指定一种颜色的主波长、纯度和强度的组合。

(19) 光源：用于所有渲染，是指具有位置、颜色和亮度的光。有些光具有方向性、扩散性或汇聚性。4 种类型的光为环境光、距离光源、灯泡和聚光。

(20) 光源空间：一种渲染选项，决定空间是由用户定义的光照亮，还是由标准的环境光照亮。

(21) 对映方法：指定材料如何对映到曲面。可用的对映方法包括：平面型、圆柱型、球型和参数型。

(22) PhotoRender：一种渲染工具程序(渲染引擎)，专门用来创建场景的光感图像。

(23) Photolux：Pro/E 提供的一种效能不错的渲染引擎。我们也建议您采用这种。

(24) 像素：图像的单个点，通过三原色(红、绿和蓝)的组合来显示。

(25) 在地板反射模型：一种渲染选项，用于渲染过程中在地板上反射模型。

(26) 反射空间：一种渲染选项，控制模型上的空间反射。

(27) RGB：红、绿、蓝的颜色值。

(28) 房间(背景)：模型的渲染背景环境。一个矩形的空间具有四个墙壁、天花板和地板 6 面。一个圆柱形的空间具有一个墙壁、一个地板和天花板。您可以用网格和图案来显示空间，或对一空间应用材料。

(29) 饱和度：颜色色调的纯度。“不饱和”的颜色将以灰度显示。

(30) 自身渲染：一种渲染选项，生成由模型投射到线框本身的颜色。

(31) 地板渲染：一种渲染选项，切换地板着色。

(32) 锐化几何纹理：一种渲染选项，使渲染几何纹理更加清晰。但需要更多的渲染时间和硬盘容量。

(33) 成角度锐化纹理：一种渲染选项，对于与视图成某一渲染角度渲染的纹理图像进行锐化，使其效果较为细致，但需要更多的渲染时间和硬盘容量。

习　　题

1. 请将本书所有正式范例或习题中，选三个您最得意的零件立体模型来做渲染，以应用在产品的 PowerPoint 简报文件中即可。

2. 请打开本书范例光盘中(1)Question Files\ch11_AIR-CONDITIONER 目录下的 outside_plan2_asm.asm 组件文件，使用 PhotoRender 和 Photolux 渲染引擎，制作一份类似图 11-Q1 所示，适合简报、广告等场合所需的图像。您也可以调整任意角度，隐藏任意组装零件，来练习这个习题。

图 11-Q1(可参照书前彩色页)

第12章 基本建模实例练习

本章将以一个实物题集来作为本书零件建模部分的实务总结。这些题目来自我国台湾地区“立体制图丙级术科检定”认证的考题；题目本身并不难，但是出题者将时间抓的很紧，应试者只要做法不对，或发生了失误，就无法完成。因此，提供正确的解题方式和练习，将是本章主要的重点。

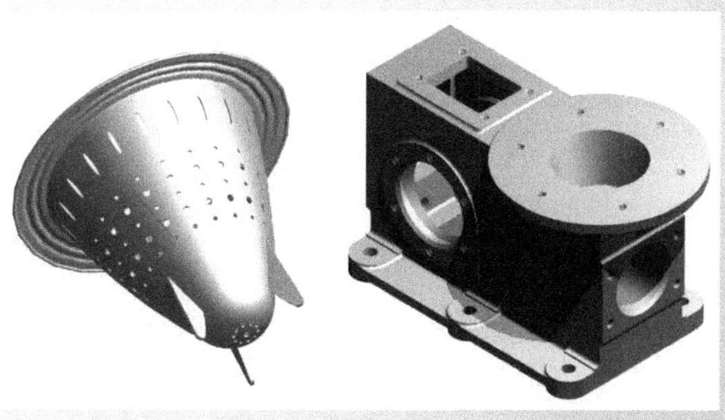

12.1 概　　述

在开始本章前，请先注意以下事项。

(1) 本章所用方法都是前面章节教过或讨论过的，所以本章的图例以示意图为主，不提供操作细节。

(2) 本章也不提供视频文件，以避免读者只会背过程，而不求甚解。因此，读者的答案不应该都采用相同的方法和过程，采用本书作为教科书的老师，可以放心使用本章题目来作为考评成绩的考题。

(3) 在建模过程中发生困难时，读者可以打开解答文件，在模型树中探索建模所用的命令顺序，或是在有问题的特征名上右击，选择“编辑定义”来查看命令里的重点设置。

(4) 本章考题的 pdf 文件都放在范例光盘的(1)Examples\ch12 目录下，需要看清题目时，可以用较大的纸张自行打印出来，以在建模答题时参照。

12.2 塑料容器、饰品和轴架建模

本题共包含三个子题，绘图时间共 100 分钟，因此平均一子题是 33.3 分钟。但是请注意：整个时间还要包含出图布置。

12.2.1 塑料容器

塑料容器平面工程图如图 12-1 所示(考题 pdf 文件：(1)Examples\ch12\152-910301a.tif)。

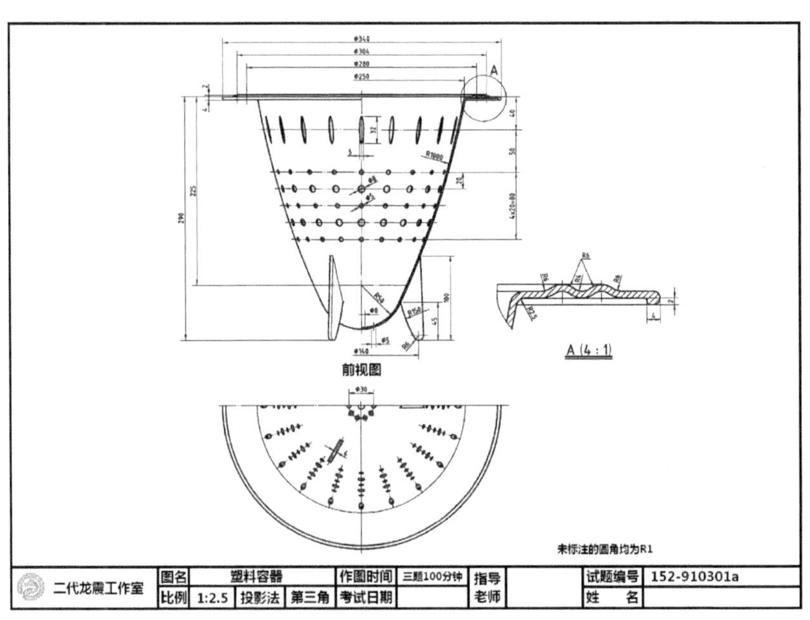

图 12-1　本试题第一子题平面图(塑料容器)

本题完成图如图 12-2 所示。

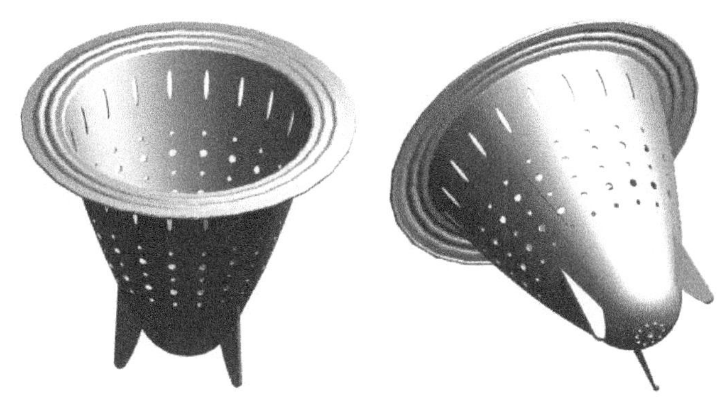

图 12-2 塑料容器完成图

在打开本试题的完成文件，来参照本节的解题内容之前，我们强烈建议您先在不看解题答案的情况下，自己先做一遍。然后，再对照解题内容。

本试题第一子题的完成文件，放在本书范例光盘上的以下子目录中：

(1)Examples\ch12\152-910301a\152-910301a.prt (正式解题文件)。

(1)Examples\ch12\152-910301a\152-910301a_another.prt (另一种解题法)。

本试题操作前的解题重点分析

这个子题主要用来练习塑料容器的椭圆主体和圆洞阵列的绘制。而这个塑料容器的椭圆主体采用旋转(Revolve)命令来处理是毋庸置疑的，其重点在于：要用什么方法来做草绘。这个概念我们已在本书第 7 章的图 7-18 中讲过，我们再提示如下。

1) 薄壳剖面法(Shell Method)

152-910301a_another.prt 这个文件的建模法，如图 12-3(a)所示。这个方法在塑料容器的椭圆主体草绘时，采用了直接将主体的剖面画出，然后做旋转。由于薄壳剖面曲线距离很近，因此这种做法能够加强绘图者的草绘功力，但是用于分秒必争的考试时，此方法经常会因为草绘失败而增加时间上的风险。

2) 薄片剖面法(Thin Method)

152-910301a.prt 这个文件的建模法如图 12-3(b)所示。这个方法在塑料容器的椭圆主体草绘时，采用了仅绘出主体剖面的外轮廓，然后再做旋转。完成后再利用旋转(Revolve)命令本身所提供的薄壳功能，来向内或向外切出薄壳。由于这样的方法可以单纯化草绘图形，所以无论在时间上和草绘失败的风险上都可以大为降低！这也是本题正解所采用的方法。

解题操作

(1) 新建文件时，选择“空”、mnns_part_solid 模板，或以默认模板来开一新零件文件。解题选择 mnns_part_solid 模板。

(2) 现在开始进入正式的绘图。首先要做的是：使用旋转(Revolve)命令来绘制塑料容器的椭圆主体。现在，分两段来陈述此操作。第一段是草绘基准面的定义，第二段是草绘的操作。操作示意如图 12-4 所示。

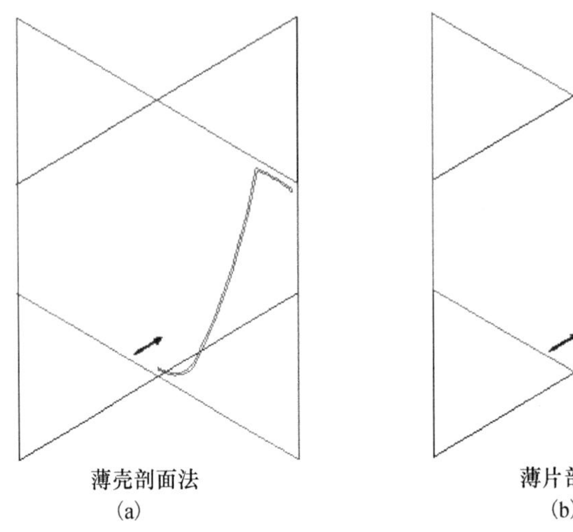

薄壳剖面法
(a)

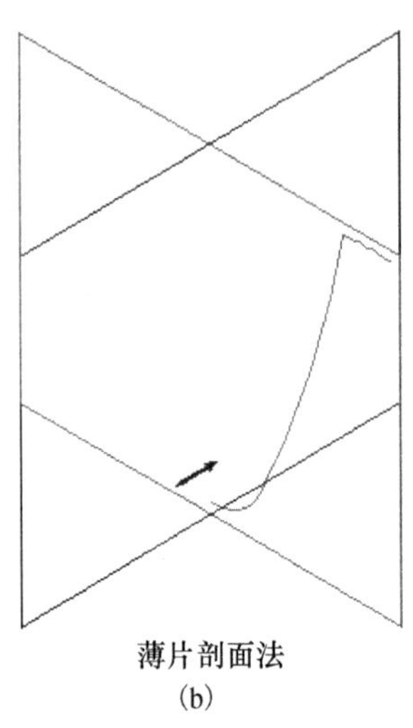

薄片剖面法
(b)

图 12-3　薄壳剖面法和薄片剖面法的草绘图比较

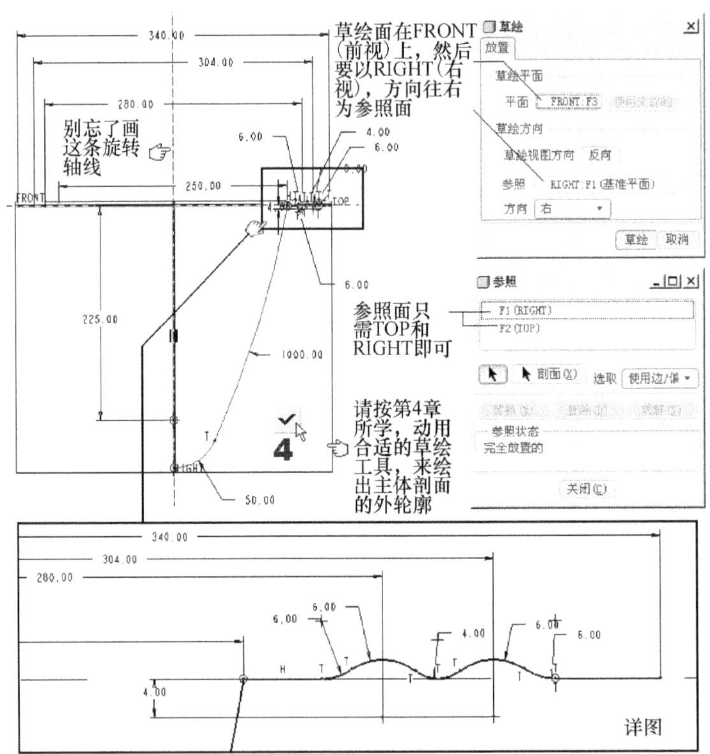

图 12-4　旋转建模的操作示意图

(3) 继续是旋绕(Revolve)命令后段的设置操作，类似的操作，我们已经在第 7 章中讲过，操作示意如图 12-5 所示。

(4) 根据平面图，主体上缘侧翼的底部还有一个 4mm×2mm 的凸缘，于是我们再采用旋绕(Revolve)命令将其加上去。只是这次不用做薄壳的设置。这个凸缘底部并不是方的，弧形的部分待会儿就用倒圆角的方式来修。操作示意图如图 12-6 所示。

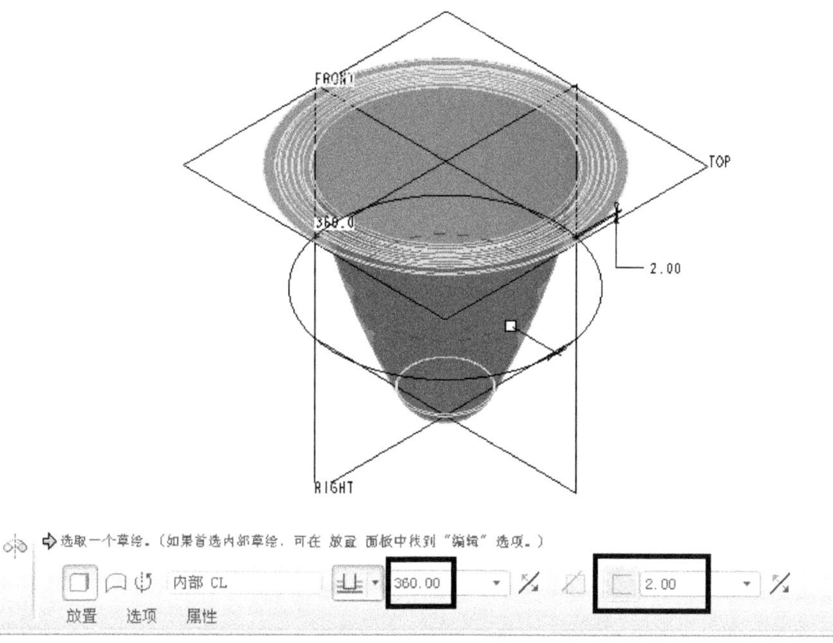

图 12-5　旋绕(Revolve)命令后段的设置操作

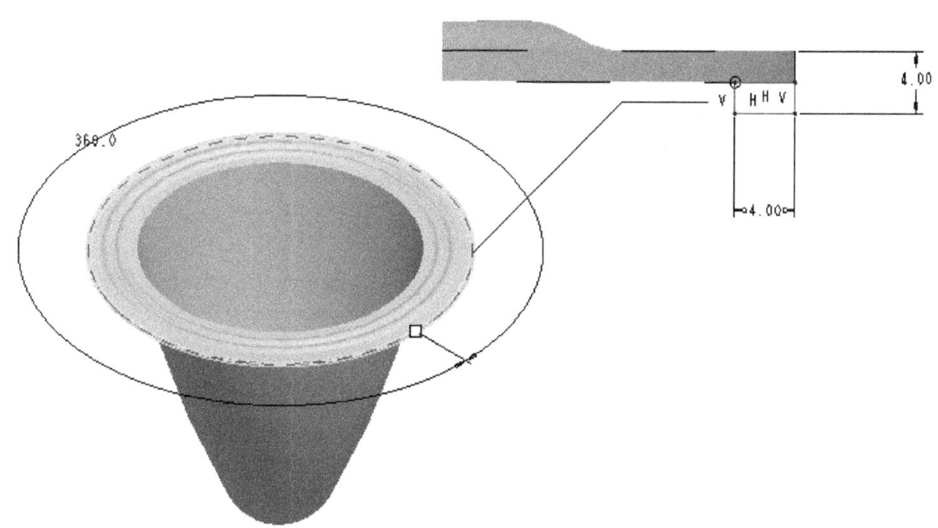

图 12-6　增加凸缘的操作示意图

(5) 接下来则是倒圆角的处理。倒圆角没有什么技巧，若在平时，即使倒圆角半径都不同，一样可以一次修好，但是我们却在此处分四次修，而造成四个倒圆角特征；原因是因为这是在考试，万一因紧张，一处没选好失误了，或设置了错误的倒圆角半径，就会连带一次影响了其他三处要重来！所以，宁愿一个一个修，完成一个是一个。这样，即使某个发生问题，就单改。这种情况在一般的操作时，是不会这样做的，因为我们并不鼓励生成太多的特征，而让模型树区变得太复杂。操作示意如图 12-7 所示。

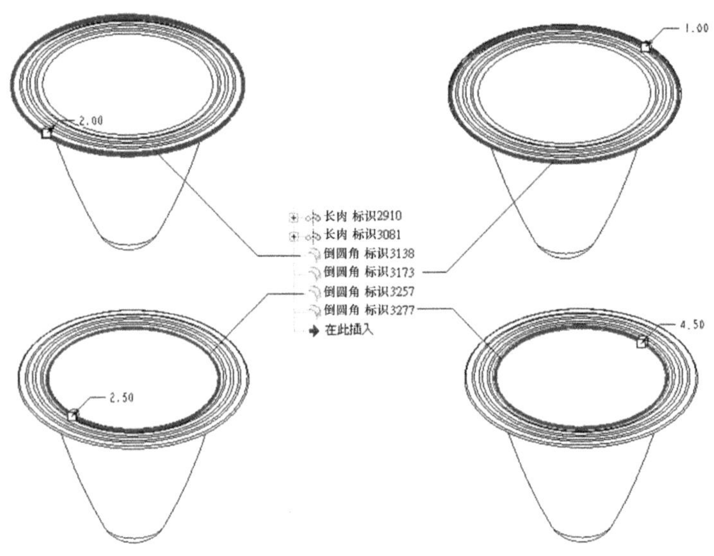

图 12-7　倒圆角的操作示意图

(6) 现在，要绘出那排半径不一的圆洞。这个塑料容器显然是个花架，而圆洞的作用是排水用的。我们采用拉伸(Extrude)命令来达到切出圆洞的效果。整个操作示意如图 12-8 所示。

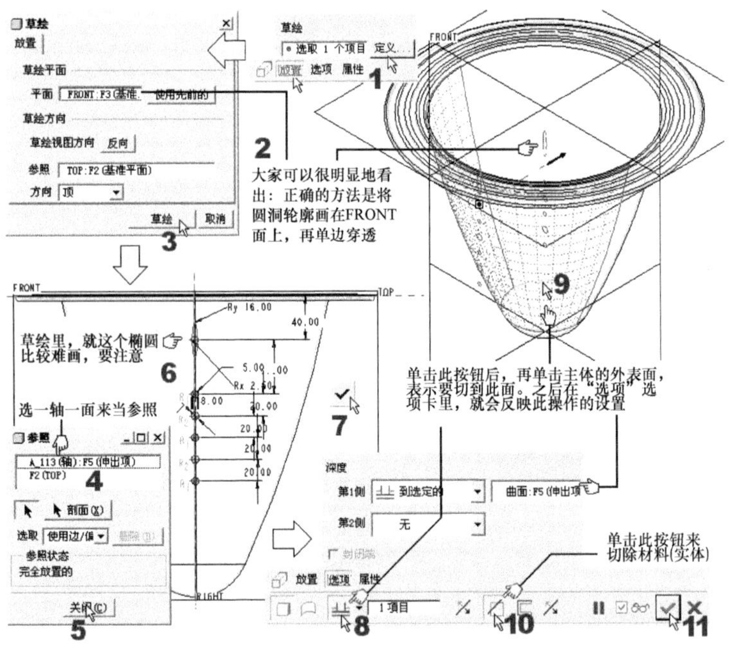

图 12-8　切出圆洞的操作

(7) 接下来就是阵列操作了。这个部分我们已在第 7 章图 7-23 中练过了。所以，就请读者直接完成它即可。

(8) 上面做的是侧面的孔洞，但是根据考题平面图，底部还有一组孔洞，只是它的操作和侧面孔洞一样。请参照图 12-9 所示的示意图。

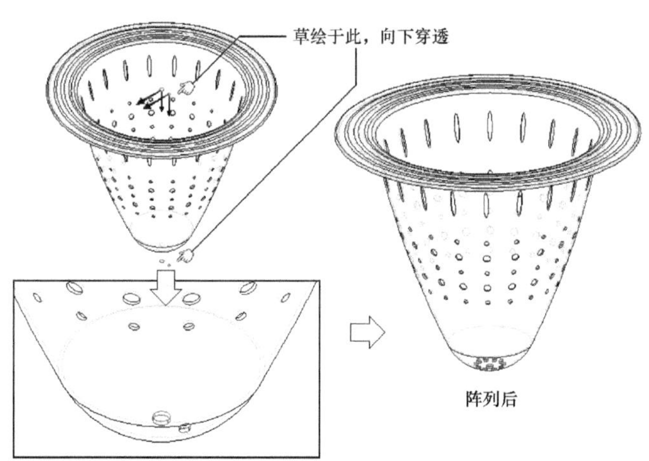

图 12-9　底部圆孔的操作示意图

(9) 绘出这个塑料容器的脚座。这个脚座类似于加强筋的作用，所以我们要动用 Rib(筋)的命令来完成单支脚座。选择“插入(I)”→“筋(B)”命令，再按图 12-10 所示进行操作。

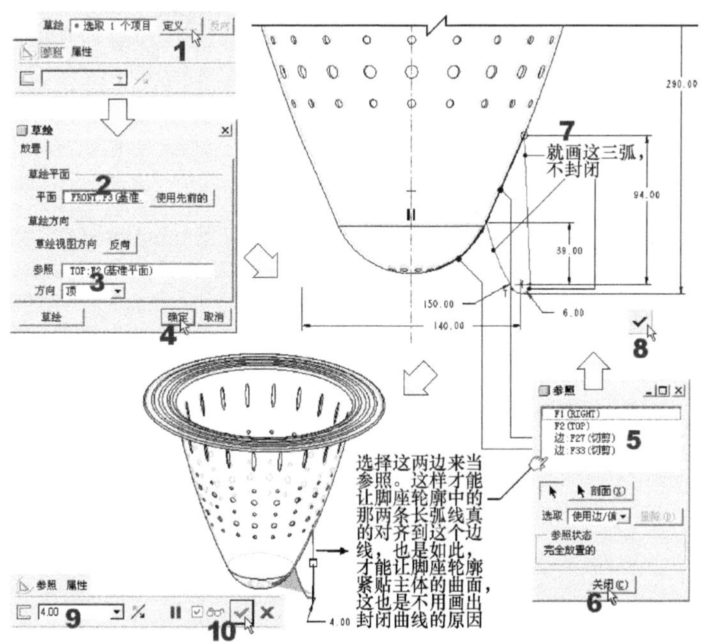

图 12-10　画出塑料容器脚座的操作

(10) 使用阵列功能来阵列完成三支脚座即可。这部分用 Wildfire 版来做，实在是一种享受，因为既容易又一目了然；但是如果还用旧的 2001 版来画，仅菜单操作就要费不少时间，万一选错基准就要重来，时间就不够了，操作示意如图 12-11 所示。

(11) 存盘。

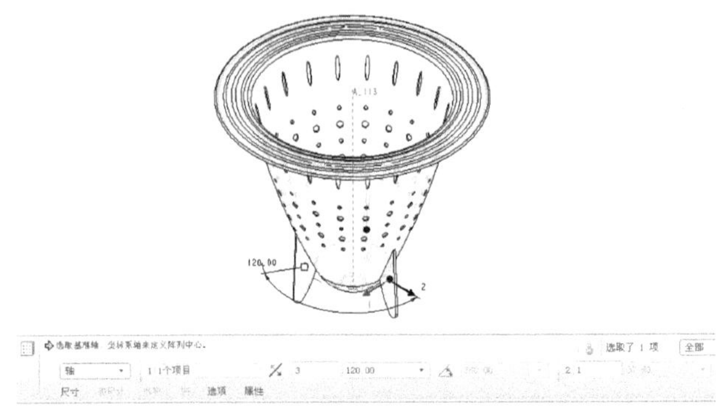

图 12-11　阵列脚座的操作示意图

本题练习后心得讨论

(1) 这个题目首先强调的是：对圆周对称形且内部空心的图形，应使用“旋转”(Revolve)的概念来画图。

(2) 第二个要强调的重点在于：“草绘”操作的手法。这也是决定本题是否可以在时间内完成的关键。在草绘操作的过程中，要怎么画都可以完成，但是我们所讲述的操作顺序和手法应该是最快的。

(3) 33 分钟来画这个图应该是足够的，但是初次画可能勉强一点，要多做几次。

(4) 如果可以，请使用薄壳剖面法(如 152-910301a_another.prt 文件所示)来画画看，看看是不是要花比较多的时间，同时体会一下在草绘模式下，画出很相近的两线会有什么问题！

12.2.2　饰品

饰品的平面工程图如图 12-12 所示(考题 pdf 文件：(1)Examples\ch12\152-910301b.tif)。

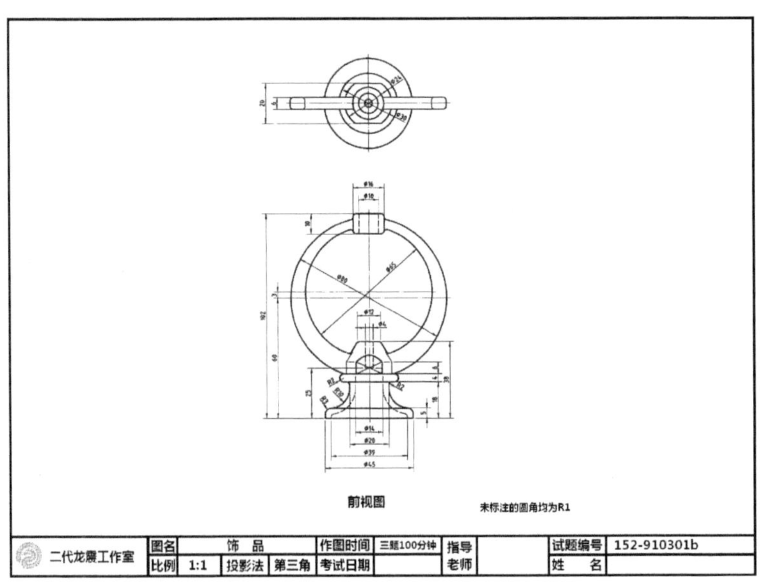

图 12-12　本试题第二子题平面图(饰品)

本题完成图如图 12-13 所示。

图 12-13　饰品完成图

在打开本试题的完成文件，来参照本节的解题内容之前，我们强烈建议您先在不看解题答案的情况下，自己先做一遍。然后，再对照解题内容。

本试题第一子题的完成文件，放在本书范例光盘上的以下子目录中：(1)Examples\ch12\152-910301b\152-910301b.prt(正式解题文件)。

这个子题比较简单。它主要在考 Extrude 和 Revolve 命令的交互运用，以及减去材料(挖空)的应用，没有比较特别的。

解题操作

(1) 新建文件时选“空”、mnns_part_solid 模板，或以默认模板来新建一个零件文件。解题选 mnns_part_solid 模板。

(2) 现在开始进入正式的绘图。首先，我们先画中央的非同心环主体。直接用拉伸(Extrude)命令来画。操作示意如图 12-14 所示。

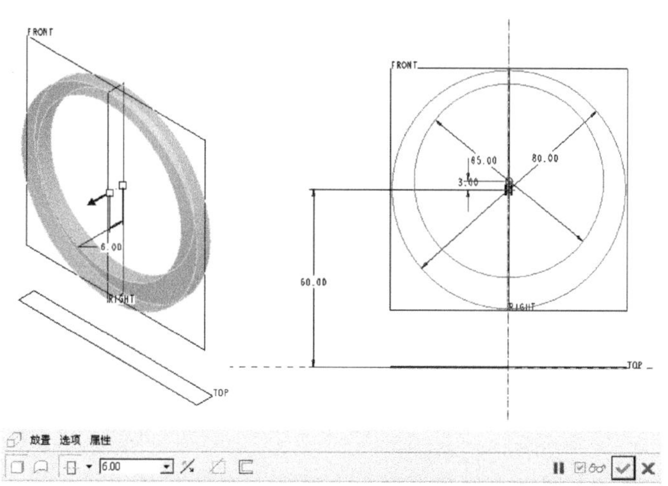

图 12-14　非同心环主体操作示意图

(3) 接下来是底座和顶部圆环。这两个构件可以用 Revolve 命令来一次完成。操作示意如图 12-15 所示。

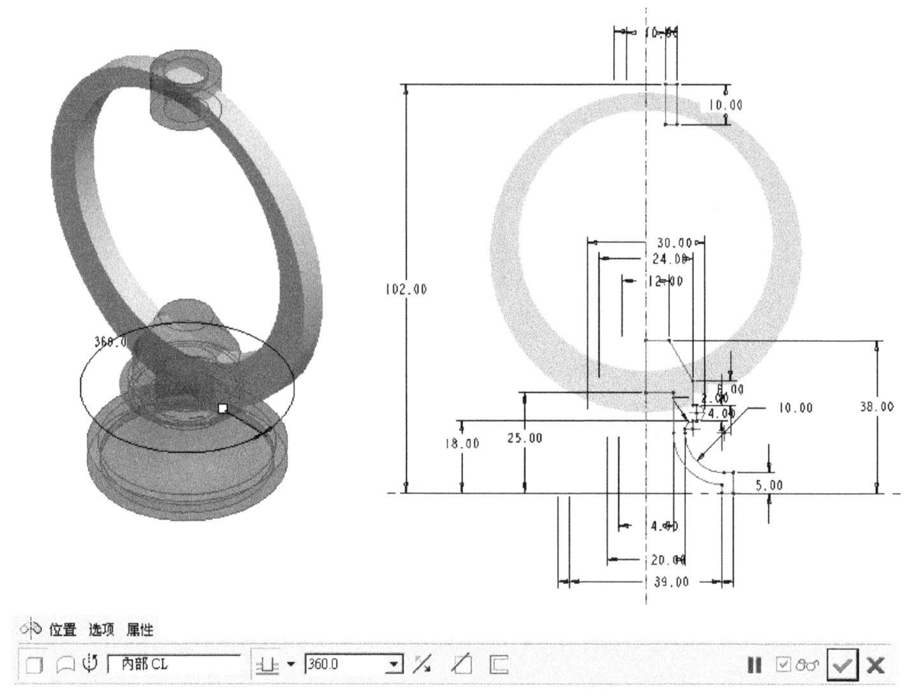

图 12-15 底座和顶部圆环操作示意图

(4) 进行底座中心圆柱孔和两侧边的减材料操作。用的还是 Extrude 命令。操作示意如图 12-16 所示。

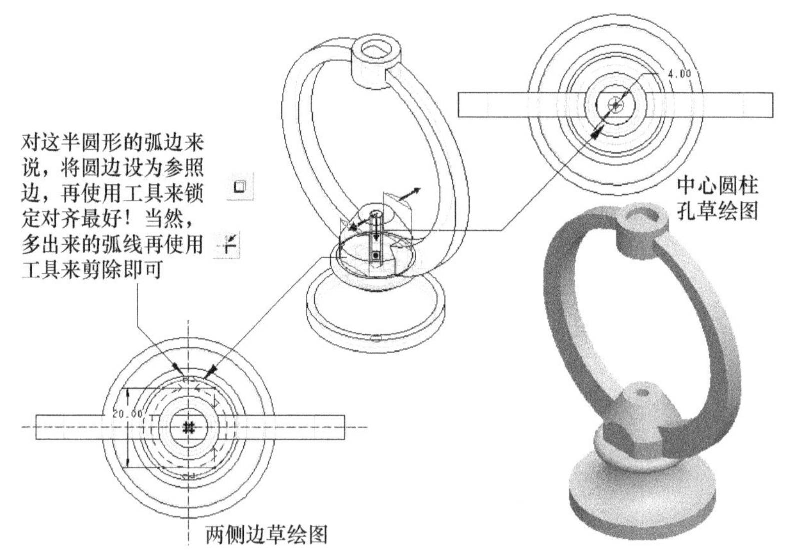

图 12-16 底座中心圆柱孔和两侧边挖空的操作示意图

(5) 底座和顶部圆环还有需要挖空的部分可使用 Revolve 命令来完成。操作示意如图 12-17 所示。

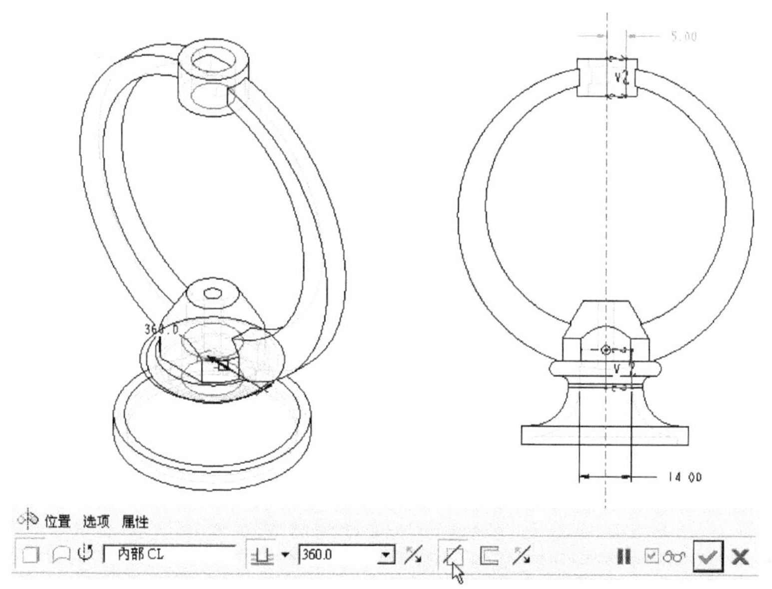

图 12-17 底座和顶部圆环需要挖空的部分

(6) 最后，则是 8 个需要倒圆角的地方。如图 12-18 所示，我们分 8 次做是为了保险，如果这题画到这里花的时间很少，还有充裕的时间，同时对“倒角”这个命令很熟，那就一次修完，因为这 8 处的倒圆角半径值都一样，顺利的话节省的时间更多！

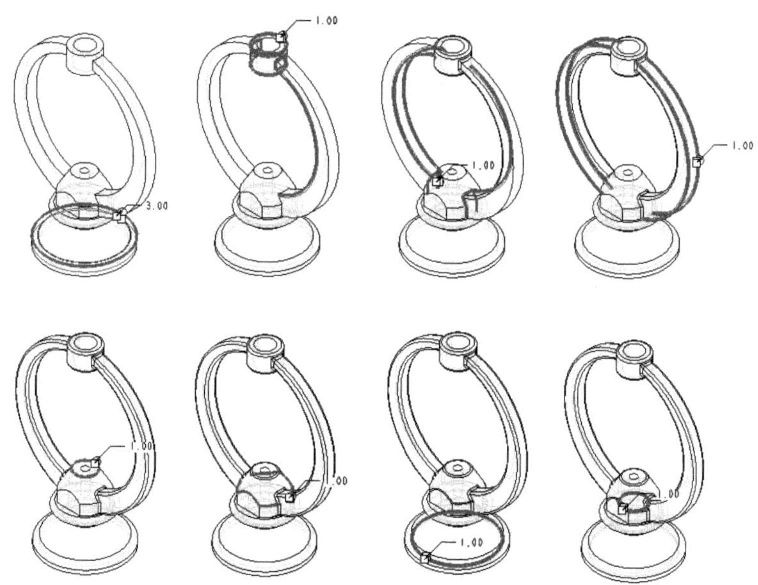

图 12-18 8 处倒圆角的地方

(7) 存盘。

本题练习后心得讨论

(1) 这个题目重点集中在底座和顶部圆环的拉伸(Extrude)和旋转(Revolve)命令的交互

应用。此题的设计精神在于：用拉伸(Extrude)和旋转(Revolve)命令来长出实体，也用它们来减去部分实体。

(2) 如果第一题已花去了很多时间，那么可以用这一题来追回一些时间！或许先做这题也可以。

12.2.3 轴架

轴架平面工程图如图 12-19 所示(考题 pdf 文件：(1)Examples\ch12\152-910301c.tif)。

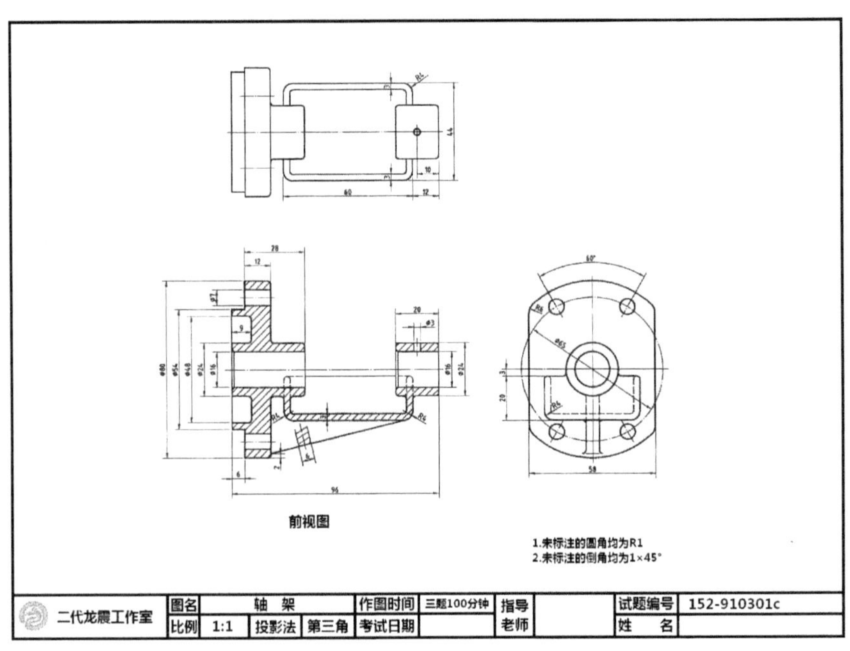

图 12-19 本试题第三子题平面图(轴架)

本题完成图如图 12-20 所示。

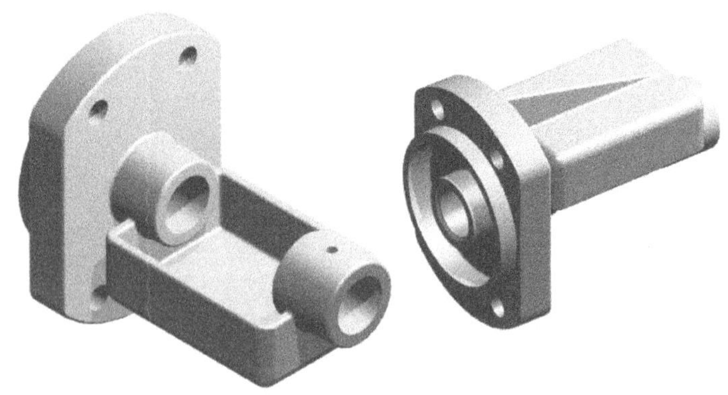

图 12-20 轴架完成图

在打开本试题的完成文件，来参照本节的解题内容之前，我们强烈建议您先在不看解题答案的情况下，自己先做一遍。然后，再对照解题内容。

本试题第一子题的完成文件，放在本书范例光盘上的以下子目录中：(1)Examples\ch12\152-910301c\152-910301c.prt(正式解题文件)。

本试题操作前的解题重点分析

这个子题的困难在于：它的绘图顺序和布局，会影响绘图时间的长短。对初学者来说，本题虽不难画，但不一定能一眼就可以看出来哪一种先后的操作顺序会最快画完！所以，本题在考大家的几何本能和概念。读者最好先不要看解题，先画画看是否符合最短时间完成的要求。

原则上，它还是用 Extrude、Revolve 和 Fillet(倒圆角)命令就可以处理，但还要加上应用 Chamfer(倒角)命令来处理倒角(去角)的部分。

解题操作

(1) 新建文件时，选择“空”、mnns_part_solid 模板，或以默认模板来新建一个零件文件。解题选择 mnns_part_solid 模板。

(2) 首先要绘出的部分是盒座。先画出一矩形并对其底边倒圆角。要注意的是：如图 12-21 所示，即使是一个很简单的矩形草绘，我们画起来都中规中矩。本例使用了草绘里的“平行”约束工具来保证两边线一定平行(尽管也能使用草绘的“矩形”工具直接拉出)。

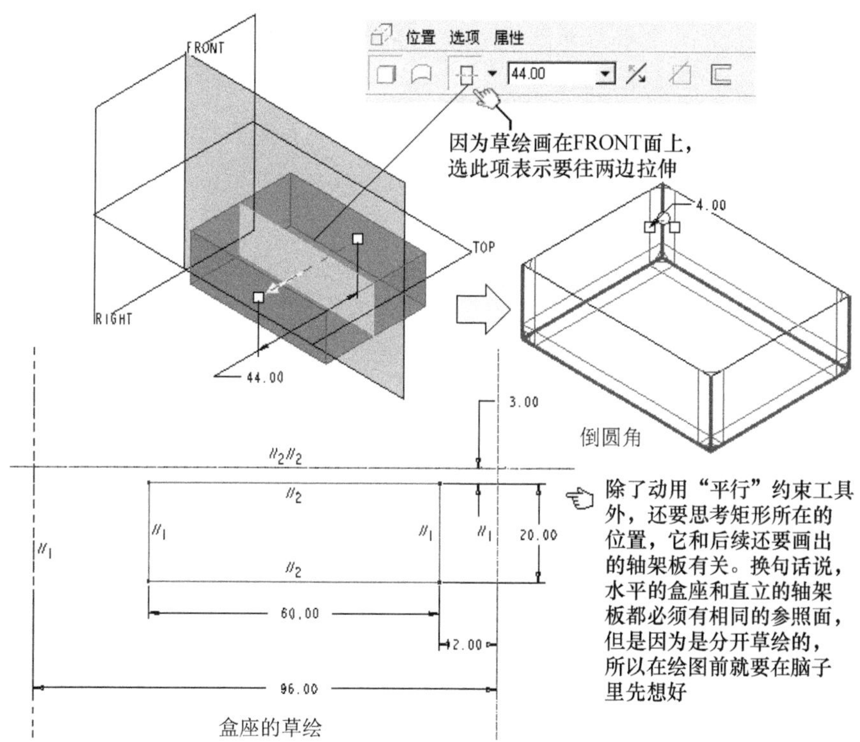

图 12-21　盒座部分示意图

(3) 使用薄壳命令来挖空此盒，并对其开口边倒圆角。请按图 12-22 所示进行操作。

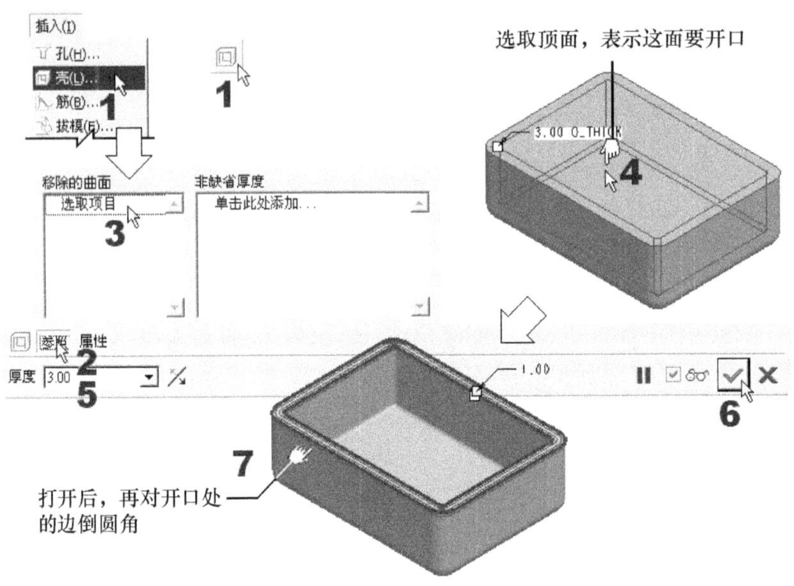

图 12-22　令盒座开口的操作

(4) 接下来，就是直立的轴架板部分了。图 12-23 为草绘重点示意图，这部分使用的是 Revolve 命令。但是您还是要注意该图草绘的手法和内涵，没有练过本书第 2 章的范例，是不会这样画，也不知道要这样画的。

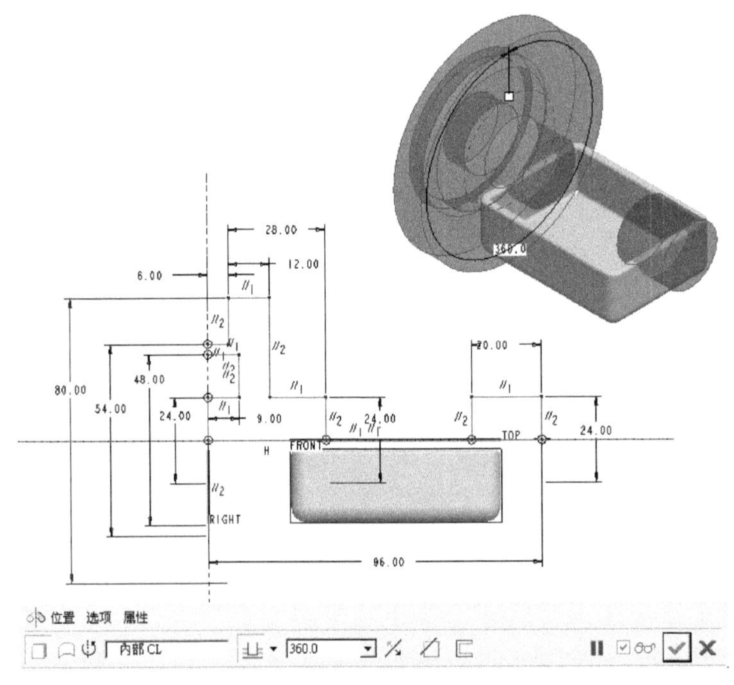

图 12-23　轴架板的草绘重点图

(5) 现在，要使用 Extrude 命令来挖出圆洞和切出直边。请参照图 12-24 的草绘示意图。

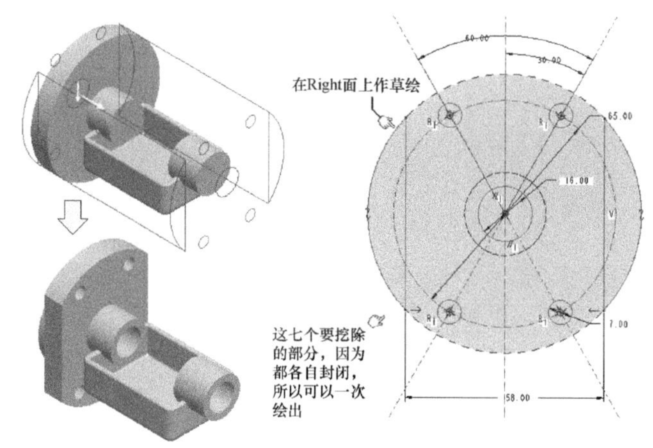

图 12-24　挖出圆洞和切出直边的草绘示意图

(6) 同理，再使用 Extrude 命令，于右轴架的顶部挖出一小孔，如图 12-25 所示。

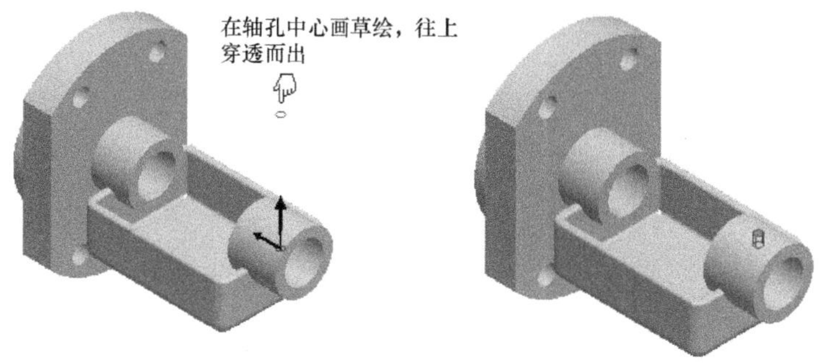

图 12-25　在右轴架的顶部挖出一小孔

(7) 按平面图题目来切出两轴孔的边倒角(两处)，如图 12-26 所示。

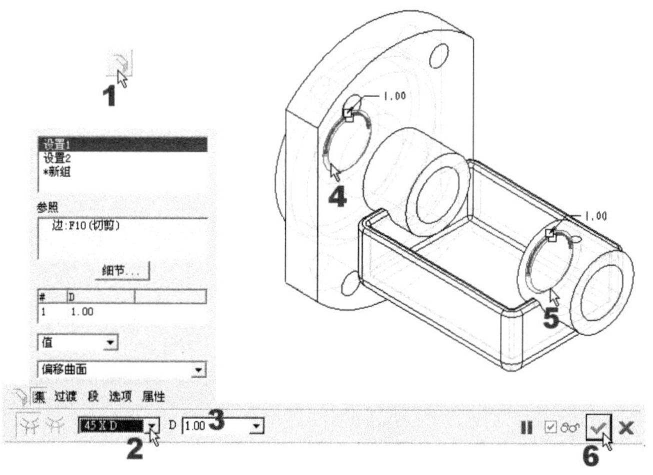

图 12-26　切出两轴孔的边倒角的操作

(8) 按考题平面图来做多处倒圆角的操作。如图 12-27 所示，相同半径处可，一次修完。

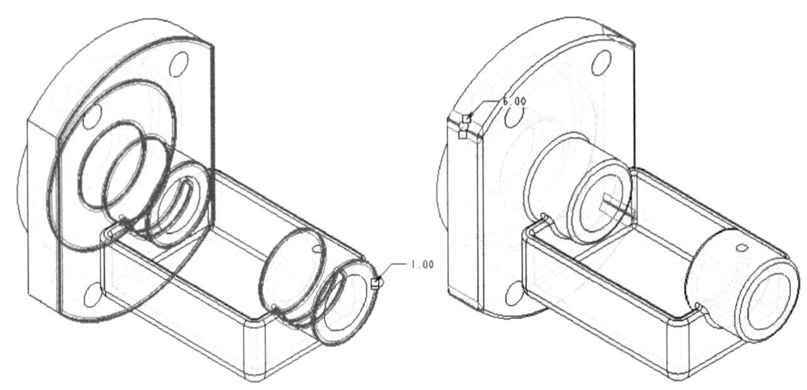

图 12-27 对多处角边倒圆角

(9) 创建底座的加强筋。这当然要用 Rib(筋)命令来做，如图 12-28 所示。

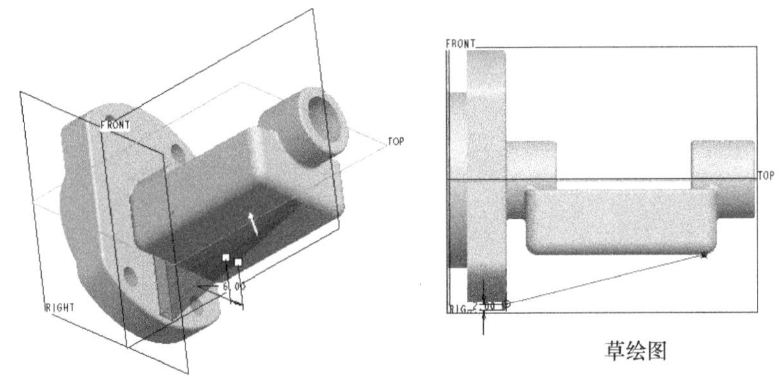

图 12-28 加强筋的绘制

(10) 按住鼠标中键拖拉，将图翻转上来，再对刚完成的加强筋周边倒圆角，这个图就完成了，如图 12-29 所示。

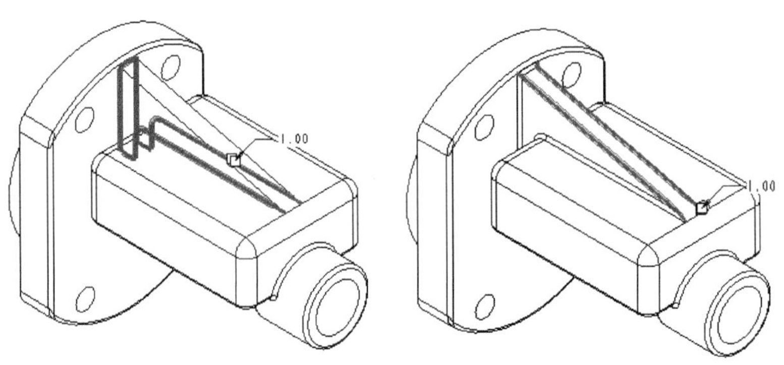

图 12-29 对加强筋周边倒圆角

本题练习后心得讨论

(1) 这个题目之所以先画盒座，实际上有定位作用。换句话说，让其他的构件以盒座为基准，再延伸绘出，就会比较顺利，也就能节省很多修改和检查的时间。这和平面图的识图能力也有关系。

(2) 不论是倒圆角或是修倒角，在修之前都要先设置好数值再选取(尤其是多数的修角数值都一样时)，否则先选取，而又发现数值不对时，就要花很多时间修改！

12.3 阀 体

本题绘图时间共 100 分钟。但是请注意：整个时间还要包含出图布置。

阀体的平面工程图如图 12-30 所示(考题 pdf 文件：(1)Examples\ch12\152-910302.tif)。

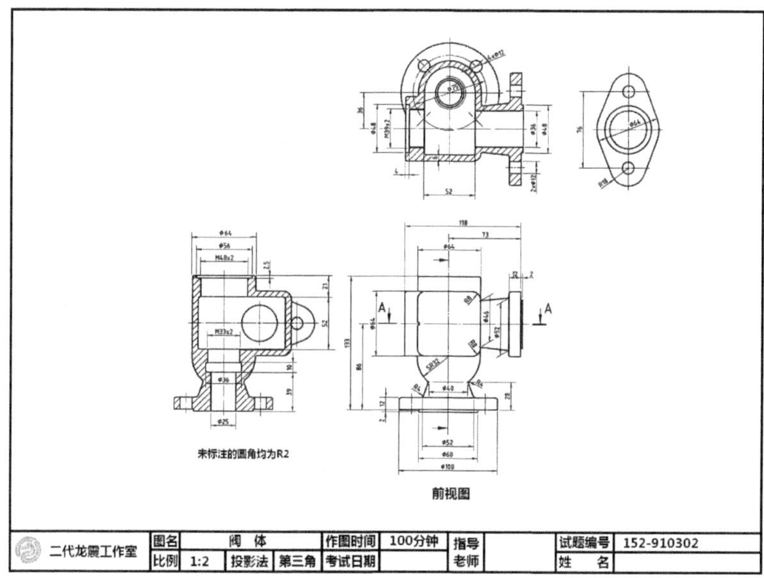

图 12-30 本试题平面图(阀体)

本题完成图如图 12-31 所示。

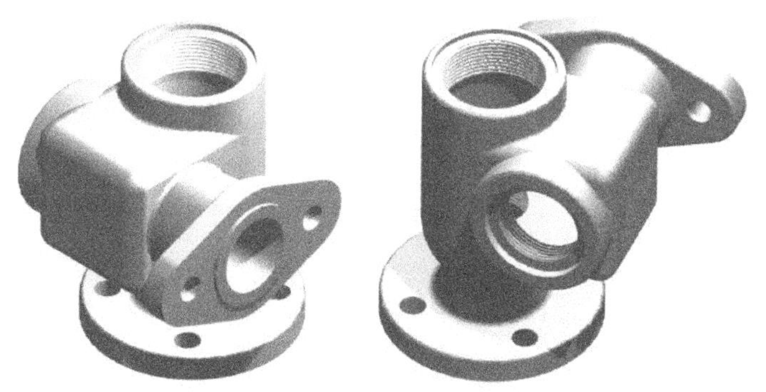

图 12-31 阀体完成图

本试题第一子题的完成文件，放在本书范例光盘上的以下子目录中：(1)Examples\ch12\152-910302\152-910302.prt (正式解题文件)。

本试题操作前的解题重点分析

这个题目单独一题就 100 分钟来做，显然造型要复杂一些。没错！螺纹的画法就是它用来考验应试者的主题。然后，再配合几个互相交叉的造型，让实体和挖空的操作兼具。

而在这里，用户将发现：草绘的参照也趋向复杂了，必须要会设置合适的参照面或参照轴，以让草绘顺利又准确地完成。

解题操作

(1) 设置文件的模板为“空”、mnns_part_solid，或以默认模板来新建一个零件文件。解题选择 mnns_part_solid 模板。

(2) 首先要绘出的是阀体圆柱状的中央主体部分。这部分采用 Revolve 命令即可。其草绘示意如图 12-32 所示，要注意草绘标注手法的中规中矩。

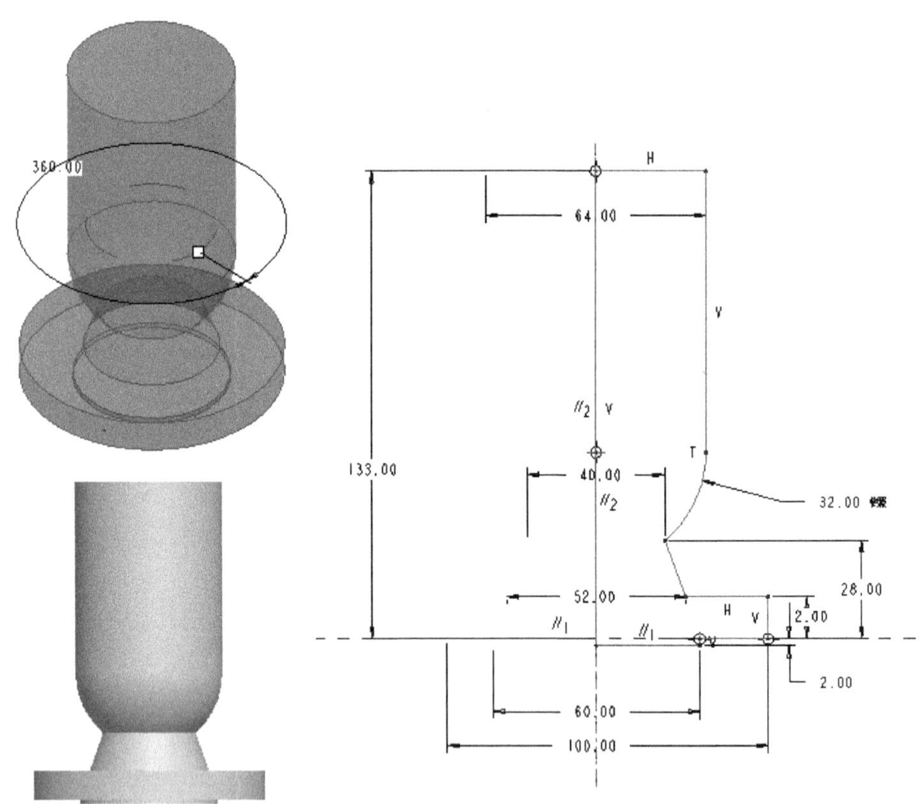

图 12-32 中央圆柱主体的旋转绘制

(3) 拉伸出阀体的侧面轮廓，使用的是 Extrude 命令，但是必须先创建合适的两个基准面，以提供草绘时所需的参照基准。请参照图 12-33 所示的示意图。

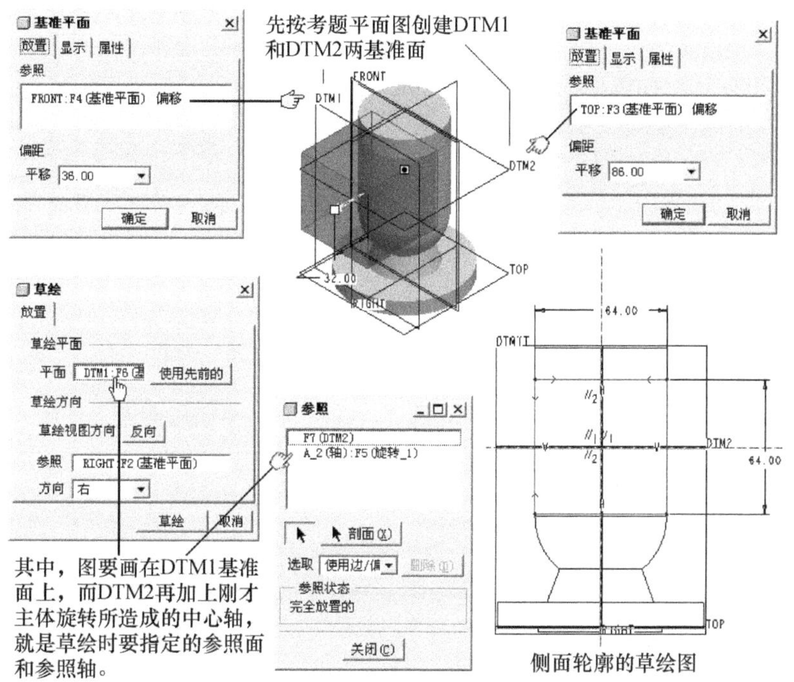

图 12-33 侧面轮廓的操作示意图

(4) 对阀体侧面轮廓的四周边线倒圆角。为什么这个倒圆角不在草绘时画呢？如果您很熟，考试时也不紧张，那是可以的，但是因为在考试，所以一切要稳扎稳打，倒圆角总比在草绘里画既稳又快，事后的修改也比较方便。请参照图 12-34 所示的示意图。

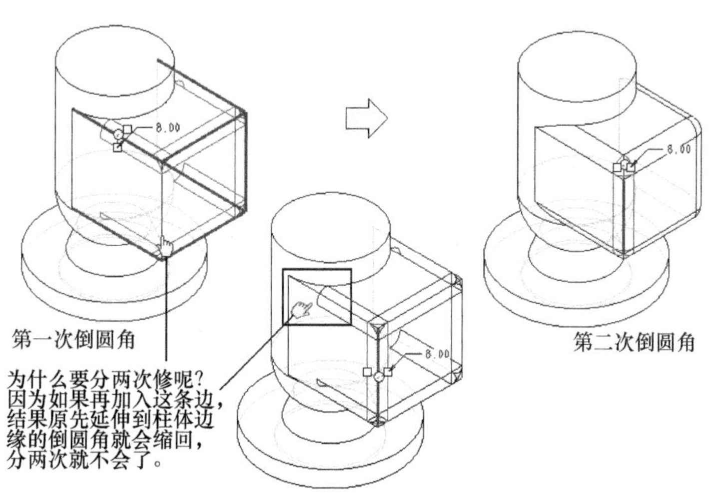

图 12-34 阀体侧面轮廓边的倒圆角技巧

(5) 继续绘出阀体的其他部分。首先，是和侧面轮廓相交的管状构件部分，我们仍使用 Revolve 命令来绘出，如图 12-35 所示。

(6) 然后是菱形构件，这部分用 Extrude 命令处理即可，如图 12-36 所示。

(7) 采用 Revolve 命令来旋转出阀体中央柱空心的部分。操作示意如图 12-37 所示。

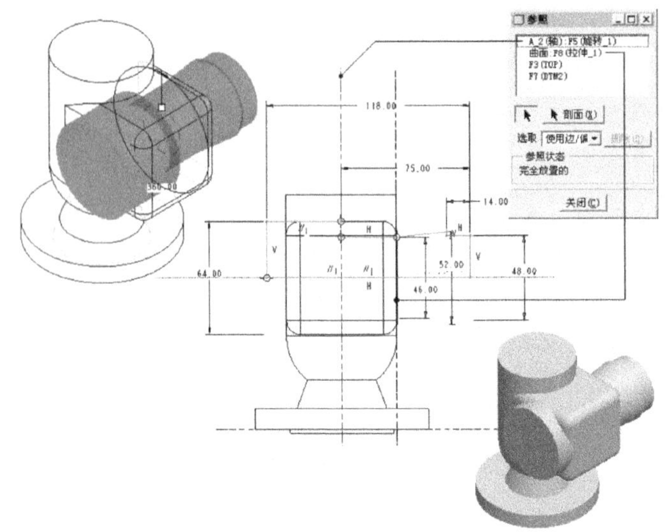

图 12-35　管状构件的草绘示意

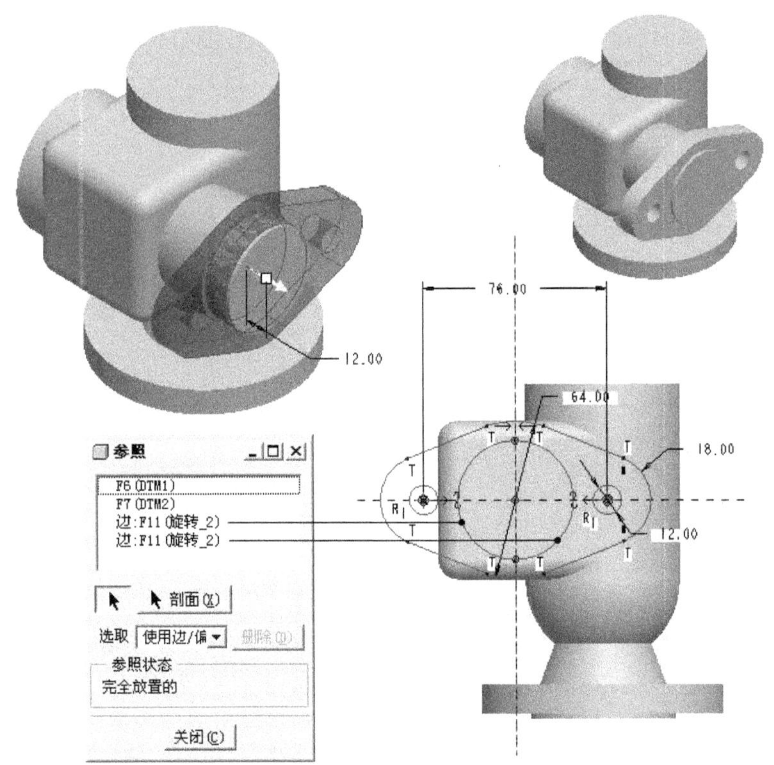

图 12-36　菱形构件的草绘示意

(8) 采用 Revolve 命令的操作手法，来挖空管状构件，如图 12-38 所示。

(9) 由于管状构件和主体柱相交处有一个大空间，所以要采用 Extrude 命令来掏空它们相交的腹部空间，如图 12-39 所示。

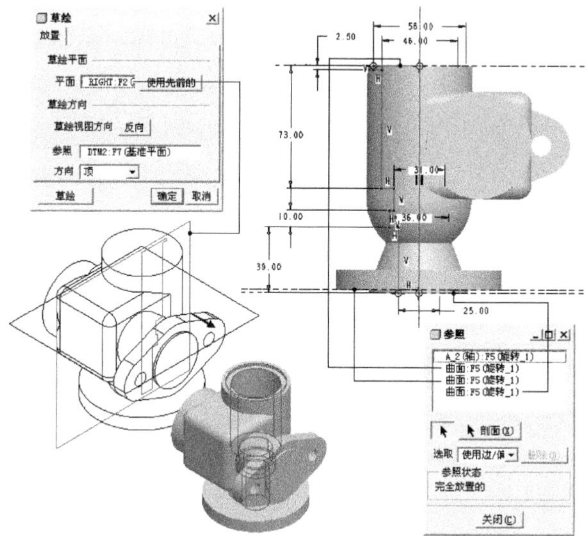

图 12-37　刮出阀体中央柱空心部分的操作示意图

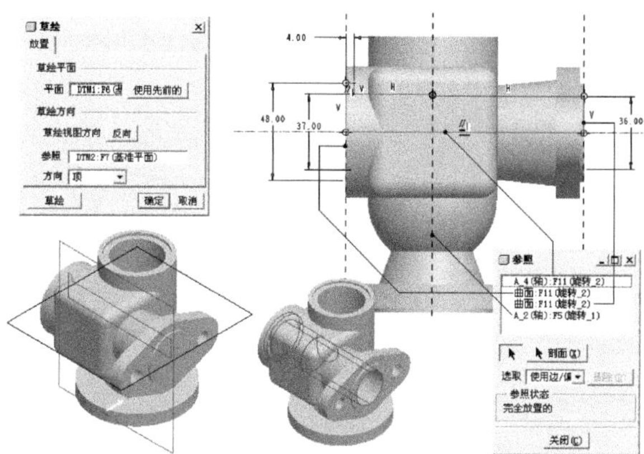

图 12-38　管状构件的挖空操作示意图

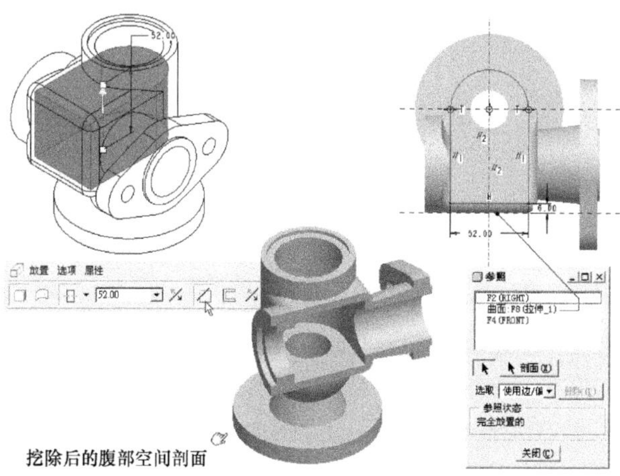

图 12-39　掏空腹部空间的操作示意图

(10) 底座圆孔部分也是用 Extrude 命令来挖出。因为画圆也很快，所以直接在草图里一次将四个圆孔轮廓绘出，不用先画一个再去做阵列，如图 12-40 所示。

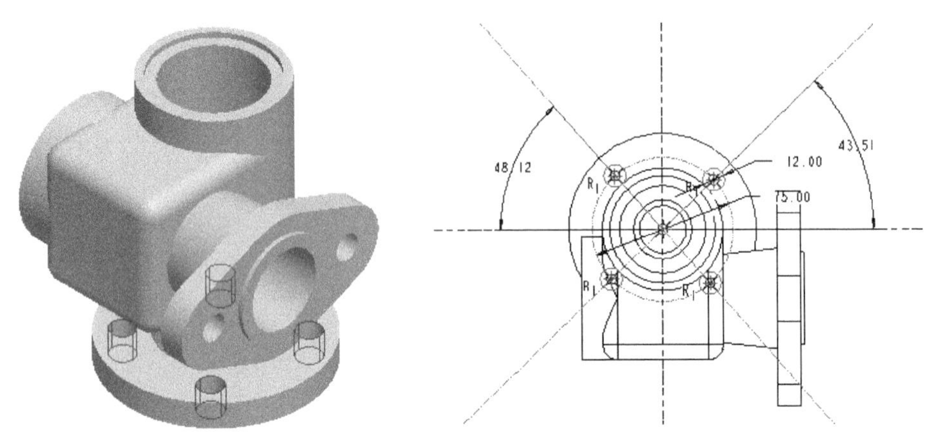

图 12-40　底座圆孔的挖除

(11) 处理各处的倒圆角操作。为了保险起见，本例一个一个地修。如有把握，也可以一次修完，如图 12-41 所示。

图 12-41　倒圆角的操作

(12) 绘制螺纹。在第 8 章的图 8-75～图 8-77 中已介绍过其方法。此处先处理中央柱顶部的螺纹，如图 12-42 所示。

(13) 接下来，要以同样的操作绘出另两组螺纹。这两组我们仅显示其螺纹长度的草绘部分，而螺纹轮廓草绘的部分则和图 12-42 相同，只是位置不同，需要者可查看我们的完成文件，如图 12-43 所示。

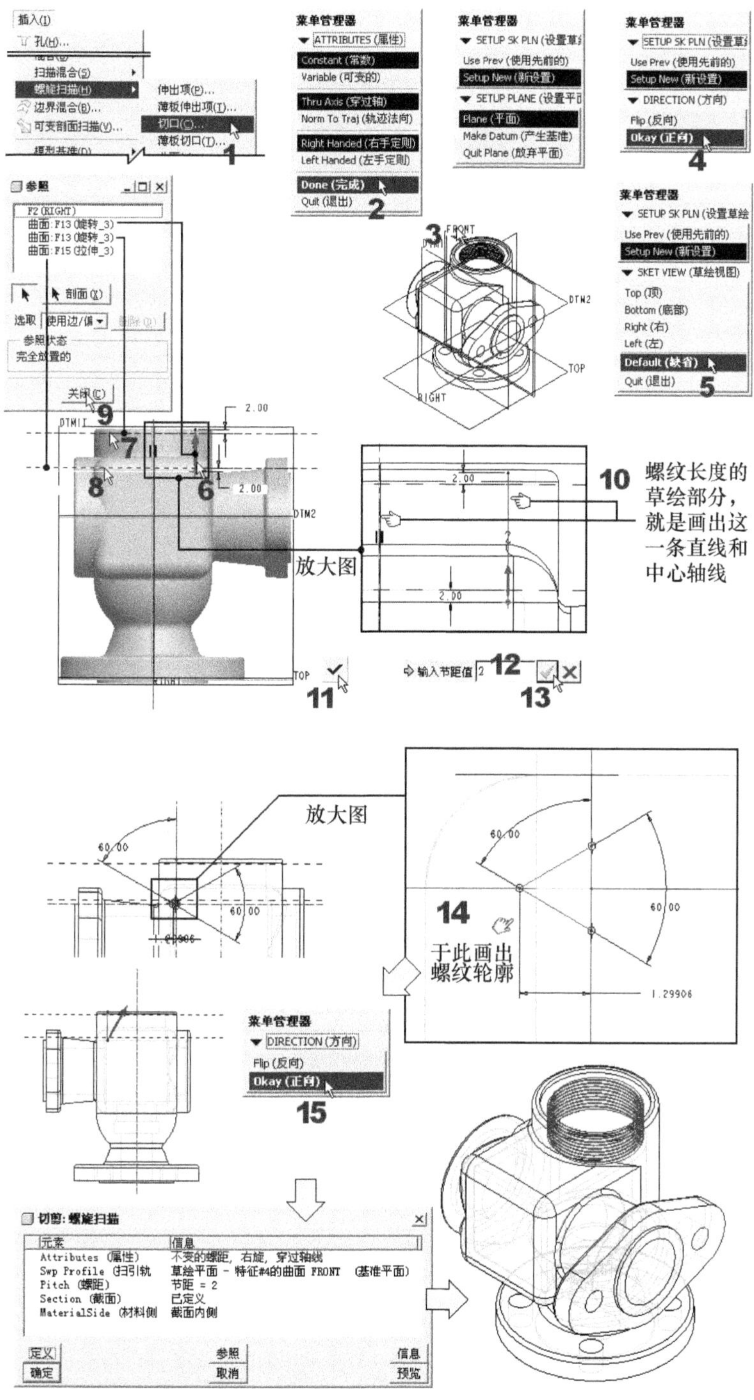

图 12-42　中央柱顶部的螺纹操作示意

本题练习后心得讨论

(1) 这个题目以 100 分钟来画，坦白说，只要螺纹部分的操作熟练，时间绰绰有余！

(2) 即使是简单的倒圆角，也会因为造型状况不同而有其技巧和顺序，不是任何造型，想要怎样修就都会如愿的。当您倒不出希望的圆角或倒角时，请参照解题文件中，模型树区里的倒圆角或倒角特征的顺序。

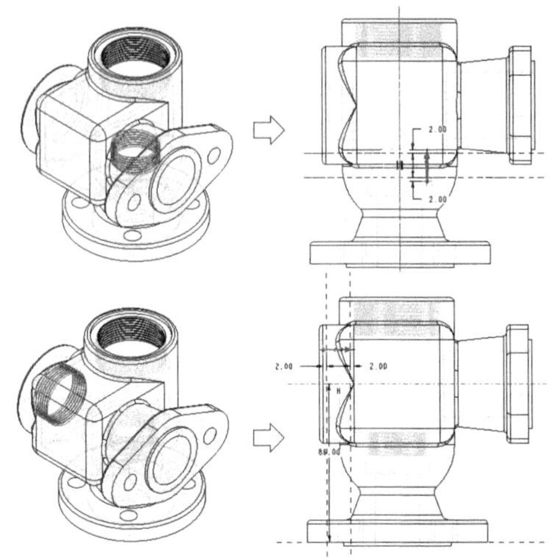

图 12-43　另两组螺纹的操作示意图

12.4　固　定　盘

本题绘图时间共 100 分钟。但是请注意：整个时间还要包含出图布置。

固定盘的平面工程图如图 12-44 所示(考题 pdf 文件：(1)Examples\ch12\152-910303.tif)。

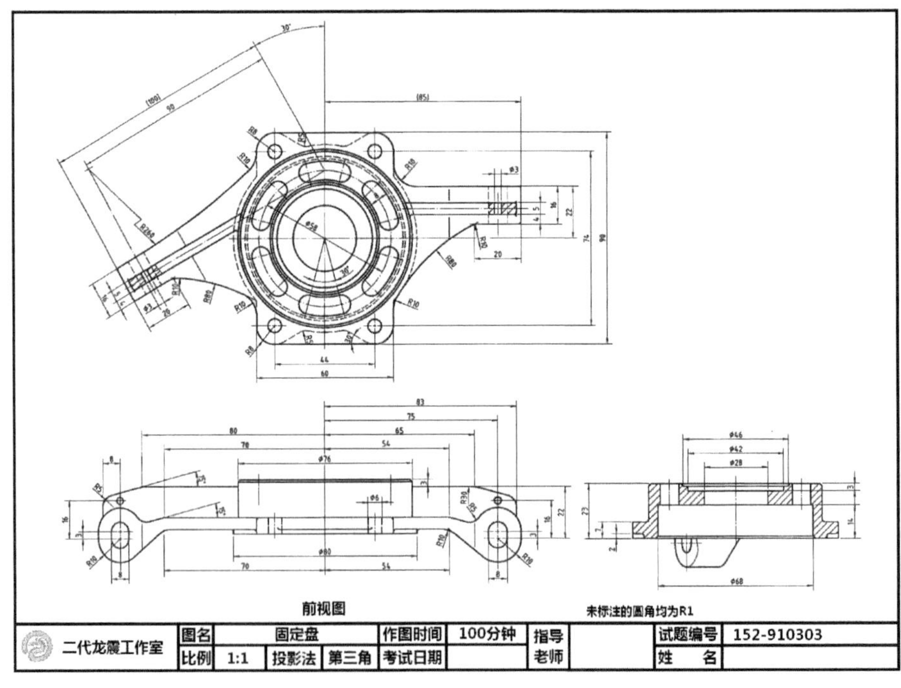

图 12-44　本试题平面图(固定盘)

本题完成图如图 12-45 所示。

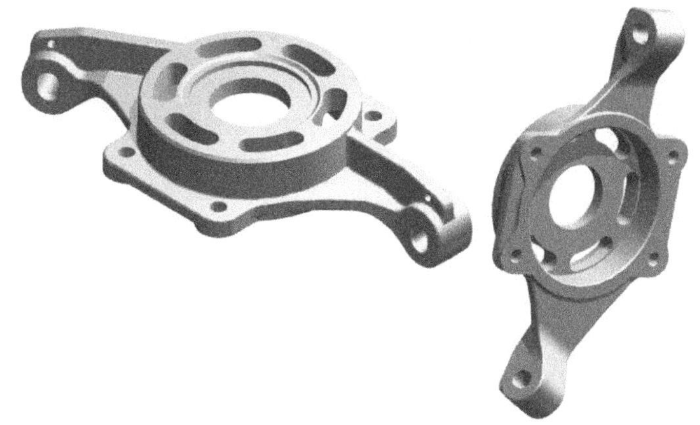

图 12-45　固定盘完成图

本试题第一子题的完成文件，放在本书范例光盘上的以下子目录中：(1)Examples\ch12\152-910303\152-910303.prt (正式解题文件)。

本试题操作前的解题重点分析

做到这里，相信大家已知道考题是以 Extrude 和 Revolve 两个命令为基本主轴来出题的，然后再环绕一些具有操作难度的命令(如上一节采用螺旋扫描来绘螺纹等)，或是搭配一些次要的常用命令(如阵列、倒圆角、倒角和加强筋等)。

但也有搭配考几何概念性的题目，本题就是这类的考题。本题要应试者清楚针对斜交构件的基准面要如何自建，以顺利草绘的过程。此外，本题的造型所导致的倒圆角处比较多，东西一多就变复杂，简单的东西变复杂，那就需要技巧和细心。

解题操作

(1)　新建文件时先设置模板为 mnns_part_solid 模板，也可以默认模板来新建零件文件。解题选择 mnns_part_solid 模板。

(2)　首先要绘出的部分是固定盘圆柱盘体的部分。我们仍使用 Revolve 命令来旋转出实体。草绘示意如图 12-46 所示。

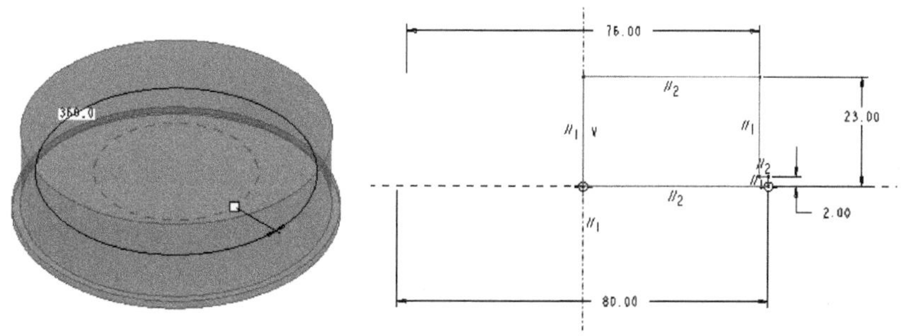

图 12-46　固定盘圆柱盘体的草绘示意图

(3) 然后，我们选择用 Extrude 命令来绘出右侧延伸构件，如图 12-47 所示。

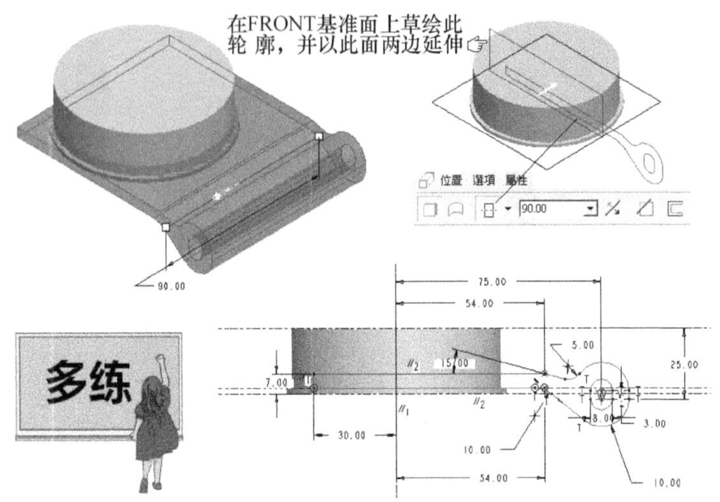

图 12-47 绘出右侧延伸构件的操作示意

(4) 由于固定盘左侧延伸构件是有一个角度的，为了稍后在绘图时能有准确定位的基准面，我们必须先绘制定位用的基准点和基准线。请参照图 12-48 所示的示意图。

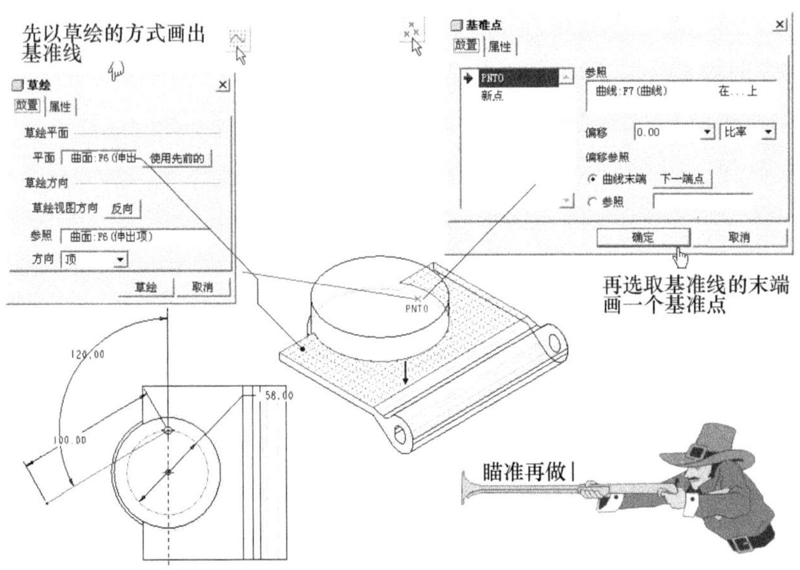

图 12-48 绘制定位用的基准点和基准线

(5) 有了基准点和基准线后，就可以画出左侧延伸构件。我们仍然使用 Extrude 命令来画，同时也采用在草绘时才定基准面的画法，如图 12-49 所示。

(6) 用 Extrude 命令来切出固定盘右侧的实际轮廓，如图 12-50 所示。

(7) 倒圆角，并添加需要的基准轴，如图 12-51 所示。

(8) 同图 12-50 所示的操作手法，以切出固定盘左侧的实际轮廓，如图 12-52 所示。

(9) 接着，要绘出的是右侧延伸构件上的筋结构。虽然是筋结构，但是我们还是采用

Extrude 命令来处理就可以了！比较特别的是：我们于此采用在草绘时才定基准面的画法，如图 12-53 所示。

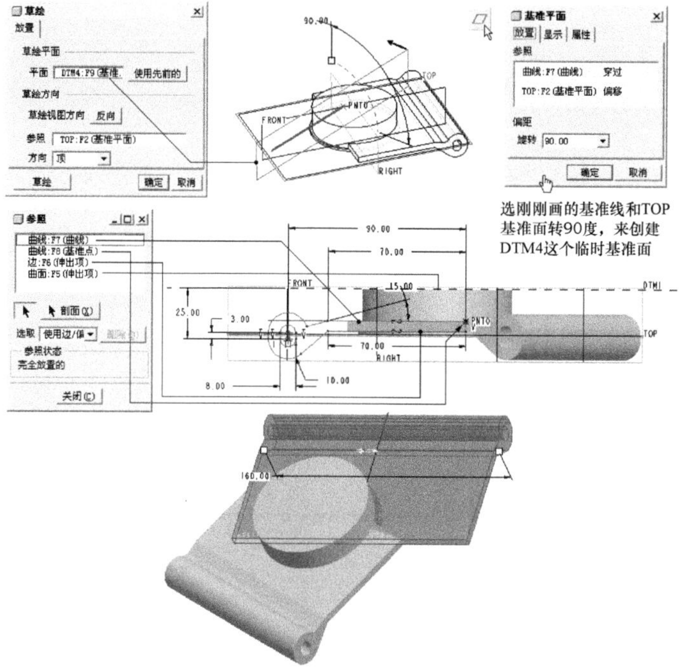

图 12-49　画出左侧延伸构件的操作示意

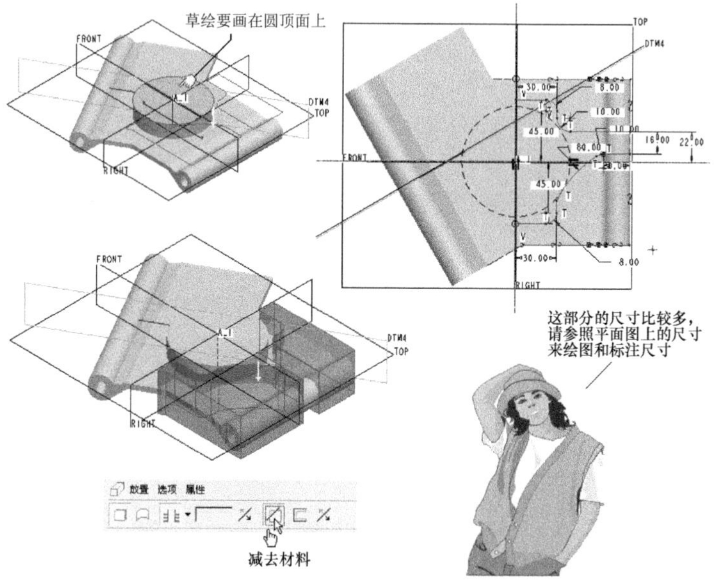

图 12-50　切出固定盘右侧的实际轮廓

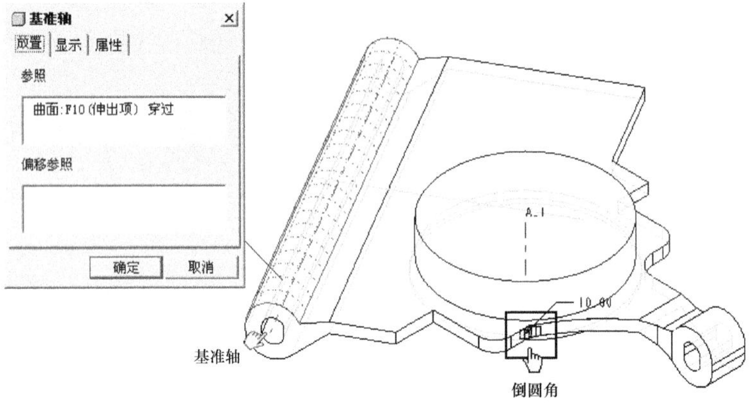

图 12-51 倒圆角并添加需要的基准轴

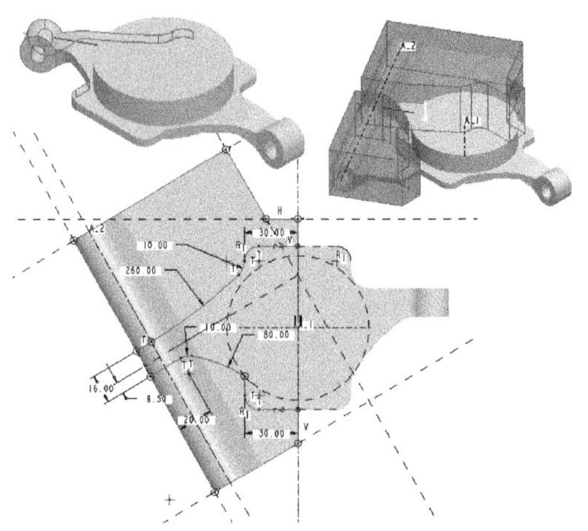

图 12-52 切出固定盘左侧的实际轮廓

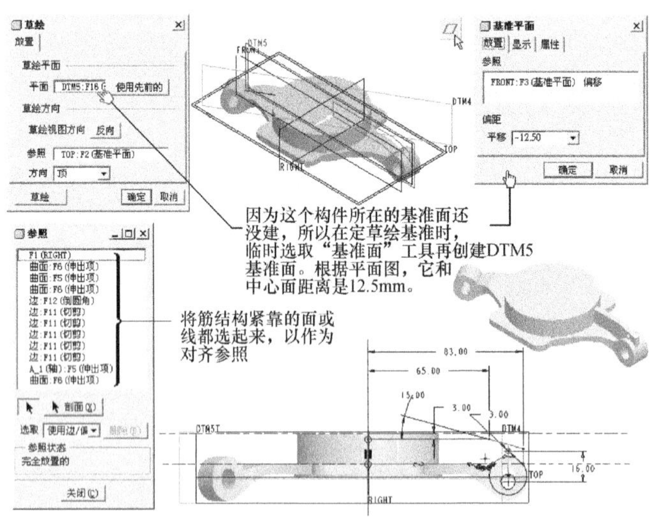

图 12-53 画出右侧延伸构件上的筋结构

(10) 同样的操作，再参照图 12-54 来绘出左侧延伸构件上的筋结构。加强筋的结构就画在刚刚建的 DTM4 上。

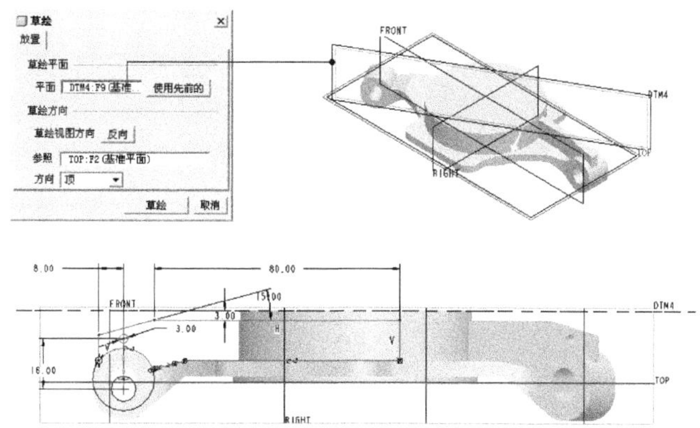

图 12-54　绘出左侧延伸构件上的筋结构

(11) 对这个阶段需要倒圆角的部位倒圆角。同样的，保证不会看错数值的，或是还很多剩余时间的，就一起修圆角；否则就一个一个地修。请以图 12-55 为参照，而详参平面图上的尺寸数值和部位来画。

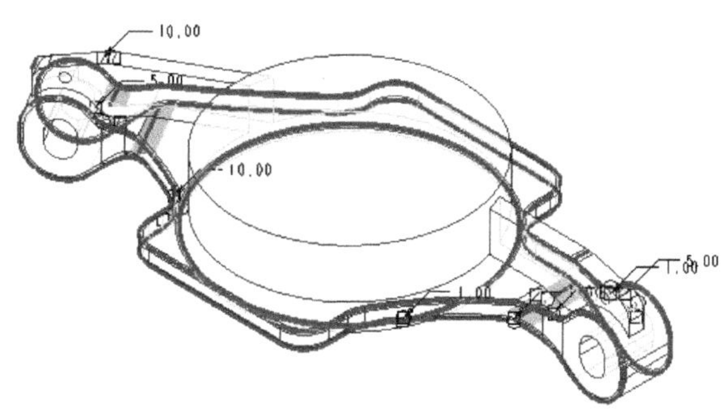

图 12-55　倒圆角

(12) 现在要拉伸出固定盘底盘的薄面造型，如图 12-56 所示。

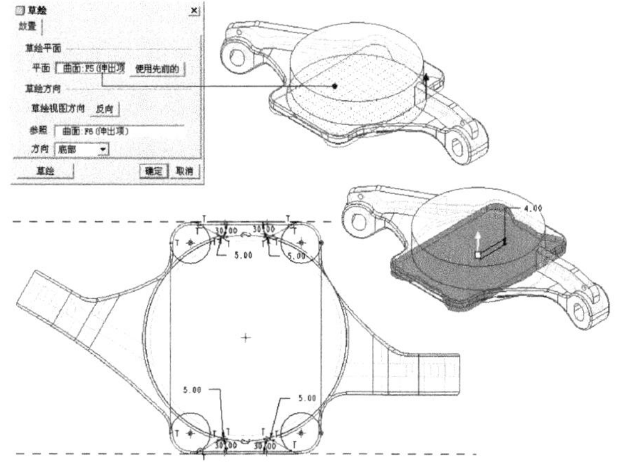

图 12-56　拉伸出固定盘底盘的薄面造型

(13) 按图 12-57 来挖出 4 个圆孔。

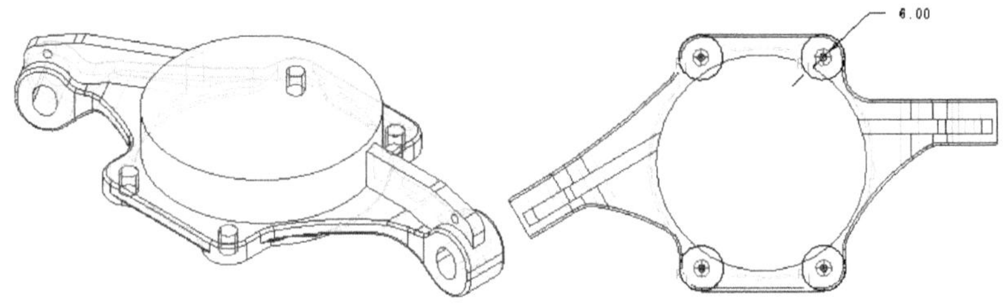

图 12-57　挖出四个圆孔

(14) 使用 Revolve 命令来对固定盘的中心柱体挖孔，如图 12-58 所示。

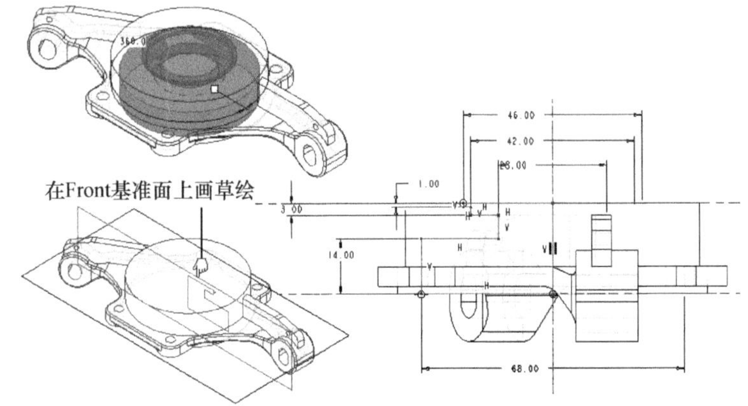

图 12-58　对固定盘的中心柱体挖孔的操作示意

(15) 采用 Extrude 命令来挖出稍后要做阵列的孔，如图 12-59 所示。

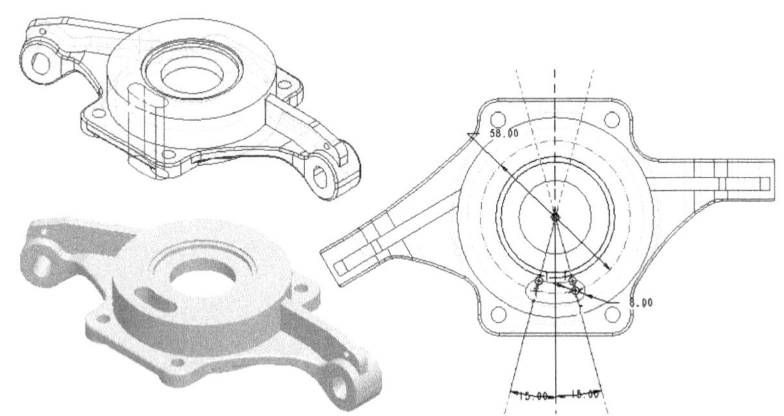

图 12-59　挖出要做阵列的孔

(16) 对刚才挖好的圆孔做阵列。这个阵列可以按图 12-60 所示的方法，采用“尺寸”模式来做，但这是旧版的画法。也可以采用新的“轴”模式，此模式会更快、更好设置。因为前面我们已练过“轴”模式(图 12-11)，所以在此仍用“尺寸”模式来画。

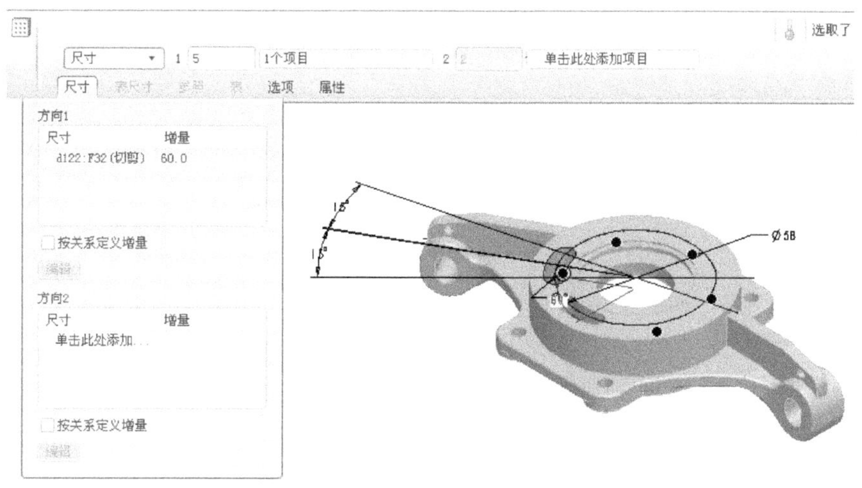

图 12-60　对圆孔做阵列的操作示意

(17) 按平面图来做挖空处的倒圆角和修倒角。同样的，保证不会看错数值的，或是还有很多剩余时间，就一起修圆角；否则就一个一个地修。请以图 12-61 为参照，而详参平面图上的尺寸和部位来画。

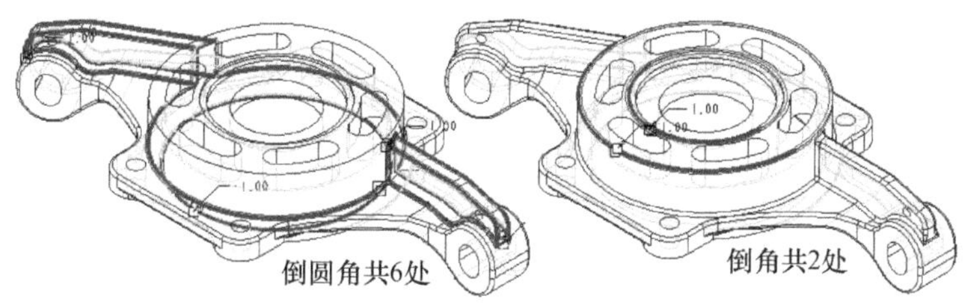

图 12-61　倒圆角和修倒角的收尾操作

(18) 存盘。

本题练习后心得讨论

(1) 这个题目的第一个重点就是：可以在草绘下，创建临时基准面。

(2) 第二个重点是斜交构件的基准线和基准点的创建。而创建它们的目的是要创建草绘所需的基准面。

(3) 第三个重点是倒圆角的操作。大家不要以为简单，圆角数量多，就很容易出错！有些曲线要一次修好，也不一定就可以，对 Fillet 命令的了解和分组经验也很重要。

12.5　球形盖和箱体

本题包含两子题，绘图时间共 100 分钟，因此平均一子题是 50 分钟。但是请注意：整个时间还要包含出图布置。

12.5.1 球形盖

球形盖的平面工程图如图 12-62 所示(考题 pdf 文件：(1)Examples\ch12\152-910304a.tif)。

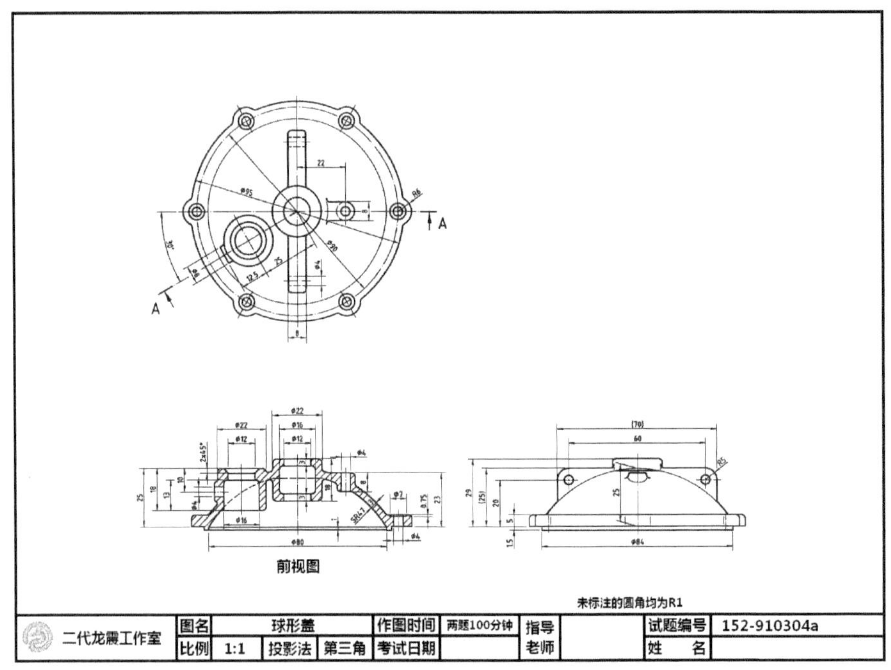

图 12-62 试题第一子题平面图(球形盖)

本题完成图如图 12-63 所示。

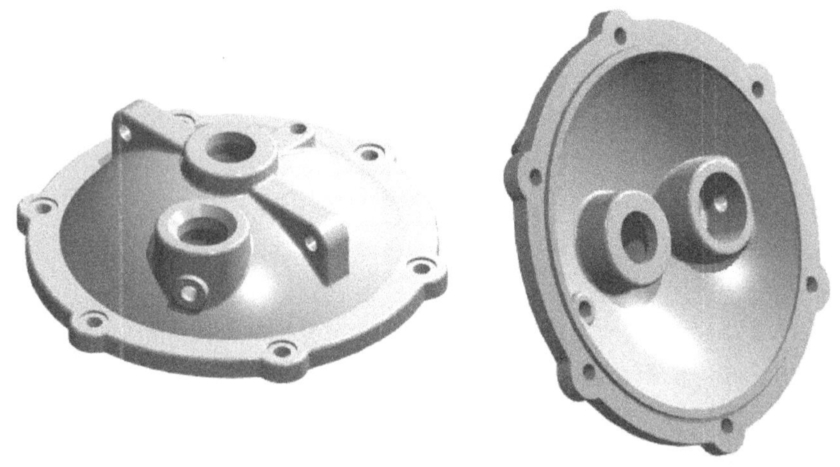

图 12-63 球形盖完成图

本试题第一子题的完成文件，放在本书范例光盘上的以下子目录中：(1)Examples\ch12\152-910304a\152-910304a.prt (正式解题文件)。

本试题操作前的解题重点分析

如果前面的题目您练过后都没问题，那么本题的第一子题算是简单的。主要还是以 Extrude 和 Revolve 两个命令为基本主轴，再配合修倒角和倒圆角等命令而成。当然，盖上凸缘的参照面定位也是要考的重点之一。

本子题将以快速的操作示意来说明解题过程，请注意平面图考题上的尺寸。

解题操作

(1) 新建文件时选择 mnns_part_solid 模板，或以默认模板来新建零件文件。解题选择 mnns_part_solid 模板。

(2) 首先要绘出的是球形盖的主体部分。使用 Revolve 命令来旋转出这个实体，如图 12-64 所示。

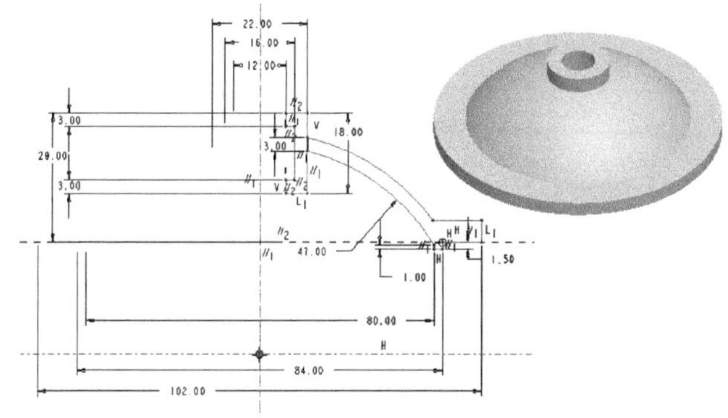

图 12-64 旋转出球形盖的主体

(3) 再如图 12-65 所示，使用 Extrude 命令切出周围造型。

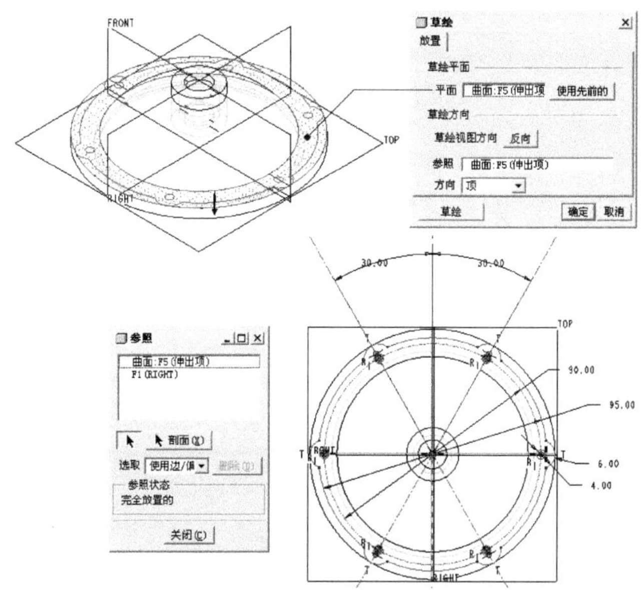

图 12-65 切出周围造型

(4) 画球形盖上的一个凸缘，并修其周围倒圆角。我们以图 12-66 的示意图来表示，尺寸请参照平面图。

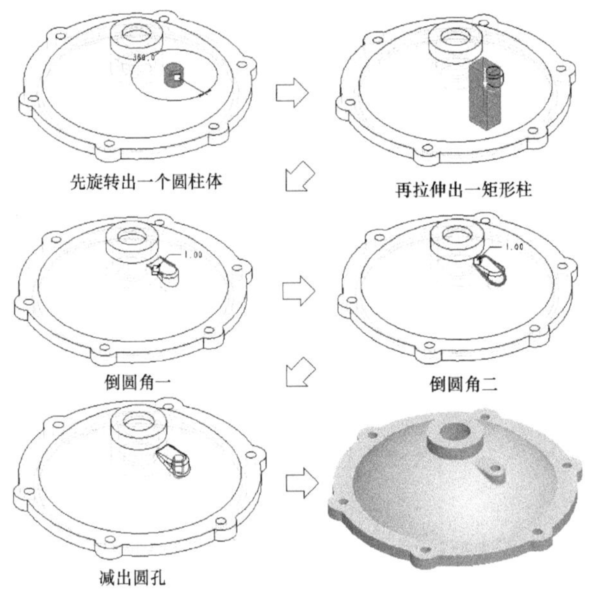

图 12-66　绘出右凸缘的示意图

(5) 同样的操作，再绘出另一边的凸缘，如图 12-67 所示。尺寸请参照平面图。要注意的是：在图中并没有显示出参照面。这个参照面必须是能精确定位凸缘的位置，以让草绘能画在正确的位置上。

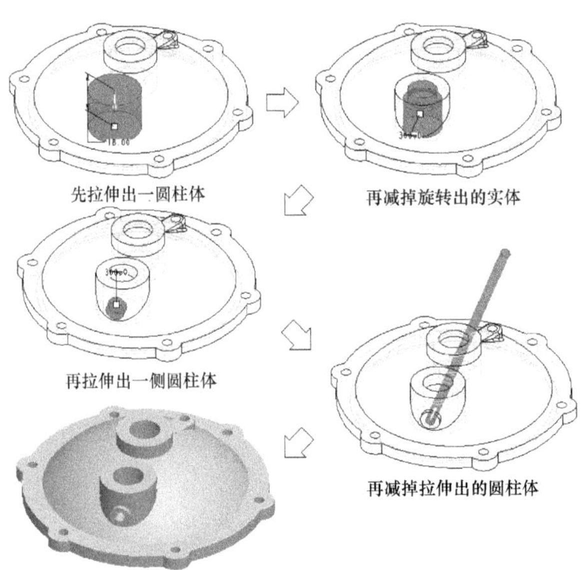

图 12-67　绘出左凸缘的示意图

(6) 绘出球形盖顶部造型和螺孔座，如图 12-68 所示。

(7) 最后，则是一连串的修倒角和倒圆角操作。应注意的事项和前面做的都一样。请以图 12-69 为参照，而详参平面图上的尺寸和部位来画。

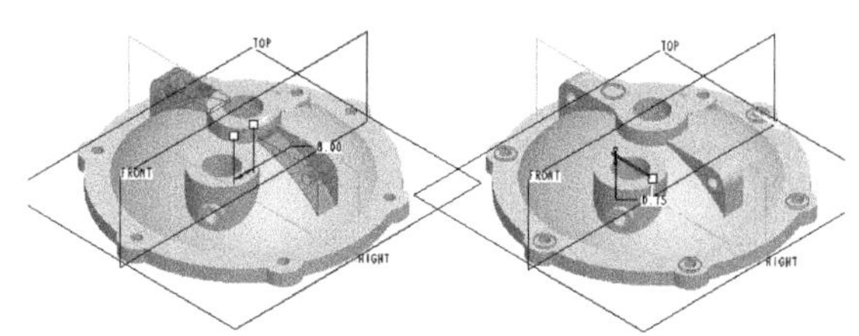

图 12-68 绘出球形盖顶部造型和螺孔座

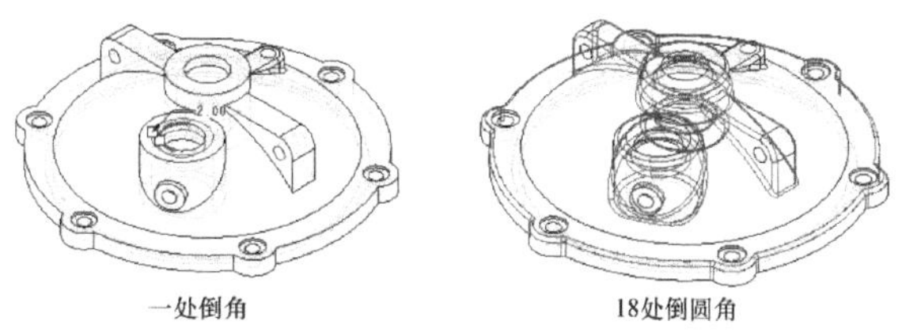

图 12-69 修倒角和倒圆角

(8) 存盘。

本题练习后心得讨论

(1) 这个题目的重点就是：在草绘下，创建临时基准面。

(2) 要注意倒圆角的顺序操作。当您倒不出希望的圆角或倒角时，请参照解题文件中，模型树区里的倒圆角或倒角特征的顺序。

12.5.2 箱体

箱体的平面工程图如图 12-70 所示(考题 pdf 文件：(1)Examples\ch12\152-910304b.tif)。

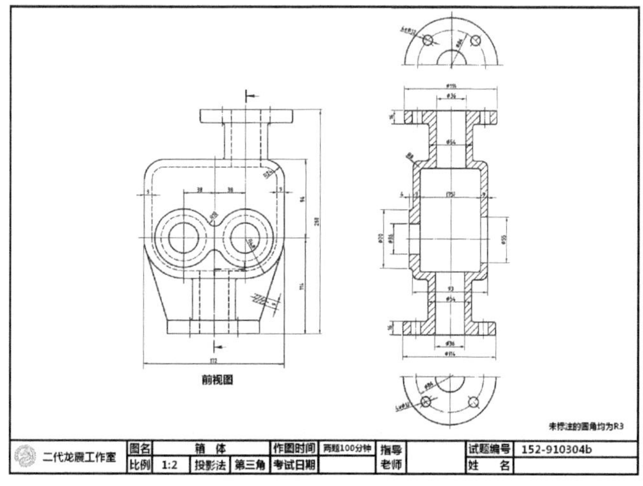

图 12-70 本试题第二子题平面图(箱体)

本题完成图如图 12-71 所示。

图 12-71 箱体完成图

本试题第一子题的完成文件，放在本书范例光盘上的以下子目录中：(1)Examples\ch12\152-910304b\152-910304b.prt (正式解题文件)。

本试题操作前的解题重点分析

本题的主要重点是在考这个子题。但是除了以 Extrude 和 Revolve 两命令为基本主轴外，没有比较特别的。

解题操作

(1) 新建文件时选择“空”、mnns_part_solid 模板，或以默认模板来新建零件文件。解题选择 mnns_part_solid 模板。

(2) 首先要绘出的部分是主体部分。您可以如图 12-72 所示，拉伸好后再倒圆角，也可以在草绘中直接在倒圆角处画弧(因为这两处倒圆角半径值相同也很大，很好画)。

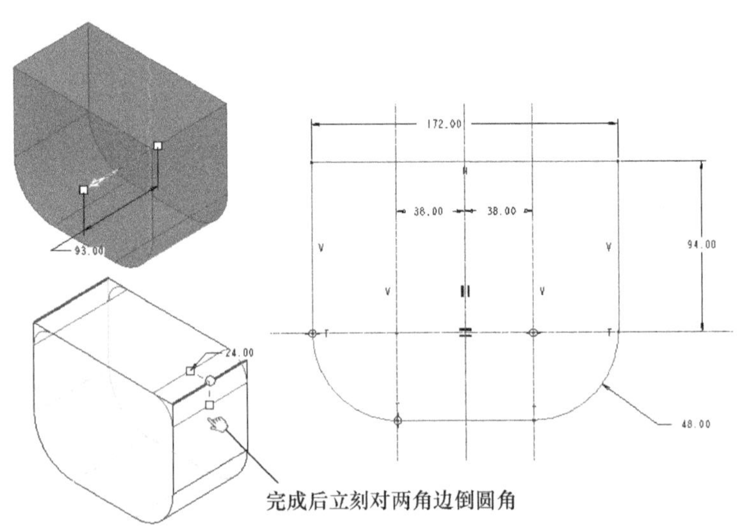

图 12-72 主体部分的草绘示意图

(3) 挖出中空的部分。我们不使用薄壳命令来做的原因是：在未来的薄壳厚度有可能变化的情况下，即使初期厚度相同，在习惯上，也会用 Extrude 命令减材料的方式来做。因为中空部分会成为后续特征的参照依据；这样，在编辑时就不会因为必须删除薄壳特征，而影响到后续参照到它的所有特征，如图 12-73 所示。

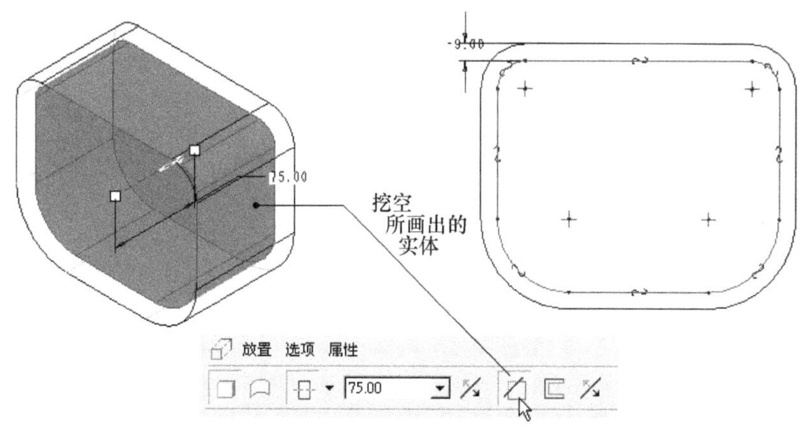

图 12-73 挖出中空的部分

(4) 请按图 12-74 所示的示意图，按平面图上的尺寸分别进行拉伸、旋转、倒角等操作。

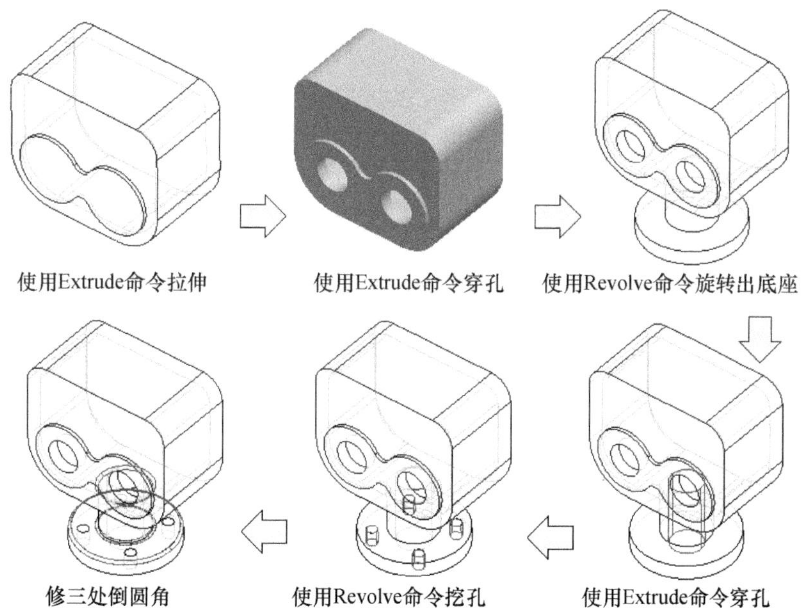

图 12-74 添加简单的构件

(5) 使用“筋”命令来完成箱体底座和主体间的加强筋支撑，如图 12-75 所示。

(6) 同样的操作，请完成左边的加强筋支撑。

(7) 最后，和前面一样的操作，将其他的构件补上，再施以倒圆角的修饰即可，如图 12-76 所示。

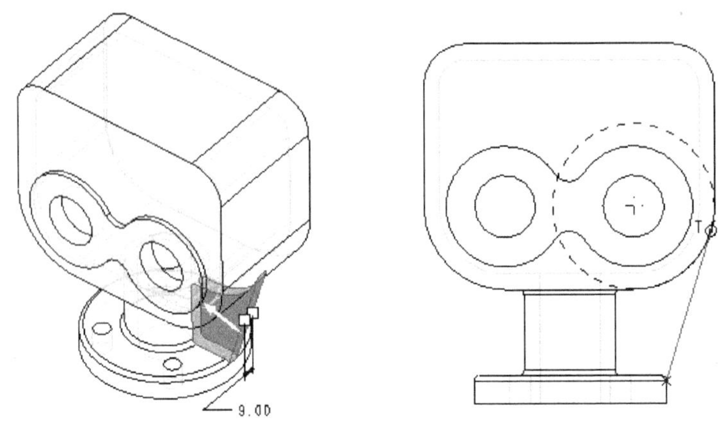

图 12-75　完成箱体底座和主体间的加强筋支撑

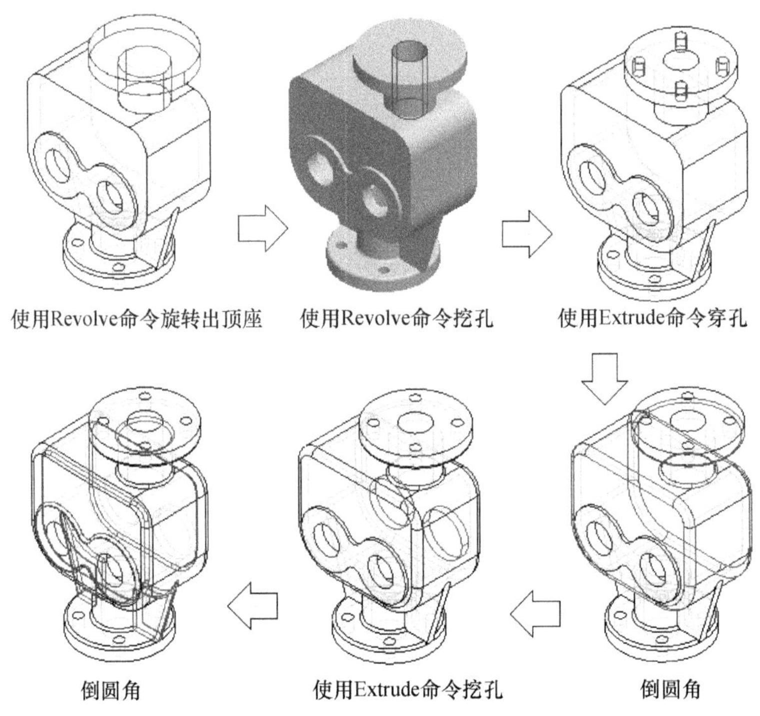

图 12-76　绘出箱体顶部的构件和倒圆角修饰

(8) 存盘。

本题练习后心得讨论

(1) 这个题目很好画，因此要想办法在完成时间上破自己的最快纪录。

(2) 当您倒不出希望的圆角或倒角时，请参照解题文件中，模型树区里的倒圆角或倒角特征的顺序。

12.6 泵下座和斜管

本题包含两子题，绘图时间共 100 分钟，因此平均一子题是 50 分钟。但是请注意：整个时间还要包含出图布置。

12.6.1 泵下座

泵下座的平面工程图如图 12-77 所示(考题 pdf 文件：(1)Examples\ch12\152-910305a.tif)。

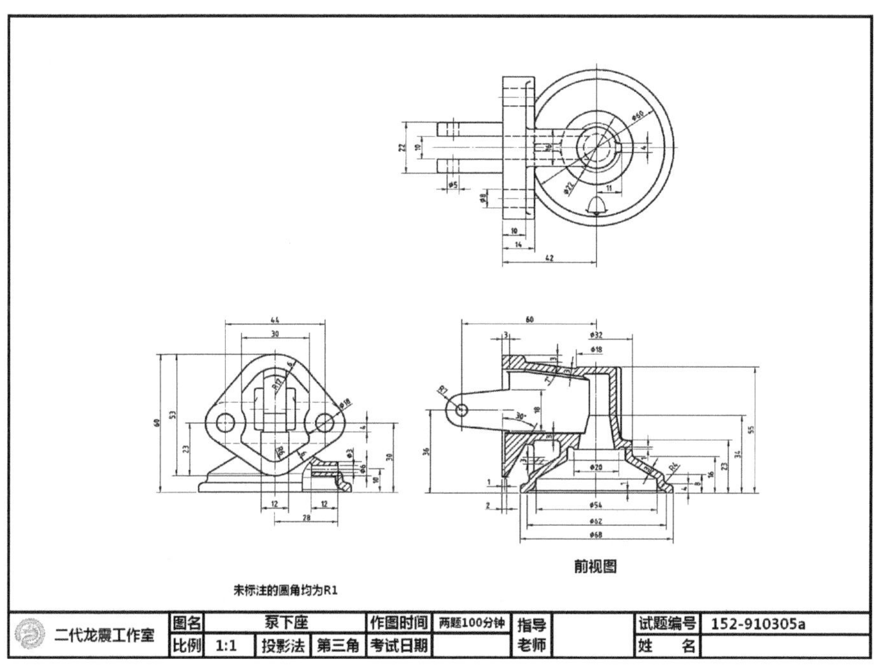

图 12-77 本试题第一子题平面图(泵下座)

本题完成图如图 12-78 所示。

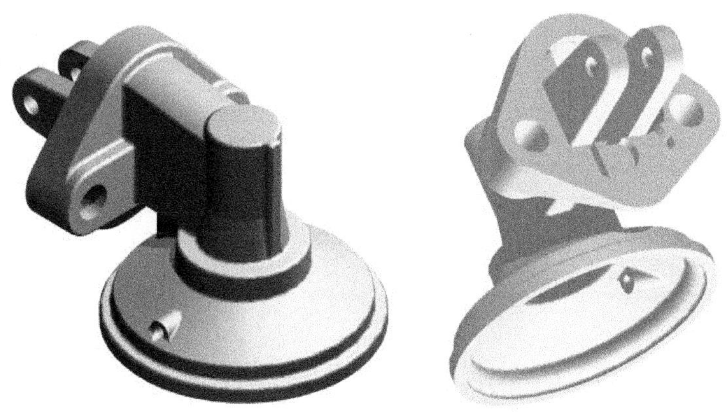

图 12-78 泵下座完成图

本试题第一子题的完成文件，放在本书范例光盘上的以下子目录中：(1)Examples\ch12\152-910305a\152-910305a.prt (正式解题文件)。

本试题操作前的解题重点分析

这个子题是所有题目中较有深度的一题。其重点在于“鼻部”造型的建模。一样的原理，虽然我们已经在 8.4 节中练习过了，但是我们仍然要在此再示范一次，以加深读者的理解。

我们要以三种不同的手法来绘制“鼻部”造型。本范例完成图如图 12-79 所示。

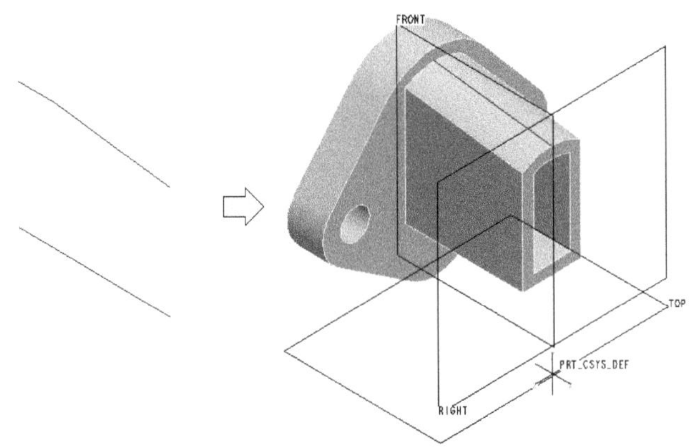

图 12-79　本范例完成图

1. 可变截面扫描法(本范例完成文件：(1)Examples\ch12\目录下的 Nose_01.prt)

操作 1：以默认模板来新建一个零件文件。

操作 2：从造型鼻部的侧面轮廓来看，它是一条曲线。所以，请按图 12-80 的操作，使用“草绘”工具来画出其上下辅助曲线轮廓。

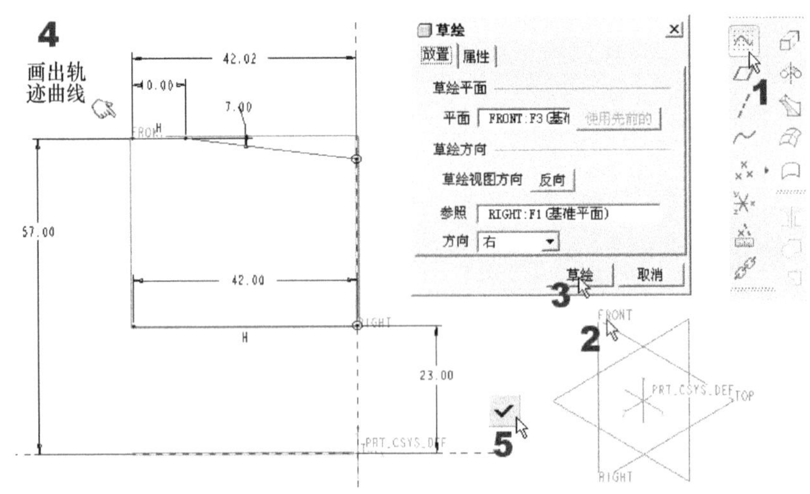

图 12-80　辅助曲线的绘制

操作 3：使用可变截面扫描命令来绘出鼻部造型。如图 12-81 所示。

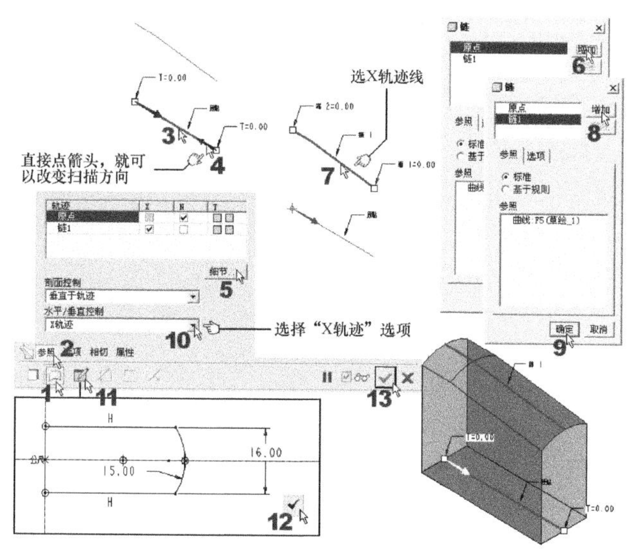

图 12-81　可变截面扫描操作

操作 4：对鼻部造型做厚度为 3 的薄壳。

操作 5：使用最基本的拉伸特征来画基座即可。基座带详细尺寸的草绘图如图 12-82 所示。

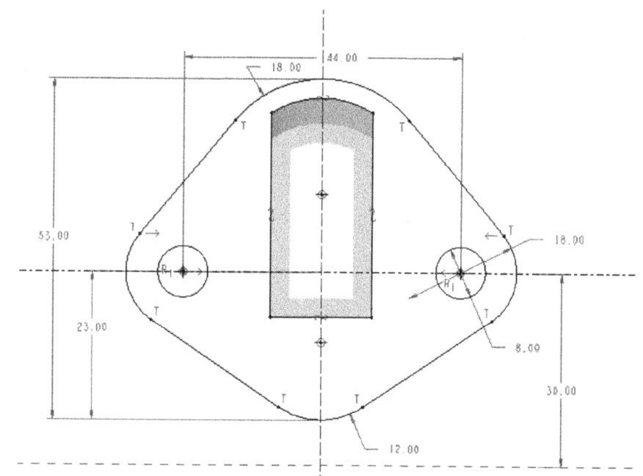

图 12-82　基座部分的拉伸草绘图

重点技巧讨论

(1) “原始轨迹”就是“原点轨迹线”(Origin Trajectory)。它是指在扫描的过程中，剖面的原点在任何时刻均落在此轨迹上。这条线可以由多条线段组成，但这些线段必须是相切的。

(2) “X 轨迹”又称“X 向量轨迹线”(X-vector Trajectory)，或称为“水平向量轨迹线”(Horizontal vector Trajectory)，用于定义扫描的过程中，剖面的 X 轴的方向。

2. 混合法 (本范例完成文件：(1)Examples\ch12\目录下的 Nose_02.prt)

操作 1：以默认模板来新建一个零件文件。

操作 2： 如前面图 12-80，画出其上下辅助曲线轮廓。

操作 3： 按图 12-83 的操作来绘制辅助基准点。

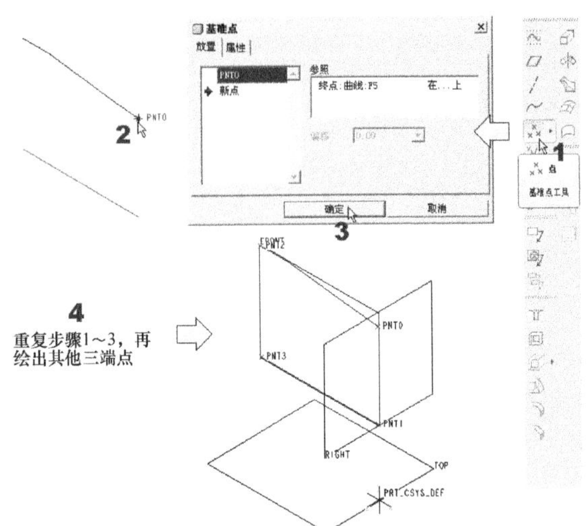

图 12-83　辅助基准点的绘制

操作 4： 使用“混合”命令来绘出鼻部造型，如图 12-84 所示。

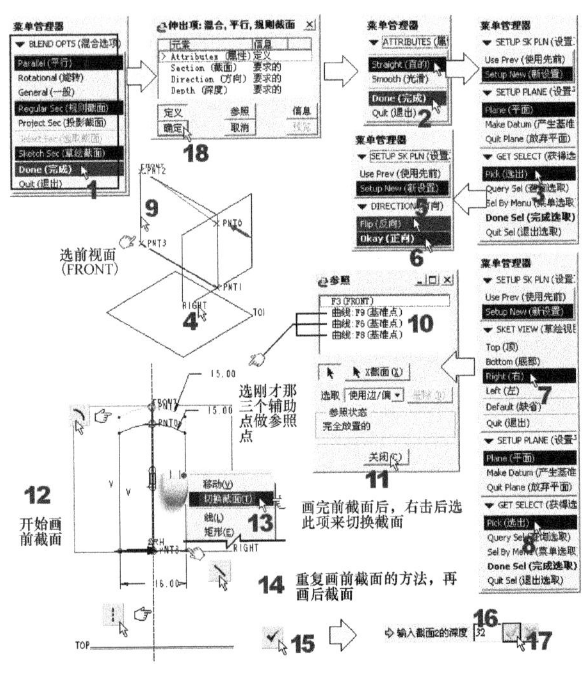

图 12-84　“混合”命令的操作

注 意

在图 12-84 步骤 12 处画前后截面(剖面)时，因为方向是从前到后，所以要画较低的前截面(剖面)，再画较高的后截面(剖面)。

操作 5：对鼻部造型做厚度为 3 的薄壳。

操作 6：使用最基本的拉伸特征来画基座即可。

3. 拉伸+扫描法(本范例完成文件：(1)Examples\ch12\目录下的 Nose_03.prt)

操作 1：以默认模板来新建一个零件文件。

操作 2：先按图 12-85 拉伸出代表鼻部的立体实体块(中心线两端延伸模式，厚度：16)。

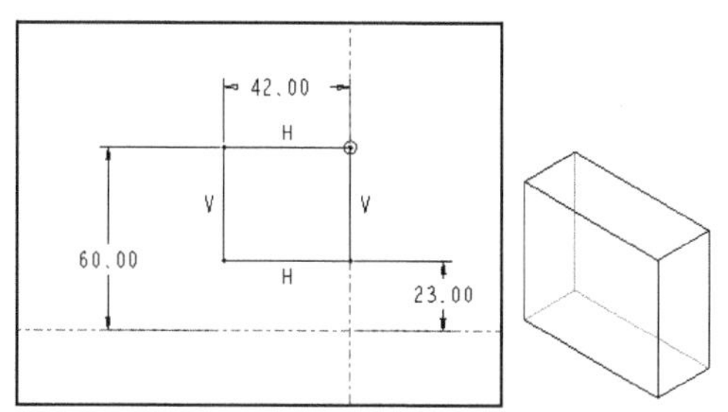

图 12-85 先拉伸出一实体块

操作 3：用扫描(直接在操作中画轨迹线)的方式，来切除立体块顶部的轮廓，如图 12-86 所示。

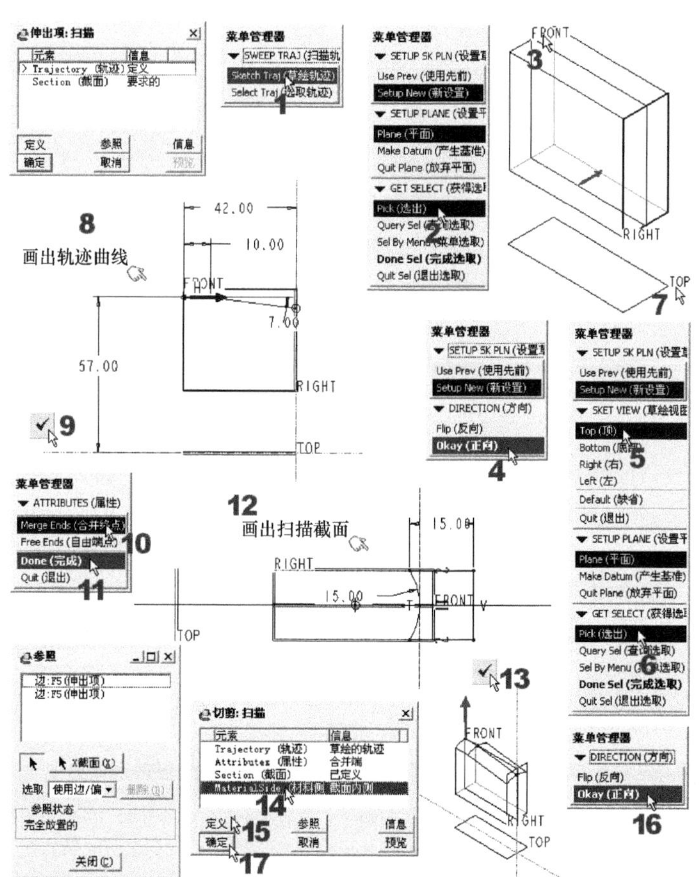

图 12-86 扫描切除的操作

注 意

① 在图 12-86 步骤 13 处，完成后就会到步骤 16 处。之所以绕一下，是因为要练一下事后修改的操作。

② 在图 12-86 步骤 12 处，有时运气好不加任何工具直接画就能对齐到图线，有时候又因为如此，而在稍后的扫描伸出项时，出现了“交截实体”的错误。为了让系统能对齐到图线，以顺利切除，一般会使用约束工具。请参照图 12-87 的操作(即步骤 12 处的更细节操作)。

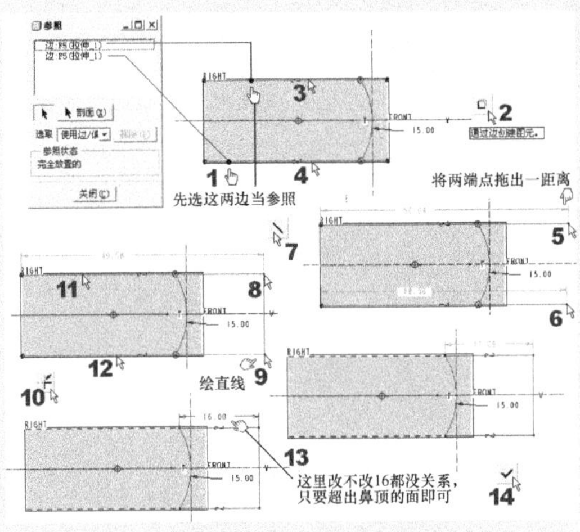

图 12-87 草绘问题点的解决操作

操作 4： 对鼻部造型做厚度为 3 的薄壳。

操作 5： 使用最基本的拉伸特征来画基座即可。

操作 6： 和前两个范例不一样的是，这个范例还增加了如图 12-88 所示的三个造型变化。

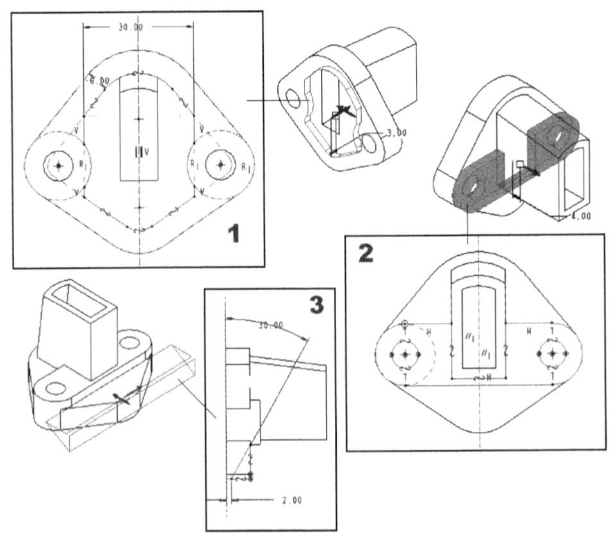

图 12-88 其他的造型变化

注 意

这些造型上的变化都是简单的，也是我们前面练过的。如果会有问题，那可能是读者对第 1 章所述的草绘基准面定义的操作还不熟。此时，您可以打开我们提供的完成范例，在模型树区中的该特征名称上右击，选择“编辑定义”，来参照完成范例中的定义。

解题操作

(1) 新建文件时选择“空”、mnns_part_solid 模板，或以默认模板来新建零件文件。解题选择 mnns_part_solid 模板。

(2) 首先要绘出的部分是“鼻部”造型的上下两条参照线。这一开始，就是本题最关键的地方。请按前面图 12-80 所示的操作，选择“草绘”工具来操作。

(3) 紧接着就是鼻部造型的实体绘出。这部分请先按前面图 12-81～图 12-85 中，三种方法里的任一种方法绘制。完成图如图 12-89 所示。

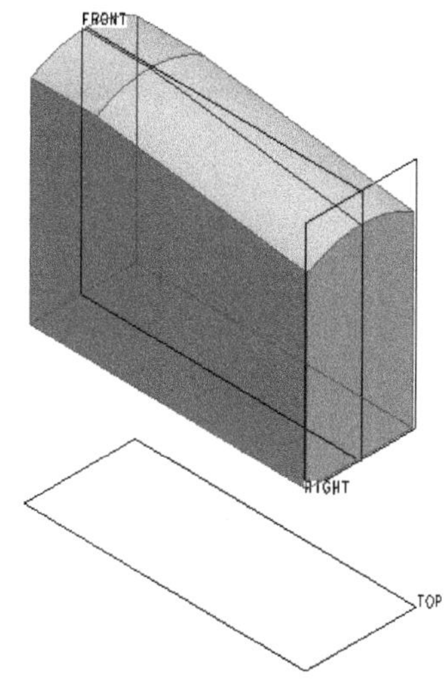

图 12-89 鼻部的完成图

(4) 按图 12-90 所示的操作，使用 Revolve 命令绘出鼻部前面的圆柱造型。

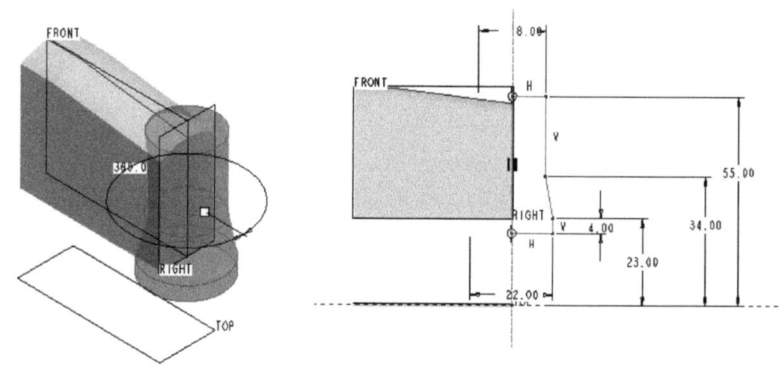

图 12-90 绘出鼻部前面的圆柱造型

(5) 再对整个造型做薄壳，如图 12-91 所示。

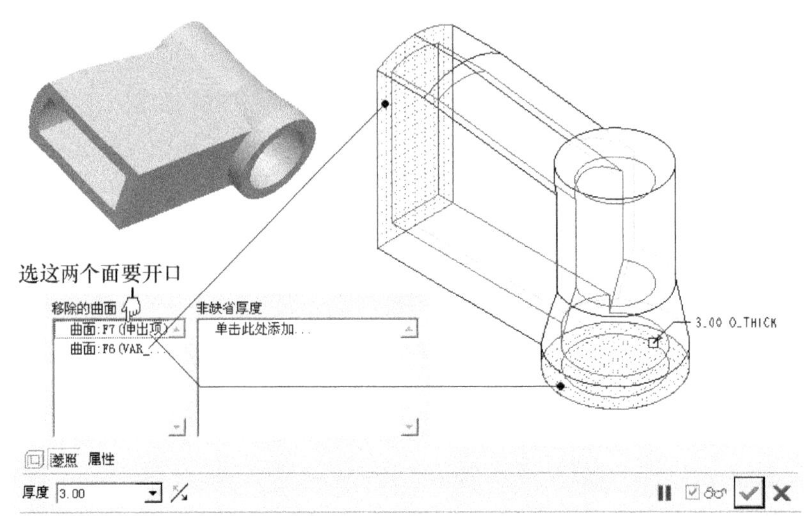

图 12-91 薄壳操作

(6) 按图 12-92 所示的操作绘出底座。相关尺寸请参照平面图。

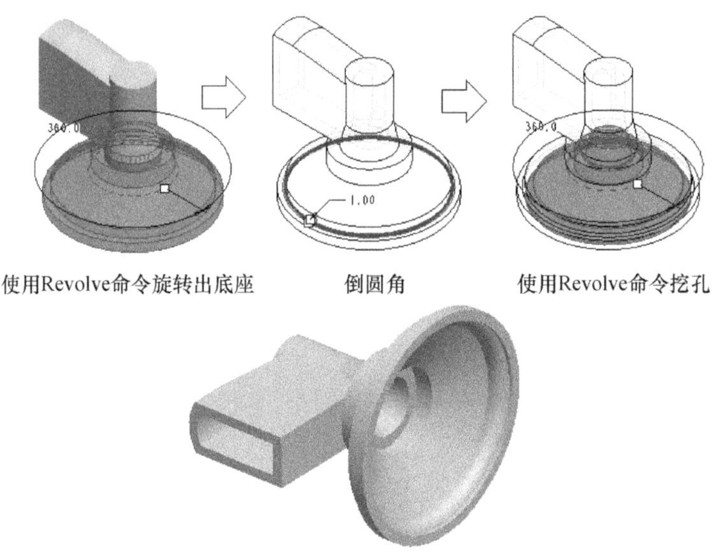

图 12-92 绘出底座

(7) 按图 12-93 所示的操作绘出侧面造型。相关尺寸请参照平面图。

(8) 按图 12-94 所示的操作继续绘出其他侧面造型。相关尺寸请参照平面图。

(9) 剩下底座的圆孔和倒圆角的操作如图 12-95 所示(相关尺寸请参照平面图)。请注意：当您倒不出希望的圆角或倒角时，请参照解题文件中，模型树区里的倒圆角或倒角特征的顺序。

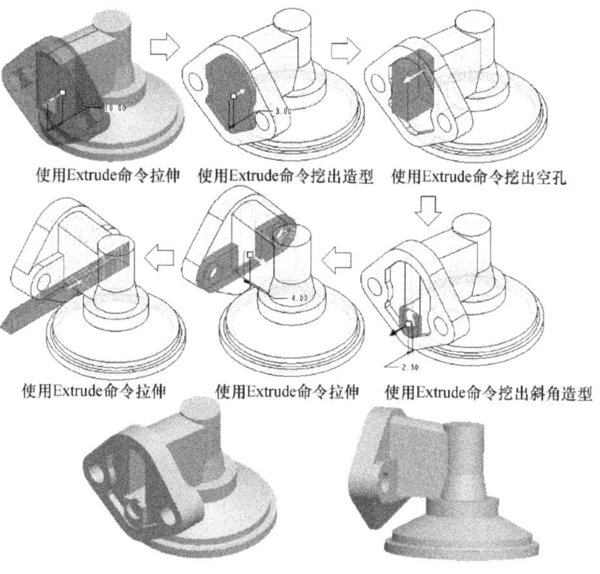

图 12-93　绘出侧面造型

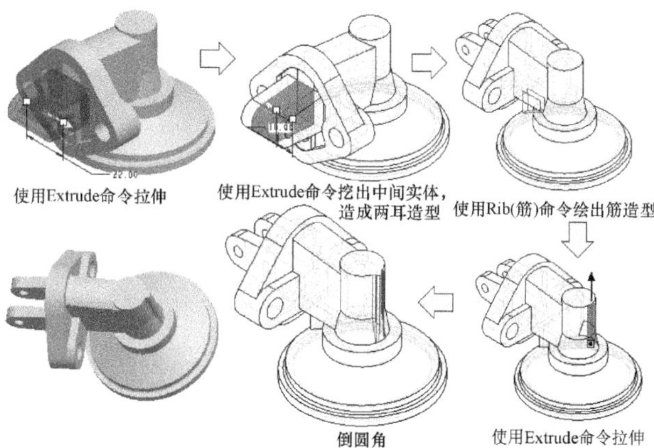

图 12-94　继续绘出其他侧面造型

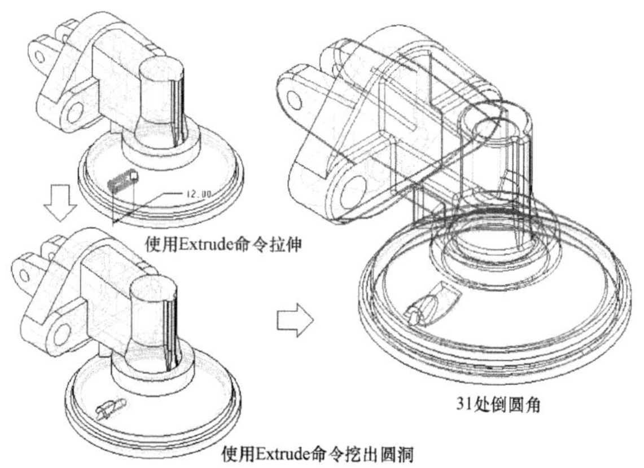

图 12-95　最后的修饰操作

(10) 存盘。

本题练习后心得讨论

(1) 先做过本节的预习后，这个题目的重点——鼻部造型的绘制，就变得容易了！当然，您也应该明白，要画出这种造型并非只有一种方法，您可以按喜好来画。

(2) 您还要练习看工程图的能力(即工程图识图)，以快速找出众多需要倒圆角地方和倒圆角尺寸值，同时又没有遗漏。

12.6.2 斜管

斜管的平面工程图如图 12-96 所示(考题 pdf 文件：(1)Examples\ch12\152-910305b.tif)。

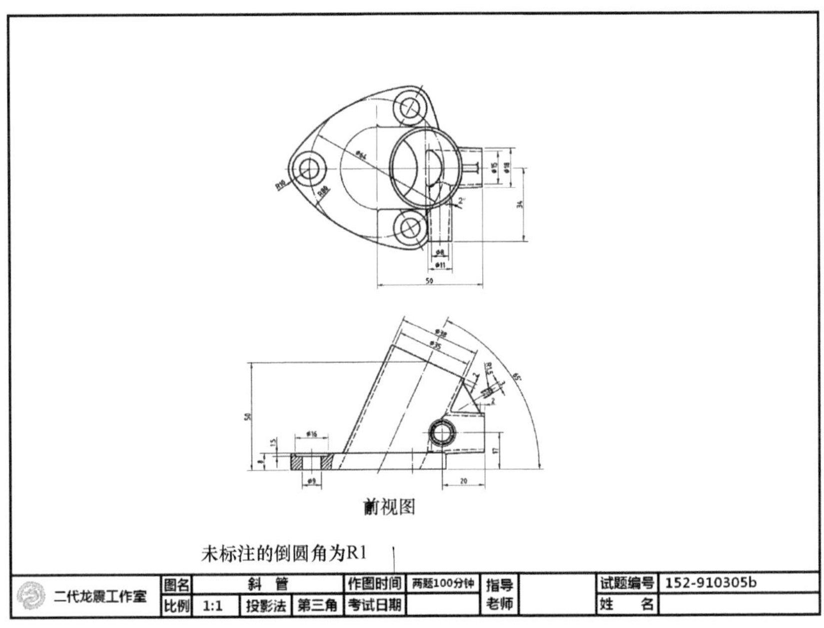

图 12-96 本试题第二子题平面图(斜管)

本题完成图如图 12-97 所示。

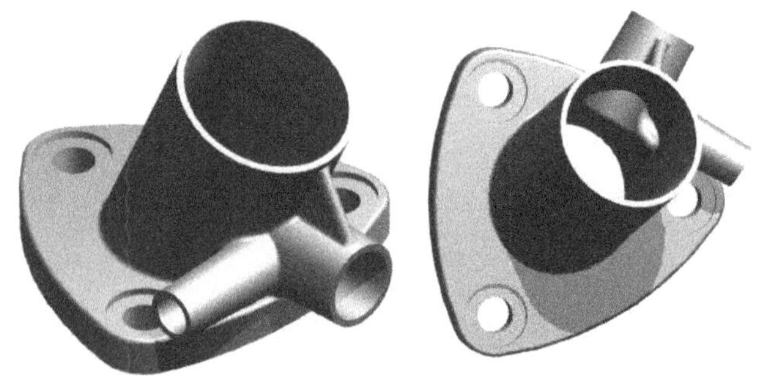

图 12-97 斜管完成图

本试题第一子题的完成文件，放在本书范例光盘上的以下子目录中：(1)Examples\ch12\

152-910305b\152-910305b.prt (正式解题文件)。

本试题操作前的解题重点分析

这个子题主要在考倾斜面(“斜度”命令)的操作，以及利用“实体化”命令来达到去除实体交截部分的操作。当然，要去除实体交截有很多的方法，我们只是在此练一下用“实体化”命令来解决的方法。

要注意的是：“斜度”和“实体化”两个工具的操作，未列入本书范围，所以还没有正式教，它们都是本系列书下一本《Pro/ENGINEER Wildfire 5.0 进阶提高》一书的主题。但是这两个命令的操作都还算简单；在此，请先按图例模仿操作。

所以，全局来看本子题，应试者画起来应会觉得颇具新意。

解题操作

(1) 新建文件时选择“空”、mnns_part_solid 模板，或以默认模板来新建零件文件。解题选择 mnns_part_solid 模板。

(2) 以独立“草绘”命令的方式，画出斜管的参照线，如图 12-98 所示。

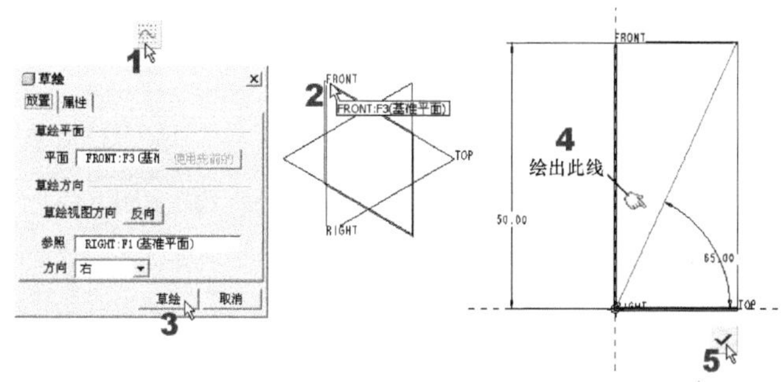

图 12-98　草绘出斜管的参照线

(3) 根据这条参照线来画出斜管。操作示意如图 12-99 所示。我们采用在做拉伸草绘时，才创建基准面的画法。

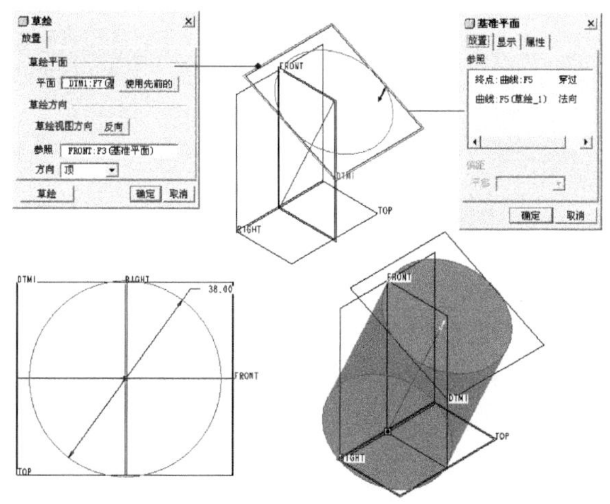

图 12-99　使用 Extrude 命令画出斜管(斜圆柱)

(4) 以同样的手法再绘出一个直径为 18mm，和斜管正交的圆柱。请按图 12-100 的操作示意图操作。

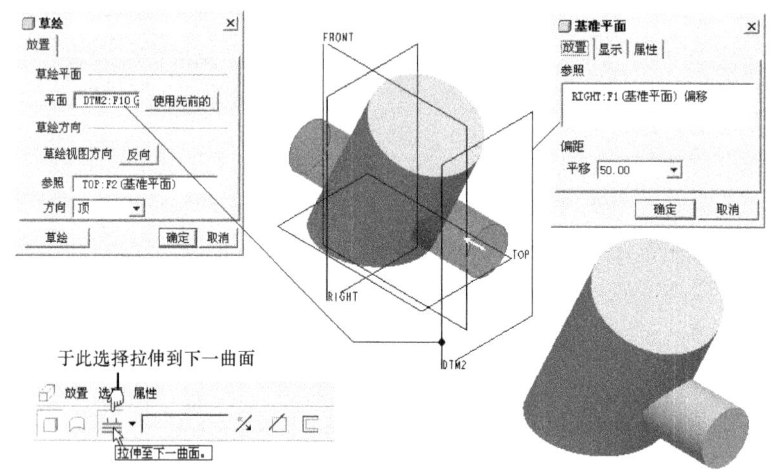

图 12-100 拉伸出水平的圆柱

(5) 再以同样的手法绘出一个直径为 11mm，和第二个圆柱正交的圆柱。请按图 12-101 的操作示意图操作。

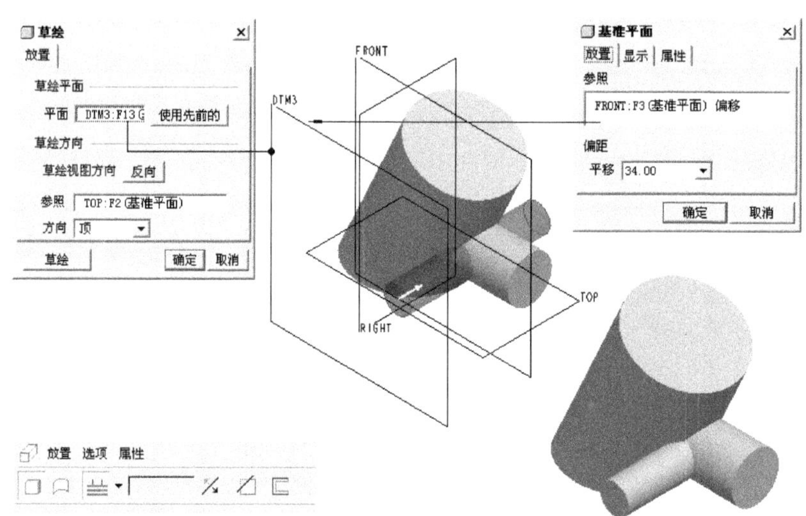

图 12-101 绘出第三个圆柱

(6) 对刚才完成的圆柱修出斜面。请按图 12-102 所示操作。

(7) 对目前完成的造型做薄壳，如图 12-103 所示。

(8) 因为再继续做下去后，后续会有一些面需要截掉。所以，在这里用了一个技巧，即先复制这个面，然后在最后使用“实体化”命令来截掉多余的面时，使这个面可以派上用场。请参考图 12-104 所示的操作。

(9) 使用 Extrude 命令加上底座，如图 12-105 所示。

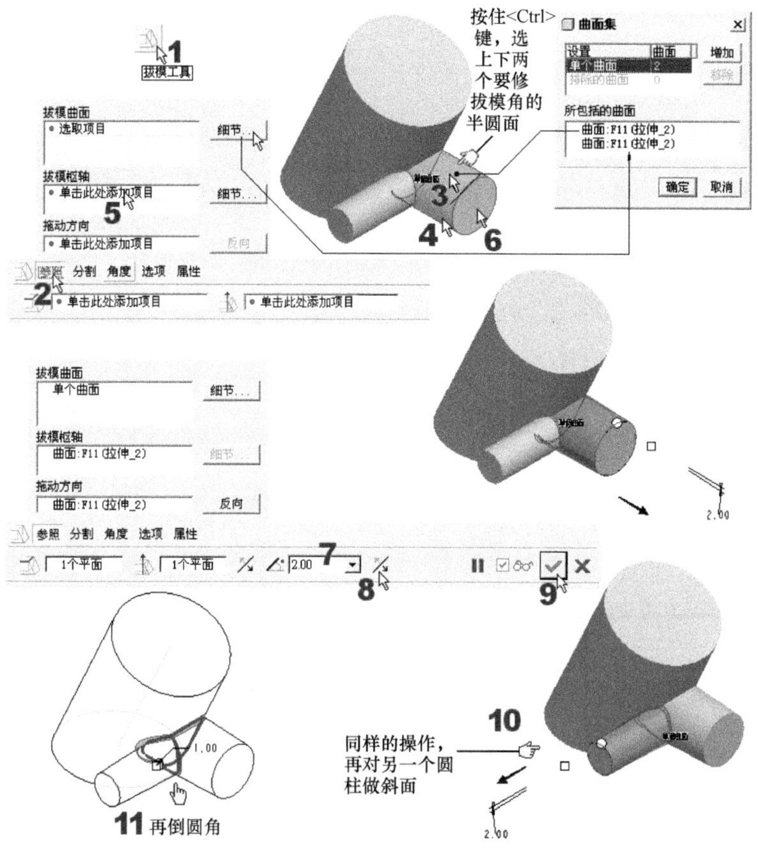

图 12-102 修出斜面的操作

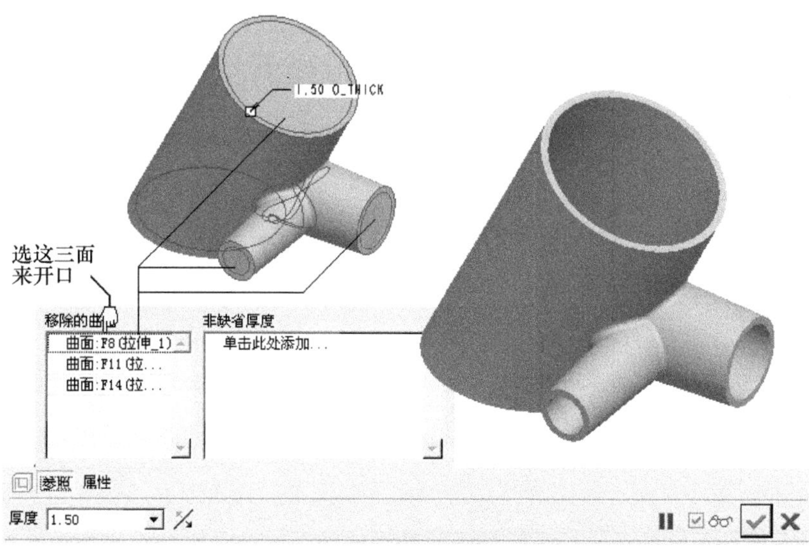

图 12-103 薄壳设置

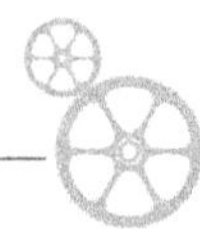

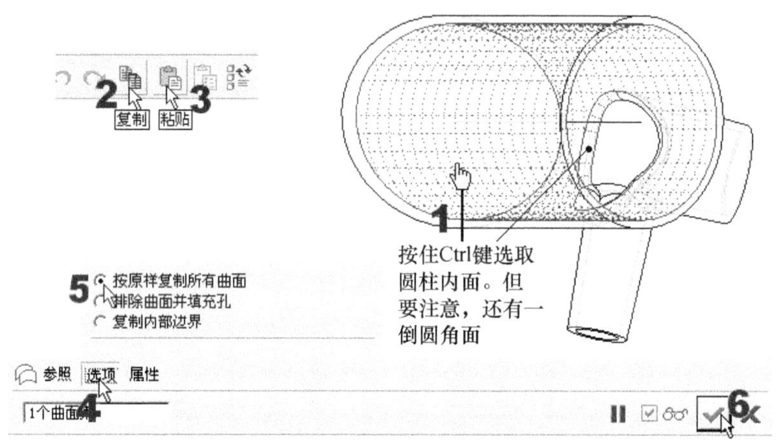

图 12-104　复制面的操作

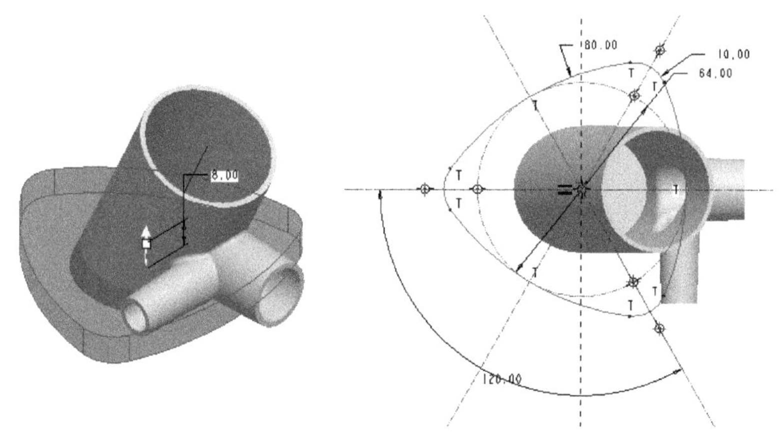

图 12-105　加上底座

(10) 为了顺利绘出后续的圆孔，我们要先按图 12-106 所示的操作来创建需要的基准轴。

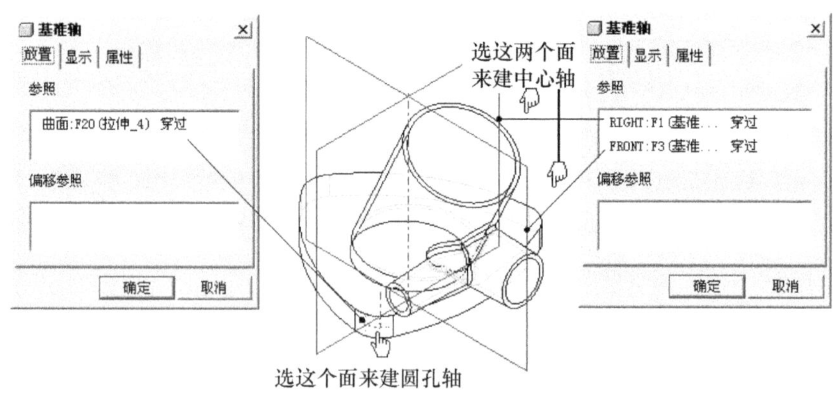

图 12-106　创建需要的基准轴

(11) 根据刚创建的螺孔中心轴，使用“孔”(Hole)命令来绘出螺孔，如图 12-107 所示。

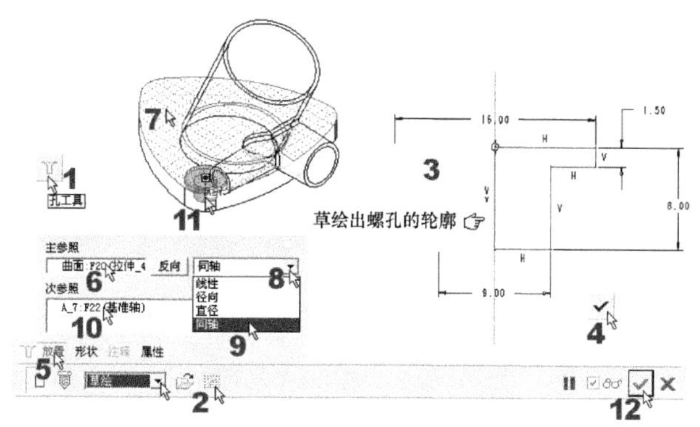

图 12-107　绘出螺孔的操作

(12) 根据刚创建的中心基准轴来阵列此螺孔，如图 12-108 所示。

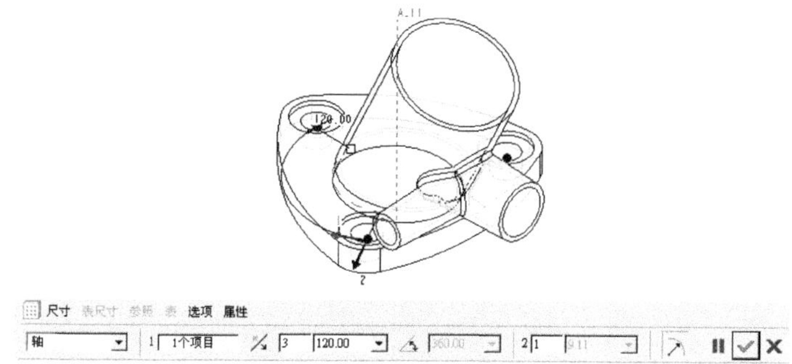

图 12-108　阵列螺孔的操作

(13) 开始修尾的操作。包括搪孔、加筋和倒圆角等，如图 12-109 所示。

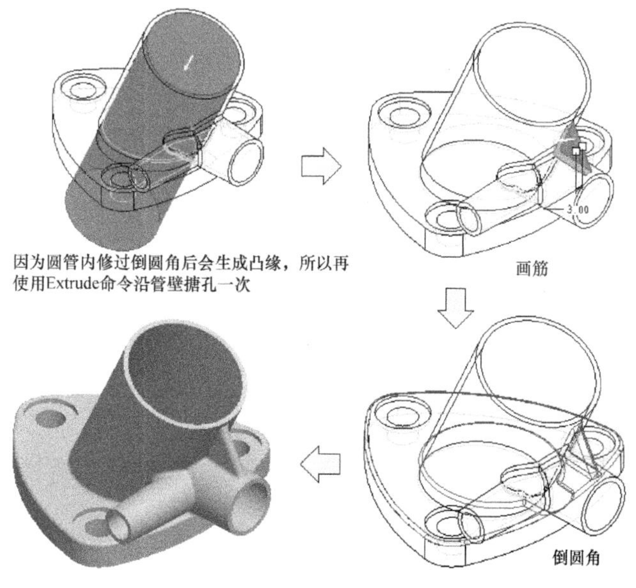

图 12-109　修尾的操作

检查圆管内壁，发现有一些残余面，如图 12-110 所示。

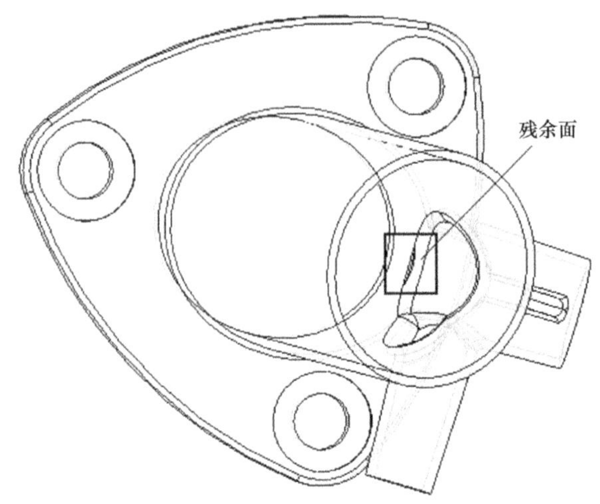

图 12-110　圆管内壁的残余面

(14) 为了清除此残余面，我们要以先前的复制面为边界，使用“实体化”命令来截去此面，如图 12-111 所示。

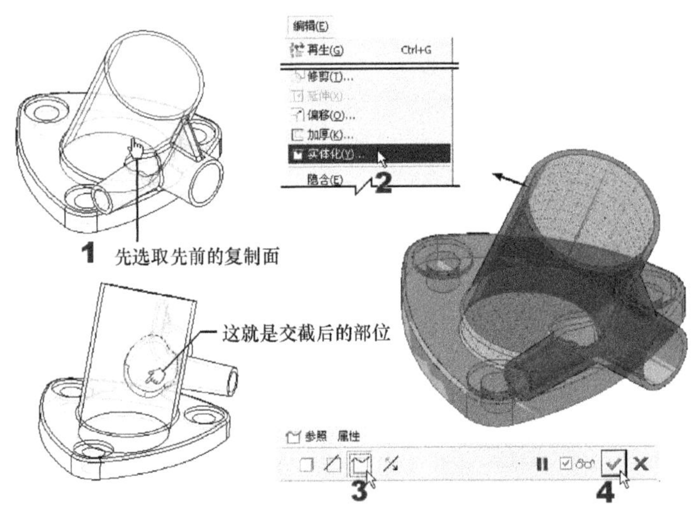

图 12-111　使用“实体化”命令来截去残余面

(15) 存盘。

本题练习后心得讨论

(1)　参照基准的创建与使用也是本题的主要重点，您必须很会“设计”需要的参照基准，才能将本题的模建的很准。

(2)　会用到复制面的技巧，经常是因为下一个命令需要那些面特征来当作参照，所以需要将它们复制一份使用。

12.7 吊 架 盘

本题绘图时间共 100 分钟。但是请注意：整个时间还要包含出图布置。

吊架盘的平面工程图如图 12-112 所示(考题 pdf 文件：(1)Examples\ch12\152-910306.tif)。

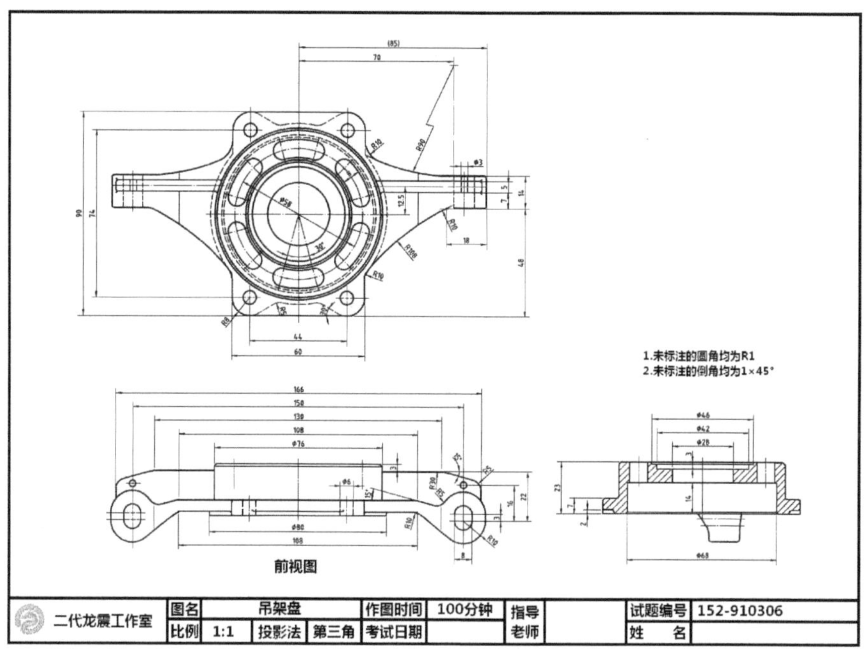

图 12-112 本试题平面图(吊架盘)

本题完成图如图 12-113 所示。

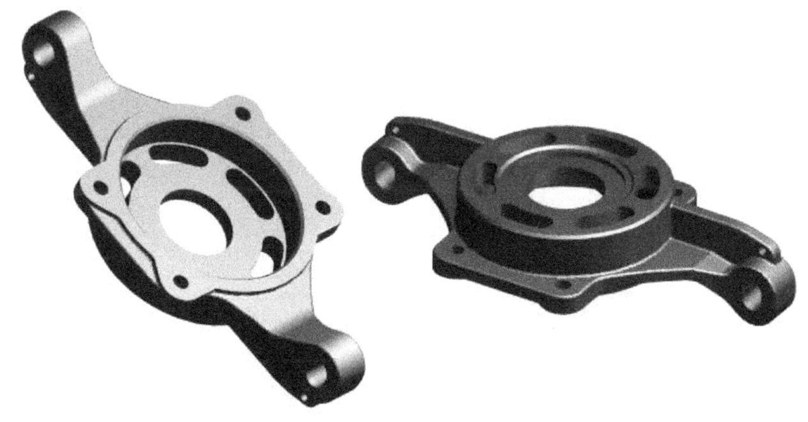

图 12-113 吊架盘完成图

本试题第一子题的完成文件，放在本书范例光盘上的以下子目录中：(1)Examples\ch12\152-910306\152-910306.prt (正式解题文件)。

本试题操作前的解题重点分析与第三题类似。

解题操作

本题的画法和第三题“固定盘”类似，甚至因为左、右面延伸构件在同一在线，更为好画。因此，操作过程不再赘述。请直接参照平面图绘出，再比对我们的解题文件即可。

12.8 齿 轮 箱

本题绘图时间共 100 分钟。但是请注意：整个时间还要包含出图布置。

齿轮箱的平面工程图如图 12-114 所示(考题 pdf 文件：(1)Examples\ch12\152-910307.tif)。

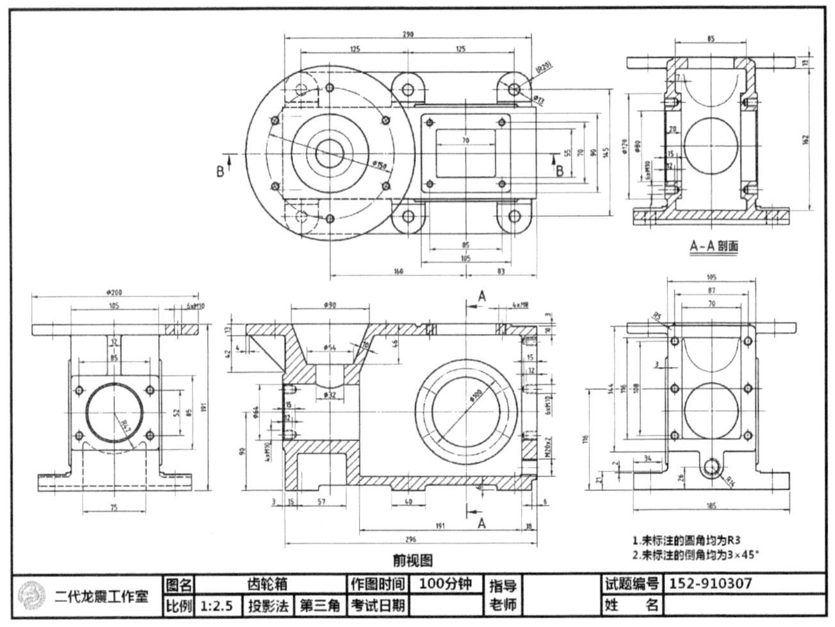

图 12-114　本试题平面图(齿轮箱)

本题完成图如图 12-115 所示。

图 12-115　齿轮箱完成图

本试题第一子题的完成文件，放在本书范例光盘上的以下子目录中：(1)Examples\ch12\152-910307\152-910307.prt (正式解题文件)。

本试题操作前的解题重点分析

和前面几题比起来，本题属于“复杂又耗时间”的题型！但本题也没有比较难画的地方，就是比较复杂，构件比较多，尤其是螺孔和螺纹的部分。所以，在时间上要分秒必争。换句话说，本题考的是细心和耐心。

解题操作

(1) 新建文件时选择“空”、mnns_part_solid 模板，或以默认模板来开一新零件文件。解题选择 mnns_part_solid 模板。

(2) 首先要绘出的是箱体的部分。这些是应该是读者已经很熟悉的，我们以图 12-116 的示意图来作说明。

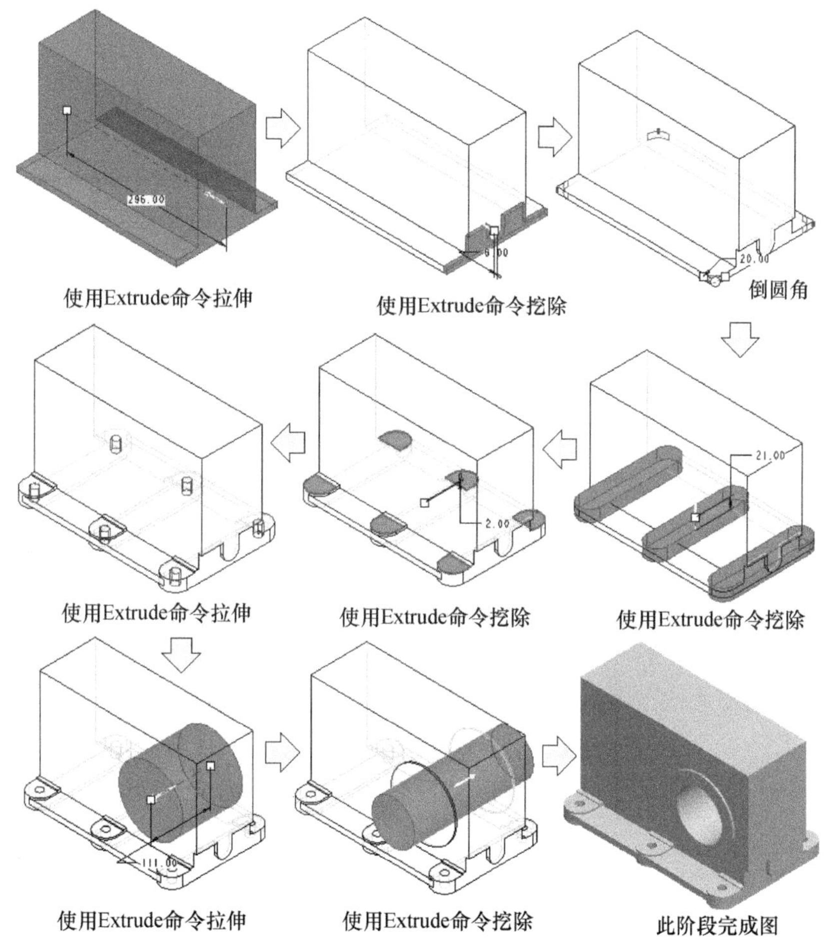

图 12-116　箱体的绘图示意(1)

(3) 按图 12-117 的操作继续绘制箱体。

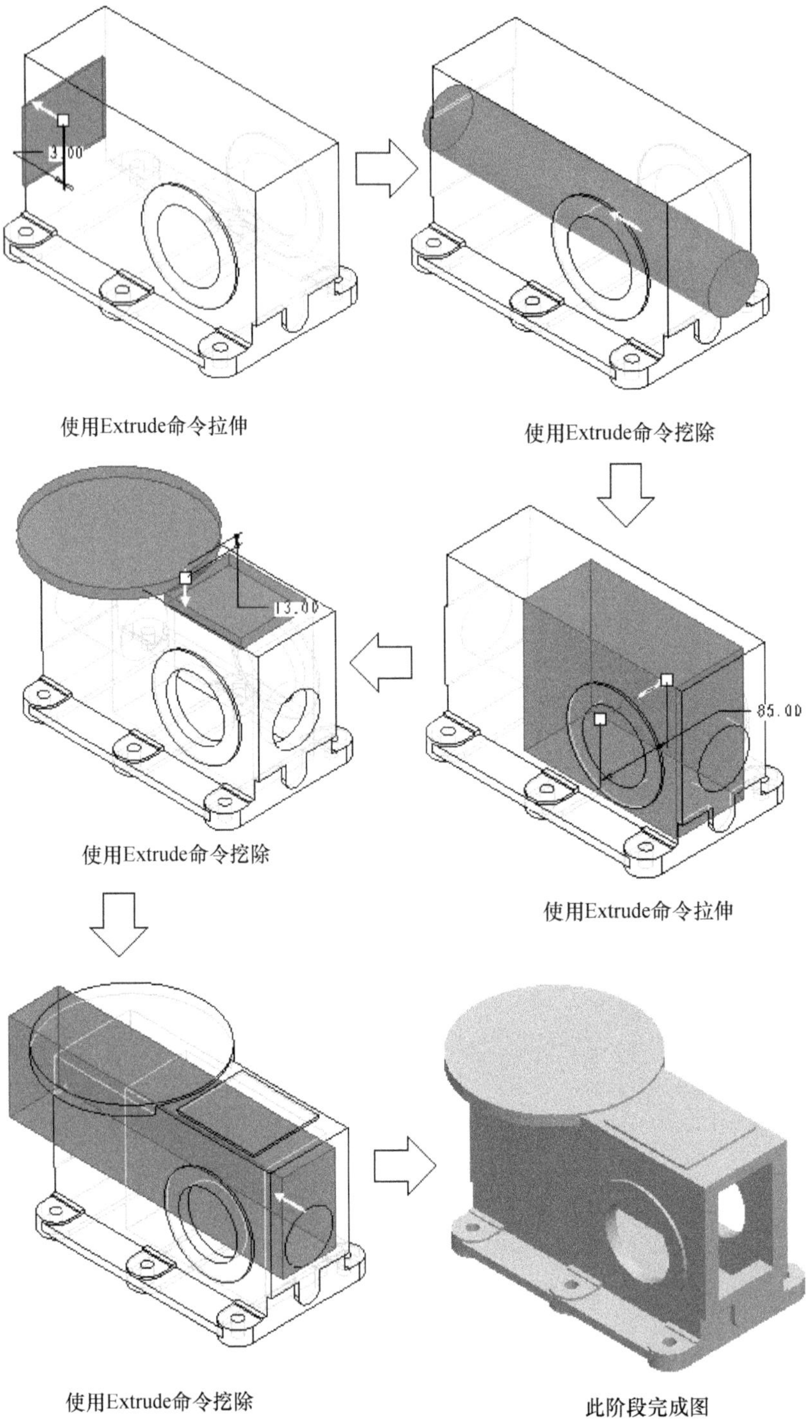

3.00

使用Extrude命令拉伸

使用Extrude命令挖除

13.00

85.00

使用Extrude命令挖除

使用Extrude命令拉伸

使用Extrude命令挖除

此阶段完成图

图 12-117　箱体的绘图示意(2)

(4) 再继续按图 12-118 的操作绘制箱体。

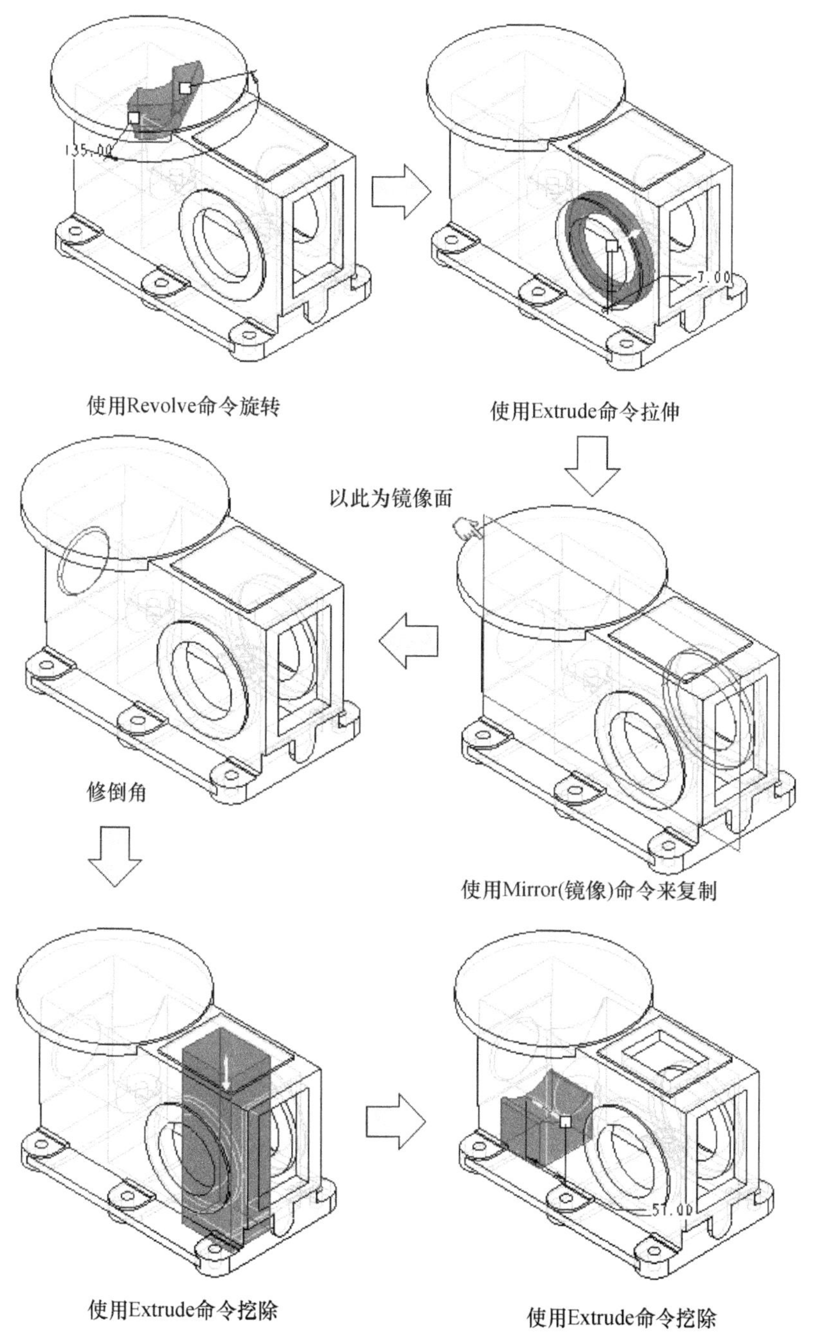

图 12-118　箱体的绘图示意(3)

(5) 再继续按图 12-119 所示的操作绘制箱体。

(6) 如果您已经练过本书第 8 章的螺纹绘制练习，那么您将对本题重点螺纹和螺纹的复制了然于胸。接下来要完成的就是针对刚刚挖出的螺孔做螺纹的绘制。绘制螺纹的细节，我们在前面第 2 题的“阀体”已练过，图 12-120 将以草绘示意图来说明。

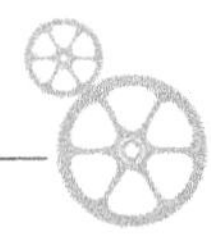

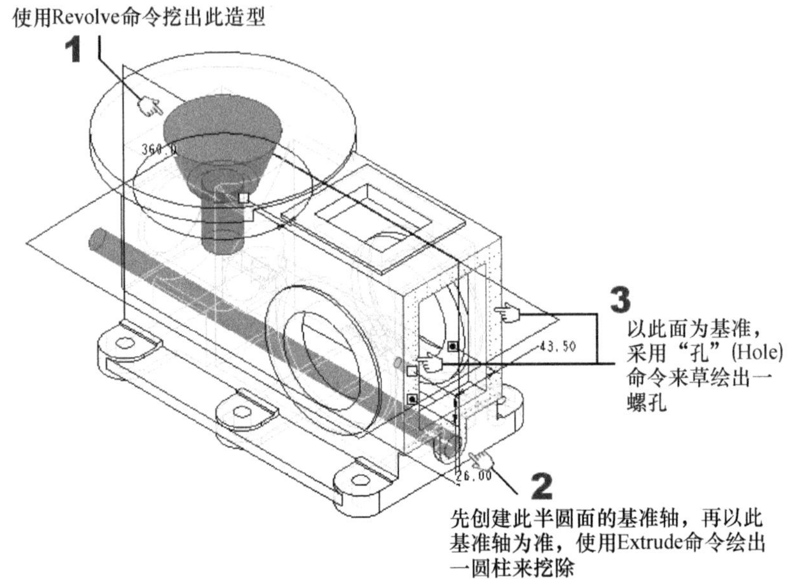

图 12-119　箱体的绘图示意(4)

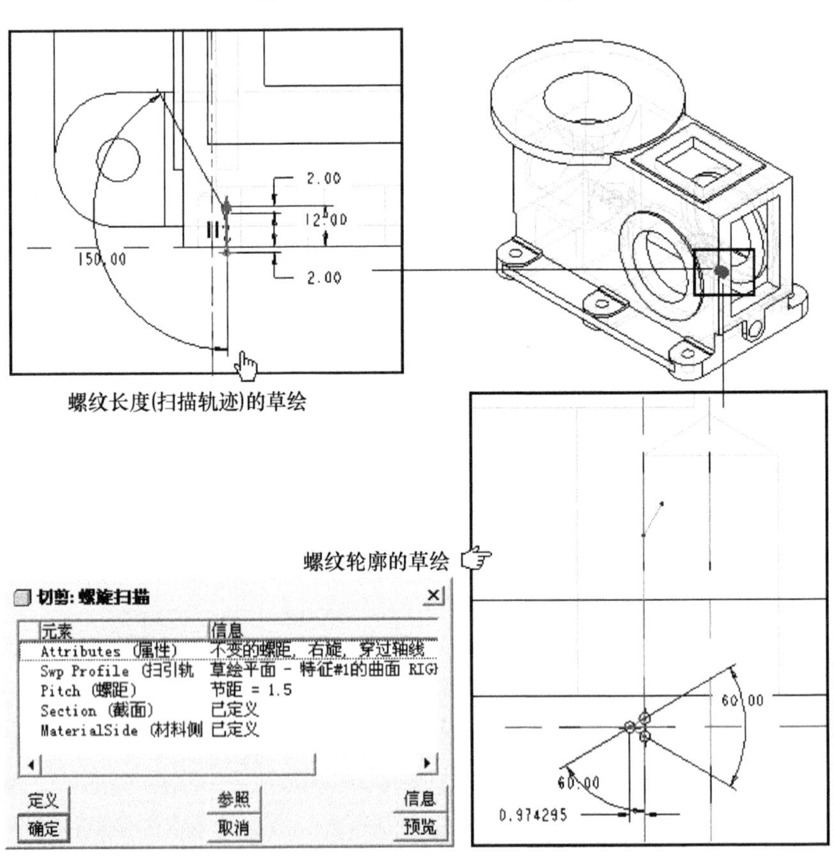

图 12-120　螺纹的草绘示意

(7) 螺纹孔有 6 组，所以接下来就是复制的操作，但是复制的操作方法有很多种。我们在绘制时发现，在图 12-119 和图 12-120 中，绘出的是螺孔和螺纹阵列中间的那一个，这么一来，用阵列就不好做了。此时可采用不同的方法——先复制再镜像的画法。我们先按图 12-121 来做复制的操作。

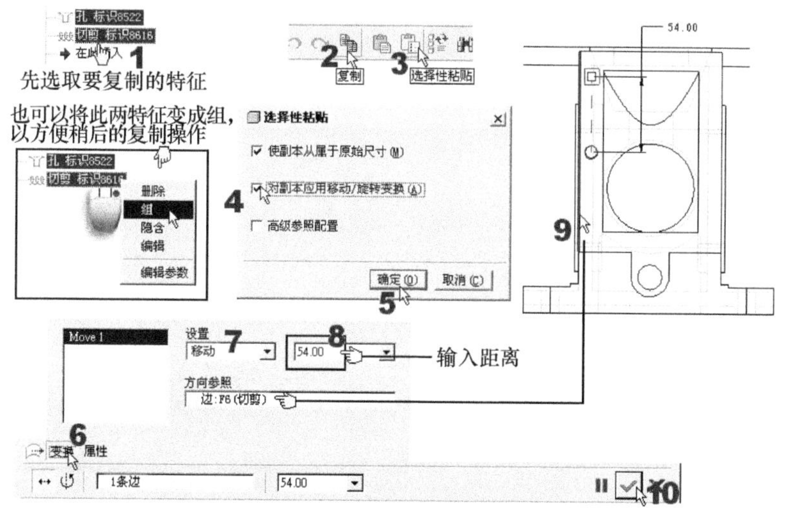

图 12-121　复制螺孔和螺纹的操作

(8)　再用同样的操作，复制出底下(距离-54)的那组。然后，再使用同样的手法一次复制左边的三个到右边来。

(9)　继续绘出另一螺纹，如图 12-122 所示。

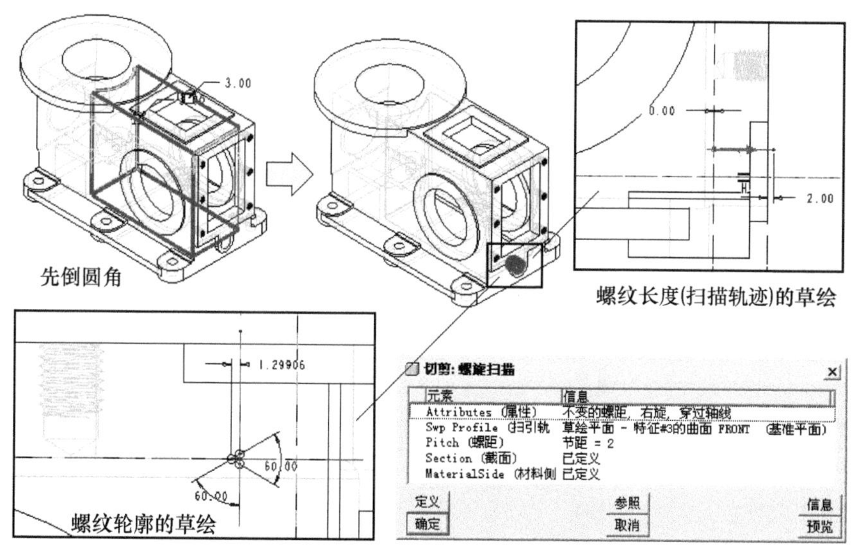

图 12-122　绘出另一螺纹

(10) 接下来就是较繁琐的操作了，还有 5 组螺纹(画 4 组，一组复制)。但这些螺纹组只有一组矩形阵列，其他都是圆形阵列，所以只要画出一个以后，在复制时使用“阵列”(Pattern)命令都可应付。示意图如图 12-123 所示。

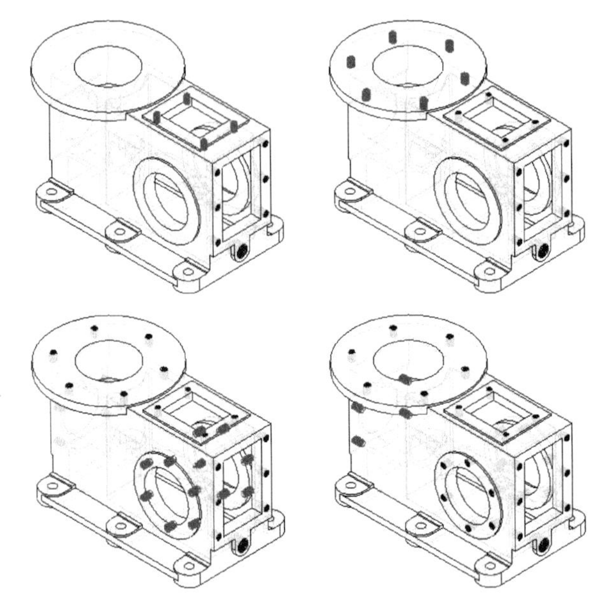

图 12-123　五组螺纹组的示意图

(11) 最后，就是一连串的收尾操作，如倒圆角、倒角和加强筋等，如图 12-124 所示。注意：当您倒不出希望的圆角或倒角时，请参照解题文件中，模型树区里的倒圆角或倒角特征的顺序。

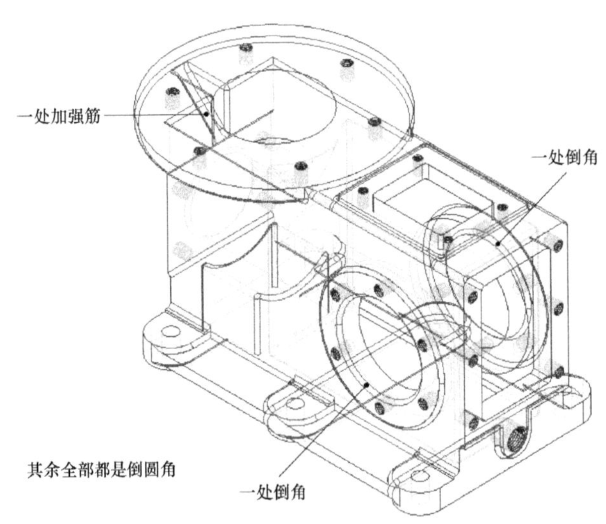

图 12-124　最后的修尾操作

(12) 存盘。

本题练习后心得讨论

(1) 这个题目即使对命令很熟，画起来还是很累的。所以，请注意时间。

(2) 在复制螺纹组时要特别注意，对于对称的情况，或许您会觉得用“镜像”(Mirror)命令来做复制会比较快，但是螺纹有左右螺旋之分，镜像之后并不一样。虽然转到工程图后，一般以修饰螺纹的方式来画(即惯用的螺纹简图)，但是基本上我们秉持精确的态度，在螺纹上我们还是采取复制或阵列的方式来处理。

(3) 使用 Extrude 或 Revolve 命令画草绘时所用的基准面，有些可能都是临时才自定义的，因为我们的 Wildfire 的解题文件是由 2001 版转过来改的，所以这些自定义的临时基准面并不会显示在特征中，但是它们是存在的。参照时解题文件请注意！不过，如果您一开始就用 Wildfire 版来画，就不会有临时基准面特征看不到的问题。

12.9 本 体

本题绘图时间共 100 分钟。但是请注意：整个时间还要包含出图布置。

本体的平面工程图如图 12-125 所示(考题 pdf 文件：(1)Examples\ch12\152-910308.tif)。

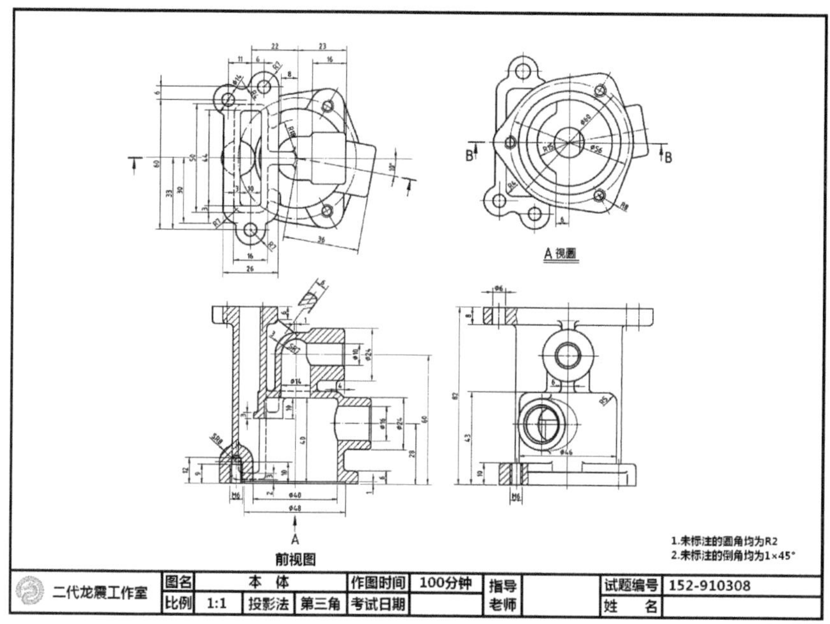

图 12-125 本试题平面图(本体)

本题完成图如图 12-126 所示。

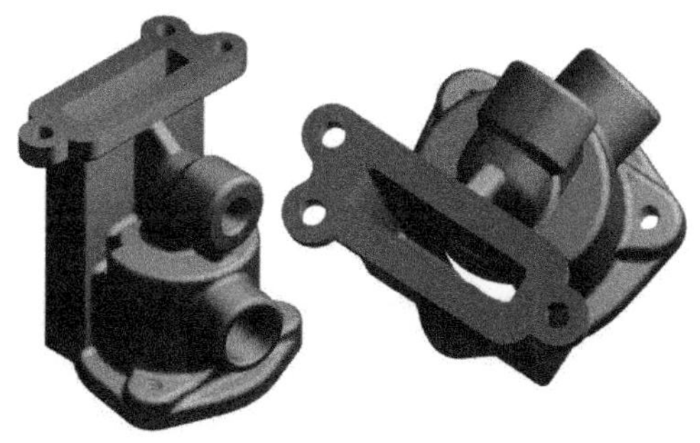

图 12-126 本体完成图

本试题第一子题的完成文件，放在本书范例光盘上的以下子目录中：(1)Examples\ch12\152-910308\152-910308.prt (正式解题文件)；(1)Examples\ch12\152-910308\152-910308_old.prt (2005 年以前的解题文件)。

本试题操作前的解题重点分析

这个题目有三个重点。第一个是考因历史因素所造成的底盘造型变化；第二个仍然考螺纹的绘图；第三个则是考螺纹尺寸不全相同时的螺纹复制。

整体来说，本题的造型还不很复杂，配件也不多，所以时间上 100 分钟是足够的。

解题操作

(1) 新建文件时选择“空”、mnns_part_solid 模板，或以默认模板来新建零件文件。解题选择 mnns_part_solid 模板。

(2) 本题采用的是类似“堆积木”的方式，来一一将本体的所有构件一个一个叠上去。我们要先从底座的部分开始。这个底座的绘法将是本题最大的技巧，同时也有其历史因素。事情是这样的，2005 年以前的考题，这个底座的造型如图 12-127(a)所示。但到了 2005 年时，底座的造型则改为图 12-127(b)所示的样子。

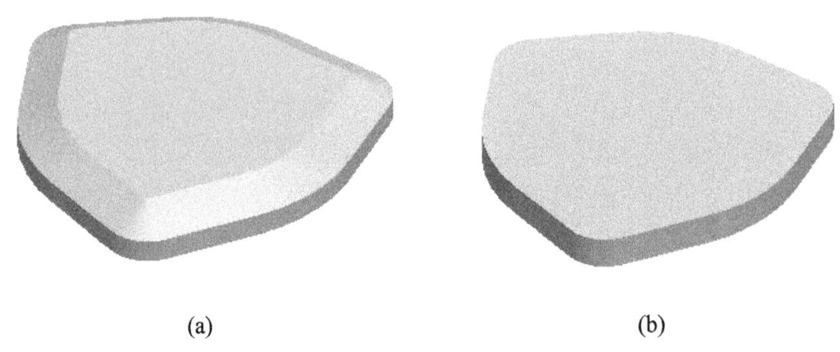

(a) (b)

图 12-127 不同底座造型的考题变化

新的考题当然比较简单，它就是平板，甚至使用最简单的 Extrude 命令就可以搞定！但是要将其改成左边的造型时，可就要删除重画了。而大家也都知道：这个底座是第一个特征，也就最上层的父特征，几乎后续所有的特征都要建筑在它上面；它一旦需要被删除来重建造型，那其上的所有特征也就都要被连带删除，这是很麻烦的。

我们一再提醒您：本书的主要目的并不仅是要帮助您通过考试，也要告诉您还有其他更灵活的画法和技巧，让您可应用在实际的设计工作中。因此，为了让这个底座具有更好的编辑弹性，我们仍使用旧考题所采用的扫描特征来绘出这个造型。图 12-128 所示的就是旧考题的底座画法。

通过这样的画法后，就会得到图 12-127(a)所示的造型。当要将其改为图 12-127(b)所示的造型时，只要将图 12-128 步骤 10 的草绘侧面轮廓，改为如图 12-129 的草绘轮廓即可。这样，不论以后底盘侧面轮廓的造型如何改，只要变更其侧面轮廓的草绘即可。

(3) 图 12-130 将一次示意第一阶段所绘制的几个构件。

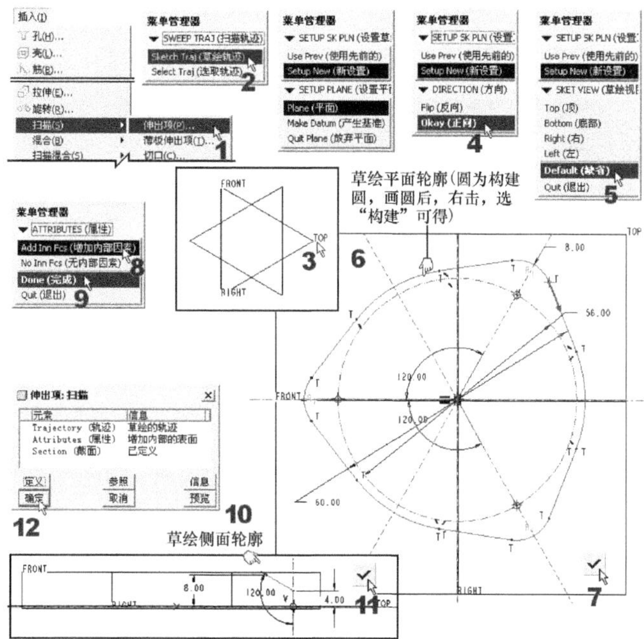

图 12-128　旧考题的底座画法

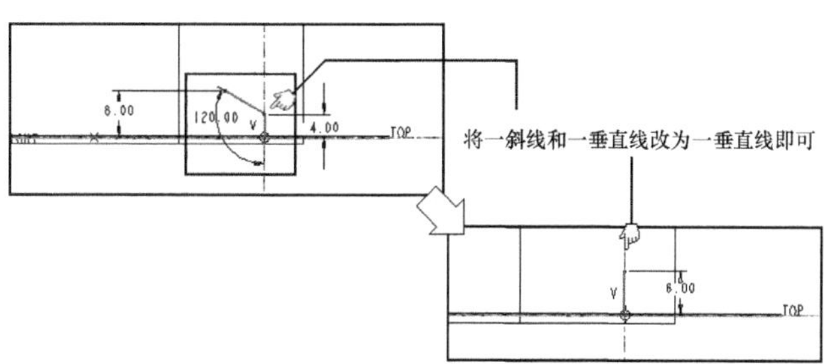

图 12-129　更改为平板造型的草绘法

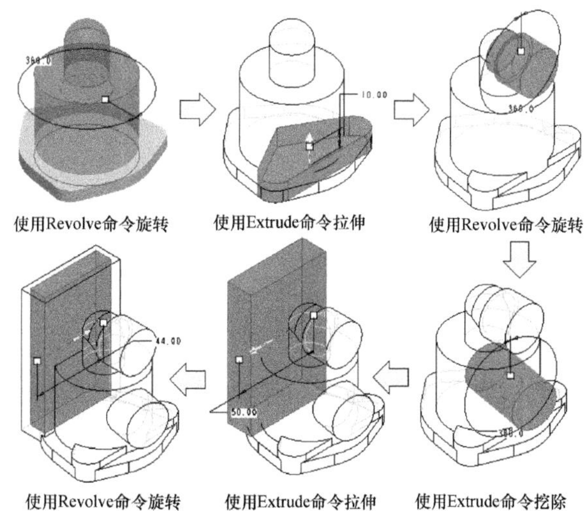

图 12-130　第一阶段所绘制的几个构件

(4) 按图 12-131 所示的步骤创建以下几个构件。

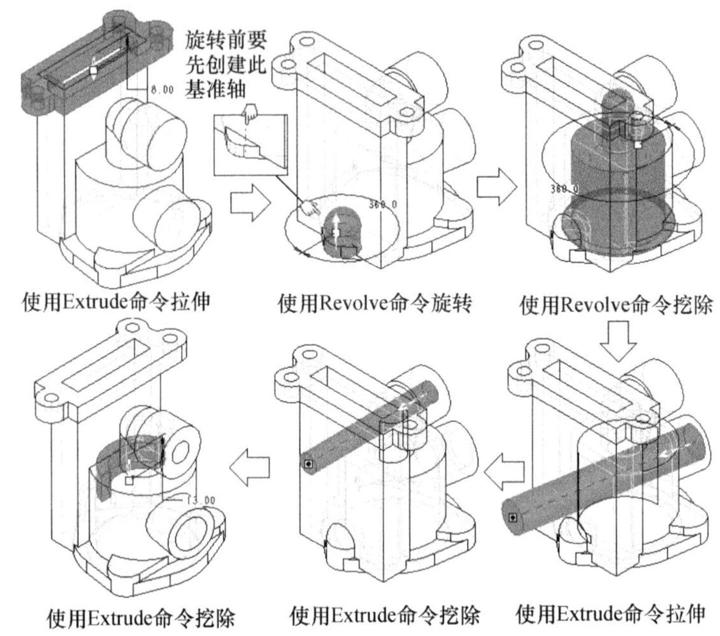

图 12-131　第二阶段所绘制的几个构件

(5) 继续绘出图 12-132 所示的几个构件。

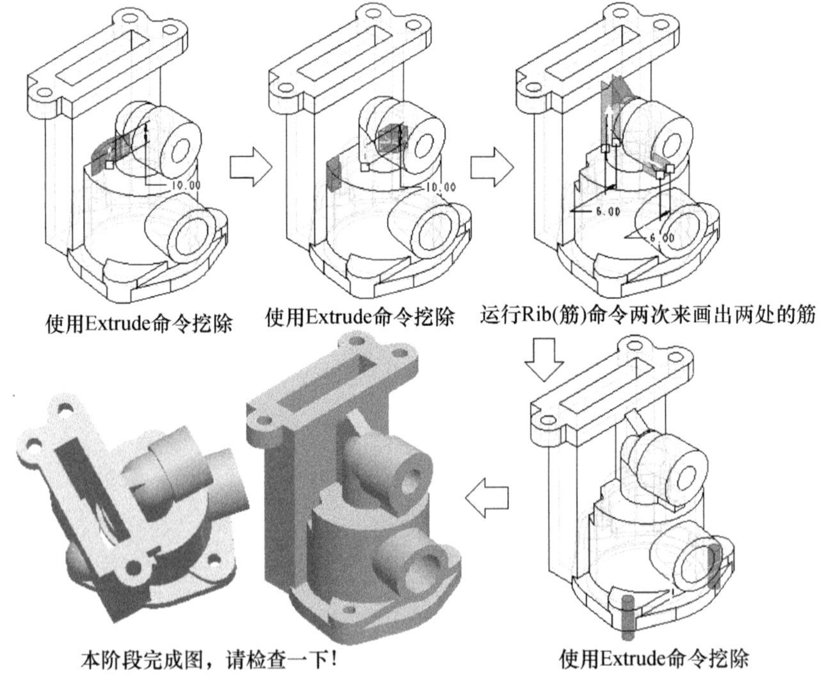

图 12-132　第三阶段所绘制的几个构件

(6) 现在，要处理的是螺纹的部分。到此，我们对螺纹的绘制已身经百战，本书就不再详述它了！但对这个题目来说，在它的三个螺纹中，前面两个的规格一样，后面那个和前面两个不一样；所以，当绘好一个螺纹，而要复制螺纹时，就有两种不同的操作技巧。我们先说“复制”法，再谈“阵列”法。“复制”法就是图 12-121 的操作法，但是因为从平面图上并无标示出两螺孔的直线尺寸，所以我们要再通过“量测”命令先来测量两孔距离，得到精确的数值后，再将螺纹复制过去。请将图转到俯视图视面下，再按图 12-133 所示进行操作。

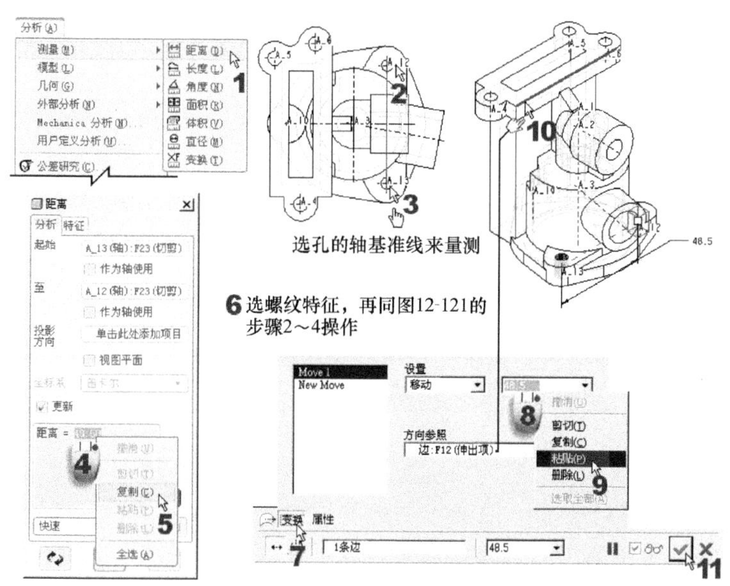

图 12-133　复制螺纹的技巧(“复制”法)

另一种做法是使用“阵列”(Pattern)命令来处理，但是可以选择要阵列的对象，如图 12-134 所示。

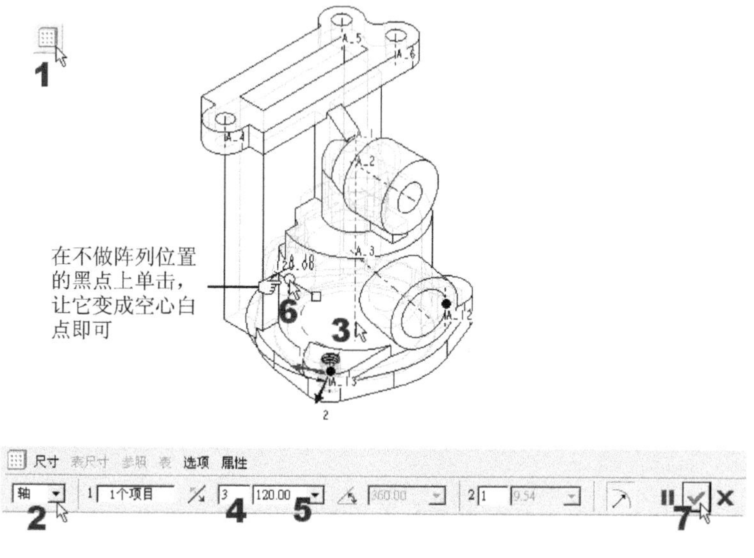

图 12-134　复制螺纹的技巧(“阵列”法)

这两种方法本来就是大家都做过的，只是再搭配了其他命令或功能，来让图精确的复制到指定的位置上。以速度和所耗的精神程度来说，“阵列”法比较快又不费神！但解题中使用的是“复制”法。

(7) 绘出如图 12-135 所示的第三个螺孔和螺纹。

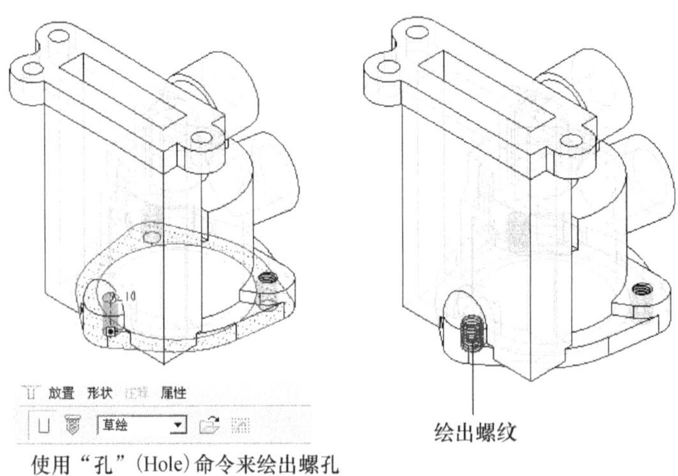

图 12-135 绘出第三个螺孔和螺纹

(8) 最后的收尾操作，仍是一连串的倒圆角和倒角的操作，如图 12-136 所示。注意：当您倒不出希望的圆角或倒角时，请参照解题文件中，模型树区里的倒圆角或倒角特征的顺序。

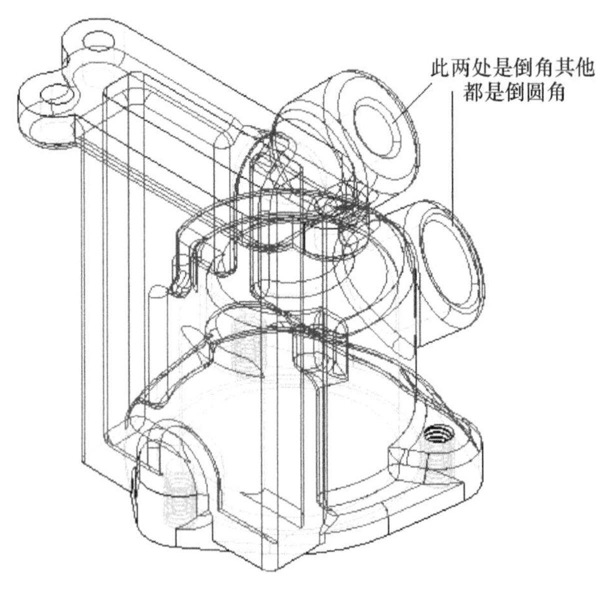

图 12-136 最后的收尾操作

(9) 存盘。

12.10 轴架和轴承座

本题包含两子题，绘图时间共 100 分钟，因此平均一子题是 50 分钟。但是请注意：整个时间还要包含出图布置。

12.10.1 轴架

轴架的平面工程图如图 12-137 所示(考题 pdf 文件：(1)Examples\ch12\152-910309a.tif)。

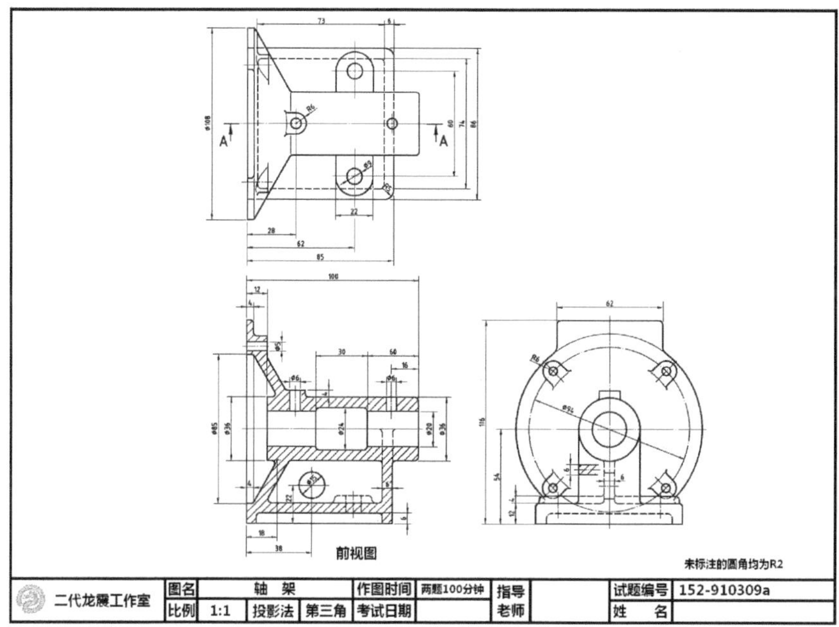

图 12-137 本试题第一子题平面图(轴架)

本题完成图如图 12-138 所示。

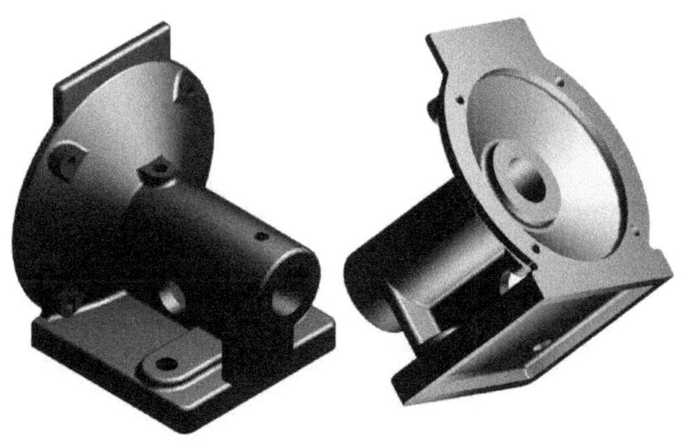

图 12-138 轴架完成图

本试题第一子题的完成文件，放在本书范例光盘上的以下子目录中：(1)Examples\ch12\152-910309a\152-910309a.prt (正式解题文件)。

本试题操作前的解题重点分析

这一子题的重点还是回到以 Extrude 和 Revolve 两个命令为基本主轴，再搭配阵列操作的简单绘图中。按说每个螺孔都还应加上螺纹，但是我们猜想因为本题有两个子题，所以出题者就省略不要求了。

解题操作

(1) 新建文件时选择“空”、mnns_part_solid 模板，或以默认模板来新建零件文件。解题选择 mnns_part_solid 模板。

(2) 对已历经前面各题练习的您来说，现在只需按示意图来练习此题即可。图 12-139 就是第一阶段的操作示意图，请参照平面尺寸图来画。

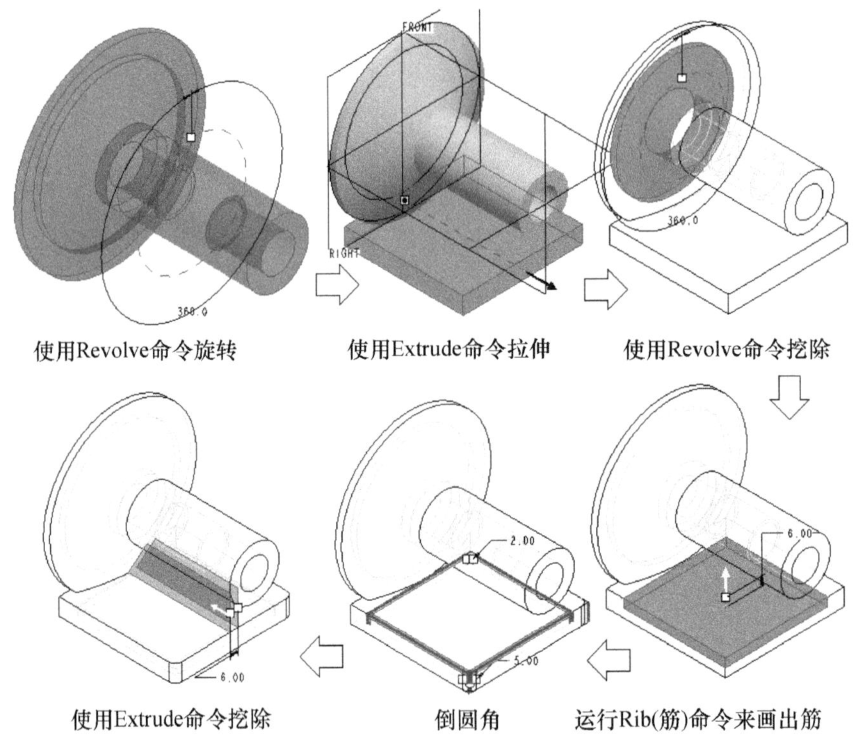

图 12-139 第一阶段的操作示意图

(3) 按平面图的尺寸和图 12-140，开始第二阶段的绘图。

(4) 按平面图的尺寸和图 12-141，开始第三阶段的绘图。

(5) 再按平面图的尺寸和图 12-142，开始第四阶段的绘图。要注意的是：在图 12-142 的前两图中，因为是对一个已被阵列的螺孔座面为基准来挖孔的，所以使用的阵列模式是难得有好范例可以示范的“参照”模式。选取“参照”模式后，直接选 √，就可直接阵列到相应的螺孔座上。

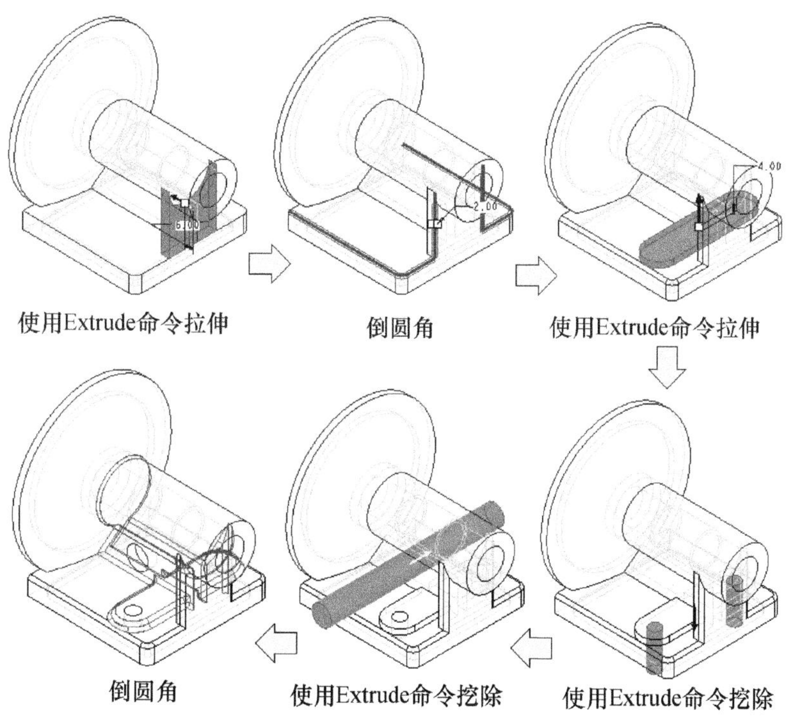

图 12-140　第二阶段的操作示意图

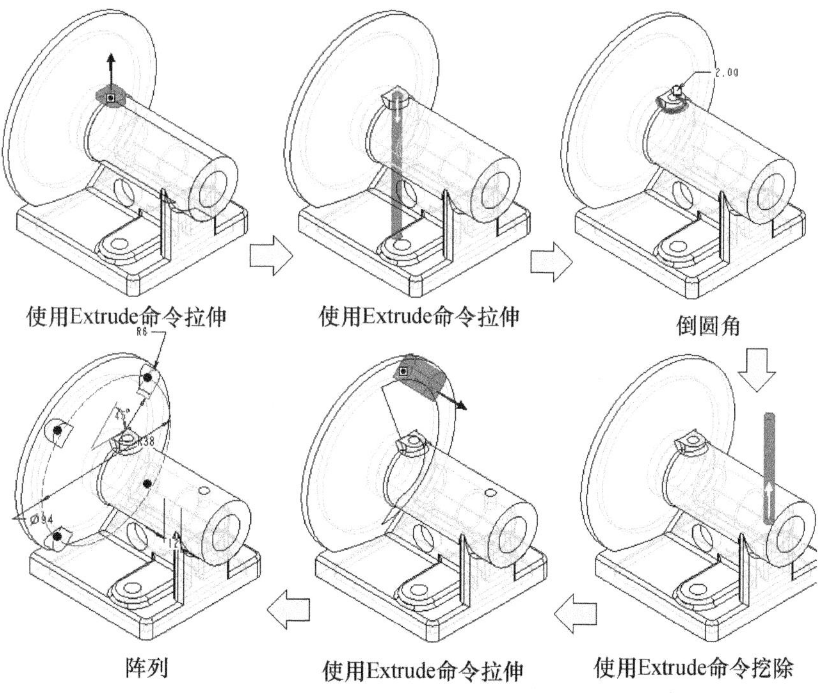

图 12-141　第三阶段的操作示意图

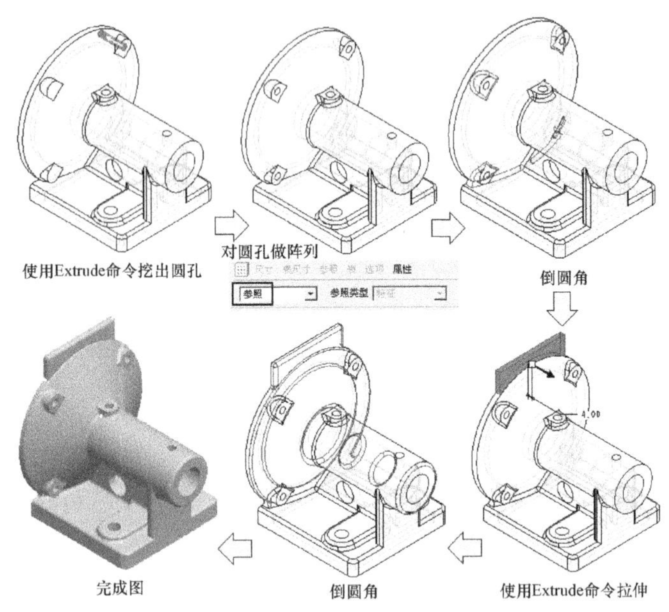

图 12-142　第四阶段的操作示意图

(6) 存盘。

12.10.2　轴承座

轴承座的平面工程图如图 12-143 所示(考题 pdf 文件：(1)Examples\ch12\152-910309b.tif)。

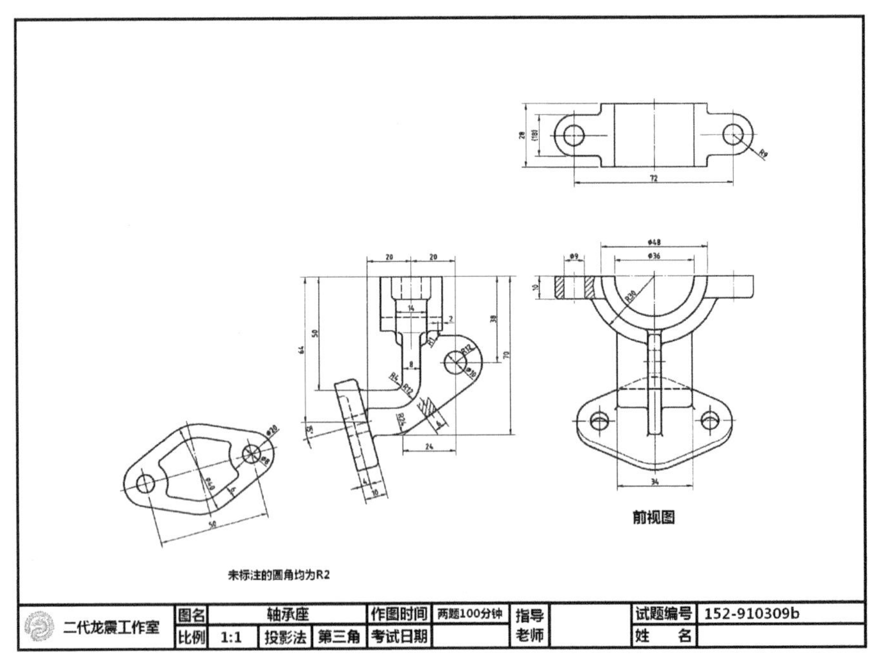

图 12-143　本试题第二子题平面图(轴承座)

本题完成图如图 12-144 所示。

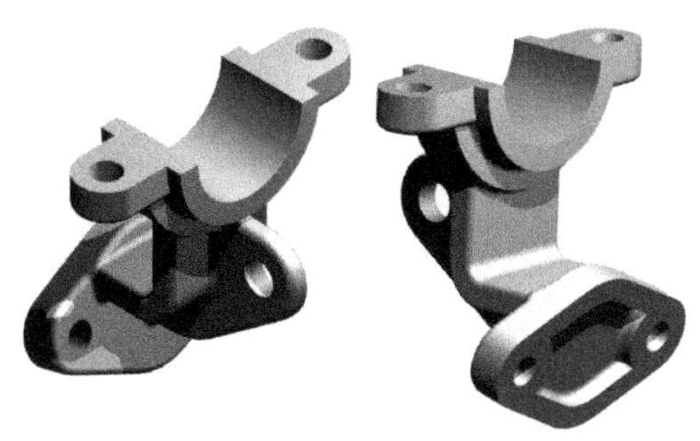

图 12-144　轴承座完成图

本试题第一子题的完成文件，放在本书范例光盘上的以下子目录中：(1)Examples\ch12\152-910309b\152-910309b.prt(正式解题文件)；(1)Examples\ch12\152-910309b\152-910309b_other.prt(另一种绘法)。

本试题操作前的解题重点分析

这个子题一样是很简单，而我们在解题操作时，还是在原本可以使用 Extrude 命令来处理的第一个特征处，采用可灵活修改的扫描法，以及练一个在 Extrude 命令中从没练过的单线拉伸草绘法。

解题操作

(1) 新建文件时选择“空”、mnns_part_solid 模板，或以默认模板来新建零件文件。解题选择 mnns_part_solid 模板。

(2) 绘出的是菱形固定板部分。这部分原本可以使用 Extrude 命令来直接拉伸即可。但是这个图很简单，因此可以练一下我们在前面讲过的扫描法来画，如图 12-145 所示。

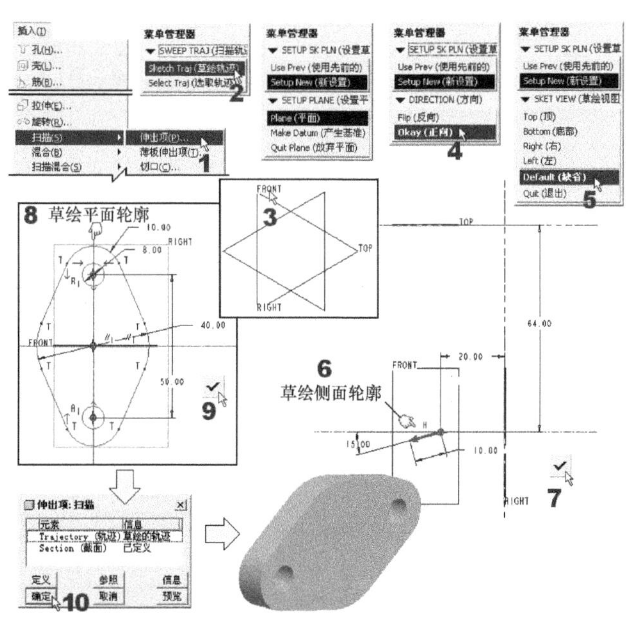

图 12-145　使用扫描法来画菱形固定板

(3) 按图 12-146 的操作，开始第一个构件的绘图。这个构件我们用 Extrude 命令来画，但是因为有参照的实体面，所以可以采用开放单线的草绘，然后再以给予薄壳设置的方式来长出实体。这是前面从没这样做过的，所以我们将整个操作过程都示范出来。

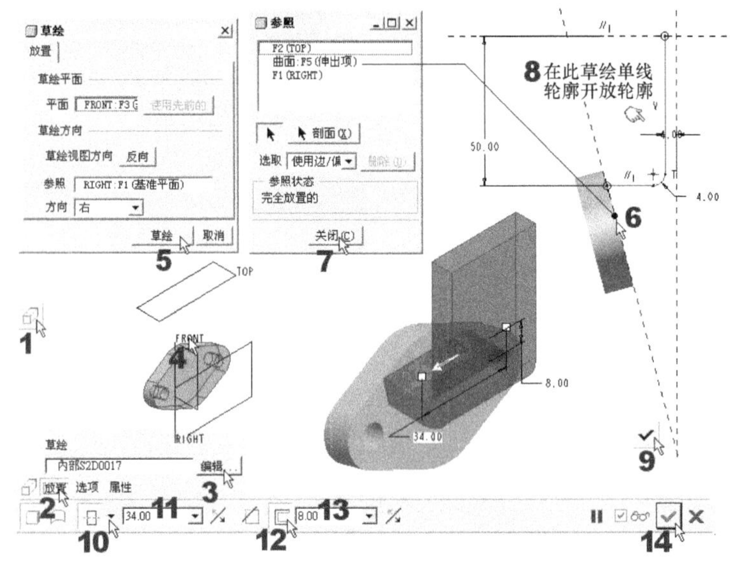

图 12-146 特别的 Extrude 草绘

(4) 按平面图的尺寸和图 12-147，开始后续的绘图。

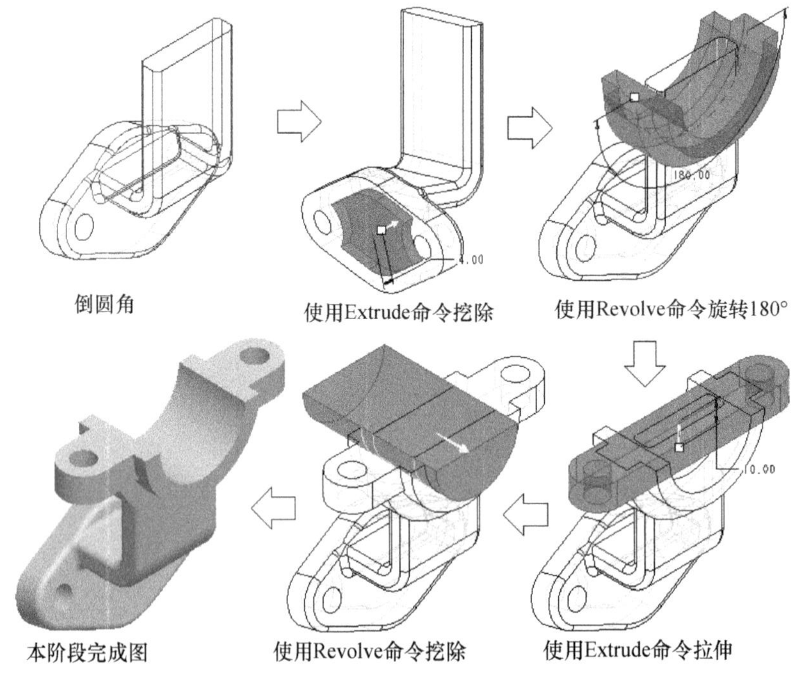

图 12-147 后续的绘图

(5) 按图 12-148 的操作来结束此题。

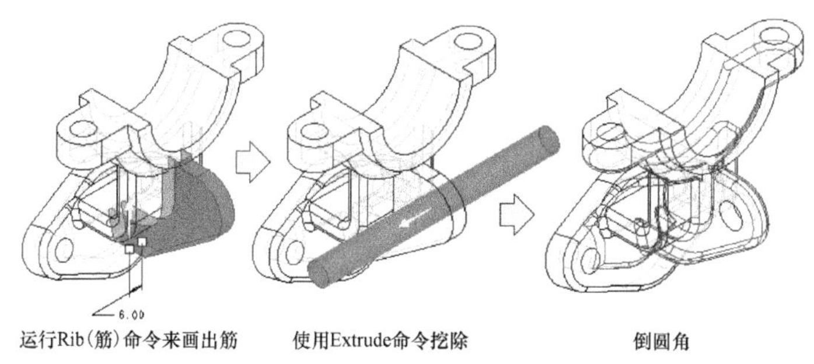

图 12-148　最后的结尾操作

(6) 存盘。

本题练习后心得讨论

152-910309b_other.prt 是我们所提供的另一种绘法解题文件。其中，该文件在 U 形轴承套和 L 形构件的部分，都采用扫描法来画，而画的顺序也略有不同。我们以此来说明“条条大道通罗马”，本书训练的是您的思维，而不是要读者照着“依样画葫芦”，而不知葫芦里装的是什么。

12.11　支架底座、三通阀

本题包含两子题，绘图时间共 100 分钟，因此平均一子题是 50 分钟。但是请注意：整个时间还要包含出图布置。

12.11.1　支架底座

支架底座的平面工程图如图 12-149 所示(考题 pdf 文件：(1)Examples\ch12\152-910310a.tif)。

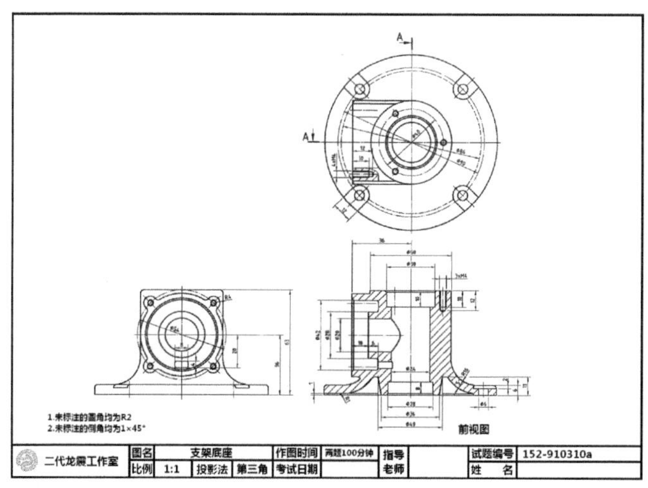

图 12-149　本试题第一子题平面图(支架底座)

本题完成图如图 12-150 所示。

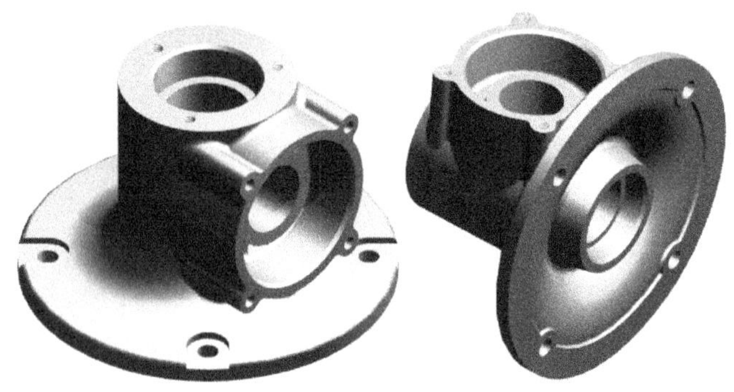

图 12-150　支架底座完成图

本试题第一子题的完成文件，放在本书范例光盘上的以下子目录中：(1)Examples\ch12\152-910310a\152-910310a.prt (正式解题文件)。

本试题操作前的解题重点分析

这个子题的重点放在螺孔、螺纹，以及它们的阵列上。同样的，在绘制螺纹的部分会花去比较多的时间，而做阵列就快了。

解题操作

(1) 新建文件时选择“空”、mnns_part_solid 模板，或以默认模板来新建零件文件。解题选择 mnns_part_solid 模板。

(2) 首先要绘出的是阀体中央的圆柱主体部分。这部分采用 Revolve 命令即可。其草绘示意如图 12-151 所示。

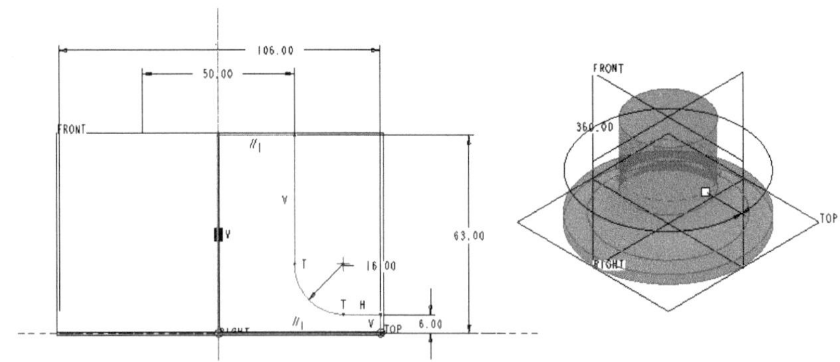

图 12-151　中央圆柱主体的旋转绘制

(3) 接下来要画的侧面的轮廓，我们要使用的是 Extrude 命令，但是必须先创建合适的基准面。请参照图 12-152 所示的示意图创建基准面。

(4) 对阀体侧面轮廓的螺孔座边倒圆角。如果您很熟，考试时也不紧张，也可以在草绘时画圆角，但是因为在考试，所以一切应稳扎稳打，倒圆角总比在草绘里画稳又快，事后的修改也比较方便。请参照图 12-153 所示的示意图。

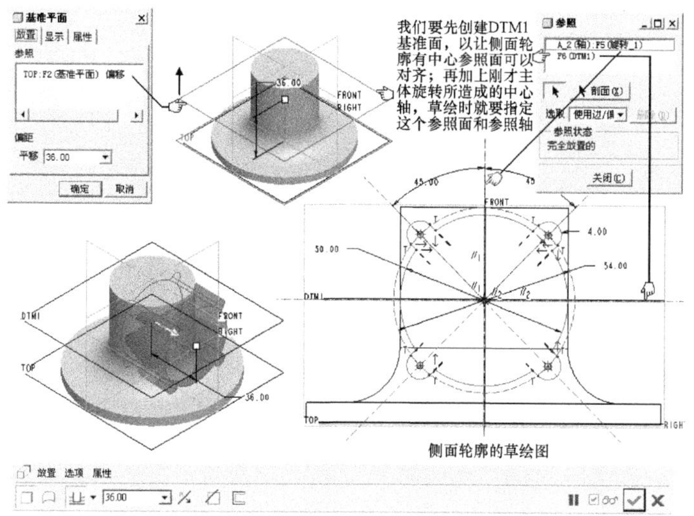

图 12-152　侧面轮廓的操作示意图

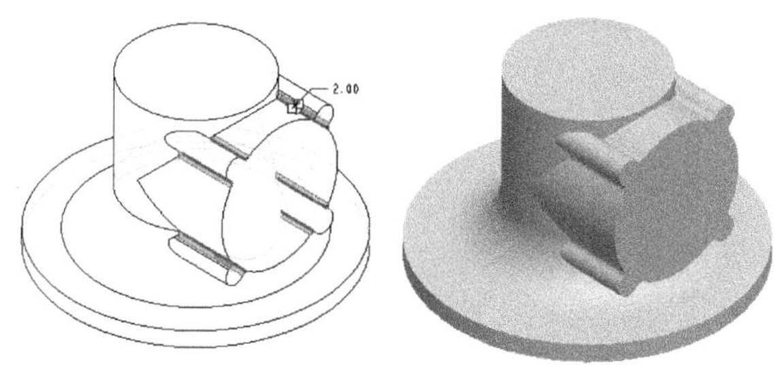

图 12-153　阀体侧面轮廓螺孔座边的倒圆角

(5) 将阀体翻过来，使用 Revolve 命令来旋刮掉底座应该空心的部分，如图 12-154 所示。

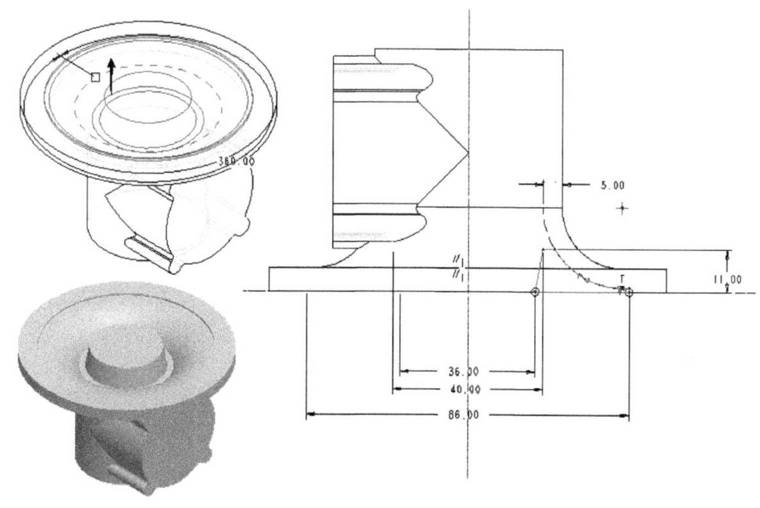

图 12-154　刮除底座空心的部分

(6) 对刚刮除的部位倒圆角，如图 12-155 所示。

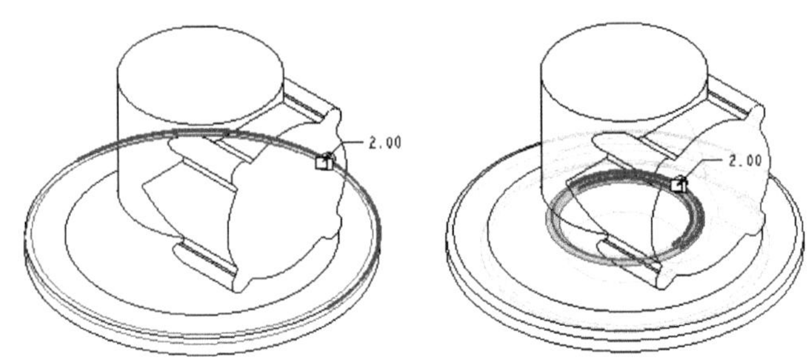

图 12-155 对刚刮除的部位倒圆角

(7) 再使用一样的刮除手法，刮出阀体中央空心的部分，如图 12-156 所示。

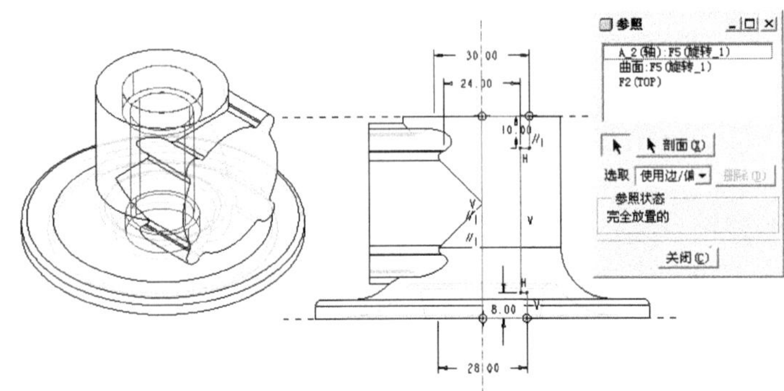

图 12-156 刮出阀体中央的空心部分

完成后，再快速地对这个孔洞的上下边缘修倒角，如图 12-157 所示。

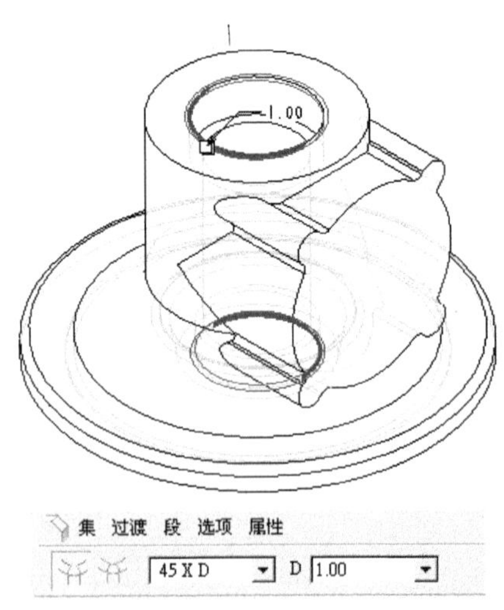

图 12-157 对孔洞的上下边缘修倒角

(8) 接下来要处理的是侧面轮廓的挖孔部分。我们还是使用 Revolve 命令来做，如图 12-158 所示。

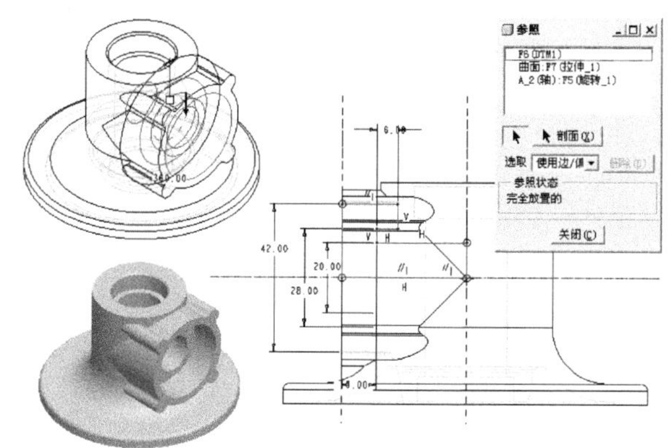

图 12-158　侧面轮廓的挖孔的操作示意

(9) 我们继续完成其他构件，如图 12-159 所示。

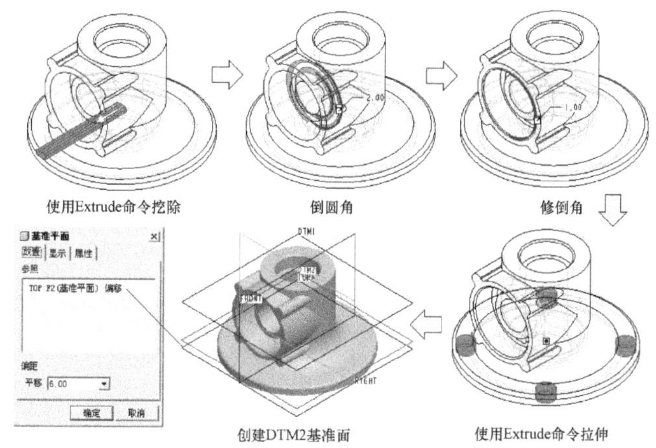

图 12-159　完成其他构件的操作示意图

(10) 再来要完成的是 4 个螺孔座的操作，如图 12-160 所示。

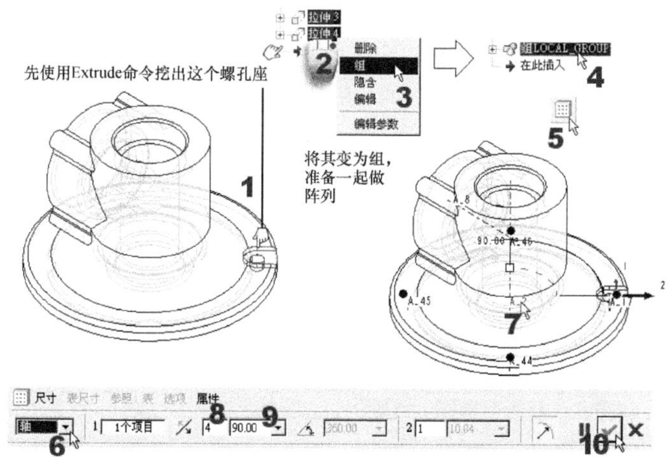

图 12-160　4 个螺孔座的操作

(11) 同图 12-160 的操作，还有两组螺孔螺纹座和最后的倒圆角收尾要做。如图 12-161 所示。

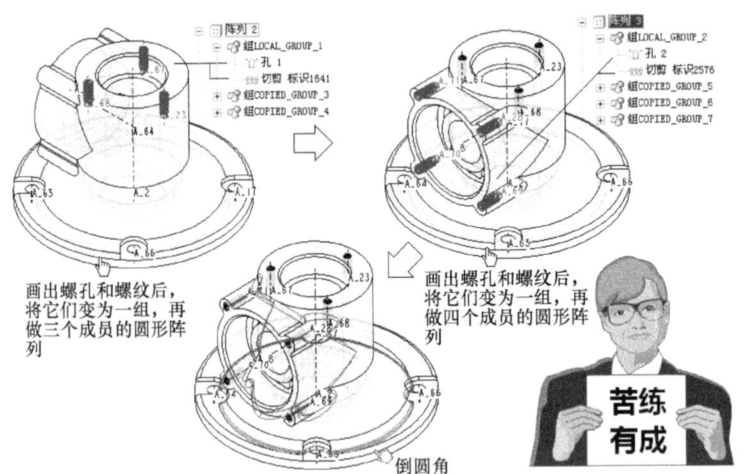

图 12-161　两组螺孔螺纹座和最后的倒圆角示意图

(12) 存盘。

12.11.2　三通阀

三通阀的平面工程图如图 12-162 所示(考题 pdf 文件：(1)Examples\ch12\152-9103010b.tif)。

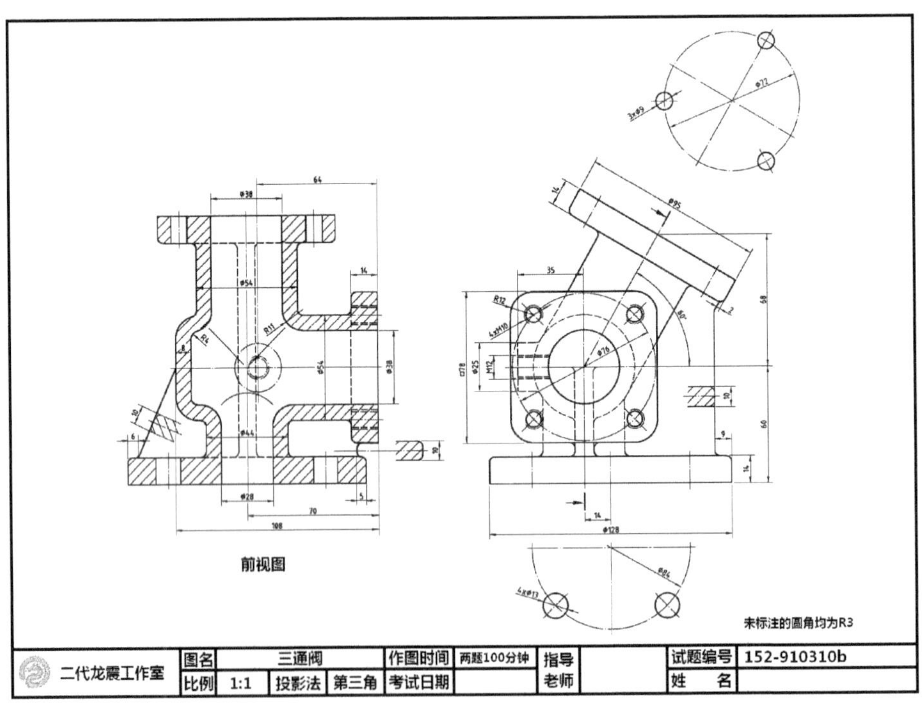

图 12-162　本试题第二子题平面图(三通阀)

本题完成图如图 12-163 所示。

图 12-163　三通阀完成图

本试题第一子题的完成文件，放在本书范例光盘上的以下子目录中：(1)Examples\ch12\152-910310b\152-910310b.prt (正式解题文件)。

本试题操作前的解题重点分析

这个子题的性质和上一个子题一样，目的是让读者在创建草绘基准面、草绘操作，以及螺孔、螺纹的绘制上，更为熟练。

解题操作

(1) 新建零件时选择“空”、mnns_part_solid 模板，或以默认模板来新建零件文件。解题选择 mnns_part_solid 模板。

(2) 首先，要绘出的是主体圆柱和斜管的部分。请按图 12-164 所示的示意图操作。

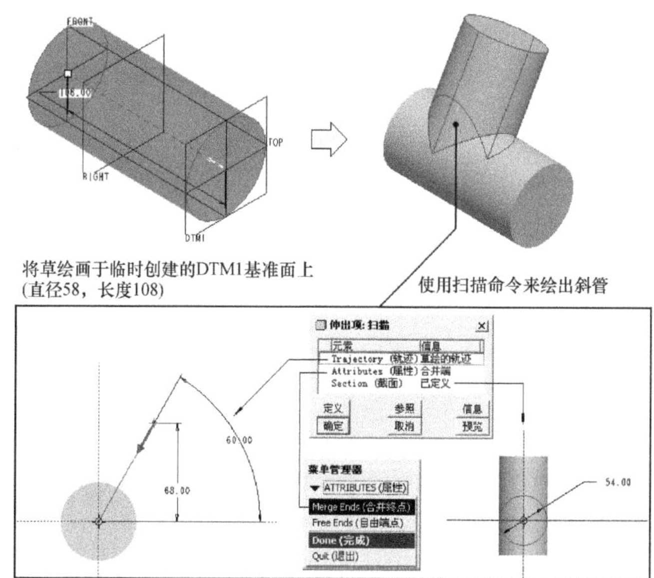

图 12-164　主体圆柱和斜管部分的绘制

(3) 接下来，按平面图的尺寸和图 12-165 来绘出其他构件。

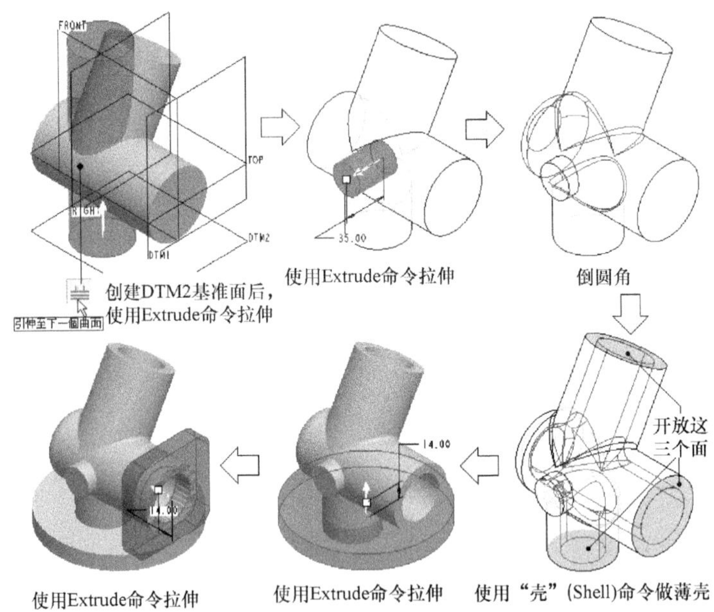

图 12-165　绘出其他构件(1)

(4) 再按平面图的尺寸和图 12-166 来完成其他构件的绘出。

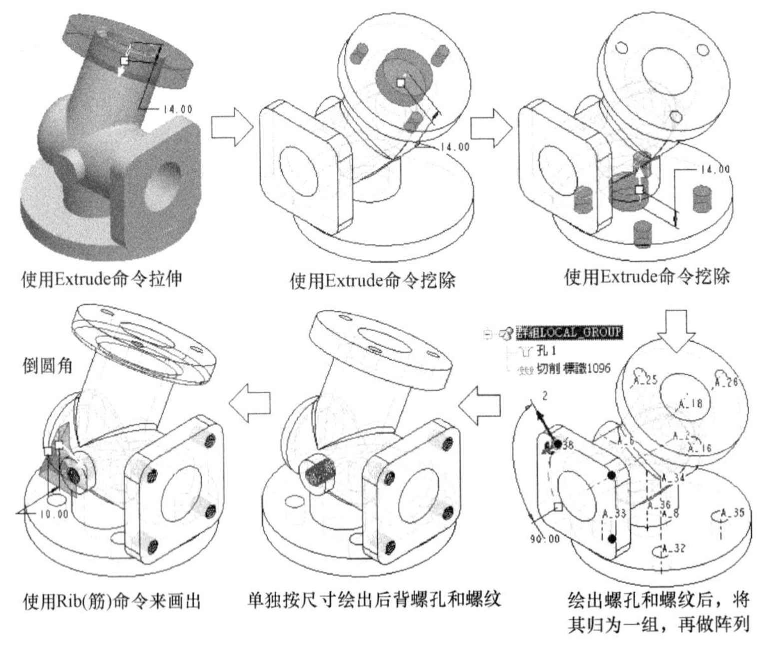

图 12-166　绘出其他构件(2)

(5) 存盘。

12.12 结　　语

就如同我们一再强调的，大家不应该仅将这些题目当作是应付考试的练习而已；事实上，在真实的设计工作中，还有很多深入的 Pro/E 命令和功能并未包含在这之中。而本书除了这些题目之外，在未来也将逐版、逐步的增添很多值得大家拿来做练习和端正概念的题库。而这些题库也都是我们在教学中使用的。

即使在本章所做题目中所用的命令是很基本的，但是相信您也可以体会并认识到：光这些命令就已可解决不少造型了。很多 Pro/E 的高级命令只是用来应付少数特殊造型的功能而已。换句话说，要学会 Pro/E 并不难，关键只是大家不一定用了正确的方法而已。就像练武功，只练了一大堆花拳绣腿，而不去练最基本的内功一样，临到上阵换个题目，就一点也发挥不出来了。

大家要认知的是：这些题目提供了初学者一个基本的范围，强迫大家在这个范围内一练再练，并通过简单但不同造型的题目，让大家在对同一群命令一练再练的过程中，一再生成新的心得和体验。更重要的是这也养成了大家知道如何视情况来改变画法和举一反三的能力。而最后，将这些能力应用于工作表现中才是最终的目的，应付考试只是过程而已。

附录 A

Pro/E 系统变量的查询法

用于 Pro/E config.pro 文件中的配置选项(Configuration Option)，现在，在我们书中一律通称以“系统变量”，以和本工作室其他书籍统一名词。由于 Pro/E 各领域的系统变量众多，我们原先将其一一列出的方法既占篇幅，查起来又不一定有效率，因此本附录将为您介绍快速查询这些系统变量的方法。

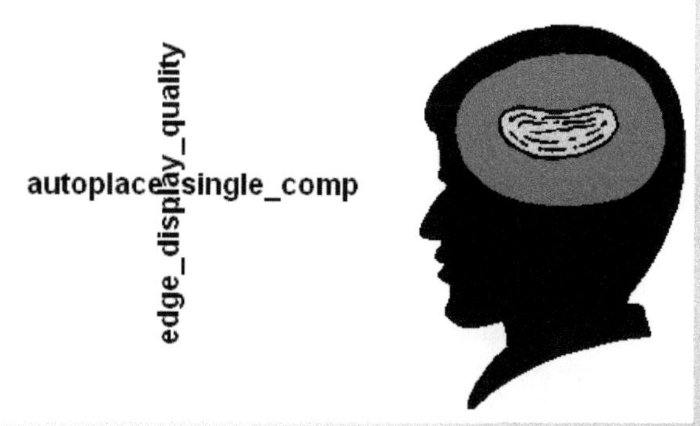

A.1 概　　述

通常，初学者都不会很重视系统变量所带来的影响，他们一般都是在默认的情况下练习基本的操作。然后，遇到问题或困扰就“傻眼”。然而，和一般的软件不同，如果抱持这样的心态和方法来学 Pro/E，一开始就会有很多困扰。所以，我们在本书的开始，就很快地将系统变量和 config.pro 文件的基本关系讲清楚了；甚至连 config.win 的作用相信您也基本知道。

现在的问题就是：随着 Pro/E 练习的日益熟练，在有很多操作场合中，您会有个人的习惯和需求，而这些习惯和需求，可能可以用到这些系统变量来解决。于是，如何快速找出合适可用的系统变量，已成为当务之急！

我们原先在各书中一一将相关系统变量列出的方法并不聪明，因为它既占篇幅，查起来又不一定有效率，因此本附录将为您教导快速查询这些系统变量的方法。

请注意：与本附录所述主题相关的操作，在 Wildfire 4.0 和 5.0 版之间并无差别，所以我们仍沿用 Wildfire 4.0 的画面。

A.2　关键词查询法

第一个您应该用的方法就是：关键词查询法。请选择“工具”→“选项”命令，再按图 A-1 所示操作。

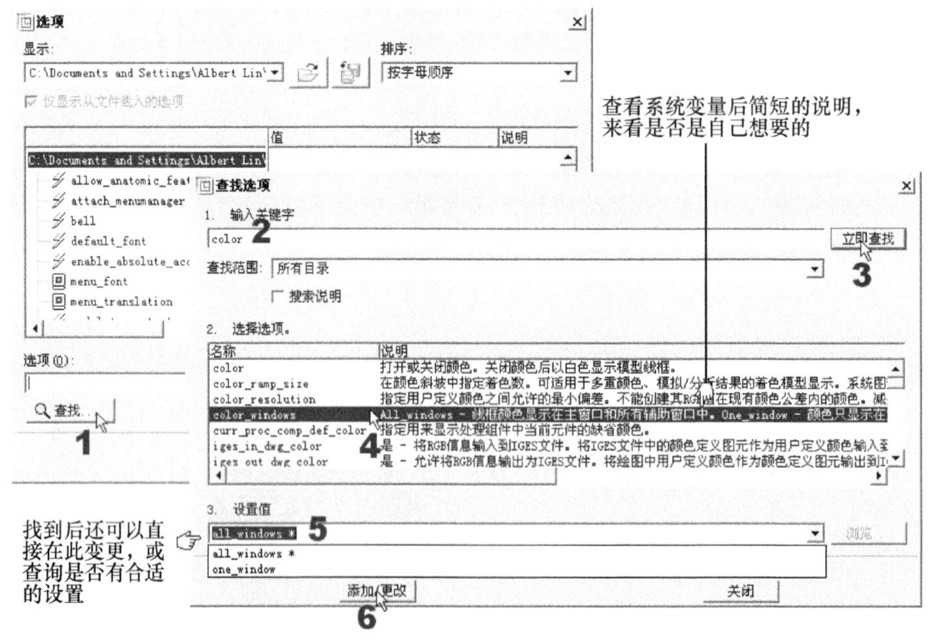

图 A-1　关键词查询法

这是最快的方法，它能很快地从所有的系统变量中找出您所要的。但缺点是关键词要打对且需要英文。我们提供以下两种方法来让读者很快地找出相关英文。

(1) 例如，我们想查和公差有关的系统变量，但“公差”的英文不会拼，就请在 Word 里输入“公差”两中文字，再选择“工具”→“语言”→“翻译”，就可以得到“tolerance”这个单词，然后再将其输入。完成画面如图 A-2 所示。

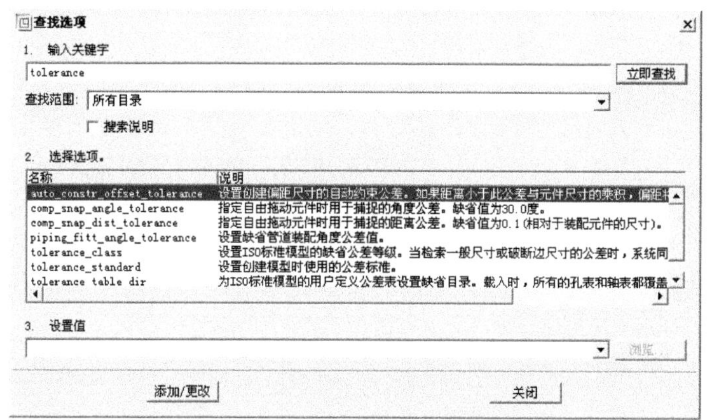

图 A-2 查找和公差有关的系统变量

(2) 如果仅记得前几个英文字母也可以，在关键词中一样可以使用*这个万用字符。一样要找相关公差的系统变量，但只记得其英文前三个字母是“tol”，则请如图 A-3 所示输入。当然，输入的字母越多，筛选的效果就越好。

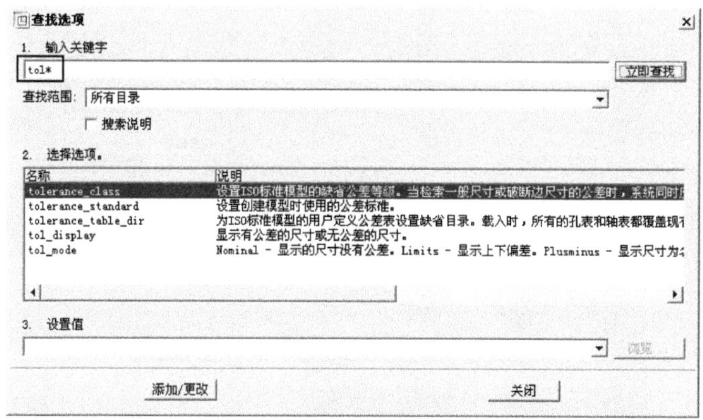

图 A-3 以万用字符的方式来查找系统变量

如果连要找的主题都不知道其正确的英文是哪一个，或是没有明显的关键词，那就要使用下一节的方法了！但这毕竟是少数。因为通常重要的系统变量，我们都会在书中提到。

A.3 在线帮助文件查询法

对查询效率来说，利用在线帮助文件是不得已的方法，但是其内对系统变量的作用说明却比前述方法详细。请按图 A-4 来打开该界面。

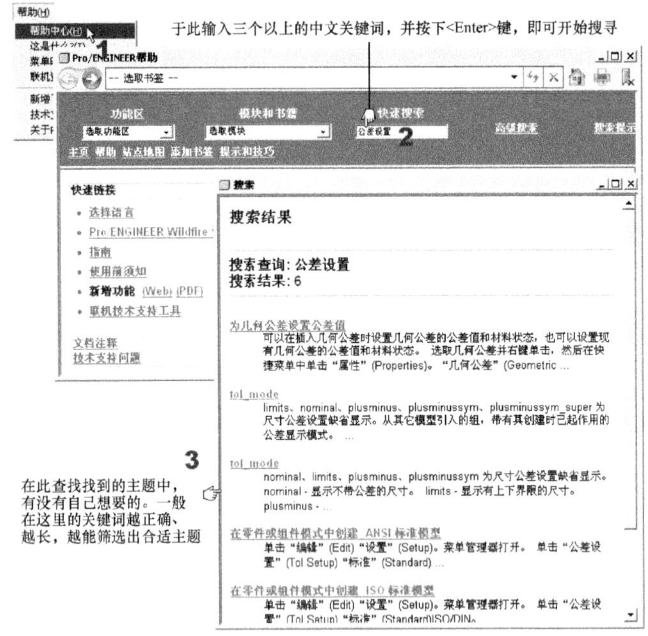

图 A-4　在线帮助文件查询法

这样再不行，就要在图 A-4 中选择欲使用的模块，进入该模块单独的帮助文件中查询，如图 A-5 所示。

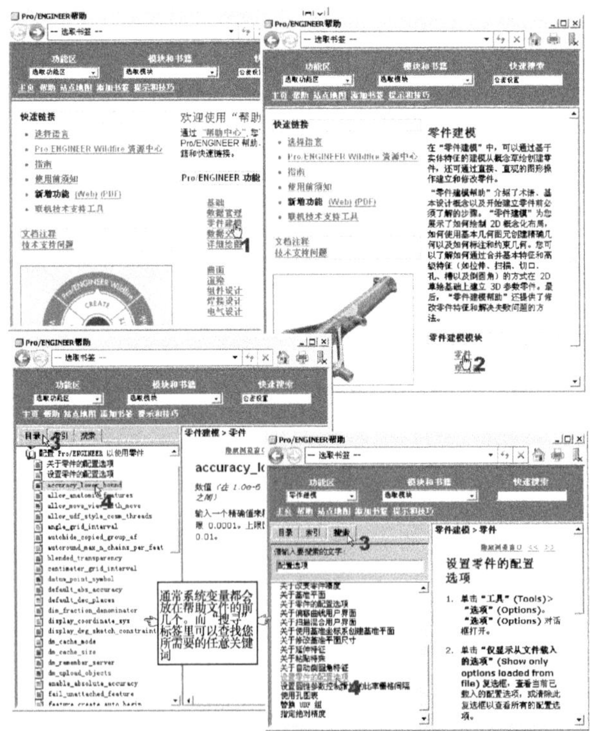

图 A-5　单独模块的在线帮助文件查询法

附录 B

Pro/E Wildfire 支持的显卡

我们将在本附录中为您列出 Pro/E Wildfire 所支持的高级显卡。

我们将于表 B-1 中为列出 Pro/E Wildfire 所支持的高级显卡。当然，这并不是说如果您用的显卡不是这些厂牌或型号就不能用，而是使用这些显卡在显示和有效选取的效果会比较好。很多人在草绘中看不到虚线或中心线的正常显示，或是无法精准的一次选取到所要的面或线，都是因为显卡所能支持的分辨率问题。

表 B-1　Wildfire 建议使用的显卡

开发商	支持的显卡	开发商	支持的显卡	开发商	支持的显卡
3Dlabs	Oxygen GVX1	ATI	Fire GL2	Fujitsu-Siemens	CELSIUS GL4
	Wildcat4 7110		Fire GL4		CELSIUS Quadro2 Pro
	Wildcat II 4110		Fire GL 8800		CELSIUS Quadro4 750XGL
	Wildcat II 4210		Fire GL X1		CELSIUS Quadro4 900XGL
	Wildcat II 5110		Fire GL E1	Sun	XVR-1200
	Wildcat III 6110		Mobility Fire GL 9000		XVR-1000
	Wildcat VP560		Mobility Fire GL7800		XVR-600
	Wildcat VP760		Mobility Fire GL T2		XVR-500
	Wildcat VP870		Mobility Radeon M6		Expert3D
	Wildcat VP880		T2-128		Expert3D-Lite
	Wildcat VP970		T2-64		Elite3D
	Wildcat VP990				Creator3D Series 3
NVIDIA	Quadro FX 3000	SGI	Extreme	Hewlett-Packard	Fire GL-UX
	Quadro FX 2000		High IMPACT		VISUALIZE- Pro fx2
	Quadro FX 1100		Maximum IMPACT		VISUALIZE- Pro fx2+
	Quadro FX 1000		MXI		VISUALIZE- Pro fx4
	Quadro FX 500		MXI/EMXI		VISUALIZE- Pro fx4+
	Quadro2 EX		SI		VISUALIZE- Pro fx5
	Quadro2 EX/LP		Solid IMPACT		VISUALIZE- Pro fx6
	Quadro2 Go MXR		SI/ESI		VISUALIZE- Pro fx6+
	Quadro2 MXR		SSI/ESSI		VISUALIZE- Pro fx10
	Quadro2 Pro		V3	NEC	TE5
	Quadro4 500 GoGL		V7		
	Quadro4 380 XGL		VR3		
	Quadro4 700 XGL		VR7		
	Quadro4 750 XGL		Vpro V6		
	Quadro4 900 XGL		VPro V8		
	Quadro4 980 XGL		Vpro V10		
			Vpro V12		

附录 C

如何使用本书范例光盘和服务

本附录将为您说明以下的内容和服务。

- 本书范例光盘的内容和使用方式。
- 本书习题下载方式。
- 本书网站服务(www.dragon2g.com)。
- 本书的教学投影片和教师光盘服务。

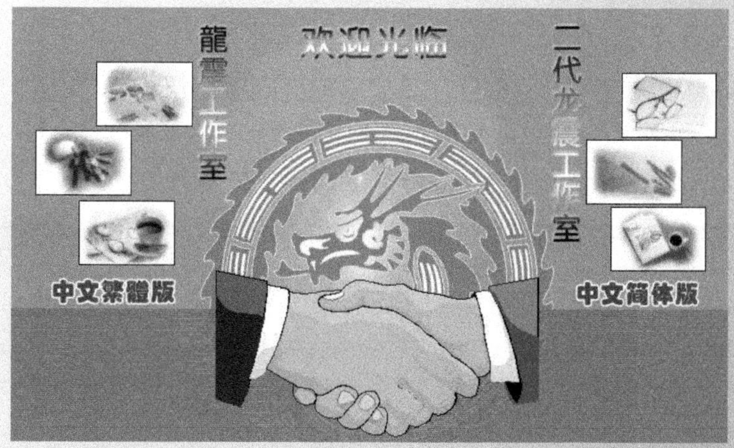

C.1　本书范例光盘的使用方式

本光盘将提供本书中的范例文件，这在书中相关内容处，都会指示要参考的文件名称。此时，请用 Pro/E 直接打开即可。您可以将本光盘内的所有目录原样复制到您的硬盘上。其目录架构如图 C-1 所示。

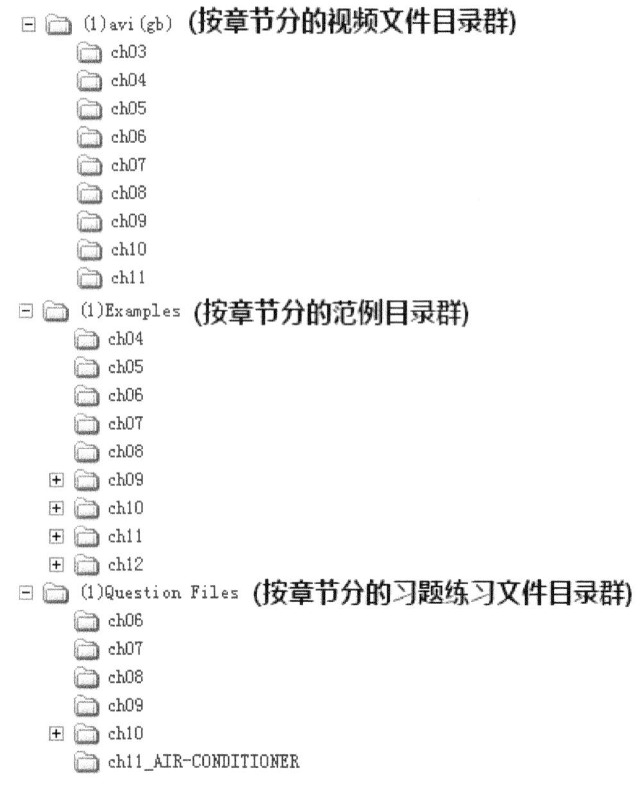

图 C-1　本书范例光盘目录结构

请使用以上的版本来调用这些范例文件，如果您使用低版本的 Pro/E 软件，将无法打开这些范例文件。

请使用以下的软件来使用这些范例文件。

(1) Pro/ENGINEER Wildfire 5.0 M010 以上版本的基本模块。

(2) Windows Media Player 或同级软件 (用来播放视频教学文件的 AVI 播放器)。

(3) Adobe Acrobat 7.0 以上版本(用来打开 PDF 文件的免费软件)。

注 意

我们的范例文件很多，结构也越来越清楚。但如有范例文件遗漏时，请 E-mail 到 dragon.dragon2@msa.hinet.net 告诉我们。我们将随时于本工作室网站(www.dragon2g.com)里，本书的习题解答下载处来补充。

C.2　本书习题解答下载方式

本书的习题解答可以在本工作室的网站上下载。但授课老师不用担心学生下载后来应付作业，因为有些绘图练习是没有解答的，而专业的部分，我们则在教师光盘中提供充足的题库给老师使用。欲下载习题解答，请连上网络，并进入下列网址：http://www.dragon2g.com，然后，再按图 C-2 进行选取操作。

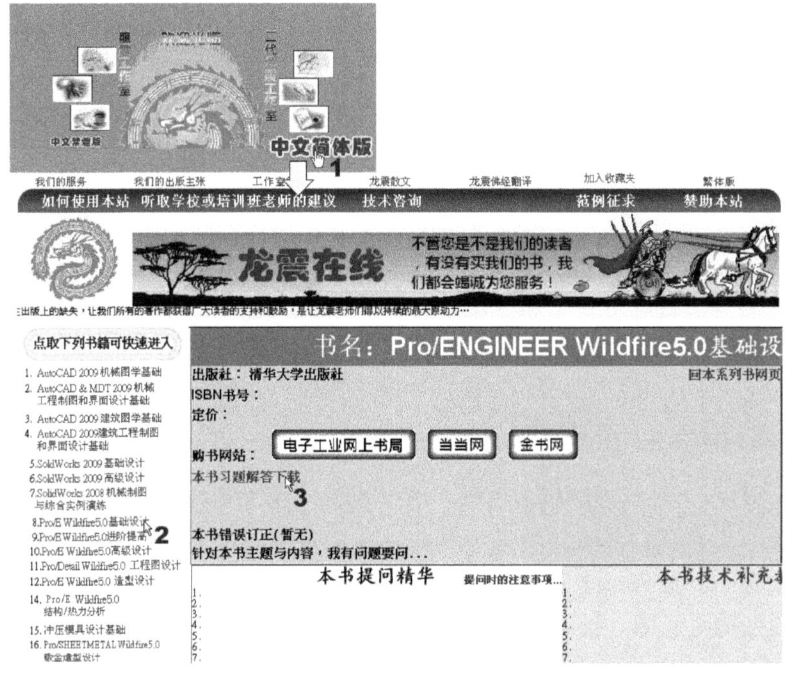

图 C-2　下载习题解答的操作

C.3　本书的网站服务

除了习题解答的下载以外，本工作室的网站还提供其他重要服务。本节将为您说明这些服务的细节。

C.3.1　本书技术咨询方式说明

在进入本节主题说明之前，龙震老师要先向各位读者报告：本工作室提供的服务都是免费，免费对大家来说不是问题，但是我们能长久支撑才更不容易。由于本工作室的龙震老师们都是兼职性质，平常都有各自的工作，他们无法全天候在服务，即使轮职都很麻烦。因此，就由工作室创始龙震老师一个人全年无休的提供技术咨询服务。

而在技术咨询方面，原本我们采用论坛的方式，但是日积月累，很多人捧场，容量一直增加，目前已超过我们所租用的容量，再加上到论坛来的人愈来愈复杂，有些人上来做生意拉人去他们的论坛，或是恶意在上面散播不好的信息，让我们在出书的庞大压力下，又要穷于去应付这些琐事。所以，目前我们已将论坛关闭，而回到一样可以达到咨询目的又单纯的 E-mail 提问方式。希望将网站有限的租用空间，用来存放更多有益的信息给读者们下载，请大家谅解！

换句话说，现在，您可以直接将问题 E-mail 到 dragon.dragon2@msD.hinet.net 这个邮箱；也可以在图 C-2 中单击“针对本书主题与内容，我有问题要问”，来 E-mail 给我们您的问题。只要有收到您的提问信函，我们都会在三天内给您回音。但根据经验，有些时候会因为网络问题，或您租用的邮箱供货商的问题而收不到。在这样的情况下，当三天内无回音时，您可以重发；如果常这样，请慎选稳定的邮箱供货商。但您不用怀疑我们会故意不答复您的来信！

而选取图 C-2 中的“针对本书主题与内容，我有问题要问”(“本书习题解答下载”下两列)来提问会有一个好处，那就是：我们会在该网页中告知您本站的新信息，有时候龙震老师出差或出国，答复时间可能延长或不稳定时，也会在该网页中告诉大家。

总之，茹素多年的我一定会坚持将服务做下去，让大家即使要骂人也找得到对象！当然，人非圣贤，我们的智慧和能力也有限，有答复不周和疏漏之处，尚祈您给我们批评指教和体谅，我们会以最谦卑的心用心倾听，再来检讨并谋思改进之道。相信您一定会在本系列的新书中看到这个用心！

C.3.2　本书错误订正查询

单击图 C-2 中“本书习题解答下载”下一列的“本书错误订正”，就可以进入查看该书的错误勘误。虽然我们已经将错误控制在一定的范围内，但绝对无法完全避免；因此，工作室提供的这个管道您一定要利用一下。如果错误尚未登录，还请不吝告知。而这些错误在该书阶段性的再版中，都会逐一修正。

C.3.3　提问精华与技术补充教材

在图 C-2 中每本书的网页下，我们会将读者经常提问的典型问题放在“本书提问精华”栏目中，如果有和本书相关的新信息或新技术，则会放在“本书技术补充教材”栏目中，以方便大家学习。当然，随着时间的消逝，有些我们会将其纳入本书中；一旦纳入书中，就会将其从这个栏目中拿下。所以，本栏目一直会保持阶段性的题目。当然，这个栏目一开始是空的，会随着时间而逐步加入！